Office 职场完美应用

Word Excel 行政与文秘高效办公必备

陈媛　张晓花　徐涛　等编著

机 械 工 业 出 版 社

本书采用了大量模拟真实工作应用的示例，这些示例便于读者灵活套用、拓展到实际工作中去。在讲解操作方法和技巧时，本书采用了详细的步骤图解演示，以确保读者能按图索骥，一步一步地做出效果，增强信心，体会要领。

全书共分18章，内容包括制作公司员工奖惩制度、制作公司员工培训方案、制作公司会议安排流程图、制作会议通知单模板、制作企业联合公文、制作公司员工手册、制作产品使用说明书、公司员工考核管理、公司员工档案管理、企业员工考勤管理、企业员工值班与加班管理、员工业绩与工作态度评估、企业日常费用支出统计与分析、企业员工薪资管理、客户信息管理与分析、公司产品销售数据的统计与分析、企业销售预测分析、公司竞争对手调研分析等多方面案例。

如果你是Word、Excel的初学者，想循序渐进地学习Word、Excel文档、表格处理的应用经验；如果你是急于提高Word、Excel应用水平的用户，想寻求表格的合理化解决方案，并达到能解决各种疑难问题的程度；如果你是公司文员、公务员、公司管理人员、数据分析人员、财务人员、统计人员、营销人员等，想快速掌握Word、Excel在行政与文秘办公中的应用，那么本书都将是你的良师益友。

图书在版编目（CIP）数据

Word、Excel行政与文秘高效办公必备 / 陈媛等编著. —北京：机械工业出版社，2018.10
（Office职场完美应用）
ISBN 978-7-111-59453-6

Ⅰ. ①W… Ⅱ. ①陈… Ⅲ. ①办公自动化–应用软件
Ⅳ. ①TP317.1

中国版本图书馆CIP数据核字（2018）第054372号

机械工业出版社（北京市百万庄大街22号　邮政编码 100037）
策划编辑：吕金明　申永刚　责任编辑：吕金明　申永刚
责任校对：王　延　　封面设计：鞠　杨
责任印制：张　博
三河市国英印务有限公司印刷
2018年7月第1版第1次印刷
184mm×260mm · 23印张 · 519千字
0001—4000册
标准书号：ISBN 978-7-111-59453-6
定价：59.00元

凡购本书，如有缺页、倒页、脱页，由本社发行部调换
电话服务　网络服务
服务咨询热线：010-88361066　机 工 官 网：www. cmpbook. com
读者购书热线：010-68326294　机 工 官 博：weibo. com/cmp1952
010-88379203　金 书 网：www. golden-book. com
封面无防伪标均为盗版　教育服务网：www. cmpedu. com

前言

目前市面上已有很多介绍Word、Excel在行政与文秘工作中应用的图书，很多读者买了这类图书后，总是不能坚持看完。

为什么会出现这样的情况呢?

> 在我们看来，图书的编写形式是一个重要因素。通常，这类图书都是采用以介绍软件的功能为主线，辅以讲解行政与文秘工作相关知识的编写形式，这种编写形式枯燥乏味，容易使读者产生学习疲劳感。另外，在介绍软件功能与行政、文秘相关知识点时，这类图书所举的范例往往也不具有代表性与实操性，使得读者很难学以致用。

快速掌握Word、Excel在日常行政与文秘工作中的应用，是广大读者的迫切需求！针对大部分读者的需求，我们精心策划了本书。本书以Word、Excel在行政与文秘工作中的应用为出发点，通过情景对话的方式引导读者进行情景式学习。书中通过对具有代表性的应用案例的讲解，使读者了解Word、Excel在行政与文秘工作中的具体应用要点与技巧。全书图文并茂，讲解详尽到位，具有极佳的易读性。读者通过学习和阅读本书，可以早日成为Word、Excel应用高手。

本书特色

相比同类图书，本书具有以下鲜明特色:

突出细节 精选技巧

本书对操作过程的介绍并没有局限于对操作步骤的简单介绍，而是专注于问题处理的关键细节。编者旨在通过一个个细小问题的解决，来帮助读者掌握Word、Excel在日常行政与文秘工作中的操作技巧。

实用的 行业案例

本书紧密结合行业中的实际应用问题，有针对性地讲解了Word、Excel在行政与文秘应用中的实操案例，如制作公司员工奖惩制度文档、制作公司员工培训方案、进行员工业绩与工作态度估计、员工薪资管理、销售预测分析等，读者通过阅读这些案例的讲解，有助于对所讲的知识与技能进行消化吸收，达到学以致用的目的。

难点精讲	对学习中的难点知识，书中会以“专家提示”“公式解析”和“技巧点拨”等形式进行重点讲解，从而让读者不但知其然，还能知其所以然。
结构合理 强调实践	本书面向广大Word、Excel用户，以让读者快速掌握Word、Excel在行政与文秘工作中的日常应用并具有解决实际问题的能力为最终目标。全书在编写内容的选择上以实用为指导原则，在内容的编排上强调循序渐进。 为了增强实用性，书中所提供技能方案均为编者经过反复推敲后得出的、针对实际问题最有效的解决方案。本书在讲解技能方案的过程中还辅以了对关联知识点的详尽讲解，让读者能够以点带面，全面掌握相关知识与技能。 全书在内容的安排上采用由浅入深的方式，以实用为目标来进行内容的选择。书中以针对问题的最优办法来讲解操作步骤，并将其他涉及的知识点给出提示，让读者学习更加全面。
图文并茂 描述直观	为了使读者能够快速、轻松地学习本书内容，书中以准确而平实的语言对操作进行了描述。本书采用以图为主、文字为辅的讲解方式，并以较为直观而实用的方式将操作过程一一呈现给读者，使操作步骤一目了然，以便读者快速掌握操作的精髓

张发凌、陈媛、韦余靖、郝朝阳、尹君、姜楠、汪洋慧、彭志霞、彭丽、周倩倩、王正波、沈燕、张铁军、许艳、邹县芳、陈伟、张万红、曹正松、徐全峰、章红、郑发建、徐晓倩、赵为亮、张晓花、徐涛、吴祖珍、朱梦婷、余杭、余曼曼、李勇、杨进晋、张茂文参与了本书的编写与文稿校对工作，在此对他们表示感谢！

尽管编者在编写本书时力求精益求精，但疏漏之处仍然在所难免，恳请读者批评指正。如果读者朋友在学习的过程中遇到疑难问题，需要本书的配套素材，或者对我们有好的建议，都可以扫描下面的二维码加入交流学习群，以便于在线交流与学习。

编著者

QQ交流与学习群

目录

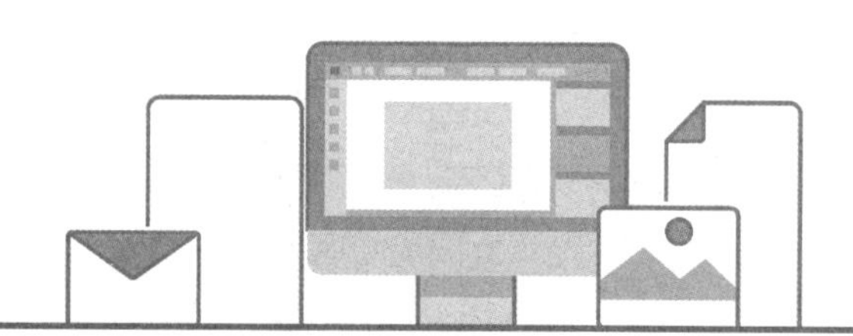

第 13 章
企业日常费用支出统计与分析 231

第 14 章
企业员工薪资管理 260

第 15 章
客户信息管理与分析 284

第 16 章
公司产品销售数据的统计与分析 299

第 17 章
企业销售预测分析 318

第 18 章
公司竞争对手调研分析 345

制作公司员工奖惩制度文档

上次制作的公司员工奖惩制度文档，又被领导打回来了，说不规范，真的不知道要怎样才能让老板满意！对于我这个菜鸟来说，实在太难了！

没关系的，其实很多职场菜鸟都遇到过这种问题。说到底还是脑子中没有个整体框架，不知道从哪里下手，所以经常会在一些小细节上出问题。我们在制作员工奖惩制度文档时，首先思路要清晰，知道要分为几大步骤，然后根据步骤一步一步地来制作。如此一来，就简易多了……

1.1 制作流程

制定员工奖惩制度，最主要的目的还是要约束和激励后进员工，并通过有效的奖励提高员工的工作积极性。这其实也是员工管理技巧之一。

在公司内部的行政文档中公司员工奖惩制度是很常见的一种文档，通过它可以更好地明确员工任务，激励员工，并且让公司日常管理更加公开公正。本章将介绍如何运用Word 2013软件来制作一份完整的公司员工奖惩制度文档；制作流程如图1-1所示。

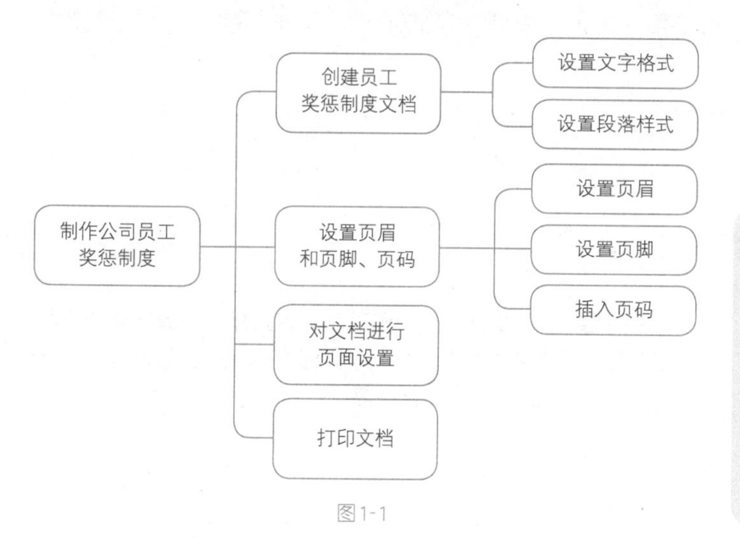

图1-1

在我们日常行政工作中，保证我们所制作的文档格式清晰规范是十分重要的，因此在学习文档制作之前，我们先来看一份真实的员工奖惩制度文档，如图1-2所示。

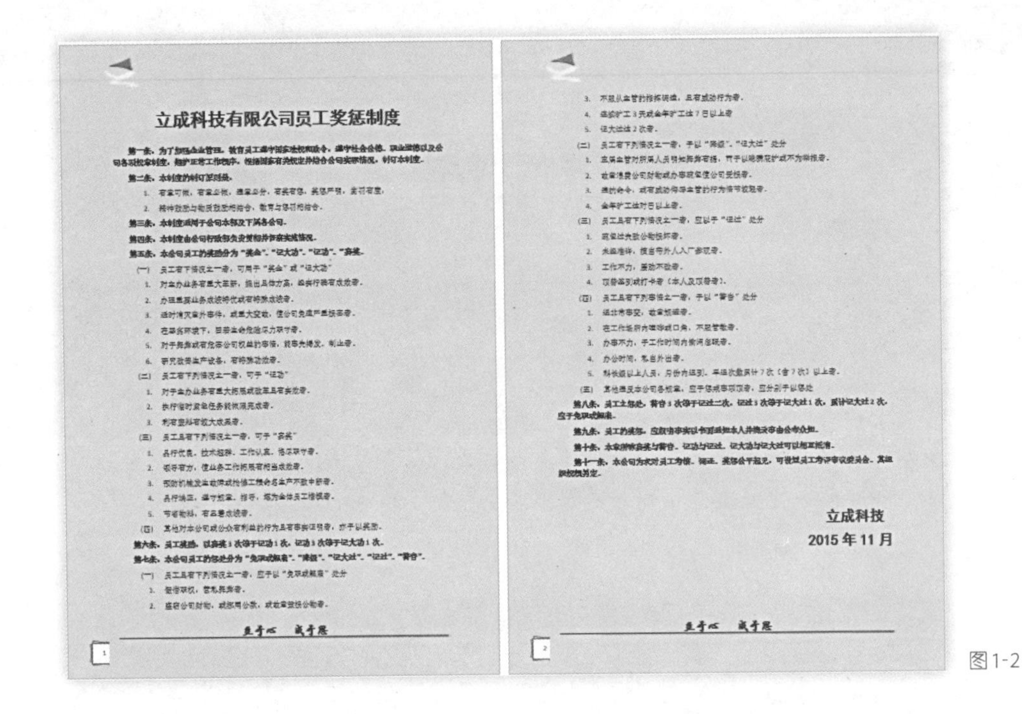

立成科技有限公司员工奖惩制度

立成科技

2015 年 11 月

图1-2

1.2 新手基础

在Word 2013中制作公司员工奖惩制度文档需要用到的知识点包括：新建文档、设置字体格式、段落格式、插入页眉页脚等。不要小看这些简单的知识点，扎实地掌握这些知识点会让你的工作大有不同哦！

1.2.1 快速选定整段内容

在进行文本编辑排版时，经常需要快速地选中需要的某段落内容来进行操作。我们日常最常用的方法就是靠拖动鼠标指针来选择需要的内容，那么除了此方法，可还有其他快捷的方法吗？ 其实除了通过拖动鼠标指针框选指定段落内容外，我们还可以通过下面的方法来选定文档的整段内容。

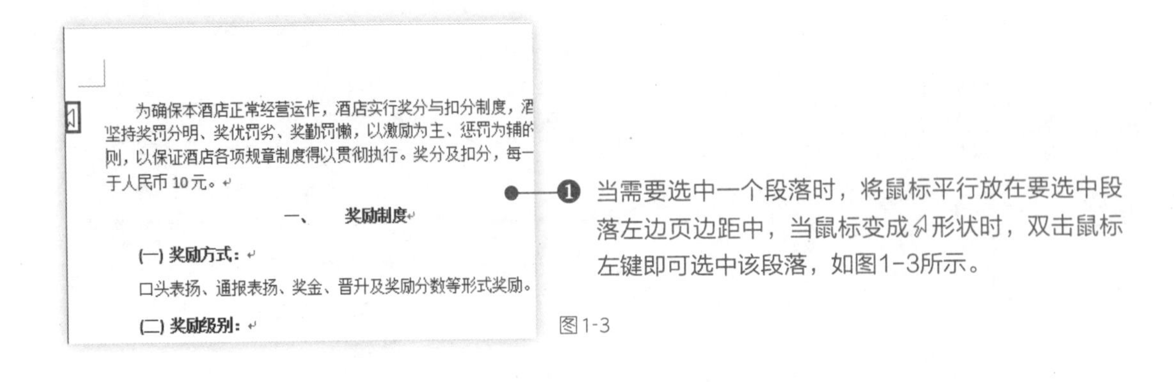

为确保本酒店正常经营运作，酒店实行奖分与扣分制度，酒
坚持奖罚分明、奖优罚劣、奖勤罚懒，以激励为主、惩罚为辅的
则，以保证酒店各项规章制度得以贯彻执行。奖分及扣分，每一
于人民币 10元。

一、 奖励制度

(一) 奖励方式：

口头表扬、通报表扬、奖金、晋升及奖励分数等形式奖励。

(二) 奖励级别：

图1-3

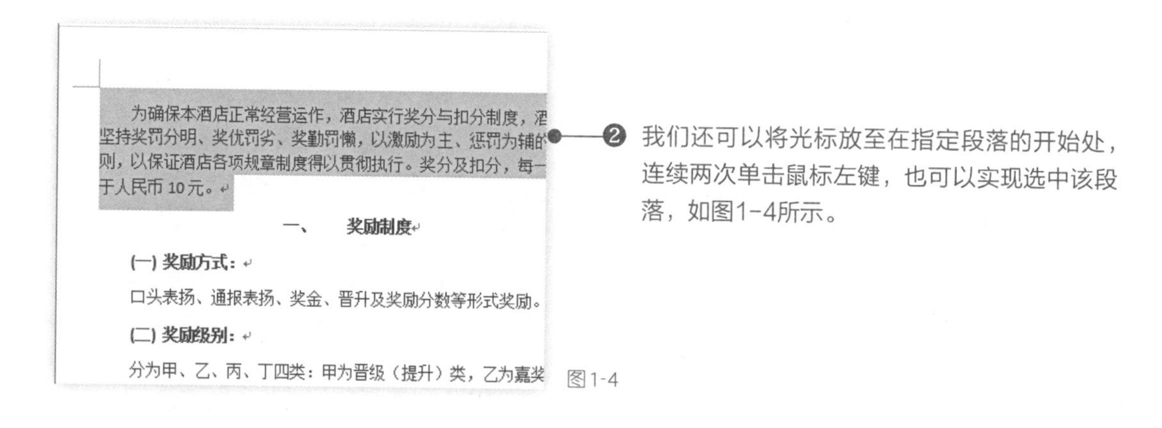

❷ 我们还可以将光标放至在指定段落的开始处，连续两次单击鼠标左键，也可以实现选中该段落，如图1-4所示。

图1-4

1.2.2　神奇的“格式刷”

在使用Word 2013编辑文字格式的时候，Word 2013的格式刷是一项非常有用的格式复制工具，特别是在对诸如论文等文本格式要求比较严的文档进行文档编辑时我们经常需要套用格式，此时可通过格式刷快速实现格式的套用或复制。具体操作如下：

❶ 选中已经设置好格式的文本区域，单击“开始”选项卡的“剪贴板”组的“格式刷”（ ）按钮，如图1-5所示。

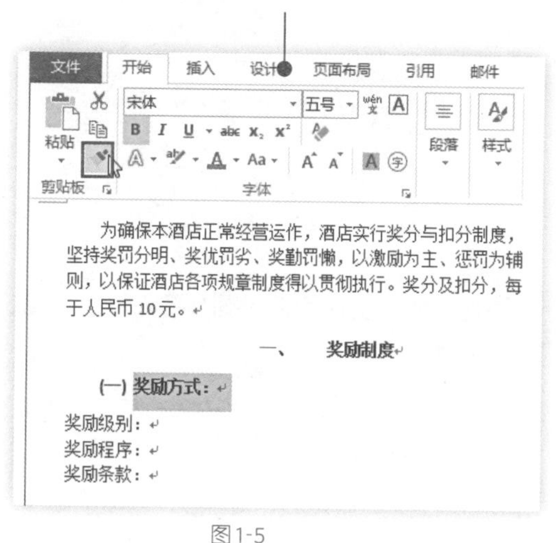

图1-5

❷ 当光标变成 状后，拖动鼠标指针选取需要套用格式的文本区域，释放鼠标后即完成套用格式的操作效果，如图1-6所示。

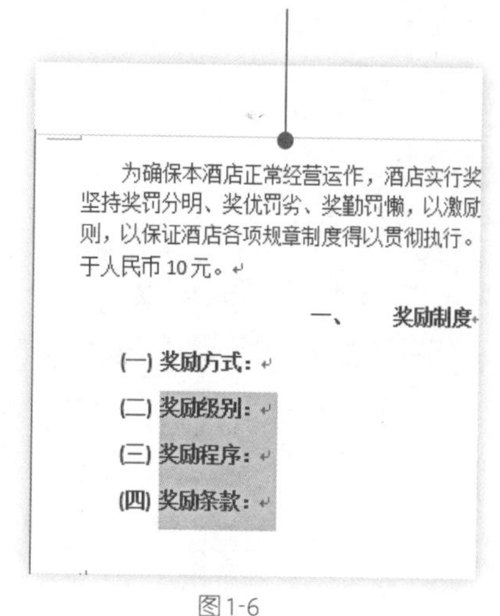

图1-6

1.2.3　让段落自动缩进两个字符

在日常工作中，许多文档都需要对文章段落进行“首行缩进”2个字符的设置。很多人往往用空格键逐段进行设置，这样操作不仅麻烦，而且经常发生遗漏。此时可以利用下面的设置操作完成设置工作。

❶ 在文档中选中要设置的段落，在“开始”选项卡，“段落”组中单击右下角“段落”按钮（图1-7），打开“段落”对话框。

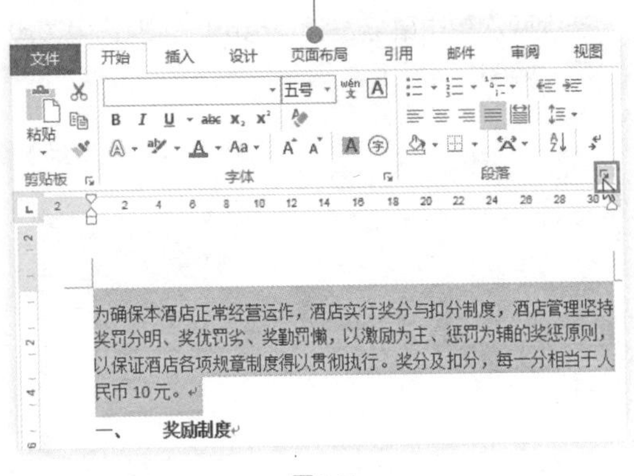

图1-7

❷ 单击“缩进和间距”标签，在“缩进”栏下单击“特殊格式”设置框右侧的下拉按钮，在弹出下拉菜单中单击“首行缩进”，将缩进值设定为“2字符”，单击“确定”按钮完成设置如图1-8所示。

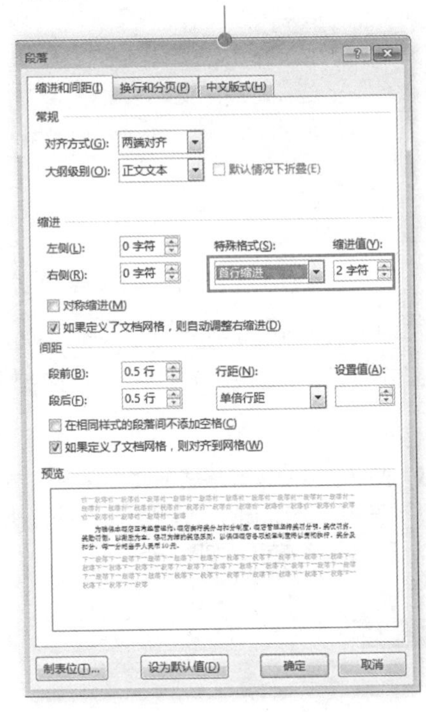

图1-8

❸ 设置完成后可以看到文档中所选的段落首行缩进了两个字符，如图1-9所示。

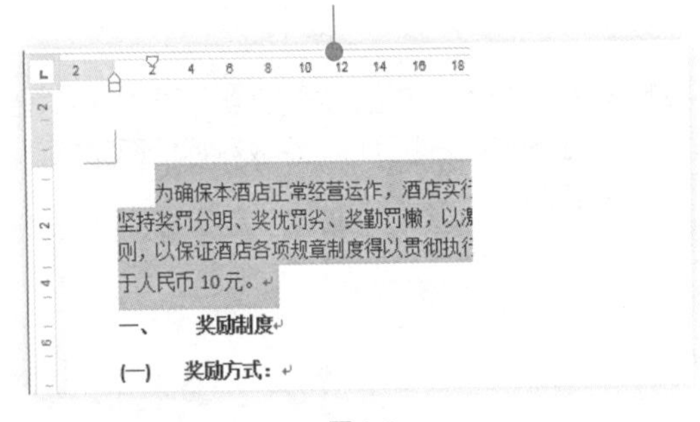

图1-9

1.2.4 任意设置段前段后间距

段间距指的是相邻的两个段落之间的距离。在制作文档时，有时为了使排版更加美观，我们可以通过下面的方法来设置段与段之间的间距。

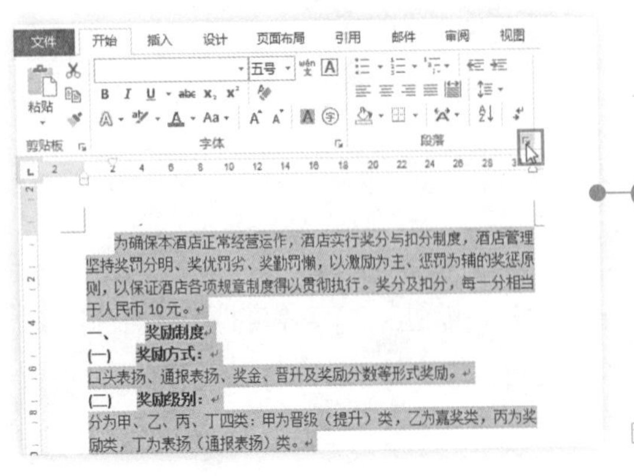

❶ 在文档中选中要设置的段前段后间距的内容，在“开始”选项卡，“段落”组中单击右下角“段落”按钮（图1-10），打开“段落”对话框。

图1-10

❷ 单击“缩进和间距”标签，在“间距”栏下的“段前”和“段后”设置框中输入“1行”，单击“确定”按钮，完成设置如图1-11所示。

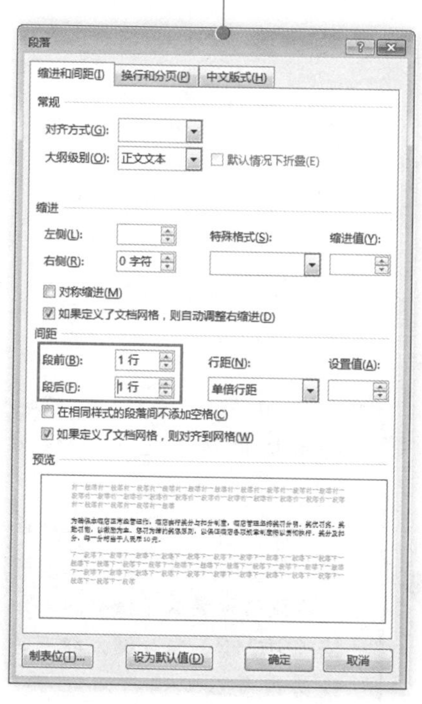

图1-11

❸ 设置后的效果如图1-12所示。

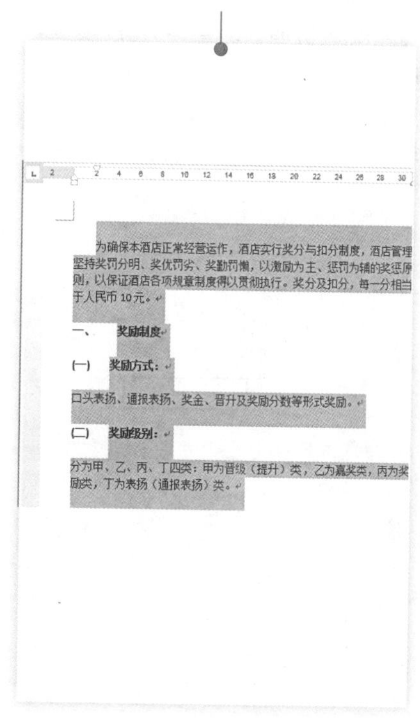

图1-12

1.2.5　文档行间距的快速设置

在实际工作中，我们经常需要根据文档类型和文档内容量等实际情况对文档行间距进行调整。设置文档行间距的方法如下：

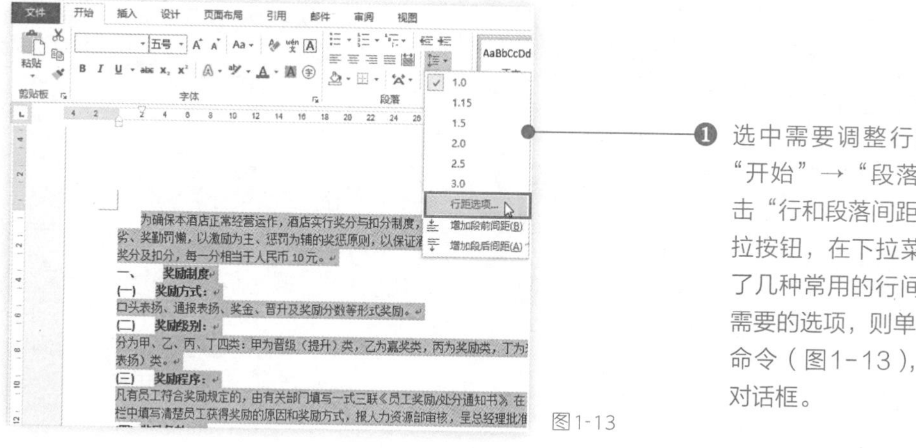

图1-13

❶ 选中需要调整行距的文本，在“开始”→“段落”选项组中单击“行和段落间距”（ ）右侧下拉按钮，在下拉菜单中系统提供了几种常用的行间距，如果没有需要的选项，则单击“行距选项”命令（图1-13），打开“段落”对话框。

❷ 单击“缩进和间距”标签，在“间距”栏下单击“行距”设置框右侧的下拉按钮，在弹出的下拉菜单中单击“多倍行距”，然后在“设置值”下的设置框中输入数值，如图1-14所示。单击“确定”按钮完成设置。

图1-14

❸ 调整后的效果，如图1-15所示。

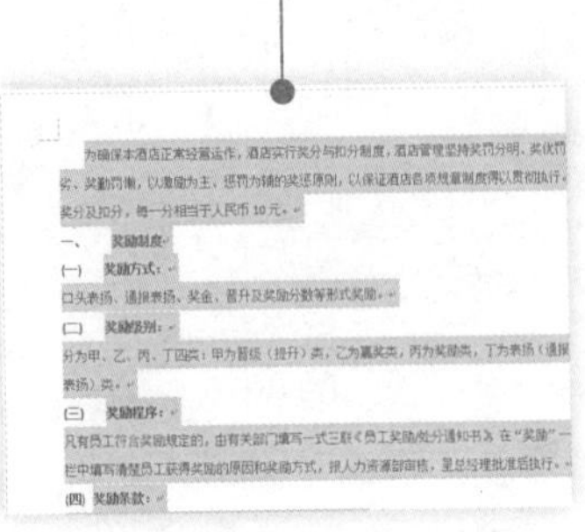

图1-15

知识扩展

在 Word 2013 文档中，可以利用快捷键快速更改 Word 2013 文档行间距。

选中需要设置行间距的文本段落，按〈Ctrl+1〉组合键，即可将段落设置成单倍行间距；按〈Ctrl+2〉组合键，即可将段落设置成双倍行间距；按〈Ctrl+5〉组合键，即可将段落设置成 1.5 倍行间距。

1.2.6 设置页面颜色

在实际工作中，为了优化页面视觉效果，我们可以对页面颜色进行个性化设置，具体设置方法如下：

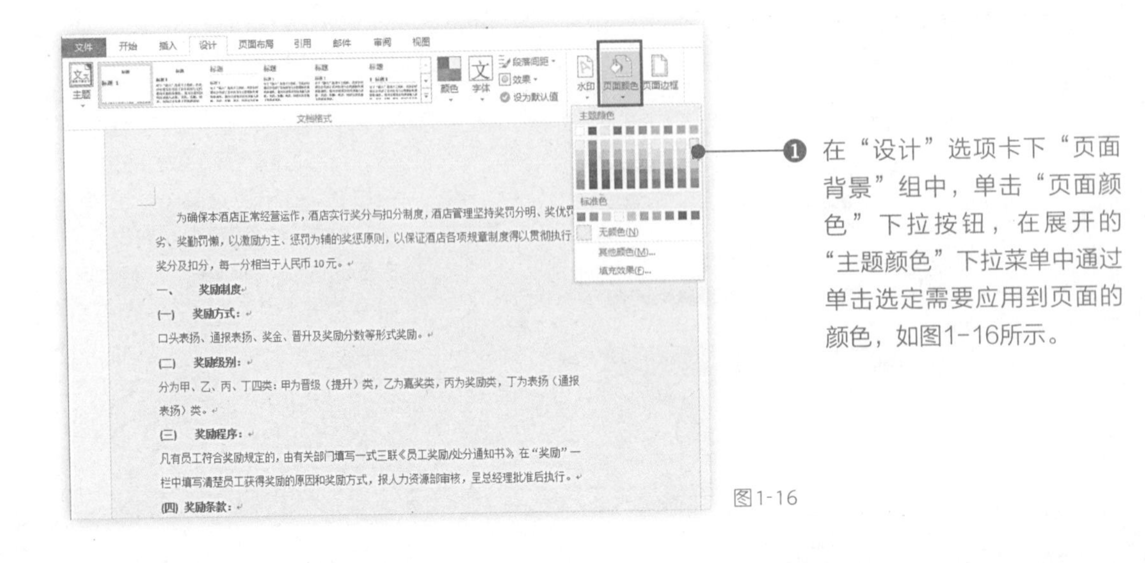

❶ 在“设计”选项卡下“页面背景”组中，单击“页面颜色”下拉按钮，在展开的“主题颜色”下拉菜单中通过单击选定需要应用到页面的颜色，如图1-16所示。

图1-16

❷ 如果没有找到合适的颜色选项，单击“页面颜色”下拉菜单中的“其他颜色”命令（图1-17），打开“颜色”对话框。

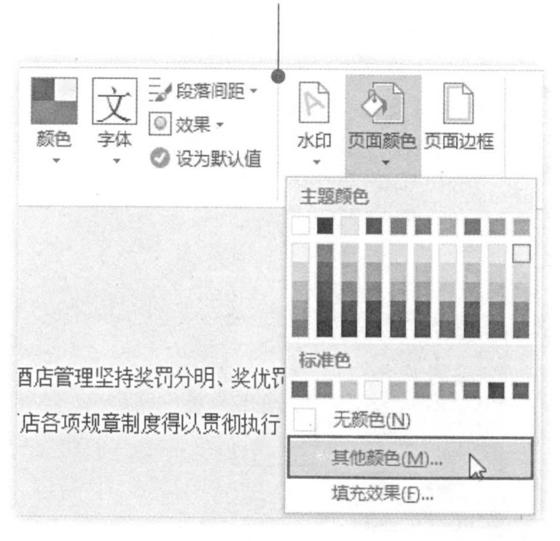

图1-17

❸ 单击“标准”标签，在色谱中选择颜色，如图1-18所示。设置完成后单击“确定”按钮即可。

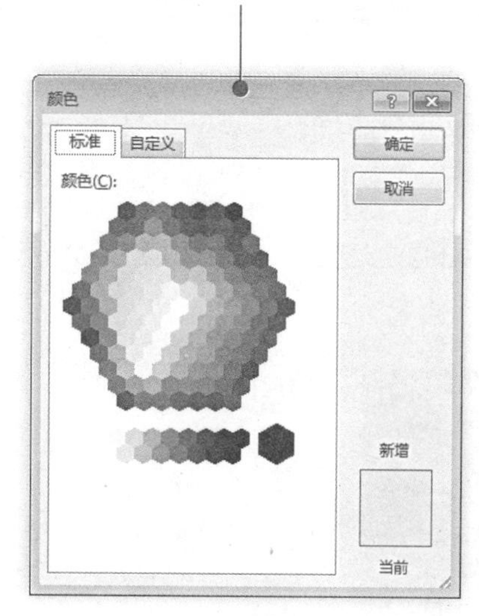

图1-18

1.2.7　快速创建页眉

在Word 2013中将每个页面顶部的区域称为页眉。在制作Word文档时，为文档设置一个美观的页眉，可以让整个文档的视觉效果增色不少。Word 2013中为我们内置了各种常用的页眉样式，我们可以通过下面的方法为文档添加合适的页眉。

❶ 在“插入”选项卡下“页眉和页脚”组中单击“页眉”下拉按钮，展开下拉菜单，可以选择合适的页眉模板，如图1-19所示。

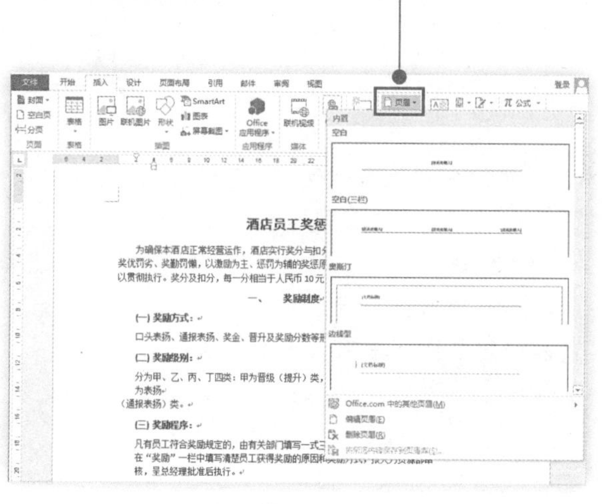

图1-19

❷ 单击想选择的模板即可插入选择的页眉模板，然后在页眉的文本框中输入文字信息即可，如图1-20所示。

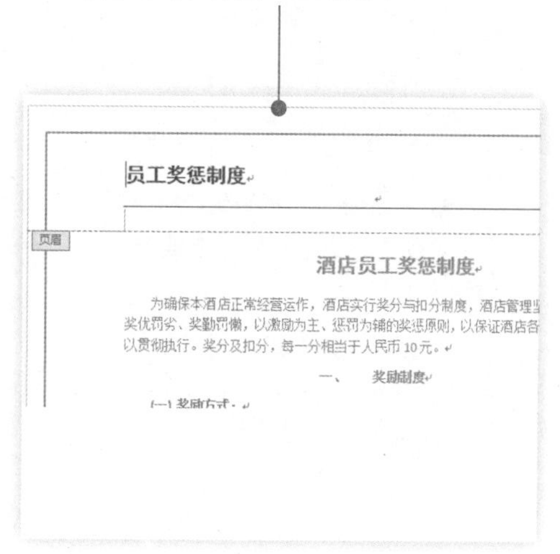

图1-20

1.2.8 打印指定页码的文本

在实际工作中，有时仅需要对文档中的部分页面进行打印，此时我们可以通过自定义打印范围的方法来解决问题。具体操作如下：

❶ 打开要打印的文档，单击“文件”→“打印”命令，在“设置”栏下单击“打印所有页”下拉按钮，在下拉菜单中选择“打印自定义范围”命令，如图1-21所示。

❷ 在“页数”文本框中，输入打印的指定页码范围，如“2-4”，如图1-22所示。设置好打印份数，单击“打印”按钮，即可开始打印了。

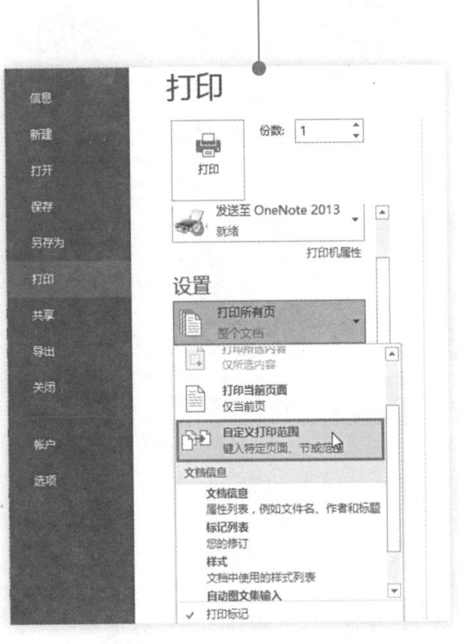

图1-21

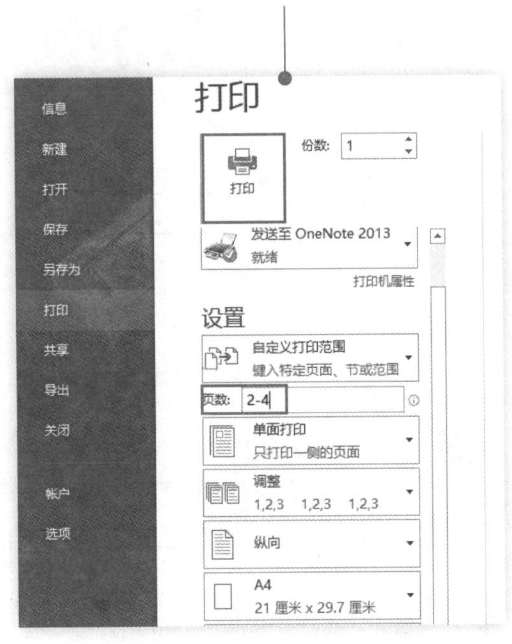

图1-22

1.3 文档设计

根据公司的实际情况，已经将员工奖惩制度内容创建好了，可对其进行格式设置对我来说还是一件不易的事情啊……

员工奖惩制度算是比较简单的文档了，其实我们只要按步骤来，一切文档的制作都不是问题。

1.3.1 创建公司员工奖惩制度文档

要制作好员工奖惩制度文档，首先就必须要创建员工奖惩制度文档。

1. 设置员工奖惩制度文档的文字格式

在文档的制作过程中，为了使文档更具有美观性和阅读性，我们可以在不同的文本中运用不同的文字格式。具体操作如下：

❶ 新建文档，并命名为“公司员工奖惩制度”，在文档中输入员工奖惩制度所有文字内容，如图1-23所示。

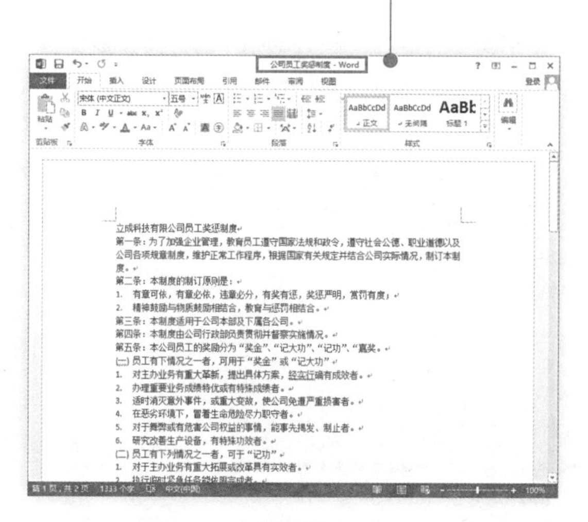

图1-23

❷ 选中标题文字，单击“开始”选项卡，在“字体”选项组中将字体设置为“黑体”和“加粗”；“字号”设置为“小一”，如图1-24所示。

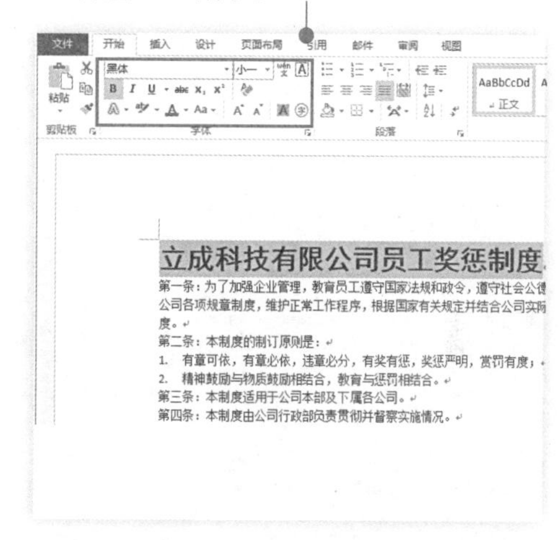

图1-24

❸ 在“段落”选项组中将字体对齐方式设置为“居中”，如图1-25所示。

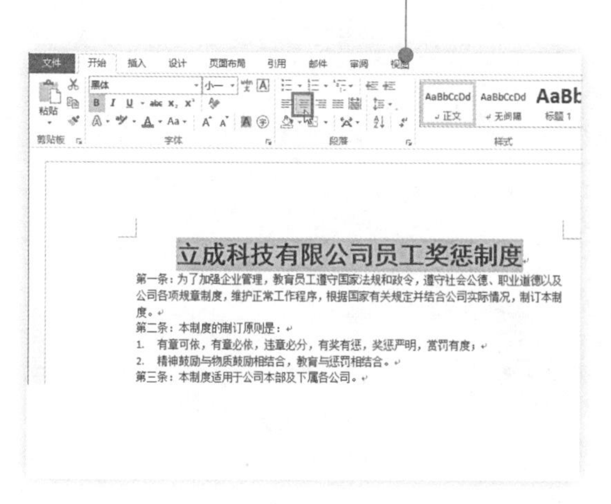

图1-25

❹ 依照相同设置方法，设置余下全文内容的字体格式，如图1-26所示。

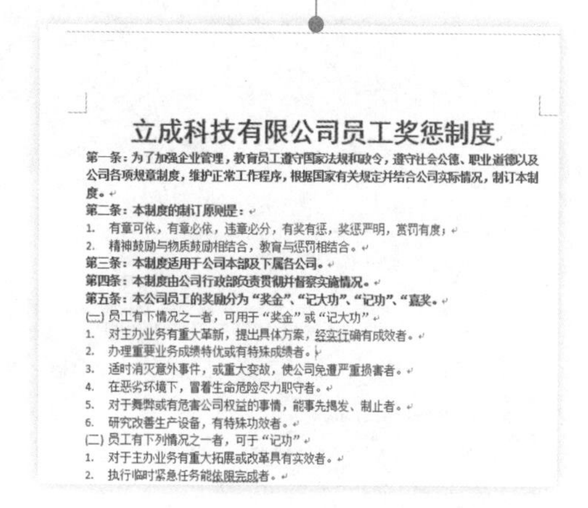

图1-26

文字格式除了可以在文字输入后进行设置外，也可以在输入之前进行设置：将光标放在需要输入文字的地方，设置需要的字体格式，然后再输入文字，即可得到采用指定格式的文字。

2. 设置员工奖惩制度文档的段落样式

在文档内容写作完成后，为了让段落分布更加清晰明了，我们可以为各段落设置不同的段落格式，使版面更加错落有致，既显得美观，也更加方便读者阅读。

❶ 选中标题，在“开始”选项卡下“段落”选项组中单击右下角的 按钮（如图1-27所示），打开“段落”对话框。

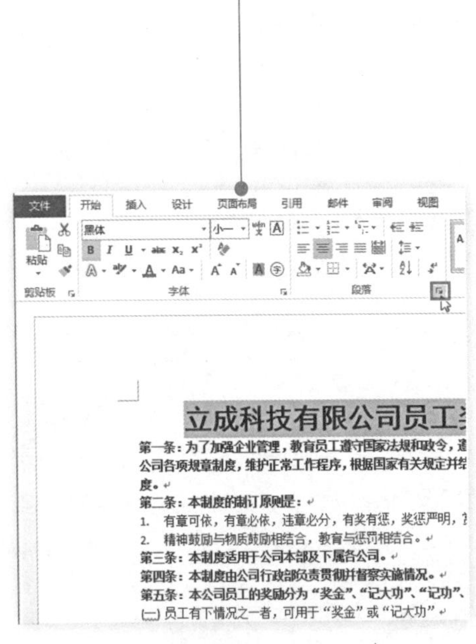

图1-27

❷ 在“缩进和间距”标签下将“段前”和“段后”间距都设置为“1行”，如图1-28所示。单击“确定”按钮完成设置。

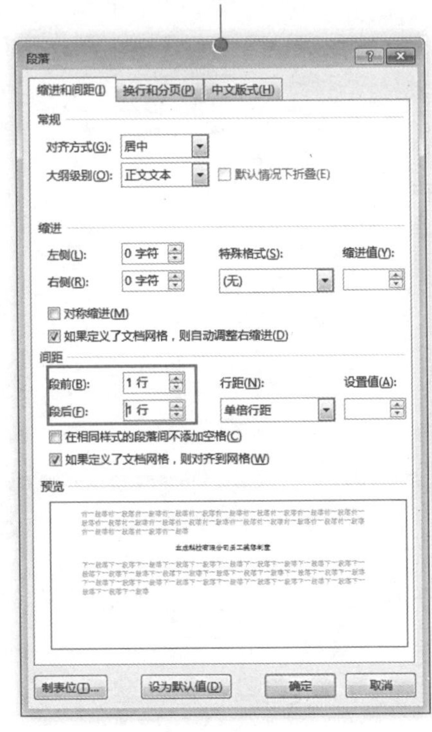

图1-28

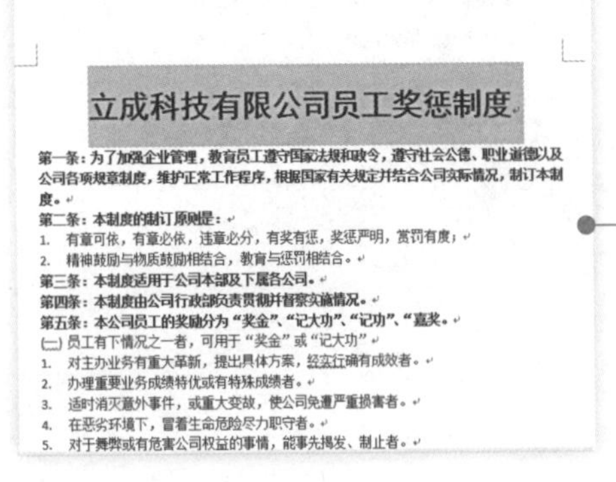

图1-29

❸ 设置后效果如图1-29所示。选中文档中除标题外所有加粗字体的段落，打开“段落”对话框。

❹ 在“缩进和间距”标签下将“特殊格式”设置为“首行缩进”，“缩进值”设置为“2字符”，将“段前”和“段后”间距都设置为“0.3行”，如图1-30所示。单击“确定”按钮完成设置。

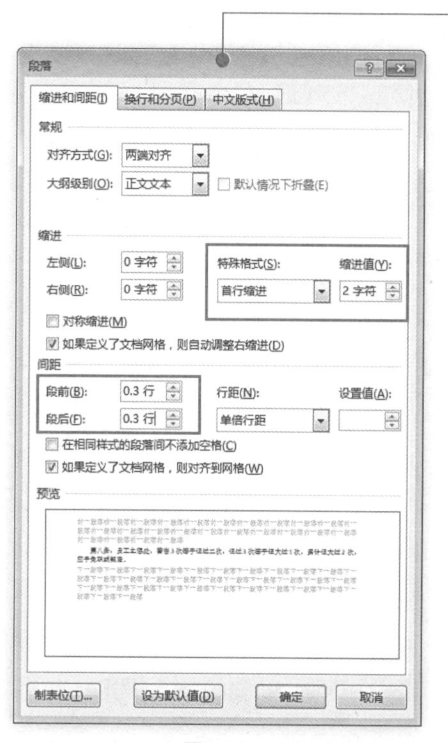

图1-30

❺ 设置后效果如图1-31所示。选中带有编号“1.2.3.……”的段落，打开“段落”对话框。

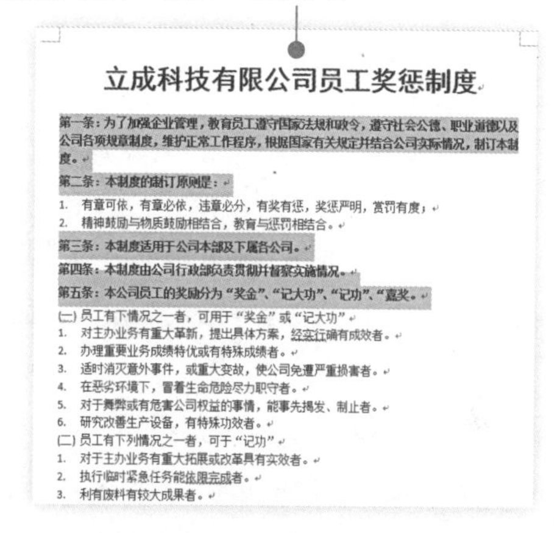

立成科技有限公司员工奖惩制度

第一条：为了加强企业管理，教育员工遵守国家法规和政令，遵守社会公德、职业道德以及公司各项规章制度，维护正常工作程序，根据国家有关规定并结合公司实际情况，制订本制度。

第二条：本制度的制订原则是：

1. 有章可依，有章必依，违章必分，有奖有惩，奖惩严明，赏罚有度；
2. 精神鼓励与物质鼓励相结合，教育与惩罚相结合。

第三条：本制度适用于公司本部及下属各公司。

第四条：本制度由公司行政部负责贯彻并督察实施情况。

第五条：本公司员工的奖励分为“奖金”、“记大功”、“记功”、“嘉奖。

(一) 员工有下情况之一者，可用于“奖金”或“记大功”

1. 对主办业务有重大革新，提出具体方案，经实行确有成效者。
2. 办理重要业务成绩特优或有特殊成绩者。
3. 适时消灭意外事件，或重大变故，使公司免遭严重损害者。
4. 在恶劣环境下，冒着生命危险尽力职守者。
5. 对于舞弊或有危害公司权益的事情，能事先揭发、制止者。
6. 研究改善生产设备，有特殊功效者。

(二) 员工有下列情况之一者，可于“记功”

1. 对于主办业务有重大拓展或改革具有实效者。
2. 执行临时紧急任务能依限完成者。
3. 利有废料有较大成果者。

图1-31

❻ 单击“缩进和间距”标签，在“缩进”栏中设置“左侧”为“4字符”，“特殊格式”设置为“悬挂缩进”，“缩进值”设置为“0.5字符”，将“段前”和“段后”间距都设置为“0.3行”，如图1-32所示。单击“确定”按钮完成设置。

图1-32

❼ 设置后效果如图1-33所示。

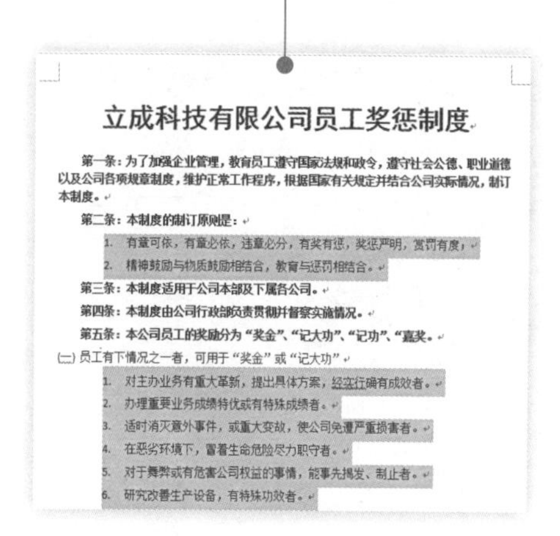

立成科技有限公司员工奖惩制度

第一条：为了加强企业管理，教育员工遵守国家法规和政令，遵守社会公德、职业道德以及公司各项规章制度，维护正常工作程序，根据国家有关规定并结合公司实际情况，制订本制度。

第二条：本制度的制订原则是：

1. 有章可依，有章必依，违章必分，有奖有惩，奖惩严明，赏罚有度；
2. 精神鼓励与物质鼓励相结合，教育与惩罚相结合。

第三条：本制度适用于公司本部及下属各公司。

第四条：本制度由公司行政部负责贯彻并督察实施情况。

第五条：本公司员工的奖励分为“奖金”、“记大功”、“记功”、“嘉奖。

(一) 员工有下情况之一者，可用于“奖金”或“记大功”

1. 对主办业务有重大革新，提出具体方案，经实行确有成效者。
2. 办理重要业务成绩特优或有特殊成绩者。
3. 适时消灭意外事件，或重大变故，使公司免遭严重损害者。
4. 在恶劣环境下，冒着生命危险尽力职守者。
5. 对于舞弊或有危害公司权益的事情，能事先揭发、制止者。
6. 研究改善生产设备，有特殊功效者。

图1-33

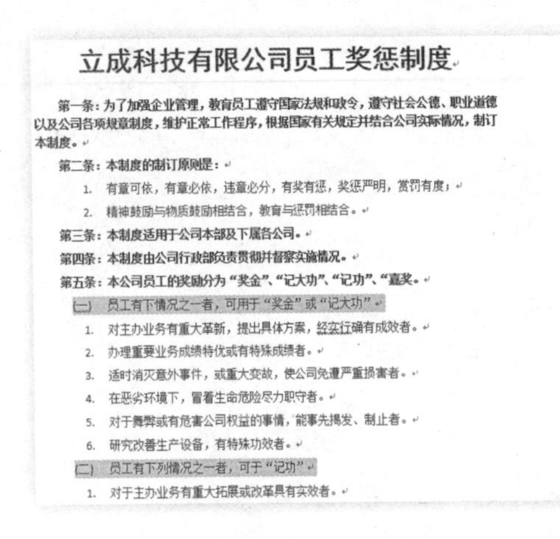
立成科技有限公司员工奖惩制度

第一条：为了加强企业管理，教育员工遵守国家法规和政令，遵守社会公德、职业道德以及公司各项规章制度，维护正常工作程序，根据国家有关规定并结合公司实际情况，制订本制度。

第二条：本制度的制订原则是：

1. 有章可依，有章必依，违章必分，有奖有惩，奖惩严明，赏罚有度；
2. 精神鼓励与物质鼓励相结合，教育与惩罚相结合。

第三条：本制度适用于公司本部及下属各公司。

第四条：本制度由公司行政部负责贯彻并督察实施情况。

第五条：本公司员工的奖励分为“奖金”、“记大功”、“记功”、“嘉奖”。

(一) 员工有下情况之一者，可用于“奖金”或“记大功”

1. 对主办业务有重大革新，提出具体方案，经实行确有成效者。
2. 办理重要业务成绩特优或有特殊成绩者。
3. 适时消灭意外事件，或重大变故，使公司免遭严重损害者。
4. 在恶劣环境下，冒着生命危险尽力职守者。
5. 对于舞弊或有危害公司权益的事情，能事先揭发、制止者。
6. 研究改善生产设备，有特殊功效者。

(二) 员工有下列情况之一者，可于“记功”

1. 对于主办业务有重大拓展或改革具有实效者。

❽ 选择文档中带有编号“（一）.（二）.（三）. ……”的段落，参照上述方法将“缩进”属性设置为“左侧”缩进“3字符”，效果如图1-34所示。

图1-34

1.3.2 设置员工奖惩制度文档的页眉、页脚及页码

完成文档的文字、段落等格式的设置之后，还可以为员工奖惩制度文档设置页眉、页脚和页码。

1. 为员工奖惩制度文档设置页眉

为文档添加页眉可以使其显得更加专业与美观，我们可以在页眉中添加文字、图形，或者插入图片，在本例中我们给员工奖惩制度文档的页眉加上企业Logo。

❶ 单击“插入”选项卡，在“页眉和页脚”选项组中单击“页眉”按钮，在弹出的下拉菜单中选择空白页眉，如图1-35所示。

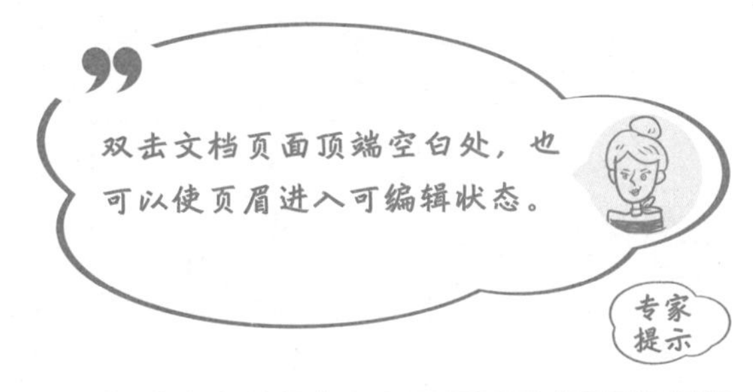

❷ 执行上述操作，即可打开了“页眉和页脚工具”选项，进入编辑状态，如图1-36所示。

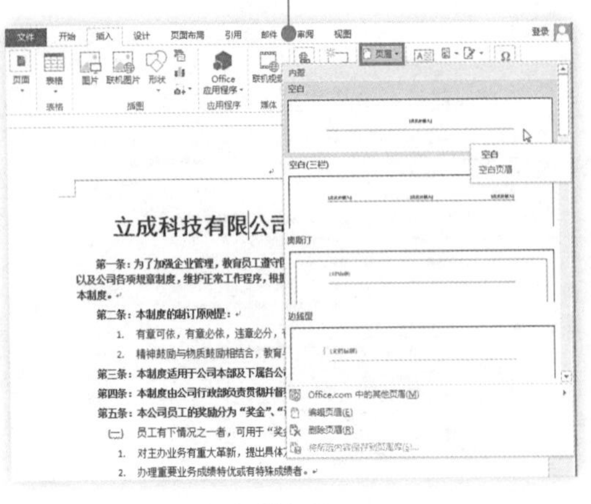

图1-35

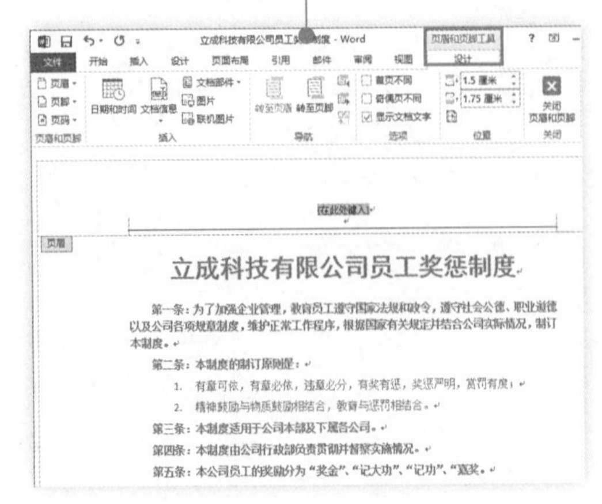

图1-36

❸ 选中所有段落标记，单击“开始”选项卡下“字体”选项组中的 “清除格式”按钮，将原有的一条横线及格式去掉，如图1-37所示。

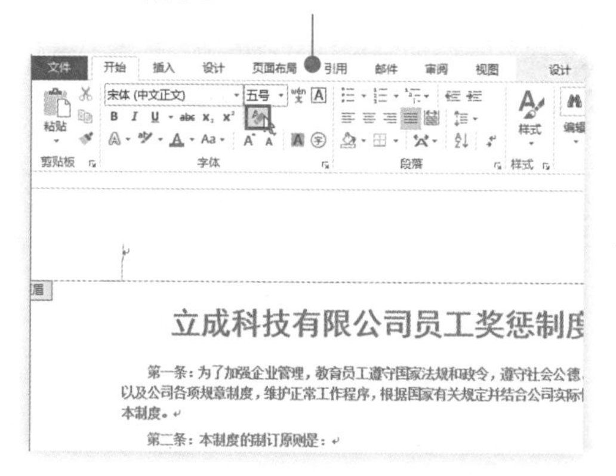

图1-37

❹ 在“页眉和页脚工具”选项下单击“设计”选项卡，在“插入”选项组中单击“图片”按钮(图1-38)，打开“插入图片”对话框。

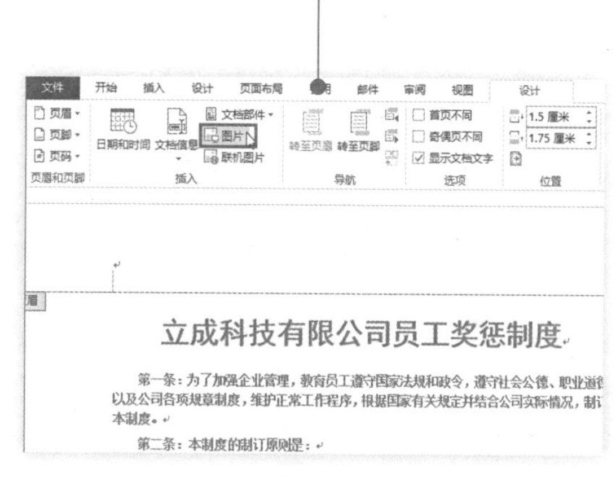

图1-38

❺ 选择需要的图片，单击“插入”按钮，完成图片的插入，如图1-39所示。

图1-39

❻ 选中插入页眉的图片，在“图片工具”选项下单击“格式”选项卡，在“排列”选项组中单击“自动换行”按钮，在其下拉列表中选择“浮于文字上方”选项，如图1-40所示。

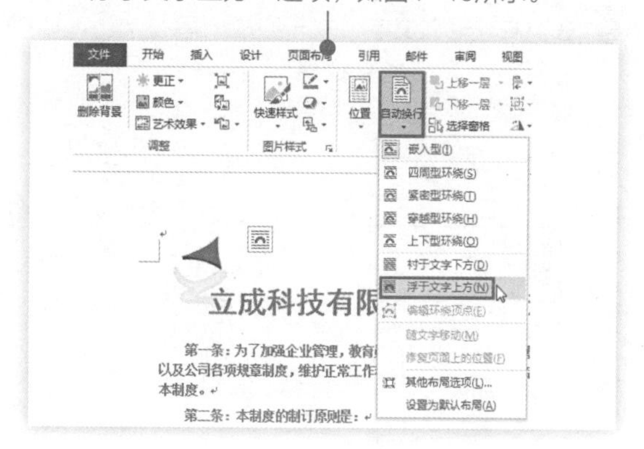

图1-40

❼ 调整图片的大小和位置，单击“页眉和页脚工具”选项下“设计”选项卡，在“关闭”选项组中单击“关闭页眉和页脚”按钮，如图1-41所示。

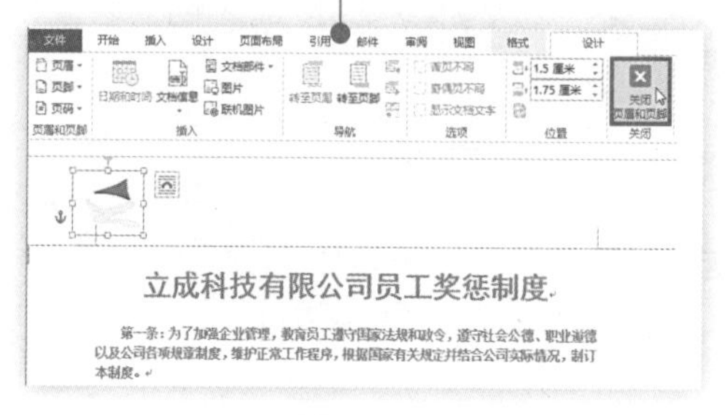

图1-41

❽ 退出页眉编辑状态后，页眉的最终效果如图1-42所示。

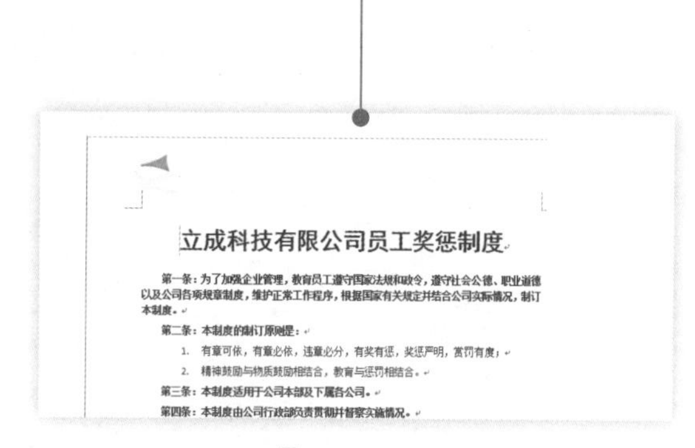

图1-42

2. 为员工奖惩制度文档设置页脚

设置页脚的功能与添加页眉功能相似，我们在页脚处同样也可以添加各种我们需要的要素。例如本例中我们将在页脚插入文字和图形要素。

❶ 单击“插入”选项卡，在“页眉和页脚”选项组中单击“页脚”按钮，在弹出的下拉菜单中选择空白页脚，如图1-43所示。

❷ 执行上述操作，即可打开了“页眉和页脚工具”选项，进入编辑状态，如图1-44所示。

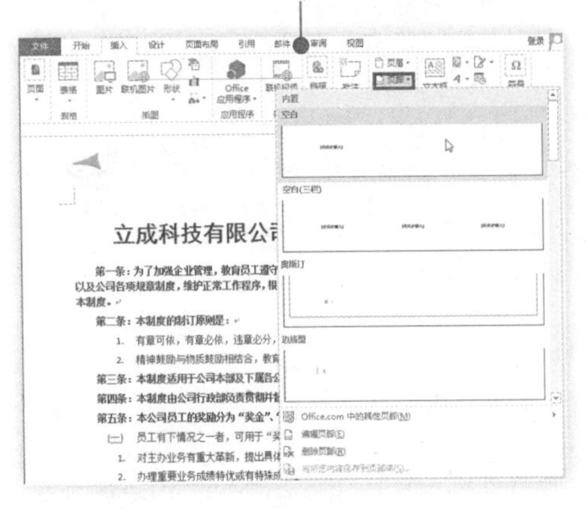

图1-43

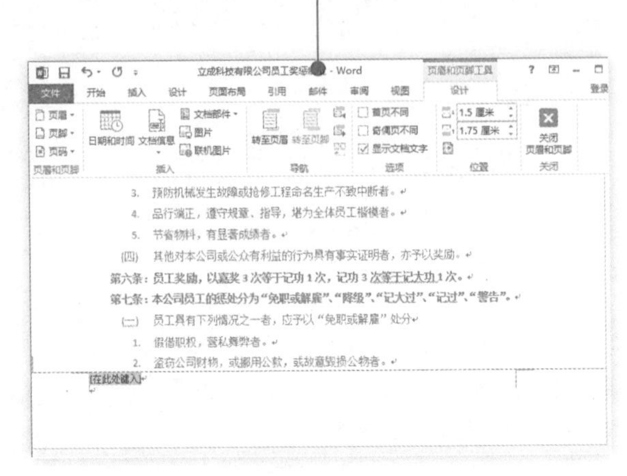

图1-44

❸ 在页脚处输入文字“立于心成于思”，设置其字体为“华文行楷”，字号为“三号”，对齐方式为“居中”，效果如图1-45所示。

❹ 单击“插入”选项卡，在“插图”选项组中单击“形状”按钮，在弹出的下拉列表中选择“直线”形状，如图1-46所示。

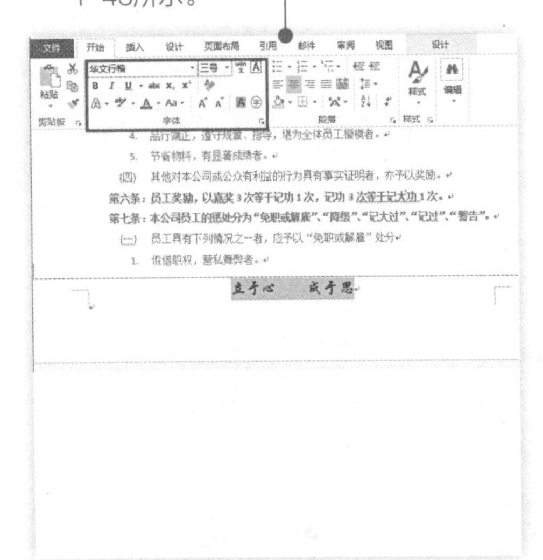

图1-45

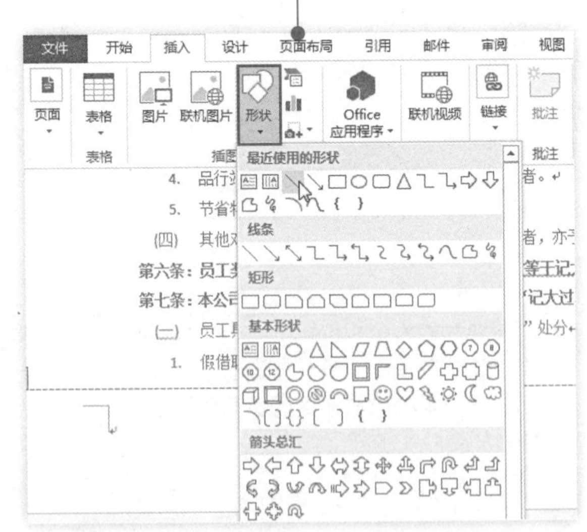

图1-46

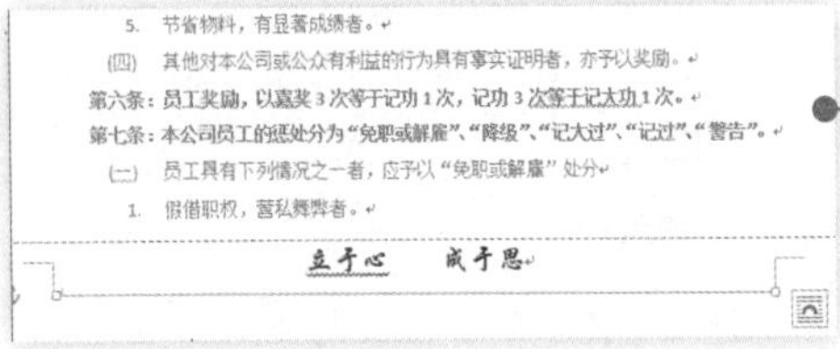

❺ 选中插入的直线并按住鼠标左键，将直线拖动到合适的位置，效果如图1-47所示。

图1-47

❻ 单击“页眉和页脚工具”选项下“设计”选项卡，在“关闭”选项组中单击“关闭页眉和页脚”按钮完成页脚的设置，效果如图1-48所示。

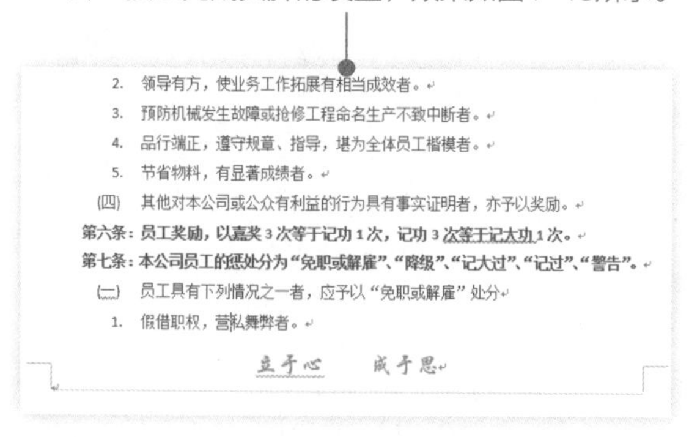

图1-48

3. 为员工奖惩制度文档插入页码

在页数较多的文档中插入页码可以方便读者进行查阅，Word 2013为用户提供了多种页码样式，用户可以根据个人喜好或者需要来进行选择和设置。

❶ 单击“插入”选项卡，在“页眉和页脚”选项组中单击“页码”按钮，在其下拉列表中选择“页面底端”，在其子菜单中选择一种样式，如图1-49所示。

图1-49

❷ 单击“页眉和页脚工具设计”选项卡下的“关闭页眉和页脚”按钮，完成页码的插入，最终效果如图1-50所示。

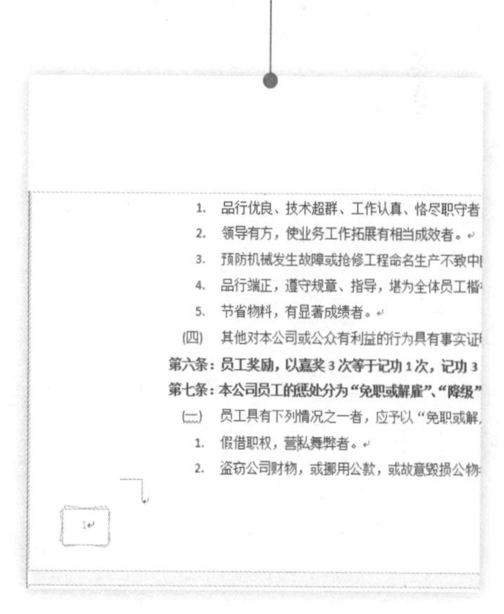

图1-50

1.3.3 对员工奖惩制度文档进行页面设置

打印文档之前需要对文档进行页面设置以获得好的打印效果，下面对员工奖惩制度文档进行页面效果设置。

❶ 单击“页面布局”选项卡，在“页面设置”选项组中单击右下角的按钮（图1-51），打开“页面设置”对话框。

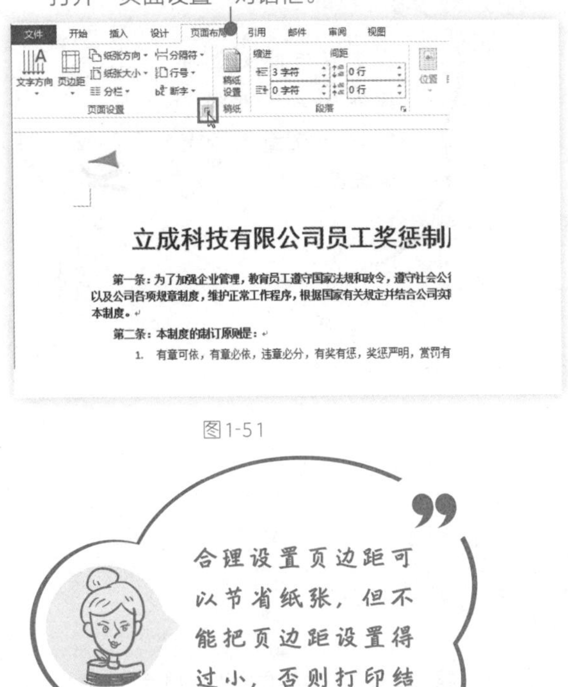

图1-51

❷ 将上、下、左、右页边距设置为“2.5厘米”，如图1-52所示。

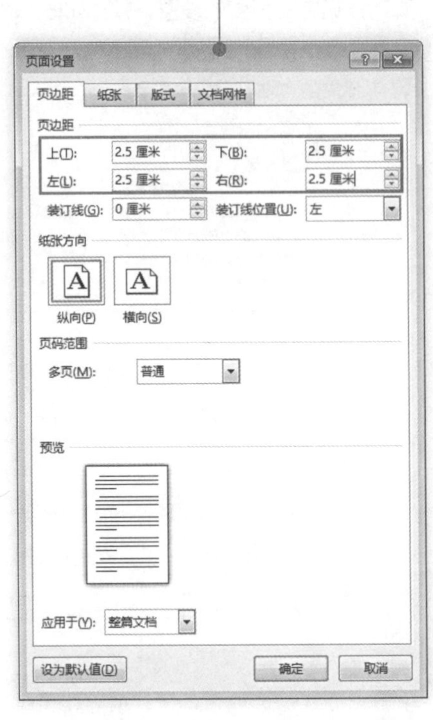

图1-52

合理设置页边距可以节省纸张，但不能把页边距设置得过小，否则打印结果可能会丢失内容。

专家提示

❸ 在“设计”选项卡下“页面背景”组中，单击“页面颜色”下拉按钮，在展开的“主题颜色”下拉菜单中选择需要的颜色应用于页面，如图1-53所示。

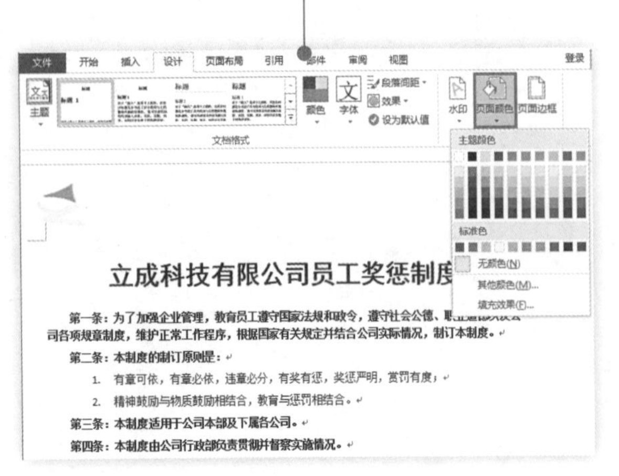

图1-53

❹ 为页面设置颜色后效果如图1-54所示。

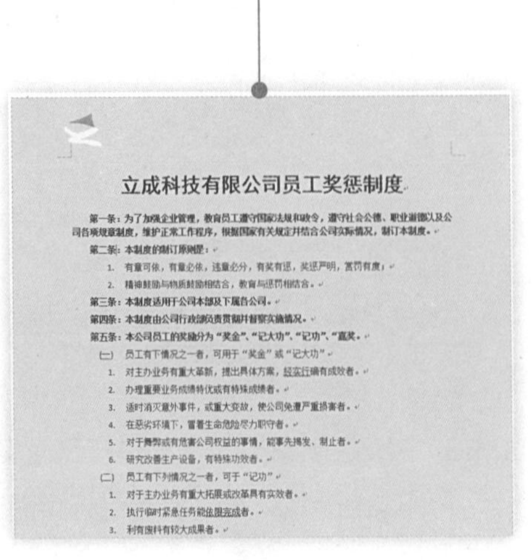

图1-54

1.3.4　打印公司员工奖惩制度文档

完成公司员工奖惩制度文档的创建后，我们需要将该文档打印出来以投入使用。为了获取较为完美的打印效果，打印之前需要进行相关打印设置。

❶ 单击文档左上角的“文件”→“打印”命令，在打印面板中即可预览员工奖惩制度文档的打印效果。单击“页面设置”按钮（图1-55），打开“页面设置”对话框。

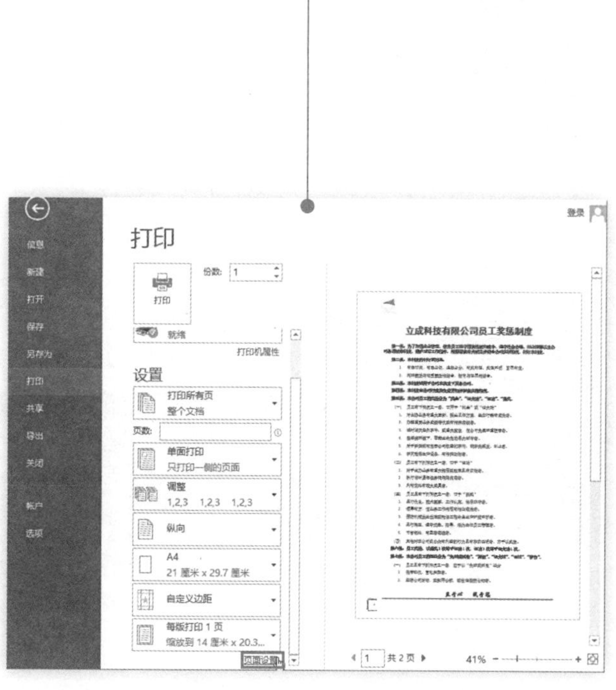

图1-55

❷ 切换到“纸张”标签，单击“打印选项”按钮（图1-56），打开“Word选项”对话框。

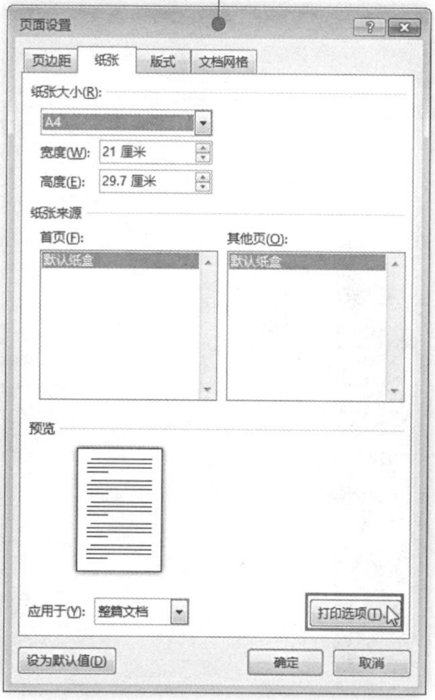

图1-56

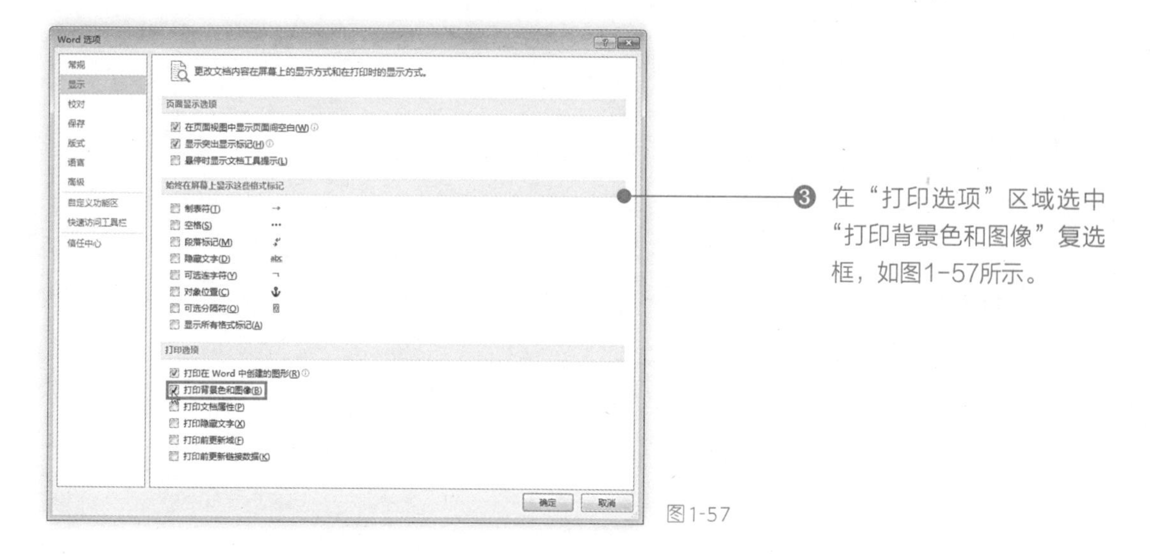

❸ 在“打印选项”区域选中“打印背景色和图像”复选框，如图1-57所示。

图1-57

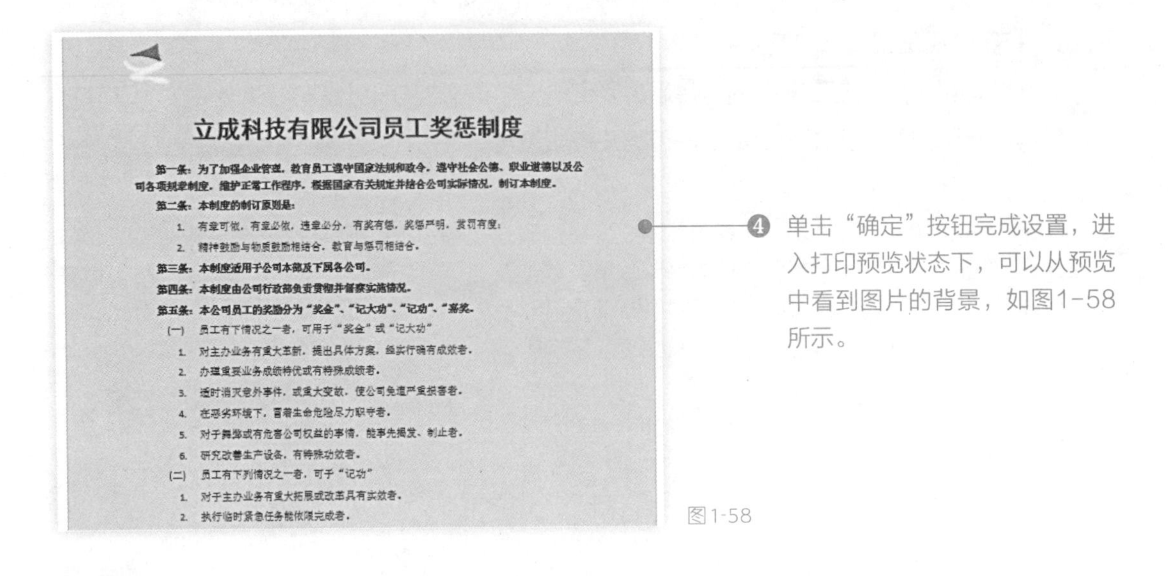

立成科技有限公司员工奖惩制度

第一条：为了加强企业管理，教育员工遵守国家法规和政令，遵守社会公德、职业道德以及公司各项规章制度，维护正常工作程序，根据国家有关规定并结合公司实际情况，制订本制度。

第二条：本制度的制订原则是：

1. 有章可依，有章必依，违章必分，有奖有惩，奖惩严明，赏罚有度；
2. 精神鼓励与物质鼓励相结合，教育与惩罚相结合。

第三条：本制度适用于公司本部及下属各公司。

第四条：本制度由公司行政部负责贯彻并督察实施情况。

第五条：本公司员工的奖励分为“奖金”、“记大功”、“记功”、“嘉奖”。

(一) 员工有下情况之一者，可用于“奖金”或“记大功”

1. 对主办业务有重大革新，提出具体方案，经实行确有成效者。
2. 办理重要业务成绩特优或有特殊成绩者。
3. 适时消灭意外事件，或重大变故，使公司免遭严重损害者。
4. 在恶劣环境下，冒着生命危险尽力职守者。
5. 对于舞弊或有危害公司权益的事情，能事先揭发、制止者。
6. 研究改善生产设备，有特殊功效者。

(二) 员工有下列情况之一者，可予“记功”

1. 对于主办业务有重大拓展或改革具有实效者。
2. 执行临时紧急任务能依限完成者。

❹ 单击“确定”按钮完成设置，进入打印预览状态下，可以从预览中看到图片的背景，如图1-58所示。

图1-58

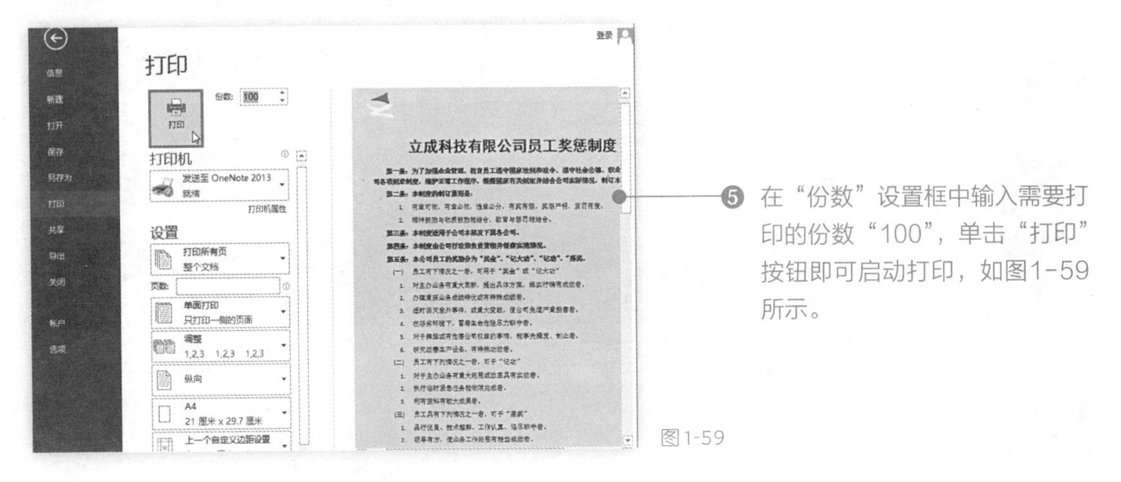

❺ 在“份数”设置框中输入需要打印的份数“100”，单击“打印”按钮即可启动打印，如图1-59所示。

图1-59

制作公司员工培训方案

领导刚刚过来找我说，为了加强对员工的管理和提升员工工作效率需要定期对员工进行培训，在培训前还让我制作一份详尽的员工培训方案，可是我从来没有组织过培训工作，这得如何制作啊……

为了让培训进行得更加顺利，制作培训方案是很有必要的。不过你还没有试试，怎么知道自己不行呢，其实培训方案的制作也是很简单的。培训方案没必要太复杂，突出重点就可以了。你可以分几大块进行制作，例如培训的目的、培训的纪律要求，还有最重要的一点就是培训的具体内容。

这样给你一说，是不是思路清晰很多了呢？

2.1 制作流程

员工培训是指组织为开展业务及培育人才的需要，采用各种方式对员工进行有目的、有计划的培养和训练的管理活动，其目标是使员工不断地更新知识，开拓技能，改进员工的动机、态度和行为。为了最大限度地发挥员工潜能，提高员工工作效率并能更好地配合业务工作的需要，有针对性地展开员工培训工作是必不可少。

下面我们将以创建公司员工培训方案、制作员工培训表和美化员工培训方案文档三项任务为抓手，向大家介绍制作公司员工培训方案所需的各项技能，如图2-1所示。

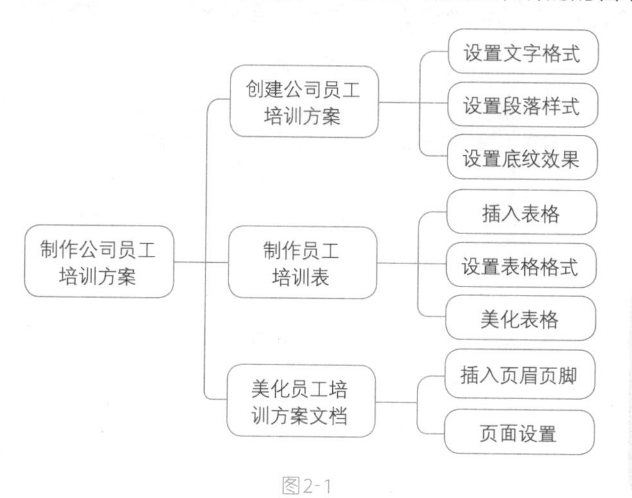

图2-1

行政工作对于文档的格式有着严格而明确的要求。在学习文档制作之前，我们先来看一下员工培训方案的效果图，如图2-2所示。

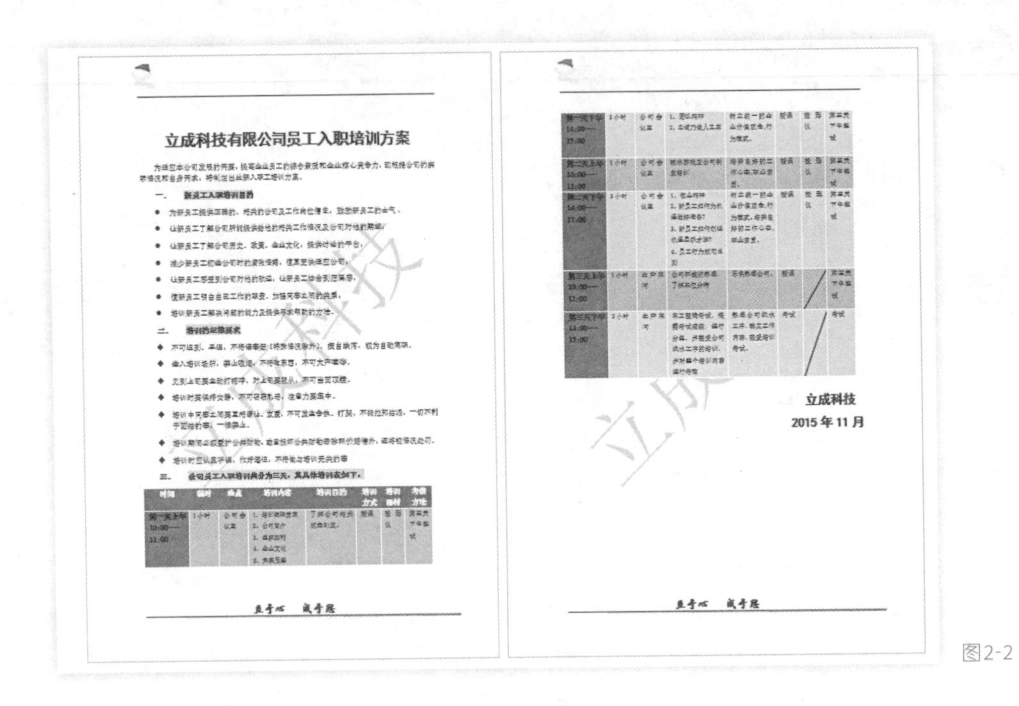

立成科技有限公司员工入职培训方案

立成科技

2015 年 11 月

图2-2

2.2 新手基础

在 Word 2013 中制作公司员工培训方案文档需要用到的知识点除了前面介绍过的知识点外还包括项目符号设置、插入表格以及表格的美化等。不要小看这些简单的知识点，扎实掌握这些知识点会让你的工作大有不同哦！

在编辑文档时，突然断电文档没有保存，怎么办？

2.2.1 文档的自动恢复

如果我们在编辑文档时不注意及时保存文档，那么在出现断电、死机等意外情况时，则会丢失数据，造成重大损失。为了避免这种情况发生，我们可以通过如下设置以实现让文档自动定时保存。

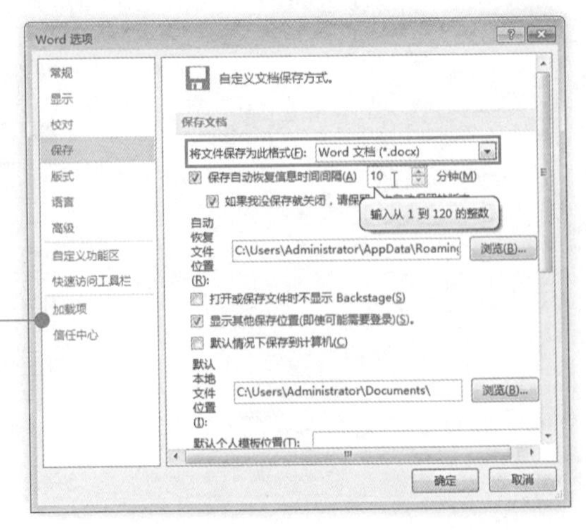

单击"文件"→"选项"命令，打开"Word选项"对话框。选择"保存"标签，在"保存文档"栏下勾选"保存自动恢复信息时间间隔"复选框，在数值框中设置间隔时间值，设置完成后单击"确定"按钮完成设置，如图2-3所示。

图2-3

完成上面的设置后，若Word 2013程序出现意外关闭、死机、断电等情况，当我们再次启动Word 2013时，系统会自动弹出“文档恢复”任务窗格，提示一个或几个在某时间点保存的文档状态记录供我们选择，单击需要的文档状态记录即可将文档恢复至该记录时点所保存的文档状态。

专家提示

2.2.2　为特定文本添加项目符号

添加项目符号，是Word 2013中十分有用的功能之一，我们对Word 2013文档进行排版时，如果适当地为文本添加项目符号可以使用文档阅读起来条理清晰。下面一起来看看如何为指定的文档内容添加项目符号。

❶ 选中需要添加项目符号的文本内容，在“开始”选项卡下“段落”组中，单击“项目符号”下拉按钮，在下拉菜单中可以选择需要使用的项目符号，如图2-4所示。

❷ 单击选中的项目符号，即可为文本添加相应的项目符号，效果如图2-5所示。

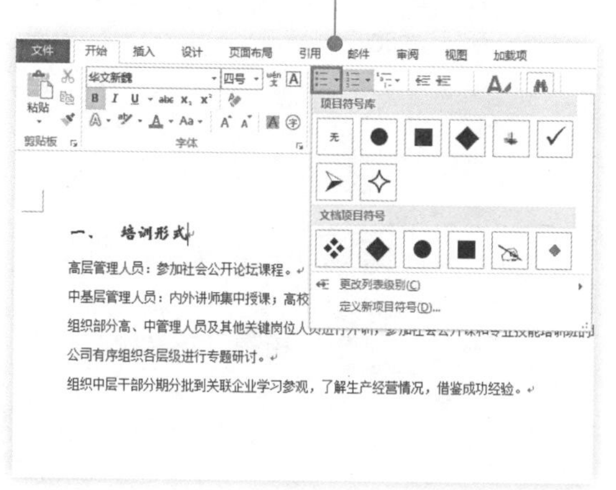

图2-4

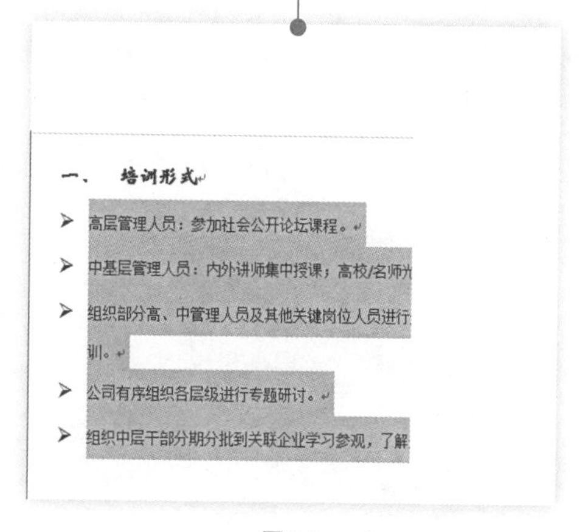

图2-5

为文档设置水印除了利用Word 2013自带的模板快速设置水印外，能否将自己喜欢的图片作为水印呢？

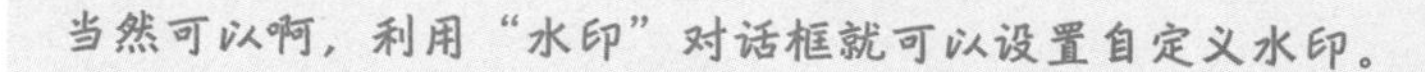

当然可以啊，利用“水印”对话框就可以设置自定义水印。

2.2.3 设置页面图片水印效果

为文档添加水印效果，一方面可以防止第三方盗用内容，进而对自己的文档版权进行保护，另一方面因为文字和图片都可以被设置为水印，优美的水印效果还可以增强文档的观赏性。为文档设置自定义水印效果的操作如下：

❶ 在“设计”选项卡下“页面背景”组中，单击“水印”下拉按钮，在展开的下拉菜单中单击“自定义水印”命令（图2-6），打开“水印”对话框。

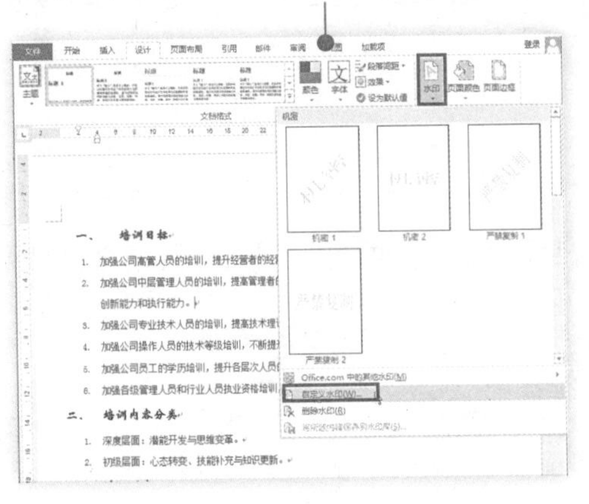

图2-6

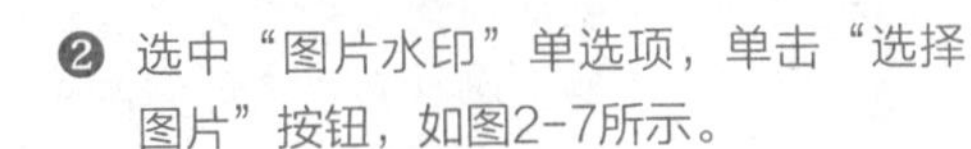

❷ 选中“图片水印”单选项，单击“选择图片”按钮，如图2-7所示。

图2-7

❸ 进入“插入图片”页面，单击“浏览”按钮，如图2-8所示。

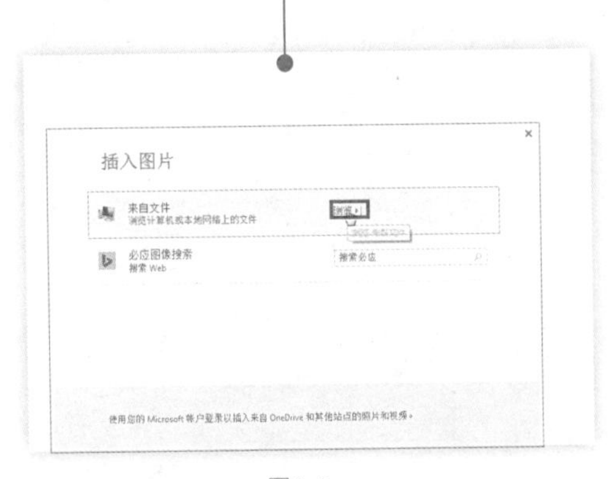

图2-8

❹ 打开“插入图片”对话框，选择需要的图片，单击“插入”按钮，返回“水印”对话框，如图2-9所示。

图2-9

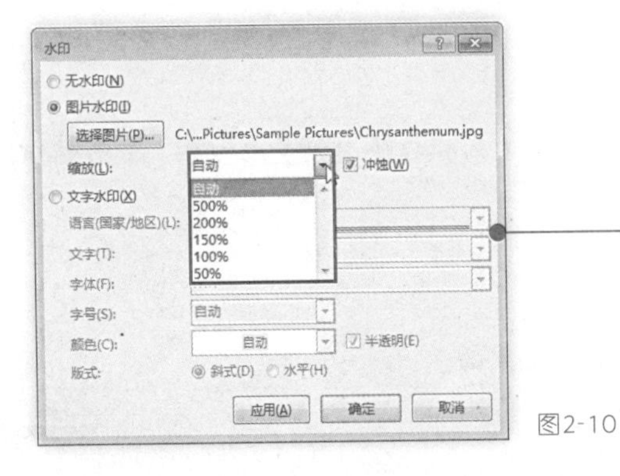

图2-10

❺ 在“缩放”下拉列表中可以选择图片的缩放比例，设置完成后，单击“确定”按钮，如图2-10所示。

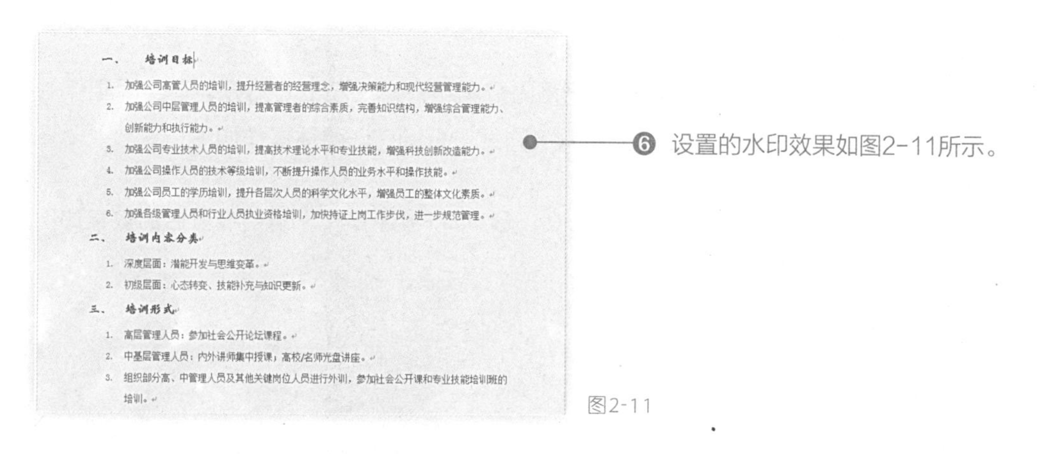
一、　培训目标

1. 加强公司高管人员的培训，提升经营者的经营理念，增强决策能力和现代经营管理能力。
2. 加强公司中层管理人员的培训，提高管理者的综合素质，完善知识结构，增强综合管理能力、创新能力和执行能力。
3. 加强公司专业技术人员的培训，提高技术理论水平和专业技能，增强科技创新改造能力。
4. 加强公司操作人员的技术等级培训，不断提升操作人员的业务水平和操作技能。
5. 加强公司员工的学历培训，提升各层次人员的科学文化水平，增强员工的整体文化素质。
6. 加强各级管理人员和行业人员执业资格培训，加快持证上岗工作步伐，进一步规范管理。

二、　培训内容分类

1. 深度层面：潜能开发与思维变革。
2. 初级层面：心态转变、技能补充与知识更新。

三、　培训形式

1. 高层管理人员：参加社会公开论坛课程。
2. 中基层管理人员：内外讲师集中授课；高校/名师光盘讲座。
3. 组织部分高、中管理人员及其他关键岗位人员进行外训，参加社会公开课和专业技能培训班的培训。

❻ 设置的水印效果如图2-11所示。

图2-11

2.2.4　套用表格样式快速美化表格

表格是Word 2013文档中非常重要的一种版面要素，它可以帮助我们清晰地呈现各种条理性较强的内容。Word 2013中自带了大量精美表格样式供我们套用，合理地套用表格样式可以让我们的文档美观大方。套用表格样式的具体操作如下：

❶ 选中表格，在“表格工具”→“设计”选项卡下“表格样式”选项组中，单击“其他”（ ）按钮，打开Word 2013自带的表格样式列表，拉动滚动条，可选择更多的表格样式（图2-12）。单击中意的表格样式即可将其应用到选定的表格上。

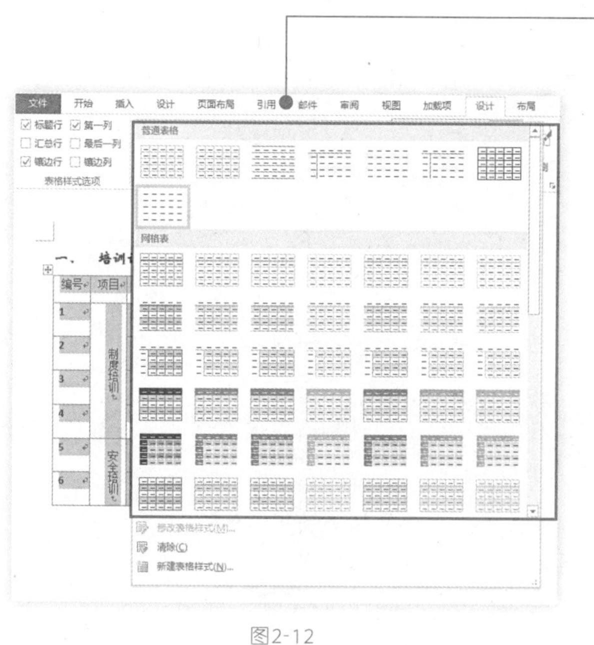

图2-12

❷ 套用表格样式后的效果如图2-13所示。

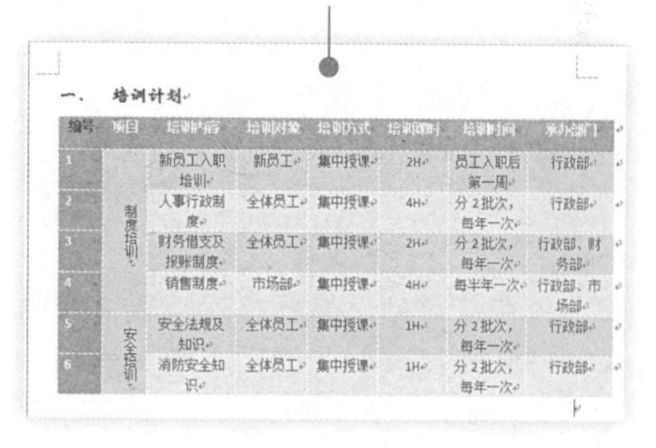
一、　培训计划

编号	项目	培训内容	培训对象	培训方式	培训课时	培训时间	承办部门
1	制度培训	新员工入职培训	新员工	集中授课	2H	员工入职后第一周	行政部
2		人事行政制度	全体员工	集中授课	4H	分2批次，每年一次	行政部
3		财务借支及报账制度	全体员工	集中授课	2H	分2批次，每年一次	行政部、财务部
4		销售制度	市场部	集中授课	4H	每半年一次	行政部、市场部
5	安全培训	安全法规及知识	全体员工	集中授课	1H	分2批次，每年一次	行政部
6		消防安全知识	全体员工	集中授课	1H	分2批次，每年一次	行政部

图2-13

“表格样式选项”选项组中提供了较多的复选框，勾选“第一列”复选框，表格将显示表格中第一列的特殊格式；勾选“汇总行”复选框，表格将显示表格中最后一行的特殊格式；勾选“最后一列”复选框，表格将显示表格中最后一列的特殊格式。用户可以根据实际需要设置特定行的特殊格式。

2.2.5 设置表格中数据的对齐方式

在Word 2013中插入表格，系统默认的表格内数据对齐方式左上方对齐。在实际工作中我们经常需要根据实际格式需要对表格内数据对齐方式进行调整。具体操作如下：

❶ 选中表格中的文本，在“表格工具”→“布局”选项卡下“对齐方式”选项组中单击“水平居中”按钮，如图2-14所示。

❷ 执行上述操作，居中设置后的效果如图2-15所示。

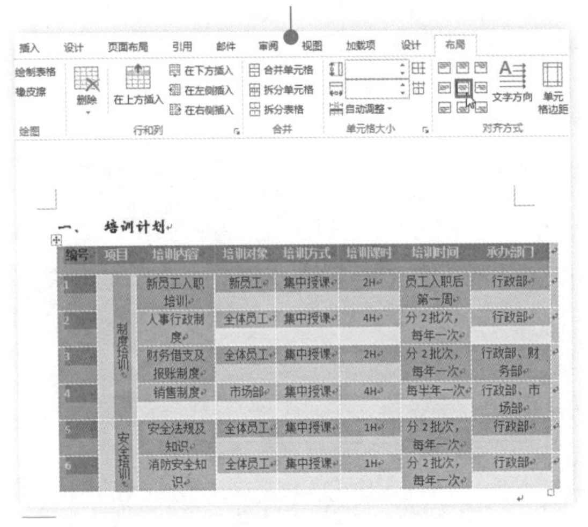

一、 培训计划

编号	项目	培训内容	培训对象	培训方式	培训课时	培训时间	承办部门
1	制度培训	新员工入职培训	新员工	集中授课	2H	员工入职后第一周	行政部
2		人事行政制度	全体员工	集中授课	4H	分2批次，每年一次	行政部
3		财务借支及报账制度	全体员工	集中授课	2H	分2批次，每年一次	行政部、财务部
4		销售制度	市场部	集中授课	4H	每半年一次	行政部、市场部
5	安全培训	安全法规及知识	全体员工	集中授课	1H	分2批次，每年一次	行政部
6		消防安全知识	全体员工	集中授课	1H	分2批次，每年一次	行政部

图2-14

图2-15

2.3 文档设计

对于新员工培训方案的制作，要突出哪些方面呢？

对员工进行培训主要就是为了使员工适应工作要求，更好地胜任现职工作。你可以突出培训的目的、要求以及培训的计划。

2.3.1 创建公司员工培训方案文档

为了使培训工作有章可循，我们需要制作一份教育培训组织制度作为开展培训工作的依据，以做到有制度可以依循。

1. 设置公司员工培训方案的文字格式

为了制作一份精美的员工培训方案，就需要从最基本的操作设置开始。首先我们根据文档的内容以不同层次设置不同的文字格式。

❶ 新建文档，并命名为“公司员工培训方案”，在文档中输入员工培训方案所有文字内容，如图2-16所示。

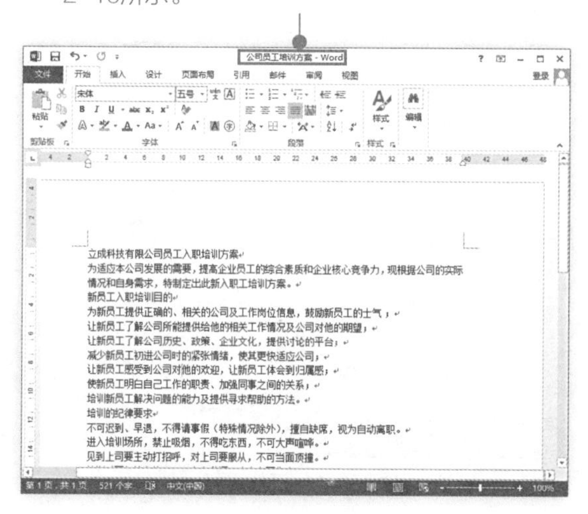

图2-16

❷ 选中标题文字，单击“开始”选项卡，在“字体”选项组中将字体设置为“黑体”和“加粗”；“字号”设置为“二号”，效果如图2-17所示。

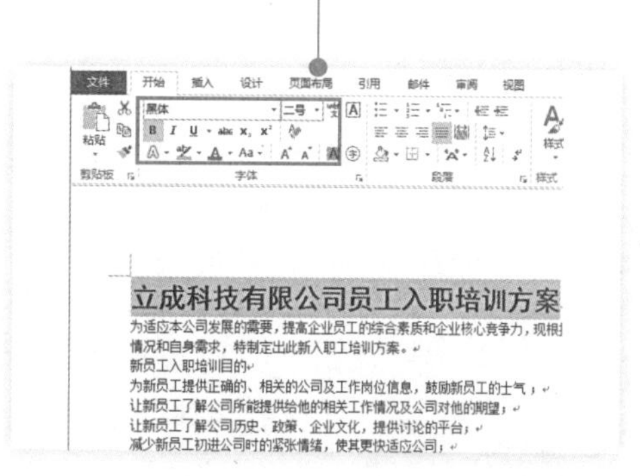

图2-17

❸ 在“段落”选项组中将字体对齐方式设置为“居中”，效果如图2-18所示。

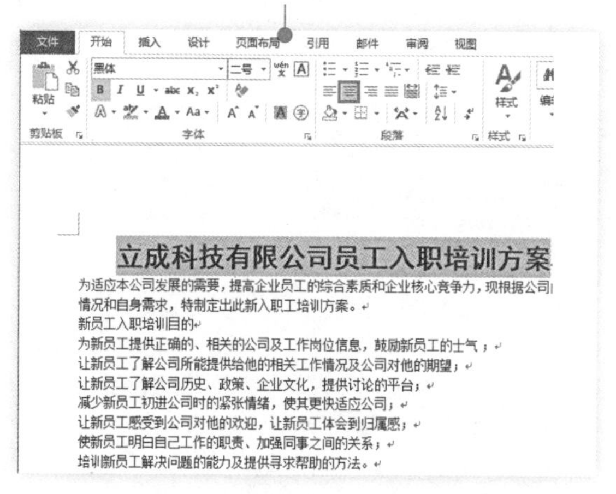

图2-18

❹ 依照相同设置方法，设置全文余下内容的字体格式，如图2-19所示。

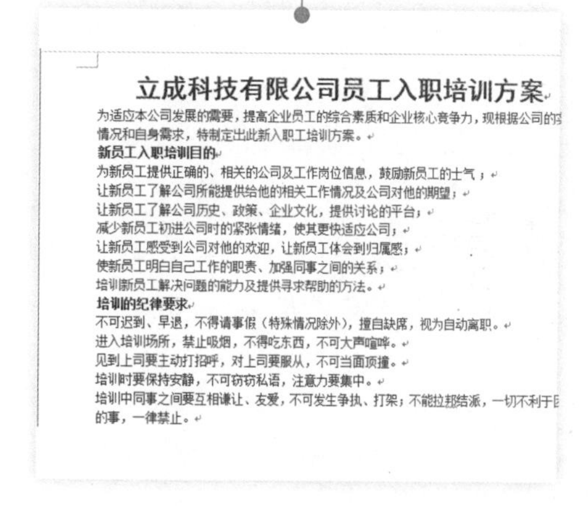

图2-19

2. 设置公司员工培训方案的段落样式

在文档内容写作完成后，为了使文档更具阅读性，可以为各段落设置不同的段落格式。

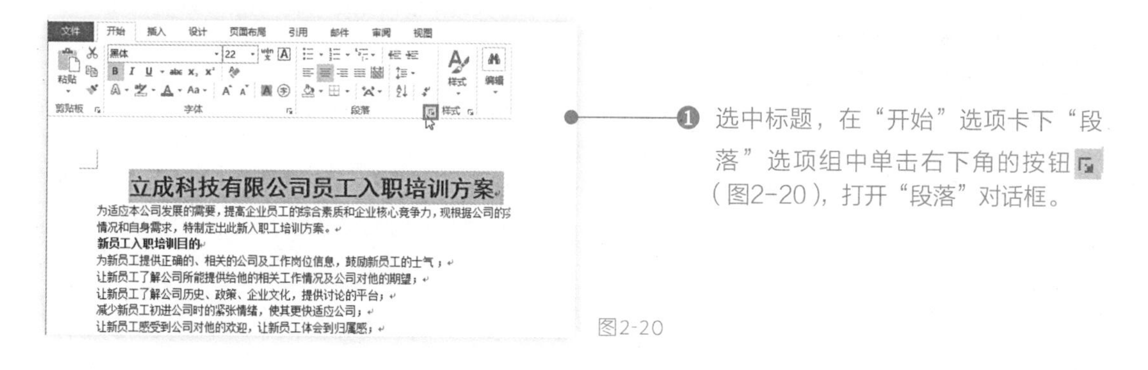

❶ 选中标题，在“开始”选项卡下“段落”选项组中单击右下角的按钮（图2-20），打开“段落”对话框。

图2-20

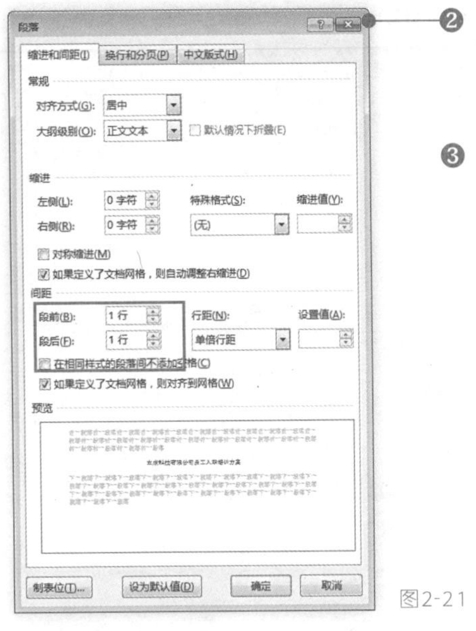

图2-21

❷ 在“缩进和间距”标签下将“段前”和“段后”间距都设置为“1行”，如图2-21所示。单击“确定”按钮，完成设置。

❸ 设置后效果如图2-22所示。选中文档中除标题外所有文字段落，打开“段落”对话框。

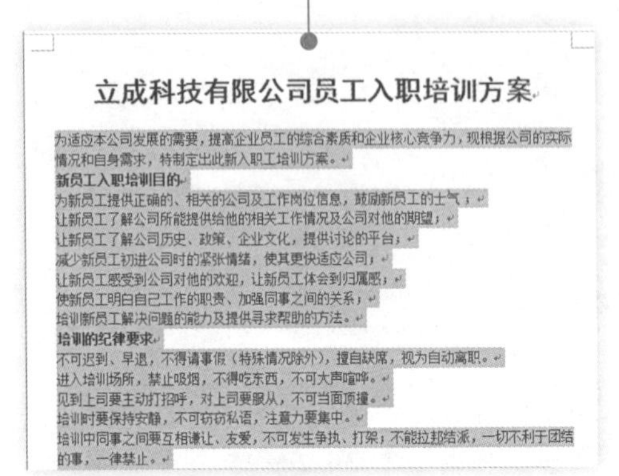
立成科技有限公司员工入职培训方案

为适应本公司发展的需要，提高企业员工的综合素质和企业核心竞争力，现根据公司的实际情况和自身需求，特制定出此新入职工培训方案。
新员工入职培训目的
为新员工提供正确的、相关的公司及工作岗位信息，鼓励新员工的士气；
让新员工了解公司所能提供给他的相关工作情况及公司对他的期望；
让新员工了解公司历史、政策、企业文化，提供讨论的平台；
减少新员工初进公司时的紧张情绪，使其更快适应公司；
让新员工感受到公司对他的欢迎，让新员工体会到归属感；
使新员工明白自己工作的职责、加强同事之间的关系；
培训新员工解决问题的能力及提供寻求帮助的方法。
培训的纪律要求
不可迟到、早退，不得请事假（特殊情况除外），擅自缺席，视为自动离职。
进入培训场所，禁止吸烟，不得吃东西，不可大声喧哗。
见到上司要主动打招呼，对上司要服从，不可当面顶撞。
培训时要保持安静，不可窃窃私语，注意力要集中。
培训中同事之间要互相谦让、友爱，不可发生争执、打架；不能拉帮结派，一切不利于团结的事，一律禁止。

图2-22

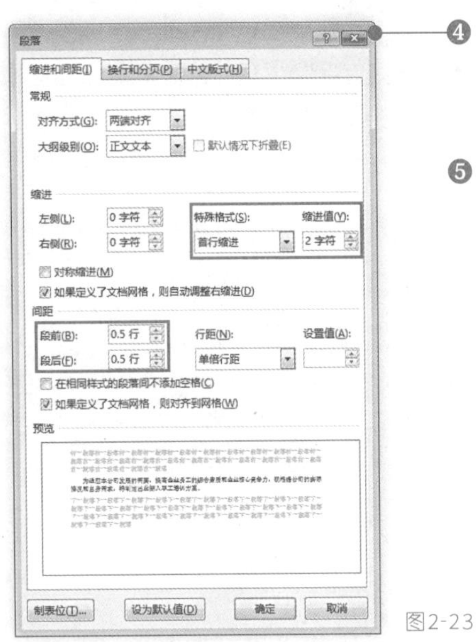

图2-23

❹ 在“缩进和间距”标签下将“特殊格式”设置为“首行缩进”，“缩进值”设置为“2字符”，将“段前”和“段后”间距都设置为“0.5行”，单击“确定”按钮完成设置。如图2-23所示。

❺ 设置后效果如图2-24所示。

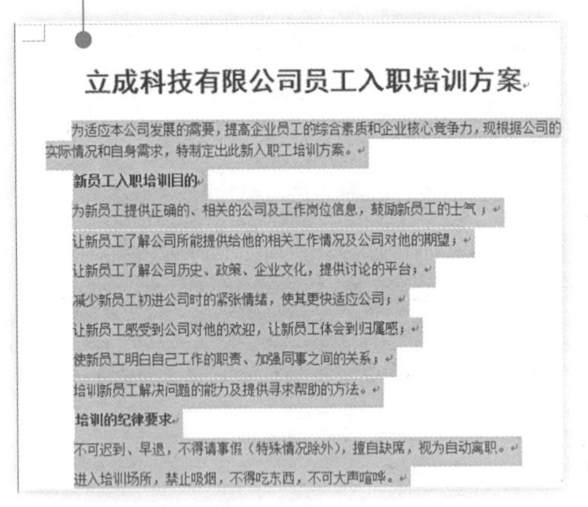
立成科技有限公司员工入职培训方案

为适应本公司发展的需要，提高企业员工的综合素质和企业核心竞争力，现根据公司的实际情况和自身需求，特制定出此新入职工培训方案。
新员工入职培训目的
为新员工提供正确的、相关的公司及工作岗位信息，鼓励新员工的士气；
让新员工了解公司所能提供给他的相关工作情况及公司对他的期望；
让新员工了解公司历史、政策、企业文化，提供讨论的平台；
减少新员工初进公司时的紧张情绪，使其更快适应公司；
让新员工感受到公司对他的欢迎，让新员工体会到归属感；
使新员工明白自己工作的职责、加强同事之间的关系；
培训新员工解决问题的能力及提供寻求帮助的方法。
培训的纪律要求
不可迟到、早退，不得请事假（特殊情况除外），擅自缺席，视为自动离职。
进入培训场所，禁止吸烟，不得吃东西，不可大声喧哗。

图2-24

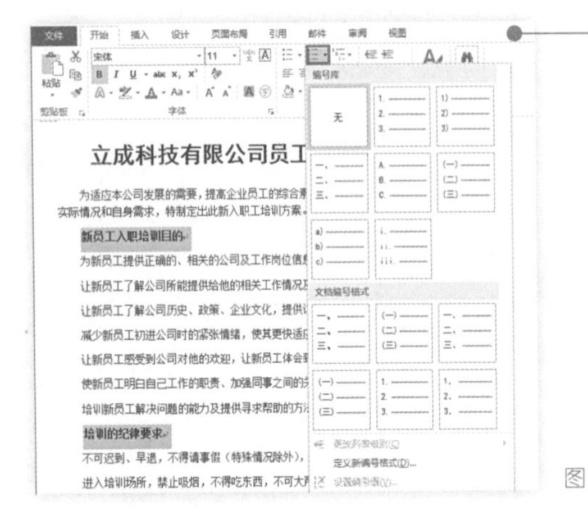

图2-25

❻ 选中需要设置编号的文字，单击“开始”选项卡，在“段落”选项组中单击“编号”（ ）按钮，在其下拉列表中可以选择一种合适的编号样式，如图2-25所示。

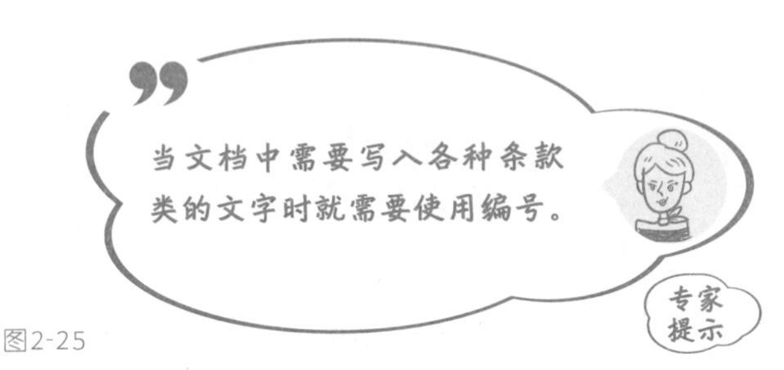

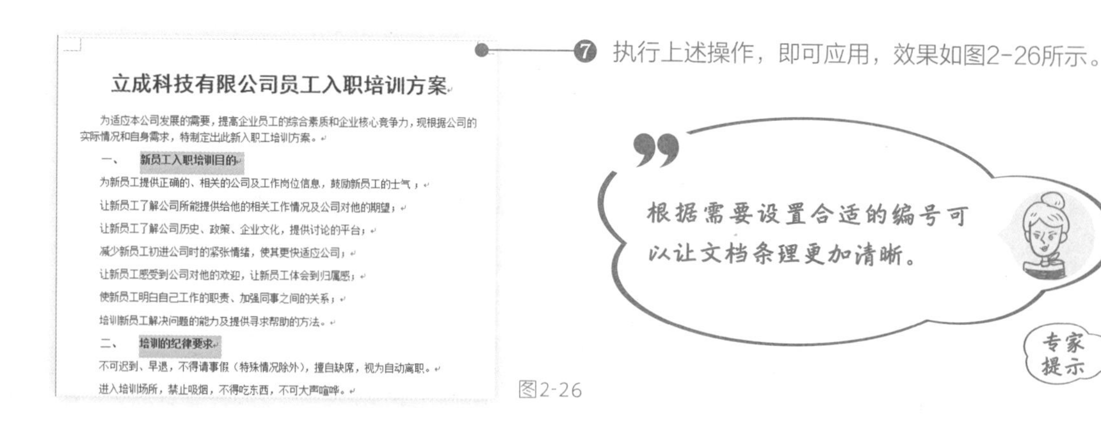

❼ 执行上述操作，即可应用，效果如图2-26所示。

图2-26

❽ 选中带有编号“一”和“二”之间的段落，单击“开始”选项卡，在“段落”选项组中单击“项目符号”（☷·）按钮，在其下拉列表中可以选择一种合适的符号样式，如图2-27所示。

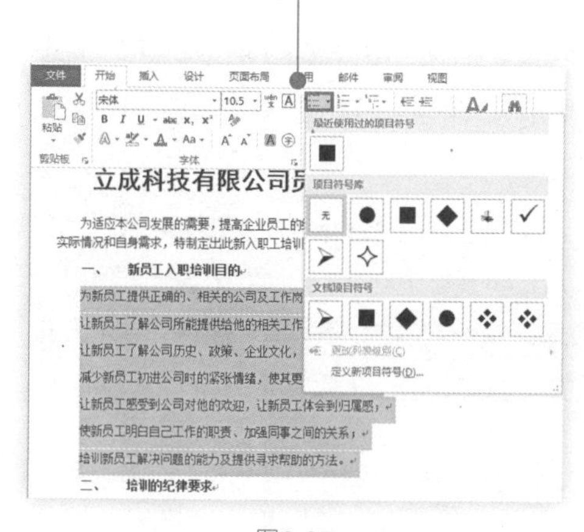

图2-27

❾ 执行上述操作，即可应用相应的样式，效果如图2-28所示。

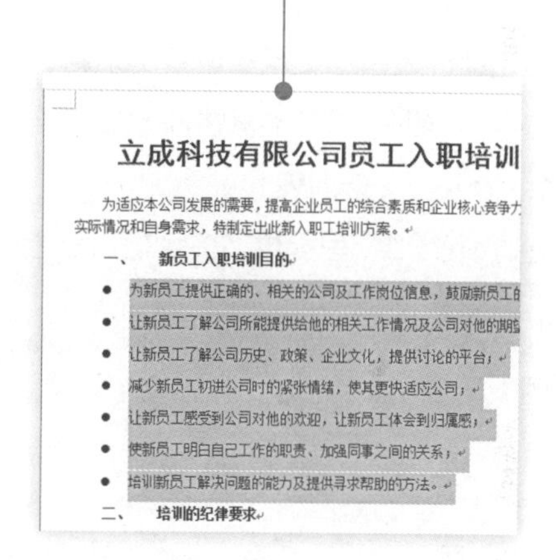

图2-28

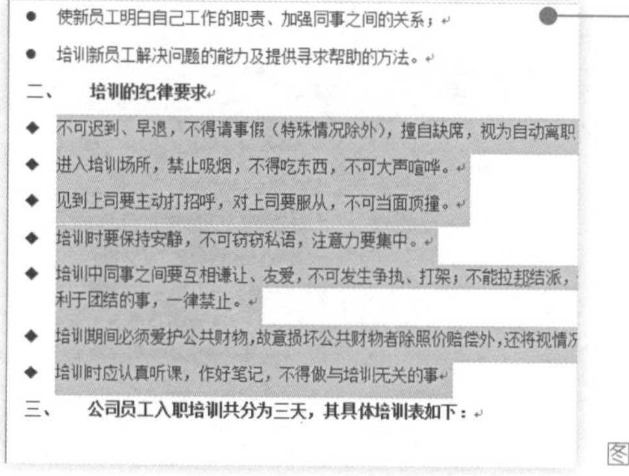

❿ 利用相同的方法，为带有编号“二”和“三”之间的段落设置项目符号，效果如图2-29所示。

图2-29

3. 为重点段落设置文字底纹效果

当文档中某些段落需要突出显示时，我们可以通过设置文字底纹效果来实现突出效果。具体操作如下：

❶ 选中带有编号（一、二……）的段落，在“开始”选项卡下“字体”选项组中单击“字符底纹”（A）按钮，如图2-30所示。

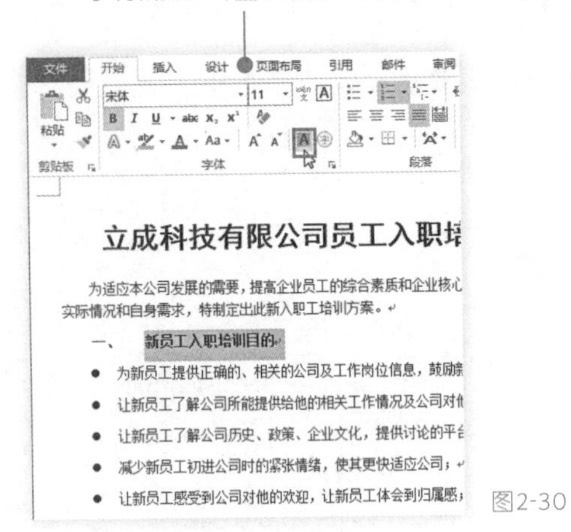

图2-30

❷ 执行上述操作，即可为选中的段落设置字符底纹，效果如图2-31所示。

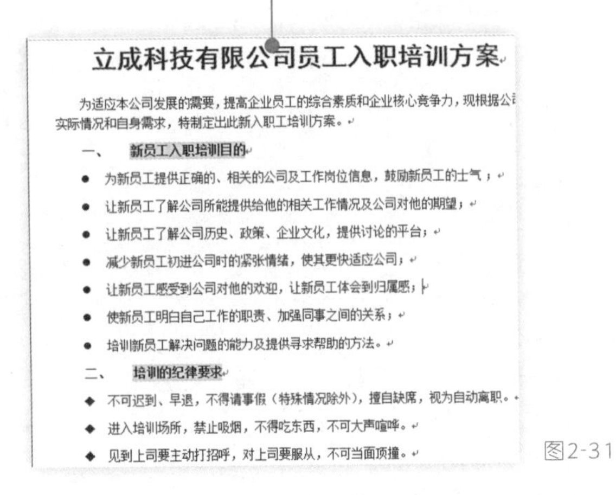
立成科技有限公司员工入职培训方案

为适应本公司发展的需要，提高企业员工的综合素质和企业核心竞争力，现根据公司实际情况和自身需求，特制定出此新入职工培训方案。

一、 新员工入职培训目的

- 为新员工提供正确的、相关的公司及工作岗位信息，鼓励新员工的士气；
- 让新员工了解公司所能提供给他的相关工作情况及公司对他的期望；
- 让新员工了解公司历史、政策、企业文化，提供讨论的平台；
- 减少新员工初进公司时的紧张情绪，使其更快适应公司；
- 让新员工感受到公司对他的欢迎，让新员工体会到归属感；
- 使新员工明白自己工作的职责、加强同事之间的关系；
- 培训新员工解决问题的能力及提供寻求帮助的方法。

二、 培训的纪律要求

- 不可迟到、早退，不得请事假（特殊情况除外），擅自缺席，视为自动离职。
- 进入培训场所，禁止吸烟，不得吃东西，不可大声喧哗。
- 见到上司要主动打招呼，对上司要服从，不可当面顶撞。

图2-31

2.3.2 制作员工培训表

员工培训表是一个用于填写员工培训时间、培训内容、地点安排的表格。通过员工培训表可以使参与培训的员工能够快速地知晓培训课程安排的时间、地点以及负责人等信息。

1. 插入员工培训表

在Word 2013里提供了多种插入表格的方法，我们可以通过下面介绍的方法来实现。

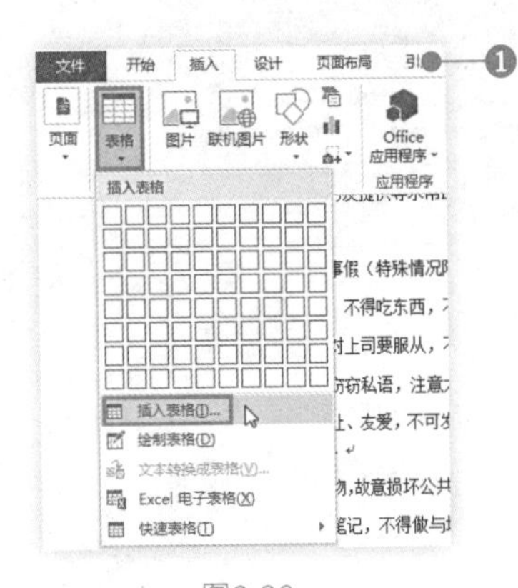

图2-32

❶ 将光标定位在需要插入表格的位置，单击“插入”选项卡，在“表格”选项组中单击“表格”按钮，在下拉菜单中单击“插入表格”命令（图2-32），打开“插入表格”对话框。

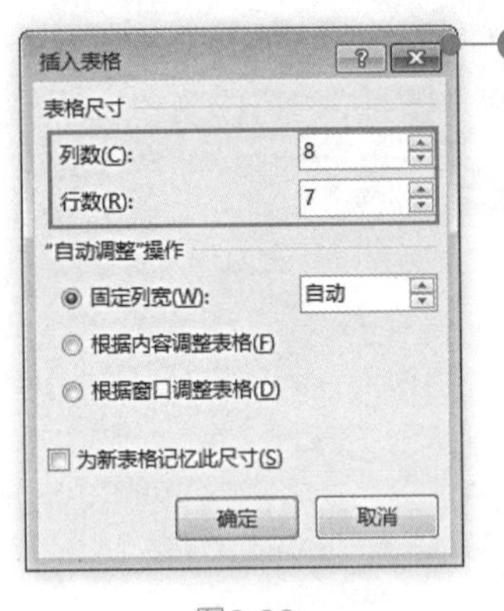

图2-33

❷ 将列数设置为8，行数设置为7，单击“确定”按钮，如图2-33所示。

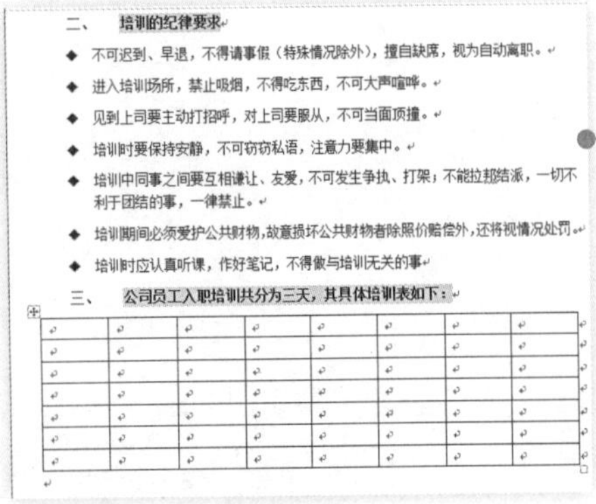

二、 培训的纪律要求

- 不可迟到、早退，不得请事假（特殊情况除外），擅自缺席，视为自动离职。
- 进入培训场所，禁止吸烟，不得吃东西，不可大声喧哗。
- 见到上司要主动打招呼，对上司要服从，不可当面顶撞。
- 培训时要保持安静，不可窃窃私语，注意力要集中。
- 培训中同事之间要互相谦让、友爱，不可发生争执、打架；不能拉帮结派，一切不利于团结的事，一律禁止。
- 培训期间必须爱护公共财物，故意损坏公共财物者除照价赔偿外，还将视情况处罚。
- 培训时应认真听课，作好笔记，不得做与培训无关的事

三、 公司员工入职培训共分为三天，其具体培训表如下：

图2-34

❸ 执行上述操作，即可在一个“8列×7行表格”，效果如图2-34所示。

❹ 在表格的第一行和第一列输入行名和列名，列名为培训时间，行名为具体事项，如图2-35所示。

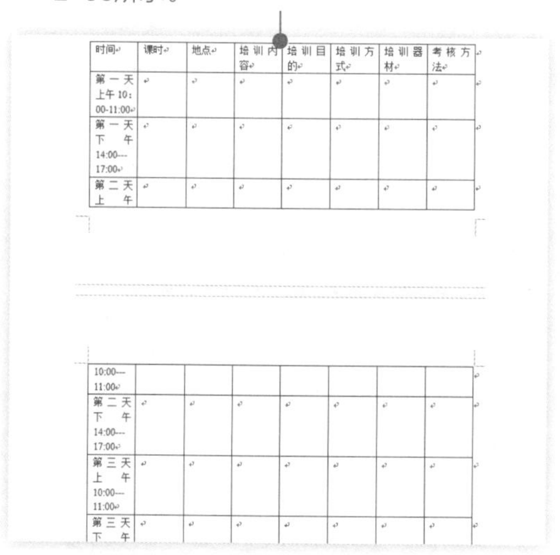

图2-35

❺ 填写完善表格内容如图2-36所示。

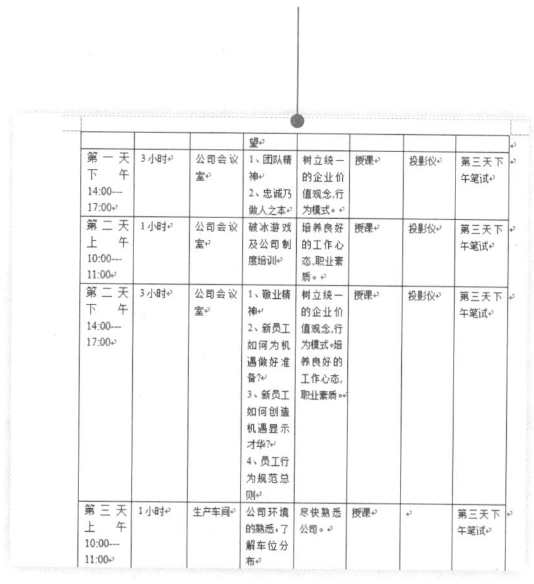

图2-36

2. 设置员工培训表格格式

创建表格之后，可以设置合适的字体样式和表格的行高、列宽，使整个表格看起来既充实又美观。

❶ 选中表格中第一行和左侧第一列，在“开始”选项卡的“字体”选项组中将“字体”设置为“宋体”，“字号”设置为“五号”，效果如图2-37所示。

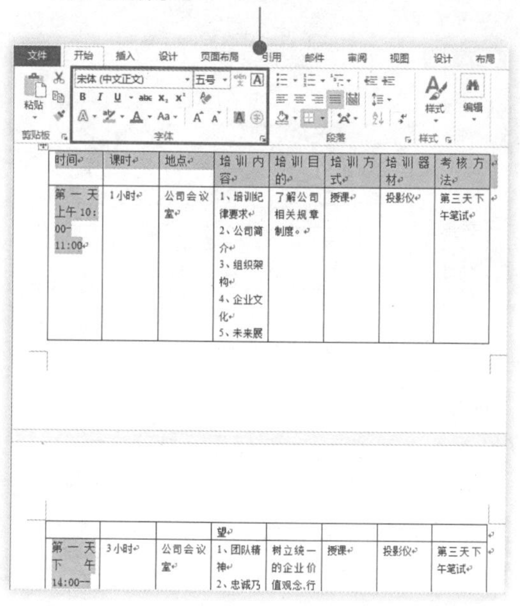

图2-37

❷ 选中表格第一行，在“表格工具”→“布局”选项卡下“对齐方式”选项组中单击“水平居中”按钮，效果如图2-38所示。

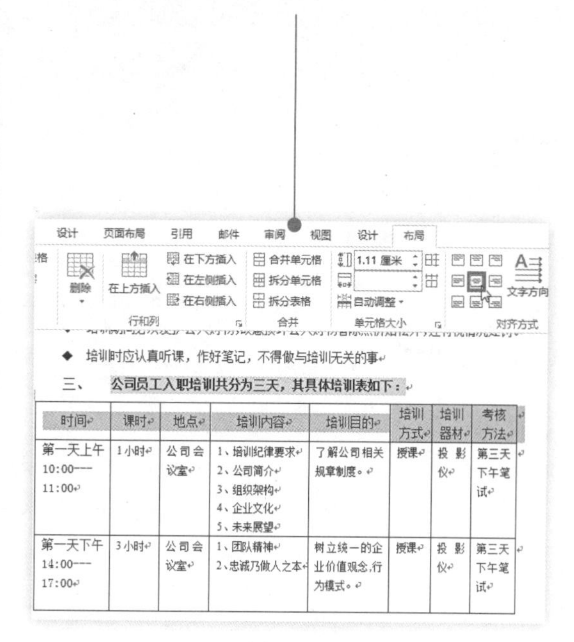

图2-38

❸ 选中表格中除第一行外其他部分，在“开始”选项卡下“段落”选项组中单击“两端对齐”按钮，效果如图2-39所示。

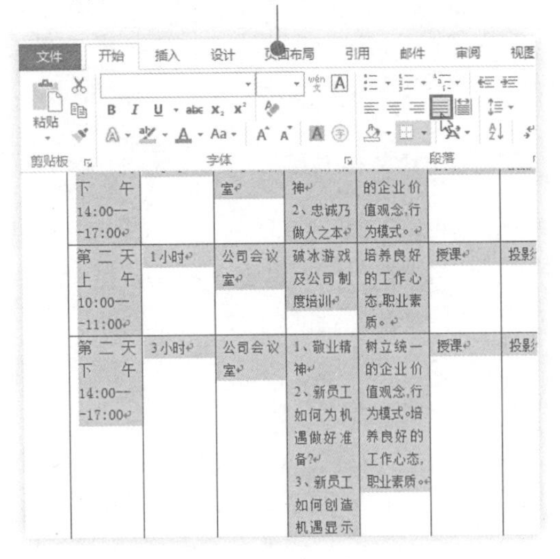

图2-39

❹ 在表格中拖动鼠标调整列宽或者行高，效果如图2-40所示。

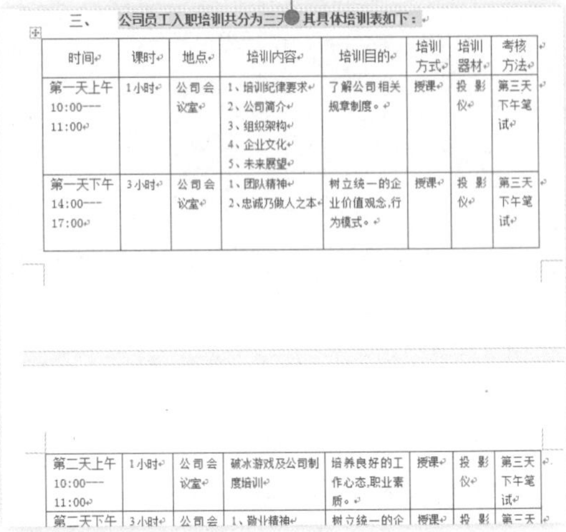

三、 公司员工入职培训共分为三天，其具体培训表如下：

时间	课时	地点	培训内容	培训目的	培训方式	培训器材	考核方法
第一天上午 10:00—11:00	1小时	公司会议室	1、培训纪律要求 2、公司简介 3、组织架构 4、企业文化 5、未来展望	了解公司相关规章制度。	授课	投影仪	第三天下午笔试
第一天下午 14:00—17:00	3小时	公司会议室	1、团队精神 2、忠诚乃做人之本	树立统一的企业价值观念,行为模式。	授课	投影仪	第三天下午笔试
第二天上午 10:00—11:00	1小时	公司会议室	破冰游戏及公司制度培训	培养良好的工作心态,职业素质。	授课	投影仪	第三天下午笔试
第二天下午	3小时	公司会	1、敬业精神	树立统一的企	授课	投影	第三天

图2-40

3. 美化员工培训表

在Word 2013中表格和文档一样，都可以通过设置达到美化的效果。Word 2013自带了大量精美的表格样式，用户可以套用样式达到美化的效果。

❶ 选中整个表格，在“表格工具”→“设计”选项卡下单击“表格样式”选项组中的（▾）按钮，在下拉列表中单击合适的表格样式，即可将指定表格样式应用于表格如图2-41所示。

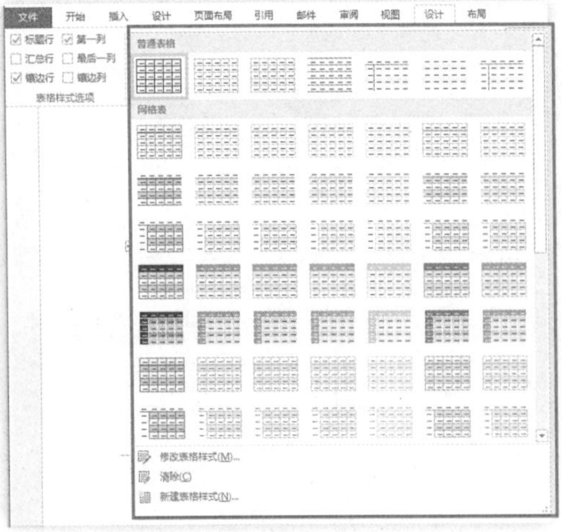

图2-41

❷ 设置表格样式后的效果如图2-42所示。

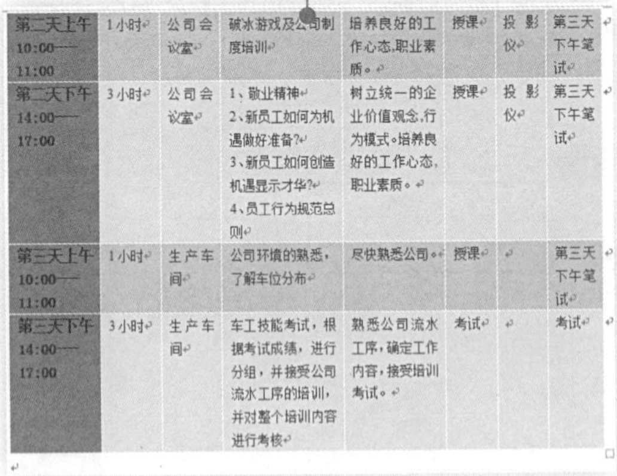

第二天上午 10:00—11:00	1小时	公司会议室	破冰游戏及公司制度培训	培养良好的工作心态,职业素质。	授课	投影仪	第三天下午笔试
第二天下午 14:00—17:00	3小时	公司会议室	1、敬业精神 2、新员工如何为机遇做好准备? 3、新员工如何创造机遇显示才华? 4、员工行为规范总则	树立统一的企业价值观念,行为模式,培养良好的工作心态,职业素质。	授课	投影仪	第三天下午笔试
第三天上午 10:00—11:00	1小时	生产车间	公司环境的熟悉,了解车位分布	尽快熟悉公司。	授课		第三天下午笔试
第三天下午 14:00—17:00	3小时	生产车间	车工技能考试，根据考试成绩，进行分组，并接受公司流水工序的培训，并对整个培训内容进行考核	熟悉公司流水工序，确定工作内容，接受培训考试。	考试		考试

图2-42

在套用了系统内置的表格样式之后，可以对表格再进行一些修改，使之更加美观和符合实际工作的需求。

专家提示

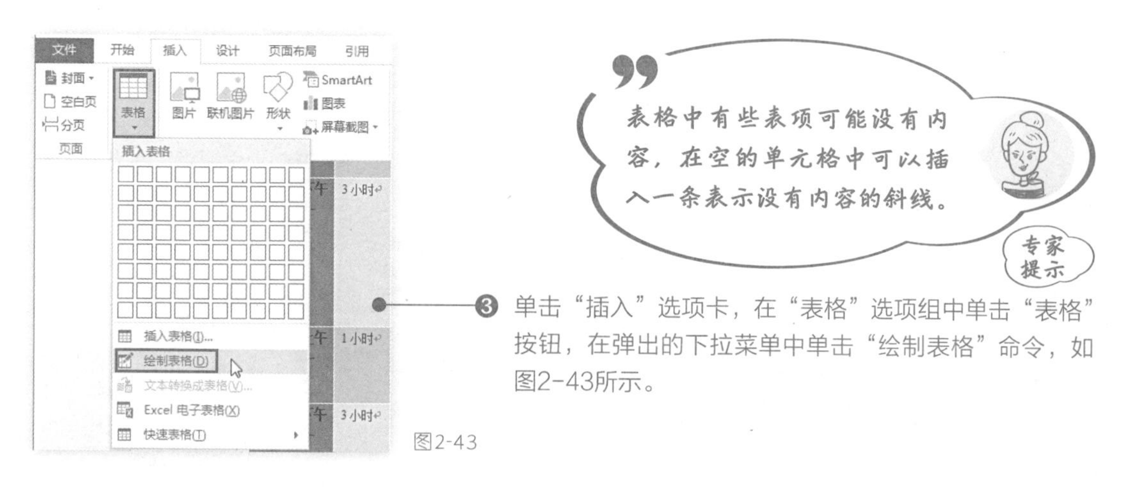

❸ 单击“插入”选项卡，在“表格”选项组中单击“表格”按钮，在弹出的下拉菜单中单击“绘制表格”命令，如图2-43所示。

图2-43

❹ 按住鼠标左键在单元格中从右上方拖动到左下方，如图2-44所示。

❺ 松开鼠标左键即可绘制一条斜线，将其他空的单元格也同样插入斜线，如图2-45所示。

❻ 表格设置完成后，效果可以进一步完善，如图2-46所示。

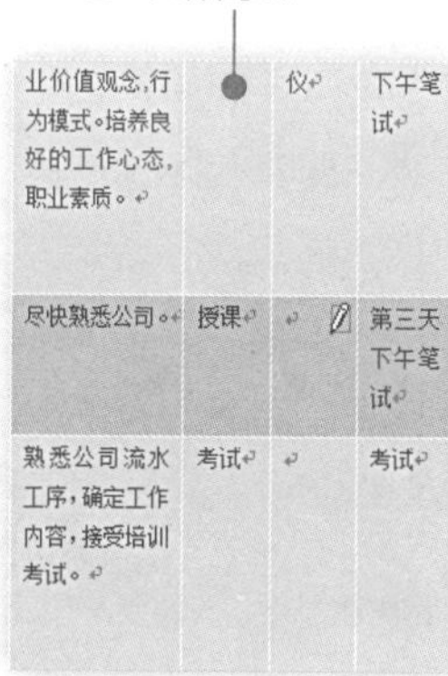

图2-44

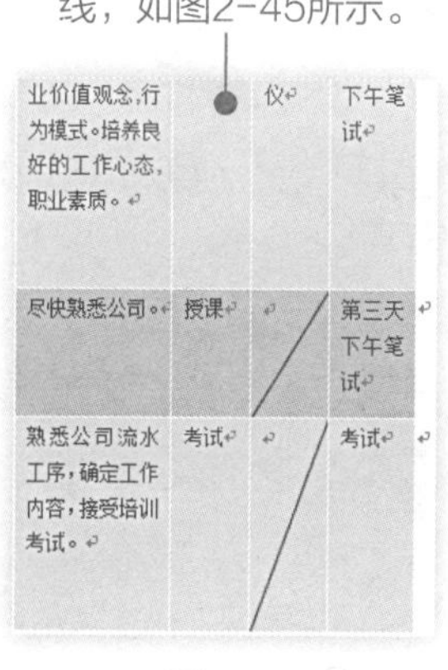

图2-45

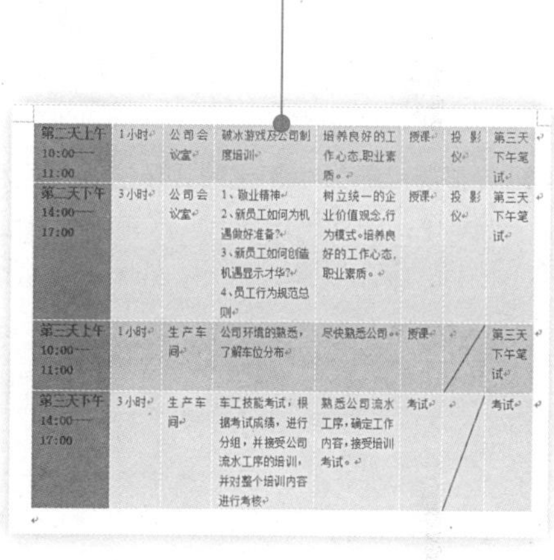

图2-46

2.3.3　美化员工培训方案文档

员工培训方案制作完成后，为了让整个文档的页面效果看起来更美观，可以对整个文档进行美化设置。

1. 插入页眉和页脚

为了使文档整体看起来显得更加专业与美观，可以在文档中添加页眉和页脚。

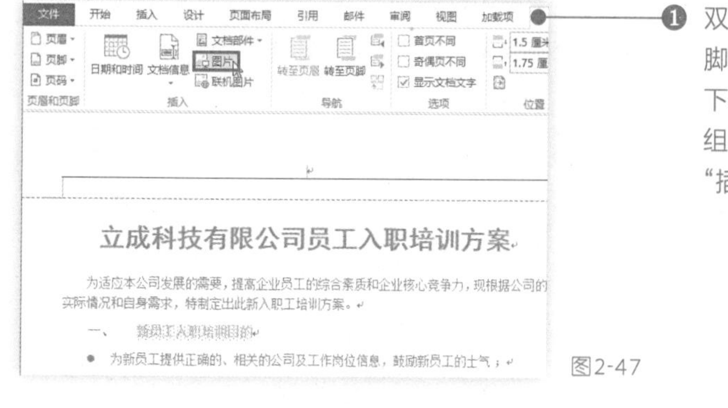

❶ 双击文档页面顶端空白处，激活页眉和页脚编辑状态，在“页眉和页脚工具”选项下单击“设计”选项卡，在“插入”选项组中单击“图片”按钮（图2-47），打开“插入图片”对话框。

图2-47

❷ 选择需要的图片，单击“插入”按钮，如图2-48所示。

图2-48

❸ 选中图片，在“图片工具”选项下单击“格式”选项卡，在“排列”选项组中单击“自动换行”按钮，在其下拉列表中选择“浮于文字上方”选项，如图2-49所示。

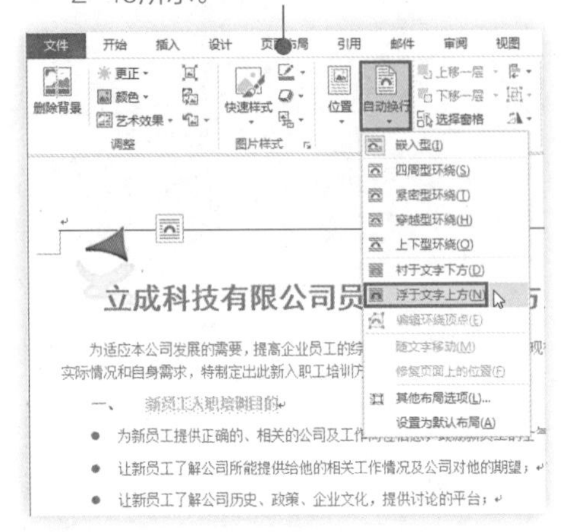

图2-49

❹ 调整图片的大小和位置，单击“页眉和页脚工具”选项下“设计”选项卡，在“关闭”选项组中单击“关闭页眉和页脚”按钮，如图2-50所示。

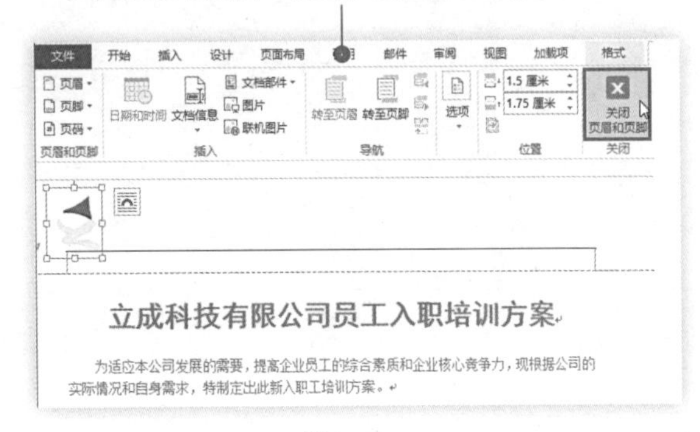

图2-50

❺ 执行上述操作，效果如图2-51所示。

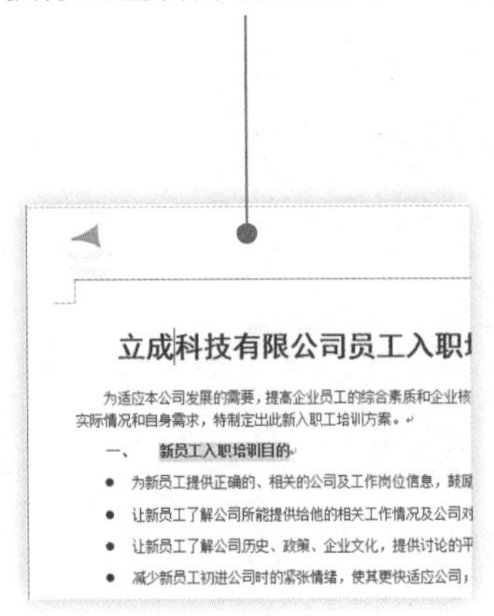

图2-51

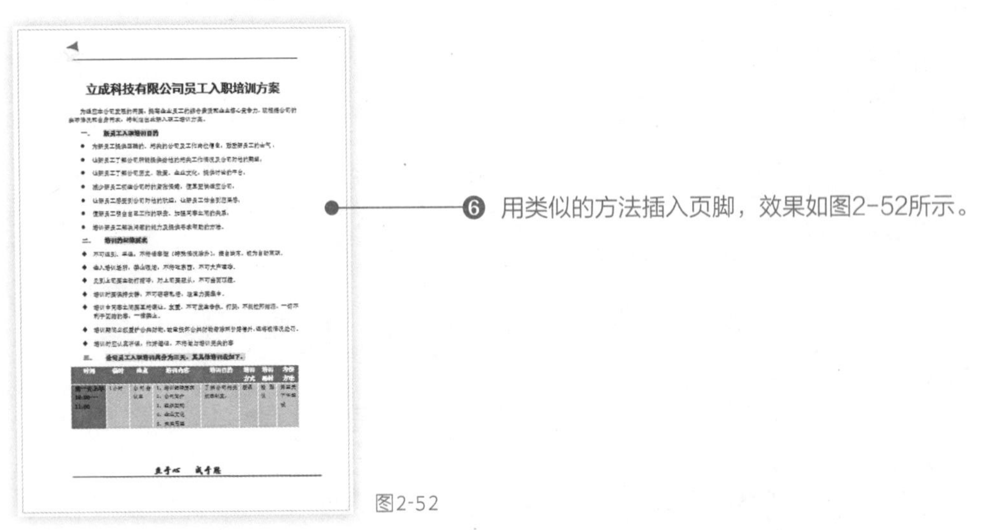

❻ 用类似的方法插入页脚，效果如图2-52所示。

图2-52

2. 为方案文档添加水印并进行页面设置

给文档加上水印可以防止文档被篡改与剽窃，还可以有效保护公司内部机密。对文档进行页面设置以提高打印效果。

❶ 单击“设计”选项卡，在“页面背景”选项组中单击“水印”下拉按钮，在弹出的下拉菜单中单击“自定义水印”命令（图2-53），打开“水印”对话框。

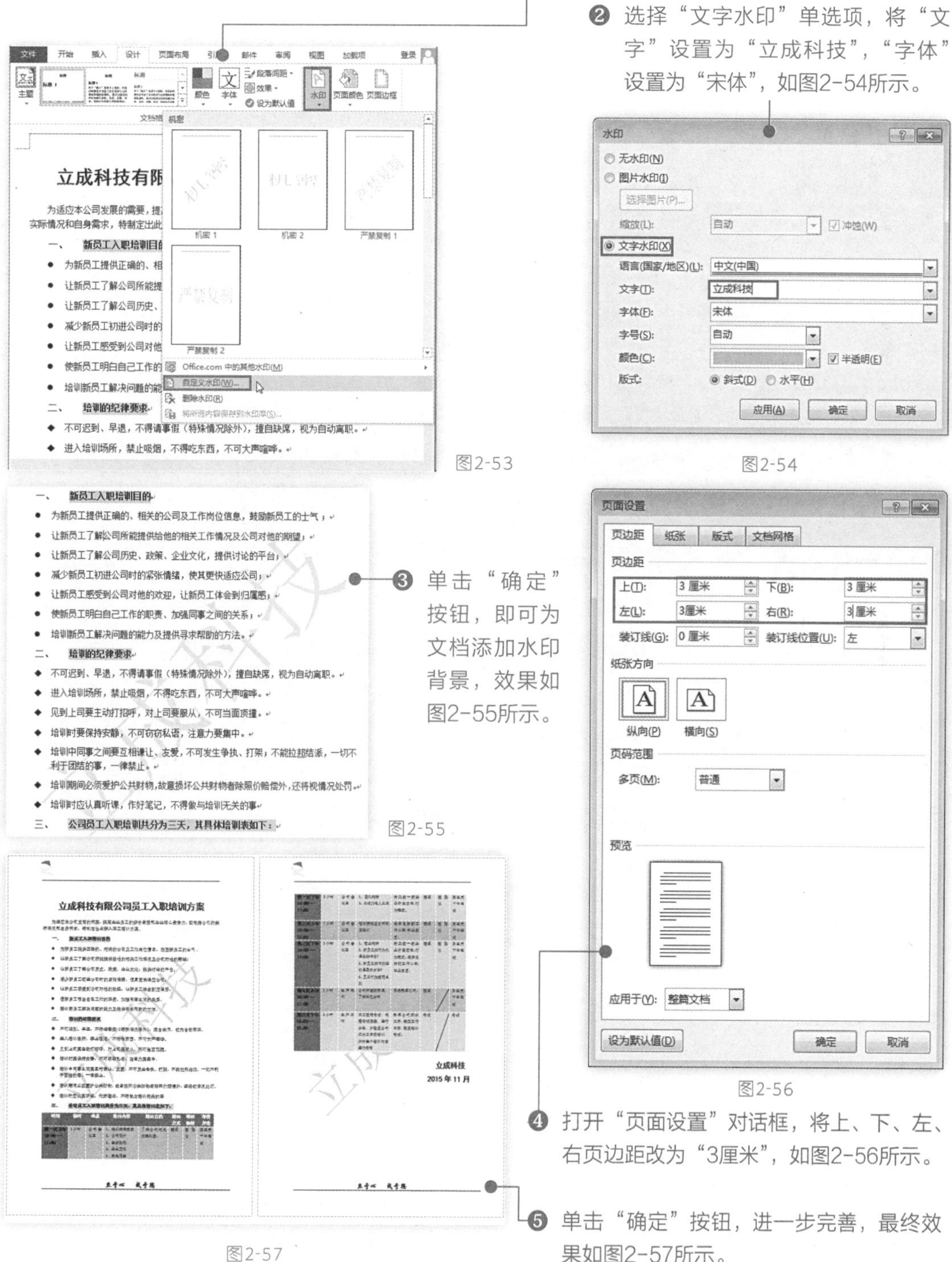

❷ 选择“文字水印”单选项，将“文字”设置为“立成科技”，“字体”设置为“宋体”，如图2-54所示。

图2-53

图2-54

❸ 单击“确定”按钮，即可为文档添加水印背景，效果如图2-55所示。

图2-55

图2-56

❹ 打开“页面设置”对话框，将上、下、左、右页边距改为“3厘米”，如图2-56所示。

❺ 单击“确定”按钮，进一步完善，最终效果如图2-57所示。

图2-57

第3章 制作公司会议安排流程图

下个周一要举行一场大的会议，领导让我把流程图做出来，并再三叮嘱我，一定要规范，且每个环节都不能出错。今天都周五了，我这个周末又得加班加点，还不一定能赶得出来呢……

有那么夸张嘛，这点工作还要利用周末嘛。况且现在离下班时间还早呢，你没有必要等到周末啊，完全可以在下班之前做出来。
Word 2013对于我们行政人员来说是一个非常好的办公软件。我们在Word 2013中就可以快速创建，但是在创建之前，会议流程图的内容自己要把控好，一定要避免创建的流程图杂乱无章、文本过多、不美观。

3.1 制作流程

流程图是流经一个系统的信息流、观点流或部件流的图示说明。流程图在企业中常常得到运用，用来说明一项任务或工作的具体行进过程。会议安排流程图是会议中必不可少的资料文件，既明确了会议的目的，又提高了会议的效率，使会议流程更为经济、合理和简便。

在Word 2013中提供了很多素材用来制作流程图，使用起来也非常方便。下面我将从如何创建和美化会议安排流程图出发向大家讲解相关知识点，如图3-1所示。

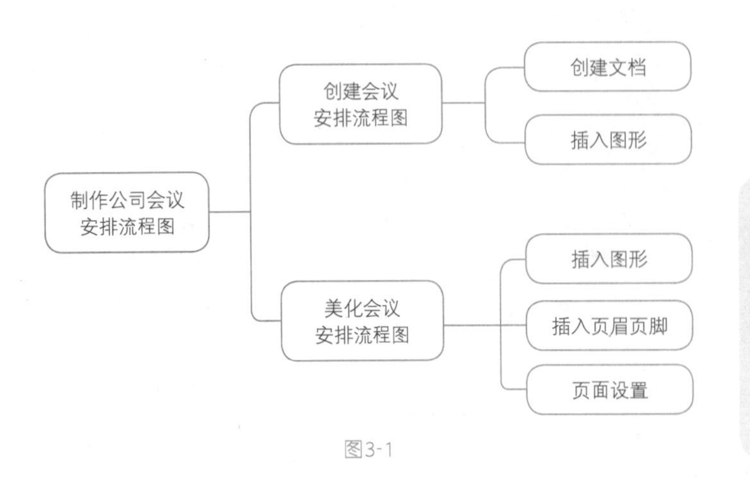

图3-1

在我们日常行政工作中，经常需要制作各种不同的流程图。在学习流程图制作之前，下面我们先来看一下会议安排流程图的效果图，如图3-2所示。

3.2　新手基础

在Word 2013中制作公司会议安排流程图需要用到的知识点除了前面章节介绍的知识点外还包括：设置文档页边距、添加页面边框、插入自选图形等新的知识点。不要小看这些简单的知识点，扎实掌握这些知识点会让你的工作更加出色。

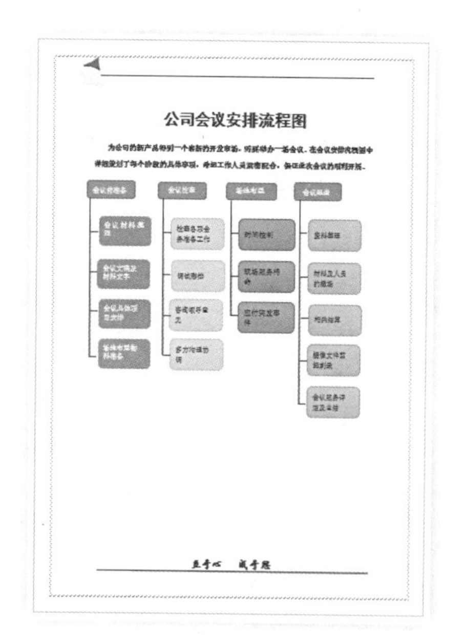

图3-2

3.2.1　快速选定文档全部内容

在对文档整体内容进行编辑或设置之前，我们首先需要选中全部文本。通过拖曳鼠标选定文本是最基本、最灵活的方法，除了此种方法，我们还可以通过快捷键来实现快速选定文档全部内容。

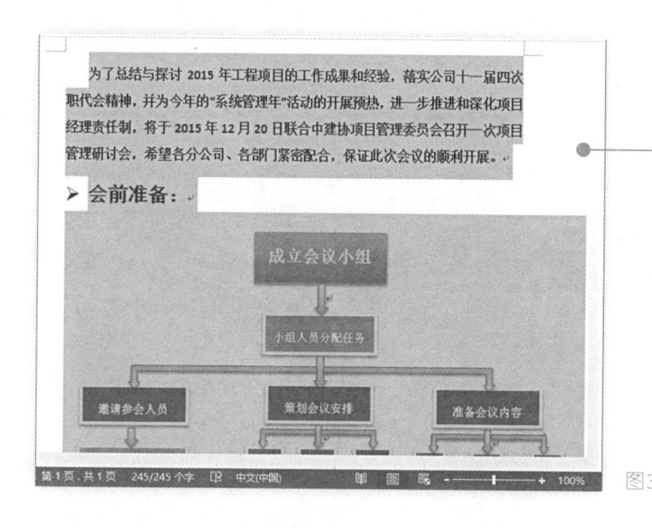

图3-3

打开文档，按〈Ctrl+A〉组合键选中全部文本，如图3-3所示。

3.2.2　自定义文档默认页边距

页边距即是页面四周的空白区域的宽度，不同的文档可能需要不同的页边距。如果企业所用文档都使用统一的页边距，则可以通过如下设置将其设置为默认页边距。

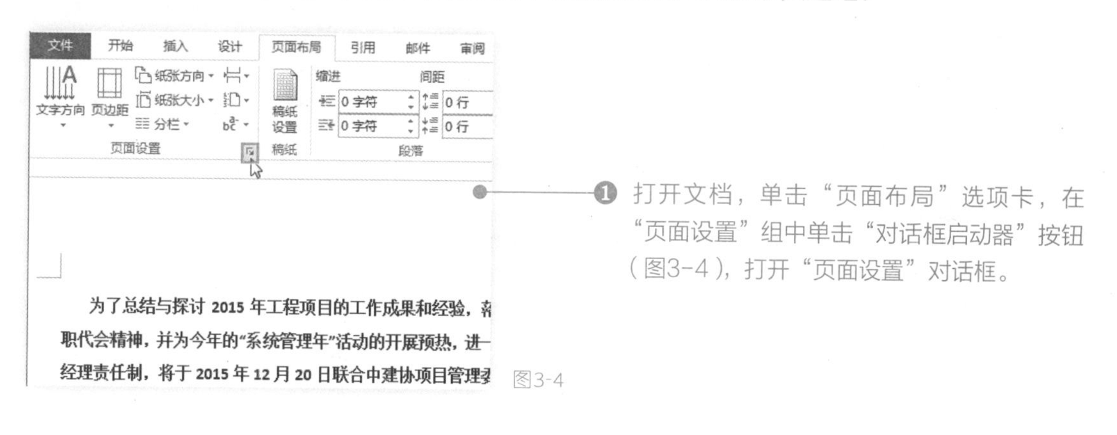

❶ 打开文档，单击“页面布局”选项卡，在“页面设置”组中单击“对话框启动器”按钮（图3-4），打开“页面设置”对话框。

图3-4

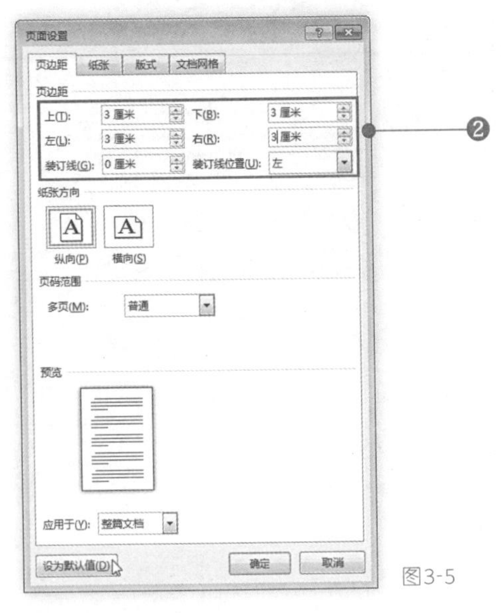

图3-5

❷ 切换到“页边距”标签，在“页边距”栏下的“上”“下”“左”“右”设置框中输入文档上下左右4个边界的距离，单击“设置为默认值”按钮如图3-5所示。

❸ 系统会弹出提示框，提示更改页面的设置会影响基于NORMAL目标的所有新文档，如图3-6所示。

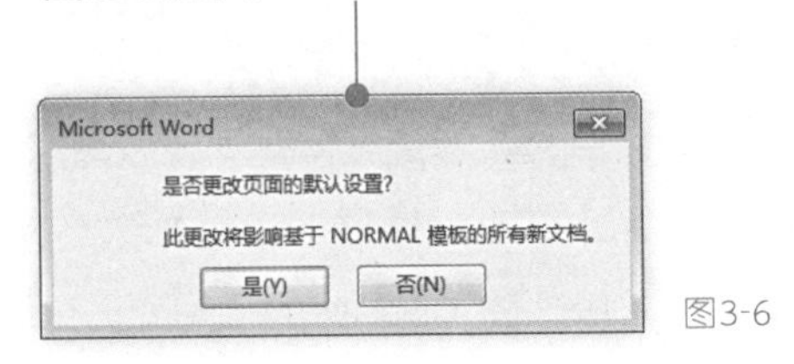

图3-6

3.2.3 添加页面边框

在平时的日常工作中，有时候为了寻求更好的视觉效果，我们除了为页面添加背景外，还可以为页面设置边框，以达到美化页面的效果。那么该如何设置呢？我们可以通过下面的方法来实现。

❶ 在“设计”选项卡下“页面背景”选项组中，单击“页面边框”按钮（图3-7），打开“边框和底纹”对话框。

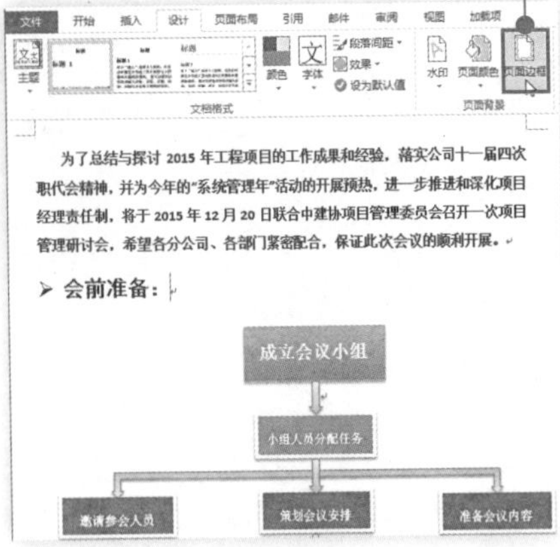

图3-7

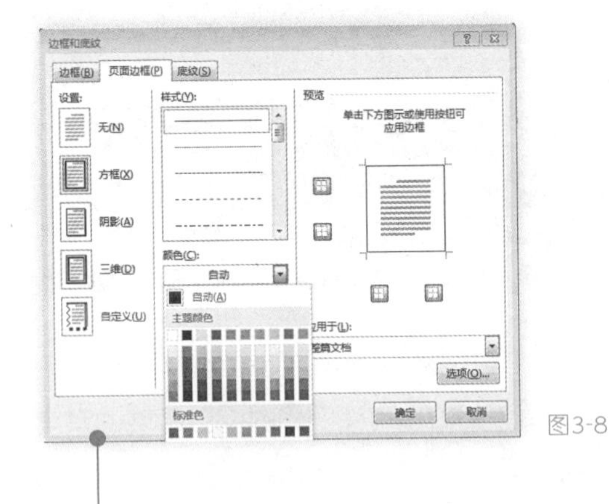

图3-8

❷ 切换到“页面边框”标签，在“设置”栏下选择“三维”，在“样式”设置框下选择“实线”，单击“颜色”设置框下拉按钮，在下拉列表中选择一种颜色，如图3-8所示。

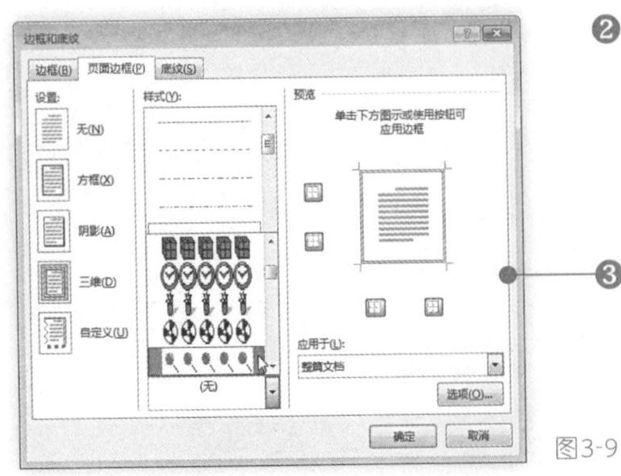

图3-9

❸ 也可单击“艺术型”设置框下拉按钮，在展开的下拉列表中选择图案的边框，设置完成后，单击“确定”按钮如图3-9所示。

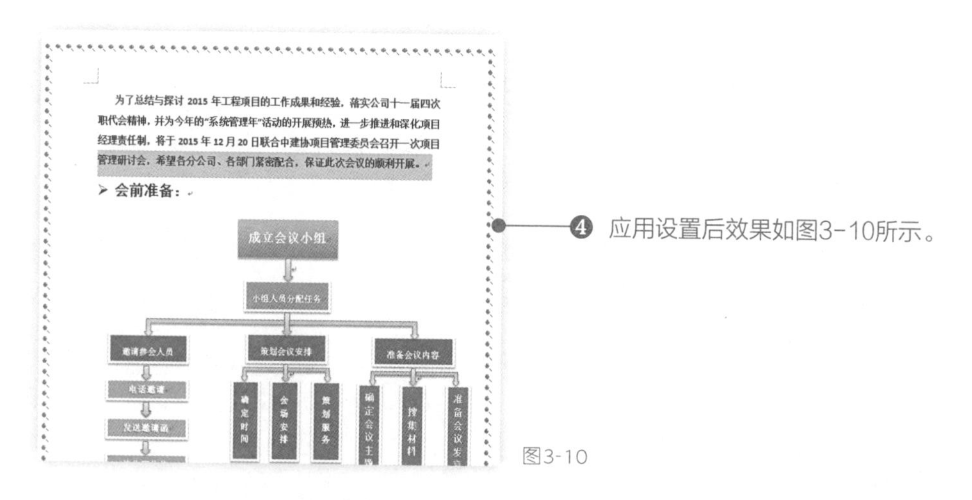

❹ 应用设置后效果如图3-10所示。

图3-10

3.2.4　在自选图形上添加文字

在Word 2013中我们不仅可以在文档中添各种自选图形，还可以向自选图形中添加文字。具体操作如下：

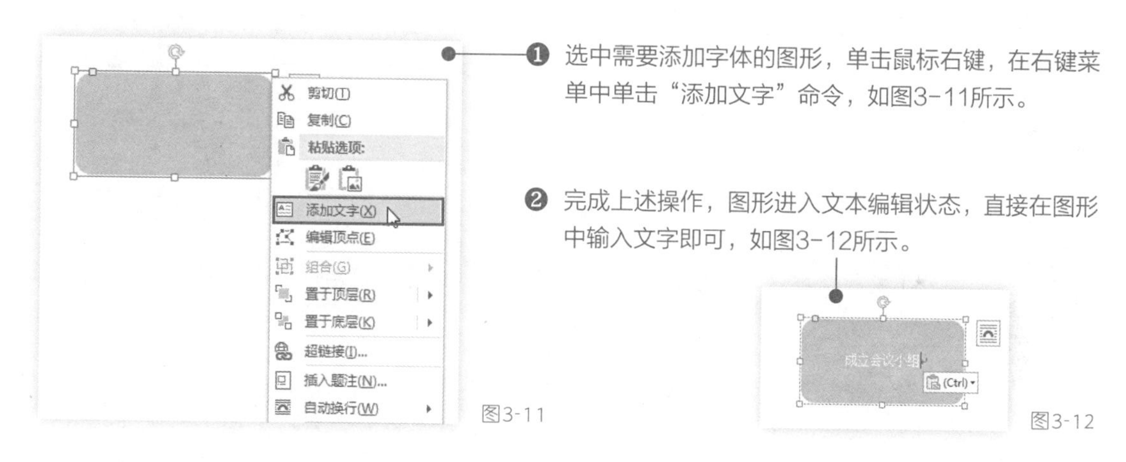

❶ 选中需要添加字体的图形，单击鼠标右键，在右键菜单中单击“添加文字”命令，如图3-11所示。

❷ 完成上述操作，图形进入文本编辑状态，直接在图形中输入文字即可，如图3-12所示。

图3-11

图3-12

3.2.5　随意旋转图形

在Word 2013文档中插入自选图形后，默认情况下是正向显示的。为了达到特殊的设计效果，可以将其进行任意角度的旋转。

❶ 打开文档，当选中自选图形时，其上部将出现一个旋转手柄。将鼠标指针指向旋转手柄，按住鼠标左键不放，可以上下左右方向拖动鼠标，如图3-13所示。

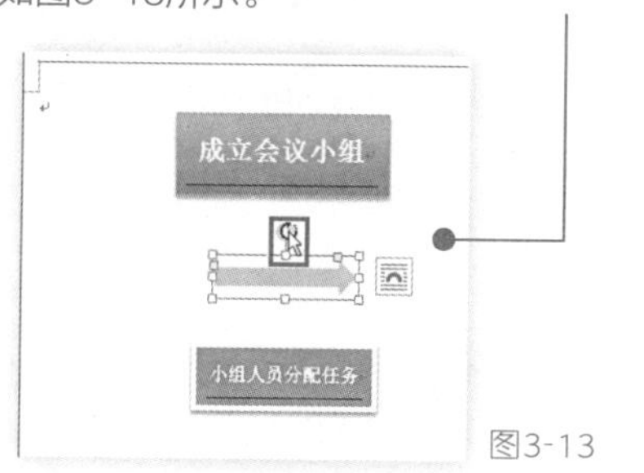

图3-13

❷ 拖动到合适的位置后，松开鼠标左键，即可完成图形的旋转设置，如图3-14所示。

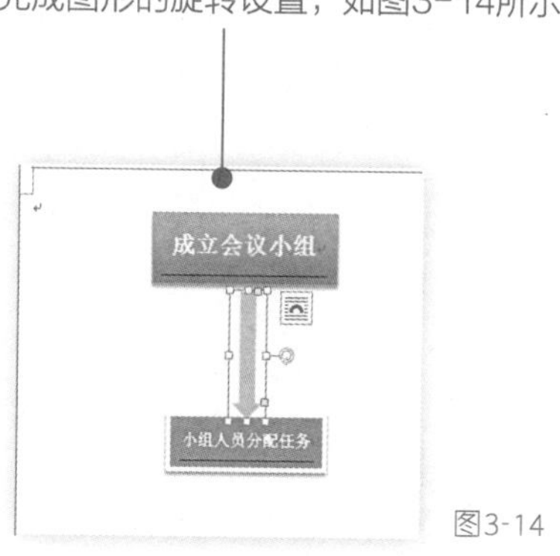

图3-14

3.2.6 将多个对象组合为一体

在实际工作中许多复杂图示往往由众多零散的图形、图片组合而成，当我们需要对图示整体进行操作时，首先需要将将组成该图示的图形、图片组合成一个整体。这种将多个对象组合为一体的具体操作如下：

❶ 按住〈Ctrl〉键选中所有需要组合的图形，在“绘图工具”→“格式”选项卡下“排列”组中单击“组合”按钮，在下拉列表中单击“组合”命令，如图3-15所示。

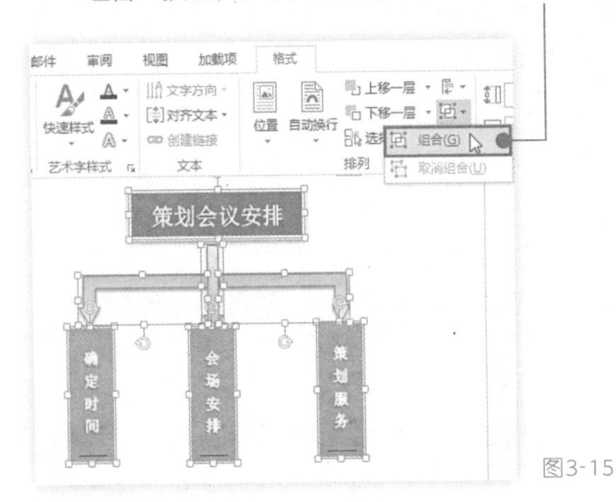

图3-15

❷ 组合后，多个对象就变成一个整体了，便于对图形整体调整，如图3-16所示。

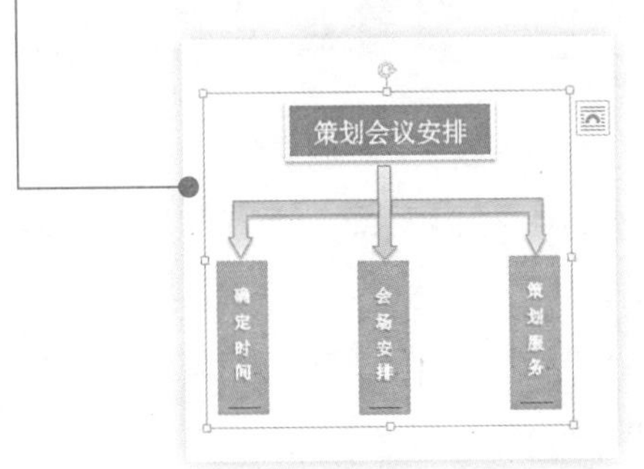

图3-16

3.3 文档设计

为了更加直观清晰地表述会议流程的安排，创建流程图是一个不错的选择啊！

是呀，如果你仅仅用文字表达会议是怎么安排的，通常是很难描述清楚的。绘制会议安排流程图，用图形向与会人员直观地展现会议流程，效果自然会好很多。

3.3.1 创建会议安排流程图

为了使会议能够更好地开展并取得预期的效果，需要提前做好会议安排流程图，详细策划每个阶段的具体事项，进而保证会议的顺利开展。

1. 创建会议安排流程图文档

要在Word 2013中制作会议流程安排图，首先要建立Word 2013文档。

❶ 新建文档，并命名为“公司会议安排流程图”，在文档中输入标题，单击“开始”选项卡，在“字体”选项组中将字体设置为“黑体”、“加粗”，字号设置为“小一”，效果如图3-17所示。

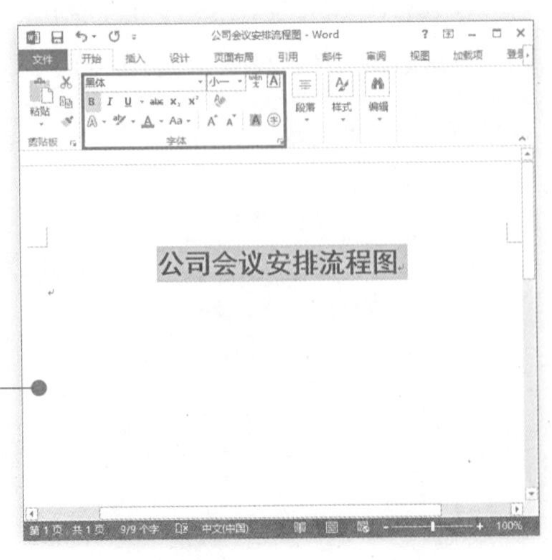

图3-17

❷ 打开“段落”对话框，在“缩进和间距”标签下将“段前”和“段后”间距都设置为“1行”，单击“确定”按钮完成设置，如图3-18所示。

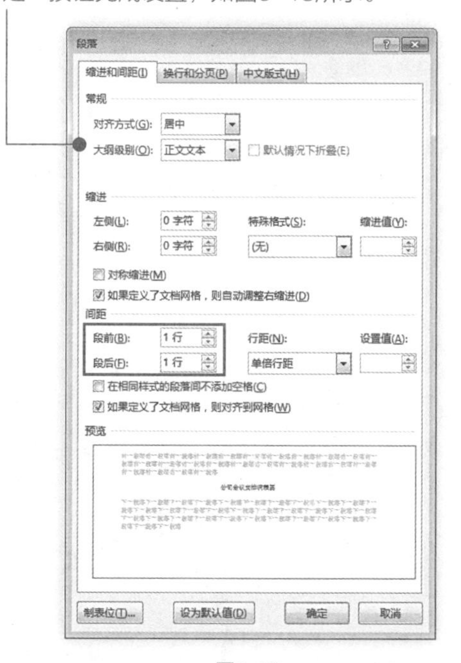

图3-18

❸ 设置后效果如图3-19所示。

图3-19

❹ 在文档中输入正文，单击“开始”选项卡，在“字体”选项组中将字体设置为“宋体”“加粗”，“字号”设置为“11”，效果如图3-20所示。

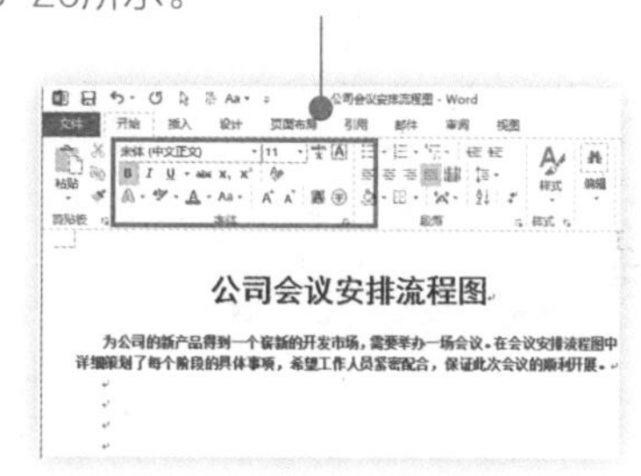

图3-20

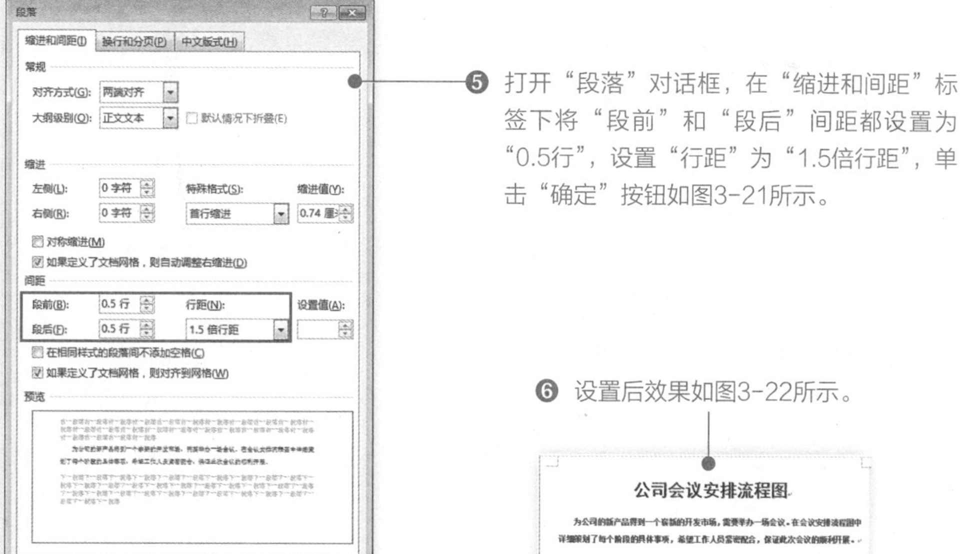

❺ 打开“段落”对话框，在“缩进和间距”标签下将“段前”和“段后”间距都设置为“0.5行”，设置“行距”为“1.5倍行距”，单击“确定”按钮如图3-21所示。

图3-21

❻ 设置后效果如图3-22所示。

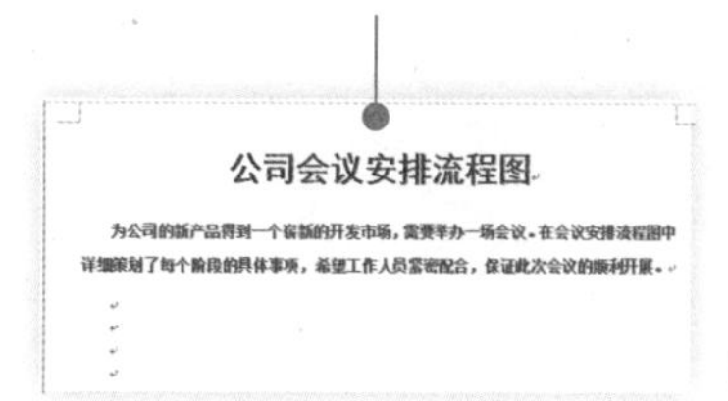

图3-22

2. 在文档中插入图形

Word 2013中提供了很多自选图形，下面要创建会议安排流程图，可以通过插入图形来创建。

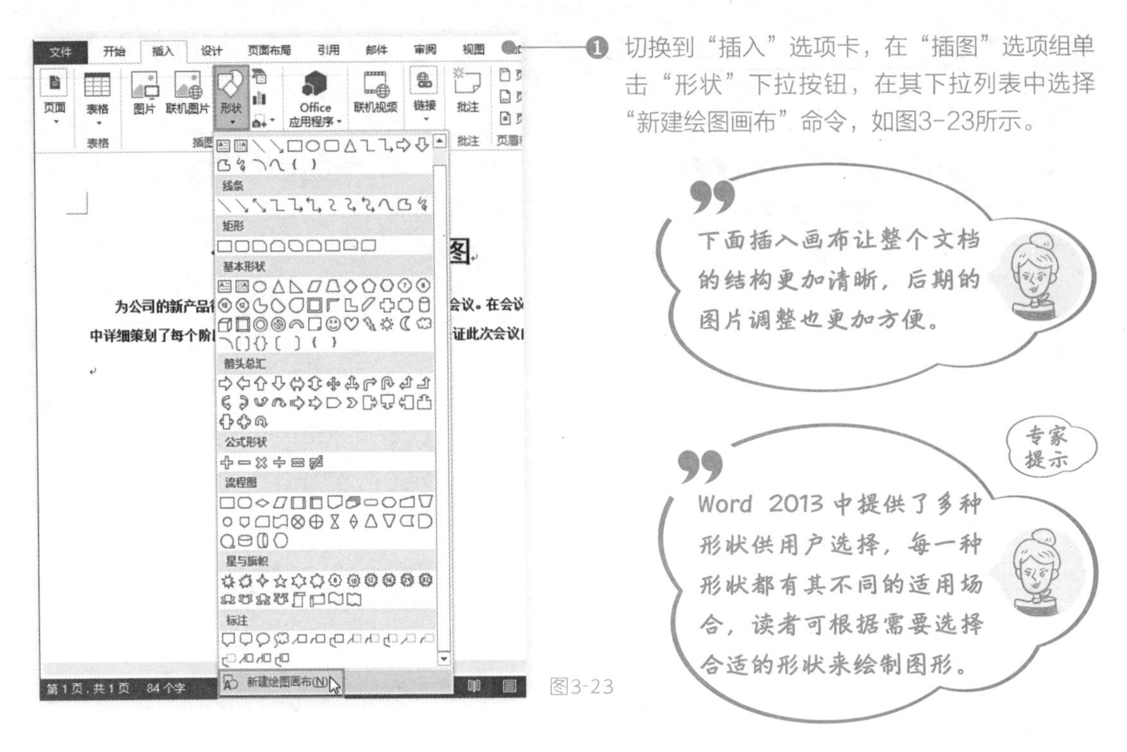

❶ 切换到“插入”选项卡，在“插图”选项组单击“形状”下拉按钮，在其下拉列表中选择“新建绘图画布”命令，如图3-23所示。

图3-23

❷ 完成上述操作后，文档中就会出现一块绘图框，效果如图3-24所示。

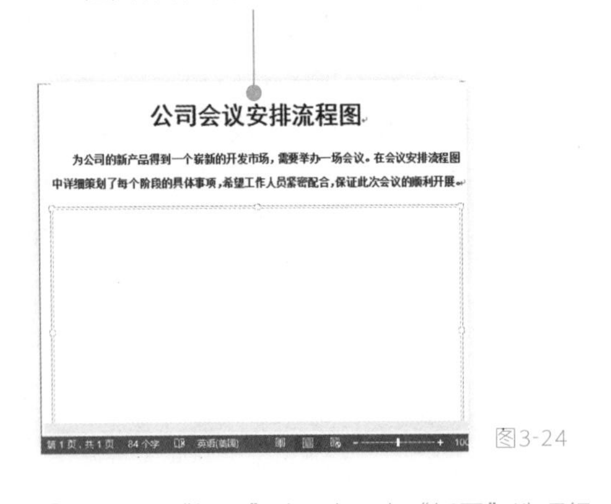

图3-24

❸ 切换到“插入”选项卡，在“插图”选项组单击“形状”下拉按钮，在其下拉列表中选择“圆角矩形”命令，如图3-25所示。

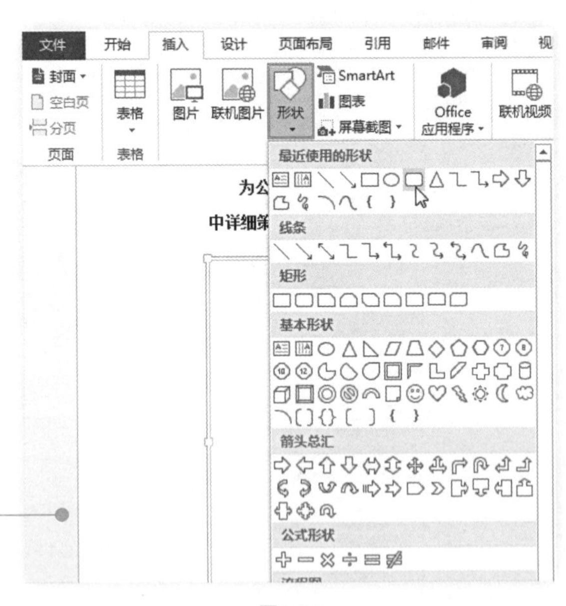

图3-25

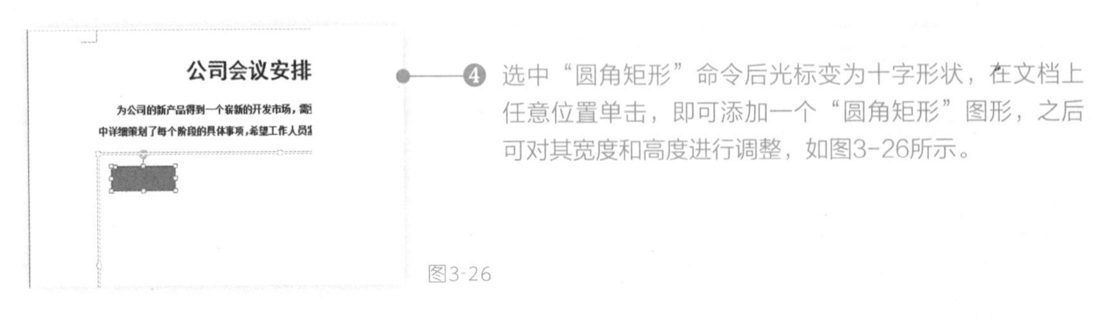

❹ 选中“圆角矩形”命令后光标变为十字形状，在文档上任意位置单击，即可添加一个“圆角矩形”图形，之后可对其宽度和高度进行调整，如图3-26所示。

图3-26

❺ 选取新建的“圆角矩形”图形按〈Ctrl+C〉组合键复制，按〈Ctrl+V〉组合键粘贴，根据需要连续复制多个“圆角矩形”形状，复制后效果如图3-27所示。

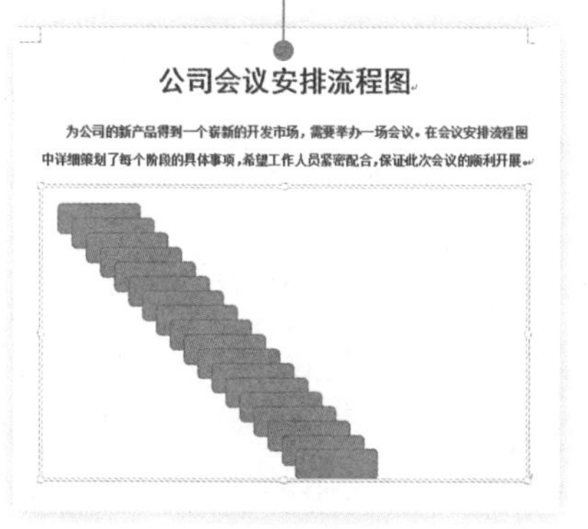

图3-27

❻ 选中图形，按住鼠标左键不放，拖动到需要放置的位置，如图3-28所示。

图3-28

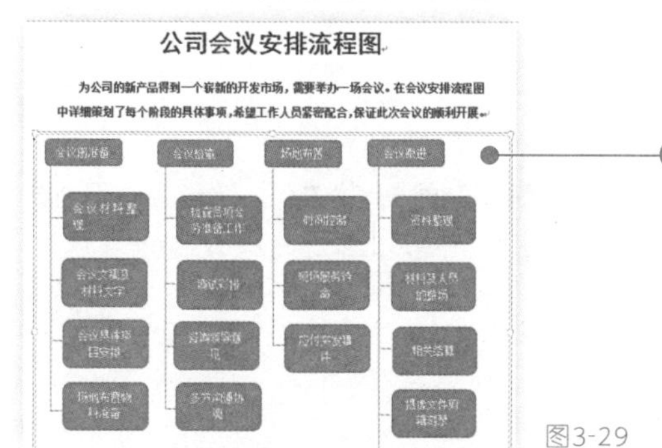

图3-29

❼ 在图形中添加文字，接着按相同的方法为流程图添加其他形状，并适当调整图形，最终效果如图3-29所示。

3.3.2　美化会议安排流程图

会议安排流程图创建完成后，可以对其进行美化设置。

1. 设置插入图形样式

插入后的图形都是默认的样式，看起来不是十分的美观，我们可以通过设置图形样式来美化图形。

❶ 选中要设置的图形，在“绘图工具”→“格式”选项卡下“形状样式”选项组中单击▾按钮，在弹出的下拉菜单中有多种图形样式可供选用，单击指定样式图标即可将该样式套用于选定的图形上如图3-30所示。

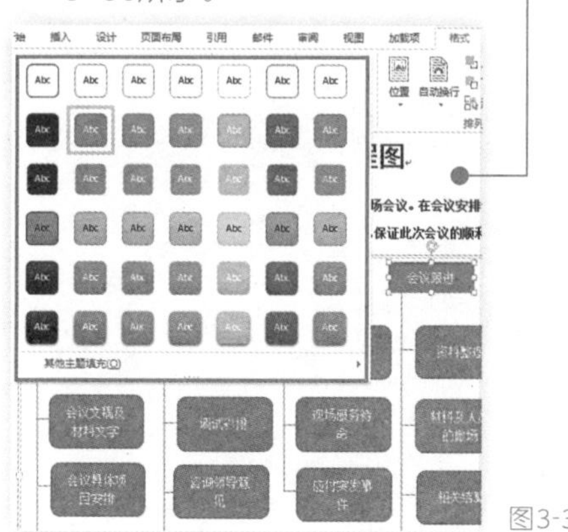

图3-30

❷ 套用样式后的图形效果如图3-31所示。

图3-31

❸ 用同样的方法为其他图形选择和设置颜色样式。根据需求设置图形中带有文字的对齐方式，效果如图3-32所示。

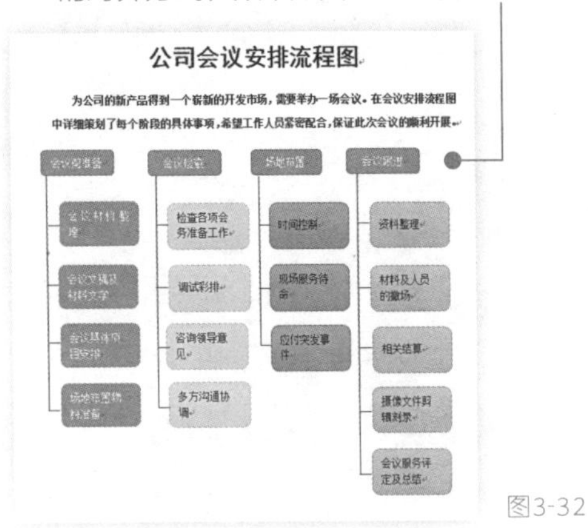

图3-32

❹ 将图形全部选中，在“绘图工具”→“格式”选项卡下“排列”选项组中单击“组合”按钮，在下拉列表中单击“组合”命令，如图3-33所示。

图3-33

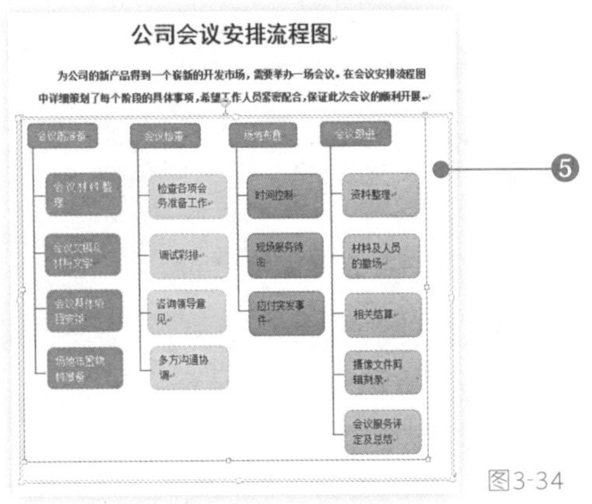

图3-34

❺ 组合后，多个对象就变成一个整体了，这样会便于对图形整体的进一步调整，效果如图3-34所示。

2. 插入页眉页脚

为了使会议安排流程图整体看起来显得更美观，可以在文档中添加页眉页脚。

❶ 双击文档页面顶端空白处，进入可编辑状态，在“页眉和页脚工具”选项下单击“设计”选项卡，在“插入”选项组中单击“图片”按钮（图3-35），打开“插入图片”对话框。

图3-35

❷ 选择需要的图片，单击“插入”按钮，如图3-36所示。

图3-36

❸ 选中图片，在“图片工具”选项下单击“格式”选项卡，在“排列”选项组中单击“自动换行”按钮，在其下拉列表中选择“浮于文字上方”选项，如图3-37所示。

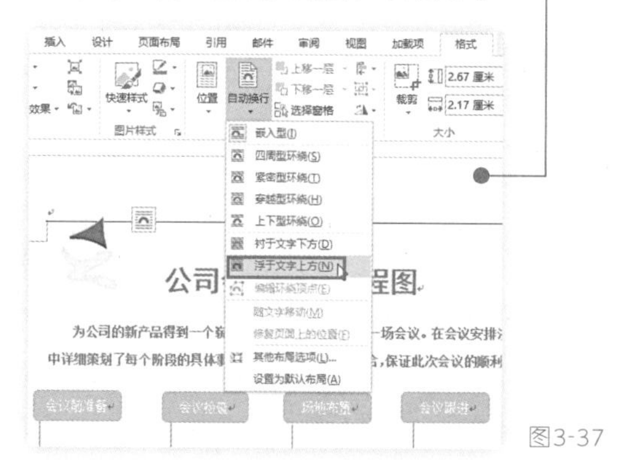
图3-37

❹ 调整图片的大小和位置，单击“页眉和页脚工具”选项下“设计”选项卡，在“关闭”选项组中单击“关闭页眉和页脚”按钮，如图3-38所示。

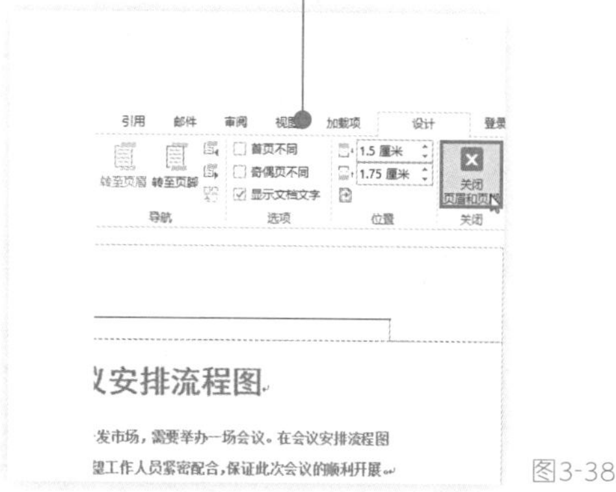
图3-38

❺ 执行上述操作后，效果如图3-39所示。

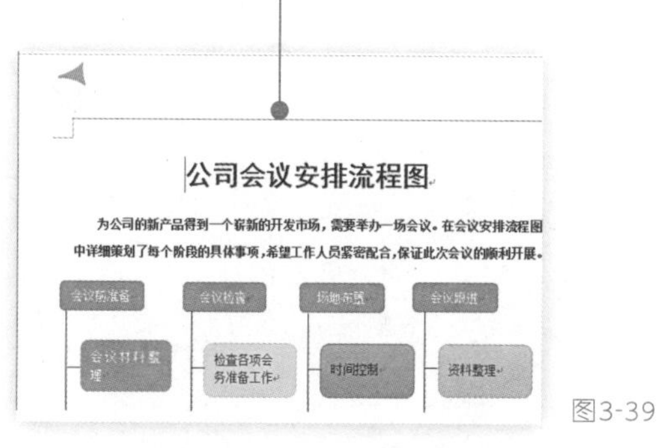
图3-39

❻ 根据相同的方法插入页脚，效果如图3-40所示。

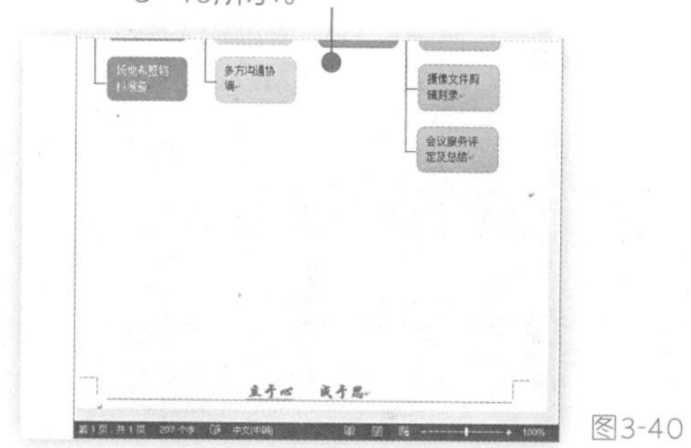
图3-40

3. 为流程图进行页面设置

在插入页眉和页脚之后，我们需要对整个页面进行设置以确保文档页面整体效果美观大方。

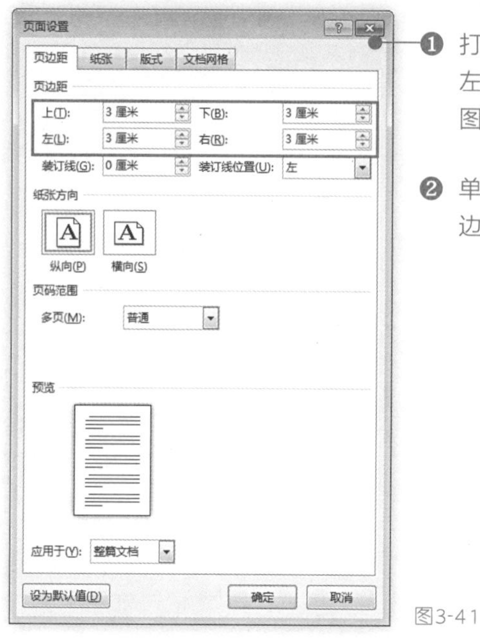

图3-41

❶ 打开“页面设置”对话框，选取“页边距”标签将上、下、左、右页边距改为“3厘米”，单击“确定”按钮完成设置如图3-41所示。

❷ 单击“设计”选项卡，在“页面背景”选项组中单击“页面边框”按钮（图3-42），打开“边框和底纹”对话框。

图3-42

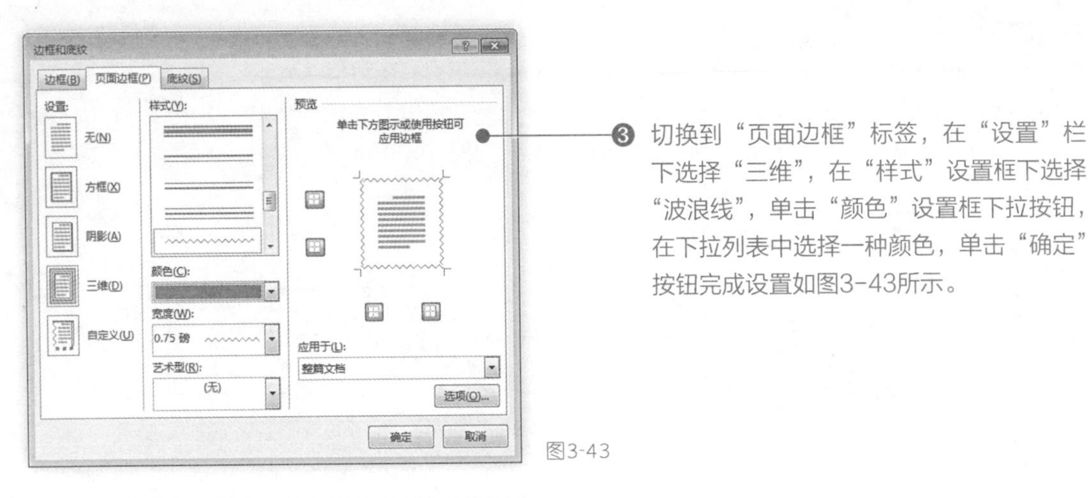

图3-43

❸ 切换到“页面边框”标签，在“设置”栏下选择“三维”，在“样式”设置框下选择“波浪线”，单击“颜色”设置框下拉按钮，在下拉列表中选择一种颜色，单击“确定”按钮完成设置如图3-43所示。

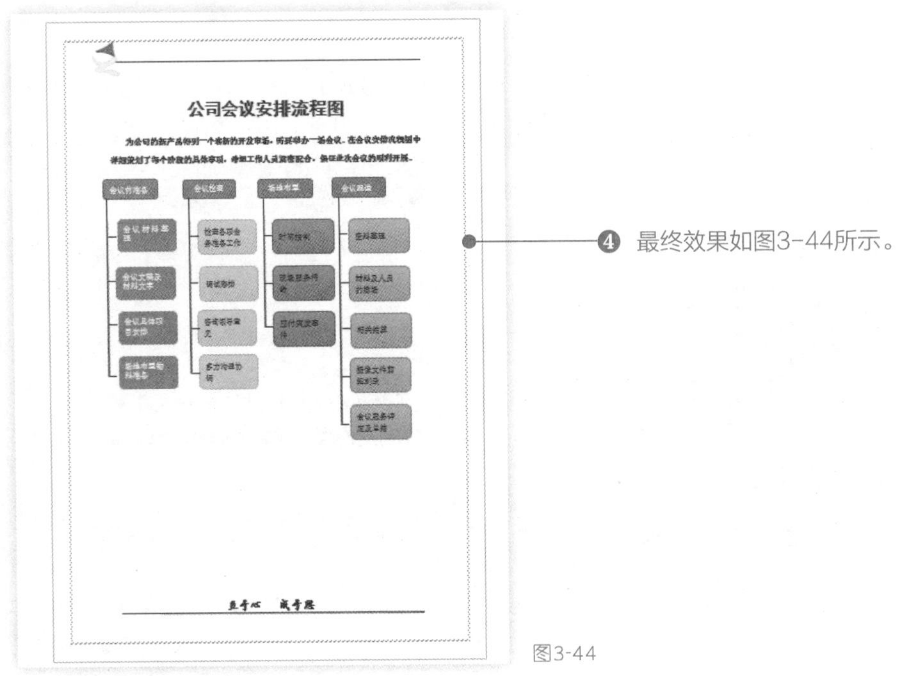

图3-44

❹ 最终效果如图3-44所示。

制作会议通知单模板

明天下午要开年度工作总结计划会议了，刚刚领导过来让我赶紧给各个部门发个通知。哎，我手头工作还没有做完呢，现在又得急急忙忙地来准备会议通知单给各部门发过去，领导不知道对于我这种菜鸟来说，制作一份通知单是多么不易的事情嘛……

这么简单的工作你也发愁嘛？作为行政人员，给各部门发通知可是常有的事情呀。告诉你一个很简单的办法，你完全可以利用 Word 2013 的制作会议通知单并将其保存为模板，以后需要用的时候直接拿过来改动一下相关会议内容，就可以快速地发给各部门了，省时又省力！

4.1 制作流程

会议是企业为了解决某个共同的问题或出于其他目的将相关人员聚集在一起进行讨论、交流的活动。在会议召开之前，需要将开会通知下发给参会人员。会议通知单是一种常用的行政文书，我们应该尽早制备好通知模板以备使用。

本章我们将分创建会议通知单、插入会议事项表格、美化会议通知单和创建会议通知单模板四部分向大家讲解相关知识点，如图4-1所示。

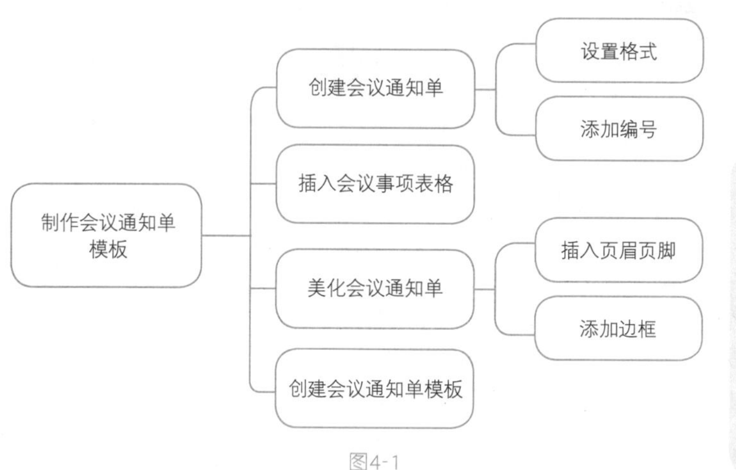

图4-1

在我们日常行政工作中，经常需要制作各种不同的会议通知单，我们将其创建为模板。在学习制作会议通知单之前，我们先来看一下会议通知单模板的效果图。

4.2 新手基础

下面在Word 2013中制作会议通知单模板需要用到的知识点除了前面章节介绍的知识点外还包括：文档格式设置、表格设置等新知识点。不要小看这些简单的知识点，扎实掌握这些知识点会让你的工作更加出色。

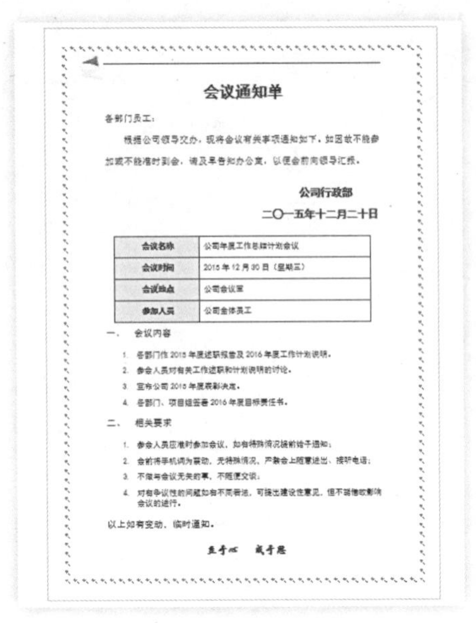

会议通知单

各部门员工：

根据公司领导交办，现将会议有关事项通知如下，如因故不能参加或不能准时到会，请及早告知办公室，以便会前向领导汇报。

公司行政部

二〇一五年十二月二十日

会议名称	公司年度工作总结计划会议
会议时间	2015 年 12 月 30 日（星期三）
会议地点	公司会议室
参加人员	公司全体员工

一、 会议内容

1. 各部门作 2015 年度述职报告及 2016 年度工作计划说明。
2. 参会人员对有关工作述职和计划说明的讨论。
3. 宣布公司 2015 年度表彰决定。
4. 各部门、项目组签署 2016 年度目标责任书。

二、 相关要求

1. 参会人员应准时参加会议，如有特殊情况提前给予通知；
2. 会前将手机调为震动，无特殊情况，严禁会上随意进出、接听电话；
3. 不做与会议无关的事，不随便交谈；
4. 对有争议性的问题如有不同看法，可提出建设性意见，但不能借故影响会议的进行。

以上如有变动，临时通知。

图4-2

4.2.1 删除文档的历史记录

在系统默认设置下，用户可以查看Word 2013程序的打开文件的历史记录。如果我们在公共电脑中打开过机密或者隐私文件，Word 2013程序中的打开文件历史记录有可能会导致机密和隐私的泄露。针对这个问题我们可以通过设置让电脑在关机或重启时自动删除我们打开的文件记录，这样不仅可以让系统保持“干净”，还可以保护我们的隐私。具体操作如下：

单击“文件”→“选项”命令，打开“Word选项”对话框。选择“高级”标签，在“显示”栏下将“显示此数目的‘最近使用的文档’”数值设置为0，如图4-3所示。单击“确定”即可清除最近使用的文档记录，同时也关闭Word 2013文档历史记录功能。

图4-3

4.2.2 使用命令按钮快速增加、减少缩进量

在编辑Word 2013文档时候，用户经常需要调整文档缩进量，除了使用“段落”对话框进行缩进的调整外，我们还可以使用“增加缩进量”和“减少缩进量”按钮快速设置Word 2013文档段落缩进量。具体方法参见下例：

文件
开始
插入
设计
页面布局
引用
邮件
审阅
视图
加载项
楷体_GB2312
小三
粘贴
剪贴板
字体
段落
样式
编辑
为确保我司 2016 年道路春运安全工作顺利进行，树立“安
全第一，预防为主，综合治理”的思想理念，减少和杜绝道路
交通事故的发生，经公司安委会研究决定，召开一月份安全例
会，现将有关事项通知如下：
一、时间：2016 年 1 月 24 日下午 15：30
二、地点：公司会议室
三、参会人员：全体管理人员
四、会议内容：1. 对近阶段的安全工作进行总结；2. 对即
将来临的春运的安全工作作出安排；
五、会议要求：请参会人员准时参加，不得迟到早退，不
得缺席

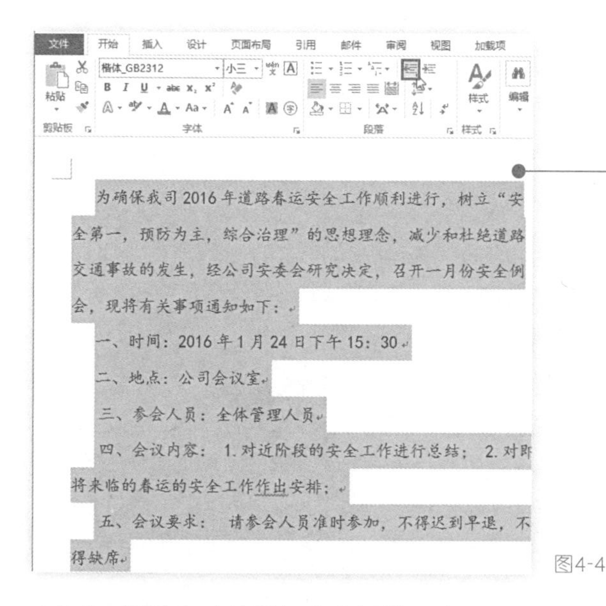

打开Word 2013文档，选中需要增加或减少缩进量的段落，在“开始”选项卡下，“段落”组中单击“减少缩进量”（ ）或“增加缩进量”（ ）按钮，如图4-4所示，即可减少或增加文档缩进量。

图4-4

4.2.3　调整自动编号与文本间的距离

Word 2013的自动编号功能非常方便使用，它使得我们的文档排版美观、有条理的同时还节约了我们的时间。但是我们会发现在默认设置下编号后的文本与编号之间存在较大空隙。要想使得内容和编号之间的联接更紧密，我们可以通过下面方法进行调整。

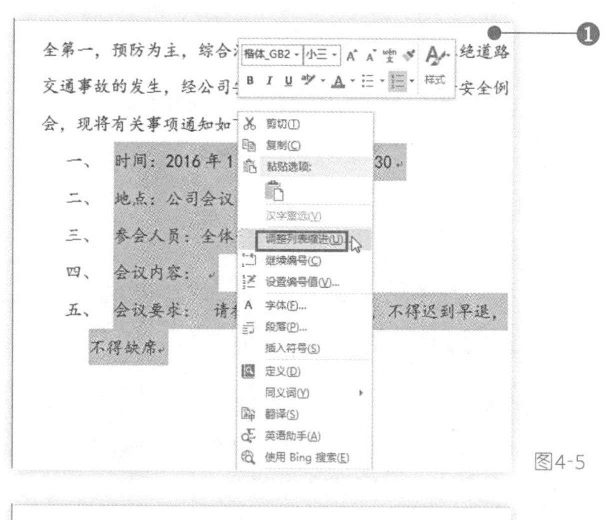

楷体_GB2
小三
样式
剪切(T)
复制(C)
粘贴选项:
汉字重选(V)
调整列表缩进(U)...
继续编号(C)
设置编号值(V)...
字体(F)...
段落(P)...
插入符号(S)
定义(D)
同义词(Y)
翻译(S)
英语助手(A)
使用 Bing 搜索(E)

❶ 选中已编号文本，单击鼠标右键，在弹出的右键菜单中单击“调整列表缩进”命令，如图4-5所示。

图4-5

调整列表缩进量
编号位置(P):
0.74 厘米
文本缩进(T):
1.48 厘米
编号之后(W):
制表符
制表符
空格
不特别标注
确定
取消

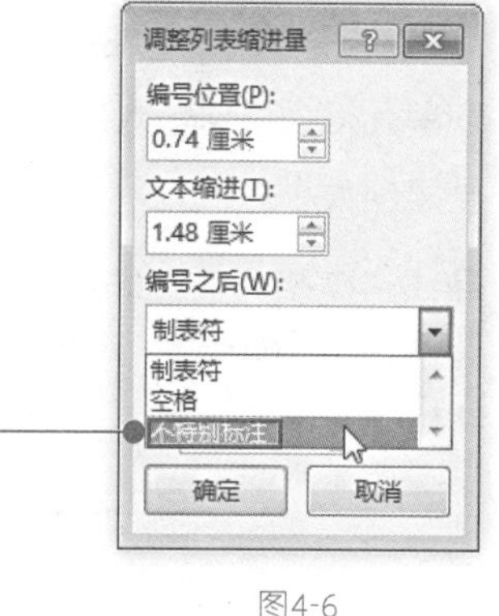

图4-6

❷ 打开“调整列表缩进量”对话框，单击“编号之后”设置框下拉按钮，在下拉列表中单击“不特别标注”，单击“确定”按钮完成设置如图4-6所示。

全第一，预防为主，综合治理”的思想理念，减少和杜绝道路
交通事故的发生，经公司安委会研究决定，召开一月份安全例
会，现将有关事项通知如下：
一、时间：2016 年 1 月 24 日下午 15：30
二、地点：公司会议室
三、参会人员：全体管理人员
四、会议内容：
五、会议要求：请参会人员准时参加，不得迟到早退，不
得缺席

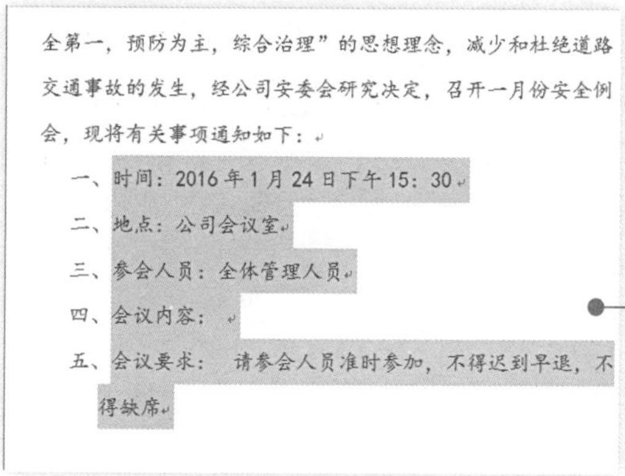

❸ 原项目编号后与文字之间的间距调整后的效果如图4-7所示。

图4-7

4.2.4 自定义表格的尺寸

在使用Word 2013制作和编辑表格时，表格尺寸并不是一成不变的，我们常常需要根据实际需求创建自定义的表格尺寸，以方便使用。用户可以利用下面的方法重新调整表格的尺寸大小。

❶ 将光标移动到表格右下角，直到鼠标指针变为黑色对角箭头，如图4-8所示。

活动名称	日期	内容预算	单位承办人	联络方式
年初的致词、工作开始				
新年宴会				
创立纪念日				
新进职员之招考				
就职典礼				
新进职员训练				
运动会				
员工旅游				

图4-8

❷ 按住鼠标左键不放，此时鼠标指针变为十字架形，拖动鼠标，即可调整表格尺寸，拖动到合适的位置后释放鼠标完成尺寸调整，效果如图4-9所示。

活动名称	日期	内容预算	单位承办人	联络方式
年初的致词、工作开始				
新年宴会				
创立纪念日				
新进职员之招考				
就职典礼				
新进职员训练				
运动会				
员工旅游				

图4-9

4.2.5 根据表格内容自动调整表格

在创建表格后，我们往往需要根据输入的内容调整表格的行高和列宽，有时也需要对整个表格的大小进行调整。实际上，Word 2013可以根据表格中输入内容对表格进行自动调整，使单元格大小与输入文字相匹配。我们可以通过下面的方法来实现让表格根据表格内容自动调整表格大小。

❶ 选中表格，在“表格工具”→“布局”选项卡下“单元格大小”选项组中单击“自动调整”下拉按钮，在下拉菜单单击“根据内容自动调整表格”命令，如图4-10所示。

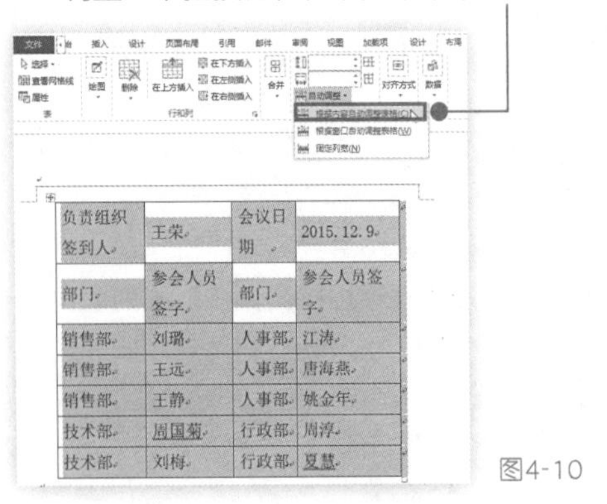

负责组织签到人	王荣	会议日期	2015. 12. 9
部门	参会人员签字	部门	参会人员签字
销售部	刘璐	人事部	江涛
销售部	王远	人事部	唐海燕
销售部	王静	人事部	姚金年
技术部	周国菊	行政部	周淳
技术部	刘梅	行政部	夏慧

图4-10

❷ 执行上述操作后，所选表格自动根据表格中内容的长度进行了调整，效果如图4-11所示。

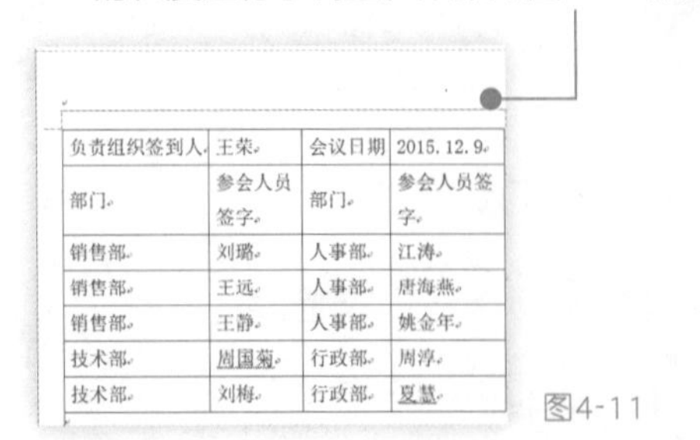

负责组织签到人	王荣	会议日期	2015. 12. 9
部门	参会人员签字	部门	参会人员签字
销售部	刘璐	人事部	江涛
销售部	王远	人事部	唐海燕
销售部	王静	人事部	姚金年
技术部	周国菊	行政部	周淳
技术部	刘梅	行政部	夏慧

图4-11

4.2.6 绘制表格中的斜线表头

在制作表格时，我们经常需要用斜线对表头左端的单元格进行分割，一遍在其中分别注明表格首行和首列的属性。在表头绘制斜线的操作如下：

❶ 调整好制作斜线表头单元格的宽度和高度，单击“表格工具”→“布局”选项卡，在“绘图”选项组中单击“绘制表格”按钮，如图4-12所示。

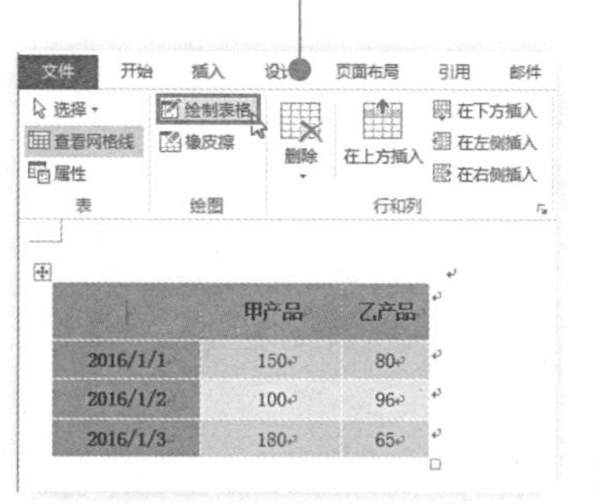

图4-12

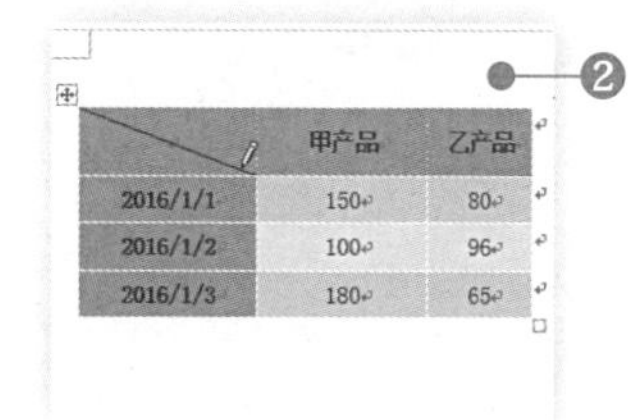

❷ 鼠标会变成画笔状态，在单元格左上角按住鼠标左键向右下角绘制斜线表头，如图4-13所示。

图4-13

❸ 单击“插入”选项卡，在“文本”选项组中单击“文本框”下拉按钮，在弹出的下拉菜单中选择“绘制文本框”命令，如图4-14所示。

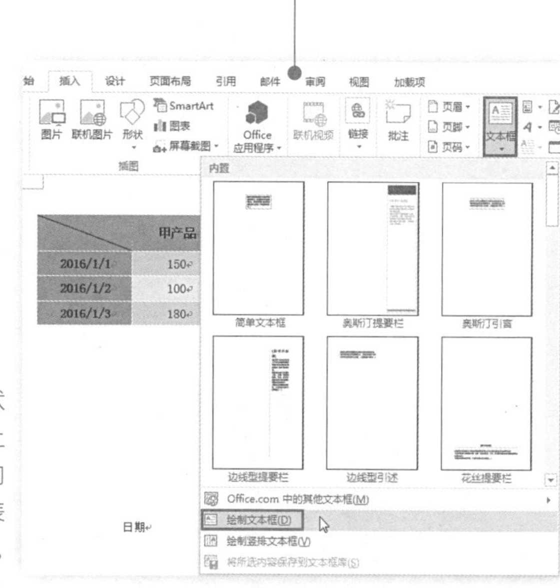

图4-14

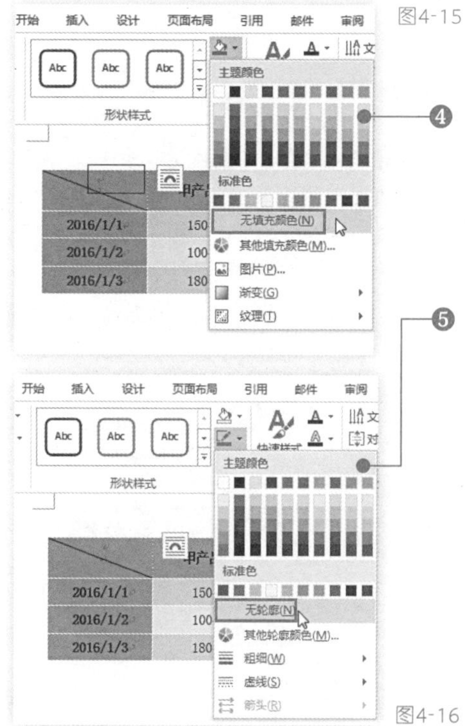

图4-15

❹ 按住鼠标左键，在斜线旁拖动鼠标绘制文本框。选中文本框，单击“绘图工具”→“格式”选项卡，在“形状样式”选项组中单击“形状填充”按钮，打开下拉菜单，单击“无填充颜色”命令，清除文本框的填充颜色，如图4-15所示。

图4-16

❺ 选中文本框，单击“绘图工具”→“格式”选项卡，在“形状样式”选项组中单击“形状轮廓”按钮，打开下拉菜单，单击“无轮廓”命令，如图4-16所示。

❻ 复制设置完成的文本框，将其放置在不同的分隔区，在文本框中输入表头的文字，完成最终的表头输入，效果如图4-17所示。

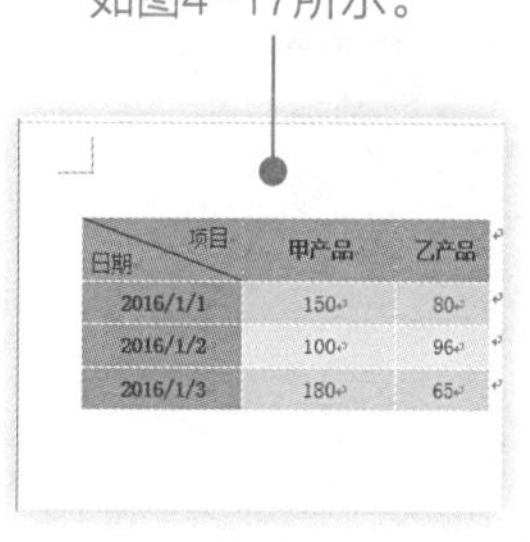

图4-17

知识扩展

如果需要删除文档表格中的框线，切换至“表格工具”→“布局”选项卡下“绘图”选项组中单击“擦除”按钮，光标变成“橡皮擦”形状，在需要擦除的框线上单击即可擦除框线。

4.2.7 让表格序列自动编号

当表格中有较多的数据需要处理时，有时需要对其中的数据进行编号以便更好地观察数据，在Word 2013中我们可以通过设置让表格自动对其中的数据行进行编号，具体的操作如下。

❶ 选定需要编号的所有单元格，如果所要编号的单元格不是连续的，可以按Ctrl键配合鼠标选取，在“开始”选项卡下“段落”选项组单击“编号”按钮，系统即为选定的数据行进行编号如图4-18所示。

序号	品牌	产品名称	规格	单位	单价（元）	数量	总计
	奥菲	眼部紧肤膜	30ml	瓶	200	20	4000
	奥菲	清新水质凝露	40ml	瓶	280	20	5600
	兰芝	活肤修复霜	50ml	瓶	430	20	8600
	兰芝	净白化妆露	200ML	瓶	480	20	9600
	相宜本草	柔和防晒露 SPF8	150ml	瓶	340	10	3400
	相宜本草	清透平衡露	75ml	瓶	320	20	6400
	沙宣	洗发水	200g	瓶	120	20	2400
	沙宣	洗发水	400g	瓶	280	20	5600
	力士	沐浴露	200ml	瓶	180	20	3600
	力士	沐浴露	400ML	瓶	126	20	2520
	欧莱雅	弹力素	150ML	瓶	190	15	2850
总合计							54570

图4-18

❷ 编号后效果如图4-19所示。

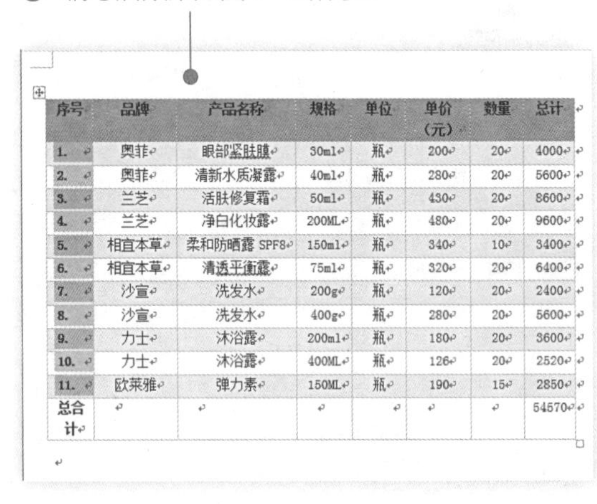

序号	品牌	产品名称	规格	单位	单价（元）	数量	总计
1.	奥菲	眼部紧肤膜	30ml	瓶	200	20	4000
2.	奥菲	清新水质凝露	40ml	瓶	280	20	5600
3.	兰芝	活肤修复霜	50ml	瓶	430	20	8600
4.	兰芝	净白化妆露	200ML	瓶	480	20	9600
5.	相宜本草	柔和防晒露 SPF8	150ml	瓶	340	10	3400
6.	相宜本草	清透平衡露	75ml	瓶	320	20	6400
7.	沙宣	洗发水	200g	瓶	120	20	2400
8.	沙宣	洗发水	400g	瓶	280	20	5600
9.	力士	沐浴露	200ml	瓶	180	20	3600
10.	力士	沐浴露	400ML	瓶	126	20	2520
11.	欧莱雅	弹力素	150ML	瓶	190	15	2850
总合计							54570

图4-19

❸ 用户可以对编号的格式进行调整，选中编号后，单击“编号”命令右侧下拉按钮，打开下拉菜单，单击“定义新编号格式”命令（图4-20），打开“定义新编号格式”对话框。

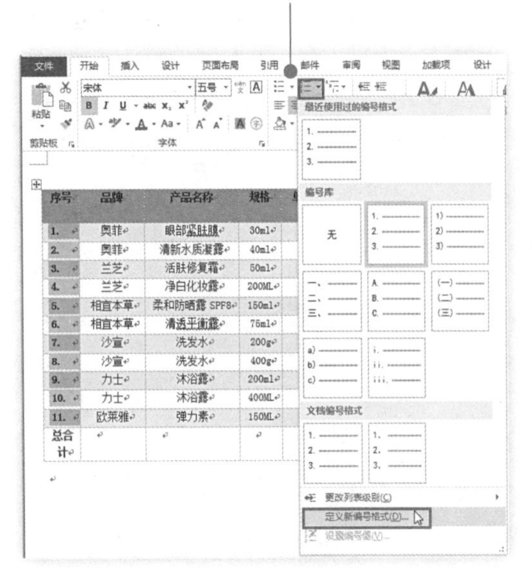

图4-20

❹ 在“编号格式”设置框中设置编号格式，“对齐方式”设置框右侧的下拉按钮，在弹出的下拉菜单中选择编号的对齐方式，如“居中”，单击“字体”按钮，设置编号的字体样式，设置完毕后，单击“确定”按钮确认，如图4-21所示。

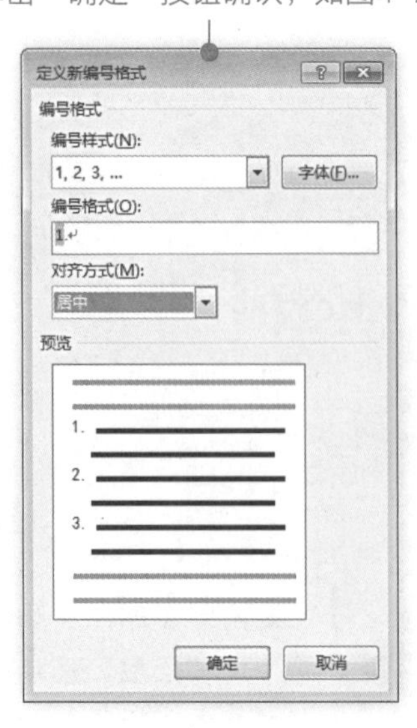

图4-21

序号	品牌	产品名称	规格	单位	单价（元）	数量	总计
1.	奥菲	眼部紧肤膜	30ml	瓶	200	20	4000
2.	奥菲	清新水质凝露	40ml	瓶	280	20	5600
3.	兰芝	活肤修复霜	50ml	瓶	430	20	8600
4.	兰芝	净白化妆露	200ML	瓶	480	20	9600
5.	相宜本草	柔和防晒露 SPF8	150ml	瓶	340	10	3400
6.	相宜本草	清透平衡露	75ml	瓶	320	20	6400
7.	沙宣	洗发水	200g	瓶	120	20	2400
8.	沙宣	洗发水	400g	瓶	280	20	5600
9.	力士	沐浴露	200ml	瓶	180	20	3600
10.	力士	沐浴露	400ML	瓶	126	20	2520
11.	欧莱雅	弹力素	150ML	瓶	190	15	2850
总合计							54570

❺ 设置后的效果，如图4-22所示。

图4-22

4.3 文档设计

每次制作的会议通知单给领导过目，都会挨他批，说会议内容看起来密密麻麻，太乱了，一点都不简洁……

那就是你的问题了啊。其实通知单不一定全部用文字来表述，有时候可以适当地利用表格来展现，不仅看起来一目了然，还能改善文档的整体效果。

4.3.1 创建会议通知单

会议通知单是上级对下级、组织对成员布置工作、传达事情召开会议之前广泛应用的书面通知。是我们日常行政办公中应用写作最常见的一种文体。

1. 设置会议通知单格式

下面在Word 2013文档中创建会议通知单，并进行字体段落格式的设置。

❶ 新建文档，并命名为“会议通知单”，在文档中输入标题和正文文字，效果如图4-23所示。

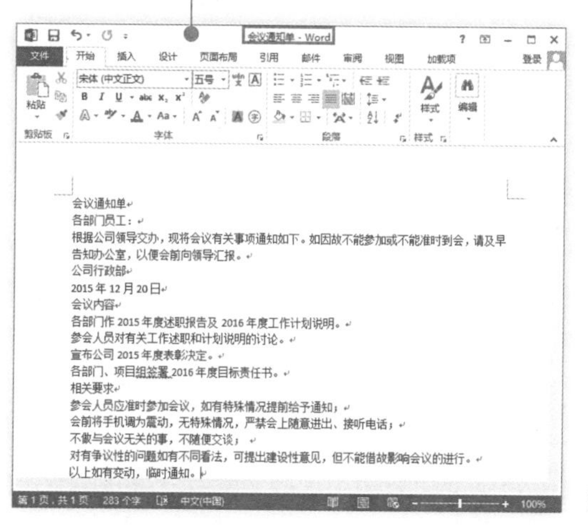

图4-23

❷ 选中标题文字，单击“开始”选项卡，在“字体”选项组中将字体设置为“黑体”和“加粗”；“字号”设置为“小一”，效果如图4-24所示。

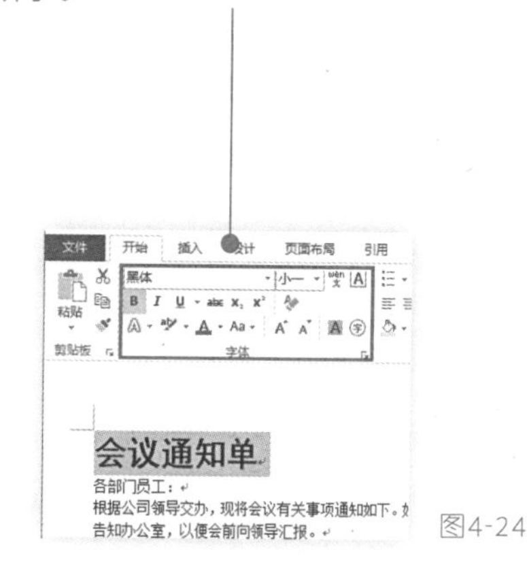

图4-24

❸ 在“段落”选项组中将字体对齐方式设置为“居中”，效果如图4-25所示。

❹ 选中标题，打开“段落”对话框。在“缩进和间距”标签下将“段前”和“段后”间距都设置为“0.5行”，单击“确定”按钮，完成设置如图4-26所示。

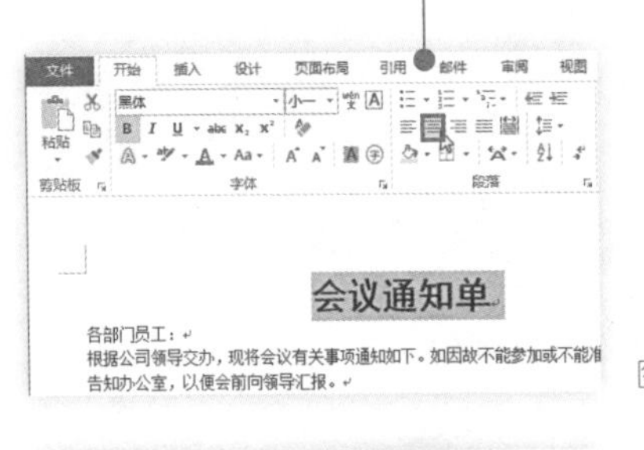

图4-25

图4-26

❺ 设置后效果如图4-27所示。选中标题下的第二段落，打开“段落”对话框。

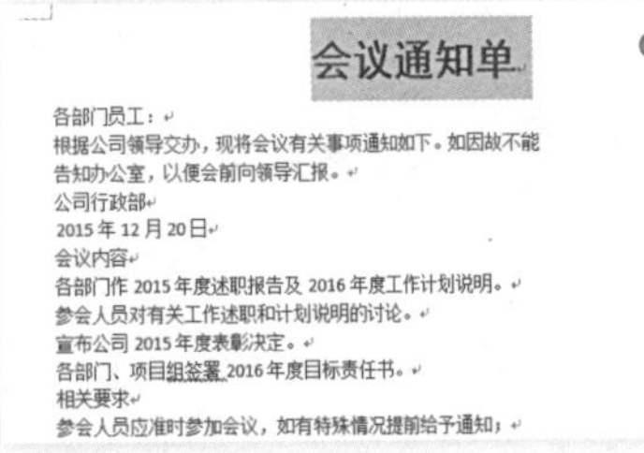

图4-27

❻ 在“缩进和间距”标签下将“特殊格式”设置为“首行缩进”、“2字符”，将“行距”间距设置为“1.5倍行距”，单击“确定”按钮完成设置如图4-28所示。

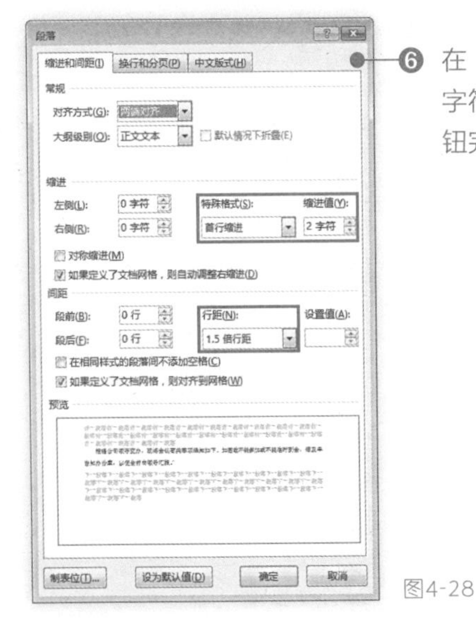

图4-28

❼ 依照上述相同设置方法，设置余下全文内容的字体、段落格式，效果如图4-29所示。

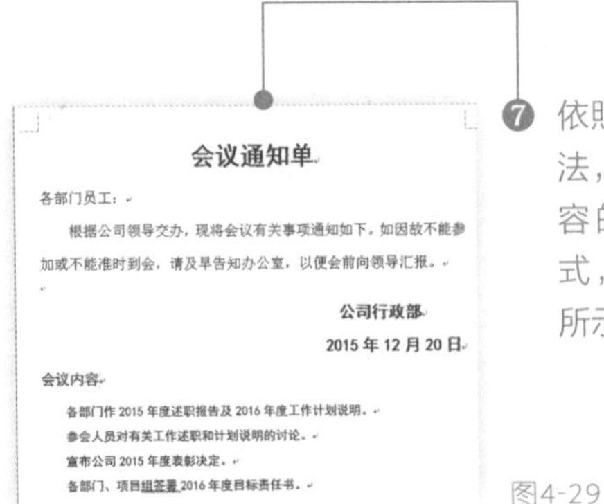

图4-29

2. 为会议通知单设置编号

为了使会议通知单内容看起来条例更清晰，可以对会议内容和相关要求的文字使用编号。

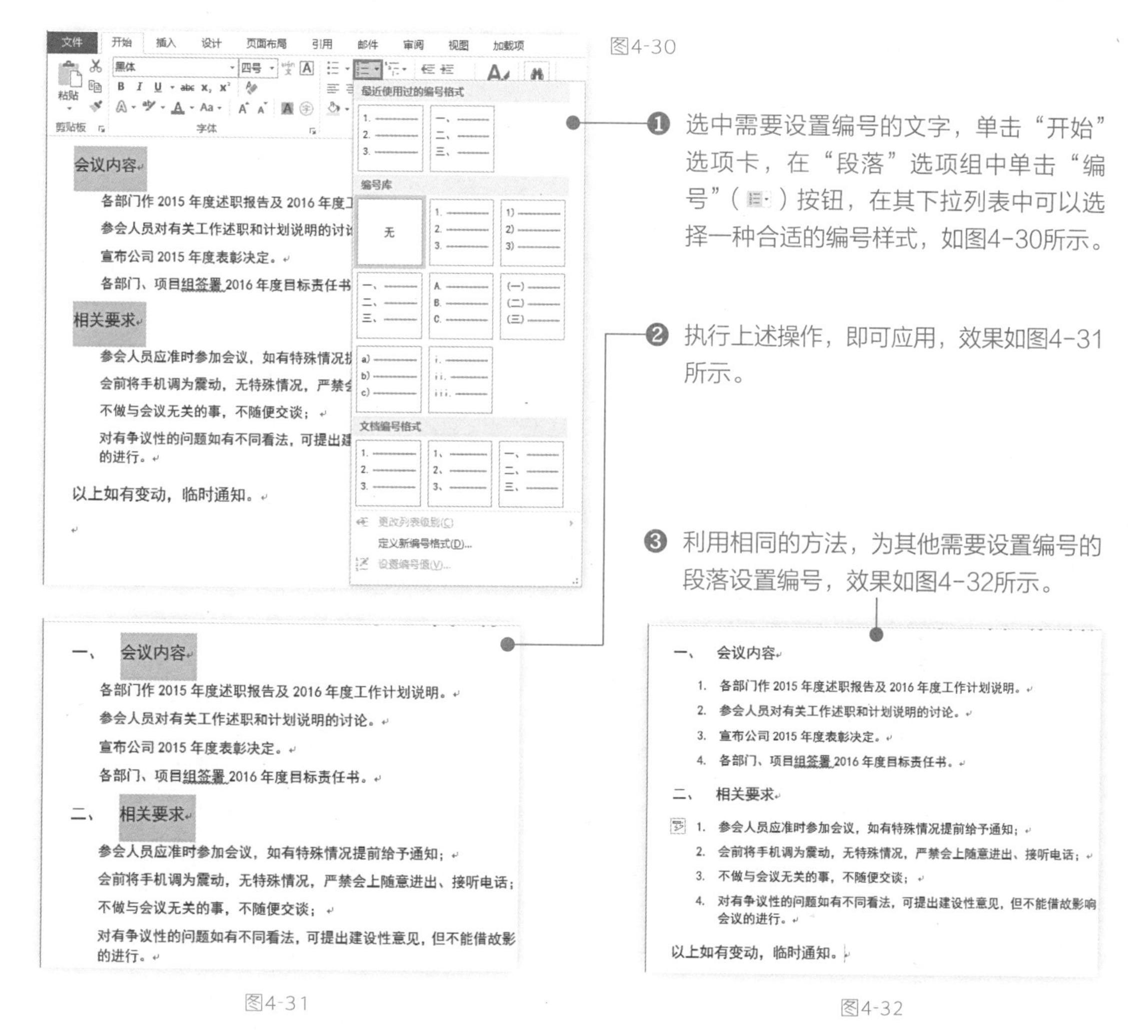

图4-30

❶ 选中需要设置编号的文字，单击“开始”选项卡，在“段落”选项组中单击“编号”（ ）按钮，在其下拉列表中可以选择一种合适的编号样式，如图4-30所示。

❷ 执行上述操作，即可应用，效果如图4-31所示。

❸ 利用相同的方法，为其他需要设置编号的段落设置编号，效果如图4-32所示。

图4-31

图4-32

4.3.2　插入会议事项表格

为了让员工更加直观地查看会议时间地点等重要会务信息，我们将这些会务信信息以表格形式呈现给读者。

❶ 将光标定位在需要插入表格的位置，单击“插入”选项卡，在“表格”选项组中单击“表格”按钮，在下拉菜单中单击“插入表格”命令（图4-33），打开“插入表格”对话框。

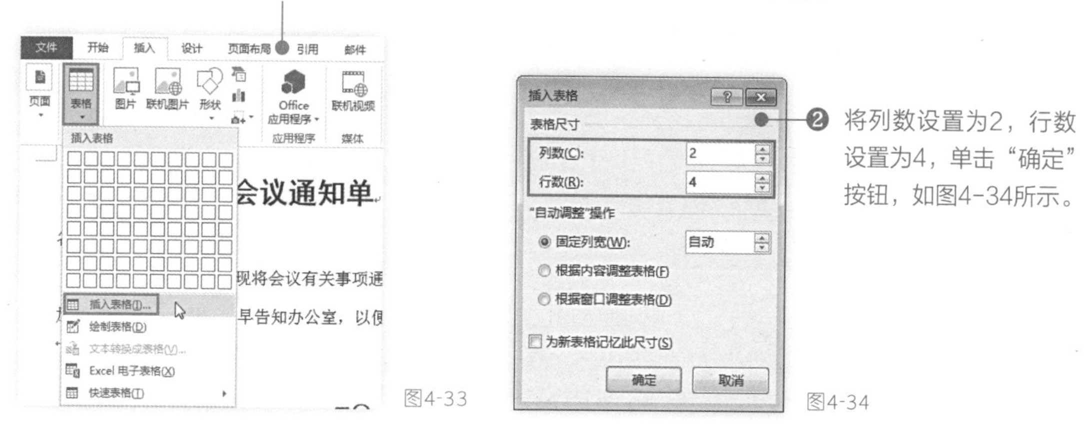

图4-33

❷ 将列数设置为2，行数设置为4，单击“确定”按钮，如图4-34所示。

图4-34

❸ 执行上述操作，即可在指定位置插入一个“2×4表格”，效果如图4-35所示。

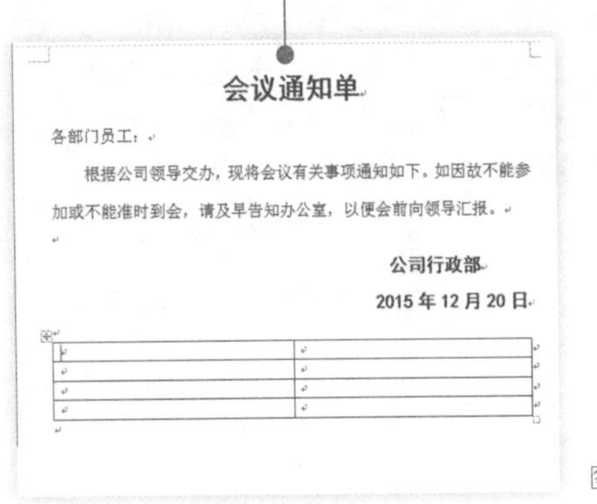

图4-35

❹ 在表格中输入会议相关事项，并设置表格的行高和列宽，效果如图4-36所示。

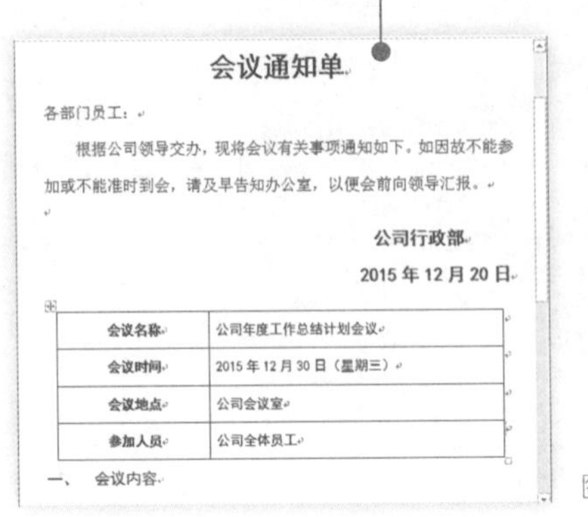

图4-36

❺ 选中表格第一列，在“表格工具”→“设计”选项卡下“表格样式”选项组中单击“底纹”下拉按钮，在下拉列表中选择一种合适的底纹颜色，如图4-37所示。

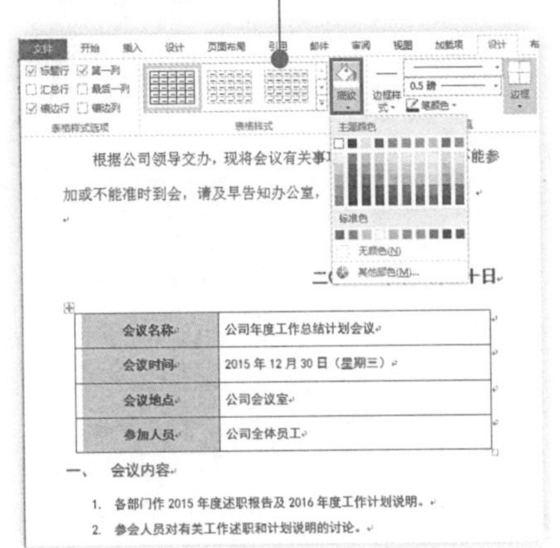

图4-37

❻ 执行上述操作，即可为表格第一列添加底纹，效果如图4-38所示。

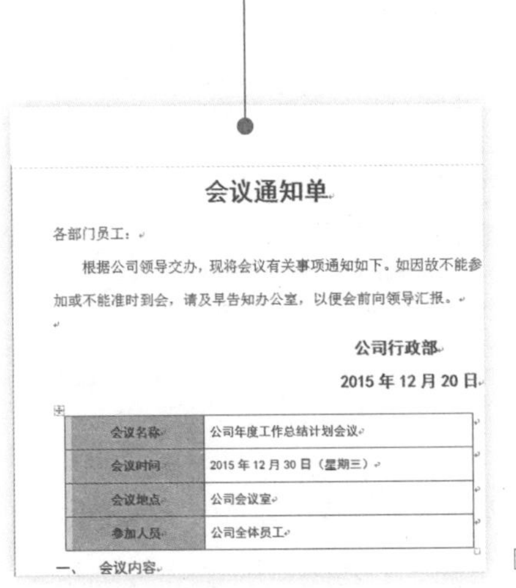

图4-38

4.3.3 美化会议通知单

会议通知单制作完成后，为了使通知单的内容更加醒目、美观，可以对整个文档进行美化设置。

1. 插入页眉页脚

在编辑文档时候，我们都希望自己做的文档美观上档次，如果给编辑好的文档添加适合的页眉页脚会使文档整体视觉效果更美观。

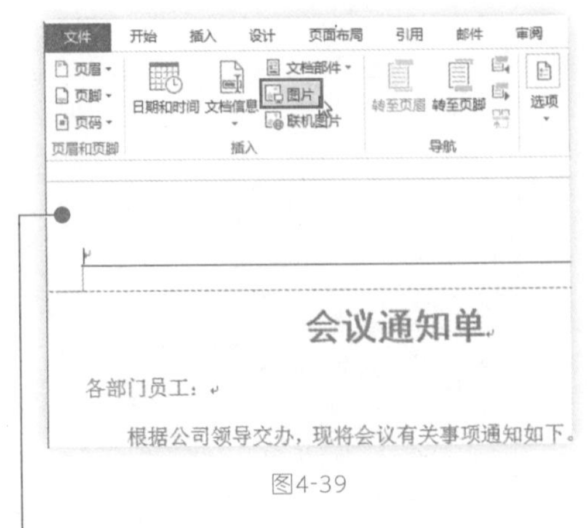

图4-39

❶ 双击文档页面顶端空白处，激活页眉编辑状态，在“页眉和页脚工具”选项下单击“设计”选项卡，在“插入”选项组中单击“图片”按钮（图4-39），打开“插入图片”对话框。

❷ 选择需要的图片，单击“插入”按钮，如图4-40所示。

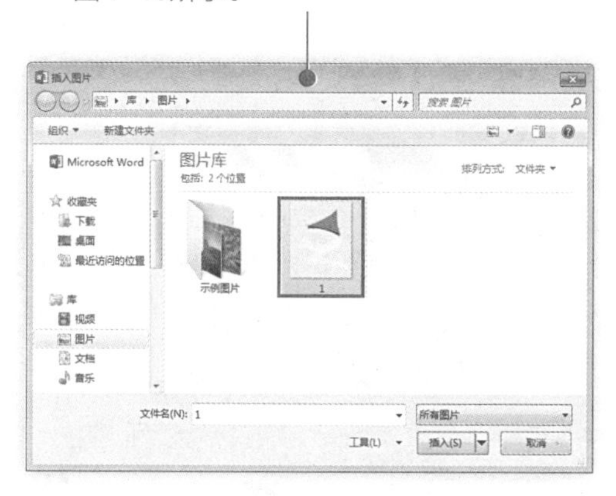

图4-40

❸ 选中图片，在“图片工具”选项下单击“格式”选项卡，在“排列”选项组中单击“自动换行”按钮，在其下拉列表中选择“浮于文字上方”选项，如图4-41所示。

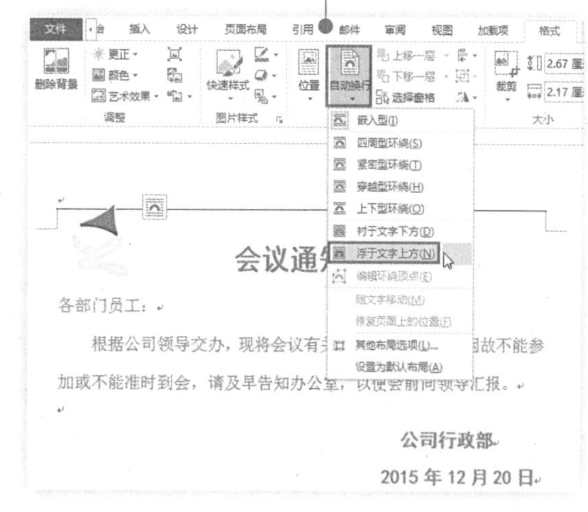

图4-41

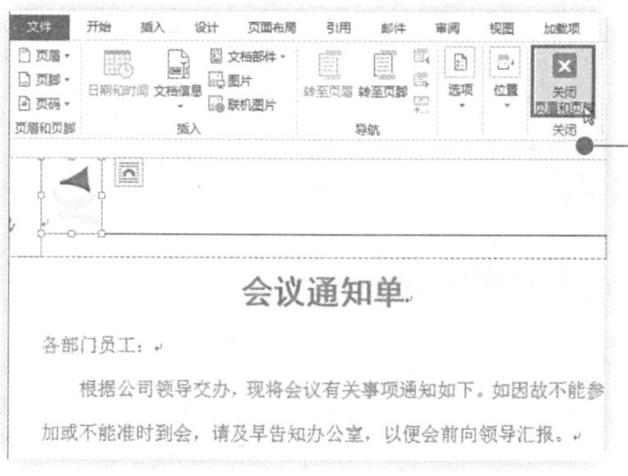

图4-42

❹ 调整图片的大小和位置，单击“页眉和页脚工具”选项下“设计”选项卡，在“关闭”选项组中单击“关闭页眉和页脚”按钮，如图4-42所示。

❺ 执行上述操作，最终页眉效果如图4-43所示。

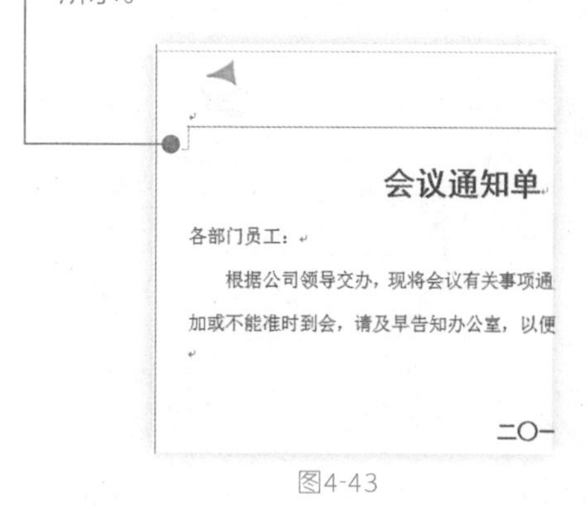

图4-43

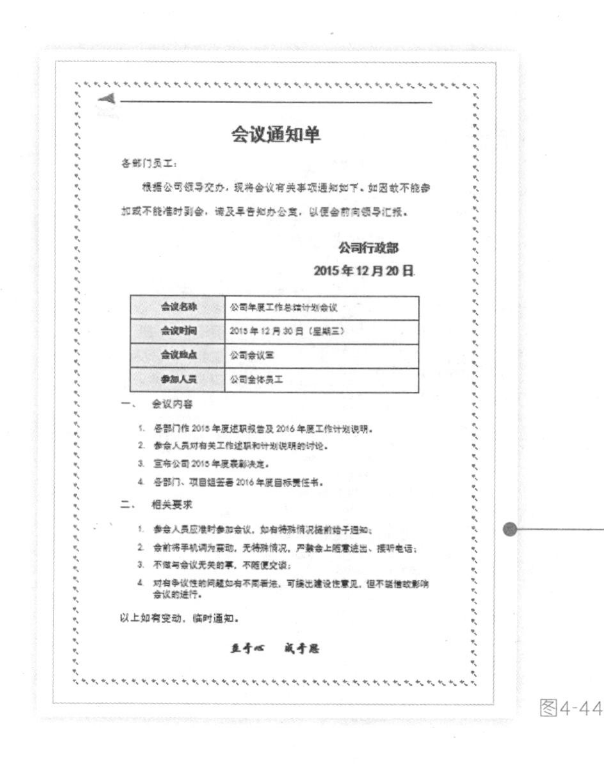

会议通知单

各部门员工：

根据公司领导交办，现将会议有关事项通知如下。如因故不能参加或不能准时到会，请及早告知办公室，以便会前向领导汇报。

公司行政部

2015 年 12 月 20 日

会议名称	公司年度工作总结计划会议
会议时间	2015 年 12 月 30 日（星期三）
会议地点	公司会议室
参加人员	公司全体员工

一、　会议内容

1. 各部门作 2015 年度述职报告及 2016 年度工作计划说明。
2. 参会人员对有关工作述职和计划说明的讨论。
3. 宣布公司 2015 年度表彰决定。
4. 各部门、项目组签署 2016 年度目标责任书。

二、　相关要求

1. 参会人员应准时参加会议，如有特殊情况提前给予通知；
2. 会前将手机调为震动，无特殊情况，严禁会上随意进出、接听电话；
3. 不做与会议无关的事，不随便交谈；
4. 对有争议性的问题如有不同看法，可提出建设性意见，但不能借故影响会议的进行。

以上如有变动，临时通知。

专于心　成于思

图4-44

❻ 根据相同的方法插入页脚，最终页脚效果如图4-44所示。

2. 为会议通知单添加边框

在为会议通知单插入页眉和页脚之后，还可以为会议通知单添加边框。为文档添边框不仅能使会议通知单更为生动，还能增强文档的视觉效果。

❶ 在“设计”选项卡下“页面背景”选项组中，单击“页面边框”按钮（图4-45），打开“边框和底纹”对话框。

❷ 切换到“页面边框”标签，在“设置”栏下选择“三维”，在“样式”设置框下选择一种样式，单击“颜色”设置框下拉按钮，在下拉列表中选择一种颜色，如图4-46所示。

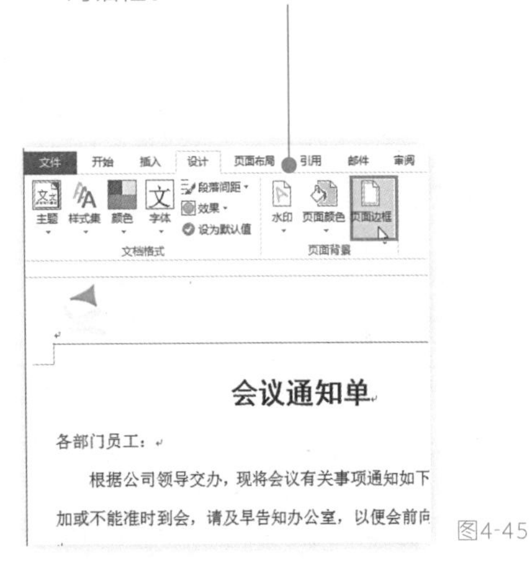

图4-45

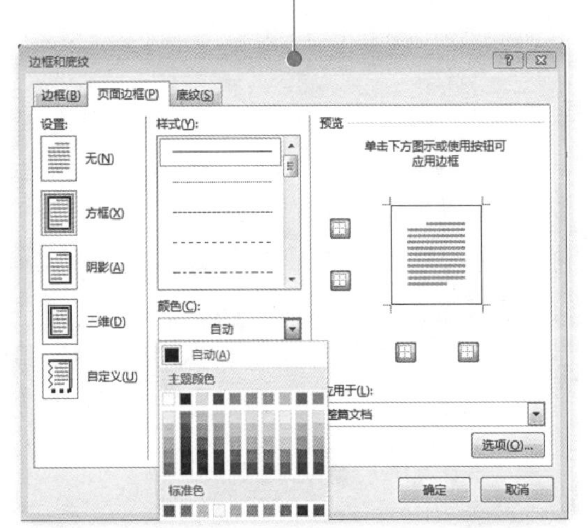

图4-46

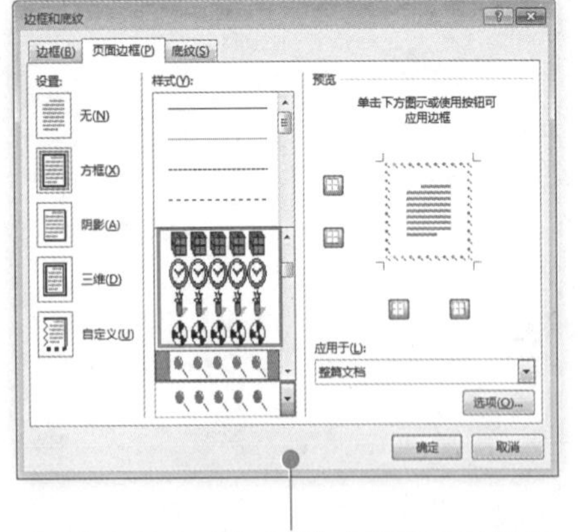

图4-47

❸ 也可单击“艺术型”设置框下拉按钮，在展开的下拉列表中选择图案的边框，设置完毕后，单击“确定”按钮如图4-47所示。

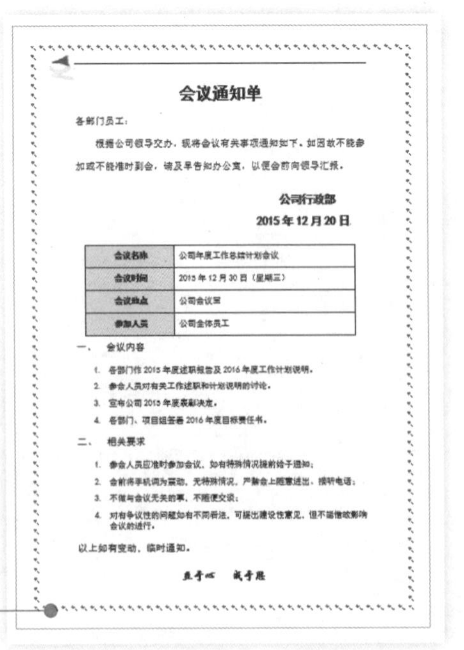

会议通知单

各部门员工：

根据公司领导交办，现将会议有关事项通知如下。如因故不能参加或不能准时到会，请及早告知办公室，以便会前向领导汇报。

公司行政部

2015 年 12 月 20 日

会议名称	公司年度工作总结计划会议
会议时间	2015 年 12 月 30 日（星期三）
会议地点	公司会议室
参加人员	公司全体员工

一、 会议内容

1. 各部门作 2015 年度述职报告及 2016 年度工作计划说明。
2. 参会人员对有关工作述职和计划说明的讨论。
3. 宣布公司 2015 年度表彰决定。
4. 各部门、项目组签署 2016 年度目标责任书。

二、 相关要求

1. 参会人员应准时参加会议，如有特殊情况提前给予通知；
2. 会前将手机调为震动，无特殊情况，严禁会上随意进出、接听电话；
3. 不做与会议无关的事，不随便交谈；
4. 对有争议性的问题如有不同看法，可提出建设性意见，但不能借故影响会议的进行。

以上如有变动，临时通知。

图4-48

❹ 设置完成后效果如图4-48所示。

每次要召开会议之前都要制作会议通知单，太麻烦了！

可以将制作好的会议通知单设置为模板啊，下次使用时我们直接在模板的基础上创建就可以了。

4.3.4　创建会议通知单模板

在行政日常办公中，将会议通知单创建为模板，可以方便行政人员使用，提高工作效率。在下次需要发布会议通知时，我们就可以直接使用该模板快速地制作会议通知单了。

❶ 单击“文件”→“另存为”命令，在右侧单击“浏览”按钮（图4-49），打开“另存为”对话框。

❷ 在“保存类型”下拉列表中选择“Word模板”选项，Word会自动跳到默认的模板保存位置，在“文件名”文本框中输入“会议通知单”，如图4-50所示。单击“保存”按钮，即可将通知单保存为模板。

图4-49

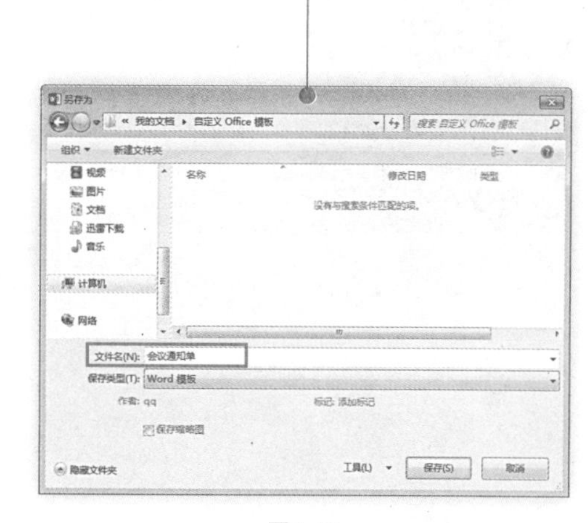

图4-50

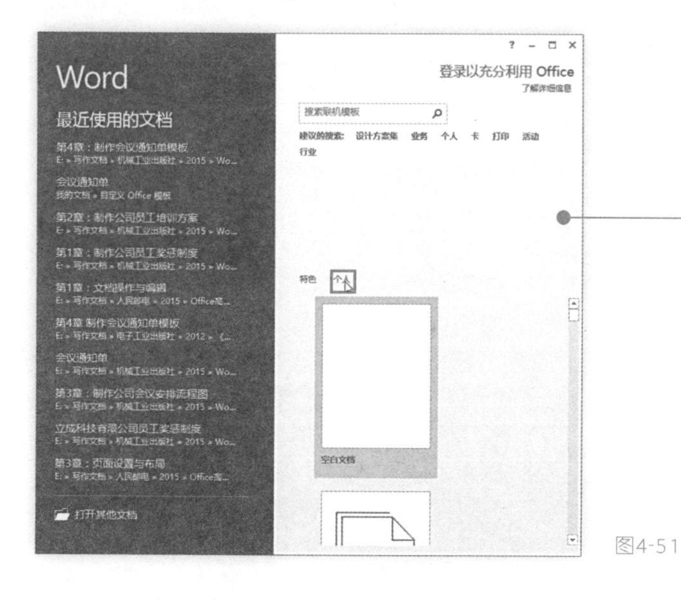

❸ 打开新的空白文档，单击“文件”标签，在右侧单击“个人”按钮，如图4-51所示。

图4-51

❹ 执行上述操作，即可自动跳转到指定界面，在其列表中单击已保存的文档模板“会议通知单”，如图4-52所示。

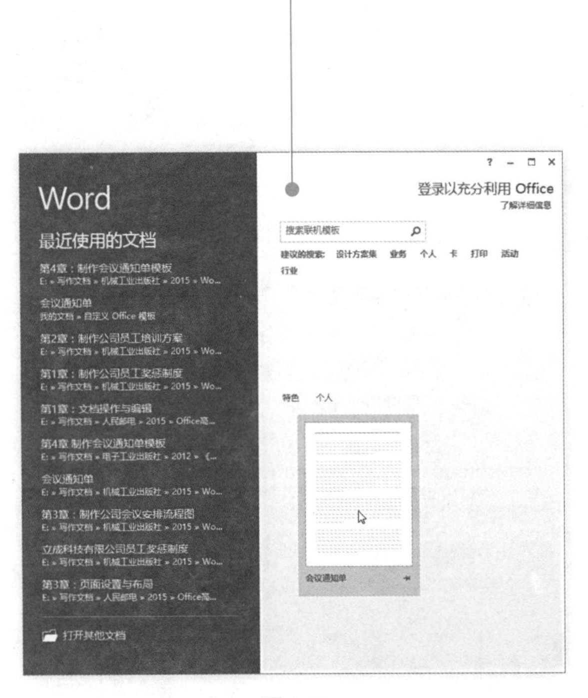

图4-52

❺ 执行上述操作，系统会自动以一个新文档的方式打开“会议通知单”，如图4-53所示。对此文档进行一定的修改即可创建新的会议通知单。

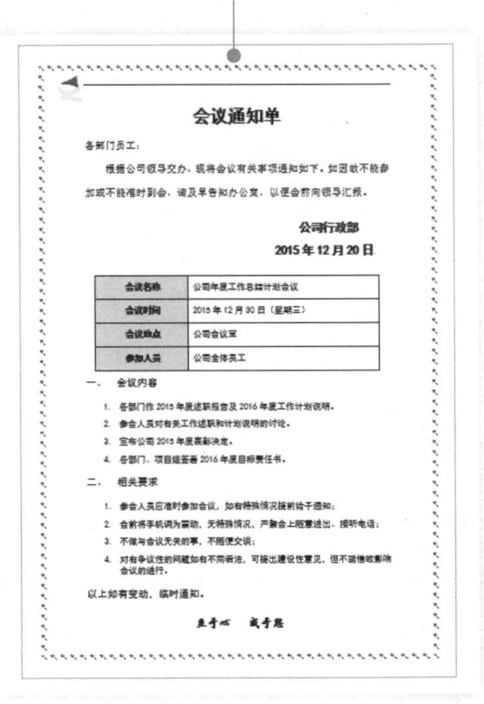

会议通知单

各部门员工：

根据公司领导交办，现将会议有关事项通知如下。如因故不能参加或不能准时到会，请及早告知办公室，以便会前向领导汇报。

公司行政部

2015 年 12 月 20 日

会议名称	公司年度工作总结计划会议
会议时间	2015 年 12 月 30 日（星期三）
会议地点	公司会议室
参加人员	公司全体员工

一、 会议内容

1. 各部门作 2015 年度述职报告及 2016 年度工作计划说明。
2. 参会人员对有关工作述职和计划说明的讨论。
3. 宣布公司 2015 年度表彰决定。
4. 各部门、项目组签署 2016 年度目标责任书。

二、 相关要求

1. 参会人员应准时参加会议，如有特殊情况提前给予通知；
2. 会前将手机调为震动，无特殊情况，严禁会上随意进出、接听电话；
3. 不做与会议无关的事，不随便交谈；
4. 对有争议性的问题如有不同看法，可提出建设性意见，但不请借故影响会议的进行。

以上如有变动，临时通知。

图4-53

第5章 制作企业联合公文

最怕遇到多个部门联合发文的情况，一般公文的制作本身就已经很麻烦了，联合公文的制作要求更复杂，之前制作的联合公文都被领导退回来了，好头痛！

制作联合公文，这个对于你们职场新手来说，做起来确实有些难。
不过也不用担心，其实我们在Word 2013中制作联合公文还是很方便的。
因为我们可以利用表格制作联合公文头这样非常方便快捷。下面就让我们一起开始学习如何制作。联合公文吧。

5.1 制作流程

公文是一种各级各类国家机构、社会团体、企事业单位在处理公务活动中有着特定效能和广泛用途的文书类型，是按照严格的、法定的生效程序和规范的格式制定的具有传递信息和记录事务作用的载体。

下面我们将通过联合公文页面设置、制作联合公文头、制作企业联合公文主体和制作联合公文的版记四个部分向大家讲解制作联合公文所需要的相关知识和技能，如图5-1所示。

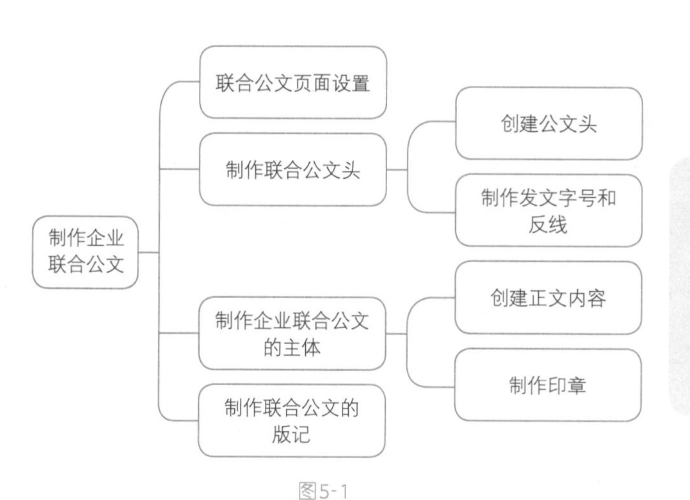

图5-1

在我们日常行政工作中，经常需要制作联合公文。在学习制作之前，下面我们先来看一下联合公文的效果图如图5-2所示。

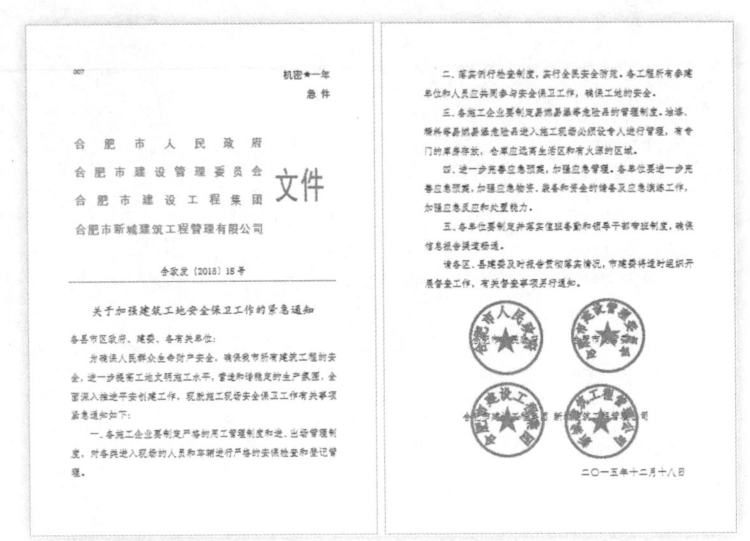

007

机密★一年

急件

合肥市人民政府
合肥市建设管理委员会
合肥市建设工程集团
合肥市新城建筑工程管理有限公司
文件

合政发〔2015〕18号

关于加强建筑工地安全保卫工作的紧急通知

各县市区政府、建委、各有关单位：

为确保人民群众生命财产安全，确保我市所有建筑工程的安全，进一步提高工地文明施工水平，营造和谐稳定的生产氛围，全面深入推进平安创建工作，现就施工现场安全保卫工作有关事项紧急通知如下：

一、各施工企业要制定严格的用工管理制度和进、出场管理制度，对各类进入现场的人员和车辆进行严格的安保检查和登记管理。

二、落实例行检查制度，实行全民安全防范。各工程所有参建单位和人员应共同参与安全保卫工作，确保工地的安全。

三、各施工企业要制定易燃易爆等危险品的管理制度。油漆、燃料等易燃易爆危险品进入施工现场必须设专人进行管理，有专门的库房存放，仓库应远离生活区和有火源的区域。

四、进一步完善应急预案，加强应急管理。各单位要进一步完善应急预案，加强应急物资、装备和资金的储备及应急演练工作，加强应急反应和处置能力。

五、各单位要制定并落实值班备勤和领导干部带班制度，确保信息报告渠道畅通。

请各区、县建委及时报告贯彻落实情况，市建委将适时组织开展督查工作，有关督查事项另行通知。

二〇一五年十二月十八日

图5-2

5.2 新手基础

在 Word 2013 中制作企业联合公文需要用到的知识点除了前面章节介绍的，这里还包括：插入特殊符号、插入也数字、设置图形效果等。不要小看这些简单的知识点，扎实掌握这些知识点会让你的工作大有不同哦！

有些符号在键盘上找不到该怎么办？

5.2.1 输入特殊符号

Word 2013一直是我们日常办公生活中不可缺少的文档编辑工具。虽然我们经常使用这款办公软件，不过有些时候我们还是会遇到一些不容易解决的难题。例如在编辑文档时，当需要输入一些在键盘上无法找到的特殊符号时，有些人就不知道怎么下手了，此时我们可通过"插入符号"功能快速输入特殊符号。

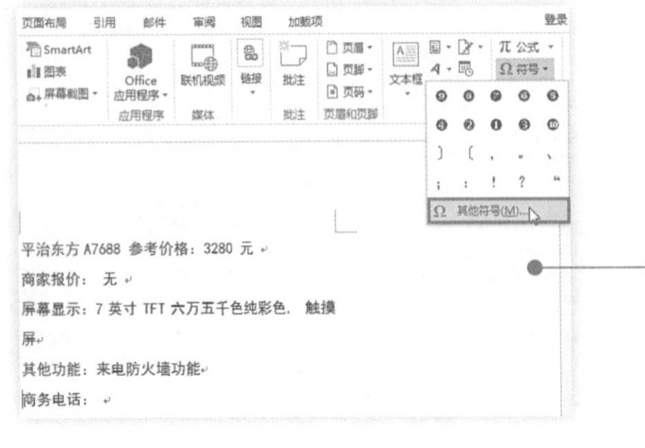

❶ 在"插入"→"符号"组中单击"符号"按钮，在下拉列表中单击"其他符号"选项（图5-3），打开"符号"对话框。

图5-3

❷ 查找并选中需要使用的那个符号，如选择“☏”，单击“插入”按钮完成插入如图5-4所示。

符号
符号(S)
特殊字符(P)
字体(F): Wingdings 2
近期使用过的符号(R):
Unicode 名称:
Wingdings 2: 39
字符代码(C): 39
来自(M): 符号(十进制)
自动更正(A)...
快捷键(K)...
快捷键:
插入(I)
取消

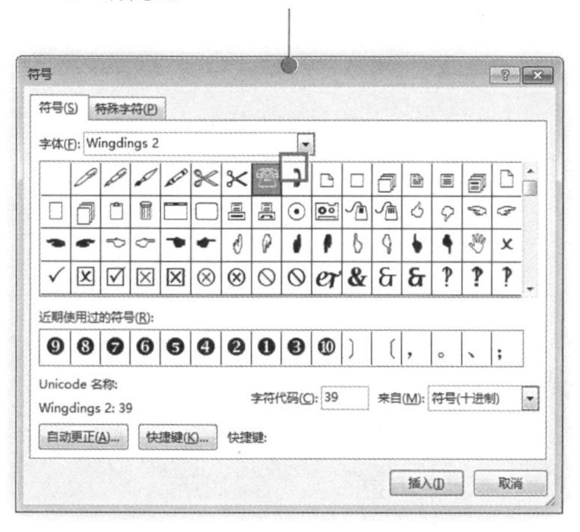

图5-4

❸ 插入符号效果如图5-5所示。

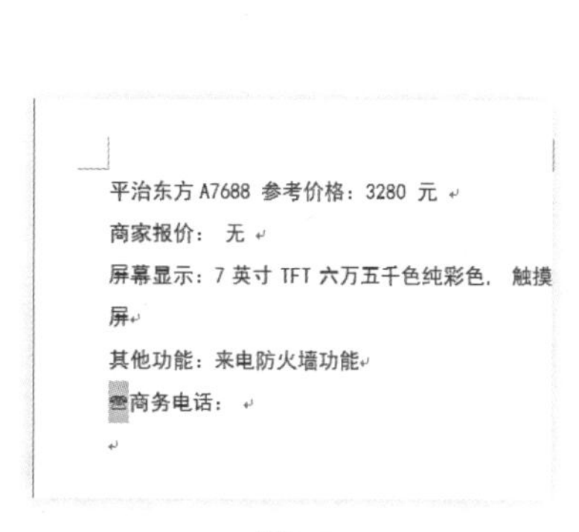

平治东方 A7688 参考价格：3280 元
商家报价：无
屏幕显示：7 英寸 TFT 六万五千色纯彩色，触摸屏
其他功能：来电防火墙功能
☏商务电话：

图5-5

5.2.2 实现单元格的合并

当我们制作一些复杂表格时，合并单元格是一项必备的技能。下面就让我们一起学习一下如何在Word 2013中是进行单元格合并操作：

合并单元格
拆分单元格
拆分表格
合并
客户姓名：
客户性别：
家庭电话：
证件名称：
证件号码
移动电话：
职 业：
家庭住址：
投资经验：
投资目的：
投资风险偏好：
投资额度：

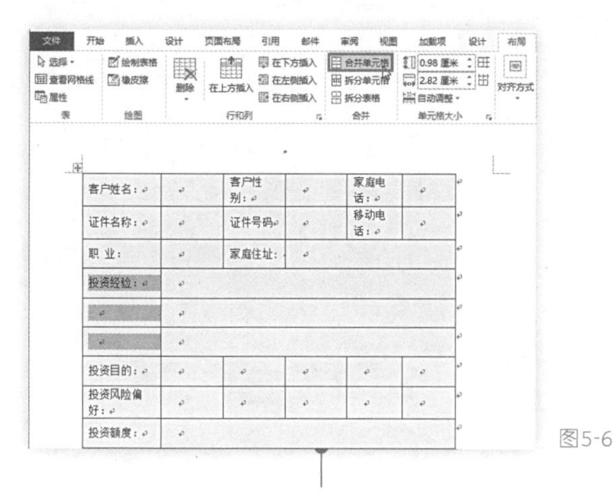

图5-6

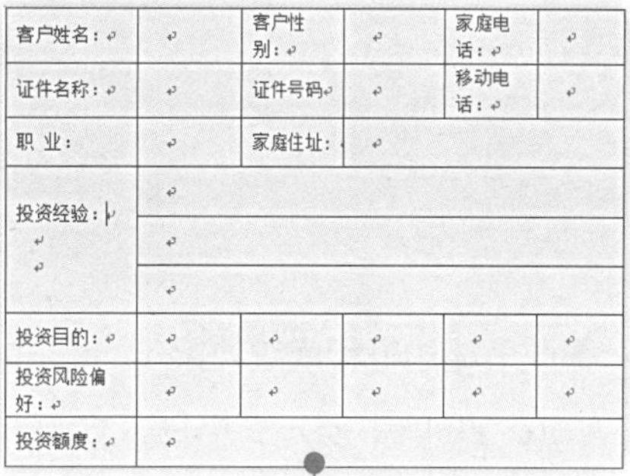

客户姓名：
客户性别：
家庭电话：
证件名称：
证件号码
移动电话：
职 业：
家庭住址：
投资经验：
投资目的：
投资风险偏好：
投资额度：

图5-7

❶ 选中要合并的所有单元格，在“表格工具”→“布局”选项卡下“合并”组中单击“合并单元格”按钮，如图5-6所示。

❷ 完成操作后，所选择的多个单元格合并成一个表格，效果如图5-7所示。

5.2.3 插入艺术字

在实际工作中，我们会发现有时Word 2013程序中常规的字体字号设置所能带来的视觉美化效果是无法满足我们的需求的。此时我们可以通过运用Word 2013中的艺术字功能，让文本中的文字视觉效果更加美观而富于个性。

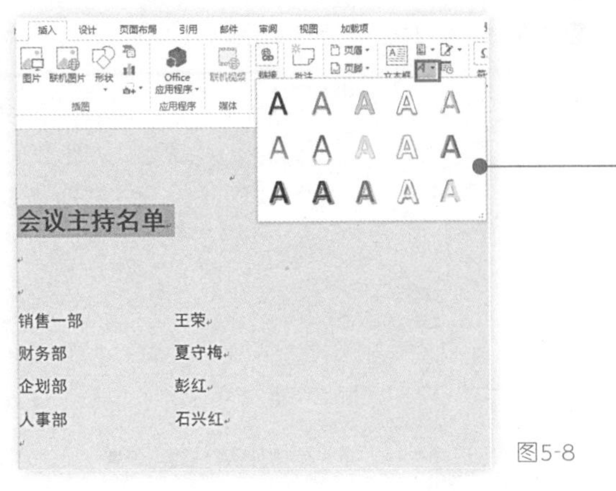

❶ 选中需要使用艺术字的文本，在“插入”选项卡的“文本”组中单击“插入艺术字”按钮，在弹出的下拉菜单中单击选择需要的艺术字形，单击即可应用如图5-8所示。

图5-8

❷ 设置后效果如图5-9所示。

❸ 选中刚刚建立的艺术字文本，单击“格式”选项卡的“艺术字样式”组中的“文字效果”（A·）按钮，在弹出的下拉菜单中鼠标指向“转换”，从子菜单中可以选择转换类型，如单击“槽型”，如图5-10所示。

❹ 执行上述操作，设置后最终效果如图5-11所示。

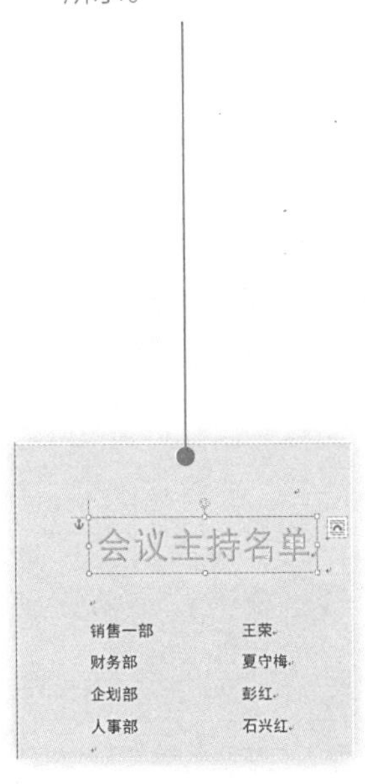

图5-9

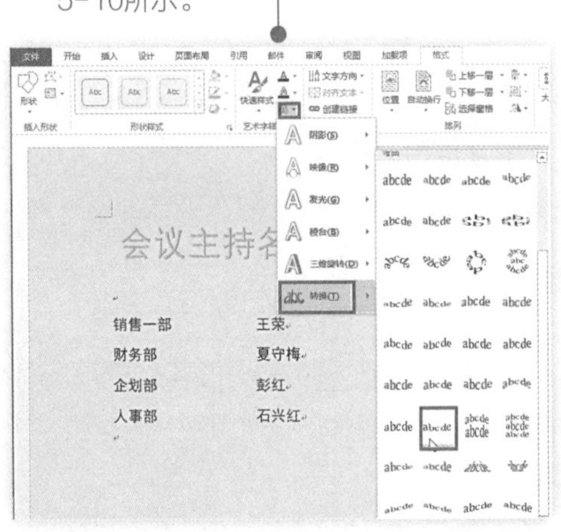

图5-10

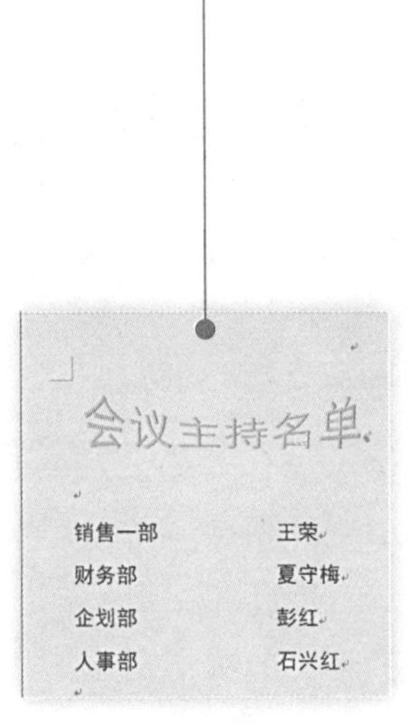

图5-11

5.2.4 更改表格边框和底纹效果

在Word 2013中插入表格后，为其设置边框和底纹效果可以起到修饰表格的作用，默认情况下添加的文字框为黑色实线框，如果对其不满意，可以通过如下方式设置多种样式的边框和底纹。

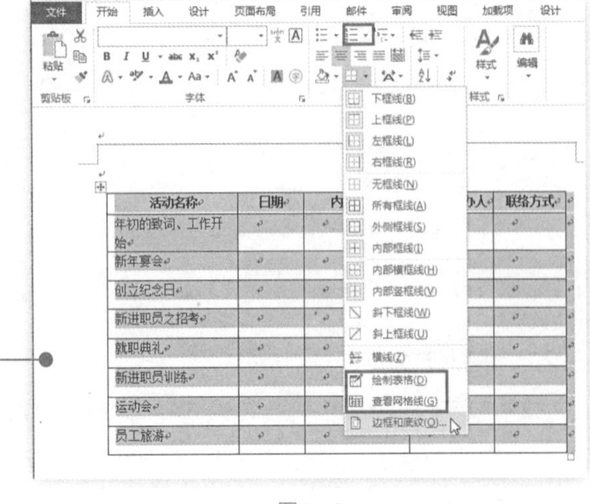

❶ 选中需要的表格，切换至“开始”选项卡，在“段落”选项组中单击“边框”下拉按钮，在其下拉列表中选择“边框和底纹”命令（图5-12），打开“边框和底纹”对话框。

图5-12

❷ 单击“边框”标签，在“设置”列表中选择“方框”，在“样式”列表中选择线条样式，并设置线条的颜色、宽度等样式要素，如图5-13所示。

图5-13

❸ 切换至“底纹”选项卡，单击“填充”设置框下拉按钮，在弹出的下拉列表中选择填充颜色，单击“确定”按钮完成设置如图5-14所示。

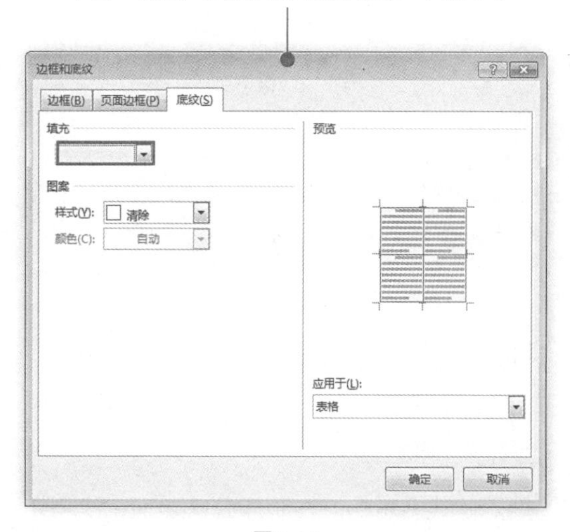

图5-14

❹ 设置后效果如图5-15所示。

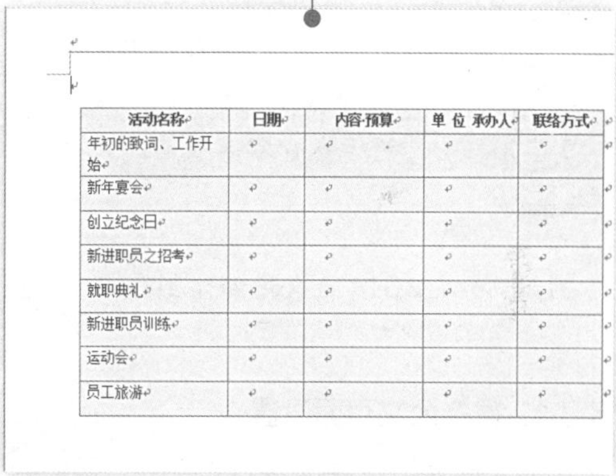

活动名称	日期	内容·预算	单 位 承办人	联络方式
年初的致词、工作开始				
新年宴会				
创立纪念日				
新进职员之招考				
就职典礼				
新进职员训练				
运动会				
员工旅游				

图5-15

5.2.5 为图形填充效果

默认的自选图形为空白效果，为了达到美化效果，用户可以根据需要设置自选图形的填充效果。具体可以通过下面的方法来实现。

❶ 选中自选图形，单击“绘图工具”→“格式”选项卡，在“形状样式”组中单击“形状填充”按钮，在“渐变”子菜单中可以选择预设的渐变样式，或单击“其他渐变”命令(图5-16)，打开“设置形状格式”窗格。

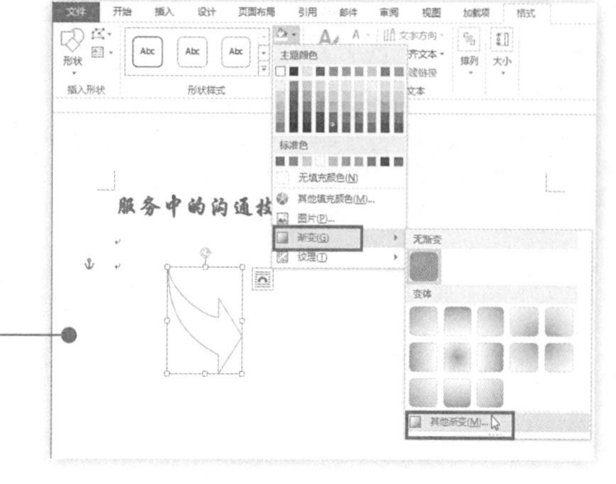

图5-16

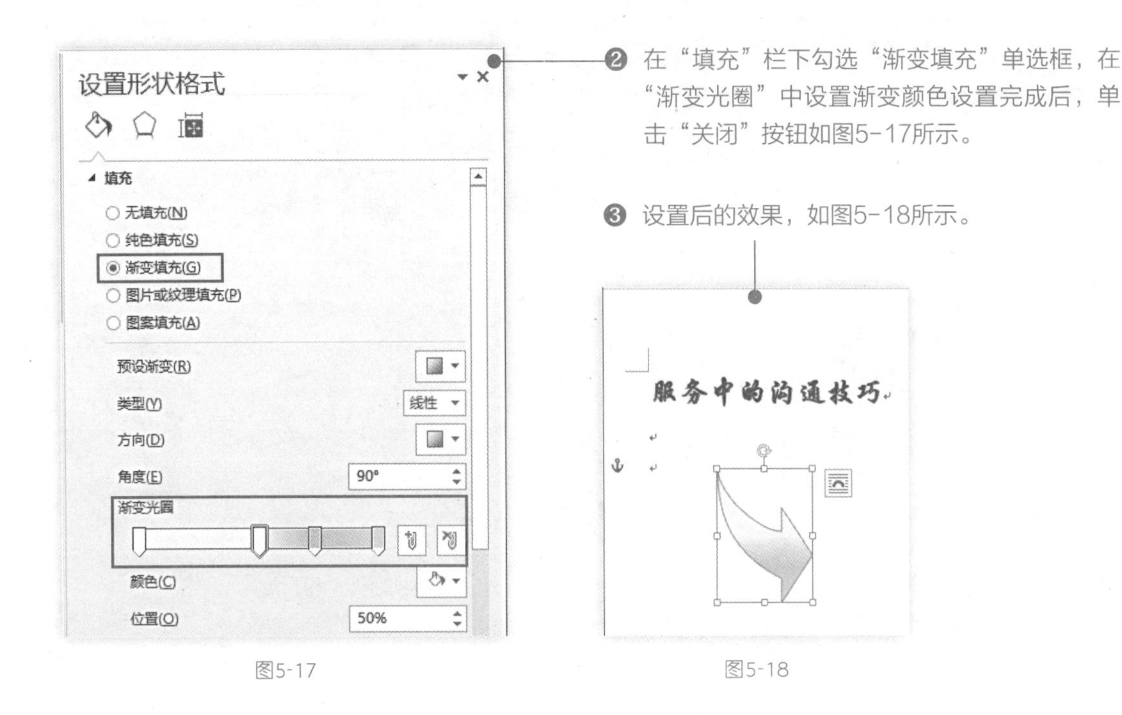

❷ 在“填充”栏下勾选“渐变填充”单选框，在“渐变光圈”中设置渐变颜色设置完成后，单击“关闭”按钮如图5-17所示。

❸ 设置后的效果，如图5-18所示。

图5-17　　图5-18

5.3 文档设计

制作联合公文难的不是公文内容，而是联合公文头……

利用 Word 2013 的表格功能制作联合文件头，操作很简单。

5.3.1 联合公文页面设置

公文作为具有法定效力的文书，是具有严格的规范体式要求的。在制作公文之前，我需先将其页面按照要求设置好。

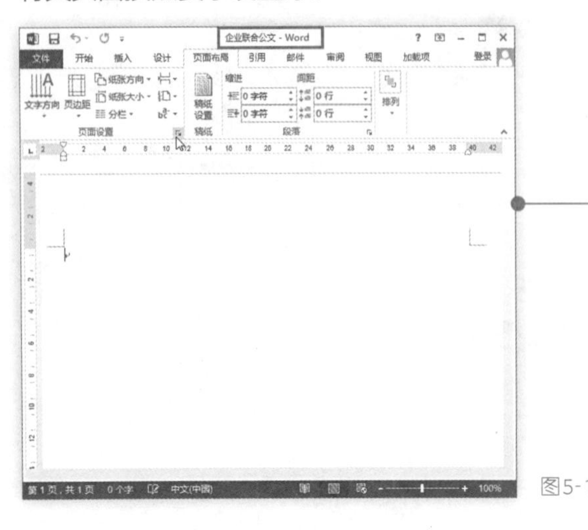

❶ 新建文档，并命名为“企业联合公文”。单击“页面布局”选项卡，在“页面设置”选项组中单击右下角的按钮（图5-19），打开“页面设置”对话框。

图5-19

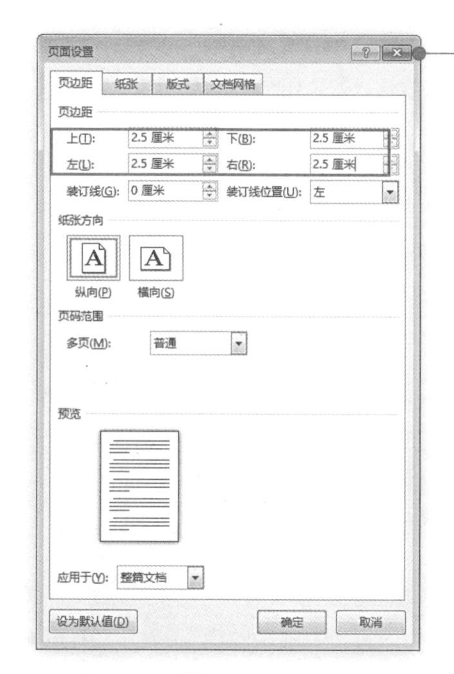

图5-20

❷ 选取“页边距”选项卡将上、下、左、右页边距改为“2.5厘米”，单击“确定”按钮如图5-20所示。

❸ 返回文档，效果如图5-21所示。

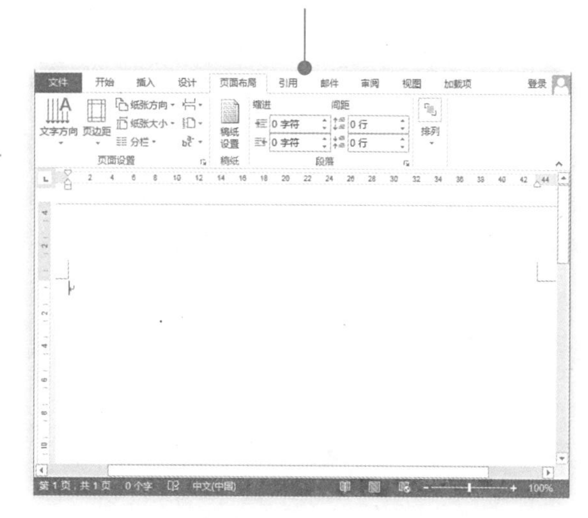

图5-21

5.3.2　制作联合公文头

通俗地讲联合公文就是几家单位联合行文的红头文件。在制作联合公文的过程中，联合公文头是让很多人棘手的问题。下面介绍在Word 2013里如何制作联合公文头。

> 联合公文指的是机关、企业等单位使用的红头文件，用于公用文件的交流。

1. 创建表格设置联合公文头

创建联合公文头的关键在于合理运用Word的制表功能，我们通过将表格的边框设置为无边框，隐藏表格线的方法，制作出多单位联合发文的公文头。

1）插入表格。

图5-22

❶ 将光标定位在需要插入表格的位置，单击“插入”选项卡，在“表格”选项组中单击“表格”按钮，在下拉菜单中单击“插入表格”命令（图5-22），打开“插入表格”对话框。

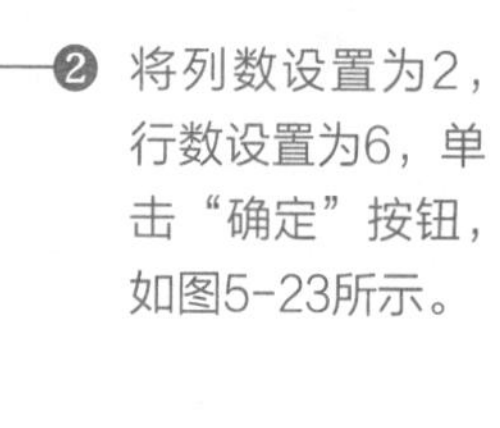

图5-23

❷ 将列数设置为2，行数设置为6，单击“确定”按钮，如图5-23所示。

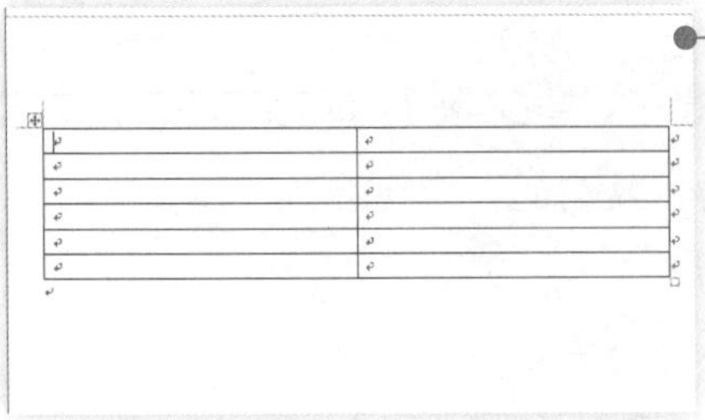

❸ 执行上述操作，我们即可在指定位置插入一个“2×6”表格，效果如图5-24所示。

图5-24

2）设置表格格式并输入内容。

❶ 选中表格，单击鼠标右键，在弹出的快捷菜单中选择“表格属性”命令（图5-25），打开“表格属性”对话框。

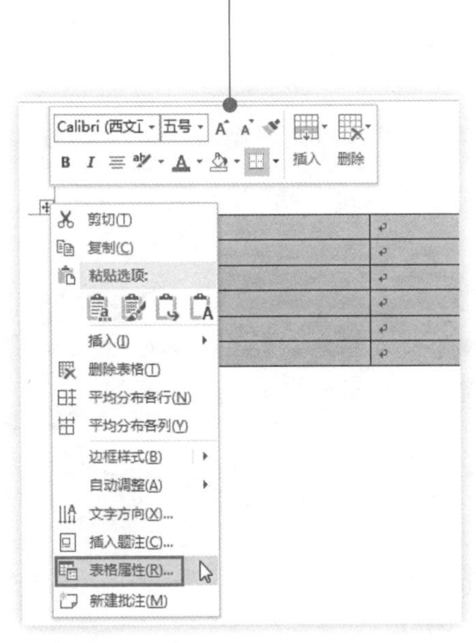

图5-25

❷ 单击“表格”标签，在“尺寸”栏下勾选“指定宽度”复选框，在数值框中输入“14.5厘米”，在“对齐方式”栏下选择“居中”方式，单击“确定”按钮如图5-26所示。

图5-26

❸ 效果如图5-27所示。

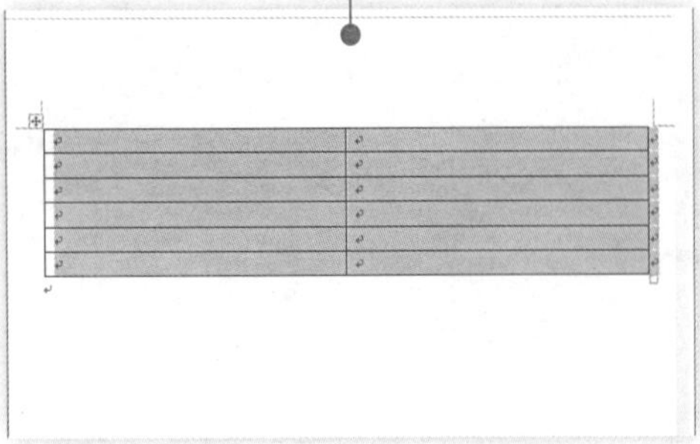

图5-27

❹ 在表格中的前两行输入文字份数序号及秘密等级、保密期限和紧急程度，并设置字体格式和对齐方式，如图5-28所示。

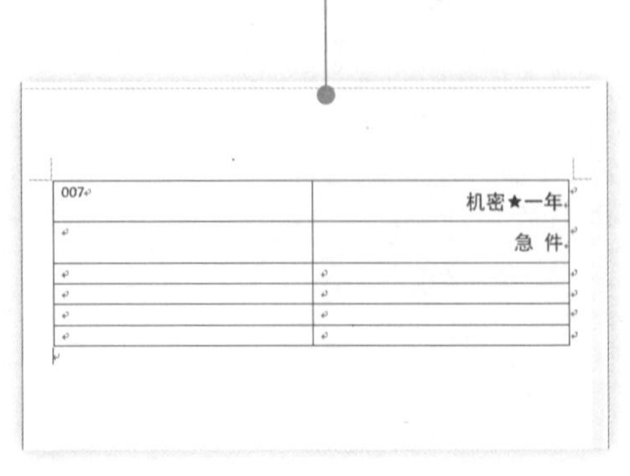

图5-28

⑤ 选择表格的第二行，在“表格属性”对话框中“行”标签下勾选上“指定高度”复选框，在数值框中输入“2.5厘米”，单击“确定”按钮如图5-29所示。

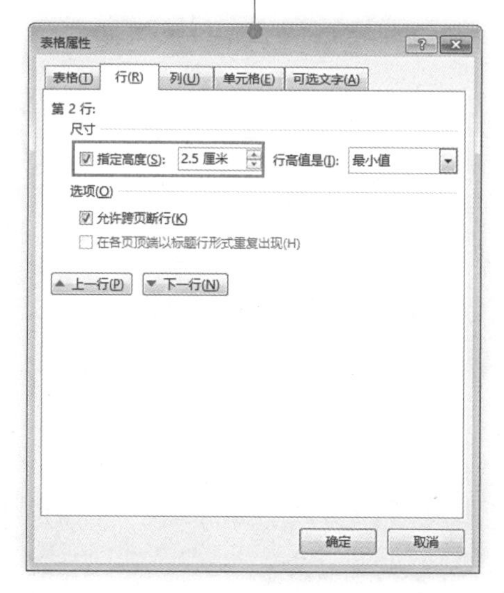

图5-29

⑥ 返回文档窗口。选中表格中后四行的第二列，单击“表格工具”→“布局”选项卡，在“合并”选项组中单击“合并单元格”按钮，如图5-30所示。

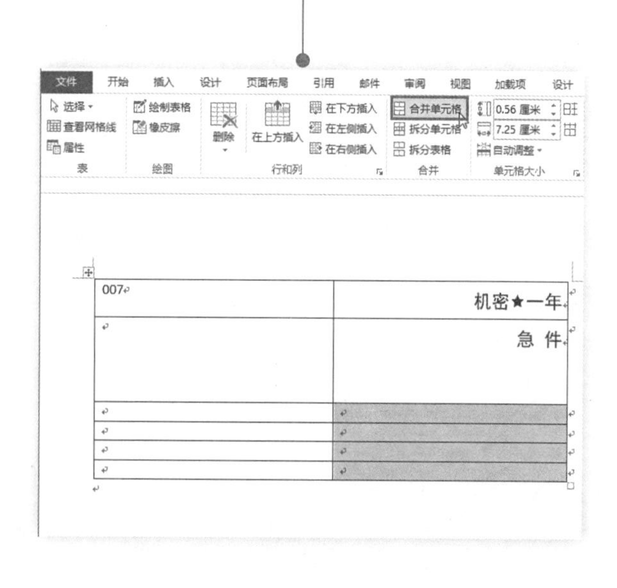

图5-30

⑦ 执行上述操作，即可合并单元格。在合并的单元格中输入“文件”，并设置字体格式和对齐方式，效果如图5-31所示。

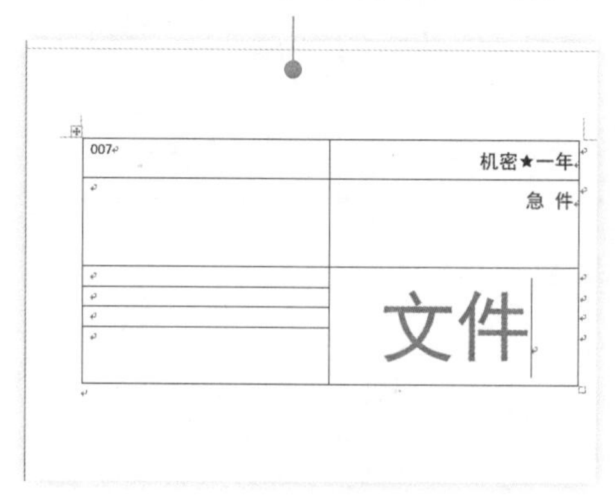

图5-31

⑧ 选中“文件”文字，打开“字体”对话框，单击“高级”选项卡，在“字符间距”栏下的“缩放”下拉列表框中设置“文件”两个字的缩放比例为“69%”，单击“确定”按钮如图5-32所示。

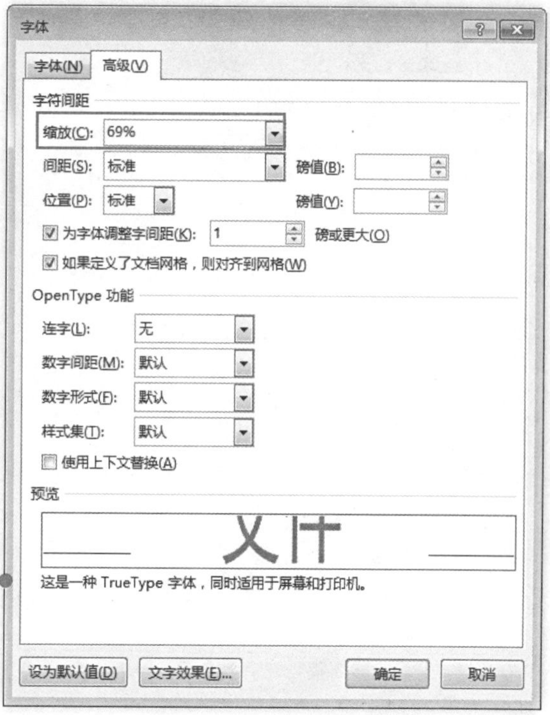

图5-32

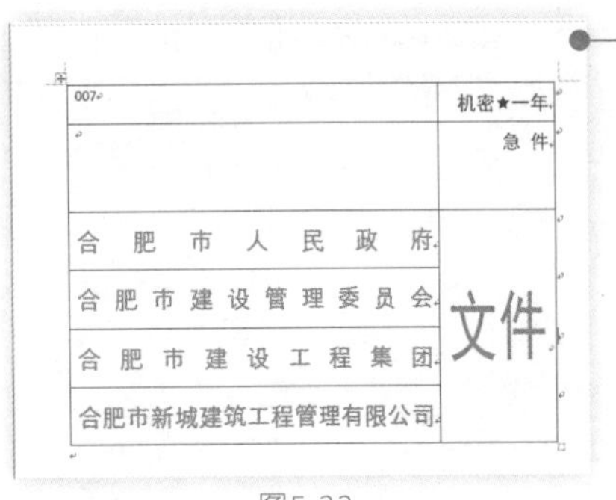

图5-33

❾ 在第一列的后四行中输入发文机关名称，设置字体格式并调整表格行高，效果如图5-33所示。

3）隐藏表格边框。

❶ 选中整个表格，切换至“开始”选项卡，在“段落”选项组中单击“边框”下拉按钮，在其下拉列表中选择“边框和底纹”命令（图5-34），打开“边框和底纹”对话框。

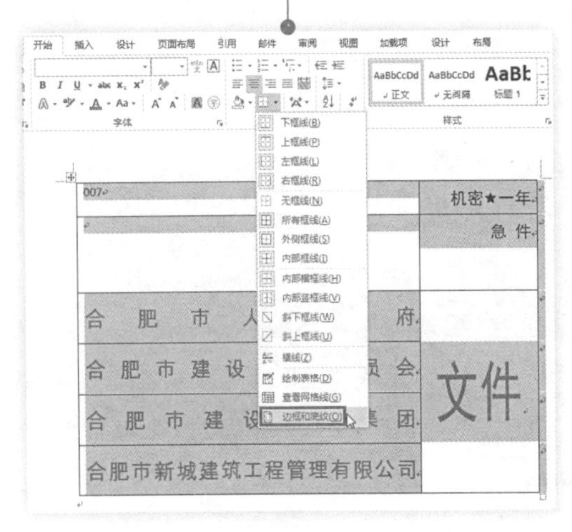

图5-34

❷ 单击“边框”标签，在“设置”栏下单击“无”，单击“确定”按钮如图5-35所示。

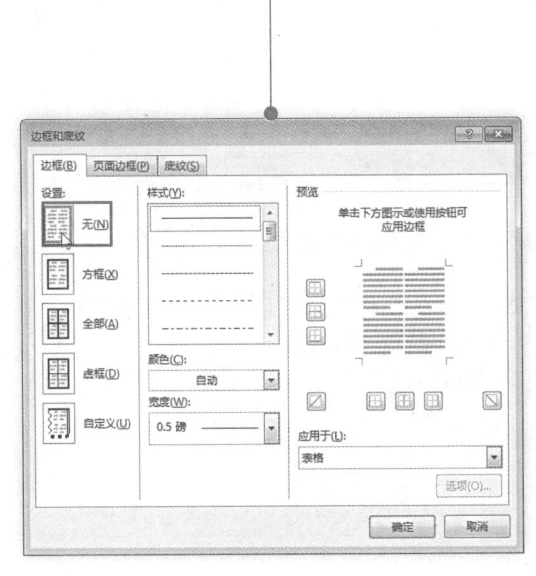

图5-35

❸ 隐藏表格后效果如图5-36所示。

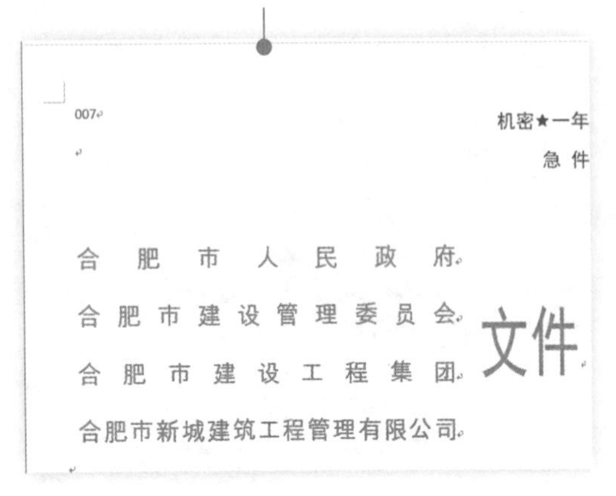

图5-36

2. 制作发文字号和反线

在联合公文头中除了序号、秘密等级、保密期限和紧急程度等要素外，还包括发文字号和反线两个元素。下面接着在Word 2013中制作发文字号和反线。

❶ 在发文机关标识下空出两行，然后输入发文机关代字“合政发”，设置其格式为“三号”“仿宋”“居中”，如图5-37所示。

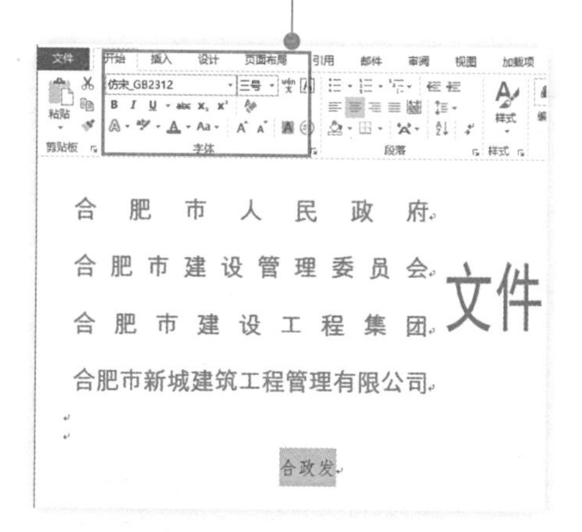

图5-37

❷ 将光标放置到“合政发”后，单击“插入”选项卡，在“符号”选项组中单击“符号”下拉按钮，在其下拉列表中选择“其他符号”命令（图5-38），打开“符号”对话框。

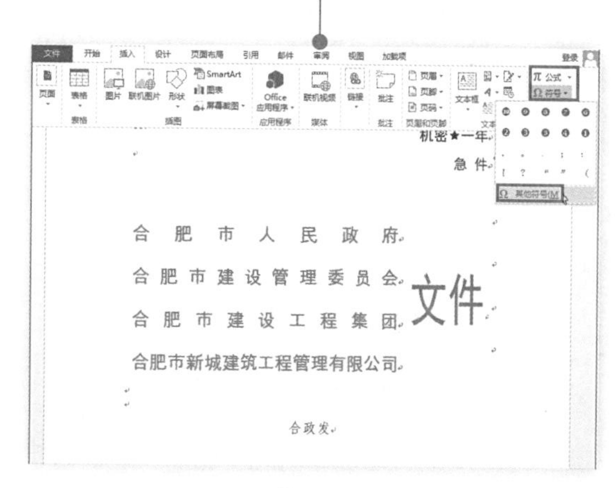

图5-38

❸ 单击“符号”标签，在“字体”下拉列表框中选择“普通文本”命令，在其下方的下拉列表框中选择合适的符号，单击“插入”按钮如图5-39所示。

图5-39

❹ 在括号内输入年份“2015”，在括号后输入序号“18号”，如图5-40所示。

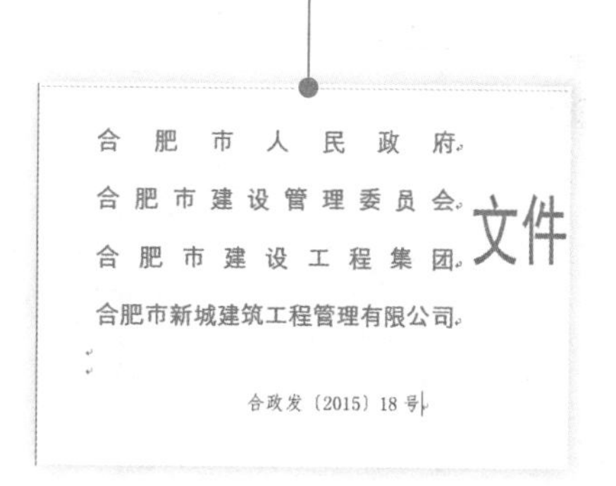

图5-40

机关代字应使用规范化简称。如合肥市交通局，应在“合”后加“交”字。

文种代字一般用“呈”（上行文）、“发”（下行文）和“函”（平行、下行文或不相隶属机关的行文）3种。也可根据需要增设其他1至2种。

❺ 选择发文字号下一行，切换至“开始”选项卡，在“段落”选项组中单击“边框”下拉按钮，在其下拉列表中选择“边框和底纹”命令（图5-41），打开“边框和底纹”对话框。

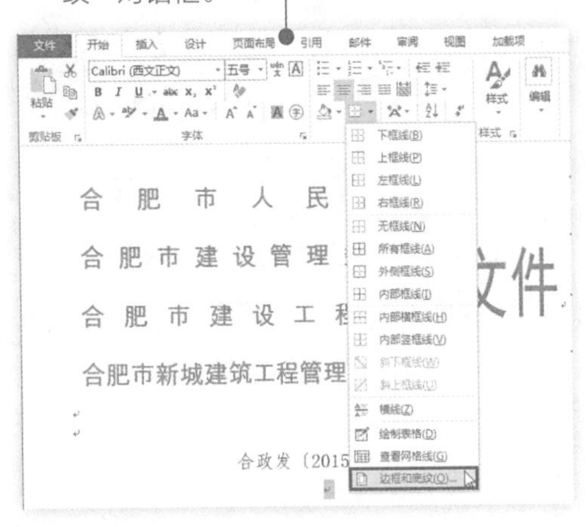

图5-41

❻ 单击“边框”标签，在“颜色”栏下的下拉列表框中选择“红色”，在“宽度”下拉列表框中选择“1.5磅”，在“预览”栏中单击（▢），单击右下角的“选项”按钮，如图5-42所示。

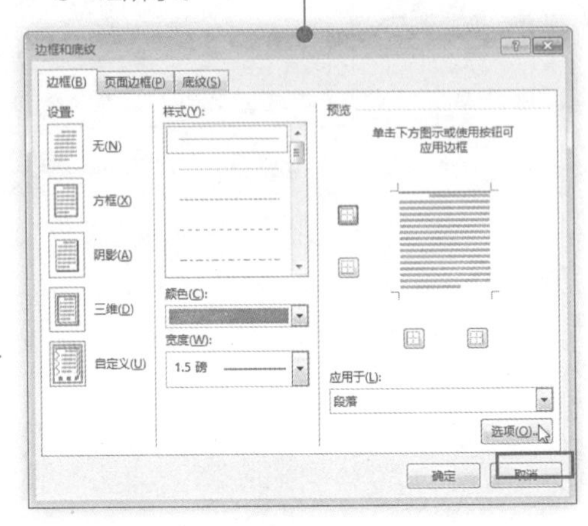

图5-42

❼ 打开“边框和底纹选项”对话框，在“距正文边距”栏下设置反线距正文下边距为“11磅”，单击“确定”按钮如图5-43所示。

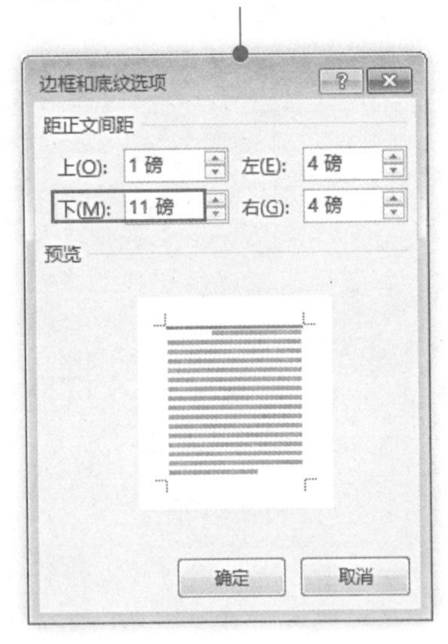

图5-43

❽ 联合公文头最终效果如图5-44所示。

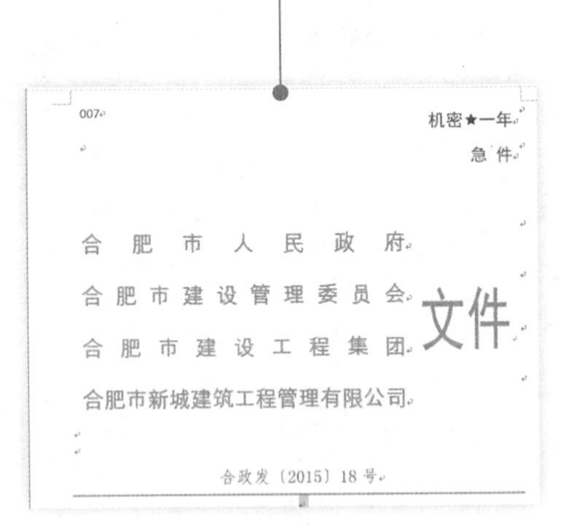

图5-44

5.3.3 制作企业联合公文的主体

联合公文的主体内容主要包括公文标题、主送机关、公文正文、附件、成文日期、公文生效标识（即公章）、附注7个元素。

1. 创建联合公文正文内容

联合公文头制作完成后，下面在文档中创建联合公文正文内容。

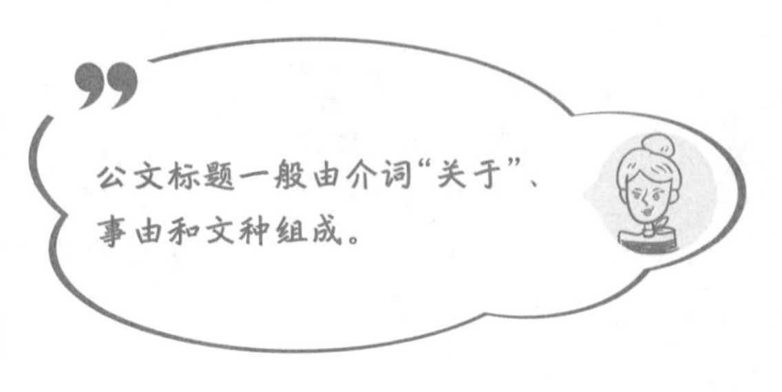

❶ 另起两行，输入公文标题“关于加强建筑工地安全保卫工作的紧急通知”，并设置其格式为“20磅”“华文楷体”“居中”，如图5-45所示。

合 肥 市 建 设 工 程 集 团
文件
合肥市新城建筑工程管理有限公司
合政发〔2015〕18 号
关于加强建筑工地安全保卫工作的紧急通知

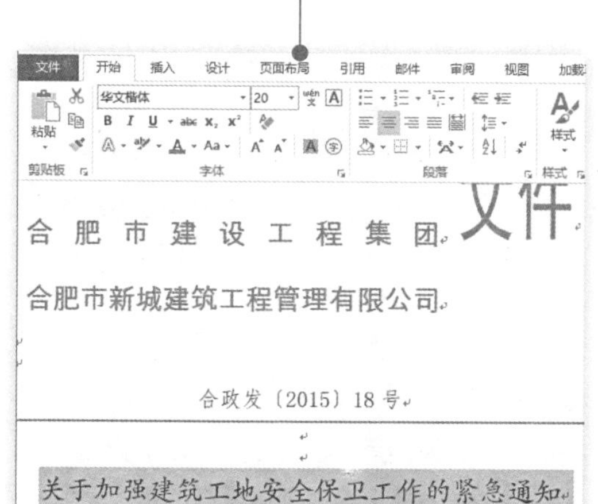

图5-45

❷ 在标题下方空1行，输入主送机关“各县市区政府、建委、各有关单位：”，设置其文字格式为“三号”“仿宋体”“左对齐”，如图5-46所示。

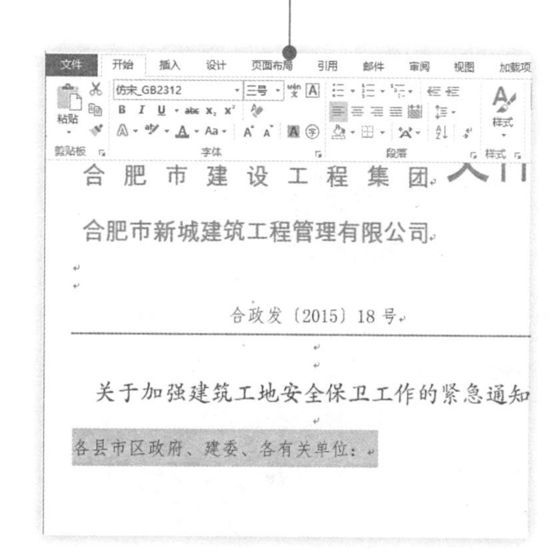

合 肥 市 建 设 工 程 集 团
合肥市新城建筑工程管理有限公司
合政发〔2015〕18 号
关于加强建筑工地安全保卫工作的紧急通知
各县市区政府、建委、各有关单位：

图5-46

❸ 另起一行，输入全部公文内容，设置段落缩进两个字符，并设置其文字格式和主送机关相同，为“三号”“仿宋”，效果如图5-47所示。

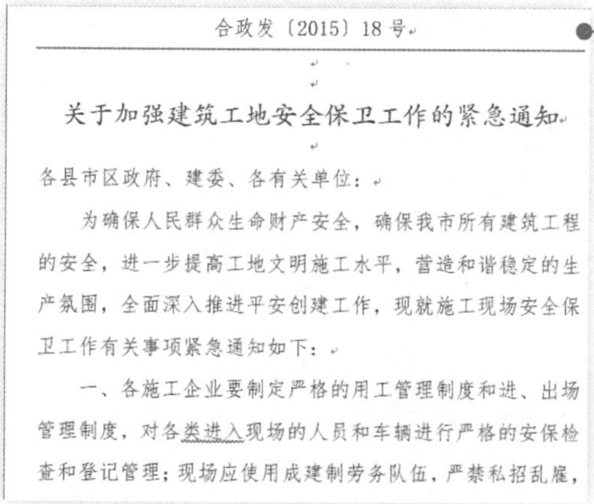

合政发〔2015〕18 号
关于加强建筑工地安全保卫工作的紧急通知
各县市区政府、建委、各有关单位：
为确保人民群众生命财产安全，确保我市所有建筑工程的安全，进一步提高工地文明施工水平，营造和谐稳定的生产氛围，全面深入推进平安创建工作，现就施工现场安全保卫工作有关事项紧急通知如下：
一、各施工企业要制定严格的用工管理制度和进、出场管理制度，对各类进入现场的人员和车辆进行严格的安保检查和登记管理；现场应使用成建制劳务队伍，严禁私招乱雇，

图5-47

2. 制作发文单位印章

机关单位要发文，就必须加盖公章才能体现出文件的正规，下面向大家介绍制作发文单位印章的方法。

1）插入印章轮廓。

❶ 将鼠标放置在公文正文后，单击“插入”选项卡，在“插图”选项组中单击“形状”下拉按钮，在其下拉列表中选择“椭圆”形状，如图5-48所示。

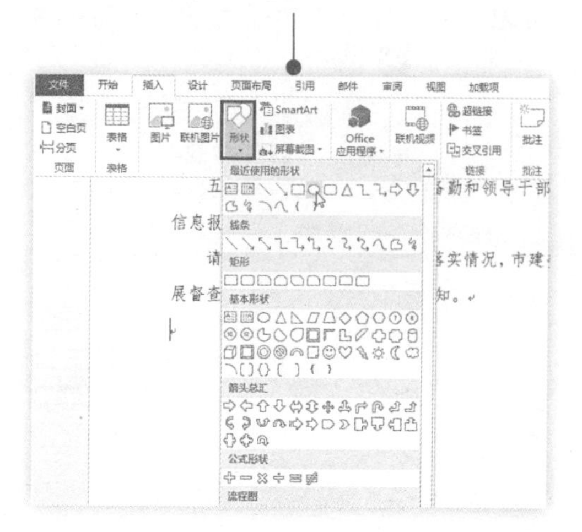

图5-48

❷ 此时光标变成十字行状，在指定位置同时按住〈Shift〉键和鼠标左键绘制圆形，拖动至合适的大小后松开鼠标即可，效果如图5-49所示。

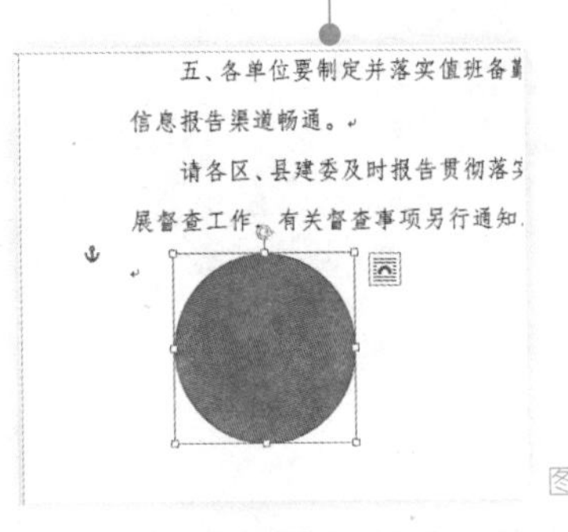

图5-49

❸ 选中图形，在“绘图工具”→“格式”选项卡下的“形状样式”选项组中单击“形状填充”下拉按钮，在其下拉列表中选择“无填充颜色”，单击即可应用，效果如图5-50所示。

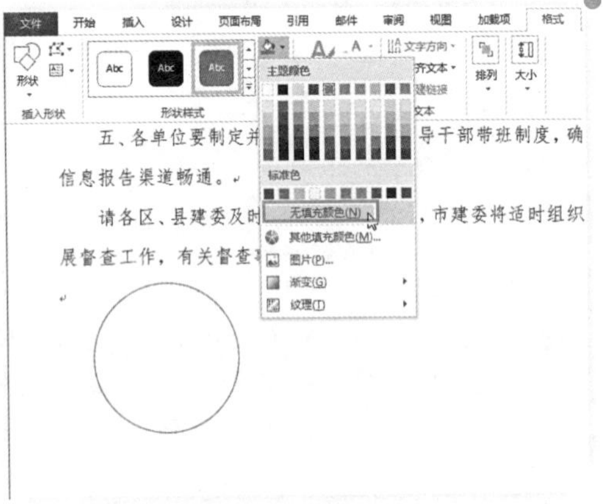

图5-50

❹ 选中图形，在“绘图工具”→“格式”选项卡下的“形状样式”选项组中单击“形状轮廓”下拉按钮，在其下拉列表中选择“红色”，如图5-51所示。

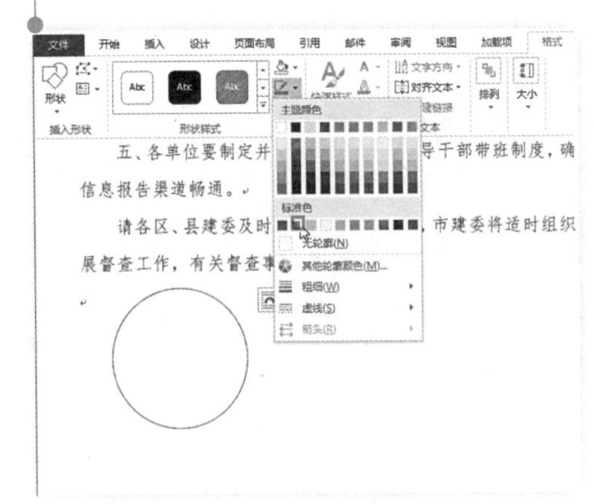

图5-51

❺ 选中图形，在“绘图工具”→“格式”选项卡下的“形状样式”选项组中单击“形状轮廓”下拉按钮，在其下拉列表中单击“粗细”子菜单下“4.5磅”，单击即可应用，效果如图5-52所示。

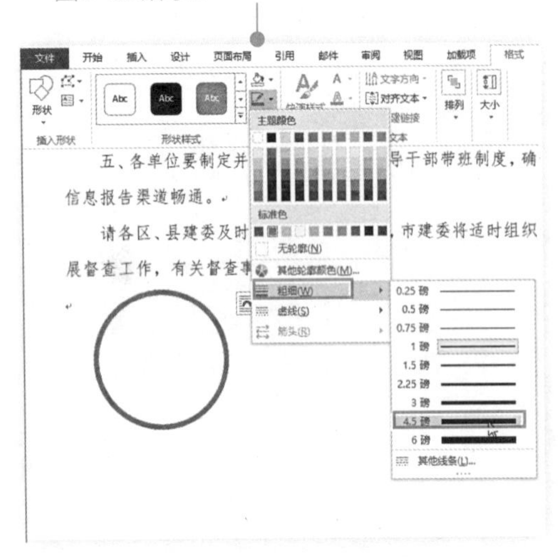

图5-52

2）插入印章文本。

❶ 切换至“插入”选项卡，在“文本”选项组中单击“艺术字”下拉按钮，在其下拉列表中任意选择一个艺术字样式，如图5-53所示。

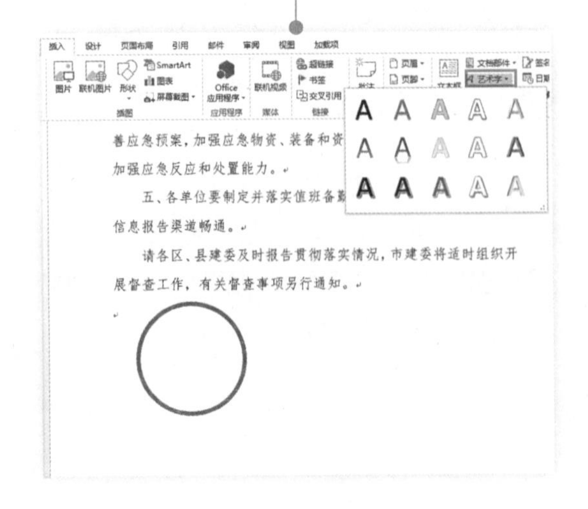

图5-53

❷ 在插入的艺术字文本框中输入文字“合肥市人民政府”，效果如图5-54所示。

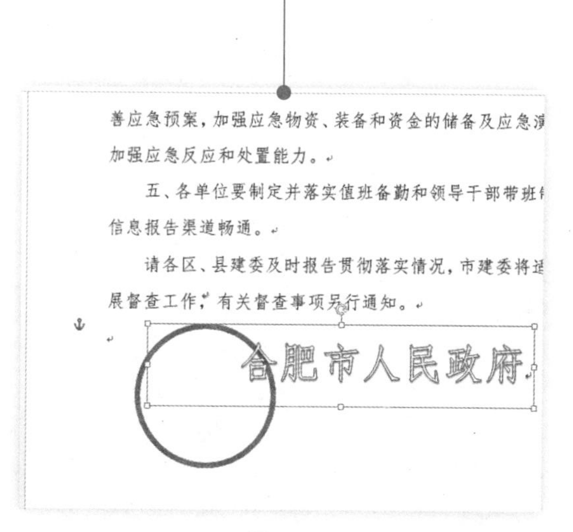

图5-54

❸ 选中艺术字文本框，在“绘图工具”→“格式”选项卡下的“艺术字样式”选项组中单击“文本填充”下拉按钮，在其下拉列表中选择“红色”，单击即可应用，效果如图5-55所示。

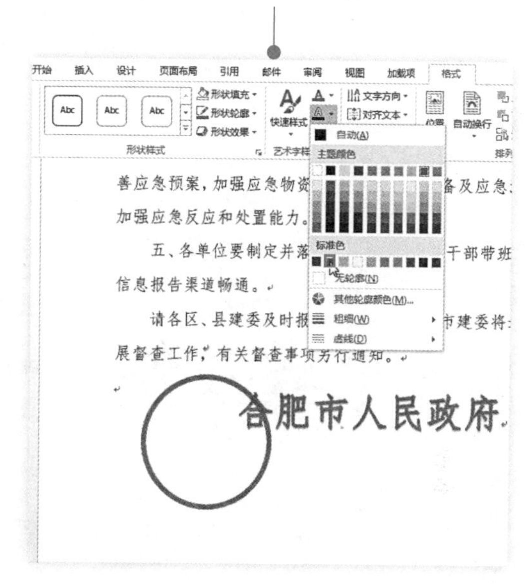

图5-55

❹ 在“绘图工具”→“格式”选项卡下的“艺术字样式”选项组中单击“文本轮廓”下拉按钮，在其下拉列表中选择“红色”，单击即可应用，效果如图5-56所示。

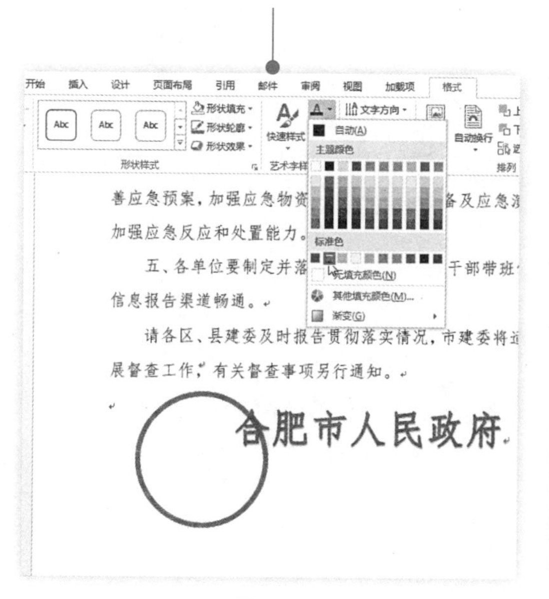

图5-56

❺ 在“绘图工具”→“格式”选项卡下的“形状样式”选项组中单击“文字效果”下拉按钮，在其下拉列表中选择“阴影”子菜单“无阴影”，单击即可应用，效果如图5-57所示。

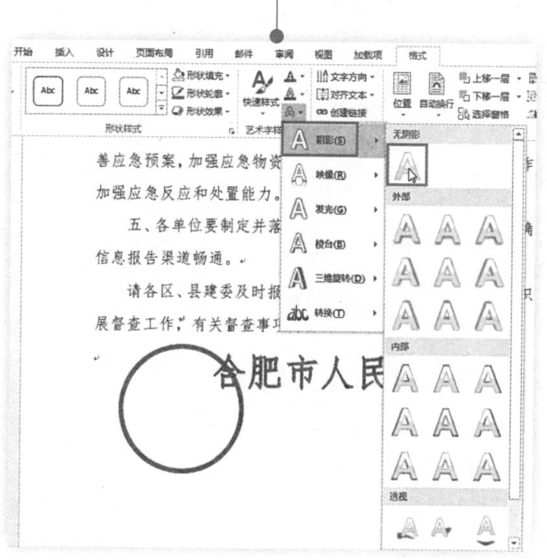

图5-57

❻ 选中艺术字文本框，在“绘图工具”→“格式”选项卡下的“文字效果”下拉按钮，在其下拉列表中单击“转换”子菜单“上弯弧”，单击即可应用，效果如图5-58所示。

❼ 调整文本字体至合适的大小，然后将其移至圆形轮廓中合适的位置，使其约占圆内部的3/4，效果如图5-59所示。

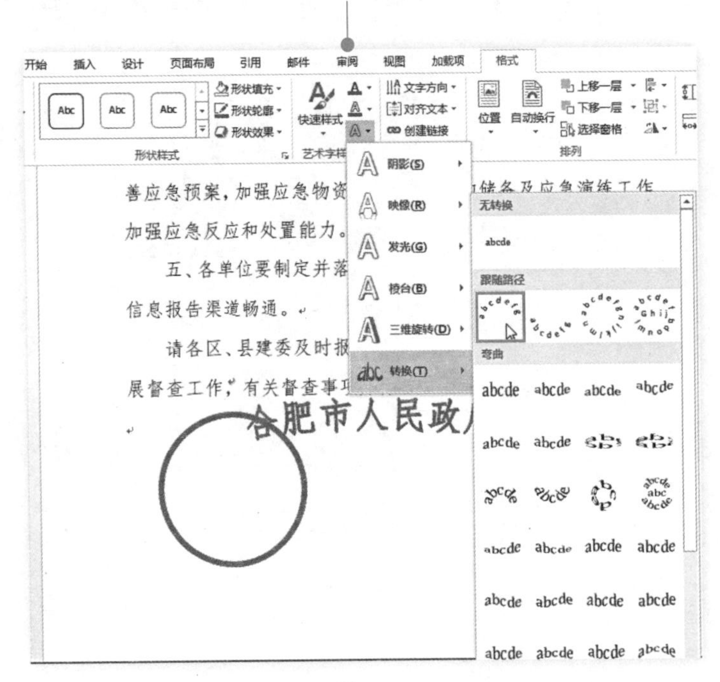

图5-58

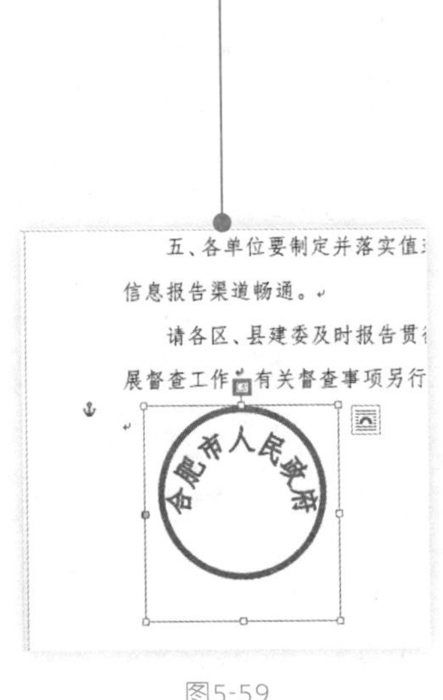

图5-59

3）插入印章内的五角星。

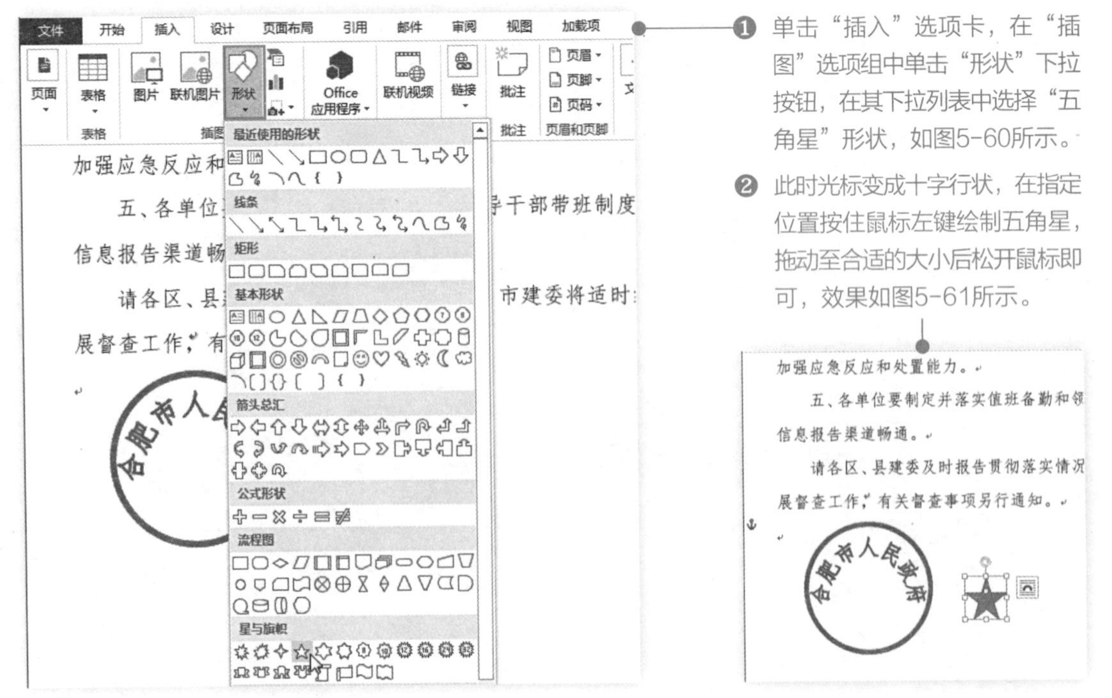

❶ 单击“插入”选项卡，在“插图”选项组中单击“形状”下拉按钮，在其下拉列表中选择“五角星”形状，如图5-60所示。

❷ 此时光标变成十字行状，在指定位置按住鼠标左键绘制五角星，拖动至合适的大小后松开鼠标即可，效果如图5-61所示。

图5-60

图5-61

❸ 选中五角星，在“绘图工具”→“格式”选项卡下的“形状样式”选项组中单击“形状填充”下拉按钮，在其下拉列表中选择“红色”，单击即可应用，效果如图5-62所示。

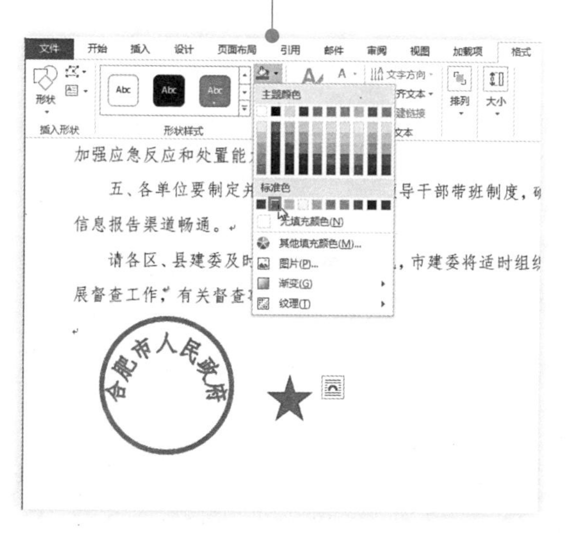

图5-62

❹ 在“绘图工具”→“格式”选项卡下的“形状样式”选项组中单击“形状轮廓”下拉按钮，在其下拉列表中选择“红色”，如图5-63所示。

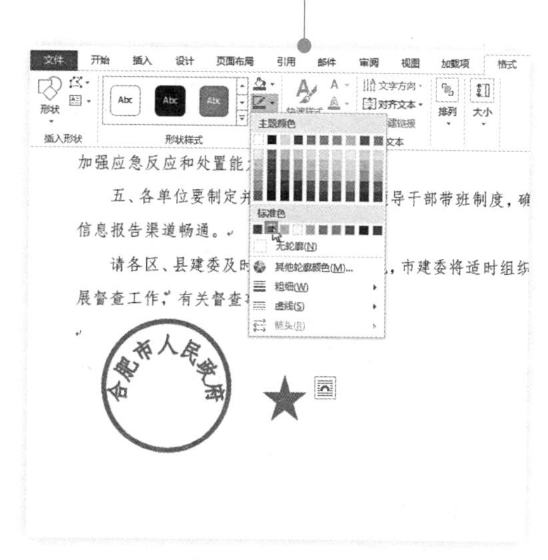

图5-63

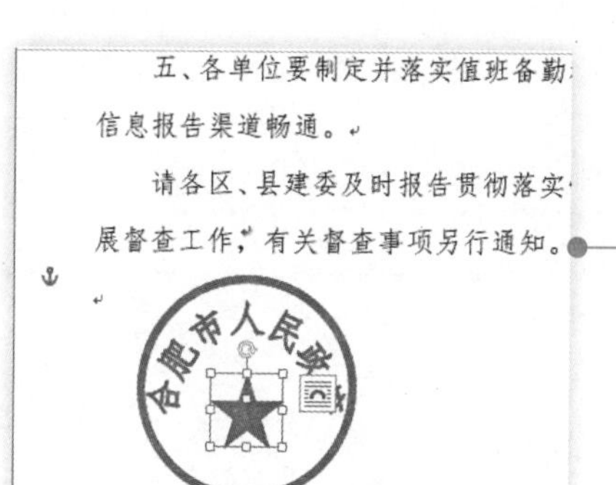

图5-64

❺ 将五角星移至印章的相应位置，效果如图5-64所示。

4）组合完整印章。

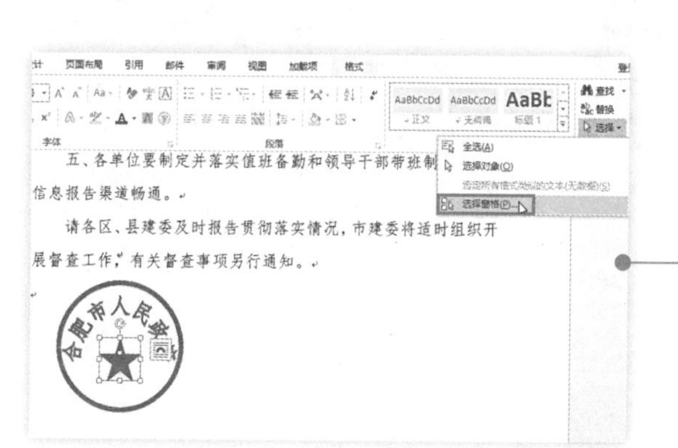

图5-65

❶ 切换至“开始”选项卡，在“编辑”选项组中单击“选择”下拉按钮，在其下拉列表中选择“选择窗格”命令，如图5-65所示。

❷ 此时文档窗口的右侧出现了“选择”列表，按住〈Ctrl〉键，选中其中的“五角星”、“文本框”和“椭圆”，如图5-66所示。

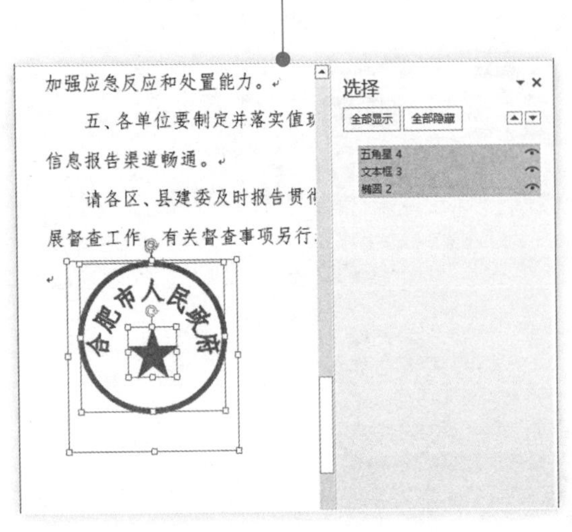

图5-66

❸ 在“绘图工具”→“格式”选项卡下，单击“排列”选项组中的“对齐”下拉按钮，在其下拉列表中选择“左右居中”，如图5-67所示。

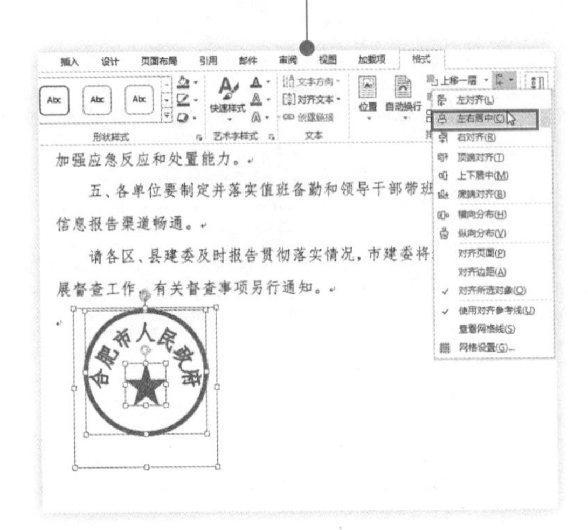

图5-67

❹ 保持选中对象的状态，在“绘图工具”→“格式”选项卡下，单击“排列”选项组中的“组合”下拉按钮，在其下拉列表中选择“组合”，如图5-68所示。

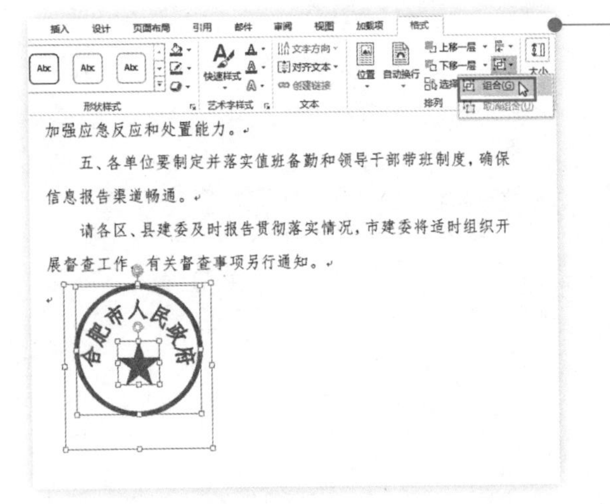

图5-68

❺ 执行上述操作，印章的最终效果如图5-69所示。

图5-69

❻ 将制作完成的印章复制出三个，将里面的文本内容修改后，移至合适的位置，效果如图5-70所示。

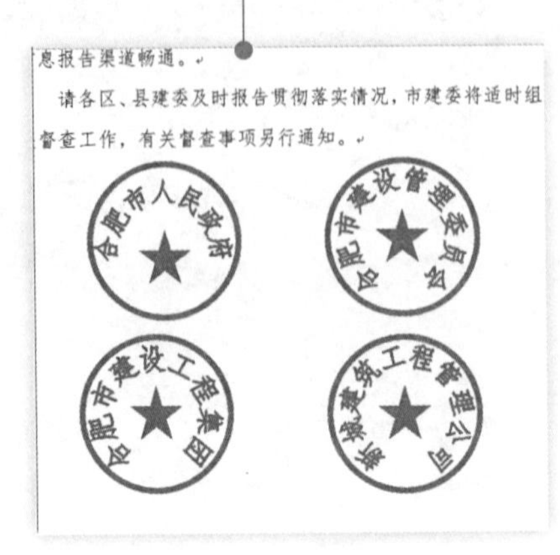

图5-70

5）署上发文机关名称及日期。

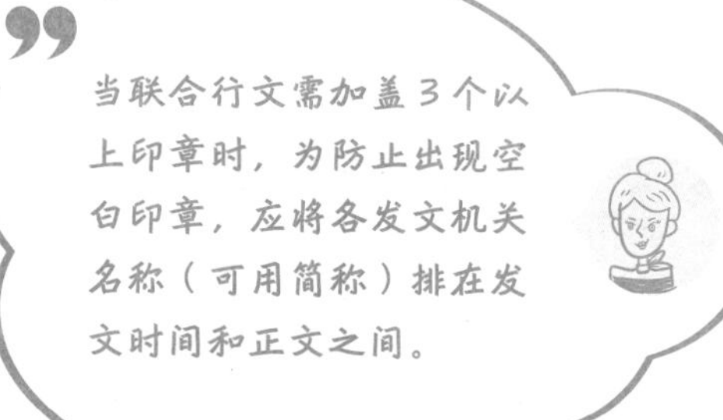

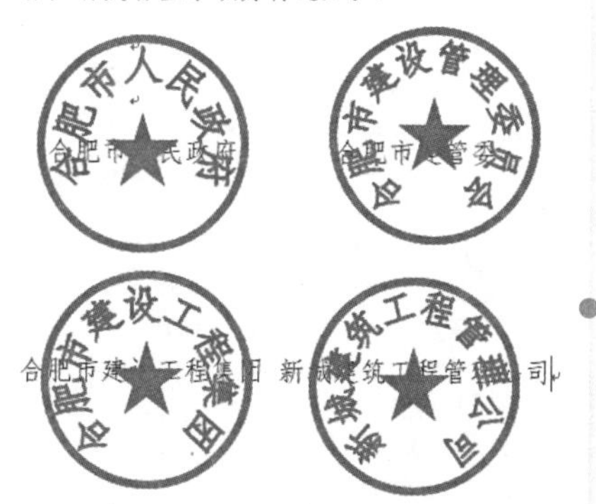
信息报告渠道畅通。

请各区、县建委及时报告贯彻落实情况，市建委将适时展督查工作，有关督查事项另行通知。

合肥市人民政府　合肥市建管委

合肥市建设工程集团　新城建筑工程管理公司

图5-71

❶ 光标放置于各个印章处，输入各个印章所对应的单位名称，输入完成后调整位置，使印章加盖或套印在其上，效果如图5-71所示。

当3个以上（不含3个）单位联合行文且有3个以上印章时，在最后一排印章之下右空2字标识成文日期。

展督查工作，有关督查事项另行通知。

合肥市人民政府　合肥市建管委

合肥市建设工程集团　新城建筑工程管理公司

二〇一五年十二月十八日

图5-72

❷ 将光标定位于印章下面一行的最右侧，输入成文时间“二〇一五年十二月十八日”，输完后按两次“空格键”空出2字符，效果如图5-72所示。

5.3.4　制作联合公文的版记

公文的版记包括主题词、抄送单位、印发单位和印发日期、反线等要素。版记应置于公文最后一面（封四），版记的最后一个要素置于最后一行。也就是说版记一定要放在公文的最后一面（根据规定公文要双面印刷）的最下面的位置。具体制作方法如下所示：

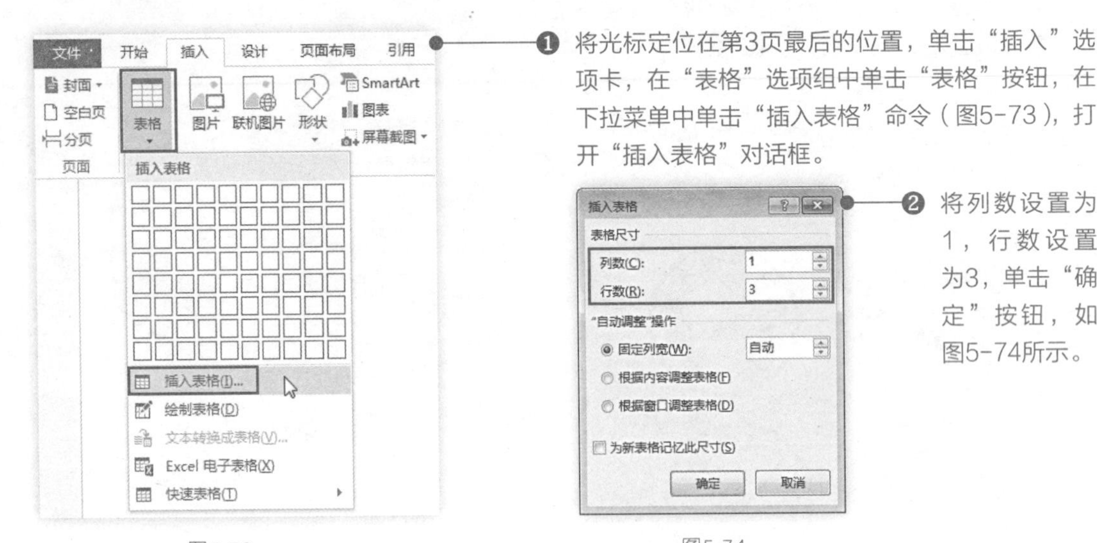

图5-73

❶ 将光标定位在第3页最后的位置，单击“插入”选项卡，在“表格”选项组中单击“表格”按钮，在下拉菜单中单击“插入表格”命令（图5-73），打开“插入表格”对话框。

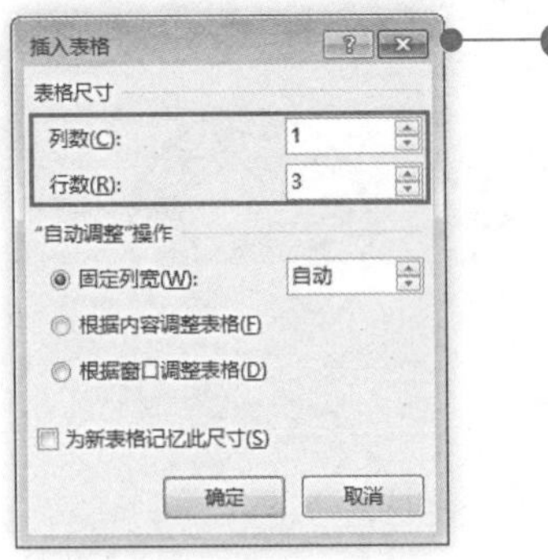

图5-74

❷ 将列数设置为1，行数设置为3，单击“确定”按钮，如图5-74所示。

❸ 执行上述操作，即可插入一个“1×3”表格，效果如图5-75所示。

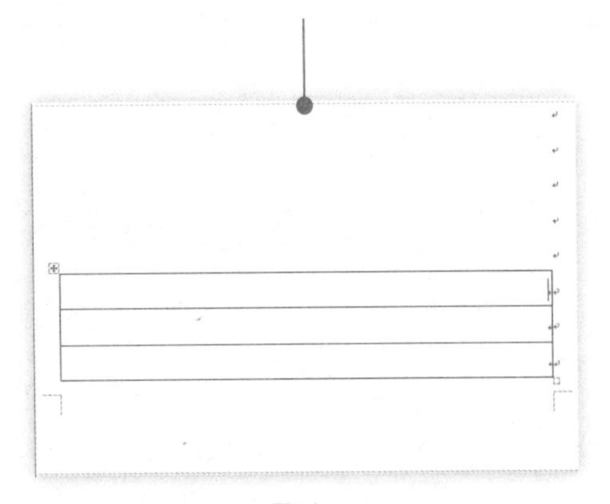

图5-75

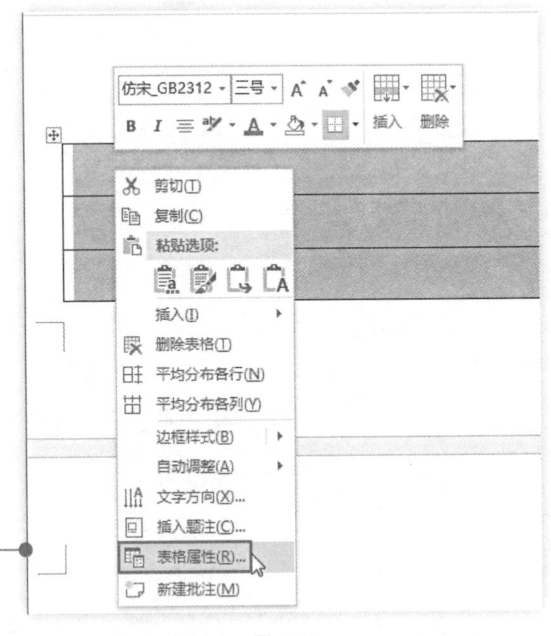

图5-76

❹ 选中表格，单击鼠标右键，在弹出的快捷菜单中选择“表格属性”命令（图5-76），打开“表格属性”对话框。

图5-77

❺ 单击“表格”标签，在“尺寸”栏下勾选“指定宽度”复选框，在数值框中输入“15.5厘米”，在“对齐方式”栏下选择“居中”方式，单击“确定”按钮如图5-77所示。

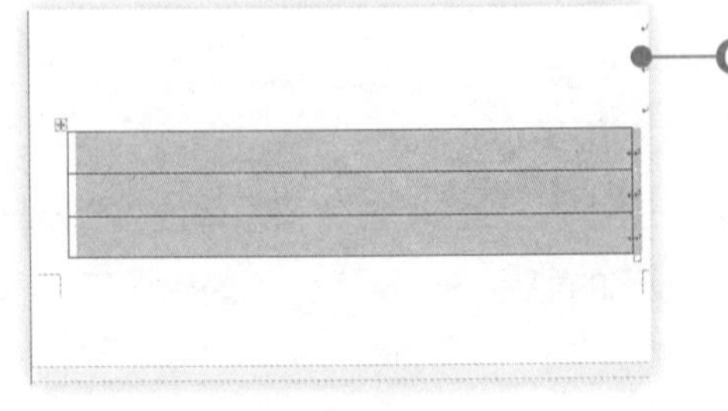

图5-78

❻ 如图5-78所示。保持表格中被选中，打开“边框和底纹”对话框。

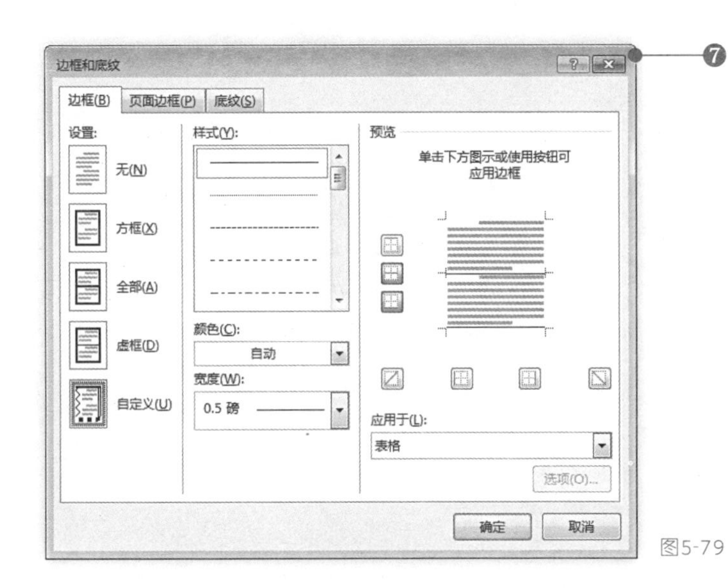

❼ 单击“边框”标签，在“预览”窗口中将左右和最上面的线条取消，单击“确定”按钮如图5-79所示。

图5-79

❽ 返回文档，效果如图5-80所示。

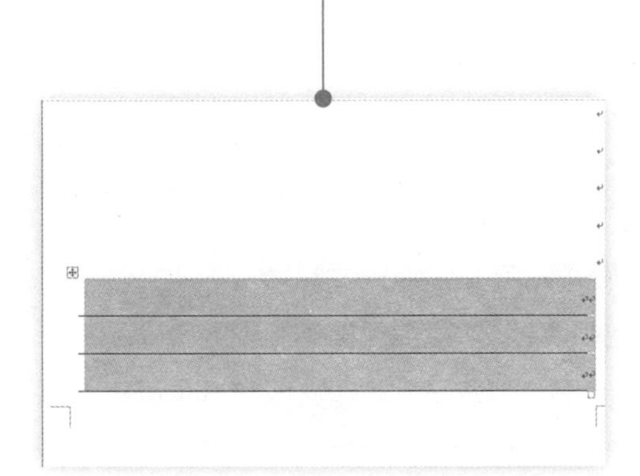

图5-80

❾ 在表格中填写具体内容，并设置字体格式，效果如图5-81所示。

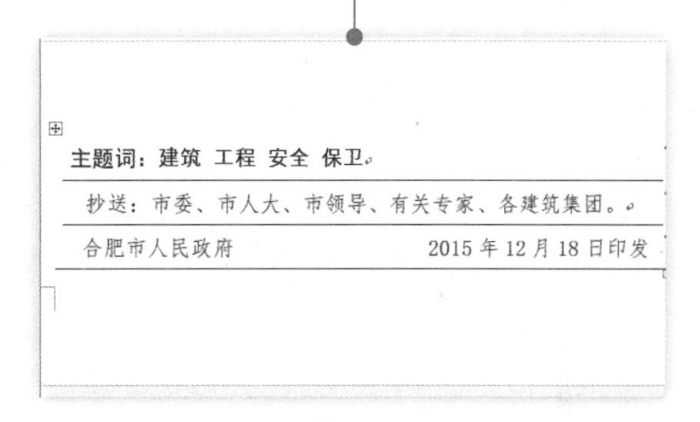

图5-81

第6章 制作公司员工手册

领导让我根据公司目前的情况，重新制作公司员工手册，哎！让我这个新手接这个工作，真是让我有点不知所措……

不要怕，只要你的Word 2013使用技能扎实，制作公司员工手册并非难事，甚至你会发现如果能够充分合理地运用Word 2013中包括提取目录在内的各种功能，制作员工手册其实非常简单。

6.1 制作流程

员工手册既是领导的管理工具，也是员工的行动指南。它是企业规章制度、企业文化与企业战略的浓缩。一份优秀的员工手册可以起到展示企业形象、传播企业文化的重大作用。

本章我们将从员工手册页面设置、制作员工手册封面、创建员工手册文档、设置页眉页脚页码和制作员工手册目录5个部分为你讲解员工手册制作过程中的相关技巧和知识，如果6-1所示。

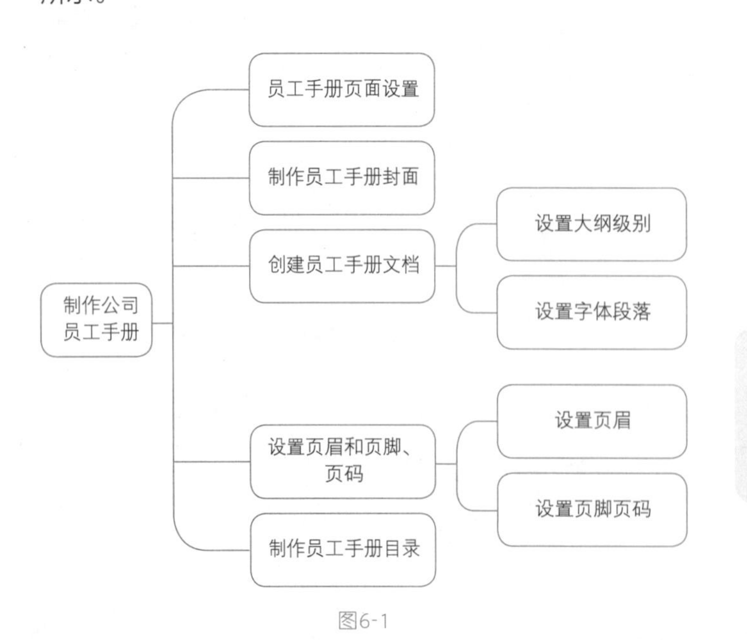

图6-1

在学习制作员工手册之前，我们先来看一下员工手册的效果图如图6-2所示。

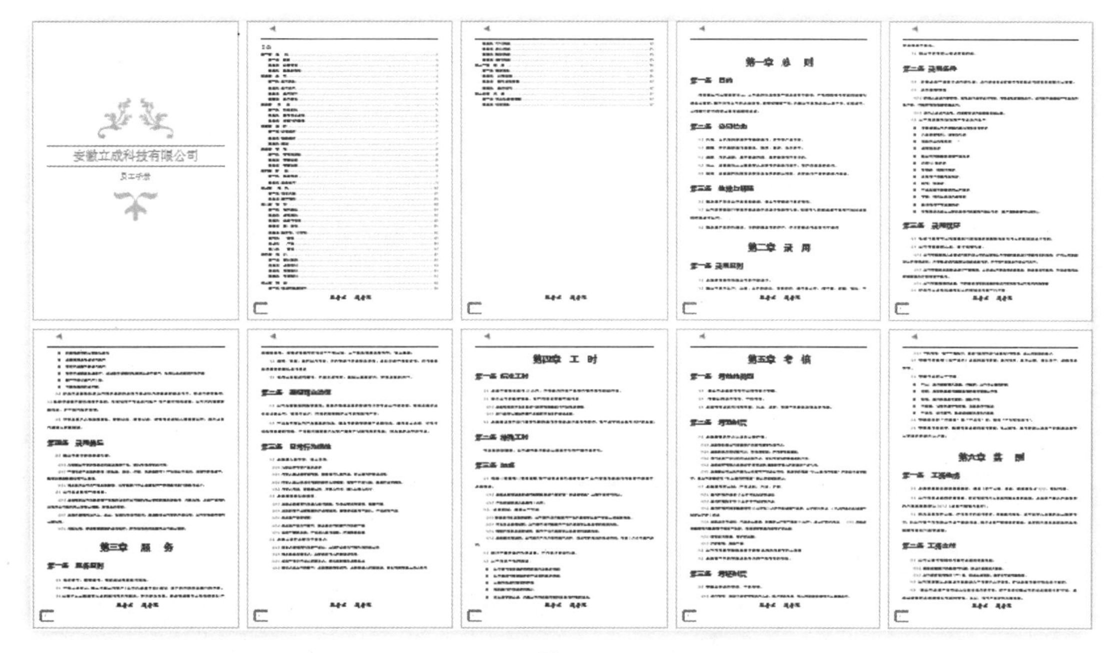

图6-2

6.2　新手基础

下面在Word 2013中制作公司员工手册需要用到的知识点除了前面章节介绍的知识点外还包括：为文档添加封面、插入页码、提取目录等新知识点。不要小看这些简单的知识点，扎实掌握这些知识点会让你的工作更加出色。

6.2.1　为文档添加封面

如果我们为Word 2013文档添加一张封面，可以使文档主题更加突出，内容更加鲜明。在Word 2013中，系统提供了多种封面样式供我们选择，我们可以挑选合适模板添加给文档作为封面。

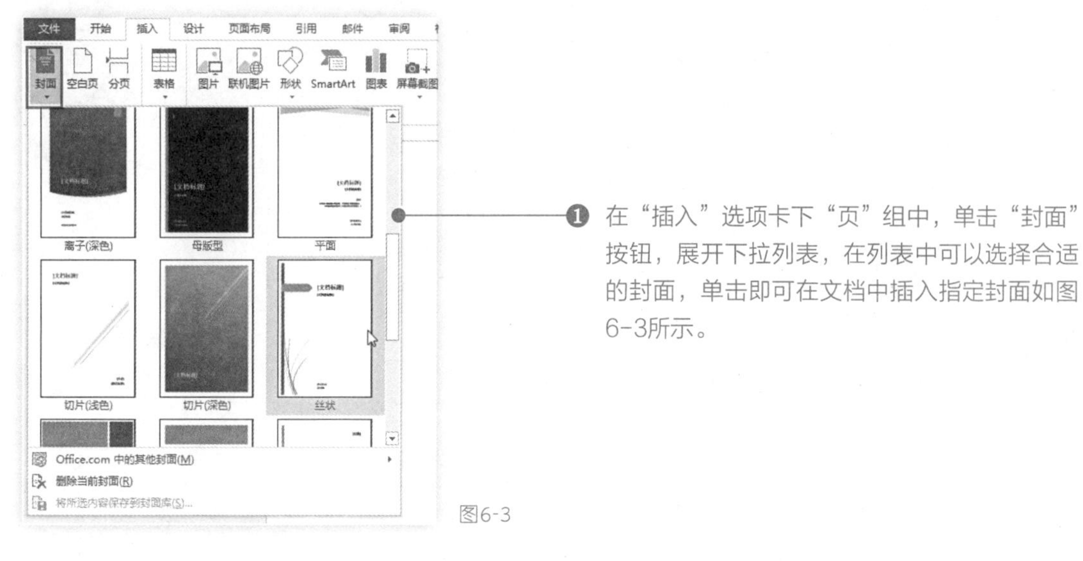

❶ 在“插入”选项卡下“页”组中，单击“封面”按钮，展开下拉列表，在列表中可以选择合适的封面，单击即可在文档中插入指定封面如图6-3所示。

图6-3

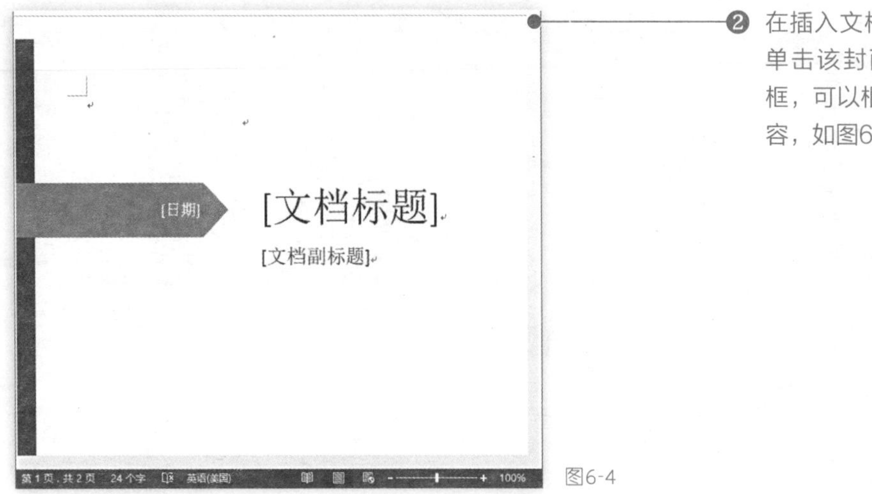
图6-4

❷ 在插入文档里的封面样式里，单击该封面样式提供的文本框，可以根据实际需要编辑内容，如图6-4所示。

6.2.2 在页脚中插入页码

当Word 2013文档篇幅比较大或需要使用页码标明特定内容所在页的位置时，我们需要在Word 2013文档中插入页码。默认情况下，页码一般位于页眉或页脚位置。一般常规做法是在页脚中插入页码，此时我们可以通过下面方法来实现。

❶ 在页脚位置处双击鼠标激活页脚编辑状态，移动光标到需要的位置上。在“插入”选项卡下的“页眉和页脚”组中单击“页码”下拉按钮，在“页眉底端”子菜单中会出现多种程序预设的页码效果，选定页码样式，在指定位置插入页码如图6-5所示。

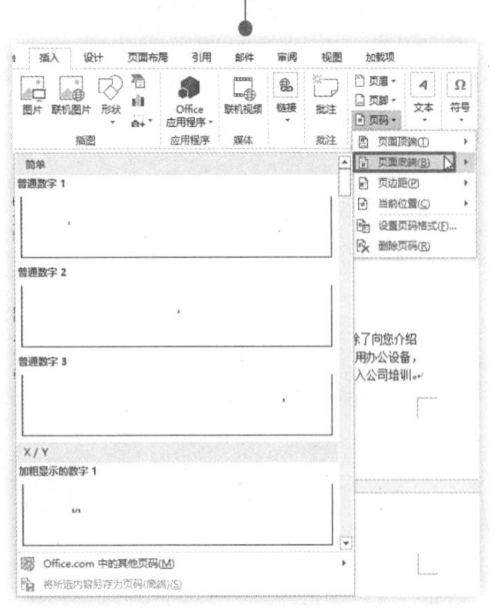
图6-5

❷ 在文档中任意位置上双击鼠标即可退出页眉页脚编辑状态，如图6-6所示。

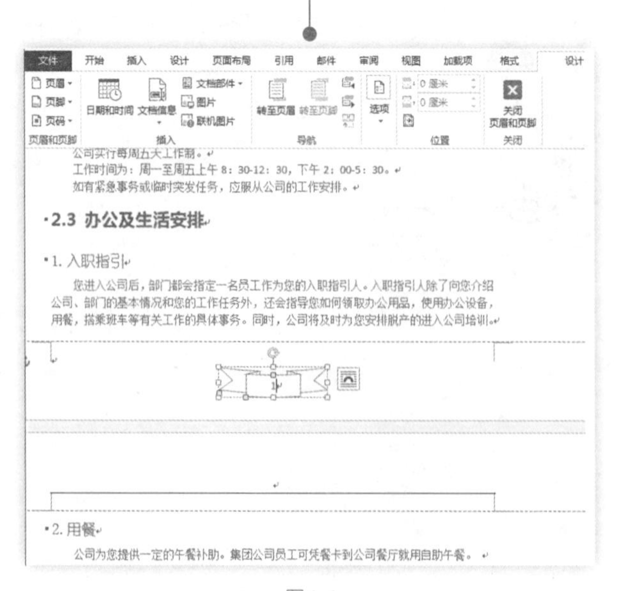
图6-6

6.2.3　重新设置文档起始页

有时候整篇文档是分多个子文档编写的，当各子文档编写完成后需要将各个子文档连续编码，那么很多子文档的起始页码必须要重新设定，具体设定方法如下例所示：

❶ 插入页码后，激活页码的编辑状态，在“页眉和页脚工具”→“设计”选项卡，“页眉和页脚”组中单击“页码”下拉按钮，在展开的下拉菜单中单击“设置页码格式”命令（图6-7），打开“页码格式”对话框。

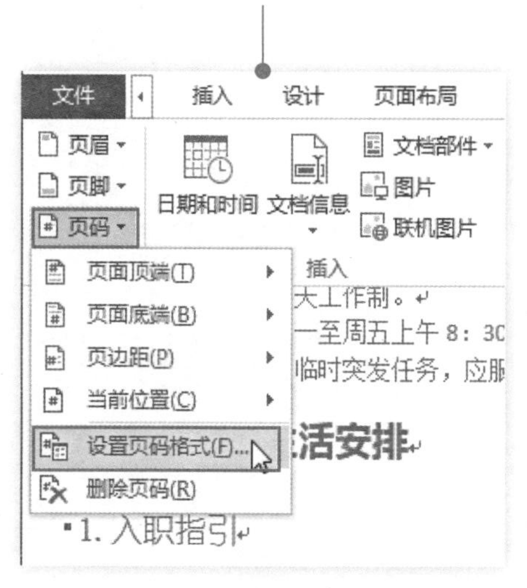

图6-7

❷ 在“页码编号”栏下选中“起始页码”单选框，在设置框中设置需要的起始页码，如图6-8所示。单击“确定”按钮即可完成设置。

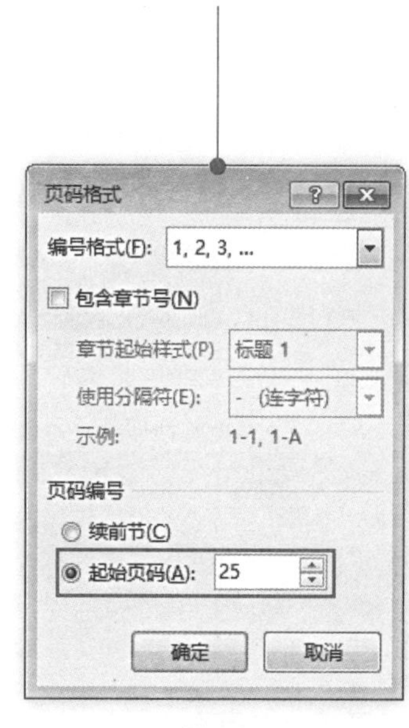

图6-8

6.2.4　利用大纲视图建立文档目录

在Word建立好文档后，我们可以在导航窗格中查看文档的目录。但新建的文档如果没有设置目录级别，系统就不会在导航窗格中显示目录。下面向你介绍如何利用大纲视图建立文档目录。

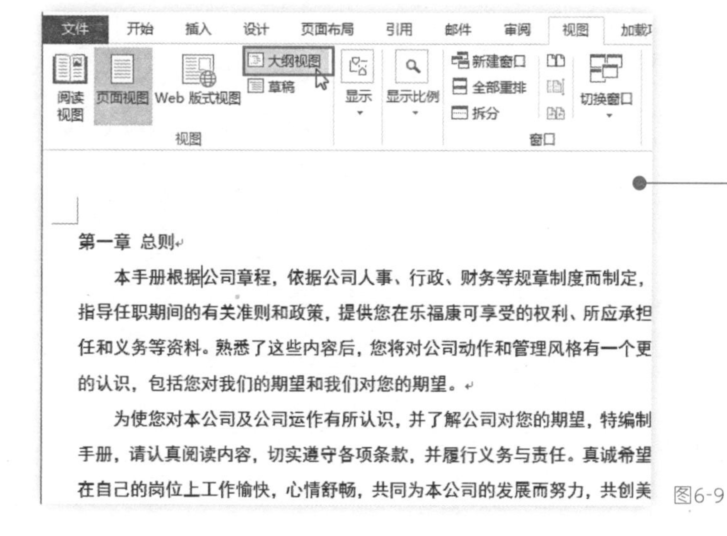

❶ 打开文档，在“视图”选项卡下“文档视图”组中单击“大纲视图”按钮，切换至大纲视图下如图6-9所示。

图6-9

❷ 选中要设置文本为1级目录的文字，在“大纲”选项卡下“大纲工具”组中单击“正文文本”设置框（因为默认都为“正文文本”）右侧下拉按钮，在下拉菜单中单击“1级”命令，如图6-10所示。

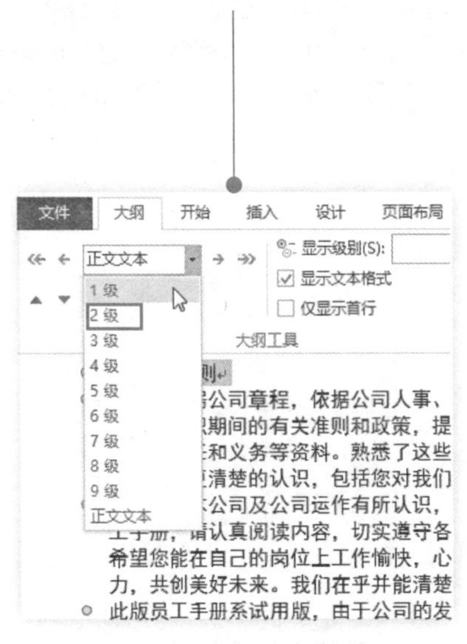

图6-10

❸ 选中要设置文本为2级目录的文字，在“大纲”选项卡下“大纲工具”组中单击“正文文本”设置框右侧下拉按钮，在下拉菜单中选择“2级”，如图6-11所示。

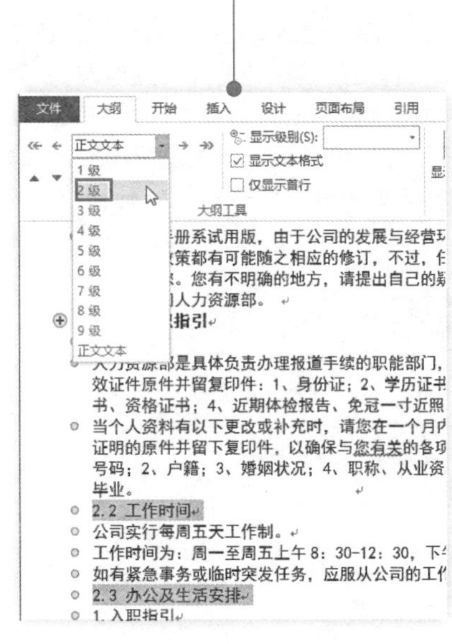

图6-11

6.2.5 折叠显示长目录

在Word 2013中，我们将文档的目录设置完成后，如果文档内容级别和标题较多，此时又想要快速地找到所有一级标题的内容，我们可以通过折叠命令来实现。具体操作如下：

❶ 打开文档，在大纲视图下，选中需要折叠目录的一级标题，在“大纲”选项卡下“大纲工具”组中单击“折叠”（ **-** ）按钮，如图6-12所示。

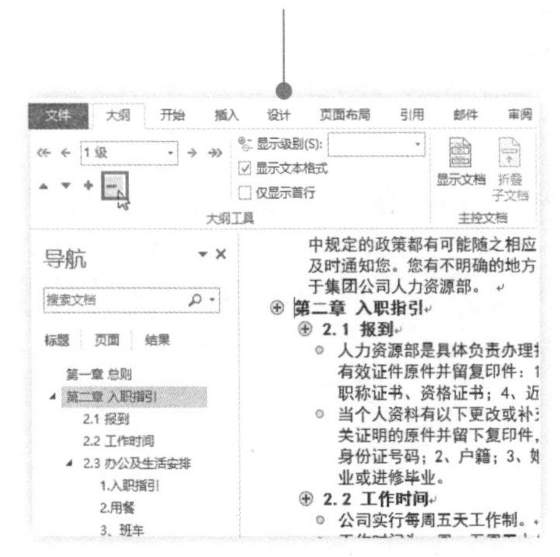

图6-12

❷ 此时可以看到长目录被隐藏折叠起来，并在标题下方呈现虚线下划线效果，如图6-13所示。

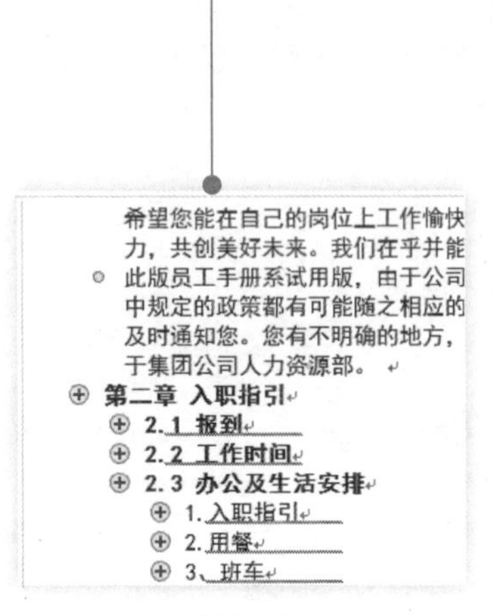

图6-13

6.2.6　提取文档目录

对于调研报告、规划方案等篇幅很大的文档来说目录是必备的文档要素，它可以帮助用户快速了解整个文档的层次结构及其具体内容。而Word 2013中的目录自动生成和修改功能是一个非常便捷的功能。通过下面的介绍，你可以学会在文档前插入文档的目录的方法。

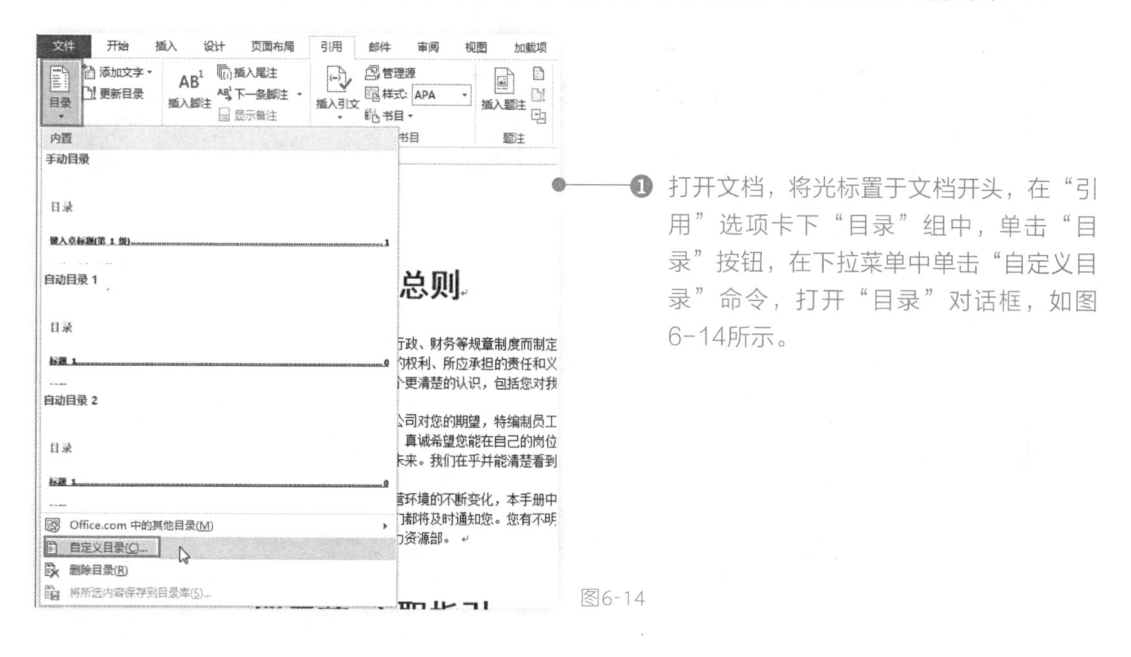

❶ 打开文档，将光标置于文档开头，在“引用”选项卡下“目录”组中，单击“目录”按钮，在下拉菜单中单击“自定义目录”命令，打开“目录”对话框，如图6-14所示。

图6-14

❷ 选取“目录”设置“制表符前导符”为细点线；在“Web预览”栏中显示了目录在Web页面上的显示效果；单击“格式”下拉按钮，在下拉菜单中列出了7种目录格式，这里选择“来自模板”选项，设置“显示级别”为“3”级，单击“确定”按钮，完成设置如图6-15所示。

❸ 根据文档的层次结构自动创建目录效果如图6-16所示。

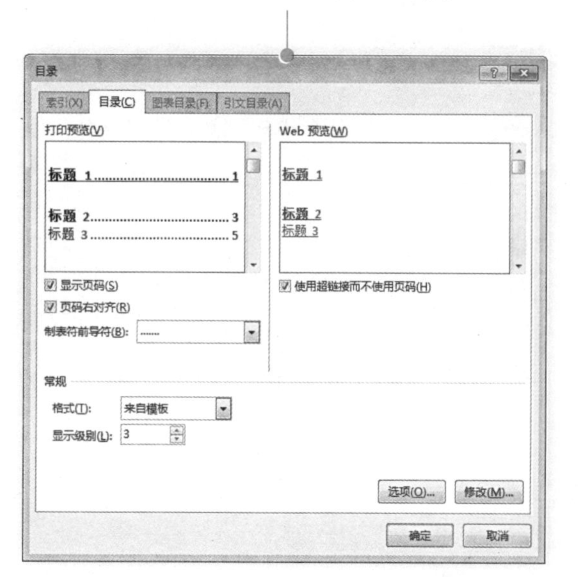

图6-15

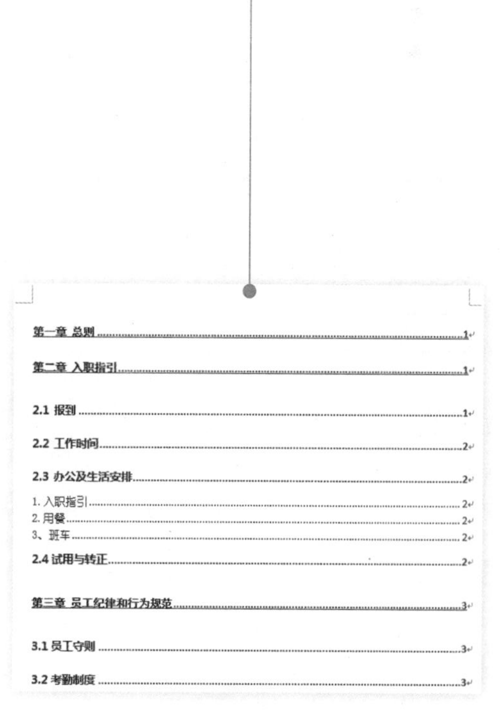

第一章 总则……1
第二章 入职指引……1
2.1 报到……1
2.2 工作时间……2
2.3 办公及生活安排……2
1. 入职指引……2
2. 用餐……2
3、班车……2
2.4 试用与转正……2
第三章 员工纪律和行为规范……3
3.1 员工守则……3
3.2 考勤制度……3

图6-16

6.3 文档设计

员工手册内容好不容易完成了，现在又要为制作目录发愁，一条一条输入目录的内容也太烦琐了吧……

不仅工作烦琐，还容易出错，此时怎么可以忘记 Word 2013 自带的目录样式功能，一键完成员工手册的目录。

6.3.1 员工手册页面设置

为了使制作的员工手册版面赏心悦目，阅读方便，我们需要对其页面进行设置，特别要调整好纸张大小和页边距。

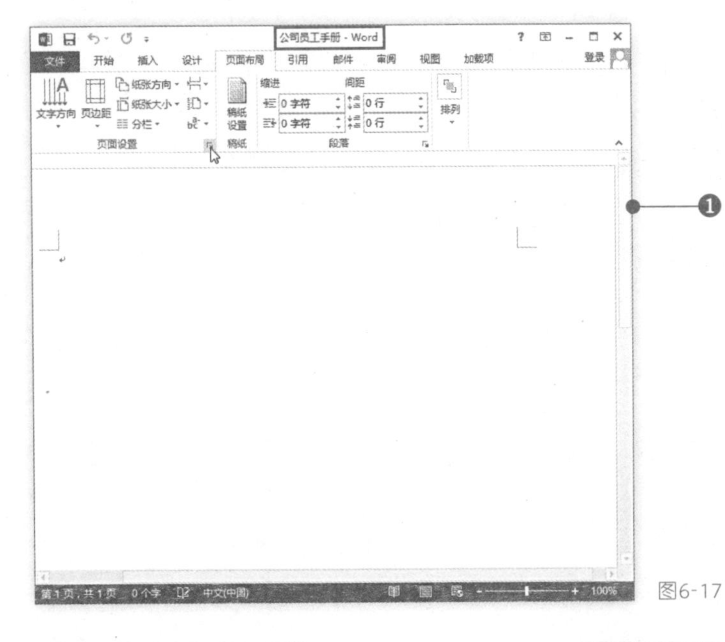

❶ 新建文档，并命名为“公司员工手册”。单击“页面布局”选项卡，在“页面设置”选项组中单击右下角的 按钮（图6-17），打开“页面设置”对话框。

图6-17

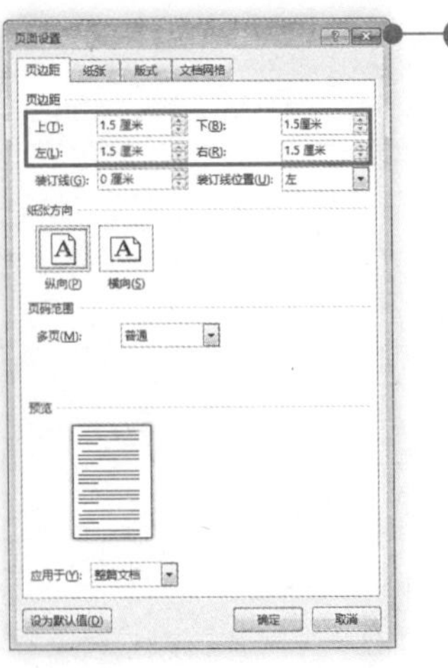

图6-18

❷ 在“页边距”标签下，将上、下、左、右页边距改为“1.5厘米”，如图6-18所示。

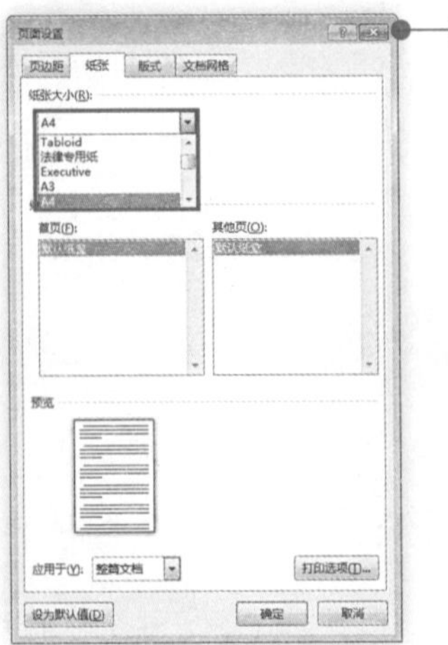

图6-19

❸ 单击“纸张”标签，单击“纸张大小”设置框的下拉按钮，在下拉列表框中选择一张合适的纸张，单击“确定”按钮如图6-19所示。

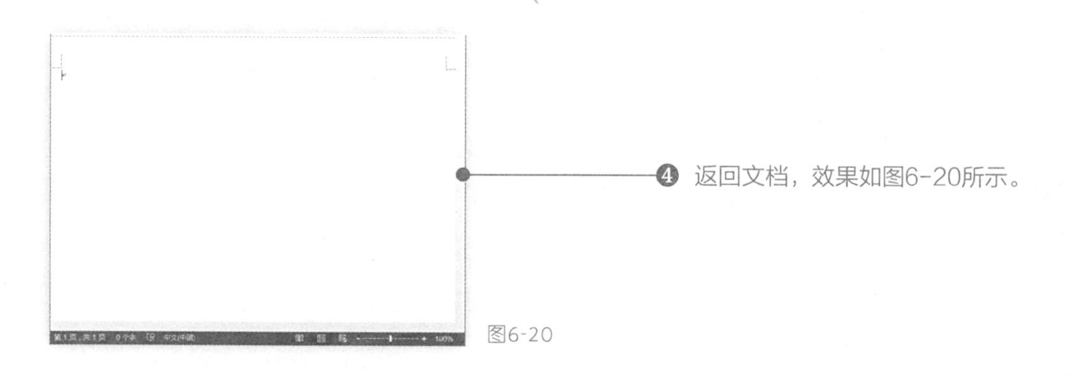

❹ 返回文档，效果如图6-20所示。

图6-20

6.3.2　制作员工手册封面

文档的封面布局设置十分重要，为了使员工手册看起来更规范、美观，我们还可以为文档制作封面。

封面是书籍或手册装帧设计艺术的门面，是通过艺术形象设计的形式来反映书籍或手册的内容。

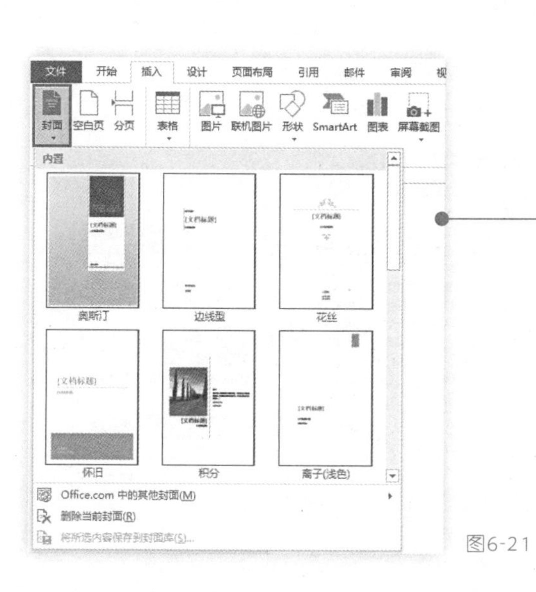

❶ 单击“插入”选项卡，在“页面”选项组中单击“封面”下拉按钮，在弹出的下拉列表中选择封面，如图6-21所示。

图6-21

❷ 执行上述操作，插入的封面效果如图6-22所示。

图6-22

❸ 将封面中文本框移动到合适的位置上，输入公司名称、文档名称等信息，也可将不需要的文本框删除，效果如图6-23所示。

图6-23

6.3.3 创建员工手册文档

在Word 2013里创建空白文档后，我们开始编写员工手册文档内容。员工手册的内容涵盖了入职、考勤、薪资、福利、培训、考核、辞退及奖惩等多方面的制度与规范，是员工享受权利、履行义务最全面的行为标准和企业管理员工的重要工具。

> 大纲级别用于为文档中的段落指定等级结构（1~9级）的段落格式。

1. 为员工手册设置大纲级别

为了方便文档后期的处理，下面为员工手册设置大纲级别。

❶ 以第2页为起始页，在文档中输入员工手册所有文字内容，效果如图6-24所示。

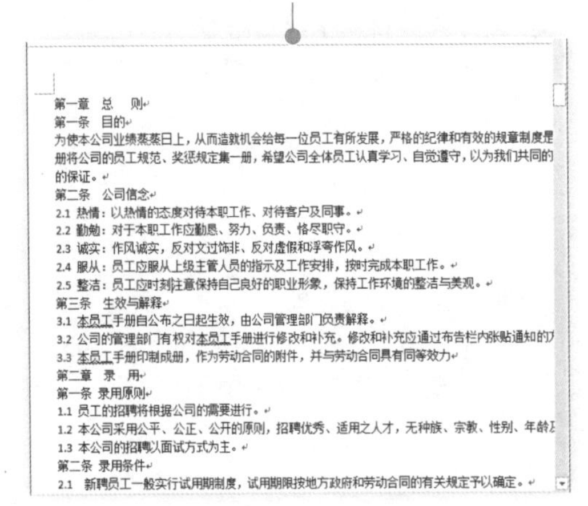

图6-24

❷ 切换至“视图”选项卡，在“文档视图”选项组中单击“大纲视图”按钮，如图6-25所示。

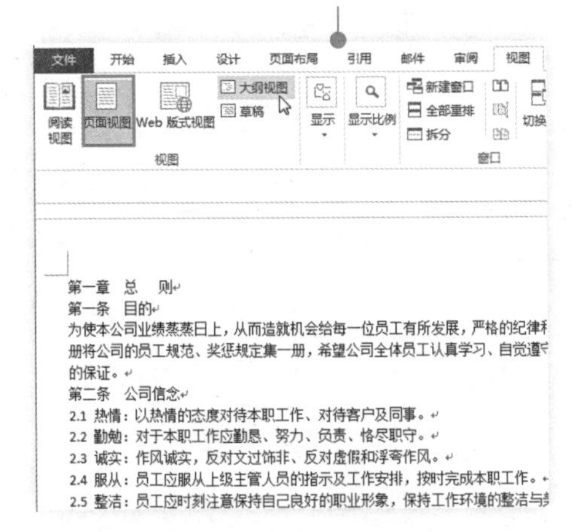

图6-25

❸ 执行上述操作，文档视图即可切换至大纲视图，并添加了“大纲”选项卡，如图6-26所示。

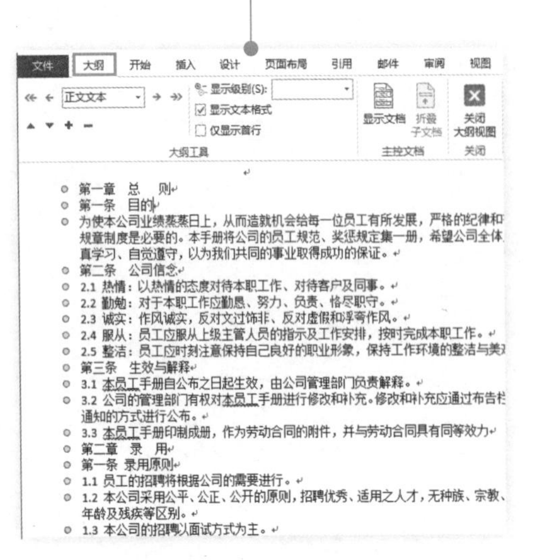

图6-26

❹ 选中文档中所有一级标题，在“大纲工具”选项组中的“大纲级别”下拉按钮，在下拉列表框中设置大纲级别为“1级”，如图6-27所示。

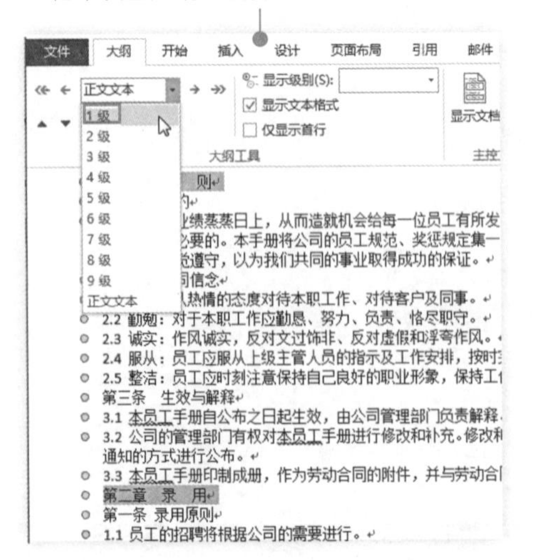

图6-27

❺ 执行上述操作，设置级别为“1级”后的效果如图6-28所示。

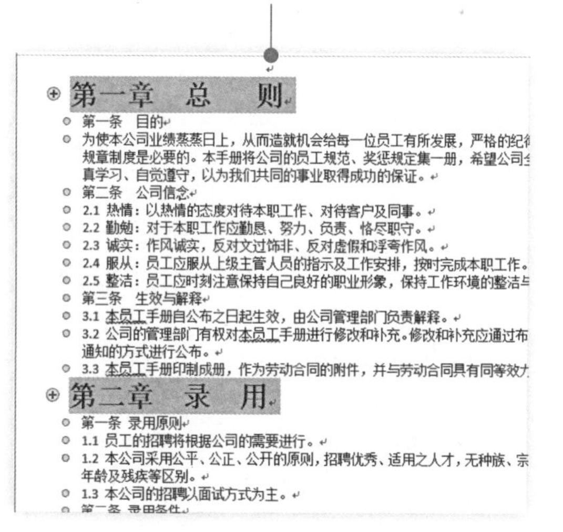

图6-28

❻ 按照相同方法设置文档中的其他各级标题。设置完之后单击“关闭大纲视图”按钮，如图6-29所示。

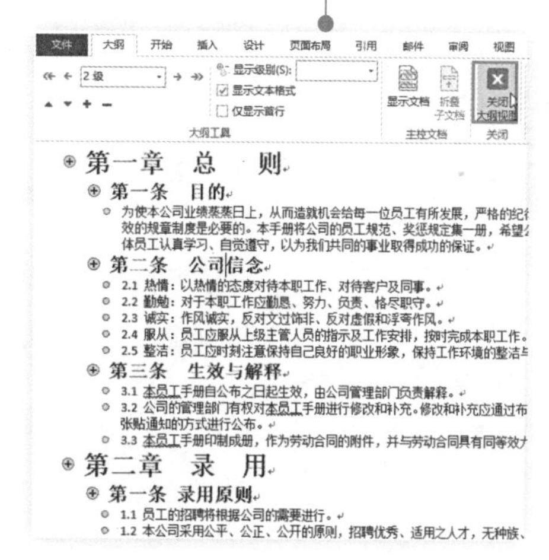

图6-29

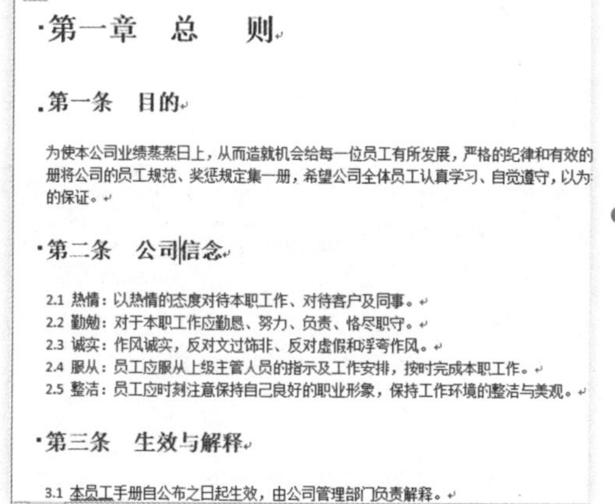

图6-30

❼ 执行上述操作，切换到页面视图，效果如图6-30所示。

2. 为员工手册设置段落字体格式

为了可以使整个员工手册的页面结构更清晰美观。我们可以为不同段落设置不同字体、格式。

❶ 选中一级标题，单击“开始”选项卡，在“字体”选项组中将字体设置为“黑体”和“加粗”；“字号”设置为“一号”，如图6-31所示。

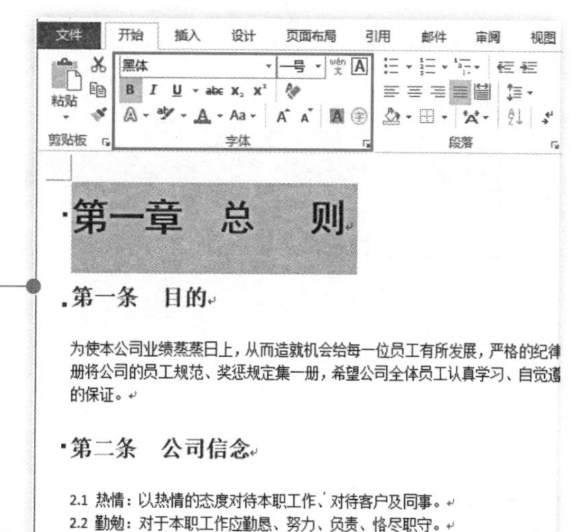

图6-31

❷ 在“段落”选项组中将字体对齐方式设置为“居中”，如图6-32所示。

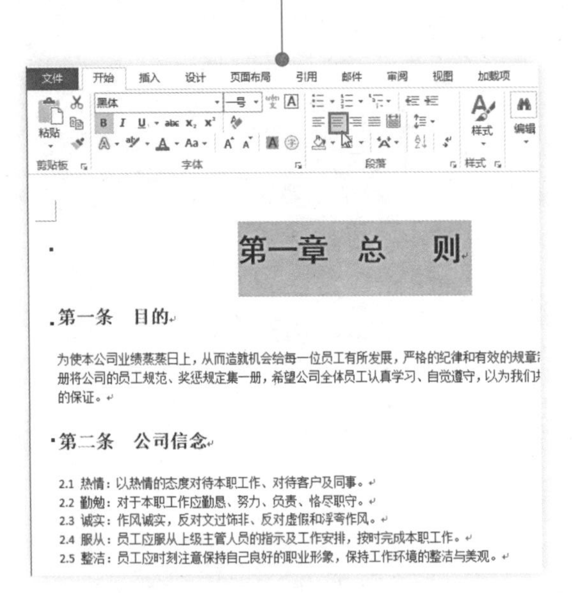

图6-32

❸ 选中二级标题，单击“开始”选项卡，在“字体”选项组中将字体设置为“黑体”和“加粗”；“字号”设置为“小二”，如图6-33所示。

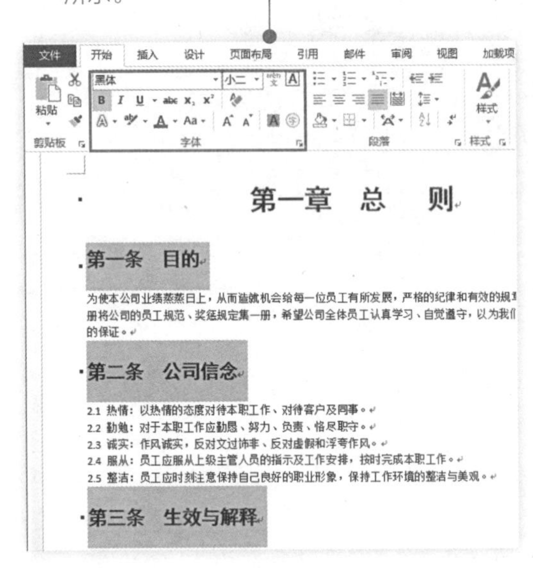

图6-33

❹ 选中“第一条……”标题下的文字段落，在“开始”选项卡下“段落”选项组中单击右下角的按钮（图6-34），打开“段落”对话框。

图6-34

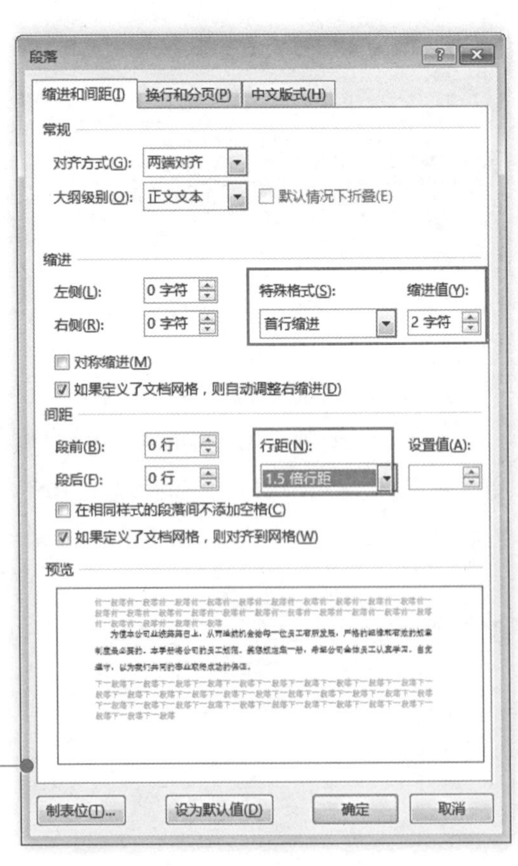

图6-35

❺ 在“缩进和间距”标签下将“特殊格式”设置为“首行缩进”，“缩进值”设置为“2字符”，将“行距”间距设置为“1.5倍行距”，单击“确定”按钮完成设置如图6-35所示。

❻ 依照相同设置方法，设置余下正文内容的字体段落格式设置，效果如图6-36所示。

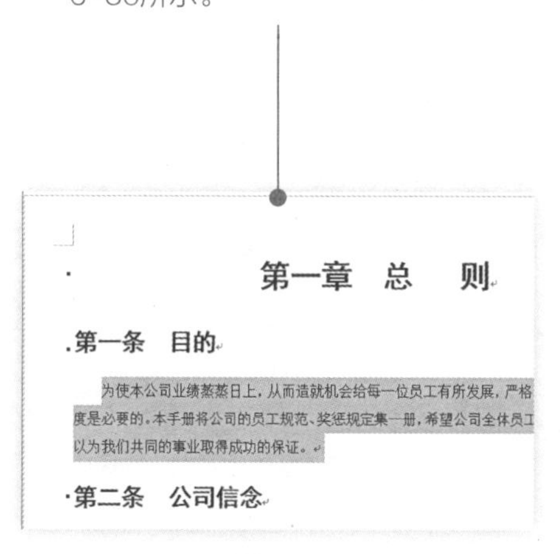

图6-36

❼ 设置完成后单击“确定”按钮，可以看到文档效果如图6-37所示。

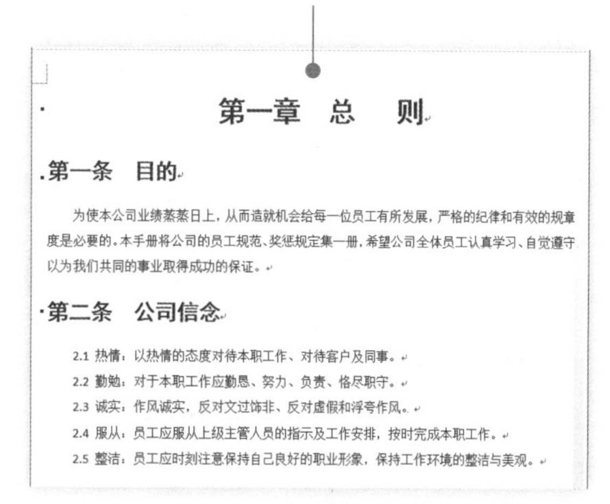

图6-37

6.3.4　设置员工手册页眉、页脚及页码

在完成了员工手册文档的文字、段落等格式的设置之后，我们需要为员工手册设置页眉和页脚、页码。

1. 为员工手册设置页眉

在公司的员工手册上，如果添加上公司的LOGO作为页眉，会使整体效果看起来更规范。

❶ 双击文档页面顶端空白处，激活页眉编辑状态，在“页眉和页脚工具”选项下单击“设计”选项卡，在“插入”选项组中单击“图片”按钮(图6-38)，打开“插入图片”对话框。

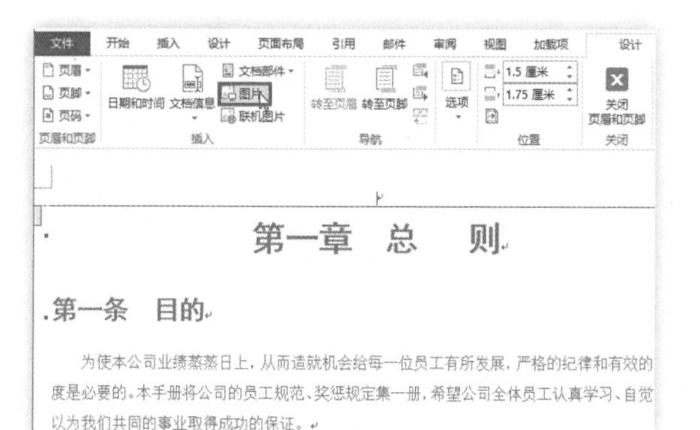

图6-38

❷ 选择需要的图片，单击“插入”按钮，如图6-39所示。

图6-39

❸ 选中图片，在“图片工具”选项下单击“格式”选项卡，在“排列”选项组中单击“自动换行”按钮，在其下拉列表中选择“浮于文字上方”选项，如图6-40所示。

❹ 调整图片的大小和位置，单击“页眉和页脚工具”选项下“设计”选项卡，在“关闭”选项组中单击“关闭页眉和页脚”按钮，如图6-41所示。

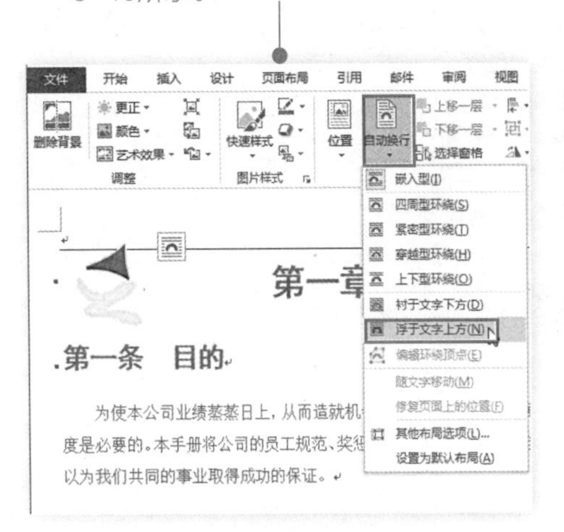

图6-40

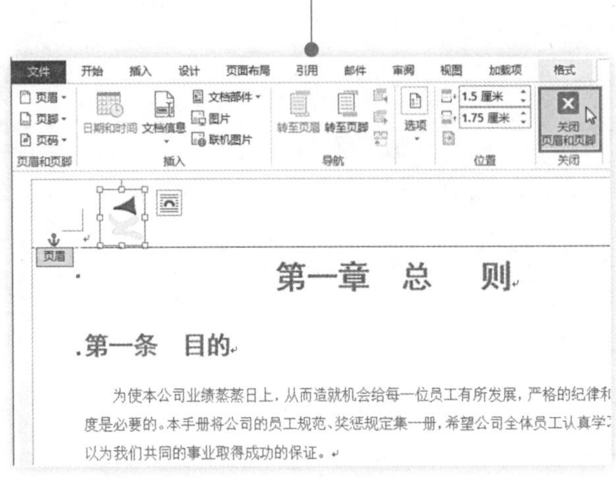

图6-41

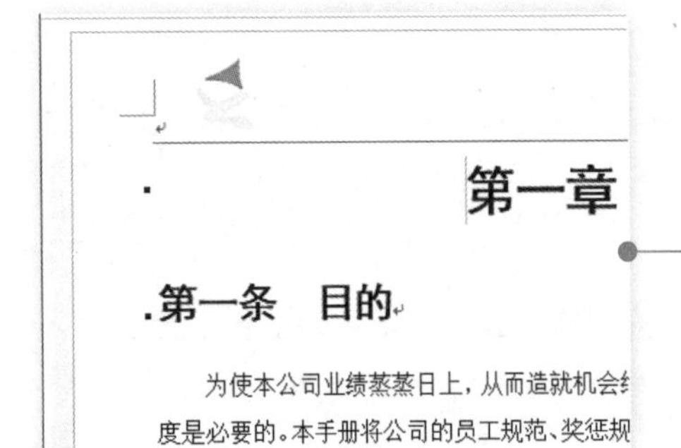

图6-42

❺ 执行上述操作，效果如图6-42所示。

2. 为员工手册设置页脚和页码

为员工手册设置页脚的过程与为页面添加页眉的过程十分相似。下面我们为页脚插入文字和页码，并使封面页不显示页码具体操作如下：

❶ 双击文档页面顶端空白处，激活页脚编辑状态，单击“页眉和页脚工具”选项下“设计”选项卡，在“选项”选项组中勾选上“首页不同”复选框，如图6-43所示。

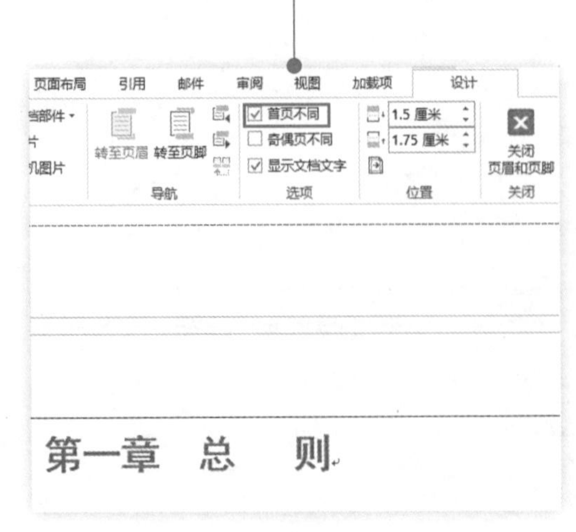

图6-43

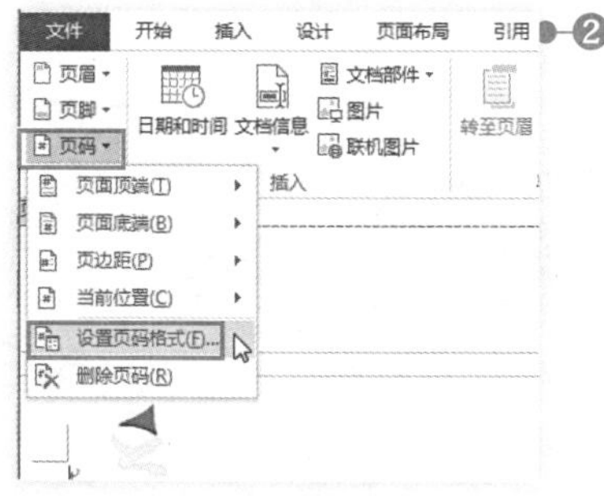

图6-44

❷ 单击“页眉和页脚工具”选项下“设计”选项卡，在“页眉和页脚”选项组中单击“页码”下拉按钮，在其下拉列表中选择“设置页码格式”（图6-44），打开“页码格式”对话框。

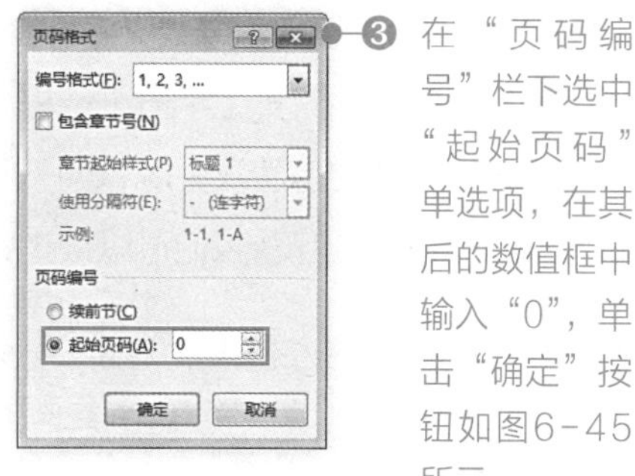

图6-45

❸ 在“页码编号”栏下选中“起始页码”单选项，在其后的数值框中输入“0”，单击“确定”按钮如图6-45所示。

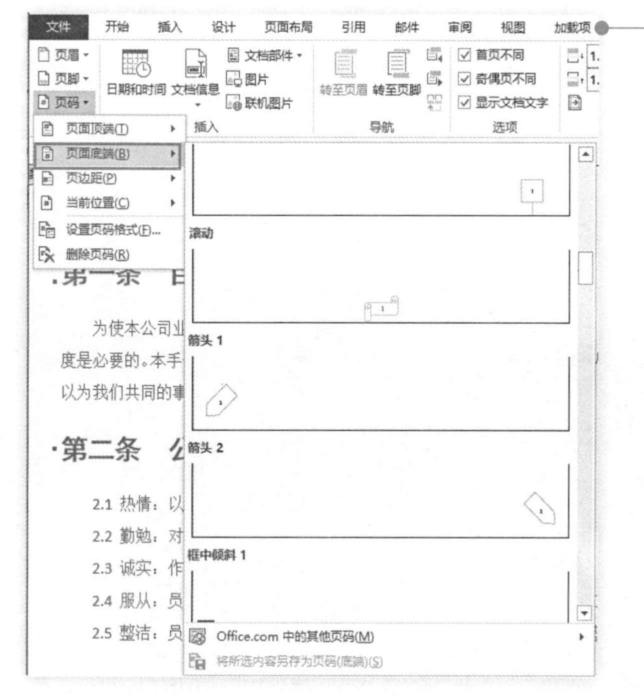

图6-46

❹ 单击“页眉和页脚工具”选项下“设计”选项卡，在“页眉和页脚”选项组中单击“页码”下拉按钮，在其下拉列表中选择“页面底端”，在其子菜单中选择一种样式，如图6-46所示。

❺ 执行上述操作，完成页码的插入，最终效果如图6-47所示。

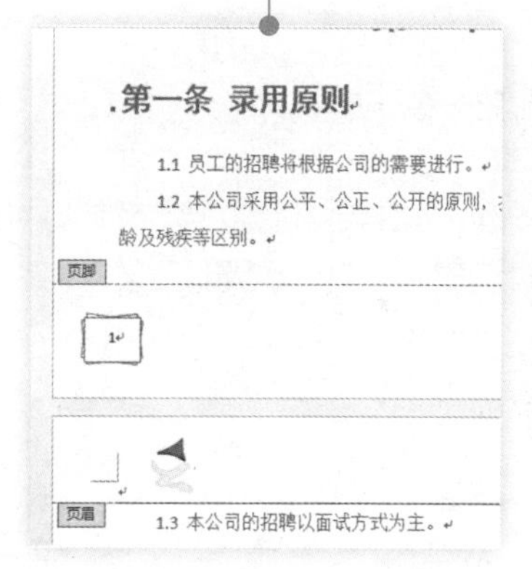

图6-47

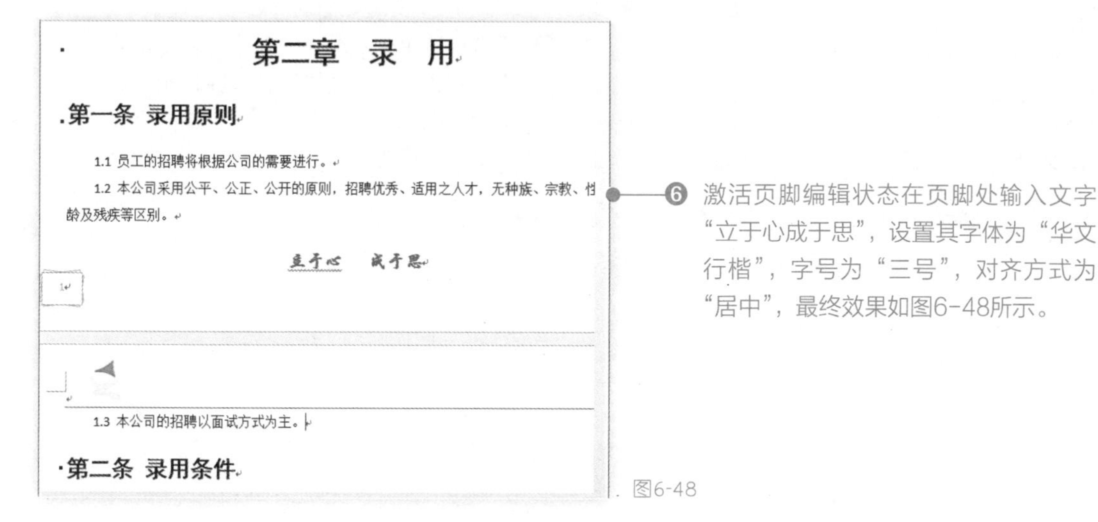

❻ 激活页脚编辑状态在页脚处输入文字“立于心成于思”，设置其字体为“华文行楷”，字号为“三号”，对齐方式为“居中”，最终效果如图6-48所示。

图6-48

6.3.5 制作员工手册目录

为了更方便地对员工手册进行排版，以及后期文档的浏览，我需要为员工手册制作一个导航目录。让整个文档层次分明，便于阅读和查找。在制作员工手册目录时，为了避免了手动制作目录的烦琐及杂乱，我们可以通过Word 2013的目录提取功能为文档快速地生成目录。

❶ 将光标定位到第2页文档前另起一行，切换到“页面布局”选项卡，在“页面设置”选项组中单击“分隔符”按钮，在其下拉列表中选择“分页符”，如图6-49所示。

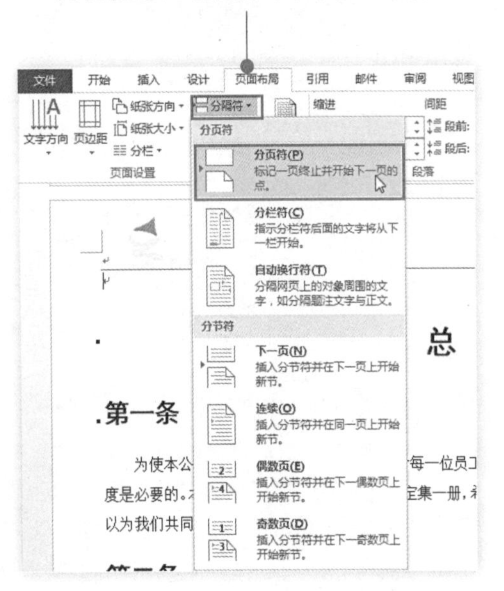

图6-49

❷ 重复插入分页符操作，则此时已在封面内容后添加了两页，效果如图6-50所示。

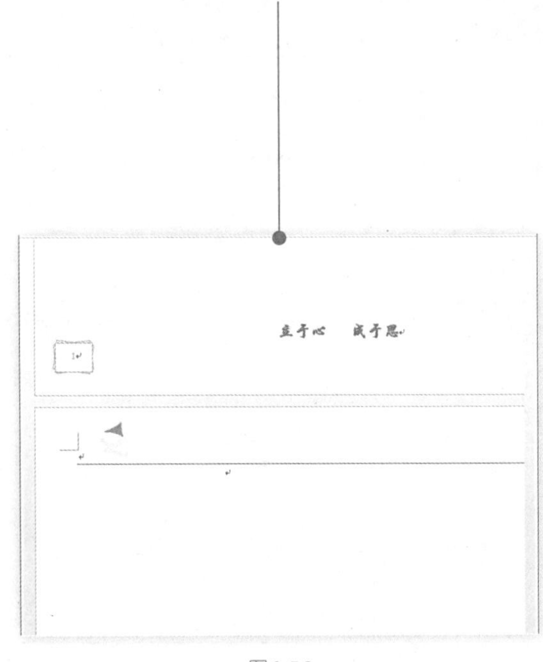

图6-50

❸ 将光标定位于第1张空白页，单击“引用”选项卡，在“目录”选项组中单击“目录”下拉按钮，在其下拉列表中选择一种目录样式，如图6-51所示。

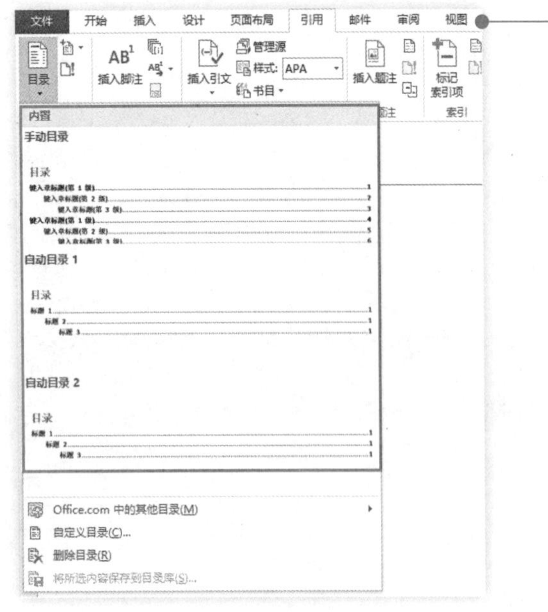

图6-51

❹ 系统自动生成目录，插入的目录此时是选中状态，单击“更新目录”链接(如图6-52所示)，弹出“更新目录”对话框。

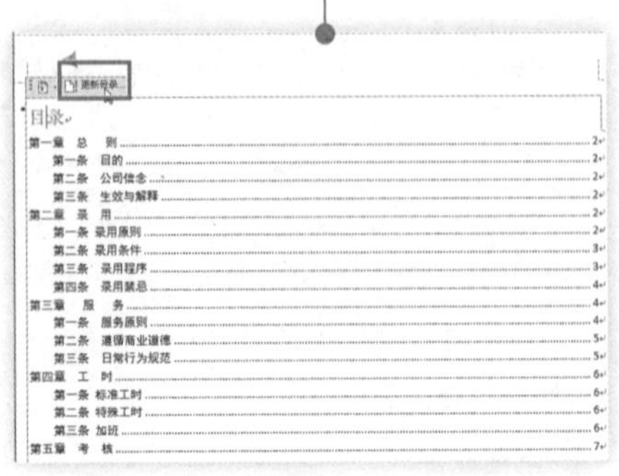

图6-52

❺ 默认选中“只更新页码”单选项，单击“确定”按钮如图6-53所示。

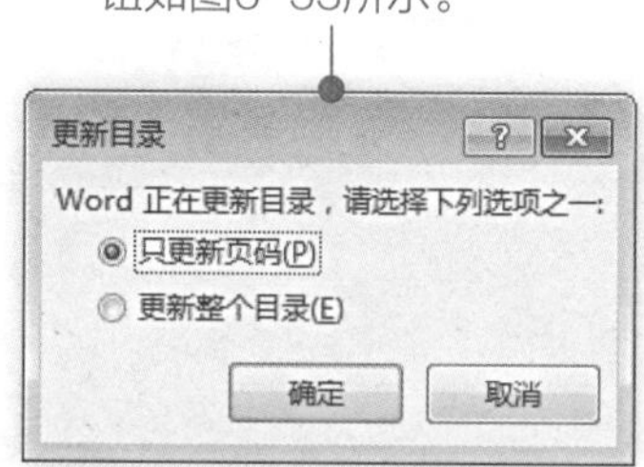

图6-53

❻ 完成目录的插入，效果如图6-54所示。

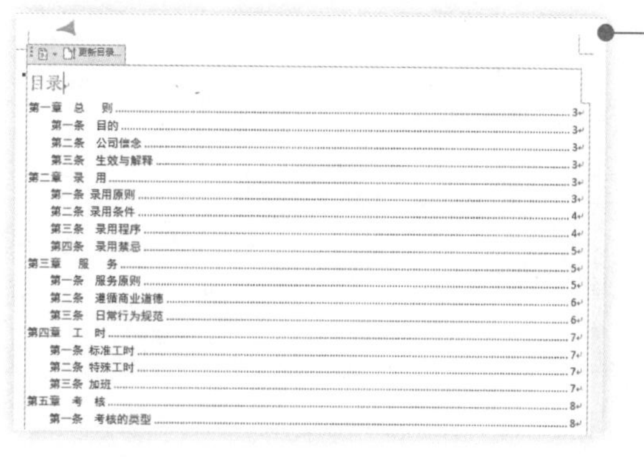
更新目录...

目录

图6-54

制作产品使用说明书

原本还以为我制作的产品使用说明书不错呢，结果还是让领导不满意，又被打回来重做了……

产品使用说明书的最终读者是客户，所以产品使用说明书，不仅需要格式规范，更需要形式美观。这就要求我们充分运用好Word 2013中的各项功能，从多方面对说明书进美化。

7.1 制作流程

产品说明书是一种常见的说明文，是生产者为向消费者全面、明确地介绍产品名称、用途、性质、性能、原理、构造、规格、使用方法、保养维护、注意事项等内容而写的准确、简明的文字材料。

我们将通过制作产品使用说明书封面、为封面添加企业标识（Logo）和创建产品使用说明书内容三个任务向大家介绍制作产品使用说明书所需要的知识与技能，如图7-1所示。

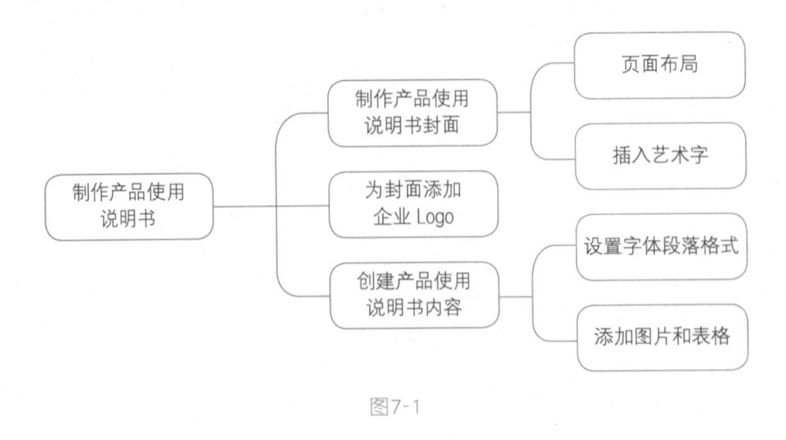

图7-1

在学习制作产品使用说明书之前，我们先来看一个真正的产品使用说明书，如图7-2所示。

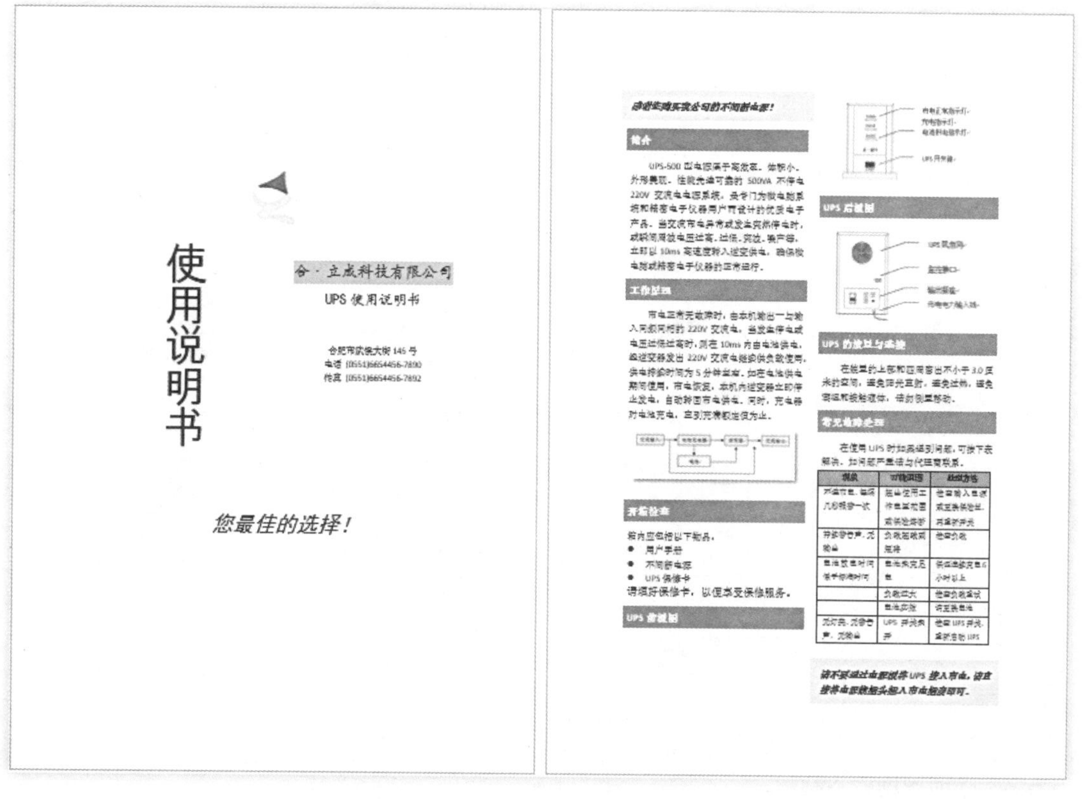

图7-2

7.2　新手基础

在Word 2013中制作产品使用说明书需要用到的知识点除了前面章节介绍的内容外，还包括为文档分类、在表格中插入行、插入图表等。

7.2.1　实现不等宽分栏效果

分栏是我们在市场工作中经常用到的版式，在系统默认情况下我们可以对文本进行等分分栏设计，即将文本块分割到若干个等宽栏中。但在实际工作中，有时需要不等宽的分栏效果，此时我们可以通过如下设置来实现。

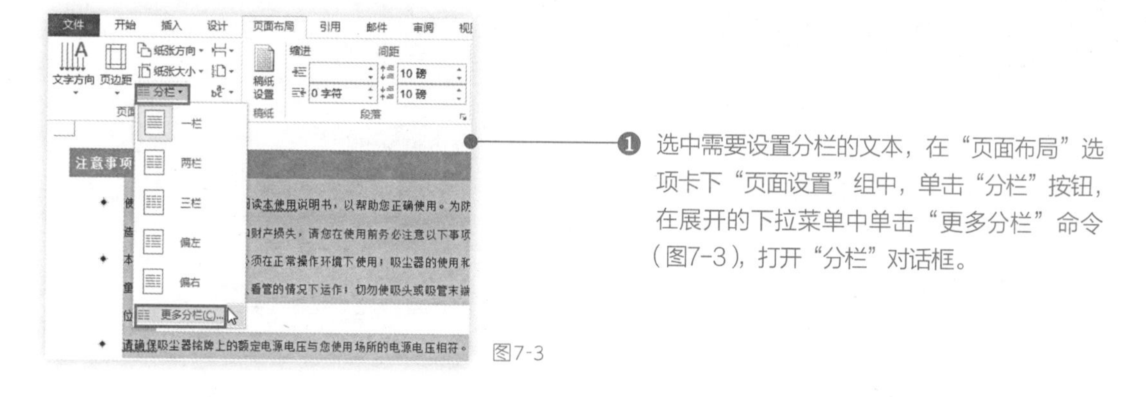

❶ 选中需要设置分栏的文本，在“页面布局”选项卡下“页面设置”组中，单击“分栏”按钮，在展开的下拉菜单中单击“更多分栏”命令（图7-3），打开“分栏”对话框。

图7-3

❷ 在“栏数”设置框中输入需要设置的分栏数，如“两栏”，取消“栏宽相等”复选框勾选，在“宽度和间距”设置框输入需要设定的字符数和间距，单击“确定”按钮如图7-4所示。

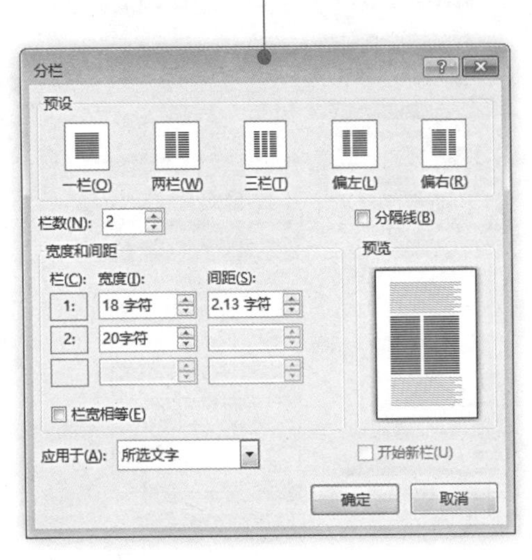

图7-4

❸ 分栏设置效果如图7-5所示。

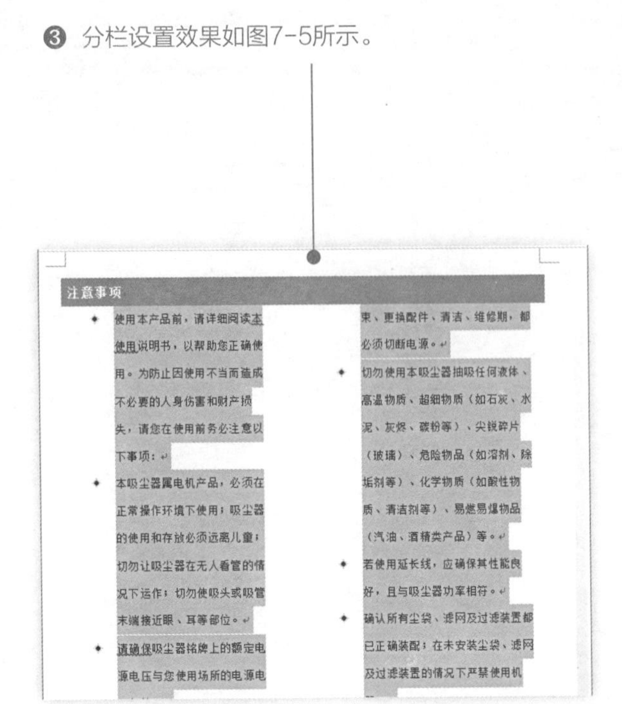

图7-5

7.2.2 实现文档混合分栏

在文档排版过程中，有时会遇到部分的文字需要分两栏或三栏而其余的文字不需要分栏或者要分更多栏数的情况，这时需要我们对文本进行多栏混排。我们可以通过下面的操作来实现文档混合分栏。

❶ 选中需要设置分栏的文本，在“页面布局”选项卡下“页面设置”组中，单击“分栏”按钮，在展开的下拉菜单中单击“更多分栏”命令（图7-6），打开“分栏”对话框。

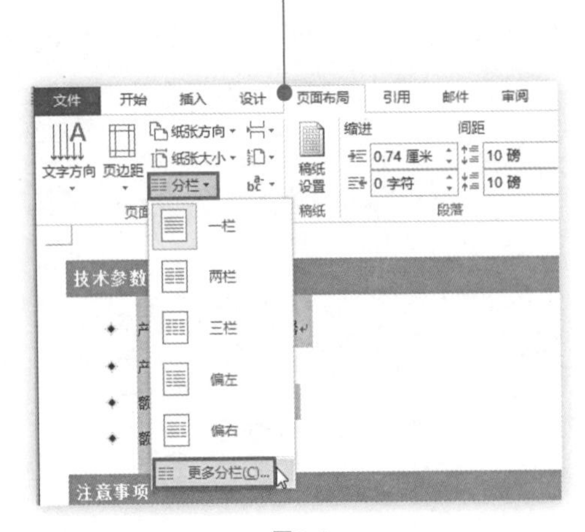

图7-6

❷ 选择“两栏”样式，在“应用于”设置框弹出的下拉菜单中单击“所选文字”选项，单击“确定”按钮如图7-7所示。

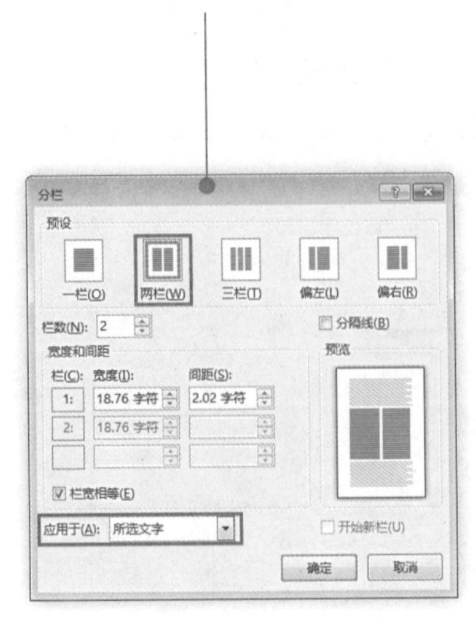

图7-7

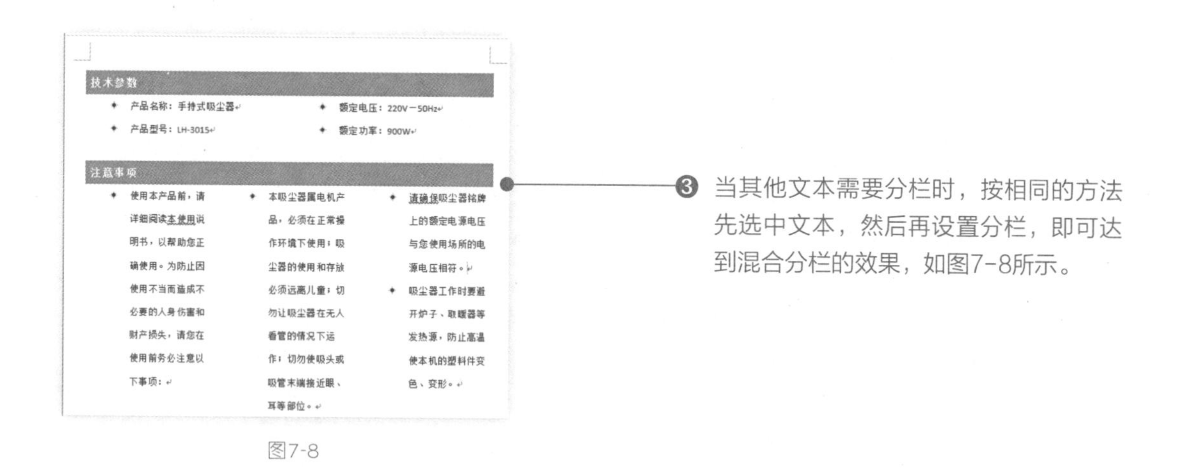

❸ 当其他文本需要分栏时，按相同的方法先选中文本，然后再设置分栏，即可达到混合分栏的效果，如图7-8所示。

图7-8

7.2.3 快速插入表格行

Word 2013软件不仅在文字的编写上功能强大，而且还提供了较为完善的表格输入编辑功能。在表格中，用户可以根据需要随时增加新的内容。例如，要在Word 2013文档中对表格快速地插入行，我们可以通过下面的操作来实现。

❶ Word文档在插入表格后，会自动开启“表格工具”选项卡，将光标定位在需要插入行的位置，在“表格工具”→“布局”选修卡，在“行和列”组中单击“在下方插入”按钮，如图7-9所示。

产品编号	系列	产品名称	规格（克）
AL16001	甘栗	甘栗仁（五香）	180
AL16002	甘栗	甘栗仁（香辣）	180
AL16003	甘栗	甘栗仁（牛肉）	180
AQ12001	马蹄酥	马蹄酥（花生）	250
AQ12002	马蹄酥	马蹄酥（海苔）	250
AQ12003	马蹄酥	马蹄酥（椰丝）	250
AQ12004	马蹄酥	马蹄酥（椒盐）	250
AH15001	曲奇饼干	手工曲奇（草莓）	108
AH15002	曲奇饼干	手工曲奇（红枣）	108
AH15003	曲奇饼干	手工曲奇（迷你）	68

图7-9

产品编号	系列	产品名称	规格（克）
AL16001	甘栗	甘栗仁（五香）	180
AL16002	甘栗	甘栗仁（香辣）	180
AL16003	甘栗	甘栗仁（牛肉）	180
AQ12001	马蹄酥	马蹄酥（花生）	250
AQ12002	马蹄酥	马蹄酥（海苔）	250
AQ12003	马蹄酥	马蹄酥（椰丝）	250
AQ12004	马蹄酥	马蹄酥（椒盐）	250
AH15001	曲奇饼干	手工曲奇（草莓）	108
AH15002	曲奇饼干	手工曲奇（红枣）	108
AH15003	曲奇饼干	手工曲奇（迷你）	68

图7-10

❷ 执行上述操作，即可在光标的上方插入行，如图7-10所示。

❸ 如果想一次性插入多行时，可以一次性选中多行，如选中3行，在“表格工具”→“布局”选项卡，在“行和列”组中单击“在下方插入”按钮，如图7-11所示。

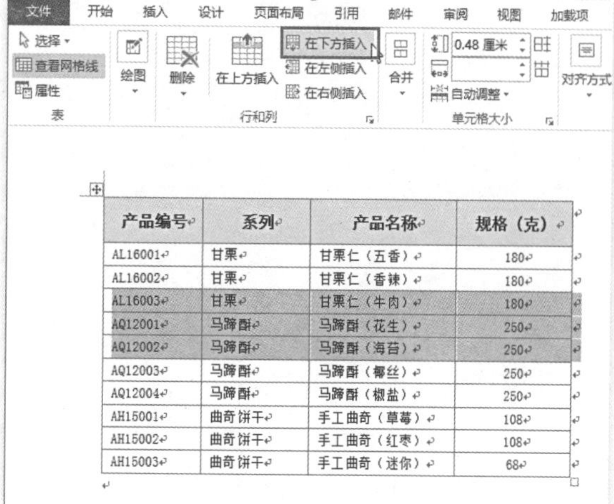

产品编号	系列	产品名称	规格（克）
AL16001	甘栗	甘栗仁（五香）	180
AL16002	甘栗	甘栗仁（香辣）	180
AL16003	甘栗	甘栗仁（牛肉）	180
AQ12001	马蹄酥	马蹄酥（花生）	250
AQ12002	马蹄酥	马蹄酥（海苔）	250
AQ12003	马蹄酥	马蹄酥（椰丝）	250
AQ12004	马蹄酥	马蹄酥（椒盐）	250
AH15001	曲奇饼干	手工曲奇（草莓）	108
AH15002	曲奇饼干	手工曲奇（红枣）	108
AH15003	曲奇饼干	手工曲奇（迷你）	68

图7-11

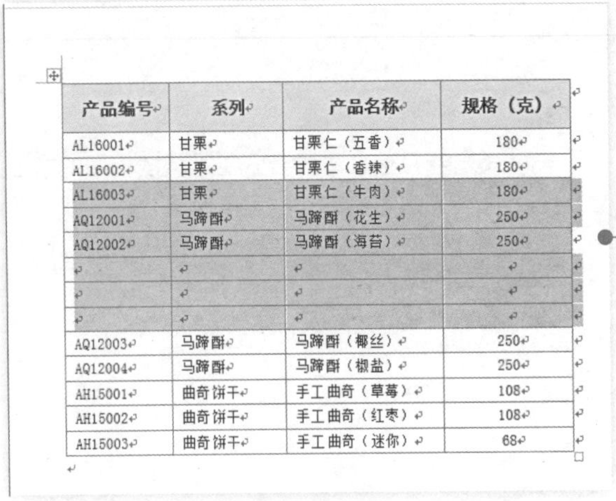

产品编号	系列	产品名称	规格（克）
AL16001	甘栗	甘栗仁（五香）	180
AL16002	甘栗	甘栗仁（香辣）	180
AL16003	甘栗	甘栗仁（牛肉）	180
AQ12001	马蹄酥	马蹄酥（花生）	250
AQ12002	马蹄酥	马蹄酥（海苔）	250
AQ12003	马蹄酥	马蹄酥（椰丝）	250
AQ12004	马蹄酥	马蹄酥（椒盐）	250
AH15001	曲奇饼干	手工曲奇（草莓）	108
AH15002	曲奇饼干	手工曲奇（红枣）	108
AH15003	曲奇饼干	手工曲奇（迷你）	68

❹ 执行上述操作，即可在选择的表格下面插入一次性插入三行，如图7-12所示。

图7-12

7.2.4 让文字环绕图片显示

在日常工作中，我们经常遇到需要图文混乱排的情况。为了让图文之间的衔接配合更加流畅自然，Word 2013为我们提供了多种图文混排方式供我们选择。下面向大家介绍“图文环绕”排布的设置方法，具体操作如下：

❶ 选中图片，在“图片工具”→“格式”选项卡下“排列”组中单击“自动换行”按钮，弹出下拉列表，如图7-13所示。

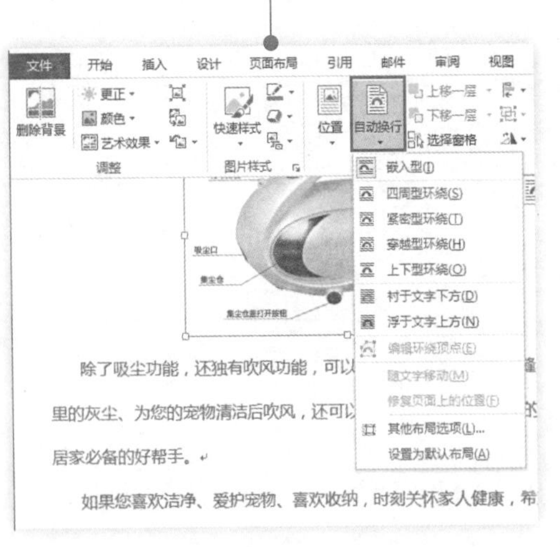

图7-13

❷ 单击“四周型环绕”命令，即可实现让文字环绕图片四周的显示效果，如图7-14所示。

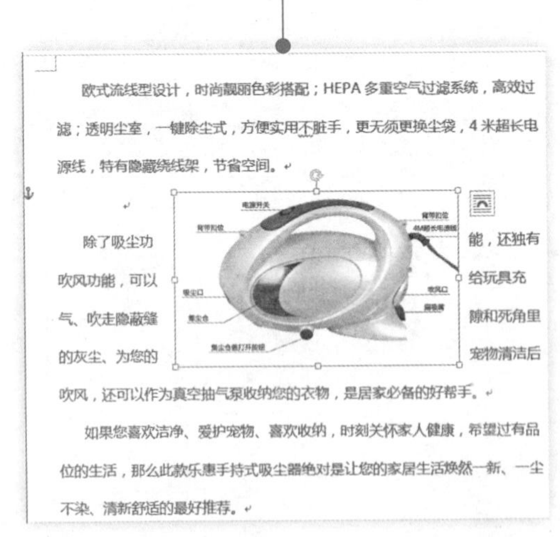

图7-14

7.2.5 让图片衬于文字下方

除了为文档设置水印以及图片背景效果外，图片衬于文字下方显示也是图文混排文档中常用的一种美化方式，具体操作如下例：

❶ 选中图片，在“图片工具”→“格式”选项卡下“排列”组中单击“自动换行”按钮，弹出下拉菜单，如图7-15所示。

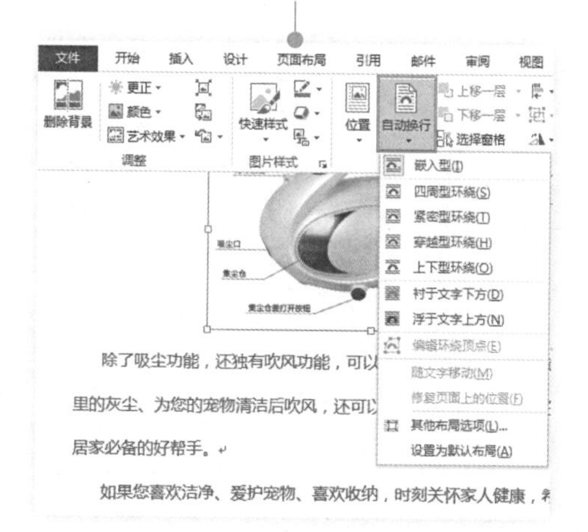

图7-15

❷ 执行上述命令后，即可看到图片衬于文字下方显示，按需要调整好图片的大小，如图7-16所示。

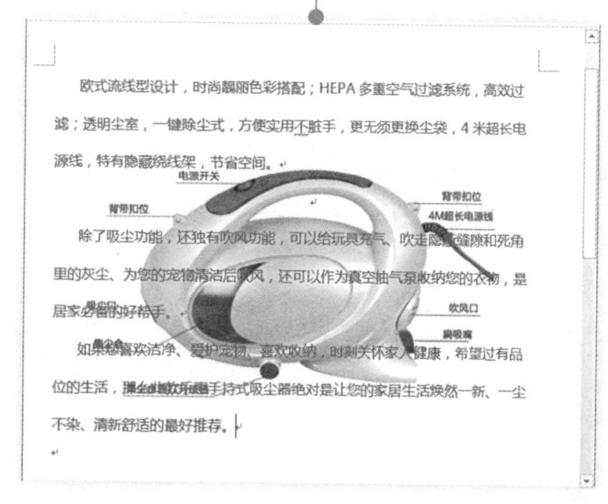

图7-16

7.3　文档设计

一连串的文字说明，让人看起来确实觉得很疲惫，难怪领导对我制作的说明书这么不满意……

纯粹的文字说明确实不是一份好的产品说明书，我们可以搭配一些图片和表格来辅助说明，这样更有益于客户对产品的了解。

7.3.1　制作产品使用说明书的封面

在制作产品使用说明书时，为了能够传递文档信息内容，可以为其制作一个简洁明了的说明书封面。给说明书制作封面，可以使文档主题更加突出，内容更加鲜明。

1. 为封面设置页面布局

为了使产品使用说明书阅读效果看起来更佳，可按下面的操作步骤为产品使用说明书创建文档封面，并设置封面布局及字体格式。

❶ 新建文档，并命名为“产品使用说明书”。在文档中多次按下〈Enter〉键添加回车符，如图7-17所示。

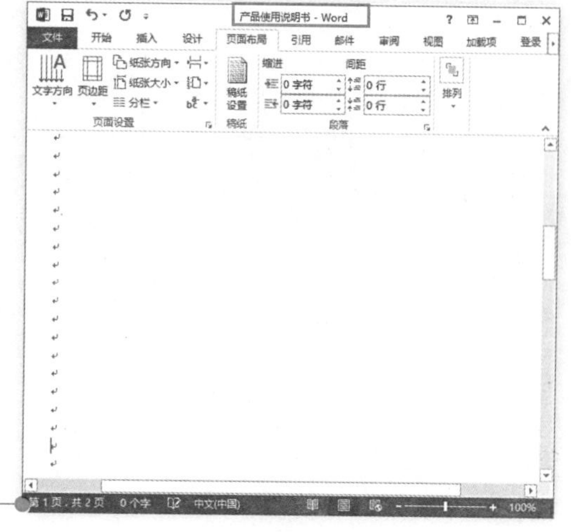

图7-17

❷ 选中文档中所有段落标记（除了最后两个段落标记），切换至“页面布局”选项卡，在“页面设置”组中单击“分栏”下拉按钮，在其下拉列表中选择“两栏”，如图7-18所示。

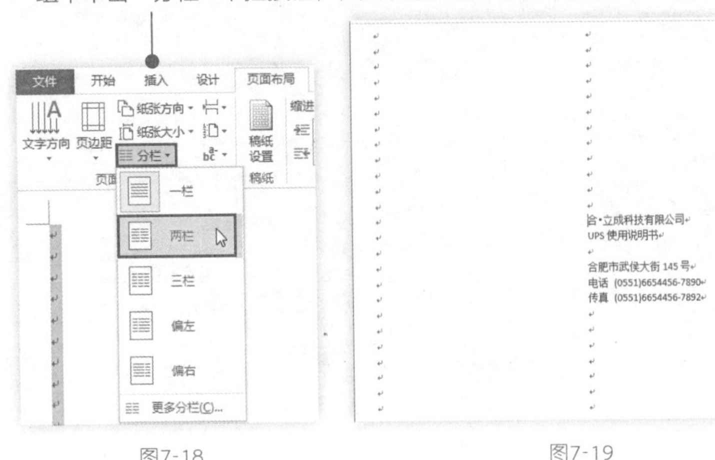

图7-18

图7-19

❸ 执行上述操作，即可将选中的段落分为两栏。在两栏段落中的合适位置输入说明书封面所有文字内容，如图7-19所示。

❹ 选中公司名称，单击“开始”选项卡，在“字体”选项组中将字体设置为“华文楷体”，“字号”为“小二”，并为其设置底纹字符；在“段落”选项组中将字体对齐方式设置为“居中”，效果如图7-20所示。

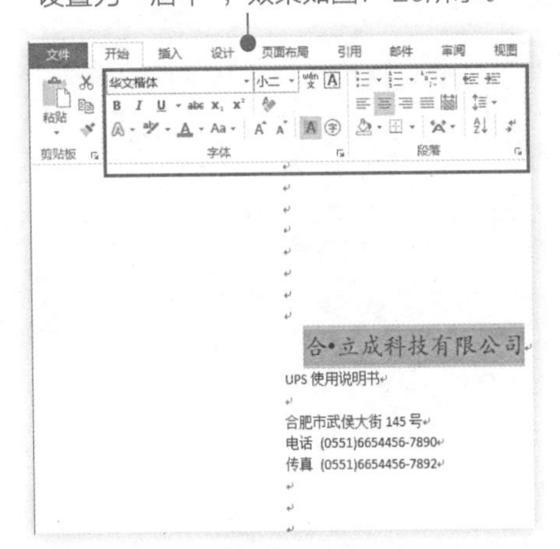

图7-20

❺ 为其他字体设置格式和对齐方式，效果如图7-21所示。

图7-21

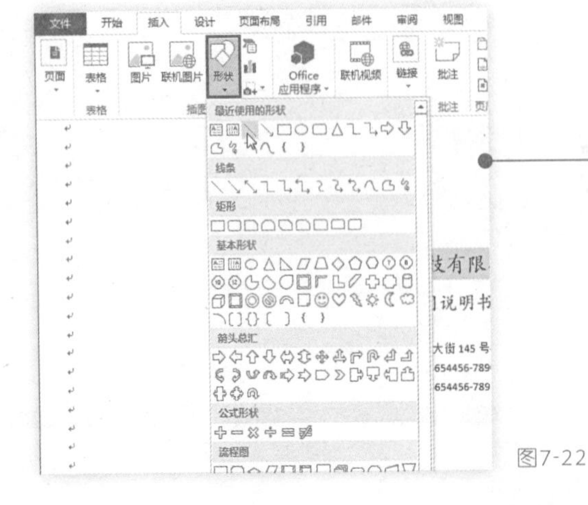

❻ 单击“插入”选项卡，在“插图”选项组中单击“形状”下拉按钮，在其下拉列表中选择“直线”形状，如图7-22所示。

图7-22

❼ 在文档指定位置绘制直线。选中图形，在“绘图工具”→“格式”选项卡下的“形状样式”选项组中单击“形状轮廓”下拉按钮，在其下拉列表中选择“黑色”，如图7-23所示。

插入
设计
页面布局
引用
邮件
审阅
视图
加载项
格式
形状样式
主题颜色
标准色
无轮廓(N)
其他轮廓颜色(M)...
粗细(W)
虚线(S)
箭头(R)
排列
大小
传真 (0551)6654456-7892

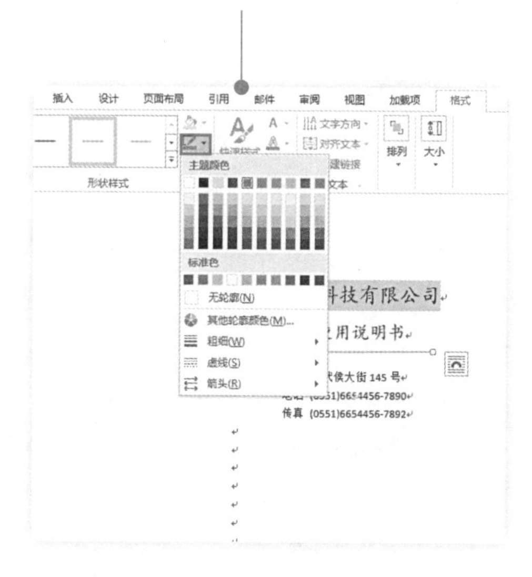

图7-23

❽ 执行上述操作，效果如图7-24所示。

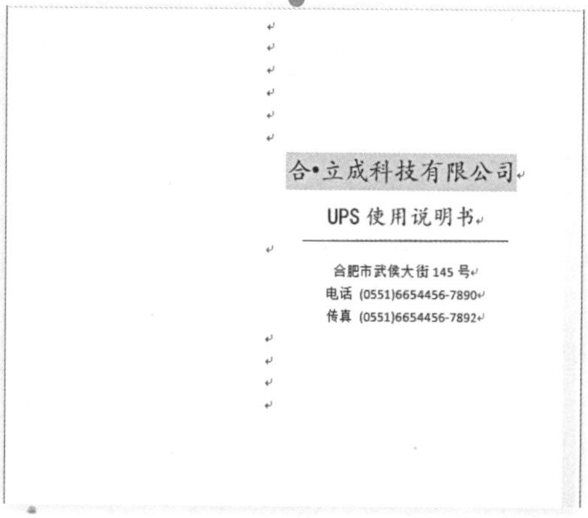

合•立成科技有限公司
UPS 使用说明书
合肥市武侯大街 145 号
电话 (0551)6654456-7890
传真 (0551)6654456-7892

图7-24

2. 为封面插入艺术字

在日常工作中，我们一般通过为封面添加艺术字体的方式让整个封面视觉效果保持简约大气的风格。

❶ 切换至“插入”选项卡，在“文本”选项组中单击“艺术字”下拉按钮，在其下拉列表中任意选择一个艺术字样式，如图7-25所示。

邮件
审阅
视图
加载项
页眉
页脚
媒体
合•立成科技有限公司

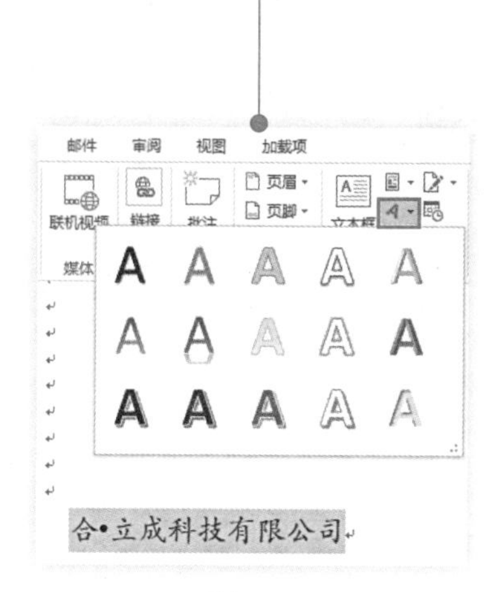

图7-25

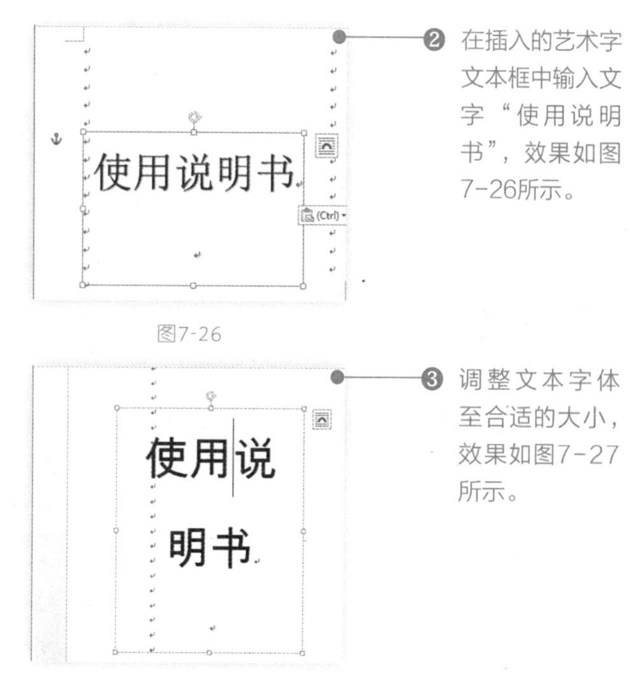

❷ 在插入的艺术字文本框中输入文字“使用说明书”，效果如图7-26所示。

使用说明书

图7-26

❸ 调整文本字体至合适的大小，效果如图7-27所示。

使用说
明书

图7-27

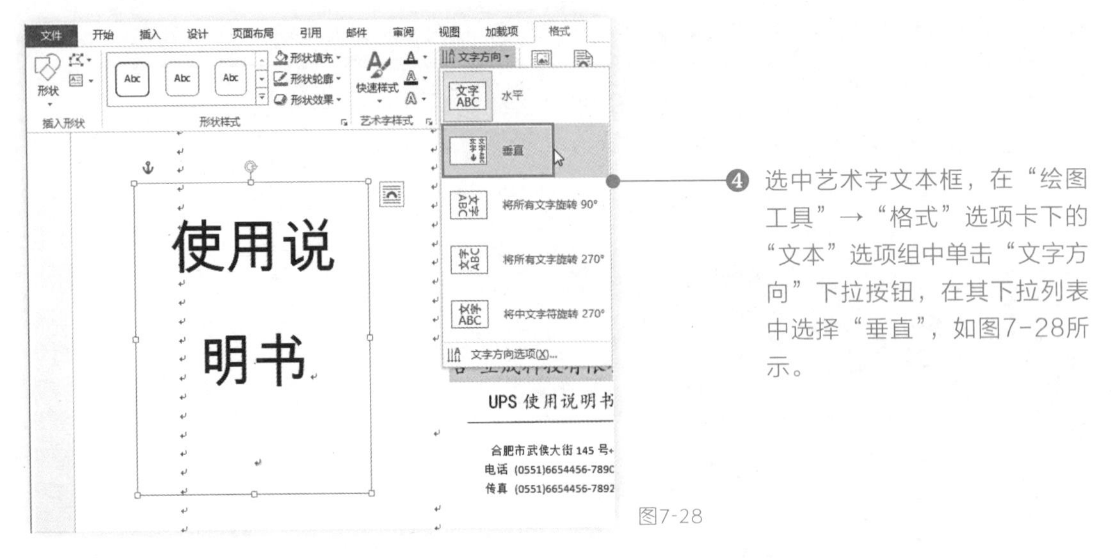

图7-28

❹ 选中艺术字文本框，在“绘图工具”→“格式”选项卡下的“文本”选项组中单击“文字方向”下拉按钮，在其下拉列表中选择“垂直”，如图7-28所示。

❺ 执行上述操作，即可设置文字方向，并调整文本框到合适的位置，效果如图7-29所示。

❻ 在封面以一栏显示的段落标记后按下〈Enter〉键添加回车符，输入文字，并设置格式，效果如图7-30所示。

图7-29

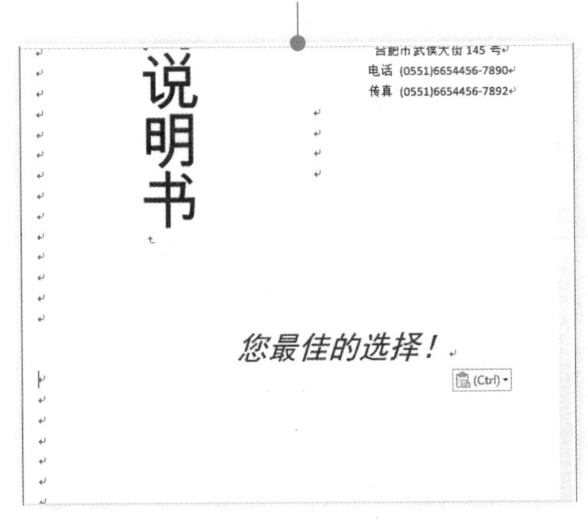

图7-30

7.3.2 为封面添加企业 Logo

在文档中添加企业Logo不仅可以使其显得更加专业与美观，更是传递企业文化信息的需要。

❶ 将鼠标指针定位在封面任意位置，在“插入”选项卡下单击“插图”选项组中的“图片”按钮（图7-31），打开“插入图片”对话框。

图7-31

❷ 选择需要的Logo图片，单击“插入”按钮，如图7-32所示。

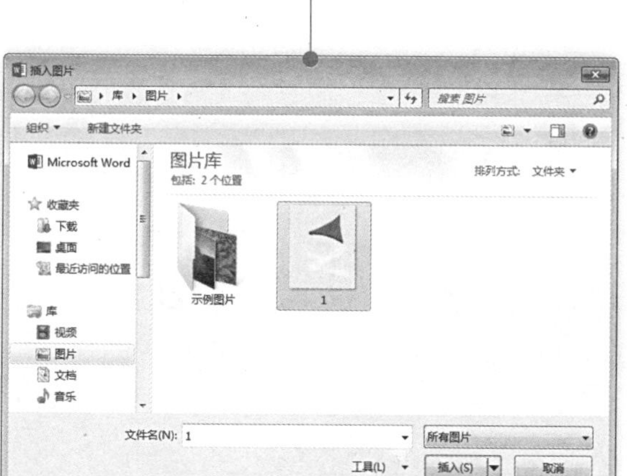

图7-32

❸ 选中图片，在“图片工具”选项下单击“格式”选项卡，在“排列”选项组中单击“自动换行”按钮，在其下拉列表中选择“浮于文字上方”，如图7-33所示。

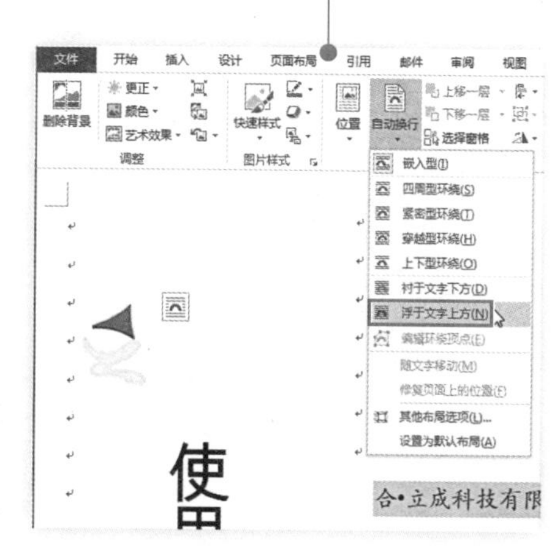

图7-33

图7-34

❹ 调整图片的大小和位置，效果如图7-34所示。

7.3.3　创建产品使用说明书的内容

为产品使用说明书创建封面后，接下来我们创建产品使用说明书的文档内容。

1. 为说明书设置字体和段落格式

下面为整个产品使用说明书内容设置不同的字体和段落格式，使页面结构更清晰，以便于用户的阅读。

❶ 选中第一段落，单击“开始”选项卡，在“字体”选项组中将字体设置为“宋体”、“倾斜”和“加粗”；“字号”设置为“11号”，如图7-35所示。

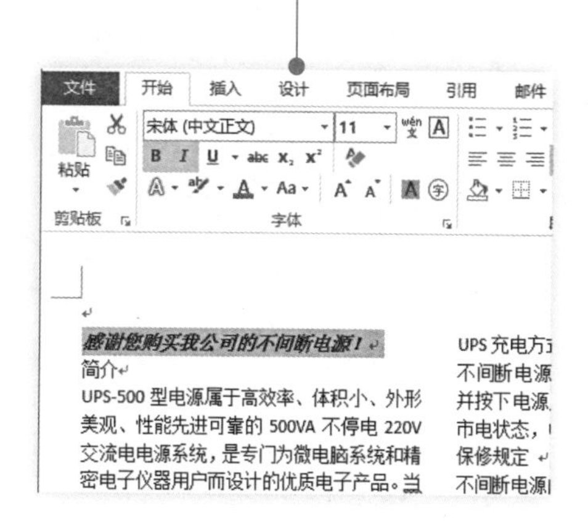

图7-35

❷ 打开“边框和底纹”对话框，切换到“底纹”标签，在“图案”栏下选择“样式”，在“样式”设置框下选择“5%”，如图7-36所示。

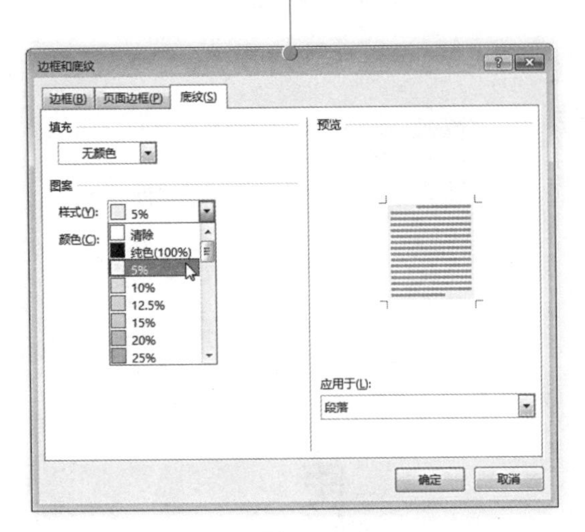

图7-36

❸ 切换到“边框”标签，设置“颜色”为“白色”，在“设置”栏下单击“方框”，单击右下角“选项”按钮（图7-37），打开“边框和底纹选项”对话框。

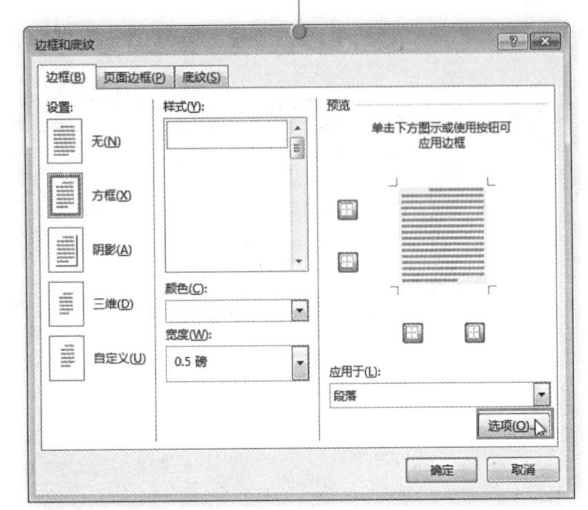

图7-37

❹ 在“距正文间距”栏下设置“上”、“下”、“左”和“右”间距为“10磅”，单击“确定”按钮回到“边框和底纹”对话框，接着单击“确定”按钮，返回文档如图7-38所示。

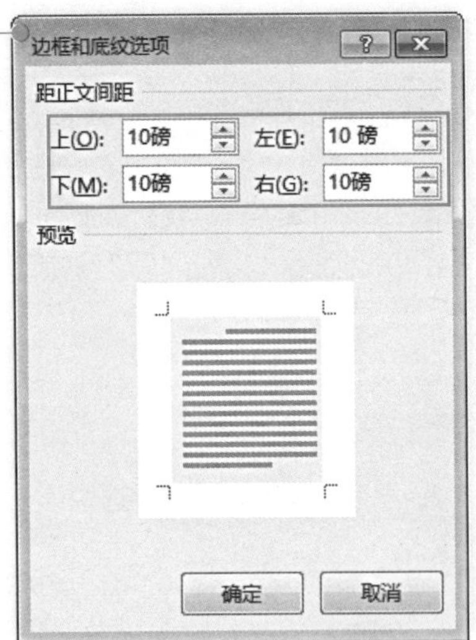

图7-38

❺ 设置后效果如图7-39所示。

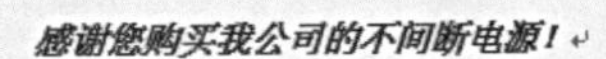

感谢您购买我公司的不间断电源！

简介

UPS-500 型电源属于高效率、体积小、外形美观、性能先进可靠的 500VA 不停电 220V 交流电电源系统，是专门为微电脑系统和精密电子仪器用户而设计的优质电子产品。当交流市电异常或发生突然停电时，或瞬间周波电压过高、过低、突波、噪声等，立即以 10ms 高速度转入逆变供电，确保微电脑或

图7-39

为了提高排版工作的效率，可以自动套用 Word 2013 自带的段落样式。

❻ 选中需要设置样式的段落中，在“开始”选项卡下的“样式”选项组中单击其他按钮，在其下拉列表中选择“标题1”，单击即可应用，效果如图7-40所示。

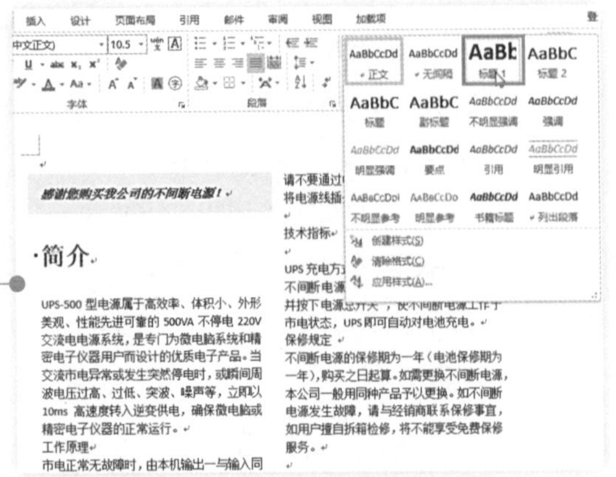

图7-40

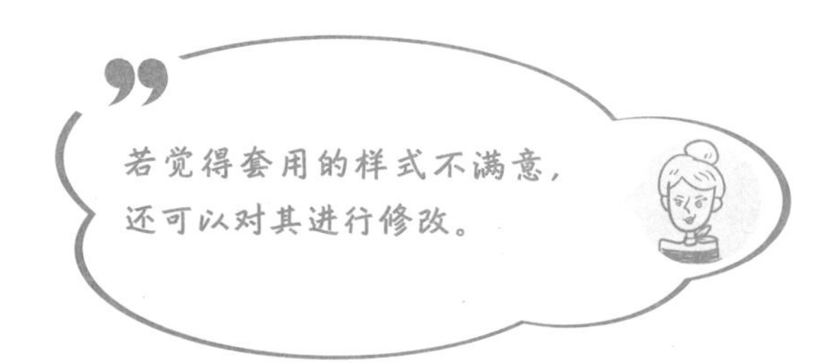

❼ 单击“开始”选项卡中“样式”选项组中的“更改样式”下拉按钮，在其下拉列表中选择“样式集”子菜单“阴影”，单击即可应用，如图7-41所示。

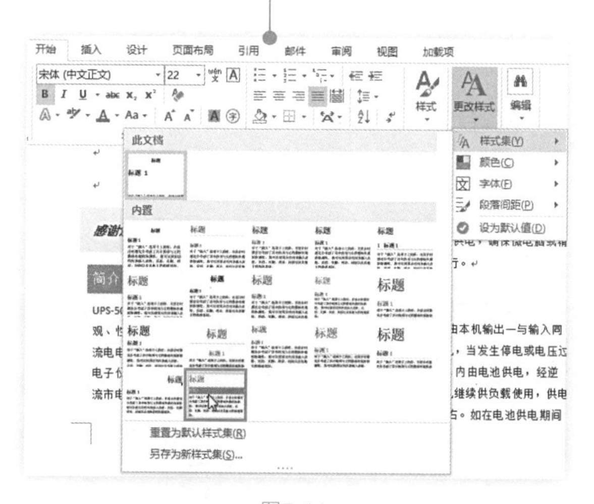

图7-41

❽ 选中第三段，打开“段落”对话框。在“缩进和间距”标签下将“特殊格式”设置为“首行缩进”，“缩进值”设置为“2字符”，单击“确定”按钮如图7-42所示。

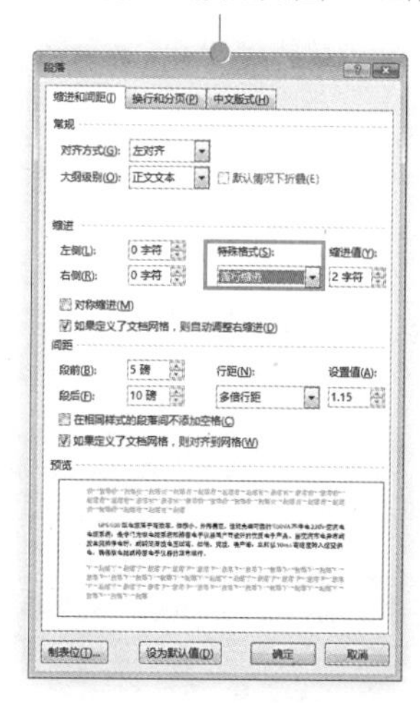

图7-42

❾ 设置后效果如图7-43所示。

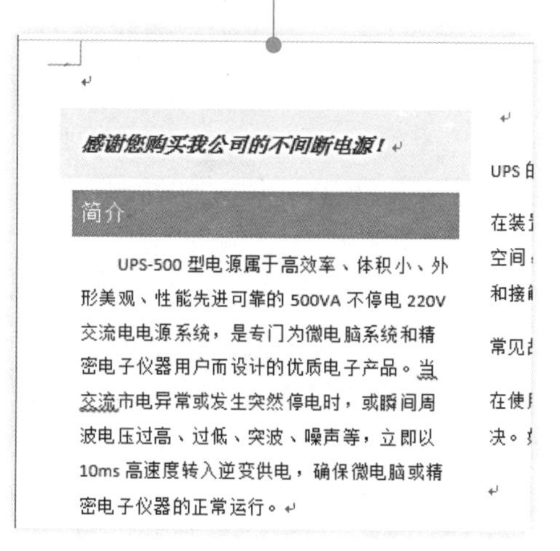

图7-43

❿ 依照相同的方法为其他段落设置，效果如图7-44所示。

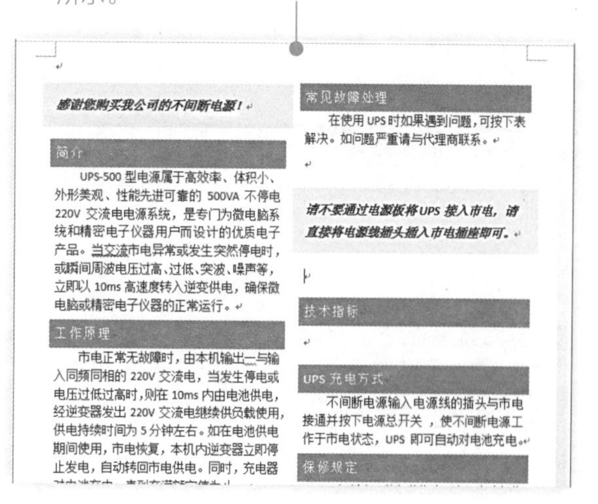

图7-44

2. 为说明书添加图片和表格

在制作说明书的过程中，需要在文档中添加图片和表格来说明的产品的相关内容，用于介绍产品的工作原理、性能指标等信息。

❶ 将鼠标指针定位在要插入图片的位置，在“插入”选项卡下单击“插图”选项组中的“图片”按钮（图7-45），打开“插入图片”对话框。

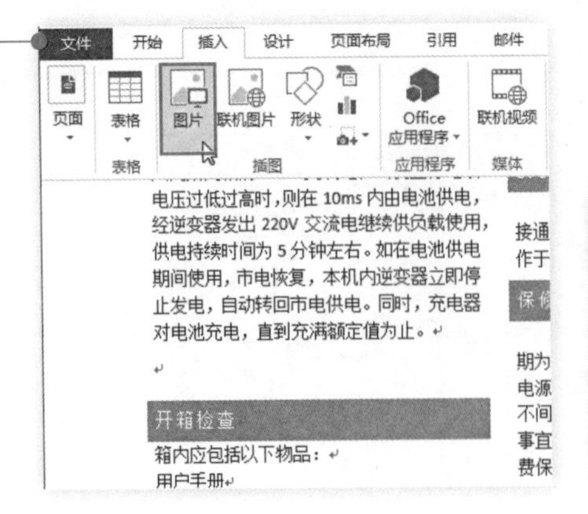

图7-45

❷ 选择需要的图片，单击“插入”按钮，如图7-46所示。

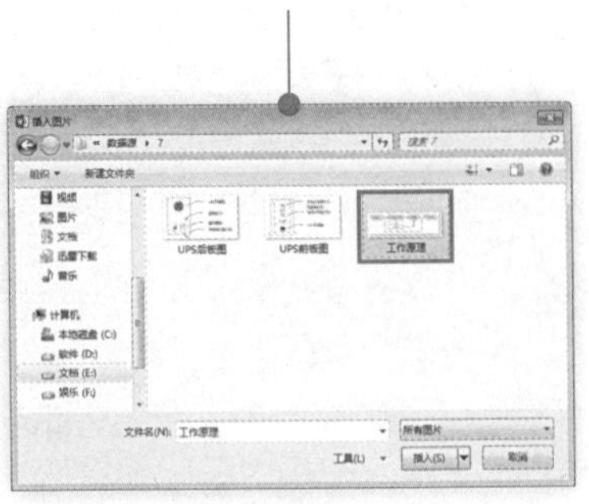

图7-46

❸ 执行上述操作，即可将图片插入到指定的位置，并调整大小，效果如图7-47所示。接着依照相同的方法为其他位置插入需要的图片。

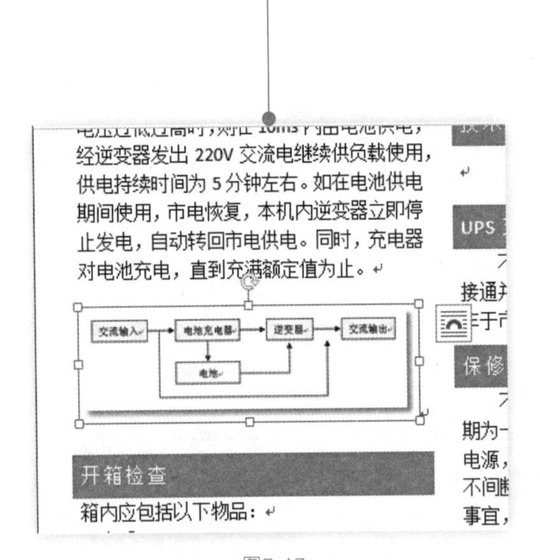

图7-47

❹ 将光标定位在需要插入表格的位置，单击“插入”选项卡，在“表格”选项组中单击“表格”按钮，在下拉菜单中单击“插入表格”命令（图7-48），打开“插入表格”对话框。

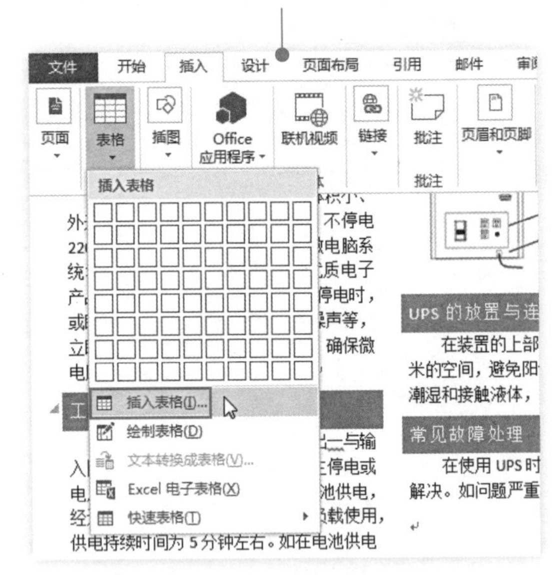

图7-48

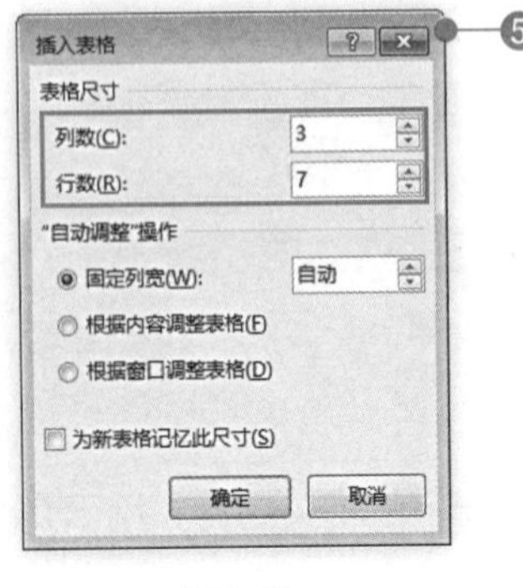

图7-49

❺ 将列数设置为3，行数设置为7，单击“确定”按钮，如图7-49所示。

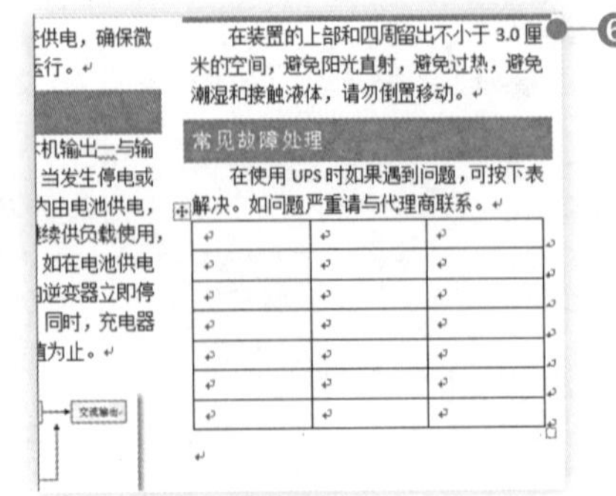

图7-50

❻ 执行上述操作，即可在一个“3列×7行表格”，效果如图7-50所示。

❼ 在表格中输入文字内容，并设置表格的行高和列宽，效果如图7-51所示。

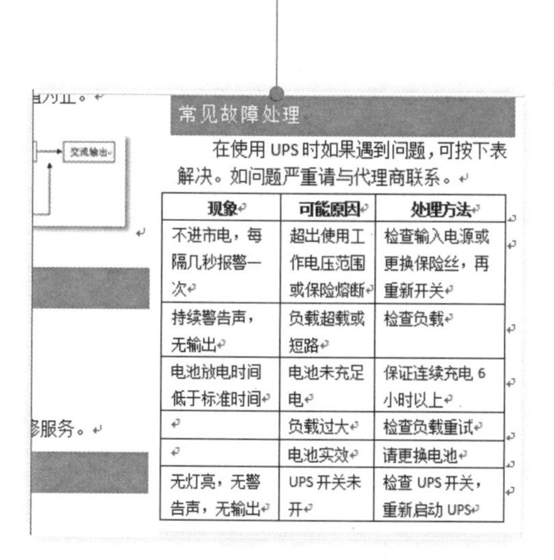

现象	可能原因	处理方法
不进市电，每隔几秒报警一次	超出使用工作电压范围或保险熔断	检查输入电源或更换保险丝，再重新开关
持续警告声，无输出	负载超载或短路	检查负载
电池放电时间低于标准时间	电池未充足电	保证连续充电 6 小时以上
	负载过大	检查负载重试
	电池实效	请更换电池
无灯亮，无警告声，无输出	UPS 开关未开	检查 UPS 开关，重新启动 UPS

图7-51

❽ 选中表格第一列，在“表格工具”→“设计”选项卡下“表格样式”选项组中单击“底纹”下拉按钮，在下拉列表中选择一种合适的底纹颜色，如图7-52所示。

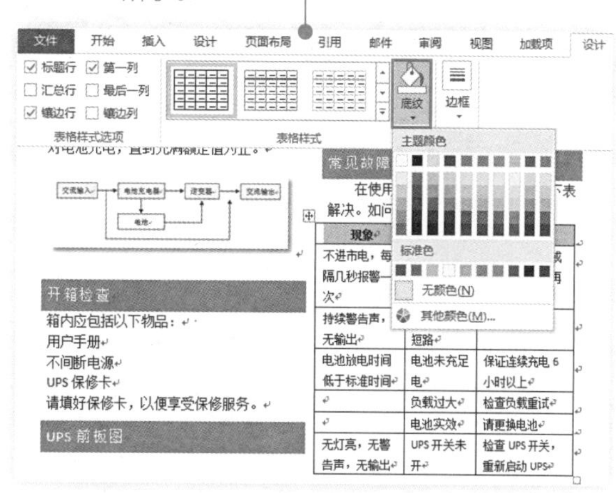

图7-52

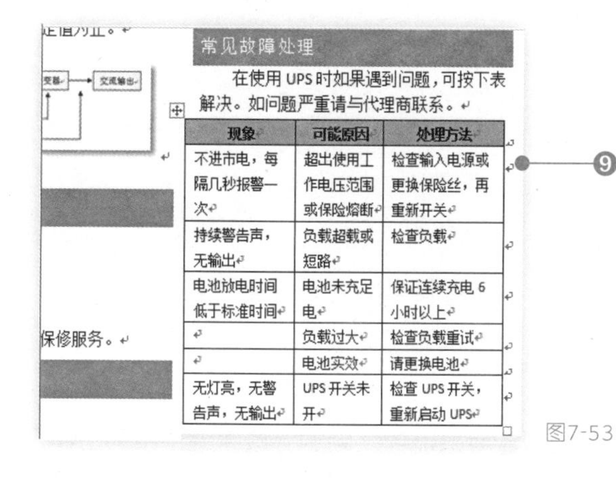

现象	可能原因	处理方法
不进市电，每隔几秒报警一次	超出使用工作电压范围或保险熔断	检查输入电源或更换保险丝，再重新开关
持续警告声，无输出	负载超载或短路	检查负载
电池放电时间低于标准时间	电池未充足电	保证连续充电 6 小时以上
	负载过大	检查负载重试
	电池实效	请更换电池
无灯亮，无警告声，无输出	UPS 开关未开	检查 UPS 开关，重新启动 UPS

图7-53

❾ 执行上述操作，即可为表格第一列添加底纹，效果如图7-53所示。依照相同的方法在其他位置插入需要的表格。

公司员工考核管理

刚听领导讲，公司下个月会召开员工业绩表彰大会，要评选优秀员工呢。让我马上负责员工考核管理工作，听说后期还会根据考核的成绩，对岗位进行大变动呢，这么重要的工作我怎么能做得好啊！

员工考核管理工作确实是一项很重要的工作哦。但是只要根据考核流程来，很多问题都会迎刃而解的！

8.1 制作流程

员工考核是指公司或上级领导按照一定的标准，采用科学的方法，衡量与评定员工完成岗位职责任务的能力与效果的管理方法，其主要目的是为了让员工更好地工作，为公司服务。

员工考核管理工作是一项综合性工作，它涉及拟定考核流程、制定考核表等一系列工作，下面我们就通过制作员工考核流程图、员工技能考核表、员工岗位等级评定表和员工绩效考核成绩排行榜4份文件向大家介绍与员工考核相关的各项知识与技能，如图8-1所示。

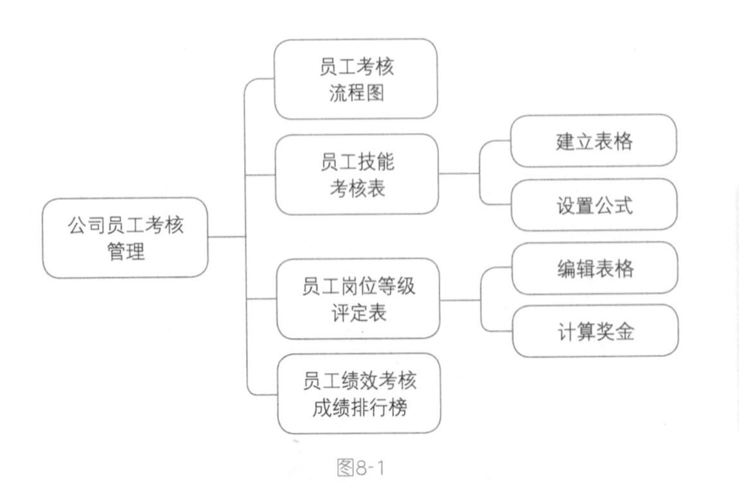

图8-1

员工考核管理需要使用多个表格，我们先看一下各个表格的效果图，在脑海中留下大致框架，后续再来讲具体的操作过程解惑如图 8-2 所示。

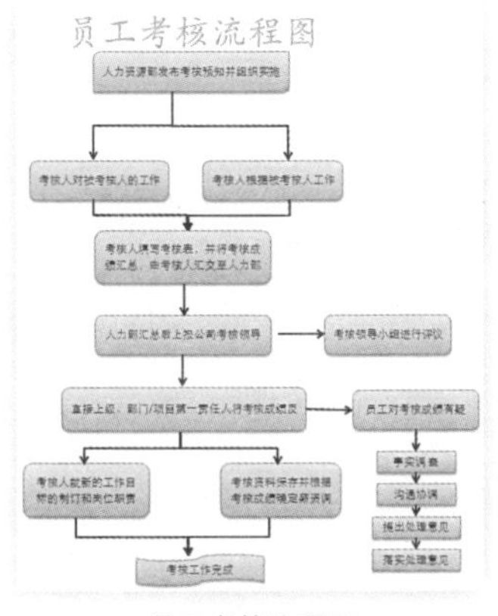

员工考核流程图

员工技能考核表　（考核时间：2015.11）

基本资料			考核项目与成绩（5分制）						统计分析			
编号	姓名	性别	企业文化	市场分析	商务英语	技能操作	业务能力	综合打分	综合能力	平均成绩	考核成绩	名次
WL001	王飞扬	男	4	5	4	3	4	3	一般	3.8	60	13
WL002	童瑶瑶	女	5	3	5	4	2	3	一般	3.7	57	15
WL003	王小利	女	3	4	4	5	5	4	一般	4.2	84	7
WL004	吴晨	男	4	5	3	4	4	3	一般	3.8	60	13
WL005	吴昕	男	5	4	3	3	4	5	优秀	4.0	95	4
WL006	钱毅力	男	4	3	4	3	5	2	较差	3.5	38	21
WL007	张飞	男	3	3	2	4	4	3	一般	3.2	48	16
WL008	管一非	女	3	4	5	2	3	4	一般	3.5	68	9
WL009	王蓉	女	4	2	3	5	3	4	一般	3.5	68	9
WL010	石兴红	女	2	5	3	2	4	3	一般	3.2	48	16
WL011	朱红梅	男	5	3	4	4	2	1	较差	3.2	18	22
WL012	夏守梅	男	2	3	2	5	5	5	优秀	3.7	85	6
WL013	周静	男	4	4	5	5	3	5	优秀	4.3	105	1
WL014	王涛	男	5	3	2	3	3	3	一般	3.2	48	16
WL015	彭红	女	3	5	4	4	4	2	较差	3.7	40	20
WL016	王晶	男	3	3	5	5	2	5	优秀	3.8	90	5
WL017	李金晶	男	4	4	3	4	5	5	优秀	4.2	100	3
WL018	王桃芳	女	3	4	3	3	2	3	一般	3.0	45	19
WL019	刘云英	女	5	5	4	3	4	3	一般	4.0	63	12
WL020	李光明	女	3	3	3	4	4	4	一般	3.5	68	9
WL021	莫凡	女	4	4	5	5	3	5	优秀	4.3	105	1
WL022	简单	男	4	5	3	5	3	4	一般	4.0	80	8

员工技能考核表

员工岗位等级评定　（2015.11）

员工编号	员工姓名	考核成绩	等级评定	岗位调配	考核奖金
WL001	王飞扬	60	☆☆	实习员工	-5%
WL002	童瑶瑶	57	☆☆	实习员工	-5%
WL003	王小利	84	☆☆☆☆	小组组长	3%
WL004	吴晨	60	☆☆	实习员工	-5%
WL005	吴昕	95	☆☆☆☆	小组组长	3%
WL006	钱毅力	38	☆	储备生	-10%
WL007	张飞	48	☆☆	实习员工	-5%
WL008	管一非	68	☆☆☆	普通职员	0%
WL009	王蓉	68	☆☆☆	普通职员	0%
WL010	石兴红	48	☆☆	实习员工	-5%
WL011	朱红梅	18	☆	储备生	-10%
WL012	夏守梅	85	☆☆☆☆	小组组长	3%
WL013	周静	105	☆☆☆☆☆	经理助理	5%
WL014	王涛	48	☆☆	实习员工	-5%
WL015	彭红	40	☆	储备生	-10%
WL016	王晶	90	☆☆☆☆	小组组长	3%
WL017	李金晶	100	☆☆☆☆	小组组长	3%
WL018	王桃芳	45	☆☆	实习员工	-5%
WL019	刘云英	63	☆☆☆	普通职员	0%
WL020	李光明	68	☆☆☆	普通职员	0%
WL021	莫凡	105	☆☆☆☆☆	经理助理	5%
WL022	简单	80	☆☆☆	普通职员	0%

考核等级	☆☆☆☆☆	☆☆☆☆	☆☆☆	☆☆	☆
工资增长	5%	3%	0%	-5%	-10%

员工岗位等级评定表

员工绩效考核成绩排行榜

部门：销售部

序号	员工姓名	业绩评分	工作能力评分	工作态度评分	平均分	名次
1	王飞扬	85	68	74	76	16
2	童瑶瑶	67	98	89	85	7
3	王小利	75	78	85	79	13
4	吴晨	89	26	98	71	20
5	吴昕	59	78	77	71	20
6	钱毅力	87	98	98	94	1
7	张飞	48	75	56	60	22
8	管一非	78	79	85	81	10
9	王蓉	89	68	89	82	9
10	石兴红	98	84	87	90	2
11	朱红梅	68	79	75	74	17
12	夏守梅	98	86	86	90	2
13	周静	78	98	77	84	8
14	王涛	79	82	98	86	5
15	彭红	85	89	87	87	4
16	王晶	87	68	75	77	15
17	李金晶	98	49	68	72	18
18	王桃芳	85	77	79	80	12
19	刘云英	84	89	85	86	5
20	李光明	57	89	89	78	14
21	莫凡	89	68	87	81	10
22	简单	67	92	55	71	20

员工绩效考核成绩排行榜

图8-2

8.2 新手基础

在Excel 2013中进行员工考核管理需要用到的知识点包括：重命名工作表、插入工作表、插入图形以及相关函数等。不要小看这些简单的知识点，扎实掌握这些知识点会让你的工作更加出色。

8.2.1 快速重命名工作表

作为行政与文秘人员，每天都要制作大量各种表格。表格多了往往就会产生混乱，而混乱是发生很多低级错误的直接原因。给自己做的每一份表格取一个恰当的名字，不但能够帮助你快速找到自己需要的表格，更能够帮助你厘清工作流程与框架。所以千万不要小看重新命名工作表这项小技能哦！请记住，“会做”和“做到”这往往就是菜鸟和老鸟的根本区别。下面来一起看看如何快速地重命名工作表。

❶ 双击需要重命名的工作表标签，标签以黑色显示，如图8-3所示。

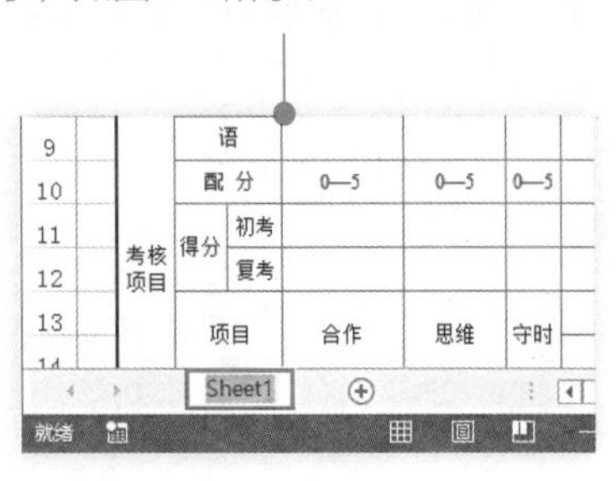

图8-3

❷ 直接输入名称，按〈Enter〉键即可完成重命名操作，如图8-4所示。

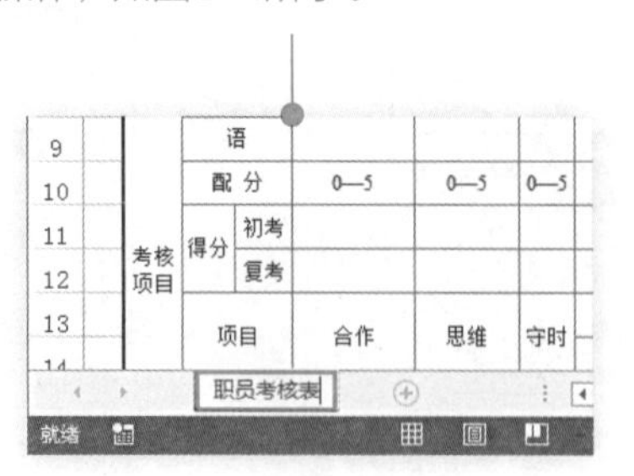

图8-4

8.2.2 插入工作表

在日常行政与文秘管理工作中，是不可能只用到一张工作表的，而是经常需要多张工作表来进行行政工作管理。而Excel 2013默认只有一张工作表，那么学会快速插入新的工作表，对我们来说十分必要。

❶ 工作表标签的最后面提供了一个“插入工作表”(⊕)按钮，如图8-5所示。

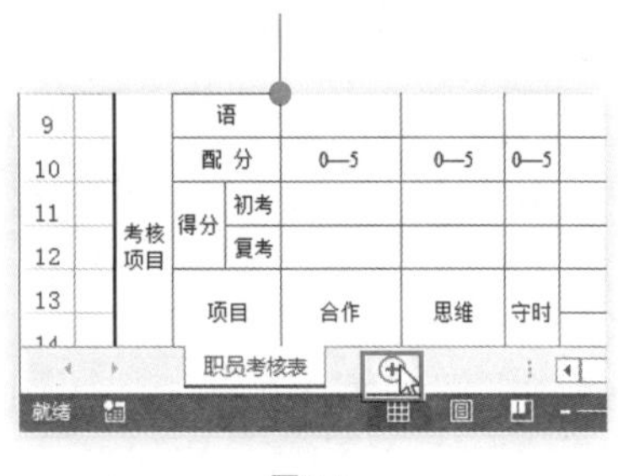

图8-5

❷ 单击该按钮即可实现在当前所有工作表的最后插入新工作表，如图8-6所示。

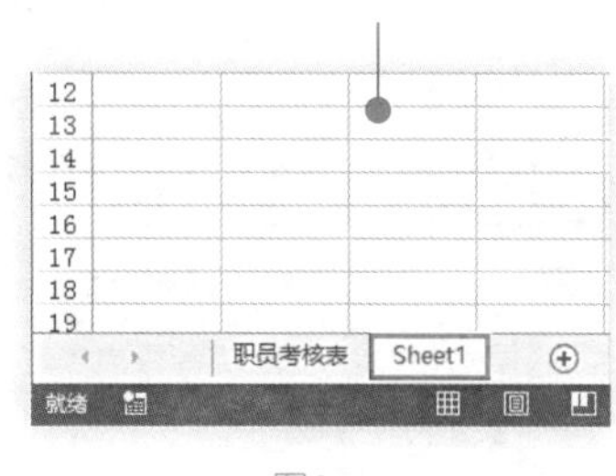

图8-6

8.2.3 让列宽自动适应内容

当我们遇到在单元格中输入的内容长短不一的情况时，参差不齐的内容会直接影响表格整体的美观性。此时我们需要开启“自动调整列宽”功能，启用此功能后，系统会根据输入内容的长度自行调整列宽值，从而免去了手动调节的烦琐操作。具体操作如下：

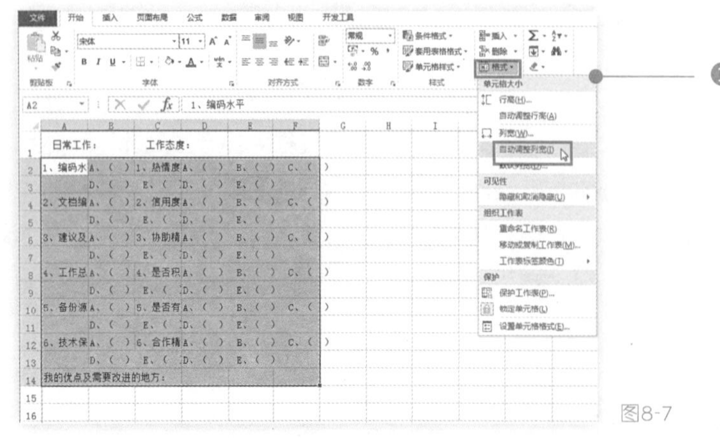

图8-7

❶ 选择表格编辑区域，在“开始”选项卡的“单元格”组中，单击“格式”下拉按钮，在下拉菜单中单击“自动调整列宽”命令，如图8-7所示。

	A	B	C	D
1	日常工作：		工作态度：	
2	1、编码水平	A、( ) B、( ) C、( )	1、热情度	A、( ) B、( ) C、( )
3		D、( ) E、( )		D、( ) E、( )
4	2、文档编写水平	A、( ) B、( ) C、( )	2、信用度	A、( ) B、( ) C、( )
5		D、( ) E、( )		D、( ) E、( )
6	3、建议及接受建议	A、( ) B、( ) C、( )	3、协助精神	A、( ) B、( ) C、( )
7		D、( ) E、( )		D、( ) E、( )
8	4、工作总结及开发计划	A、( ) B、( ) C、( )	4、是否积极工作	A、( ) B、( ) C、( )
9		D、( ) E、( )		D、( ) E、( )
10	5、备份源程序	A、( ) B、( ) C、( )	5、是否有好的建议	A、( ) B、( ) C、( )
11		D、( ) E、( )		D、( ) E、( )
12	6、技术保密	A、( ) B、( ) C、( )	6、合作精神	A、( ) B、( ) C、( )
13		D、( ) E、( )		D、( ) E、( )
14	我的优点及需要改进的地方：			

❷ 执行上述操作，即会根据表格的内容自动调整表格的列宽，效果如图8-8所示。

图8-8

8.2.4 快速插入图形

在单调的工作表中插入图形，可以使工作表变得更加引人注目。Excel 2013提供了多种形状的图形供用户选择，如线条、矩形、基本形状、箭头、流程图等，使用它们可以制作一些简单的流程图。具体操作如下：

如果要让行高自动调整，选择编辑区域后，在“格式”下拉菜单中单击“自动调整行高”命令，行高即会根据单元格内内容量自动调整。

专家提示

❶ 切换到要插入图形的工作表中，单击“插入”选项卡，在“插图”选项组中单击“形状”按钮，在下拉菜单中可以看到显示出多个图形分类，如图8-9所示。

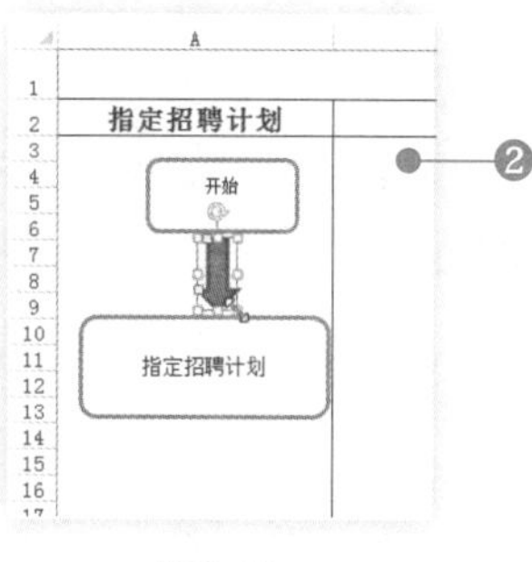

❷ 在需要的图形上单击鼠标，鼠标变成十字形，在需要的位置上绘制图形即可，如图8-10所示。

图8-9

图8-10

当在工作表中绘制了图形之后，工作簿中将会自动添加“绘图工具”→“格式”选项卡。该菜单下都是关于对插入图形的相关操作按钮，它们可以帮助我们完成如调整图形大小、设置图形的填充效果、三维效果在内的各种操作。

专家提示

8.2.5 设置图形的形状样式

图形插入完后，我们根据需求来设置，对图形进行美化，使其更加美观。Excel 2013提供了多种形状样式效果，充分使用这些内置样式可以使图形看起来更加美观，具体操作方法如下。

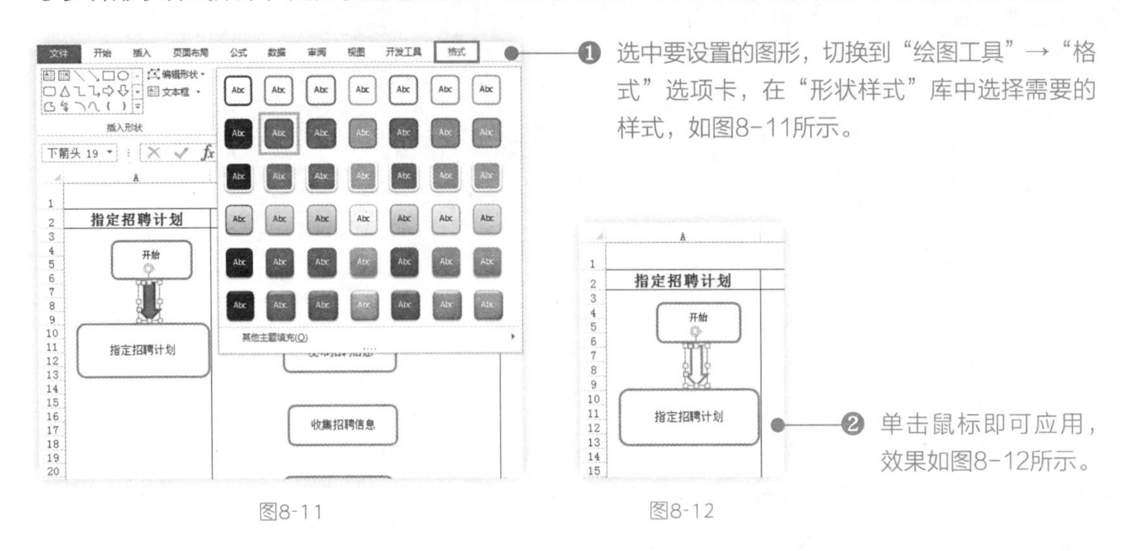

❶ 选中要设置的图形，切换到“绘图工具”→“格式”选项卡，在“形状样式”库中选择需要的样式，如图8-11所示。

❷ 单击鼠标即可应用，效果如图8-12所示。

图8-11　　图8-12

8.2.6 IF 函数（根据条件判断而返回指定的值）

【函数功能】IF函数是根据指定的条件来判断其“真”（TRUE）、“假”（FALSE），从而返回其相对应的内容的函数。

【函数语法】IF(logical_test,value_if_true,value_if_false)

◆ Logical_test：逻辑判决表达式。

◆ Value_if_true：当判断条件为逻辑“真”（TRUE）时，显示该处给定的内容。如果忽略，返回“TRUE”。

◆ Value_if_false：当判断条件为逻辑“假”（FALSE）时，显示该处给定的内容。如果忽略，返回“FALSE”。

在这里，IF函数可以帮助我们有效完成以下任务。

1. 判断员工考核结果

下面我们利用IF函数对员工本月的销售量进行统计。

❶ 在E2单元格中输入公式：“=IF(D2>120,"达标","没有达标")”，按〈Enter〉键，即可对员工的业绩进行考核，如图8-13所示。

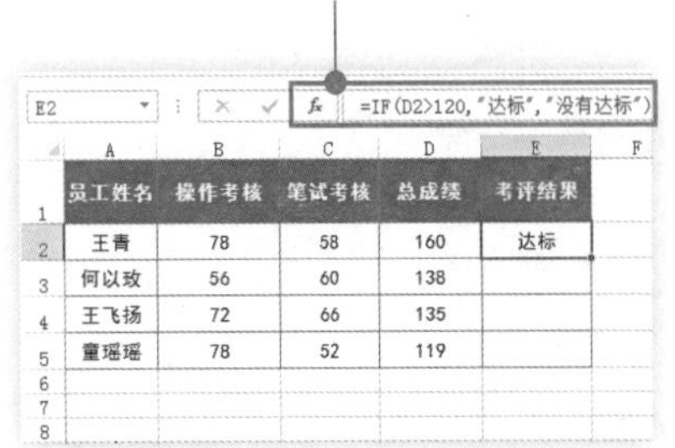

=IF(D2>120,"达标","没有达标")

员工姓名	操作考核	笔试考核	总成绩	考评结果
王青	78	58	160	达标
何以玫	56	60	138	
王飞扬	72	66	135	
童瑶瑶	78	52	119	

图8-13

❷ 向下填充E2单元格的公式至E5单元格，如图8-14所示。

员工姓名	操作考核	笔试考核	总成绩	考评结果
王青	78	58	160	达标
何以玫	56	60	138	达标
王飞扬	72	66	135	达标
童瑶瑶	78	52	119	没有达标

图8-14

2. 根据双条件判断完成时间是否合格

本例统计了不同项目中“总工”和“职员”的完成用时，我们要求根据以下条件来判断最终的完成用时是否达到合格要求。具体要求为：当职位为“总工”时，用时少于8小时，返回结果为“合格”；当职位为“职员”时，用时少于10小时，返回结果为“合格”；否则返回结果为“不合格”。利用IF函数我们可以通过表格中的B列与C列的数据在D列得到相应判定结果，具体操作方法如下例所示，如图8-15所示。

	A	B	C	D
1	项目	职位	完成用时（小时）	是否合格
2	1	职员	10	不合格
3	2	职员	8	合格
4	3	职员	12	不合格
5	4	总工	8	不合格
6	5	总工	7	合格
7	6	职员	12	不合格
8	7	总工	9	不合格
9				
10				
11				

图8-15

❶ 在D2单元格中输入公式：“=IF(OR(AND(B2="总工",C2<8),AND(B2="职员",C2<10)),"合格","不合格")”，按〈Enter〉键，判断第1条记录中项目的完成时间是否合格，如图8-16所示。

D2　=IF(OR(AND(B2="总工",C2<8),AND(B2="职员",C2<10)),"合格","不合格")

	A	B	C	D	E	F
1	项目	职位	完成用时（小时）	是否合格		
2	1	职员	10	不合格		
3	2	职员	8			
4	3	职员	12			
5	4	总工	8			
6	5	总工	7			
7	6	职员	12			
8	7	总工	9			
9						
10						

图8-16

❷ 向下填充D2单元格的公式至D8单元格，如图8-17所示。

	A	B	C	D
1	项目	职位	完成用时（小时）	是否合格
2	1	职员	10	不合格
3	2	职员	8	合格
4	3	职员	12	不合格
5	4	总工	8	不合格
6	5	总工	7	合格
7	6	职员	12	不合格
8	7	总工	9	不合格
9				
10				
11				

图8-17

公式解析

在上述公式中我们使用OR函数设定了两个条件，第一个表达式为使用AND函数判断B2单元格职位是否为“总工”，并且C2单元格中的时间是否小于10；第二个表达式为判断B2单元格职位是否为“职员”，并且C2单元格中的时间是否小于15。使用IF函数判断满足任意一个表达式条件时，返回“合格”，如果任意一个表达式结果都不满足，则返回“不合格”。 再用AND函数判断面试和实践项成绩是否均合格，若是则返回及格，否则返回不及格。

3. 对比两列数据中值是否相等

图8-18中为员工考核成绩统计表，表中记录了前后两次考核中各员工的考核成绩，我们现需要找出那些员工的两次考核成绩是不同的。我们可以通过以下方法来实现：

	A	B	C
1	员工	第一次	第二次
2	胡莉	88	88
3	王青	58	55
4	何以玫	60	60
5	王飞扬	80	80
6	童瑶瑶	50	50
7	王小利	80	88
8	吴晨	98	98
9			
10			

图8-18

D2 {=IF(NOT(B2:B8=C2:C8),"请核对","")}

员工	第一次	第二次	判断结果
胡莉	88	88	
王青	58	55	请核对
何以玫	60	60	
王飞扬	80	80	
童瑶瑶	50	50	
王小利	80	88	请核对
吴晨	98	98	

图8-19

选中D2:D8单元格区域，在编辑栏中输入公式：=IF(NOT(B2:B8=C2:C8),"请核对","")，同时按〈Ctrl+Shift+Enter〉组合键，即可查找出哪些员工前后两次考核成绩不同，效果如图8-19所示。

公式解析

先使用NOT函数求反值，判断各员工的统计成绩是否相同。再使用IF函数将NOT函数的各判断结果显示为内容，如果前后两次考核成绩不相等显示为“请核对”，如果相等就不显示内容。

4. 对员工的技能考核进行星级评定

在对员工进行技能考核后，作为主管人员可以对员工的考核成绩进行星级评定，例如，如果平均成绩>=80，评定为☆☆☆☆；如果平均成绩>=70，评定为☆☆☆；如果平均成绩>=60,评定为☆☆，效果如图8-20所示具体操作如下：

员工姓名	答卷考核	操作考核	面试考核	平均成绩	考核星级
胡莉	87	76	80	81	☆☆☆☆
王青	65	76	66	69	☆☆
何以玫	65	55	63	61	☆☆
王飞扬	68	70	75	71	☆☆☆
童瑶瑶	50	65	71	62	☆☆

图8-20

❶ 在F2单元格中输入公式：“=IF(E2>=80,"☆☆☆☆",IF(E2>=70,"☆☆☆",IF(E2>=60,"☆☆")))”，按〈Enter〉键即可根据员工的平均成绩对考核成绩进行星级评定，如图8-21所示。

F2 =IF(E2>=80,"☆☆☆☆",IF(E2>=70,"☆☆☆",IF(E2>=60,"☆☆")))

员工姓名	答卷考核	操作考核	面试考核	平均成绩	考核星级
胡莉	87	76	80	81	☆☆☆☆
王青	65	76	66	69	
何以玫	65	55	63	61	
王飞扬	68	70	75	71	
童瑶瑶	50	65	71	62	

图8-21

❷ 向下填充F2单元格的公式至F8单元格，即可判断其他员工的考核星级，如图8-22所示。

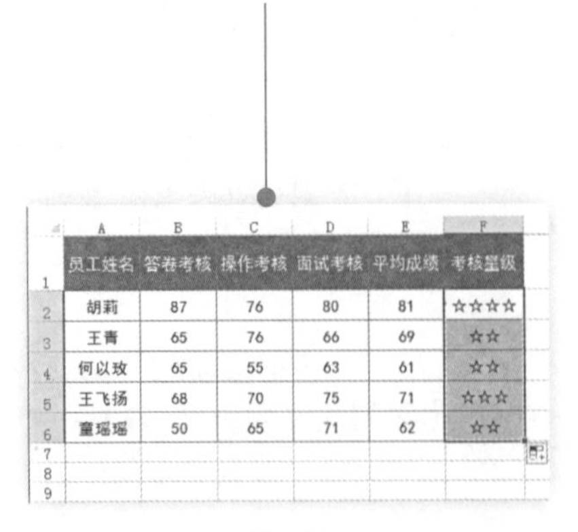

员工姓名	答卷考核	操作考核	面试考核	平均成绩	考核星级
胡莉	87	76	80	81	☆☆☆☆
王青	65	76	66	69	☆☆
何以玫	65	55	63	61	☆☆
王飞扬	68	70	75	71	☆☆☆
童瑶瑶	50	65	71	62	☆☆

图8-22

5. 标注出缺考员工

下面我们利用IF函数和ISBLANK函数，可以迅速统计出员工缺考信息。

❶ 在C2单元格中输入公式："=IF(ISBLANK(B2),"缺考","")"，按〈Enter〉键系统即可根据"B2"中是否有分数来判定是否需在"C2"中标明"缺考"字样如图8-23所示。

C2　=IF(ISBLANK(B2),"缺考","")

员工姓名	上机考试	总成绩
胡莉	85	
王青		
何以玫		
王飞扬	77	
童瑶瑶	90	
王小利	88	
吴晨		

图8-23

❷ 向下填充C2单元格的公式至C8单元格，即可统计出哪些员工缺考，如图8-24所示。

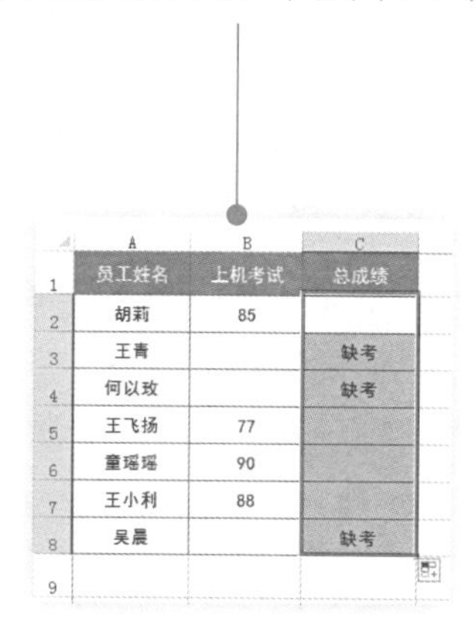

员工姓名	上机考试	总成绩
胡莉	85	
王青		缺考
何以玫		缺考
王飞扬	77	
童瑶瑶	90	
王小利	88	
吴晨		缺考

图8-24

6. 当数值在某区间时返回对应的比率

本例中想要依据员工的销售业绩计算出提成金额。具体要求为：当销售金额小于1000元时，提成率为5%；当销售金额在1000至5000元之间时，提成率为8%；当销售金额大于5000小于10000时提成率为10%；当销售金额大于10000时，提成率为14%。具体实现方法如下例所示：

❶ 在C2单元格中输入公式："=B2*IF (B2>10000,14%,IF(B2>5000,10%,IF(B2>1000,8%,5%)))"，按〈Enter〉键，根据第一位员工的业绩得出提成金额，如图8-25所示。

C2　=B2*IF(B2>10000,14%,IF(B2>5000,10%,IF(B2>1000,8%,5%)))

姓名	业绩	提成金额
胡莉	14000	1960
王青	2100	
何以玫	17890	
王飞扬	7800	
童瑶瑶	19860	
王小利	37800	
吴晨	2880	

图8-25

❷ 向下填充C2单元格的公式至C8单元格得到其员工提成金额，如图8-26所示。

姓名	业绩	提成金额
胡莉	14000	1960
王青	2100	168
何以玫	17890	2504.6
王飞扬	7800	780
童瑶瑶	19860	2780.4
王小利	37800	5292
吴晨	2880	230.4

图8-26

公式解析

使用IF函数判断销售业绩是否大于10000，若是大于10000，则返回14%；当小于10000时，再用IF函数判断业绩是否大于5000，若大于5000则返回10%；　再使用IF函数判断业绩是否大于1000，若大于1000返回8%，否则返回5%。

8.2.7 SUM 函数（求单元格区域中所有数字之和）

【函数功能】SUM函数用来返回某一单元格区域所有数字的和。

【函数语法】SUM（number1，number2…）

◆ Number1，number2…：参加计算的1~30个参数，包括逻辑值、文本表达式、区域和区域引用。

在实际工作中SUM函数可以帮我们解决以下问题。

1. 对多行多列的大块区域一次性求和

如图8-27所示表格统计了各个部门在两次评比过程中评比的人数，如果要统计出两次评比的总人数，我们可以使用SUM函数来实现。

部门	第一次评比人数	第二次评比人数
A	2	2
B	5	2
C	3	2
D	8	8
E	5	2

图8-27

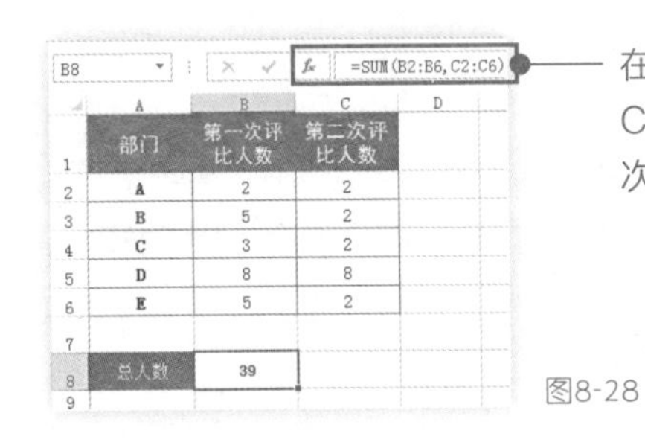

=SUM(B2:B6,C2:C6)

部门	第一次评比人数	第二次评比人数
A	2	2
B	5	2
C	3	2
D	8	8
E	5	2
总人数	39	

在B8单元格中输入公式：“=SUM(B2：B6，C2：C6)”，按〈Enter〉键，即可计算出所有部门在两次评比过程评比上的总人数，如图8-28所示。

图8-28

2. 计算员工总成绩

如图8-29所示表中统计了各员工的各科考核成绩，现在需要使用SUM函数计算各个员工的总成绩具体操作如下：

序号	姓名	笔试	上机操作	领导评分
1	胡莉	70	80	65
2	王青	75	80	67
3	何以玫	50	69	55
4	王飞扬	60	70	70
5	童瑶瑶	65	45	78
6	王小利	60	80	65

图8-29

❶ 在F2单元格中输入公式：“=SUM(C2:E2)”，按〈Enter〉键即可返回第一个员工的总成绩，如图8-30所示。

=SUM(C2:E2)

序号	姓名	笔试	上机操作	领导评分	总成绩
1	胡莉	70	80	65	215
2	王青	75	80	67	
3	何以玫	50	69	55	
4	王飞扬	60	70	70	
5	童瑶瑶	65	45	78	
6	王小利	60	80	65	

图8-30

❷ 向下填充F2单元格的公式至F7单元格，即可获取其他员工的总成绩，如图8-31所示。

序号	姓名	笔试	上机操作	领导评分	总成绩
1	胡莉	70	80	65	215
2	王青	75	80	67	222
3	何以玫	50	69	55	174
4	王飞扬	60	70	70	200
5	童瑶瑶	65	45	78	188
6	王小利	60	80	65	205

图8-31

8.2.8 RANK 函数（返回一个数值在一组数值中的排位）

【函数功能】RANK函数表示返回一个数字在数字列表中的排位，其大小与列表中的其他值相关。如果多个值具有相同的排位，则返回该组数值的最高排位。

【函数语法】RANK (number,ref,[order])

- ◆ Number：要查找其排位的数字；
- ◆ Ref：数字列表数组或对数字列表的引用。ref 中的非数值型值将被忽略；
- ◆ Order：可选。一个指定数字的排位方式的数字。

RANK函数可以帮助我们解决以下排序问题。

1. 对员工考核成绩排名次

如图8-32所示的表格中统计了公司员工的各项考核总成绩，下面我们需对员工的总成绩进行排名具体操作如下：

	A	B	C	D
1	序号	姓名	性别	总成绩
2	1	胡莉	女	190
3	2	王青	男	180
4	3	何以玫	男	165
5	4	王飞扬	男	180
6	5	童瑶瑶	男	195
7	6	王小利	男	125
8	7	吴晨	男	150
9	8	吴昕	男	156
10	9	钱毅力	男	150
11	10	张飞	女	145
12	11	管一非	女	140
13	12	王蓉	男	182
14	13	石兴红	女	175
15				

图8-32

❶ 在E2单元格中输入公式："=RANK(D2,$D$2:$D$14)"，按〈Enter〉键，即可统计出第一个员工的排名情况，即第2名，如图8-33所示。

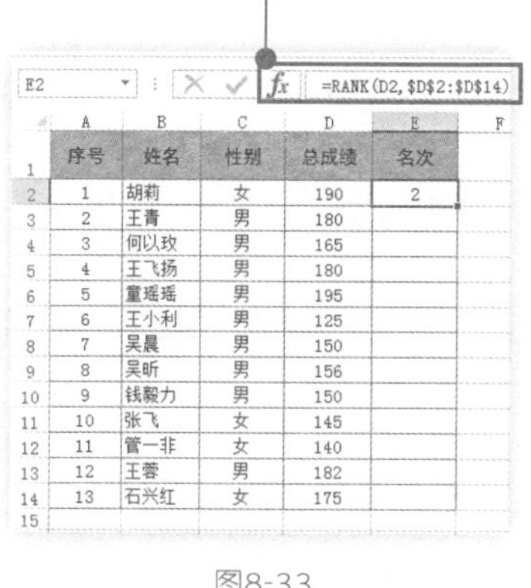
E2　=RANK(D2,$D$2:$D$14)

	A	B	C	D	E	F
1	序号	姓名	性别	总成绩	名次	
2	1	胡莉	女	190	2	
3	2	王青	男	180		
4	3	何以玫	男	165		
5	4	王飞扬	男	180		
6	5	童瑶瑶	男	195		
7	6	王小利	男	125		
8	7	吴晨	男	150		
9	8	吴昕	男	156		
10	9	钱毅力	男	150		
11	10	张飞	女	145		
12	11	管一非	女	140		
13	12	王蓉	男	182		
14	13	石兴红	女	175		
15						

图8-33

❷ 向下填充E2单元格的公式，即可统计出其他员工的成绩排名，如图8-34所示。

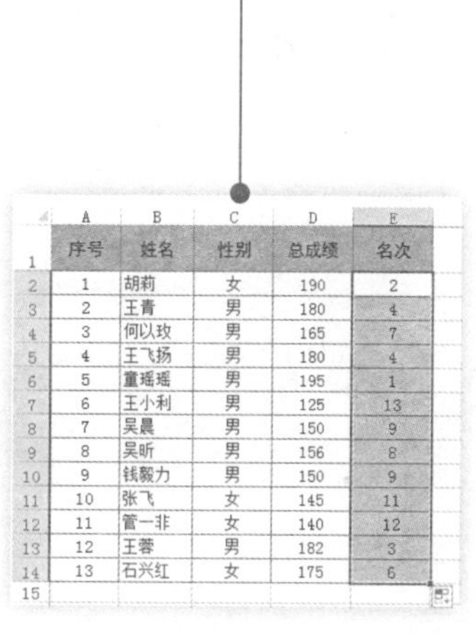

	A	B	C	D	E
1	序号	姓名	性别	总成绩	名次
2	1	胡莉	女	190	2
3	2	王青	男	180	4
4	3	何以玫	男	165	7
5	4	王飞扬	男	180	4
6	5	童瑶瑶	男	195	1
7	6	王小利	男	125	13
8	7	吴晨	男	150	9
9	8	吴昕	男	156	8
10	9	钱毅力	男	150	9
11	10	张飞	女	145	11
12	11	管一非	女	140	12
13	12	王蓉	男	182	3
14	13	石兴红	女	175	6
15					

图8-34

2. 对季度合计值排名次

如图8-35所示表格中统计了各个月份的销售额，并且统计了各个季度的合计值。现在我们要统计1季度的销售额合计值在4个季度销售额中的排名具体操作如下：

	A	B	C
1	月份	销售额	
2	1月	482	
3	2月	520	
4	3月	480	
5	合计	1482	
6	4月	556	
7	5月	550	
8	6月	565	
9	合计	1671	
10	7月	490	
11	8月	652	
12	9月	480	
13	合计	1622	
14	10月	451	
15	11月	650	
16	12月	490	
17	合计	1591	
18			

图8-35

E2　=RANK(B5,(B5,B9,B13,B17))

	A	B	C	D	E	F
1	月份	销售额		季度	排名	
2	1月	482		1季度	4	
3	2月	520				
4	3月	480				
5	合计	1482				
6	4月	556				
7	5月	550				
8	6月	565				
9	合计	1671				
10	7月	490				
11	8月	652				
12	9月	480				
13	合计	1622				
14	10月	451				
15	11月	650				
16	12月	490				
17	合计	1591				
18						

图8-36

在E2单元格，在编辑栏中输入公式："=RANK(B5,(B5,B9,B13,B17))"，按〈Enter〉键，即可求出B5单元格的值（第一季度）在B5，B9，B13，B17这几个单元格数值中的排位，如图8-36所示。

8.2.9 HLOOKUP 函数（在首行查找指定的值并返回当前列中指定行处的数值）

【函数功能】HLOOKUP函数在表格或数值数组的首行查找指定的数值，并在表格或数组中指定行的同一列中返回一个数值。

【函数语法】HLOOKUP(lookup,value,table_array, row_index_num, [range_lookup])

- ◆ Lookup_value：需要在表的第一行中进行查找的数值。
- ◆ Table array：需要在其中查找数据的信息表。使用对区域或区域名称的引用。
- ◆ Row_index_num：table array 中待返回的匹配值的行序号。
- ◆ Range lookup：可选。为一逻辑值，指明函数HLOOKUP查找时是精确匹配，还是近似匹配。

HLOOKUP函数可以帮助我们通过下拉菜单查询任意考核的成绩。

如图8-37所示，工作表中统计了员工各考核项目成绩，现在我们想建立一个查询表，查询指定考核项目的成绩具体操作如下：

学号	姓名	上机	理论	计算机	总分
T021	胡莉	616	686	616	1918
T100	王青	496	629	674	1799
T068	何以玫	636	607	602	1845
T007	王飞扬	664	607	694	1965
T069	童瑶瑶	609	611	606	1826
T036	王小利	678	681	646	2005
T031	吴晨	660	694	627	1981
T033	李阳	623	673	664	1960
T060	刘芳	496	603	610	1709

图8-37

❶ 在工作表中建立查询表（也可以在其他工作表中建立），如图8-38所示。

❷ 在J3单元格中输入公式："=HLOOKUP($J$1,$C$1:$F$10,ROW(A2),FALSE)"，按〈Enter〉键，即可根据J1单元格的考核项目返回胡莉的上机项目的考核成绩，如图8-39所示。

计算机	总分		成绩查询		上机
616	1918				
674	1799		T021	胡莉	
602	1845		T100	王青	
694	1965		T068	何以玫	
606	1826		T007	王飞扬	
646	2005		T069	童瑶瑶	
627	1981		T036	王小利	
664	1960		T031	吴晨	
610	1709		T033	李阳	
			T060	刘芳	

图8-38

J3 =HLOOKUP($J$1,$C$1:$F$10,ROW(A2),FALSE)

计算机	总分		成绩查询		上机
616	1918				
674	1799		T021	胡莉	616
602	1845		T100	王青	
694	1965		T068	何以玫	
606	1826		T007	王飞扬	
646	2005		T069	童瑶瑶	
627	1981		T036	王小利	
664	1960		T031	吴晨	
610	1709		T033	李阳	
			T060	刘芳	

图8-39

❸ 向下填充J3单元格的公式，即可得到其他员工成绩，如图8-40所示。

总分		成绩查询		上机
1918				
1799		T021	胡莉	616
1845		T100	王青	496
1965		T068	何以玫	636
1826		T007	王飞扬	664
2005		T069	童瑶瑶	609
1981		T036	王小利	678
1960		T031	吴晨	660
1709		T033	李阳	623
		T060	刘芳	496

图8-40

❹ 当需要查询其他考核成绩时，只需要在J1单元格中选择其他考核项目系统即可自动运算得出对应的成绩数据，如图8-41所示。

总分		成绩查询		计算机
1918				
1799		T021	胡莉	616
1845		T100	王青	674
1965		T068	何以玫	602
1826		T007	王飞扬	694
2005		T069	童瑶瑶	606
1981		T036	王小利	646
1960		T031	吴晨	627
1709		T033	李阳	664
		T060	刘芳	610

图8-41

8.2.10　TRUNC 函数（将数字的小数部分截去返回整数）

【函数功能】TRUNC函数用于将数字的小数部分截去，返回整数。

【函数语法】TRUNC(number，num_digits)

- Number：要截断的数字。
- Num_digits：指定截断精度的数字；如果省略，则为 0 (零)。

灵活运用TRUNC函数可以帮助我们计算销售产品的销售金额。

如图8-42所示的产品销售统计表中统计了某位销售的各项产品的销售情况，现在需要我们计算销售产品的销售额，金额省去小数部分。具体操作方法如下例所示：

	A	B	C
1	产品名称	销售数量	单价
2	日光加热器	88	30.88
3	日光保暖器	136	56.96
4	日光高暖器	122	37.74
5			

图8-42

❶ 在D2单元格中输入公式：“=TRUNC(B2*C2,0)”，按〈Enter〉键，即可计算出第一个产品的销售额金额的小数部分自动省略，如图8-43所示。

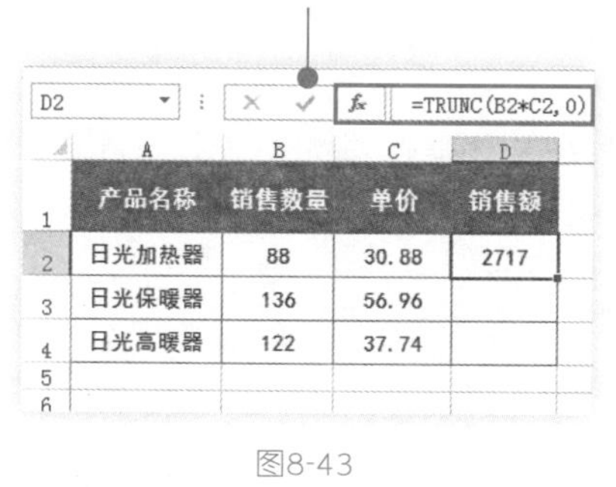

D2　=TRUNC(B2*C2, 0)

	A	B	C	D
1	产品名称	销售数量	单价	销售额
2	日光加热器	88	30.88	2717
3	日光保暖器	136	56.96	
4	日光高暖器	122	37.74	
5				
6				

图8-43

❷ 向下填充D2单元格的公式至D4单元格，如图8-44所示。

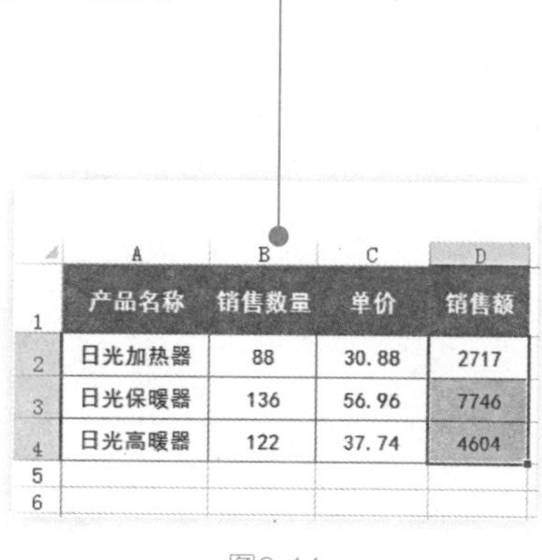

	A	B	C	D
1	产品名称	销售数量	单价	销售额
2	日光加热器	88	30.88	2717
3	日光保暖器	136	56.96	7746
4	日光高暖器	122	37.74	4604
5				
6				

图8-44

8.3　表格创建

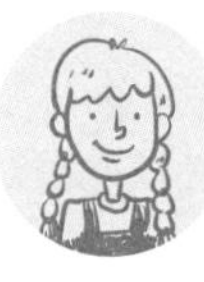

统计员工考核的成绩可不是一件简单的事情，公司员工这么多，工作量这么大，真怕会出错。

现在我们完全可以利用 Excel 2013 来完成考核成绩统计的工作，这样不仅能够减轻我们的工作负担，还能提高我们的工作效率。

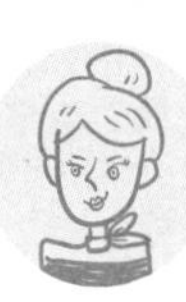

8.3.1　员工考核流程图

员工考核流程是企业针对员工工作业绩、工作能力、工作态度等方面的情况进行评定的一个过程，而员工考核流程图则是以图示来表现员工考核过程的一张说明图表，员工考核流程图的制作方法如下例所示，其最终效果如图8-45所示。

❶ 新建工作簿，并命名为“公司员工考核管理”，将“Sheet1”工作表重命名为“员工考核流程图”，切换到“插入”选项卡，在“文本”选项组单击“艺术字”下拉按钮，在其下拉列表中选择要插入的艺术字样式，如图8-46所示。

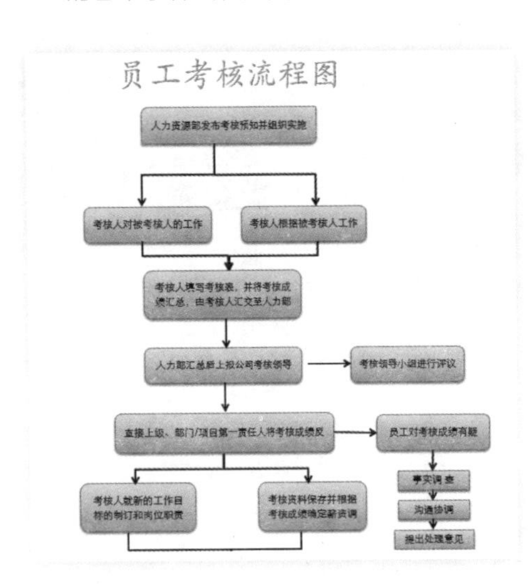

图8-45

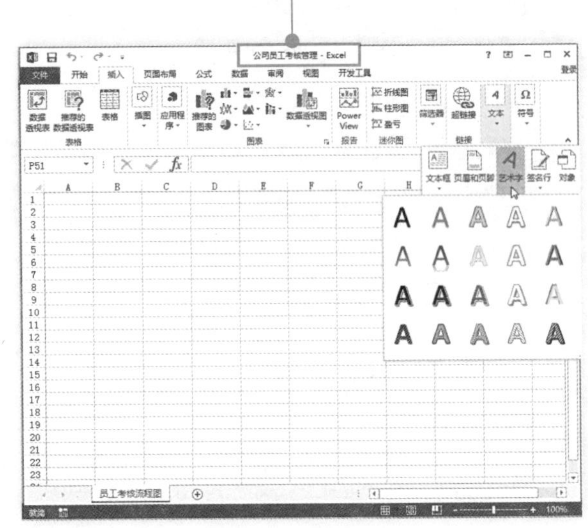

图8-46

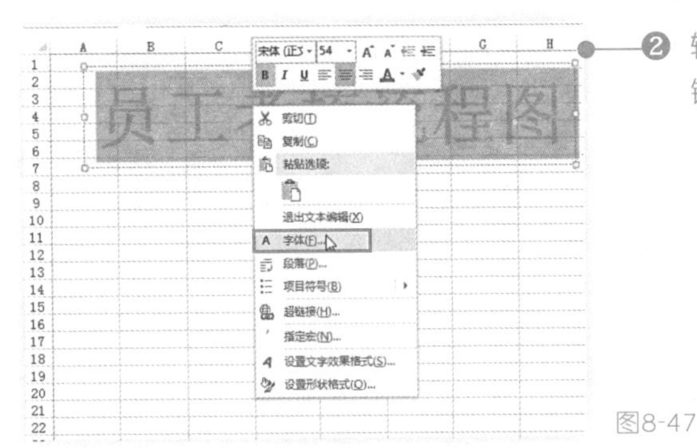

图8-47

❷ 输入“员工考核流程图”，选中文本，单击鼠标右键，在弹出的菜单中选择“字体”，如图8-47所示。

❸ 切换到“插入”选项卡，在“插图”选项组单击“形状”下拉按钮，在其下拉列表中选择“圆角矩形”图形，如图8-48所示。

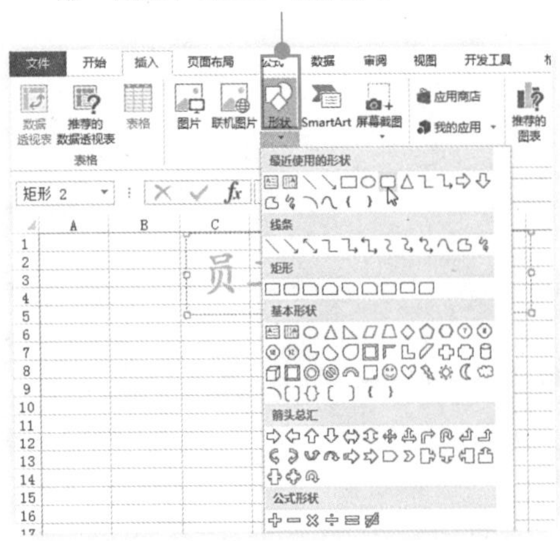

图8-48

❹ 选中指定图形后鼠标指针变为十字形状，在工作表上任意位置单击并拖拽鼠标，即可添加一个“圆角矩形”图形，并对其宽度和高度进行调整，如图8-49所示。

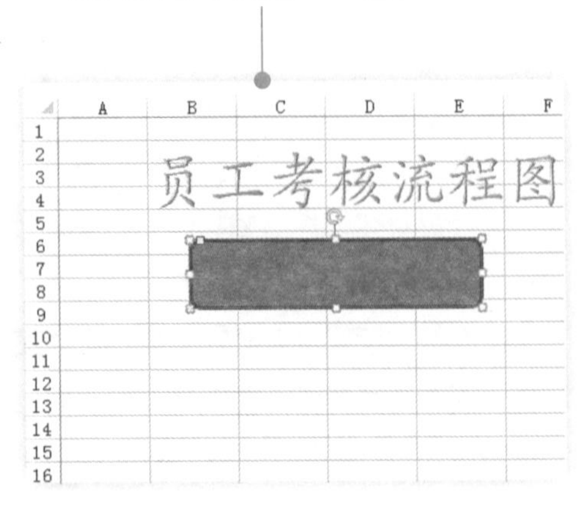

图8-49

❺ 按〈Ctrl+C〉组合键复制图形，按〈Ctrl+V〉组合键粘贴，连续粘贴15个“圆角矩形”形状，粘贴后效果如图8-50所示。

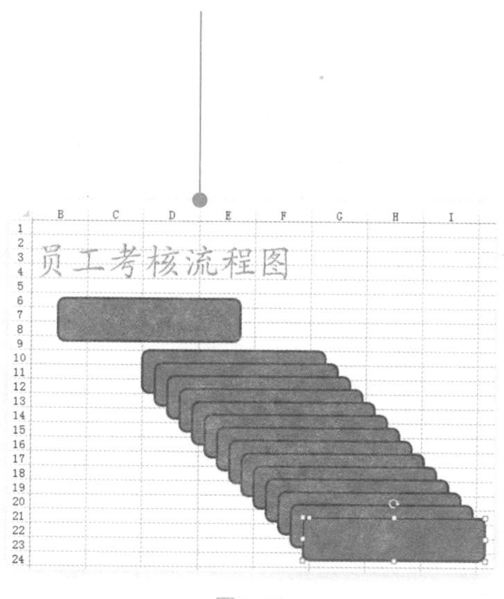

图8-50

❻ 按Shift键依次选中员工考核流程图中所有自选图形，在弹出的菜单中选择适合的样式，单击样式图标即可应用，如图8-51所示。

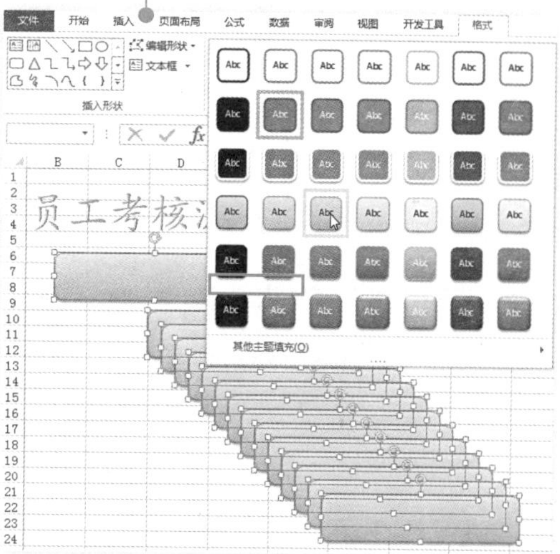

图8-51

❼ 选中图形，按住鼠标左键不放，拖动图形到需要放置的位置，并添加文字，效果如图8-52所示。

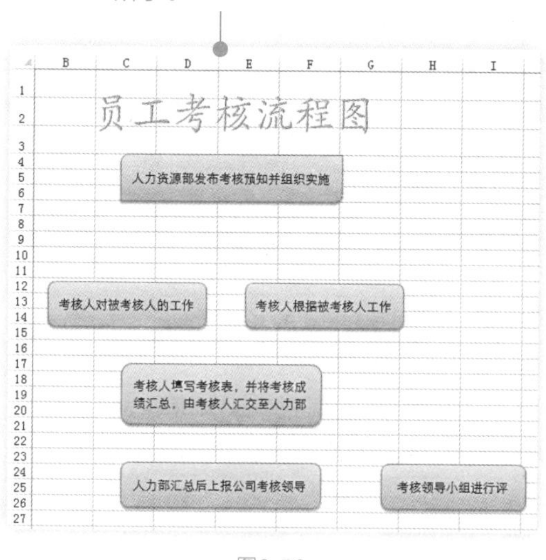

图8-52

❽ 接着按相同的方法为流程图添加箭头形状，并移动到合适位置，最终效果如图8-53所示。

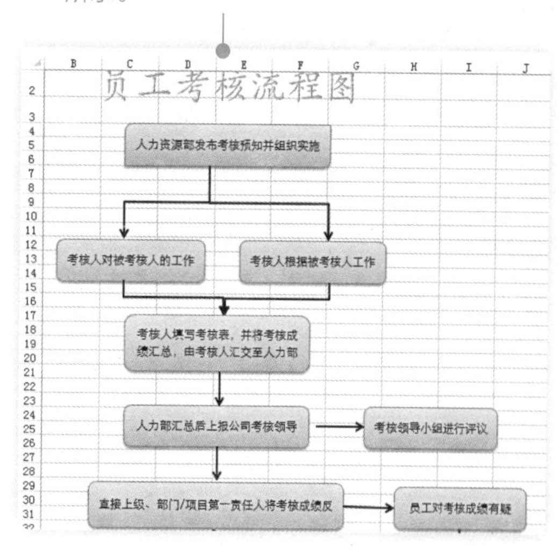

图8-53

8.3.2 员工技能考核表

员工技能考核表用于记录包括企业文化、市场分析、商务英语、技能操作、业务能力等在内的考核项目的考核分数，如图8-54所示。

员工技能考核表 （考核时间：2015.11）

基本资料			考核项目与成绩（5分制）						统计分析			
编号	姓名	性别	企业文化	市场分析	商务英语	技能操作	业务能力	综合打分	综合能力	平均成绩	考核成绩	名次
WL001	王飞扬	男	4	5	4	3	4	3	一般	3.8	60	13
WL002	童瑶瑶	女	5	3	5	4	2	3	一般	3.7	57	15
WL003	王小利	女	3	4	4	5	5	4	一般	4.2	84	7
WL004	吴晨	男	4	5	3	4	4	3	一般	3.8	60	13
WL005	吴昕	男	5	4	3	3	4	5	优秀	4.0	95	4
WL006	钱毅力	男	4	3	4	3	5	2	较差	3.5	38	21
WL007	张飞	男	3	3	2	4	4	3	一般	3.2	48	16
WL008	管一非	女	3	4	5	2	3	4	一般	3.5	68	9
WL009	王蓉	女	4	2	3	5	3	4	一般	3.5	68	9
WL010	石兴红	女	2	5	3	2	4	3	一般	3.2	48	16
WL011	朱红梅	男	5	3	4	4	2	1	较差	3.2	18	22
WL012	夏守梅	男	2	3	2	5	5	5	优秀	3.7	85	6
WL013	周静	男	4	4	5	5	3	5	优秀	4.3	105	1
WL014	王涛	男	5	3	2	3	3	3	一般	3.2	48	16
WL015	彭红	女	3	5	4	4	4	2	较差	3.7	40	20
WL016	王晶	男	3	3	5	5	2	5	优秀	3.8	90	5
WL017	李金晶	男	4	4	3	4	5	5	优秀	4.2	100	3

图8-54

1. 建立员工技能考核表

员工技能考核表包括员工信息、考核内容、考核成绩、综合成绩分析计算和成绩排名等内容，下面我们一道在Excel 2013中建立员工技能考核表。

❶ 插入工作表，将其重命名为“员工技能考核表”，在工作表中输入相应的列标识，如图8-55所示。

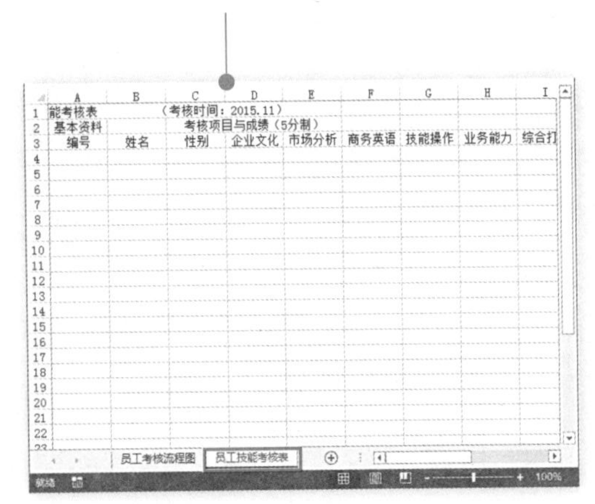

图8-55

❷ 在“基本资料”和“考核项目与成绩”列中分别输入员工的基本信息和考核项目的成绩，对表格进行字体设置、单元格合并、对齐方式等美化设置，效果如图8-56所示。

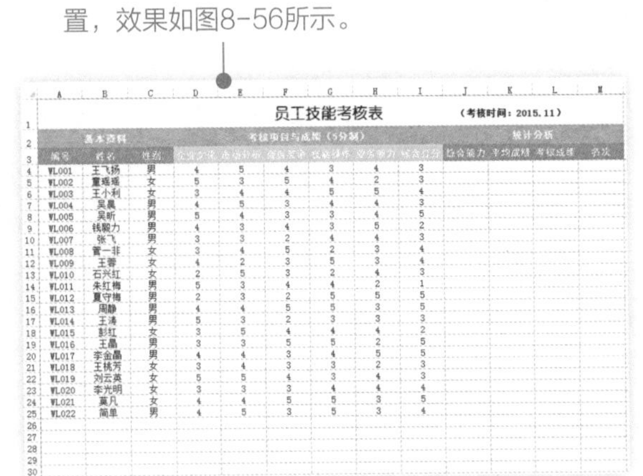

图8-56

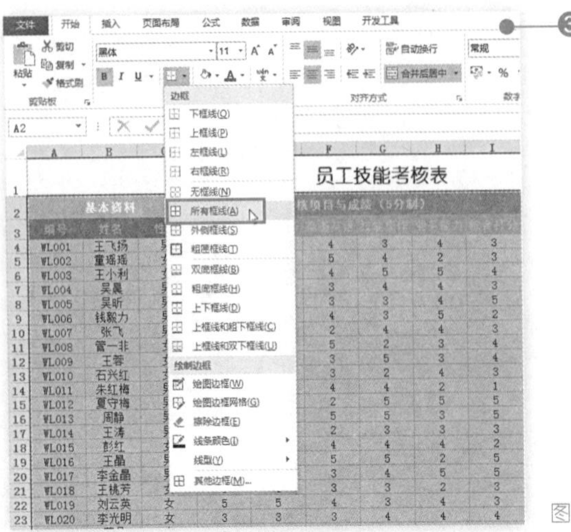

❸ 选中A2：M25单元格区域，在“开始”选项卡下的“字体”选项组中单击“下框线”下拉按钮，在其下拉列表中选择“所有框线”，如图8-57所示。

图8-57

员工技能考核表　（考核时间：2015.11）

编号	姓名	性别	企业文化	市场分析	商务英语	技能操作	业务能力	综合打分	综合能力	平均成绩	考核成绩	名次
基本资料			考核项目与成绩（5分制）						统计分析			
WL001	王飞扬	男	4	5	4	3	4	3				
WL002	童瑶瑶	女	5	3	5	4	2	3				
WL003	王小利	女	3	4	4	5	5	4				
WL004	吴晨	男	4	5	3	4	4	3				
WL005	吴昕	男	5	4	3	3	4	5				
WL006	钱毅力	男	4	3	4	3	5	2				
WL007	张飞	男	3	3	2	4	4	3				
WL008	管一非	女	3	4	5	2	3	4				
WL009	王蓉	女	4	2	3	5	3	4				
WL010	石兴红	女	2	5	3	2	4	3				
WL011	朱红梅	男	5	3	4	4	2	1				
WL012	夏守梅	男	2	3	2	5	5	5				
WL013	周静	男	4	4	5	5	3	5				
WL014	王涛	男	5	3	2	3	3	3				
WL015	彭红	女	3	5	4	4	4	2				
WL016	王晶	男	3	3	5	5	2	5				
WL017	李金晶	男	4	4	3	4	5	5				

❹ 执行上述操作，添加边框后的效果如图8-58所示。

图8-58

2. 设置公式判定员工综合能力

在员工技能考核表中输入员工的各项考核成绩后，我们要对这些数据进行一些综合计算和分析，例如根据综合打分情况判定员工的综合能力，计算出员工的平均成绩、总成绩，对员工进行排名等。具体操作如下：

❶ 在J4单元格中输入公式："=IF(I4=5,"优秀",IF(I4>=3,"一般","较差"))"，按〈Enter〉键后向下复制公式，即可根据对员工的综合打分来判定判断出员工综合能力，如图8-59所示。

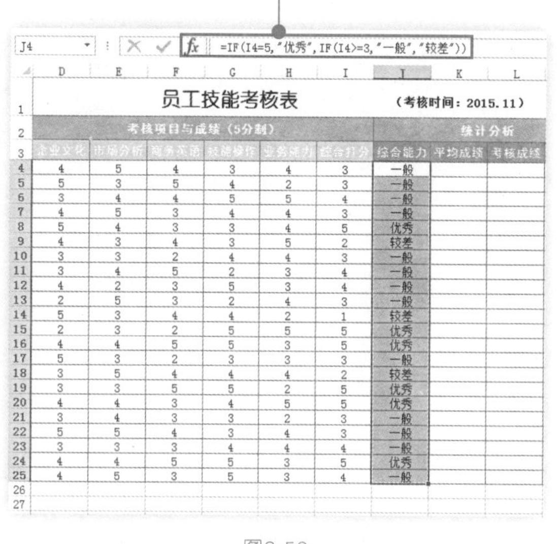

J4　=IF(I4=5,"优秀",IF(I4>=3,"一般","较差"))

员工技能考核表　（考核时间：2015.11）

企业文化	市场分析	商务英语	技能操作	业务能力	综合打分	综合能力	平均成绩	考核成绩
4	5	4	3	4	3	一般		
5	3	5	4	2	3	一般		
3	4	4	5	5	4	一般		
4	5	3	4	4	3	一般		
5	4	3	3	4	5	优秀		
4	3	4	3	5	2	较差		
3	3	2	4	4	3	一般		
3	4	5	2	3	4	一般		
4	2	3	5	3	4	一般		
2	5	3	2	4	3	一般		
5	3	4	4	2	1	较差		
2	3	2	5	5	5	优秀		
4	4	5	5	3	5	优秀		
5	3	2	3	3	3	一般		
3	5	4	4	4	2	较差		
3	3	5	5	2	5	优秀		
4	4	3	4	5	5	优秀		
3	4	3	3	2	3	一般		
5	5	4	3	4	3	一般		
3	3	3	4	4	4	一般		
4	4	5	5	3	5	优秀		
4	5	3	5	3	4	一般		

图8-59

❷ 在K4单元格中输入公式："=AVERAGE(D4:I4)"，按〈Enter〉键后向下复制公式，即可根据员工的每个考核项目成绩计算出该员工的平均成绩，如图8-60所示。

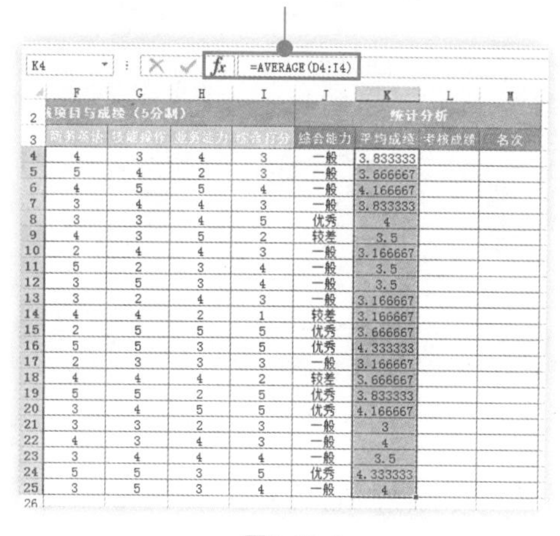

K4　=AVERAGE(D4:I4)

商务英语	技能操作	业务能力	综合打分	综合能力	平均成绩	考核成绩	名次
4	3	4	3	一般	3.833333		
5	4	2	3	一般	3.666667		
4	5	5	4	一般	4.166667		
3	4	4	3	一般	3.833333		
3	3	4	5	优秀	4		
4	3	5	2	较差	3.5		
2	4	4	3	一般	3.166667		
5	2	3	4	一般	3.5		
3	5	3	4	一般	3.5		
3	2	4	3	一般	3.166667		
4	4	2	1	较差	3.166667		
2	5	5	5	优秀	3.666667		
5	5	3	5	优秀	4.333333		
2	3	3	3	一般	3.166667		
4	4	4	2	较差	3.666667		
5	5	2	5	优秀	3.833333		
3	4	5	5	优秀	4.166667		
3	3	2	3	一般	3		
4	3	4	3	一般	4		
3	4	4	4	一般	3.5		
5	5	3	5	优秀	4.333333		
3	5	3	4	一般	4		

图8-60

❸ 选中"平均成绩"列单元格区域，打开"设置单元格格式"对话框，单击"数字"标签，在"分类"列表中单击"数值"，在右侧设置小数位数并选择负数的表现形式，单击"确定"按钮完成设置，如图8-61所示。

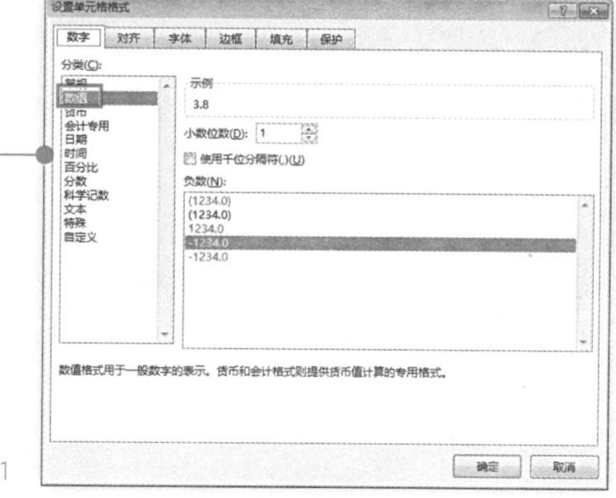

图8-61

	F	G	H	I	J	K	L	M
2	核项目与成绩（5分制）				统计分析			
3	商务英语	技能操作	业务能力	综合打分	综合能力	平均成绩	考核成绩	名次
4	4	3	4	3	一般	3.8		
5	5	4	2	3	一般	3.7		
6	4	5	5	4	一般	4.2		
7	3	4	4	3	一般	3.8		
8	3	3	4	5	优秀	4.0		
9	4	3	5	2	较差	3.5		
10	2	4	4	3	一般	3.2		
11	5	2	3	4	一般	3.5		
12	3	5	3	4	一般	3.5		
13	3	2	4	3	一般	3.2		
14	4	4	2	1	较差	3.2		
15	2	5	5	5	优秀	3.7		
16	5	5	3	5	优秀	4.3		
17	2	3	3	3	一般	3.2		
18	4	4	4	2	较差	3.7		
19	5	5	2	5	优秀	3.8		
20	3	4	5	5	优秀	4.2		
21	3	3	2	3	一般	3.0		
22	4	3	4	3	一般	4.0		
23	3	4	4	4	一般	3.5		
24	5	5	3	5	优秀	4.3		
25	3	5	3	4	一般	4.0		
26								

图8-62

❹ 设置效果如图8-62所示。

❺ 在L4单元格中输入公式："=SUM(D4:H4)*I4"，按〈Enter〉键后向下复制公式，即可计算出员工的考核成绩，如图8-63所示。

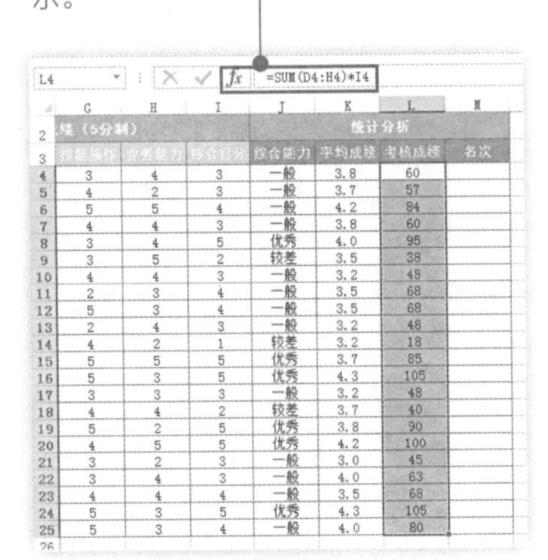

L4　=SUM(D4:H4)*I4

	G	H	I	J	K	L	M
2	绩（5分制）			统计分析			
3	技能操作	业务能力	综合打分	综合能力	平均成绩	考核成绩	名次
4	3	4	3	一般	3.8	60	
5	4	2	3	一般	3.7	57	
6	5	5	4	一般	4.2	84	
7	4	4	3	一般	3.8	60	
8	3	4	5	优秀	4.0	95	
9	3	5	2	较差	3.5	38	
10	4	4	3	一般	3.2	48	
11	2	3	4	一般	3.5	68	
12	5	3	4	一般	3.5	68	
13	2	4	3	一般	3.2	48	
14	4	2	1	较差	3.2	18	
15	5	5	5	优秀	3.7	85	
16	5	3	5	优秀	4.3	105	
17	3	3	3	一般	3.2	48	
18	4	4	2	较差	3.7	40	
19	5	2	5	优秀	3.8	90	
20	4	5	5	优秀	4.2	100	
21	3	2	3	一般	3.0	45	
22	3	4	3	一般	4.0	63	
23	4	4	4	一般	3.5	68	
24	5	3	5	优秀	4.3	105	
25	5	3	4	一般	4.0	80	

图8-63

❻ 在M4单元格中输入公式："=RANK(L4,$L$4:$L$25)"，按〈Enter〉键后向下复制公式，即可根据员工的考核成绩来计算员工的名次，如图8-64所示。

M4　=RANK(L4,$L$4:$L$25)

	G	H	I	J	K	L	M
2	绩（5分制）			统计分析			
3	技能操作	业务能力	综合打分	综合能力	平均成绩	考核成绩	名次
4	3	4	3	一般	3.8	60	13
5	4	2	3	一般	3.7	57	15
6	5	5	4	一般	4.2	84	7
7	4	4	3	一般	3.8	60	13
8	3	4	5	优秀	4.0	95	4
9	3	5	2	较差	3.5	38	21
10	4	4	3	一般	3.2	48	16
11	2	3	4	一般	3.5	68	9
12	5	3	4	一般	3.5	68	9
13	2	4	3	一般	3.2	48	16
14	4	2	1	较差	3.2	18	22
15	5	5	5	优秀	3.7	85	6
16	5	3	5	优秀	4.3	105	1
17	3	3	3	一般	3.2	48	16
18	4	4	2	较差	3.7	40	20
19	5	2	5	优秀	3.8	90	5
20	4	5	5	优秀	4.2	100	3
21	3	2	3	一般	3.0	45	19
22	3	4	3	一般	4.0	63	12
23	4	4	4	一般	3.5	68	9
24	5	3	5	优秀	4.3	105	1
25	5	3	4	一般	4.0	80	8

图8-64

8.4 数据分析

员工考核成绩是统计出来了，可是还要对数据进行分析，上百条的数据我要怎么办啊？

这个时候不就可以好好利用 Excel 2013 的函数功能啊，只要合理运用函数数据分析并不难。

8.4.1　员工岗位等级评定表

如图8-65所示是员工岗位等级评定表，通过该表公司可以明确各员工的等级评定和岗位调配情况，从而有效进行人事管理。

1. 编辑员工岗位等级评定表

下面在Excel 2013中编辑员工岗位等级评定表，在上节中我们对员工的考核成绩进行计算，此处我们将利用这些数据进行岗位和等级的评定，具体操作如下：

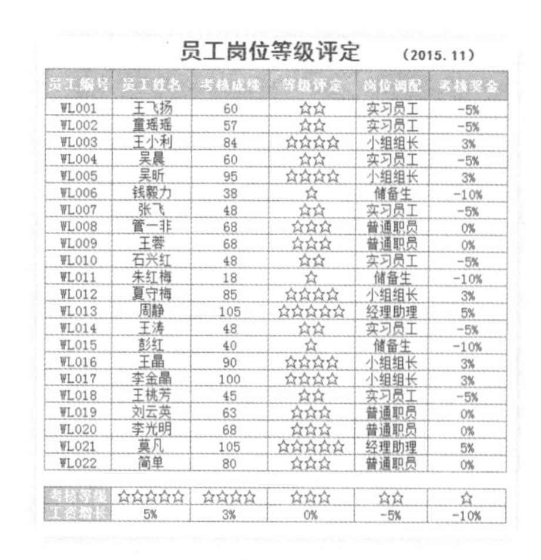

员工岗位等级评定　（2015.11）

员工编号	员工姓名	考核成绩	等级评定	岗位调配	考核奖金
WL001	王飞扬	60	☆☆	实习员工	-5%
WL002	童瑶瑶	57	☆☆	实习员工	-5%
WL003	王小利	84	☆☆☆☆	小组组长	3%
WL004	吴晨	60	☆☆	实习员工	-5%
WL005	吴昕	95	☆☆☆☆	小组组长	3%
WL006	钱毅力	38	☆	储备生	-10%
WL007	张飞	48	☆☆	实习员工	-5%
WL008	管一非	68	☆☆☆	普通职员	0%
WL009	王蓉	68	☆☆☆	普通职员	0%
WL010	石兴红	48	☆☆	实习员工	-5%
WL011	朱红梅	18	☆	储备生	-10%
WL012	夏守梅	85	☆☆☆☆	小组组长	3%
WL013	周静	105	☆☆☆☆☆	经理助理	5%
WL014	王涛	48	☆☆	实习员工	-5%
WL015	彭红	40	☆	储备生	-10%
WL016	王晶	90	☆☆☆☆	小组组长	3%
WL017	李金晶	100	☆☆☆☆	小组组长	3%
WL018	王桃芳	45	☆☆	实习员工	-5%
WL019	刘云英	63	☆☆☆	普通职员	0%
WL020	李光明	68	☆☆☆	普通职员	0%
WL021	莫凡	105	☆☆☆☆☆	经理助理	5%
WL022	简单	80	☆☆☆	普通职员	0%

考核等级	☆☆☆☆☆	☆☆☆☆	☆☆☆	☆☆	☆
工资增长	5%	3%	0%	-5%	-10%

图8-65

❶ 插入工作表，将其重命名为“员工岗位等级评定表”，在工作表中输入表头、项目名称、员工信息，如图8-66所示。

	A	B	C	D	E	F
1	级评定表（2015.11）					
2	员工编号	员工姓名	考核成绩	等级评定	岗位调配	考核奖金
3	WL001	王飞扬				
4	WL002	童瑶瑶				
5	WL003	王小利				
6	WL004	吴晨				
7	WL005	吴昕				
8	WL006	钱毅力				
9	WL007	张飞				
10	WL008	管一非				
11	WL009	王蓉				
12	WL010	石兴红				
13	WL011	朱红梅				
14	WL012	夏守梅				
15	WL013	周静				
16	WL014	王涛				
17	WL015	彭红				
18	WL016	王晶				
19	WL017	李金晶				
20	WL018	王桃芳				
21	WL019	刘云英				
22	WL020	李光明				
23	WL021	莫凡				
24	WL022	简单				

图8-66

❷ 对表格进行字体设置、单元格合并、对齐方式及边框底纹等美化设置，效果如图8-67所示。

	A	B	C	D	E	F
1	员工岗位等级评定　（2015.11）					
2	员工编号	员工姓名	考核成绩	等级评定	岗位调配	考核奖金
3	WL001	王飞扬				
4	WL002	童瑶瑶				
5	WL003	王小利				
6	WL004	吴晨				
7	WL005	吴昕				
8	WL006	钱毅力				
9	WL007	张飞				
10	WL008	管一非				
11	WL009	王蓉				
12	WL010	石兴红				
13	WL011	朱红梅				
14	WL012	夏守梅				
15	WL013	周静				
16	WL014	王涛				
17	WL015	彭红				
18	WL016	王晶				
19	WL017	李金晶				
20	WL018	王桃芳				
21	WL019	刘云英				
22	WL020	李光明				
23	WL021	莫凡				
24	WL022	简单				

图8-67

❸ 在C3单元格中输入公式：“=VLOOKUP(A3,员工技能考核表! A4:M25,12,FALSE)”，按〈Enter〉键后向下复制公式，即可根据员工的编号返回对应的考核成绩，如图8-68所示。

C3　=VLOOKUP(A3,员工技能考核表!A4:M25,12,FALSE)

	A	B	C	D	E	F
1	员工岗位等级评定　（2015.11）					
2	员工编号	员工姓名	考核成绩	等级评定	岗位调配	考核奖金
3	WL001	王飞扬	60			
4	WL002	童瑶瑶	57			
5	WL003	王小利	84			
6	WL004	吴晨	60			
7	WL005	吴昕	95			
8	WL006	钱毅力	38			
9	WL007	张飞	48			
10	WL008	管一非	68			
11	WL009	王蓉	68			
12	WL010	石兴红	48			
13	WL011	朱红梅	18			
14	WL012	夏守梅	85			
15	WL013	周静	105			
16	WL014	王涛	48			
17	WL015	彭红	40			
18	WL016	王晶	90			
19	WL017	李金晶	100			
20	WL018	王桃芳	45			
21	WL019	刘云英	63			
22	WL020	李光明	68			
23	WL021	莫凡	105			
24	WL022	简单	80			

图8-68

下面根据员工的考核成绩为员工进行等级评定，将100分以上评为5星，80分以上评为4星，60分以上评为3星，40分以上评为2星，其他为1星。

D3 =IF(C3>100,"☆☆☆☆☆",IF(C3>80,"☆☆☆☆",IF(C3>60,"☆☆☆",IF(C3>40,"☆☆","☆"))))

2	员工编号	员工姓名	考核成绩	等级评定	岗位调配	考核奖金
3	WL001	王飞扬	60	☆☆		
4	WL002	童瑶瑶	57	☆☆		
5	WL003	王小利	84	☆☆☆☆		
6	WL004	吴晨	60	☆☆		
7	WL005	吴昕	95	☆☆☆☆		
8	WL006	钱毅力	38	☆		
9	WL007	张飞	48	☆☆		
10	WL008	管一非	68	☆☆☆		
11	WL009	王蓉	68	☆☆☆		
12	WL010	石兴红	48	☆☆		
13	WL011	朱红梅	18	☆		
14	WL012	夏守梅	85	☆☆☆☆		
15	WL013	周静	105	☆☆☆☆☆		
16	WL014	王涛	48	☆☆		
17	WL015	彭红	40	☆		
18	WL016	王晶	90	☆☆☆☆		
19	WL017	李金晶	100	☆☆☆☆		
20	WL018	王桃芳	45	☆☆		
21	WL019	刘云英	63	☆☆☆		
22	WL020	李光明	68	☆☆☆		
23	WL021	莫凡	105	☆☆☆☆☆		
24	WL022	简单	80	☆☆☆		

图8-69

❹ 在D3单元格中输入公式："=IF(C3>100,"☆☆☆☆☆",IF(C3>80,"☆☆☆☆", IF(C3>60,"☆☆☆",IF(C3>40,"☆☆","☆"))))"，按〈Enter〉键后向下复制公式，即可根据员工的考核成绩返回对应的等级评定，如图8-69所示。

❺ 在E3单元格中输入公式："=IF(D3="☆☆☆☆☆","经理助理",IF(D3 ="☆☆☆☆","小组组长",IF(D3="☆☆☆","普通职员",IF(D3="☆☆","实习员工","储备生"))))"，按〈Enter〉键后向下复制公式，即可根据员工的等级成绩返回对应的调配岗位，如图8-70所示。

E3 =IF(D3="☆☆☆☆☆","经理助理",IF(D3="☆☆☆☆","小组组长",IF(D3="☆☆☆","普通职员",IF(D3="☆☆","实习员工","储备生"))))

2	员工编号	员工姓名	考核成绩	等级评定	岗位调配	考核奖金
3	WL001	王飞扬	60	☆☆	实习员工	
4	WL002	童瑶瑶	57	☆☆	实习员工	
5	WL003	王小利	84	☆☆☆☆	小组组长	
6	WL004	吴晨	60	☆☆	实习员工	
7	WL005	吴昕	95	☆☆☆☆	小组组长	
8	WL006	钱毅力	38	☆	储备生	
9	WL007	张飞	48	☆☆	实习员工	
10	WL008	管一非	68	☆☆☆	普通职员	
11	WL009	王蓉	68	☆☆☆	普通职员	
12	WL010	石兴红	48	☆☆	实习员工	
13	WL011	朱红梅	18	☆	储备生	
14	WL012	夏守梅	85	☆☆☆☆	小组组长	
15	WL013	周静	105	☆☆☆☆☆	经理助理	
16	WL014	王涛	48	☆☆	实习员工	
17	WL015	彭红	40	☆	储备生	
18	WL016	王晶	90	☆☆☆☆	小组组长	
19	WL017	李金晶	100	☆☆☆☆	小组组长	
20	WL018	王桃芳	45	☆☆	实习员工	
21	WL019	刘云英	63	☆☆☆	普通职员	
22	WL020	李光明	68	☆☆☆	普通职员	
23	WL021	莫凡	105	☆☆☆☆☆	经理助理	
24	WL022	简单	80	☆☆☆	普通职员	

图8-70

我们将根据员工的等级为员工进行岗位调配，将5星的员工安排岗位为"经理助理"，4星的员工安排岗位为"小组组长"，3星的员工安排岗位为"普通员工"，2星的员工安排岗位为"实习员工"，其他1星的员工安排岗位为"储备生"。

2. 计算考核奖金

对考核结果较好的员工公司应给予工资增长的奖励，并对考核结果较差的员工给予工资降低的惩罚，奖励和惩罚的规则为以原工资为标准增加或减少一定的百分比下面我们将依上述原则利用Excel函数计算各员工的考核奖金。

	A	B	C	D	E	F
13	WL011	朱红梅	18	☆	储备生	
14	WL012	夏守梅	85	☆☆☆☆	小组组长	
15	WL013	周静	105	☆☆☆☆☆	经理助理	
16	WL014	王涛	48	☆☆	实习员工	
17	WL015	彭红	40	☆	储备生	
18	WL016	王晶	90	☆☆☆☆	小组组长	
19	WL017	李金晶	100	☆☆☆☆	小组组长	
20	WL018	王桃芳	45	☆☆	实习员工	
21	WL019	刘云英	63	☆☆☆	普通职员	
22	WL020	李光明	68	☆☆☆	普通职员	
23	WL021	莫凡	105	☆☆☆☆☆	经理助理	
24	WL022	简单	80	☆☆☆	普通职员	
25						
26	考核等级	☆☆☆☆☆	☆☆☆☆	☆☆☆	☆☆	☆
27	工资增长	5%	3%	0%	-5%	-10%
28						
29						

图8-71

❶ 在"员工岗位等级评定表"下方输入员工的"考核等级"与"工资增长"的对应标准，并对单元格进行美化，如图8-71所示。

❷ 在F3单元格中输入公式："=HLOOKUP(D3,$B$26:$F$27,2, FALSE)"，按〈Enter〉键后向下复制公式，即可在"考核等级"与"工资增长"的对应标准中查找对应员工等级的工资增长标准，如图8-72所示。

F3　=HLOOKUP(D3,$B$26:$F$27,2, FALSE)

员工编号	员工姓名	考核成绩	等级评定	岗位调配	考核奖金
WL001	王飞扬	60	☆☆	实习员工	-0.05
WL002	童瑶瑶	57	☆☆	实习员工	-0.05
WL003	王小利	84	☆☆☆☆	小组组长	0.03
WL004	吴晨	60	☆☆	实习员工	-0.05
WL005	吴昕	95	☆☆☆☆	小组组长	0.03
WL006	钱毅力	38	☆	储备生	-0.1
WL007	张飞	48	☆☆	实习员工	-0.05
WL008	管一非	68	☆☆☆	普通职员	0
WL009	王蓉	68	☆☆☆	普通职员	0
WL010	石兴红	48	☆☆	实习员工	-0.05
WL011	朱红梅	18	☆	储备生	-0.1
WL012	夏守梅	85	☆☆☆☆	小组组长	0.03
WL013	周静	105	☆☆☆☆☆	经理助理	0.05
WL014	王涛	48	☆☆	实习员工	-0.05
WL015	彭红	40	☆	储备生	-0.1
WL016	王晶	90	☆☆☆☆	小组组长	0.03
WL017	李金晶	100	☆☆☆☆	小组组长	0.03
WL018	王桃芳	45	☆☆	实习员工	-0.05
WL019	刘云英	63	☆☆☆	普通职员	0
WL020	李光明	68	☆☆☆	普通职员	0
WL021	莫凡	105	☆☆☆☆☆	经理助理	0.05
WL022	简单	80	☆☆☆	普通职员	0

图8-72

❸ 设置F3:F24单元格区域的数字格式为"百分比"，效果如图8-73所示。

员工编号	员工姓名	考核成绩	等级评定	岗位调配	考核奖金
WL001	王飞扬	60	☆☆	实习员工	-5%
WL002	童瑶瑶	57	☆☆	实习员工	-5%
WL003	王小利	84	☆☆☆☆	小组组长	3%
WL004	吴晨	60	☆☆	实习员工	-5%
WL005	吴昕	95	☆☆☆☆	小组组长	3%
WL006	钱毅力	38	☆	储备生	-10%
WL007	张飞	48	☆☆	实习员工	-5%
WL008	管一非	68	☆☆☆	普通职员	0%
WL009	王蓉	68	☆☆☆	普通职员	0%
WL010	石兴红	48	☆☆	实习员工	-5%
WL011	朱红梅	18	☆	储备生	-10%
WL012	夏守梅	85	☆☆☆☆	小组组长	3%
WL013	周静	105	☆☆☆☆☆	经理助理	5%
WL014	王涛	48	☆☆	实习员工	-5%
WL015	彭红	40	☆	储备生	-10%
WL016	王晶	90	☆☆☆☆	小组组长	3%
WL017	李金晶	100	☆☆☆☆	小组组长	3%
WL018	王桃芳	45	☆☆	实习员工	-5%
WL019	刘云英	63	☆☆☆	普通职员	0%
WL020	李光明	68	☆☆☆	普通职员	0%
WL021	莫凡	105	☆☆☆☆☆	经理助理	5%
WL022	简单	80	☆☆☆	普通职员	0%

图8-73

8.4.2　员工绩效考核成绩排行榜

绩效考核成绩是员工薪资、晋升的量化依据，一般对员工的绩效成绩进行考核后，会根据考核成绩进行排名，从而生成成绩排行榜（如图8-74所示），以便于员工之间的积极竞争。制作员工绩效考核成绩排行榜的具体操作如下：

员工绩效考核成绩排行榜

部门：　销售部

序号	员工姓名	业绩评分	工作能力评分	工作态度评分	平均分	名次
1	王飞扬	85	68	74	76	16
2	童瑶瑶	67	98	89	85	7
3	王小利	75	78	85	79	13
4	吴晨	89	26	98	71	20
5	吴昕	59	78	77	71	20
6	钱毅力	87	98	98	94	1
7	张飞	48	75	56	60	22
8	管一非	78	79	85	81	10
9	王蓉	89	68	89	82	9
10	石兴红	98	84	87	90	2
11	朱红梅	68	79	75	74	17
12	夏守梅	98	86	86	90	2
13	周静	78	98	77	84	8
14	王涛	79	82	98	86	5
15	彭红	85	89	87	87	4
16	王晶	87	68	75	77	15
17	李金晶	98	49	68	72	18
18	王桃芳	85	77	79	80	12
19	刘云英	84	89	85	86	5
20	李光明	57	89	89	78	14
21	莫凡	89	68	87	81	10
22	简单	67	92	55	71	20

图8-74

❶ 插入工作表，将其重命名为"员工绩效考核成绩排行榜"，在工作表中输入相应的列标识以及相关内容，如图8-75所示。

	A	B	C	D	E	F	G
1	员工绩效考核成绩排行榜						
2				部门：		销售部	
3	序号	员工姓名	业绩评分	工作能力评分	工作态度评分	平均分	名次
4	1	王飞扬	85	68	74		
5	2	童瑶瑶	67	98	89		
6	3	王小利	75	78	85		
7	4	吴晨	89	26	98		
8	5	吴昕	59	78	77		
9	6	钱毅力	87	98	98		
10	7	张飞	48	75	56		
11	8	管一非	78	79	85		
12	9	王蓉	89	68	89		
13	10	石兴红	98	84	87		
14	11	朱红梅	68	79	75		
15	12	夏守梅	98	86	86		
16	13	周静	78	98	77		
17	14	王涛	79	82	98		
18	15	彭红	85	89	87		
19	16	王晶	87	68	75		
20	17	李金晶	98	49	68		
21	18	王桃芳	85	77	79		
22	19	刘云英	84	89	85		

员工岗位等级评定表　员工绩效考核成绩排行榜

图8-75

❷ 对表格进行美化设置，效果如图8-76所示。

员工绩效考核成绩排行榜

序号	员工姓名	业绩评分	工作能力评分	工作态度评分	平均分	名次
			部门：		销售部	
1	王飞扬	85	68	74		
2	童瑶瑶	67	98	89		
3	王小利	75	78	85		
4	吴晨	89	26	98		
5	吴昕	59	78	77		
6	钱毅力	87	98	98		
7	张飞	48	75	56		
8	管一非	78	79	85		
9	王蓉	89	68	89		
10	石兴红	98	84	87		
11	朱红梅	68	79	75		
12	夏守梅	98	86	86		
13	周静	78	98	77		
14	王涛	79	82	98		
15	彭红	85	89	87		
16	王晶	87	68	75		

图8-76

F4 =ROUND(AVERAGE(C4:E4),0)

序号	员工姓名	业绩评分	工作能力评分	工作态度评分	平均分	名次
1	王飞扬	85	68	74	76	
2	童瑶瑶	67	98	89	85	
3	王小利	75	78	85	79	
4	吴晨	89	26	98	71	
5	吴昕	59	78	77	71	
6	钱毅力	87	98	98	94	
7	张飞	48	75	56	60	
8	管一非	78	79	85	81	
9	王蓉	89	68	89	82	
10	石兴红	98	84	87	90	
11	朱红梅	68	79	75	74	
12	夏守梅	98	86	86	90	
13	周静	78	98	77	84	
14	王涛	79	82	98	86	
15	彭红	85	89	87	87	
16	王晶	87	68	75	77	
17	李金晶	98	49	68	72	
18	王桃芳	85	77	79	80	
19	刘云英	84	89	85	86	
20	李光明	57	89	89	78	
21	莫凡	89	68	87	81	

图8-77

❸ 在F4单元格中输入公式："=ROUND(AVERAGE(C4:E4),0)"，按〈Enter〉键后向下复制公式，即可计算出各个员工的考核平均成绩，如图8-77所示。

公式解析

表示如果将 C4:E4 单元格求得的平均值进行四舍五入，取得整数。

G4 =TRUNC(RANK.AVG(F4,$F$4:$F$25),0)

员工绩效考核成绩排行榜

序号	员工姓名	业绩评分	工作能力评分	工作态度评分	平均分	名次
			部门：		销售部	
1	王飞扬	85	68	74	76	16
2	童瑶瑶	67	98	89	85	7
3	王小利	75	78	85	79	13
4	吴晨	89	26	98	71	20
5	吴昕	59	78	77	71	20
6	钱毅力	87	98	98	94	1
7	张飞	48	75	56	60	22
8	管一非	78	79	85	81	10
9	王蓉	89	68	89	82	9
10	石兴红	98	84	87	90	2
11	朱红梅	68	79	75	74	17
12	夏守梅	98	86	86	90	2
13	周静	78	98	77	84	8
14	王涛	79	82	98	86	5
15	彭红	85	89	87	87	4
16	王晶	87	68	75	77	15
17	李金晶	98	49	68	72	18
18	王桃芳	85	77	79	80	12
19	刘云英	84	89	85	86	5
20	李光明	57	89	89	78	14
21	莫凡	89	68	87	81	10
22	简单	67	92	55	71	20

图8-78

❹ 在G4单元格中输入公式："=TRUNC(RANK.AVG(F4,$F$4:$F$25),0)"，按〈Enter〉键后向下复制公式，即可计算出员工考核成绩的排名，如图8-78所示。

公式解析

"RANK.AVG(F4,$F$4:$F$25)" 表示在 F4:F25 单元格区域计算出 F4 单元格值的排位，如果 F4 单元格的值和单元格区域其他值具有相同的排位，则返回平均排位。再使用 TRUNC 函数将所得排位的小数部分截去，返回整数。

第9章 公司员工档案管理

我最讨厌管理员工档案了！档案资料不但枯燥无味，而且涉及方方面面的数据和信息又多又乱，一不小心就会出问题！

其实管理数据正是Excel 2013的强项啊！充分利用Excel 2013的各项功能发挥Excel 2013的数据管理与分析能力，你会发现档案管理其实并不难。

9.1 制作流程

为了对企业员工档案信息进行有效的管理，在办公中可以利用Excel 2013软件来建立一个档案信息管理库。包括档案管理表（可以系统地管理员工档案）、员工信息查询表（通过员工姓名快速调出该员工档案）等，同时也方便对企业年龄结构、各部门员工性别分布、稳定性等进行分析。

本章我们将通过制作员工档案管理表、档案查询表，以及对员工年龄结构进行分析、性别结构进行分析和员工稳定性进行分析五项任务向你介绍与公司员工档案管理相关的各项技能，如图9-1所示。

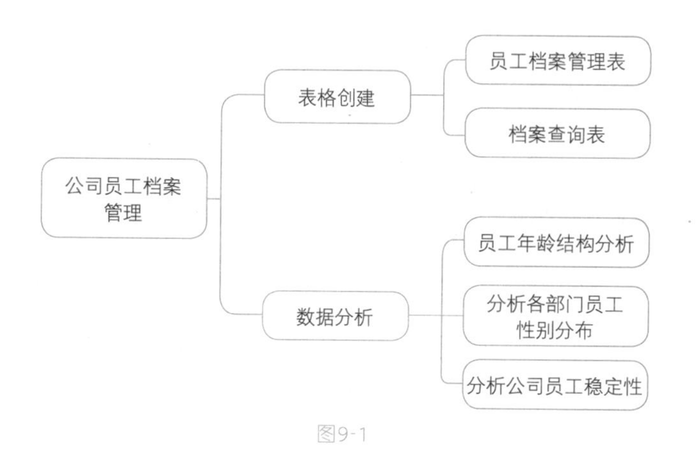

图9-1

员工档案管理需要使用原始表格，也会用到分析图表，我们先来看下它们的效果，有个大致的了解，如图9-2所示。

员 工 档 案 管 理 表

编号	姓名	性别	出生日期	年龄	身份证号	所在部门	所属职位	入职时间	工龄	学历	毕业院校	专业	联系方式
HG001	胡莉	女	1982-04-10	34	342701198204108302	财务部	总监	2006-2-14	10	硕士以上	苏州财经学院	财会	15207891234
HG002	王青	女	1984-02-01	32	342301198402018426	企划部	员工	2012-7-1	4	本科	中国工业大学	设计	13867691435
HG003	何以玫	女	1987-02-13	29	342701198702138528	销售部	业务员	2004-7-1	12	大专	江苏外国语学院	英语	13464494236
HG004	王飞扬	男	1981-09-12	35	341228810912009	企划部	部门经理	2006-7-1	10	本科	南京学院	设计	13867894237
HG005	董瑶瑶	女	1983-06-12	33	341270198306123241	网络安全部	员工	2009-4-5	7	硕士以上	南京电子工程学院	电子工程	13367891238
HG006	王小利	男	1981-03-14	35	322701810314955	销售部	业务员	2006-4-14	10	本科	江苏商学院	市场营销	13867491239
HG007	吴晨	女	1984-10-15	32	342526198410151583	网络安全部	部门经理	2008-6-14	8	硕士	苏州大学	IT网络	15867491240
HG008	吴昕	女	1983-08-15	33	342826830815206	行政部	员工	2004-1-28	12	大专	济南经济学院	行政管理	13267894241
HG009	钱毅力	男	1981-09-12	35	341226810912001	销售部	部门经理	2010-2-2	6	大专	涉外经济学院	营销管理	13867891242
HG010	张飞	女	1992-04-15	24	341226199204152025	财务部	员工	2004-2-19	12	本科	苏州财经学院	财务	13067891243
HG011	管一非	女	1988-10-10	28	342826198810102082	销售部	业务员	2013-4-7	3	大专	北京大学	市场营销	13861895244
HG012	王蓉	女	1985-04-12	31	341226198504122041	企划部	员工	2014-2-20	2	硕士	中国工业大学	计算机	13867891245
HG013	石兴红	男	1976-03-21	40	342326760321201	销售部	业务员	2005-2-25	11	高中及以下	南昌商学院	土木工程	13161891246
HG014	朱红梅	女	1992-10-15	24	341226199210152042	行政部	员工	2013-2-25	3	本科	天津理工大学	项目管理	13867891247
HG015	夏守梅	男	1981-05-06	35	341228810506203	网络安全部	员工	2011-8-26	5	本科	南京电子工程学院	市场营销	18067894248
HG016	周静	女	1968-02-28	48	342801680228112	销售部	业务员	2005-10-4	11	大专	江苏商学院	设计	13867891249
HG017	王涛	女	1972-12-03	44	342622197212038624	行政部	员工	2003-10-6	13	大专	苏州大学	电子工程	19867891250
HG018	彭红	男	1980-03-12	36	342170198003122557	行政部	员工	2010-2-9	6	大专	济南经济学院	市场营销	13867898251
HG019	王晶	男	1972-02-13	44	342701197202138578	销售部	业务员	2010-2-14	6	本科	涉外经济学院	IT网络	13867899252
HG020	李金晶	男	1970-02-15	46	342701197002158573	网络安全部	员工	2002-4-12	14	硕士以上	苏州财经学院	网络工程	13867891253
HG021	王桃芳	男	1982-02-13	34	342170198202138517	销售部	业务员	2006-5-25	10	高中及以下	北京大学	营销管理	13867890254
HG022	刘云英	女	1985-02-13	31	342701850213868	销售部	部门经理	2008-6-9	8	本科	中国工业大学	法律	13867891255

员工档案管理表

输入要查询的员工姓名按回车

	胡莉
姓名	胡莉
性别	女
出生日期	1982-04-10
年龄	34
身份证号	342701198204108302
所在部门	财务部
所属职位	总监
入职时间	2006-2-14
工龄	10
学历	硕士以上
毕业院校	苏州财经学院
专业	财会
联系方式	15207891234

cy:
请在此选择要查询的员工姓名。

员工技能考核表

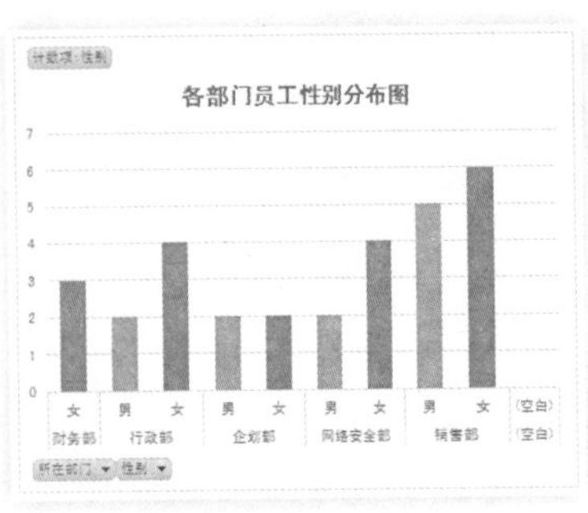

分析各部门员工性别分布

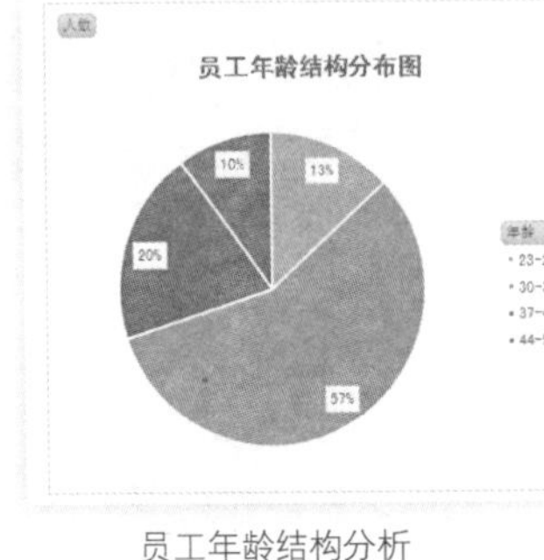

员工年龄结构分析

图9-2

9.2 新手基础

在Excel 2013中进行员工档案管理需要用到的知识点除了前面章节介绍的，这里还包括：数据的输入、数据透视表、数据透视图以及相关函数等。

9.2.1 自动填充连续序号

在制作档案文档时，我们需要为每一条档案记录设置相应的编号。当我们对档案中的条目位置进行移动时，其编号也需要进行相应调整，如果我们逐条手动修改编号显然费时费力并不可取，此时我们可以使用Excel 2013中的自动填充连续编号功能来修改编号，具体操作如下：

❶ 在A2单元格中输入“A001”。将鼠标指针移至该单元格区域的右下角，至鼠标指针变成十字形状**+**，如图9-3所示。

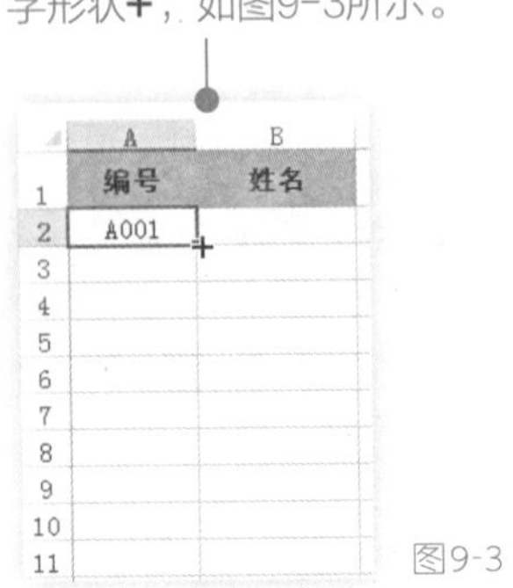

图9-3

❷ 按住鼠标左键不放，向下拖动鼠标指针至填充结束的位置，如图9-4所示。

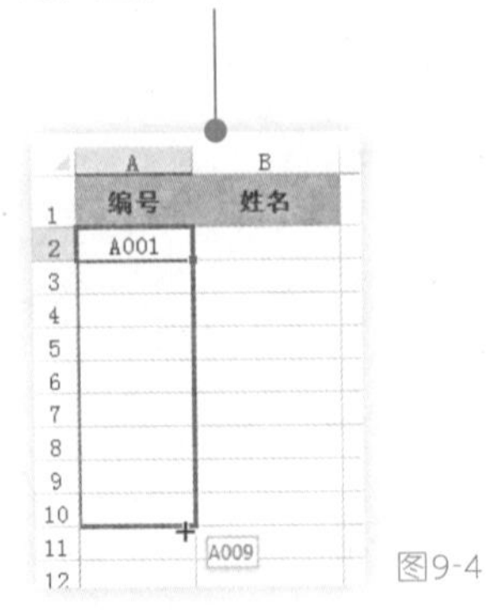

图9-4

❸ 释放鼠标，鼠标指针选取的区域自动完成填充如图9-5所示。

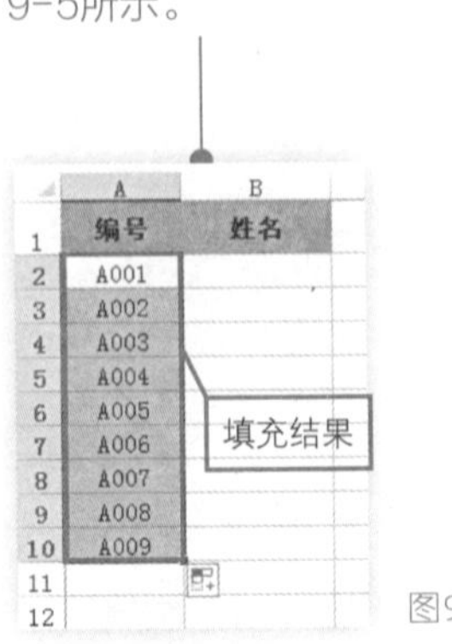

图9-5

自动填充完成后，都会出现"自动填充选项"按钮（图9-6），在此按钮的下拉菜单中，我们可以选择不同的填充方式，例如"仅填充格式""不带格式填充"等，如图9-7所示。

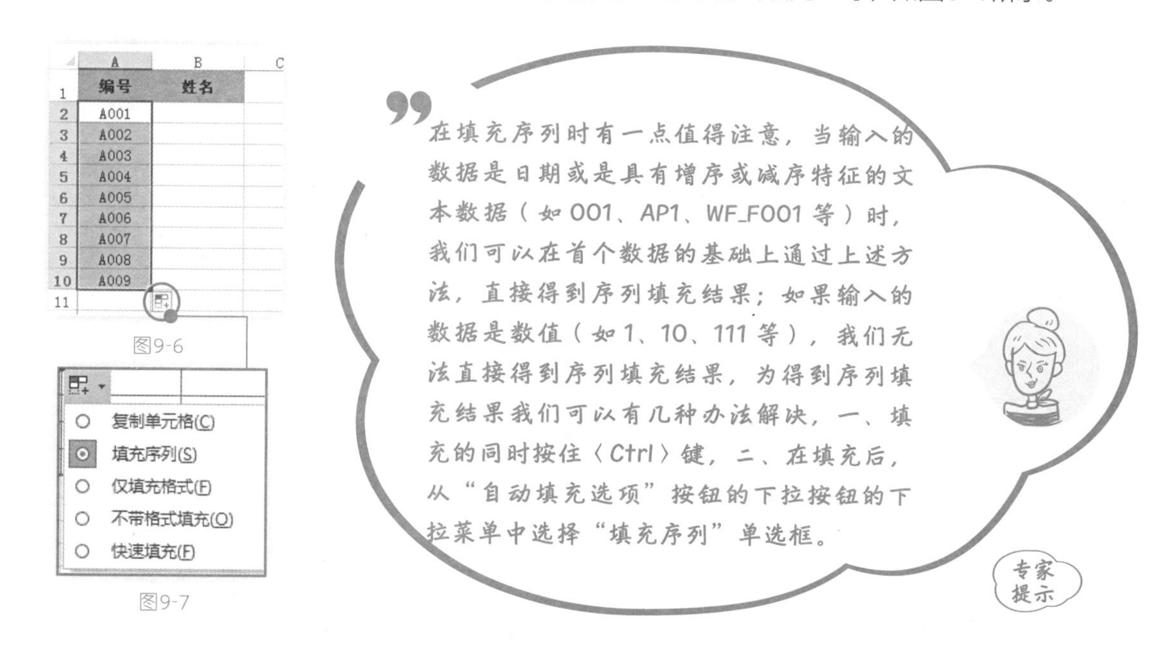

图9-6

图9-7

9.2.2 建立可选择输入的序列

对于员工档案表格中经常需要输入的文本内容，比如性别、部门等。我们可以通过数据验证功能将备选信息纳入可选择输入序列中，这样我们可以直接通过下拉列表进行选择输入，进而提高工作效率，减少出错率。

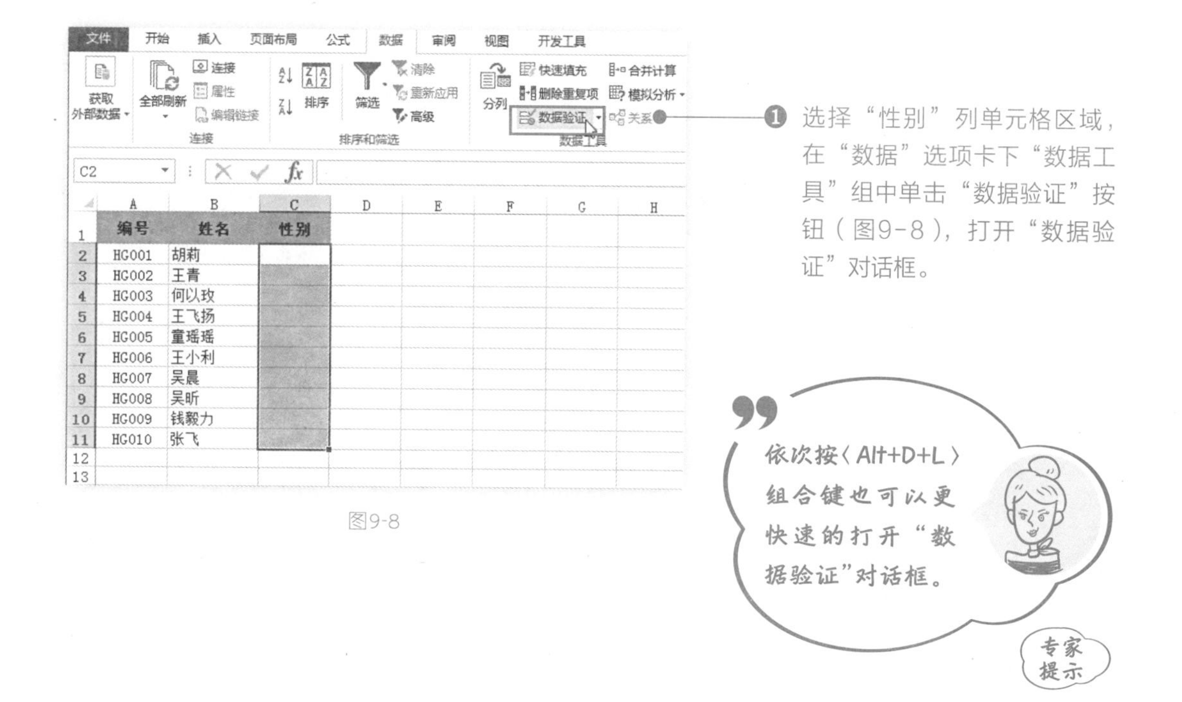

图9-8

❷ 在“数据验证”栏下的“允许”下拉列表选择“序列”，在“来源”设置框中输入“男，女”，需要注意的是这里需要使用半角状态下的逗号将“男”“女”二字分开，如图9-9所示。

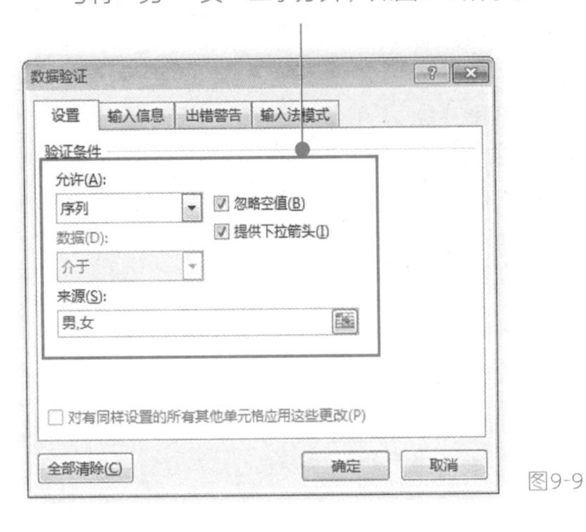

图9-9

❸ 单击“确定”按钮，返回到工作表，选中设置了数据序列的单元格，其右边都会出现一个下箭头，单击即可打开下拉菜单（图9-10），从中选择员工性别。

	A	B	C
1	编号	姓名	性别
2	HG001	胡莉	
3	HG002	王青	男
4	HG003	何以玫	女
5	HG004	王飞扬	
6	HG005	童瑶瑶	
7	HG006	王小利	
8	HG007	吴晨	
9	HG008	吴昕	
10	HG009	钱毅力	
11	HG010	张飞	
12			

图9-10

9.2.3 通过单引号将数字转换为文本

在Excel 2013中将数字由数值格式转换为文本格式，除了通过工具栏、对话框更改数据格式外，还有一个特别简单的方法就是通过单引号将数字转换为文本。在Excel 2013中，单引号有着特殊的应用，在输入的数据前添加单引号，可以实现将数字由数值格式转换为文本格式。具体操作如下：

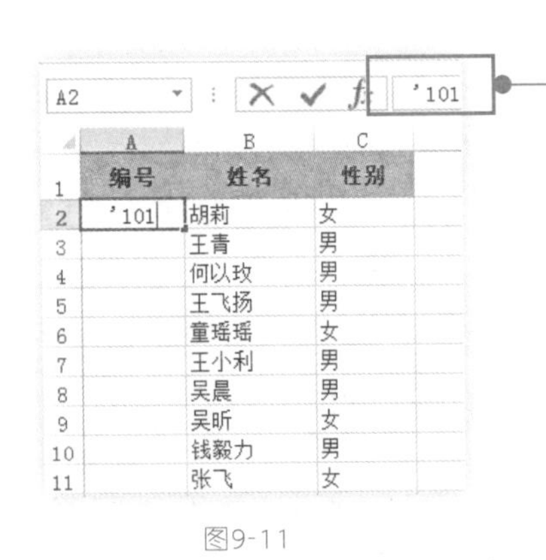

A2 '101

	A	B	C
1	编号	姓名	性别
2	'101	胡莉	女
3		王青	男
4		何以玫	男
5		王飞扬	男
6		童瑶瑶	女
7		王小利	男
8		吴晨	男
9		吴昕	女
10		钱毅力	男
11		张飞	女

图9-11

❶ 选中A2单元格，在输入的数字前面添加一个单引号，如图9-11所示。

❷ 按〈Enter〉键，即可将输入的数字直接转换成文本，如图9-12所示。

	A	B	C
1	编号	姓名	性别
2	101	莉	女
3		王青	男
4		何以玫	男
5		王飞扬	男
6		童瑶瑶	女
7		王小利	男
8		吴晨	男
9		吴昕	女
10		钱毅力	男
11		张飞	女
12			

图9-12

如果输入文字、字母等内容，系统将其默认作为文本来处理，无须特意设置单元格的格式为“文本”。但有些情况下必须设置单元格的格式为“文本”格式，例如，输入以0开头的编号、一串数字表示的产品编码、身份证号码等，如果不设置单元格格式为“文本”格式，这样的数据将无法正确显示。

专家提示

9.2.4 用表格中部分数据建立数据透视表

数据透视表是交互式报表，可快速合并和比较大量数据。您可旋转其行和列以查看源数据的不同汇总，还可让透视表显示感兴趣区域的明细数据。如果要分析相关数据的汇总值，尤其是在要对规模较大的数据进行多维度的比较分析，数据透视表是我必用的分析工具。如果表格中包含众多数据，而当前只需要针对性分析某项数据，我们则可以只选择其中一部分数据来创建透视表。

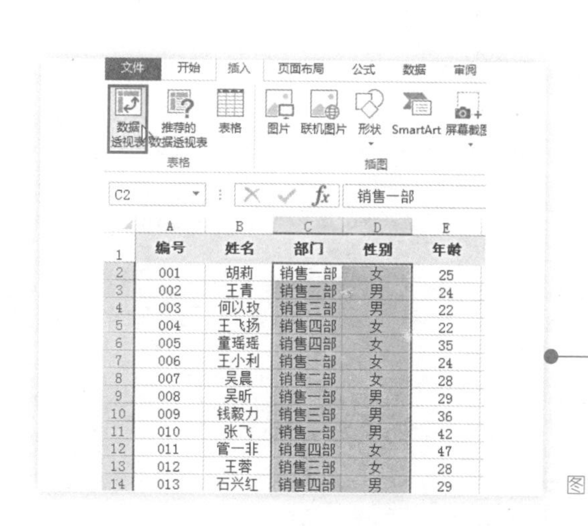

图9-13

在创建数据透视表前，要确定表格中的数据区域具有列标题。

专家提示

❶ 选中需要汇总的表格中的单元格区域，在“插入”选项卡的“表格”组中单击“数据透视表”命令按钮（图9-13），打开“创建数据透视表”对话框。

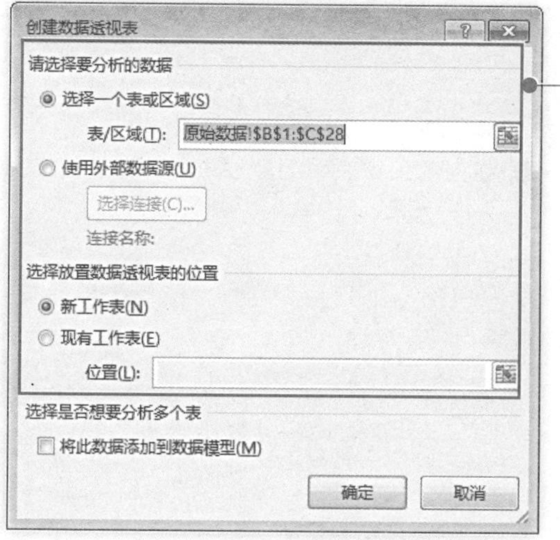

图9-14

❷ “选择一个表或区域”中显示了选择的部分表格区域；选中“新工作表”单选框，单击“确定”按钮如图9-14所示。

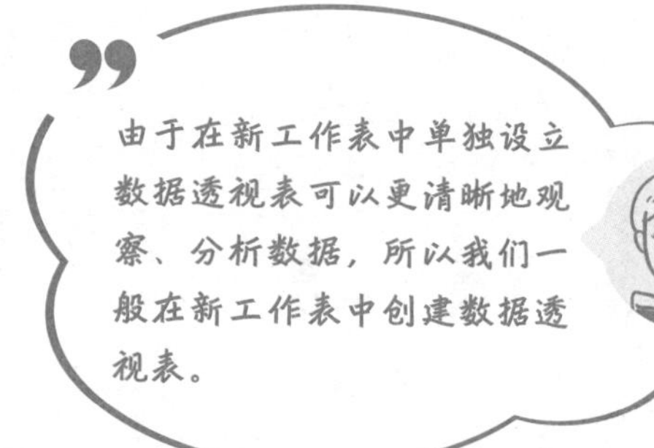

专家提示

图9-15

❸ 一个空的数据透视表添加到新的工作表中。通过添加字段可以实现对各个部门中男女销售员的人数的统计，如图9-15所示。

9.2.5 选用合适的数据透视图

使用Excel 2013数据透视图可以将数据透视表中的数据可视化，以便于我们查看、比较和预测趋势，帮助我们运用数据做出决策。数据透视图有很多类型，我们可根据当前数据的实际情况来选择合适的数据透视图。

❶ 选中数据透视表任意单元格，单击“数据透视表工具”→“分析”选项卡，在“工具”组中单击“数据透视图”按钮，如图9-16所示。

❷ 打开“插入图表”对话框，单击“柱形图”标签，并选取中意的柱形图类型，单击“确定”按钮，如图9-17所示。

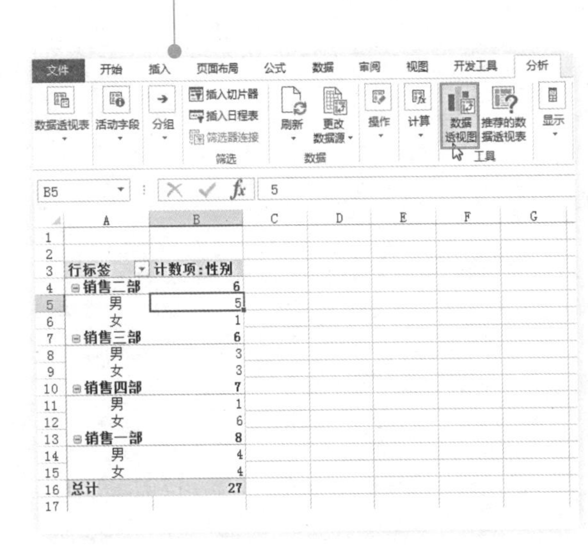

图9-16

图9-17

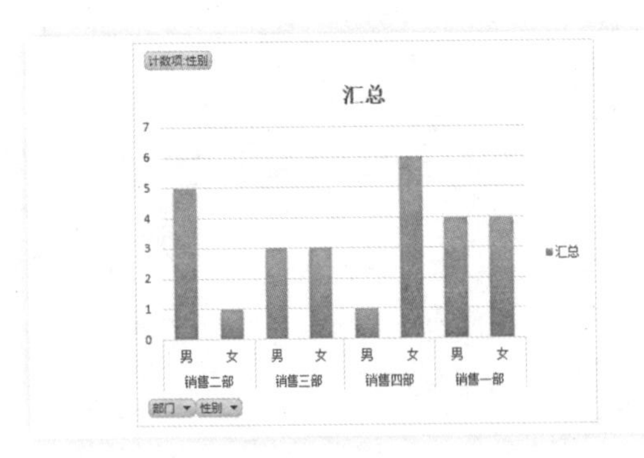

❸ 在当前工作表中创建柱形图，完善后如图9-18所示。

图9-18

Excel 2013 默认的图表构图方式都是横向的，为什么这里你的图表却是竖向的呢？

因为竖向的构图方式可以让阅读者阅读起来自然而舒适啊。所以我所做的图表大部分都是选择竖向的，不过也不是所有的图表都要采用竖向的构图方式，采用哪种构图还是要根据实际情况来决定的。

9.2.6　为数据透视图添加数据标签

Excel 2013数据透视图以其直观的展示功能深受用户喜爱，那么为数据透视表生成数据透视图后如何添加数据标签呢？数据标签是图表各颜色代表的具体数值，添加数据标签后，可以清晰地看到数据的大小，具体操作如下。

❶ 选中图表，单击“图表元素”按钮，打开下拉菜单，单击“数据标签”右侧按钮，打开子菜单，如图9-19所示。

❷ 这里选中“数据标签内”，即可为数据透视图添加数据标签，效果如图9-20所示。

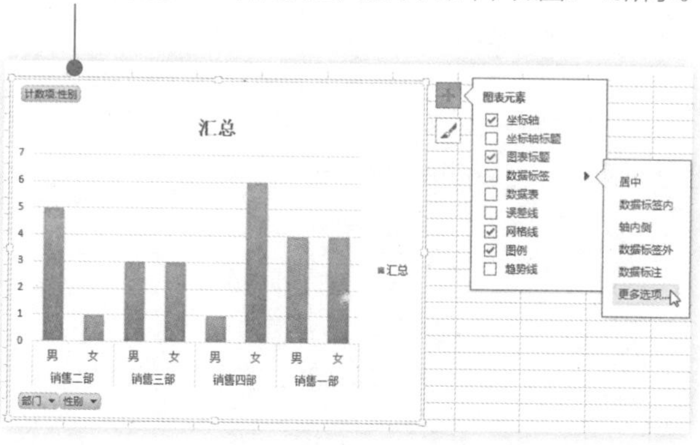

图9-19

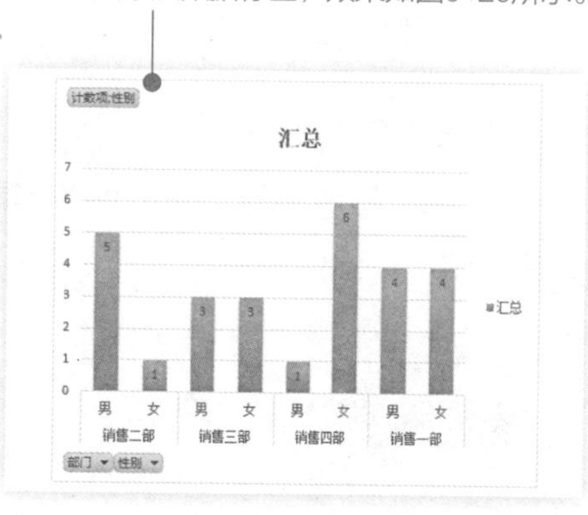

图9-20

9.2.7　TODAY 函数（返回当前的日期和时间）

【函数功能】TODAY返回当前日期的序列号。

【函数语法】TODAY()

◆ TODAY函数没有参数。

在处理员工档案管理时，我们可用TODAY函数解决以下问题。

1. 实时更新员工在职天数

根据如图9-21所示的表格中员工的入职日期来计算员工在职天数。

❶ 在C2单元格中输入公式：“=TODAY()-B2”，按〈Enter〉键即可返回第一位员工的在职天数，如图9-22所示。

❷ 向下填充C2单元格的公式至C10单元格，即可返回其他员工的在职天数，如图9-23所示。

姓名	入职日期
胡莉	2011/5/18
王青	2012/1/10
何以玫	2014/3/12
王飞扬	2013/3/15
童瑶瑶	2009/3/20
王小利	2012/3/18
吴晨	2014/5/12
夏婷婷	2013/10/28
王阳	2014/1/18

图9-21

C2　=TODAY()-B2

姓名	入职日期	在职天数
胡莉	2011/5/18	1904/4/28
王青	2012/1/10	
何以玫	2014/3/12	
王飞扬	2013/3/15	
童瑶瑶	2009/3/20	
王小利	2012/3/18	
吴晨	2014/5/12	
夏婷婷	2013/10/28	
王阳	2014/1/18	

图9-22

姓名	入职日期	在职天数
胡莉	2011/5/18	1904/4/28
王青	2012/1/10	1903/9/4
何以玫	2014/3/12	1901/7/4
王飞扬	2013/3/15	1902/7/1
童瑶瑶	2009/3/20	1906/6/26
王小利	2012/3/18	1903/6/28
吴晨	2014/5/12	1901/5/4
夏婷婷	2013/10/28	1901/11/16
王阳	2014/1/18	1901/8/26

图9-23

	A	B	C
1	姓名	入职日期	在职天数
2	胡莉	2011/5/18	1580
3	王青	2012/1/10	1343
4	何以玫	2014/3/12	551
5	王飞扬	2013/3/15	913
6	童瑶瑶	2009/3/20	2369
7	王小利	2012/3/18	1275
8	吴晨	2014/5/12	490
9	夏婷婷	2013/10/28	686
10	王阳	2014/1/18	604
11			

图9-24

❸ 由于“在职天数”列函数返回的是日期值，重新设置其单元格格式为“常规”即可以根据入职时间自动显示在职天数，如图9-24所示。

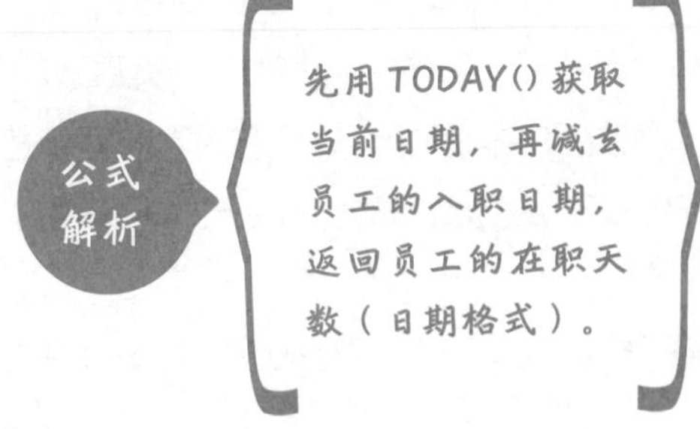

2. 计算员工虚岁年龄

现在要计算如图9-25所示表格中员工虚岁年龄，可以使用DATEDIF函数配合TODAY函数来实现。

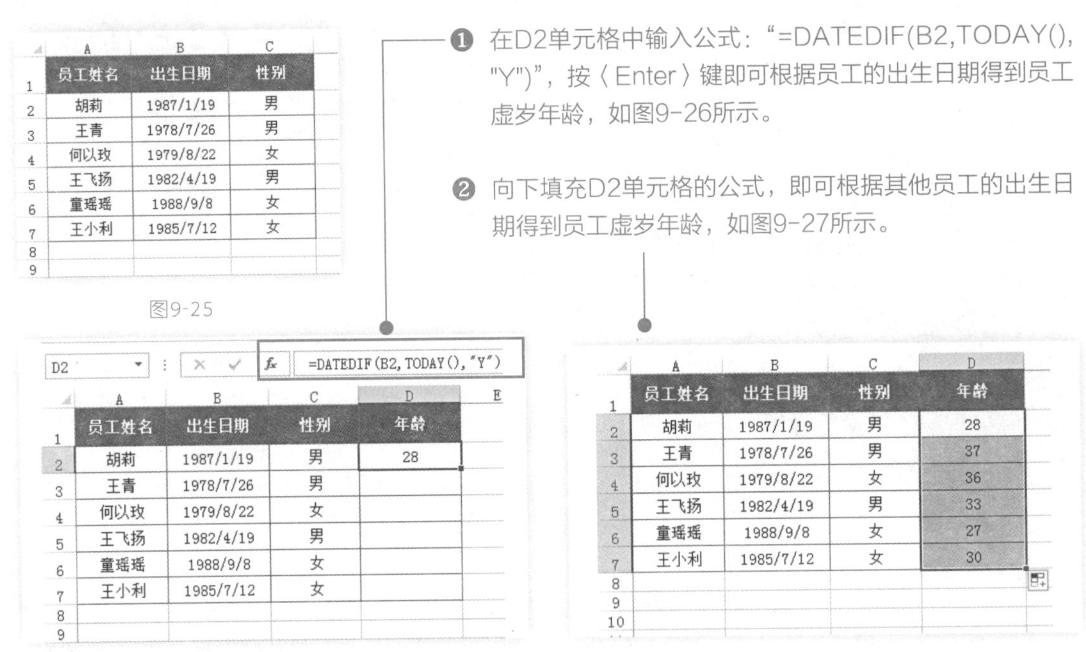

	A	B	C
1	员工姓名	出生日期	性别
2	胡莉	1987/1/19	男
3	王青	1978/7/26	男
4	何以玫	1979/8/22	女
5	王飞扬	1982/4/19	男
6	童瑶瑶	1988/9/8	女
7	王小利	1985/7/12	女
8			
9			

图9-25

❶ 在D2单元格中输入公式：“=DATEDIF(B2,TODAY(),"Y")”，按〈Enter〉键即可根据员工的出生日期得到员工虚岁年龄，如图9-26所示。

❷ 向下填充D2单元格的公式，即可根据其他员工的出生日期得到员工虚岁年龄，如图9-27所示。

D2 =DATEDIF(B2,TODAY(),"Y")

	A	B	C	D	E
1	员工姓名	出生日期	性别	年龄	
2	胡莉	1987/1/19	男	28	
3	王青	1978/7/26	男		
4	何以玫	1979/8/22	女		
5	王飞扬	1982/4/19	男		
6	童瑶瑶	1988/9/8	女		
7	王小利	1985/7/12	女		
8					
9					

图9-26

	A	B	C	D
1	员工姓名	出生日期	性别	年龄
2	胡莉	1987/1/19	男	28
3	王青	1978/7/26	男	37
4	何以玫	1979/8/22	女	36
5	王飞扬	1982/4/19	男	33
6	童瑶瑶	1988/9/8	女	27
7	王小利	1985/7/12	女	30
8				
9				
10				

图9-27

9.2.8 YEAR 函数（返回某日对应的年份）

【函数功能】YEAR函数表示某日期对应的年份。返回值为 1900 到 9999 之间的整数。

【函数语法】YEAR(serial_number)

◆ Serial_number：日期值，其中包含要查找年份的日期。应使用 DATE 函数输入日期，或者将日期作为其他公式或函数的结果输入。

在进行员工档案管理时YEAR函数可以帮我们解决以下问题。

1. 计算出员工的年龄

如图9-28所示的表格统计了员工的出生日期，利用出生日期可以计算员工的年龄。

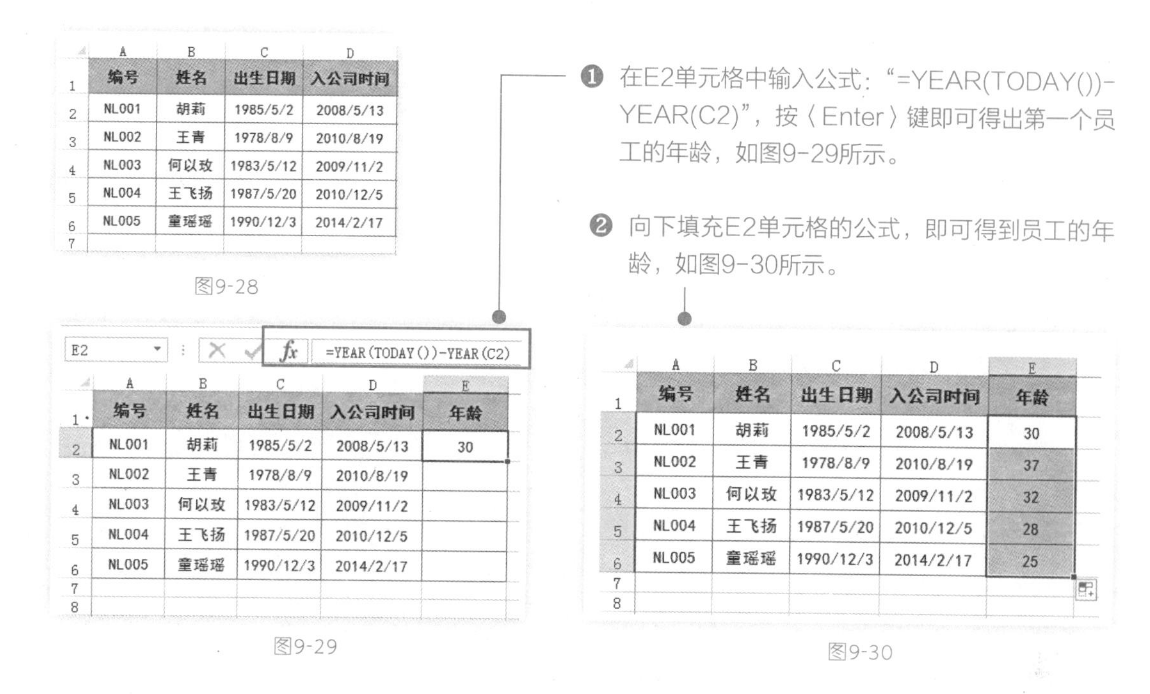

	A	B	C	D
1	编号	姓名	出生日期	入公司时间
2	NL001	胡莉	1985/5/2	2008/5/13
3	NL002	王青	1978/8/9	2010/8/19
4	NL003	何以玫	1983/5/12	2009/11/2
5	NL004	王飞扬	1987/5/20	2010/12/5
6	NL005	童瑶瑶	1990/12/3	2014/2/17
7				

图9-28

❶ 在E2单元格中输入公式："=YEAR(TODAY())-YEAR(C2)"，按〈Enter〉键即可得出第一个员工的年龄，如图9-29所示。

E2　fx　=YEAR(TODAY())-YEAR(C2)

	A	B	C	D	E
1	编号	姓名	出生日期	入公司时间	年龄
2	NL001	胡莉	1985/5/2	2008/5/13	30
3	NL002	王青	1978/8/9	2010/8/19	
4	NL003	何以玫	1983/5/12	2009/11/2	
5	NL004	王飞扬	1987/5/20	2010/12/5	
6	NL005	童瑶瑶	1990/12/3	2014/2/17	
7					
8					

图9-29

❷ 向下填充E2单元格的公式，即可得到员工的年龄，如图9-30所示。

	A	B	C	D	E
1	编号	姓名	出生日期	入公司时间	年龄
2	NL001	胡莉	1985/5/2	2008/5/13	30
3	NL002	王青	1978/8/9	2010/8/19	37
4	NL003	何以玫	1983/5/12	2009/11/2	32
5	NL004	王飞扬	1987/5/20	2010/12/5	28
6	NL005	童瑶瑶	1990/12/3	2014/2/17	25
7					
8					

图9-30

2. 计算出员工的工龄

如图9-31所示的表格统计了员工的进入公司的日期后，下面使用YEAR和TODAY函数可以计算出员工工龄。

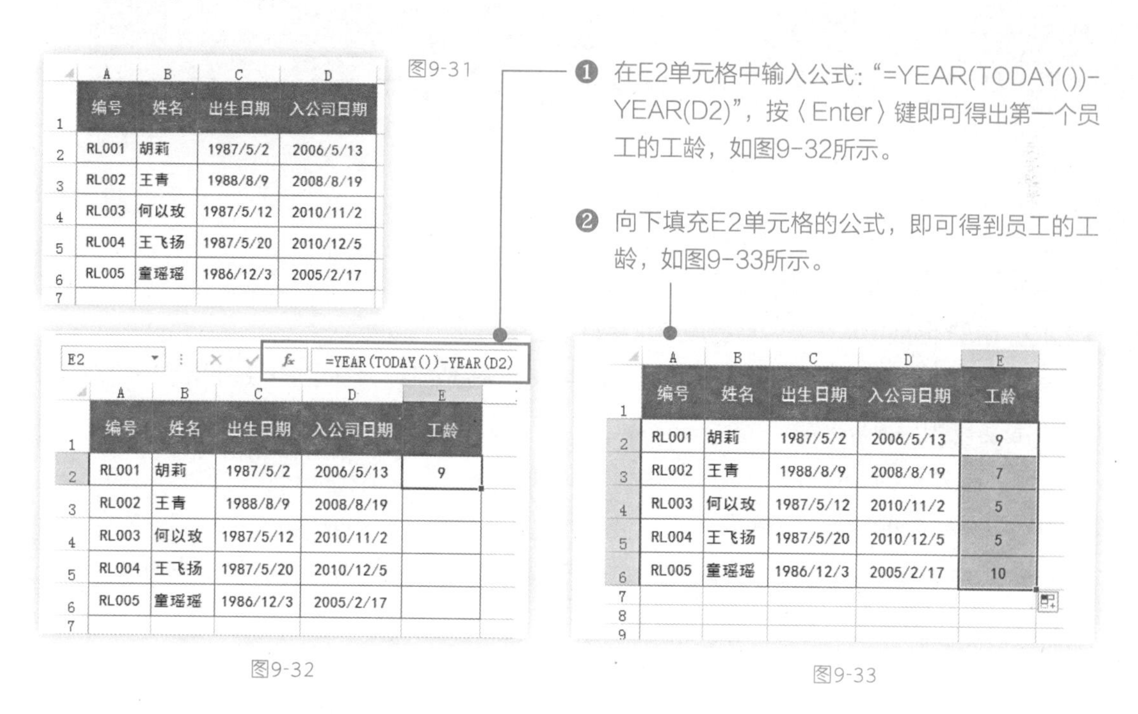

	A	B	C	D
1	编号	姓名	出生日期	入公司日期
2	RL001	胡莉	1987/5/2	2006/5/13
3	RL002	王青	1988/8/9	2008/8/19
4	RL003	何以玫	1987/5/12	2010/11/2
5	RL004	王飞扬	1987/5/20	2010/12/5
6	RL005	童瑶瑶	1986/12/3	2005/2/17
7				

图9-31

❶ 在E2单元格中输入公式："=YEAR(TODAY())-YEAR(D2)"，按〈Enter〉键即可得出第一个员工的工龄，如图9-32所示。

E2　fx　=YEAR(TODAY())-YEAR(D2)

	A	B	C	D	E
1	编号	姓名	出生日期	入公司日期	工龄
2	RL001	胡莉	1987/5/2	2006/5/13	9
3	RL002	王青	1988/8/9	2008/8/19	
4	RL003	何以玫	1987/5/12	2010/11/2	
5	RL004	王飞扬	1987/5/20	2010/12/5	
6	RL005	童瑶瑶	1986/12/3	2005/2/17	
7					

图9-32

❷ 向下填充E2单元格的公式，即可得到员工的工龄，如图9-33所示。

	A	B	C	D	E
1	编号	姓名	出生日期	入公司日期	工龄
2	RL001	胡莉	1987/5/2	2006/5/13	9
3	RL002	王青	1988/8/9	2008/8/19	7
4	RL003	何以玫	1987/5/12	2010/11/2	5
5	RL004	王飞扬	1987/5/20	2010/12/5	5
6	RL005	童瑶瑶	1986/12/3	2005/2/17	10
7					
8					
9					

图9-33

9.2.9 LEN 函数（返回文本字符串中的字符）

【函数功能】LEN函数用于返回字符串的长度，用于判断字符串的长度是否正确。

【函数语法】LEN(text)

◆ Text：要查找其长度的字符串文本。

LEN函数可帮助我们在档案管理工作中检查输入的身份证号码位数是否正确。

身份证号码一般是18位或15位数，由于位数较多，常常会发生多录或少录的情况。如图9-34所示的是录入的一批员工的信息，下面通过LEN函数判断其中的身份证号码是否有录错的情况。

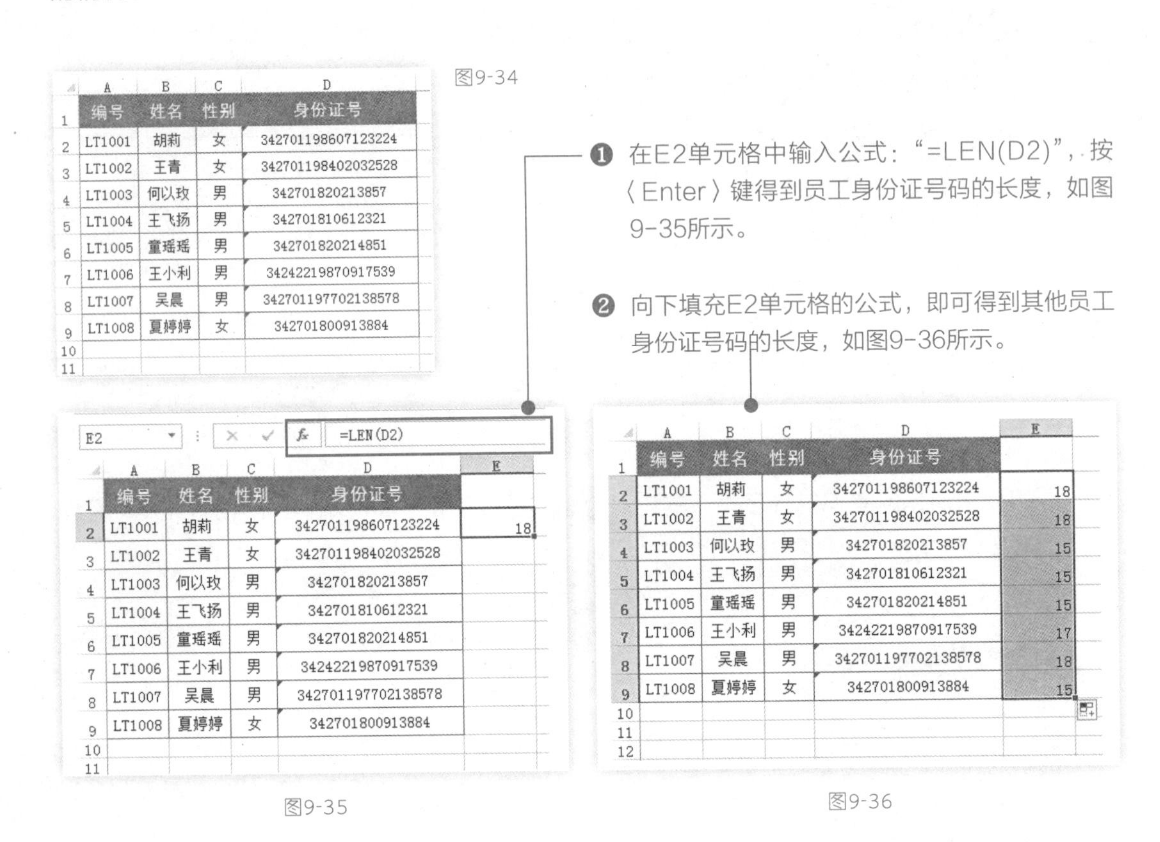

编号	姓名	性别	身份证号
LT1001	胡莉	女	342701198607123224
LT1002	王青	女	342701198402032528
LT1003	何以玫	男	342701820213857
LT1004	王飞扬	男	342701810612321
LT1005	童瑶瑶	男	342701820214851
LT1006	王小利	男	34242219870917539
LT1007	吴晨	男	342701197702138578
LT1008	夏婷婷	女	342701800913884

图9-34

编号	姓名	性别	身份证号	
LT1001	胡莉	女	342701198607123224	18
LT1002	王青	女	342701198402032528	
LT1003	何以玫	男	342701820213857	
LT1004	王飞扬	男	342701810612321	
LT1005	童瑶瑶	男	342701820214851	
LT1006	王小利	男	34242219870917539	
LT1007	吴晨	男	342701197702138578	
LT1008	夏婷婷	女	342701800913884	

图9-35

编号	姓名	性别	身份证号	
LT1001	胡莉	女	342701198607123224	18
LT1002	王青	女	342701198402032528	18
LT1003	何以玫	男	342701820213857	15
LT1004	王飞扬	男	342701810612321	15
LT1005	童瑶瑶	男	342701820214851	15
LT1006	王小利	男	34242219870917539	17
LT1007	吴晨	男	342701197702138578	18
LT1008	夏婷婷	女	342701800913884	15

图9-36

9.2.10 MID 函数（从任意位置提取指定字符数的字符）

【函数功能】MID 函数用于从给定的文本字符串中提取字符，并且提取的起始位置与提取的数目都可以用参数来指定。

【函数语法】MID(text, start_num, num_chars)

◆ Text：给定的文本字符串。

◆ Start_num：文本中要提取的第一个字符的位置。文本中第一个字符的start_num为1，依此类推。

◆ Num_chars：指定希望从文本中提取字符的个数。

灵活运用MID函数我们可以解决以下问题。

1. 提取出员工的代码

本例表格中显示各员工的完整编码，现在需要从完整编码中提取各员工的代码，即通过A列的数据得到C列的数据，如图9-37所示。

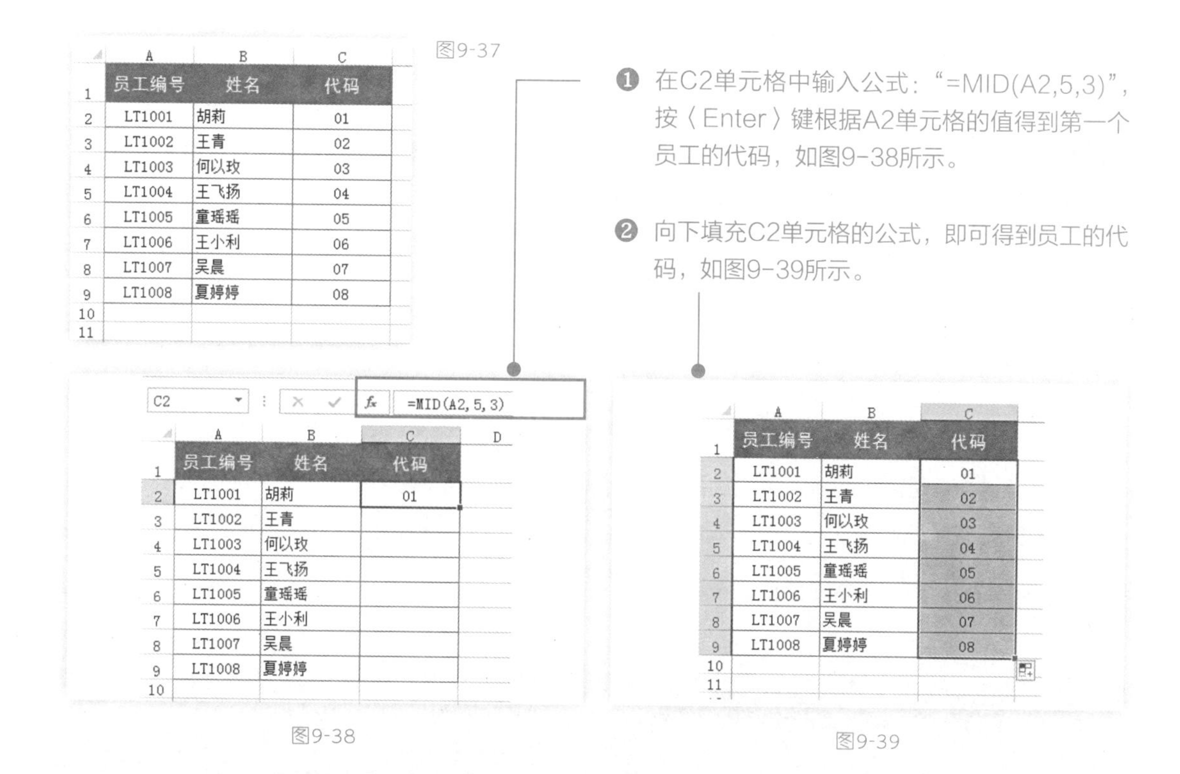

	A	B	C
1	员工编号	姓名	代码
2	LT1001	胡莉	01
3	LT1002	王青	02
4	LT1003	何以玫	03
5	LT1004	王飞扬	04
6	LT1005	童瑶瑶	05
7	LT1006	王小利	06
8	LT1007	吴晨	07
9	LT1008	夏婷婷	08

图9-37

❶ 在C2单元格中输入公式："=MID(A2,5,3)"，按〈Enter〉键根据A2单元格的值得到第一个员工的代码，如图9-38所示。

❷ 向下填充C2单元格的公式，即可得到员工的代码，如图9-39所示。

	A	B	C
1	员工编号	姓名	代码
2	LT1001	胡莉	01
3	LT1002	王青	
4	LT1003	何以玫	
5	LT1004	王飞扬	
6	LT1005	童瑶瑶	
7	LT1006	王小利	
8	LT1007	吴晨	
9	LT1008	夏婷婷	

图9-38

	A	B	C
1	员工编号	姓名	代码
2	LT1001	胡莉	01
3	LT1002	王青	02
4	LT1003	何以玫	03
5	LT1004	王飞扬	04
6	LT1005	童瑶瑶	05
7	LT1006	王小利	06
8	LT1007	吴晨	07
9	LT1008	夏婷婷	08

图9-39

2. 提取员工出生日期

本例表格中显示了员工的身份证号码，现在需要从身份证号码中提取出生日期，即通过B列的数据得到C列的数据，如图9-40所示。

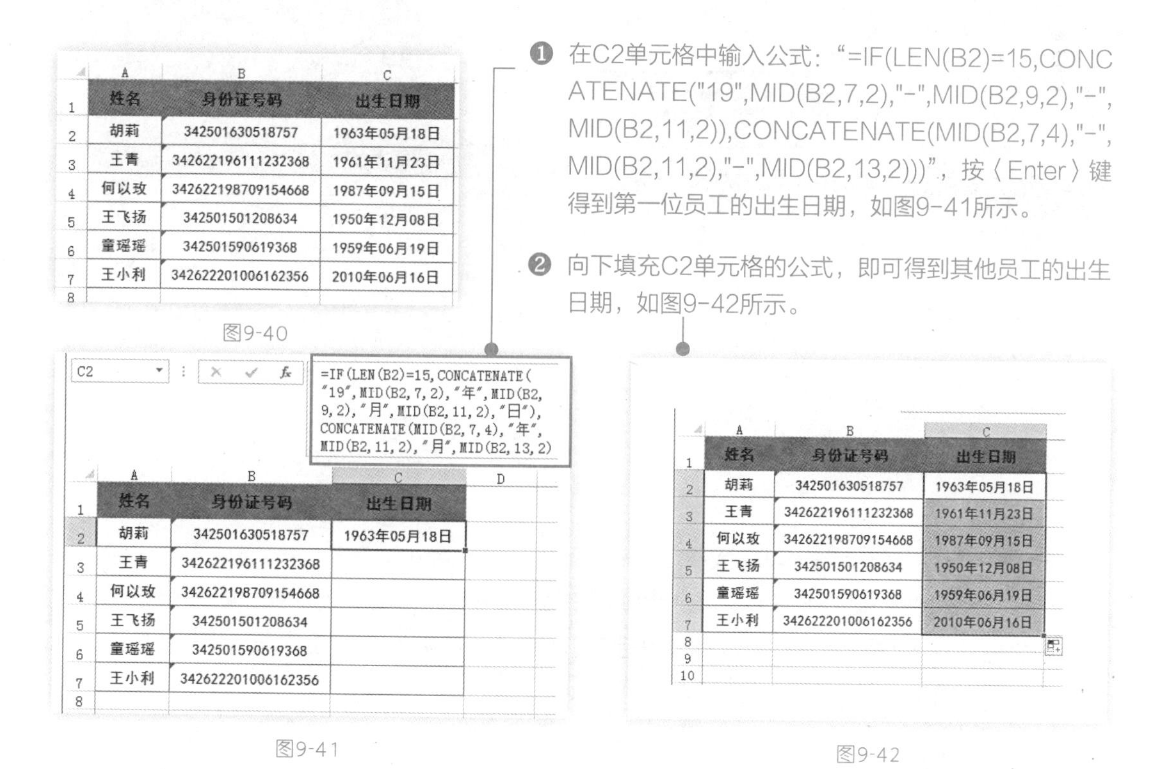

	A	B	C
1	姓名	身份证号码	出生日期
2	胡莉	342501630518757	1963年05月18日
3	王青	342622196111232368	1961年11月23日
4	何以玫	342622198709154668	1987年09月15日
5	王飞扬	342501501208634	1950年12月08日
6	童瑶瑶	342501590619368	1959年06月19日
7	王小利	342622201006162356	2010年06月16日

图9-40

❶ 在C2单元格中输入公式："=IF(LEN(B2)=15,CONCATENATE("19",MID(B2,7,2),"-",MID(B2,9,2),"-",MID(B2,11,2)),CONCATENATE(MID(B2,7,4),"-",MID(B2,11,2),"-",MID(B2,13,2)))"，按〈Enter〉键得到第一位员工的出生日期，如图9-41所示。

❷ 向下填充C2单元格的公式，即可得到其他员工的出生日期，如图9-42所示。

	A	B	C
1	姓名	身份证号码	出生日期
2	胡莉	342501630518757	1963年05月18日
3	王青	342622196111232368	
4	何以玫	342622198709154668	
5	王飞扬	342501501208634	
6	童瑶瑶	342501590619368	
7	王小利	342622201006162356	

图9-41

	A	B	C
1	姓名	身份证号码	出生日期
2	胡莉	342501630518757	1963年05月18日
3	王青	342622196111232368	1961年11月23日
4	何以玫	342622198709154668	1987年09月15日
5	王飞扬	342501501208634	1950年12月08日
6	童瑶瑶	342501590619368	1959年06月19日
7	王小利	342622201006162356	2010年06月16日

图9-42

1）首先使用 LEN 函数判断身份证号码是 15 位还是 18 位。

2）如果为 15 位，分别使用 MID 函数提取 7 ~ 8 位、9 ~ 10 位、11 ~ 12 位，并使用 CONCATENATE 将提取的数据连接起来（前面补上“19”，中间使用“-”间隔）。

3）如果为 18 位，分别使用 MID 函数提取 7 ~ 8 位、7 ~ 10 位、11 ~ 12 位，并使用 CONCATENATE 将提取的数据连接起来，中间使用“年”“月”“日”间隔。

3. 从身份证号码中判断性别

身份证号码中包含持证人的性别信息，要想从身份证号码中返回性别，即通过B列的数据得到D列的数据，如图9-43所示。同样也需要配合多个函数来实现，分别是IF函数、LEN函数、MOD函数和MID函数，具体方法如下例所示：

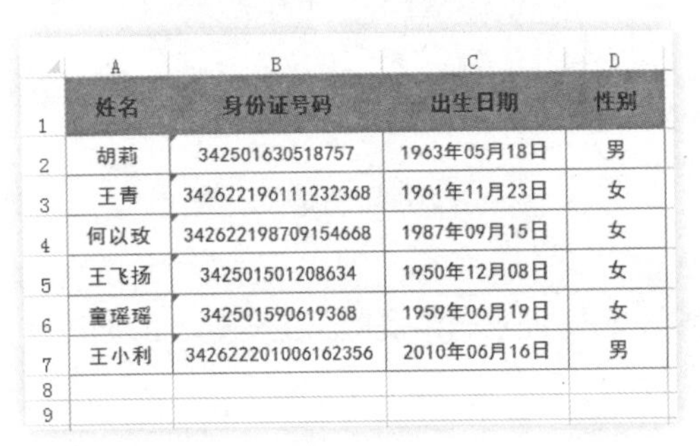

姓名	身份证号码	出生日期	性别
胡莉	342501630518757	1963年05月18日	男
王青	342622196111232368	1961年11月23日	女
何以玫	342622198709154668	1987年09月15日	女
王飞扬	342501501208634	1950年12月08日	女
童瑶瑶	342501590619368	1959年06月19日	女
王小利	342622201006162356	2010年06月16日	男

图9-43

❶ 在D2单元格中输入公式：“=IF(LEN(B2)=15,IF(MOD(MID(B2,15,1),2)=1,"男","女"),IF(MOD(MID(B2,17,1),2)=1,"男","女"))”，按回车键得到第一位员工的性别，如图9-44所示。

❷ 向下填充D2单元格的公式，即可得到其他员工的性别，如图9-45所示。

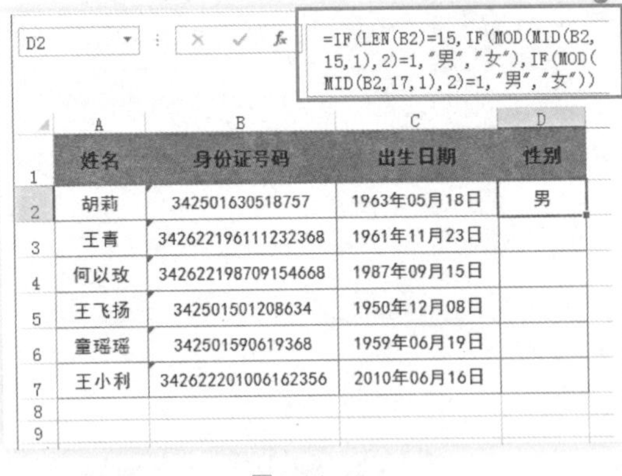

D2 =IF(LEN(B2)=15,IF(MOD(MID(B2,15,1),2)=1,"男","女"),IF(MOD(MID(B2,17,1),2)=1,"男","女"))

姓名	身份证号码	出生日期	性别
胡莉	342501630518757	1963年05月18日	男
王青	342622196111232368	1961年11月23日	
何以玫	342622198709154668	1987年09月15日	
王飞扬	342501501208634	1950年12月08日	
童瑶瑶	342501590619368	1959年06月19日	
王小利	342622201006162356	2010年06月16日	

图9-44

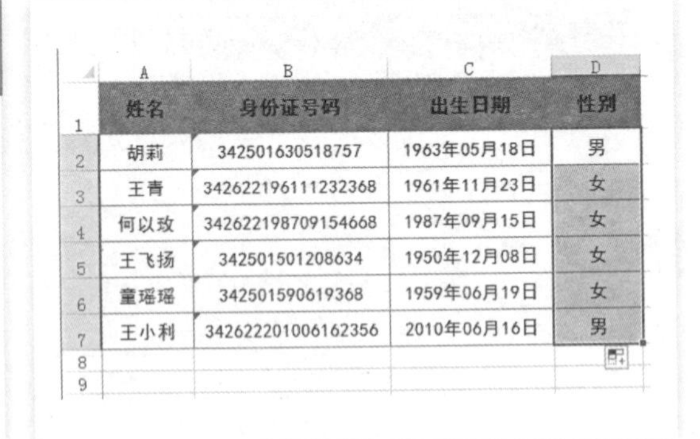

姓名	身份证号码	出生日期	性别
胡莉	342501630518757	1963年05月18日	男
王青	342622196111232368	1961年11月23日	女
何以玫	342622198709154668	1987年09月15日	女
王飞扬	342501501208634	1950年12月08日	女
童瑶瑶	342501590619368	1959年06月19日	女
王小利	342622201006162356	2010年06月16日	男

图9-45

4. 从卡机数据提取员工打卡时间

在如图9-46所示的表格中B列是从出勤表中提取的数据，其编号规则是：前5位是持卡人编号，之后10位数是年月日小时分钟，最后3位数表示部门编号，如果打卡时间以8:30为准，我们可以通过以下方法计算出哪些人迟到。

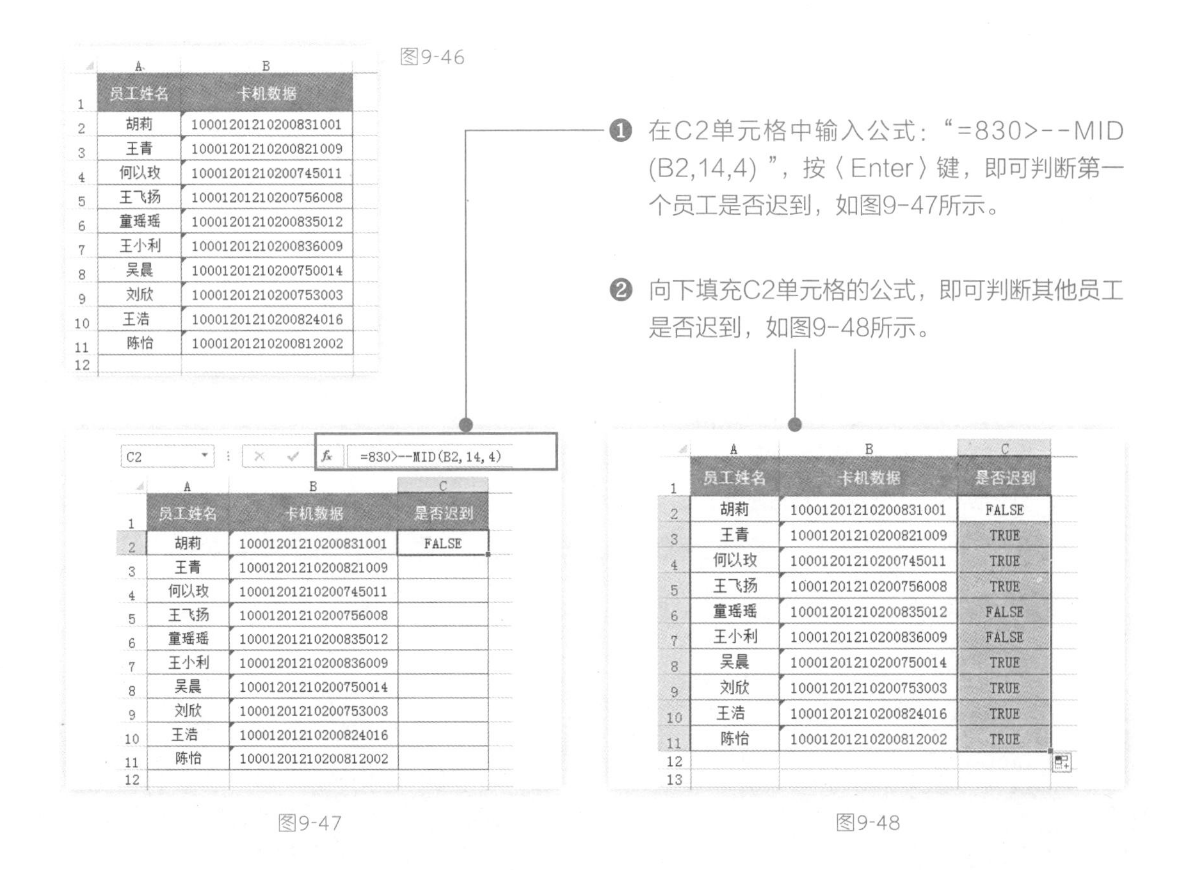

员工姓名	卡机数据
胡莉	10001201210200831001
王青	10001201210200821009
何以玫	10001201210200745011
王飞扬	10001201210200756008
童瑶瑶	10001201210200835012
王小利	10001201210200836009
吴晨	10001201210200750014
刘欣	10001201210200753003
王浩	10001201210200824016
陈怡	10001201210200812002

图9-46

❶ 在C2单元格中输入公式："=830>--MID(B2,14,4)"，按〈Enter〉键，即可判断第一个员工是否迟到，如图9-47所示。

❷ 向下填充C2单元格的公式，即可判断其他员工是否迟到，如图9-48所示。

C2 =830>--MID(B2,14,4)

员工姓名	卡机数据	是否迟到
胡莉	10001201210200831001	FALSE
王青	10001201210200821009	
何以玫	10001201210200745011	
王飞扬	10001201210200756008	
童瑶瑶	10001201210200835012	
王小利	10001201210200836009	
吴晨	10001201210200750014	
刘欣	10001201210200753003	
王浩	10001201210200824016	
陈怡	10001201210200812002	

图9-47

员工姓名	卡机数据	是否迟到
胡莉	10001201210200831001	FALSE
王青	10001201210200821009	TRUE
何以玫	10001201210200745011	TRUE
王飞扬	10001201210200756008	TRUE
童瑶瑶	10001201210200835012	FALSE
王小利	10001201210200836009	FALSE
吴晨	10001201210200750014	TRUE
刘欣	10001201210200753003	TRUE
王浩	10001201210200824016	TRUE
陈怡	10001201210200812002	TRUE

图9-48

9.2.11 MOD 函数（求两个数值相除后的余数）

【函数功能】MOD函数用于求两个数值相除后的余数，其结果的正负号与除数相同。

【函数语法】MOD(number,divisor)

◆ Number：指定的被除数数值。

◆ Divisor：指定的除数数值，并且不能为0值。

MOD函数可以在实际工作中帮助我们解决如下问题。

1. 计算每位员工的加班时长

如图9-49所示表格记录了每位员工的加班时间（上班时间与下班时间）。现在计算每位员工的加班时长。

姓名	上班时间	下班时间
胡莉	18:30	22:00
王青	16:00	7:00
何以玫	17:40	22:00
王飞扬	18:10	21:40
童瑶瑶	18:10	22:30
王小利	16:30	23:00
吴晨	16:40	23:50

图9-49

D2 =TEXT(MOD(C2-B2,1),"h小时mm分")

姓名	上班时间	下班时间	加班时长
胡莉	18:30	22:00	3小时30分
王青	16:00	7:00	
何以玫	17:40	22:00	
王飞扬	18:10	21:40	
童瑶瑶	18:10	22:30	
王小利	16:30	23:00	
吴晨	16:40	23:50	

图9-50

❶ 在D2单元格中输入公式："=TEXT(MOD(C2-B2,1),"h小时mm分")"，按〈Enter〉键，即可得出第一位员工的加班时长，且显示为"*小时*分"的形式，如图9-50所示。

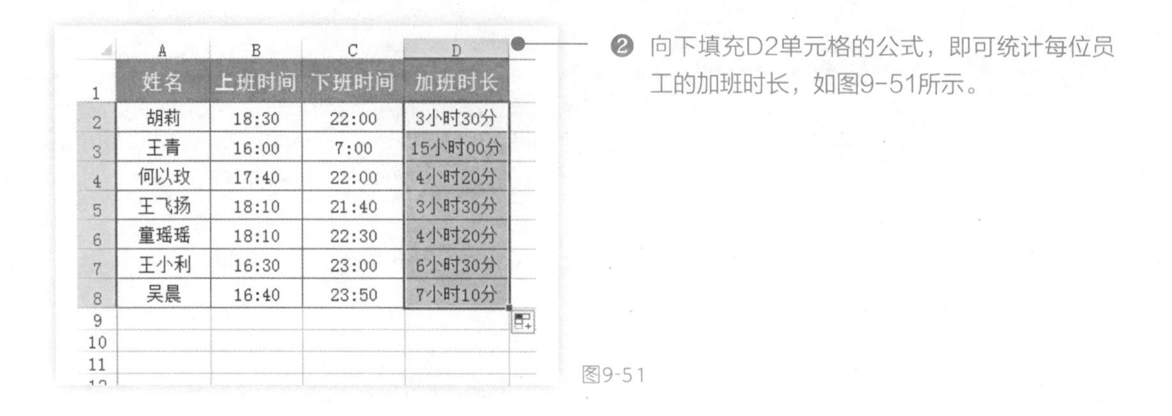

姓名	上班时间	下班时间	加班时长
胡莉	18:30	22:00	3小时30分
王青	16:00	7:00	15小时00分
何以玫	17:40	22:00	4小时20分
王飞扬	18:10	21:40	3小时30分
童瑶瑶	18:10	22:30	4小时20分
王小利	16:30	23:00	6小时30分
吴晨	16:40	23:50	7小时10分

❷ 向下填充D2单元格的公式，即可统计每位员工的加班时长，如图9-51所示。

图9-51

2. 分奇数月与偶数月统计销量

如图9-52所示表格统计了某年份若干月的销售数量，下面需要分别计算奇数月和偶数月的销售量。

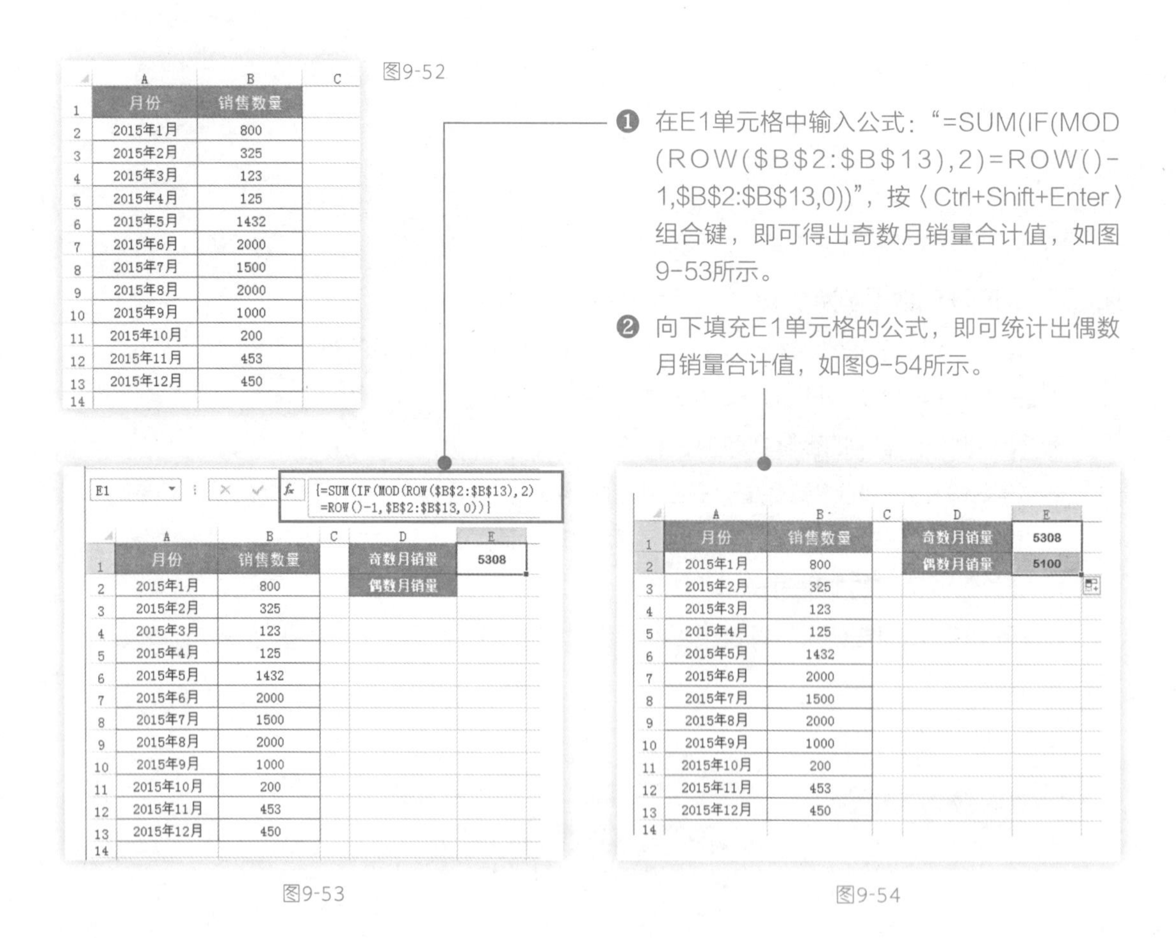

月份	销售数量
2015年1月	800
2015年2月	325
2015年3月	123
2015年4月	125
2015年5月	1432
2015年6月	2000
2015年7月	1500
2015年8月	2000
2015年9月	1000
2015年10月	200
2015年11月	453
2015年12月	450

图9-52

❶ 在E1单元格中输入公式："=SUM(IF(MOD(ROW($B$2:$B$13),2)=ROW()-1,$B$2:$B$13,0))"，按〈Ctrl+Shift+Enter〉组合键，即可得出奇数月销量合计值，如图9-53所示。

❷ 向下填充E1单元格的公式，即可统计出偶数月销量合计值，如图9-54所示。

图9-53

图9-54

3. 插入空行分割数据

如图9-55所示表格中包含了员工的姓名、工号以及性别等信息，我们将利用MOD函数在每条员工信息之间插入空白行，具体方法如下例所示：

❶ 在E1单元格中输入公式："=IF(MOD(ROW(),3)>0,INDEX(A:A,ROW(A2)*2/3),"")"，按〈Enter〉键后返回引用区域的第一个单元格数据，将公式填充至E1:G2区域，如图9-56所示。

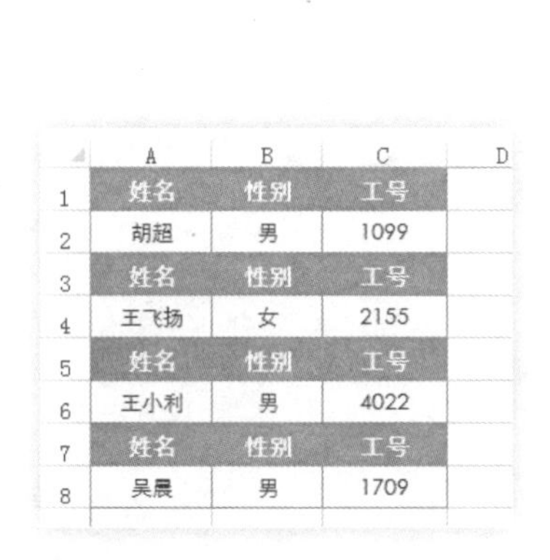

	A	B	C
1	姓名	性别	工号
2	胡超	男	1099
3	姓名	性别	工号
4	王飞扬	女	2155
5	姓名	性别	工号
6	王小利	男	4022
7	姓名	性别	工号
8	吴晨	男	1709

图9-55

E1　=IF(MOD(ROW(),3)>0,INDEX(A:A,ROW(A2)*2/3),"")

	A	B	C	D	E	F	G	H
1	姓名	性别	工号		姓名	性别	工号	
2	胡超	男	1099		胡超	男	1099	
3	姓名	性别	工号					
4	王飞扬	女	2155					
5	姓名	性别	工号					
6	王小利	男	4022					
7	姓名	性别	工号					
8	吴晨	男	1709					
9								

图9-56

❷ 保持单元格的填充状态，继续拖动右下角的填充柄至G11单元格，最后对其进行边框底纹设置，即可完成在每个员工信息后插入空行的操作，效果如图9-57所示。

	A	B	C	D	E	F	G
1	姓名	性别	工号		姓名	性别	工号
2	胡超	男	1099		胡超	男	1099
3	姓名	性别	工号				
4	王飞扬	女	2155		姓名	性别	工号
5	姓名	性别	工号		王飞扬	女	2155
6	王小利	男	4022				
7	姓名	性别	工号		姓名	性别	工号
8	吴晨	男	1709		王小利	男	4022
9							

图9-57

9.2.12　CONCATENATE 函数（合并两个或多个文本字符串）

【函数功能】CONCATENATE 函数可将最多 255 个文本字符串连接成一个文本字符串。连接项可以是文本、数字、单元格引用或这些项的组合。

【函数语法】CONCATENATE(text1, [text2], ...)

◆ Text1：必需。要连接的第一个文本项。

◆ Text2...：可选。其他文本项，最多为 255 项。项与项之间必须用逗号隔开。

CONCATENATE函数可以帮助我们更有效地处理以下问题。

1. 将一列数据前加上统一的文字

本例中当前表格如图9-58所示。现在要求在"部门"列前加上"销售"字样，形成完整的销售部门名称，即得到如图9-59所示C列的结果。具体方法如下所示：

	A	B	C
1	姓名	销售量（万）	销售部门
2	胡莉	98	（1）部
3	王青	97	（2）部
4	何以玫	95	（1）部
5	王飞扬	90	（4）部
6	童瑶瑶	87	（1）部
7	周倩倩	84	（2）部
8	周丽云	81	（3）部
9			
10			

图9-58

	A	B	C
1	姓名	销售量（万）	销售部门
2	胡莉	98	销售（1）部
3	王青	97	销售（2）部
4	何以玫	95	销售（1）部
5	王飞扬	90	销售（4）部
6	童瑶瑶	87	销售（1）部
7	周倩倩	84	销售（2）部
8	周丽云	81	销售（3）部
9			
10			

图9-59

❶ 在D2单元格中输入公式：=CONCATENATE("销售",C2,)，按〈Enter〉键即可返回第一个销售部门全称，如图9-60所示。

❷ 向下填充D2单元格的公式，即可返回其他销售部门全称，如图9-61所示。将D列中公式得到的数据转换为数值，然后删除原C列数据。

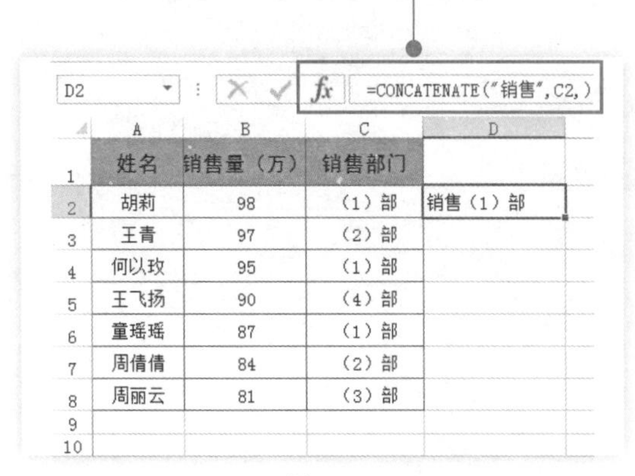

D2　=CONCATENATE("销售",C2,)

	A	B	C	D
1	姓名	销售量（万）	销售部门	
2	胡莉	98	（1）部	销售（1）部
3	王青	97	（2）部	
4	何以玫	95	（1）部	
5	王飞扬	90	（4）部	
6	童瑶瑶	87	（1）部	
7	周倩倩	84	（2）部	
8	周丽云	81	（3）部	
9				
10				

图9-60

	A	B	C	D
1	姓名	销售量（万）	销售部门	
2	胡莉	98	（1）部	销售（1）部
3	王青	97	（2）部	销售（2）部
4	何以玫	95	（1）部	销售（1）部
5	王飞扬	90	（4）部	销售（4）部
6	童瑶瑶	87	（1）部	销售（1）部
7	周倩倩	84	（2）部	销售（2）部
8	周丽云	81	（3）部	销售（3）部
9				
10				

图9-61

2. 将年月日分列显示的日期转换为规则日期

本例中当前表格如图9-62所示。现在要求将A、B、C三列的不规则的日期转换为程序能识别的规则日期格式，即达到如图9-63所示效果。具体操作方法如下所示：

	A	B	C	D
1	日期			实到人数
2	2015	12	2	21
3	2015	12	3	22
4	2015	12	4	22
5	2015	12	5	20
6	2015	12	6	22
7	2015	12	9	22
8	2015	12	10	22
9				
10				

图9-62

	A	B
1	日期	实到人数
2	2015-12-02	21
3	2015-12-03	22
4	2015-12-04	22
5	2015-12-05	20
6	2015-12-06	22
7	2015-12-09	22
8	2015-12-10	22
9		
10		

图9-63

公式解析

1）先使用CONCATENATE函数将A2、B2、C2单元格数据连接起来，并以"-"间隔。
2）再使用TEXT函数将1结果转换为"yyyy-mm-dd"的日期格式。

❶ 在E2单元格中输入公式："=TEXT(CONCATENATE(A2,"-",B2,"-",C2),"yyyy-mm-dd")"，按〈Enter〉键即可合并A2、B2、C2单元格中数据，并将其转换为正确格式日期，如图9-64所示。

❷ 向下填充E2单元格的公式，如图9-65所示。将E列中公式得到的数据转换为数值，删除原A、B、C三列，将公式得到的数据移至A列中即可。

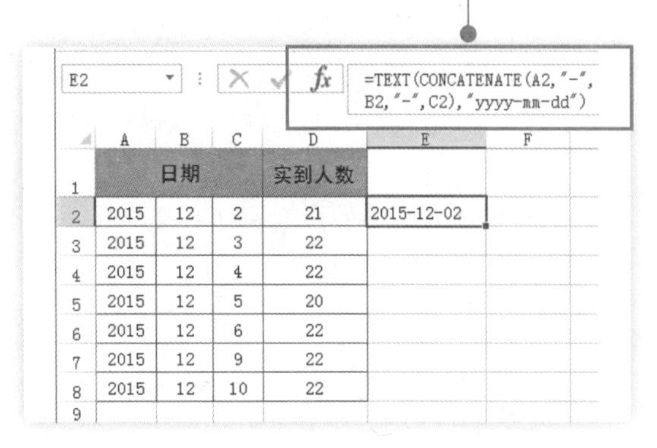

E2　=TEXT(CONCATENATE(A2,"-",B2,"-",C2),"yyyy-mm-dd")

	A	B	C	D	E	F
1	日期			实到人数		
2	2015	12	2	21	2015-12-02	
3	2015	12	3	22		
4	2015	12	4	22		
5	2015	12	5	20		
6	2015	12	6	22		
7	2015	12	9	22		
8	2015	12	10	22		
9						

图9-64

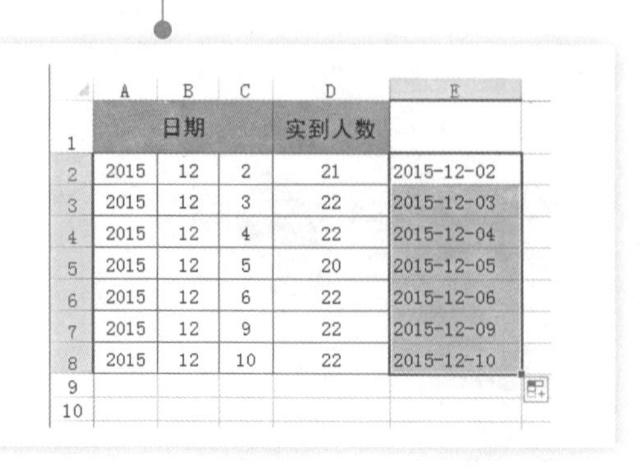

	A	B	C	D	E
1	日期			实到人数	
2	2015	12	2	21	2015-12-02
3	2015	12	3	22	2015-12-03
4	2015	12	4	22	2015-12-04
5	2015	12	5	20	2015-12-05
6	2015	12	6	22	2015-12-06
7	2015	12	9	22	2015-12-09
8	2015	12	10	22	2015-12-10
9					
10					

图9-65

9.3 表格创建

有什么方法可以提高筛选效率吗？在档案中逐条查找员工的个人信息实在费时费力。

当然有办法啊！我们可以创建一个查询表格，我们只需在查询表格中输入员工姓名，系统即可自动显示出对应的员工信息。

9.3.1 员工档案管理表

员工档案管理表是用于记录员工个人真实、完整的信息的表格。员工档案管理就是将人事档案的收集、整理、保管、鉴定、统计和提供利用的活动。不论企业大小，员工档案管理都是一项必备的工作，合理的建立员工档案管理表，可以为档案管理工作带来很多便利之处。

1. 建立员工档案管理表

员工档案管理表通常包括：员工编号、姓名、性别、年龄、所在部门、所属职位、技术职务、户口所在地、出生日期、身份证号、学历、入职时间、离职时间、工龄等信息。下面我们一起Excel 2013中创建员工档案管理表。

❶ 新建工作簿，并命名为“公司员工档案管理”，将“Sheet1”工作表重命名为“员工档案管理表”，在工作表中输入列标识、表头，并对表格进行文字格式、边框、对齐方式等设置，如图9-66所示。

图9-66

❷ 在A3单元格中输入编号HG001，将光标定位到A3单元格区域右下角的填充柄上，按住鼠标右键向下拖动，如图9-67所示。

图9-67

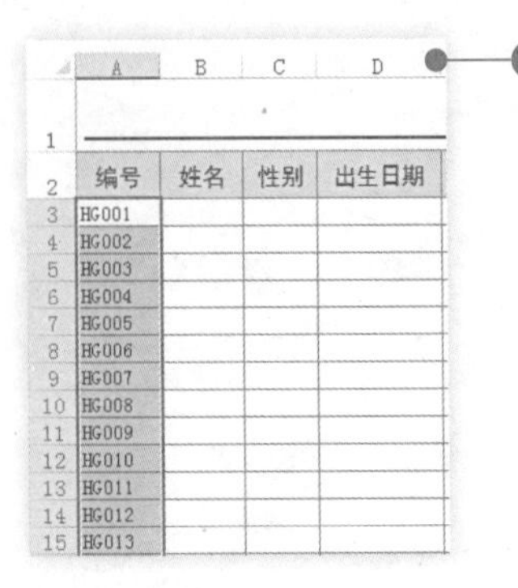

❸ 释放鼠标即可实现快速填充员工编号，如图9-68所示。

图9-68

“所在部门”与“学历”列下要填入的数据具有固定性，即只会是有限的几种数据，因此这里可以设置数据验证来采用选择输入的方法来输入。

专家提示

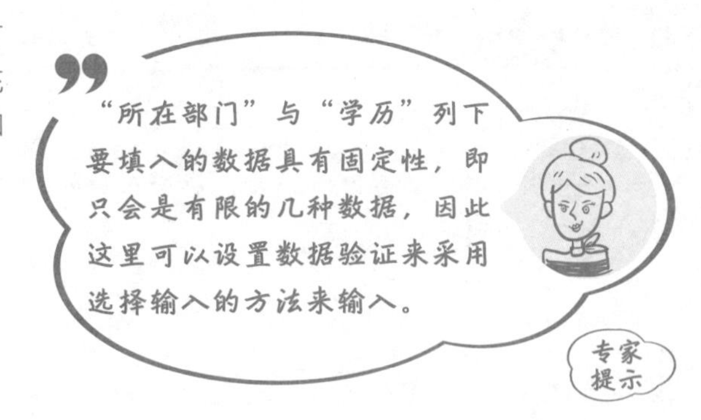

❹ 选中“身份证号码”列单元格区域，在“开始”选项卡下“数字”组中设置单元格的格式为“文本”格式，如图9-69所示。

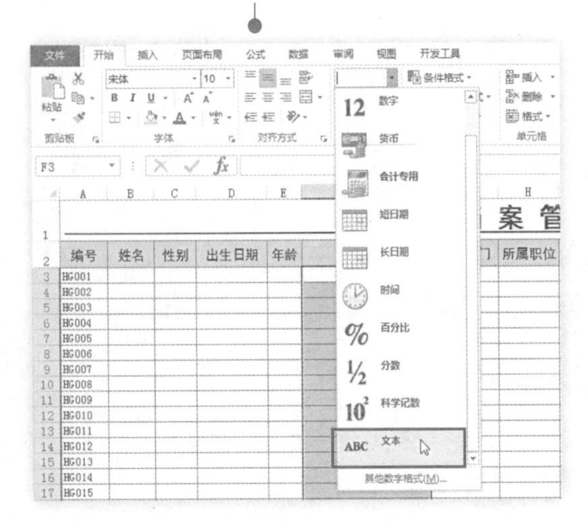

图9-69

❺ 选中“所在部门”列单元格区域（图9-70），在“数据”选项卡下的“数据工具”组中单击“数据验证”按钮，打开“数据验证”对话框。

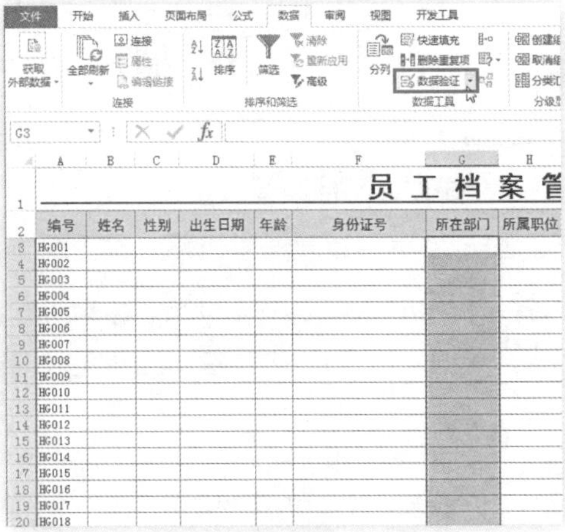

图9-70

❻ 选取“设置”选项卡在“允许”下拉菜单中选择“序列”，并在“来源”填充框中填写“行政部，销售部，网络安全部，企划部，财务部”，如图9-71所示。

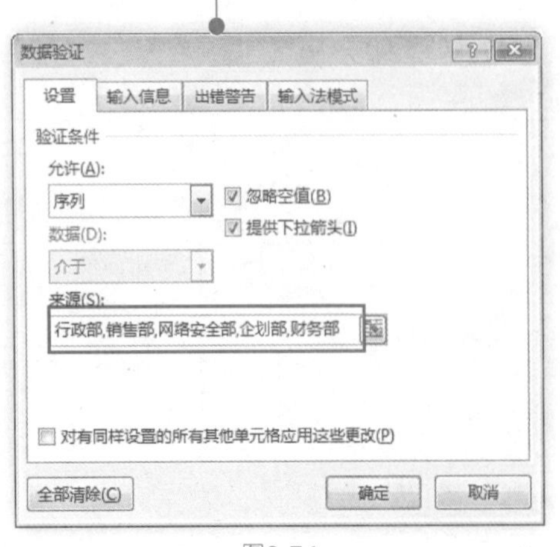

图9-71

❼ 切换到“输入信息”选项卡，在“输入信息”框中输入提示信息（该提示信息用于当选中单元格时显示的提示文字），单击“确定”按钮完成数据验证设置如图9-72所示。

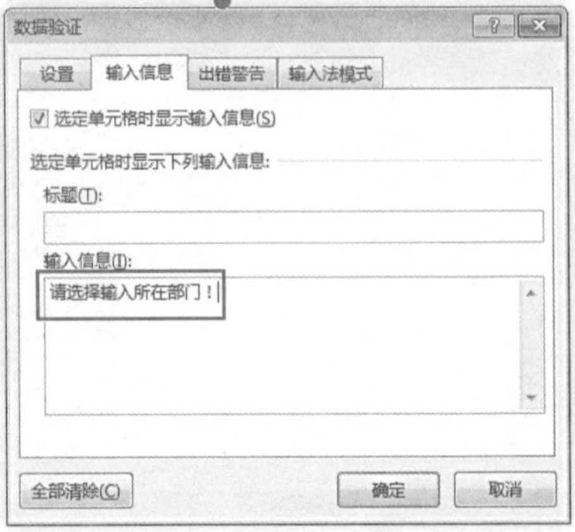

图9-72

❽ 完成上述操作回到工作表中，选中“所在部门”列任意单元格，都会出现“请选择输入所在部门！”提示文字，并在单元格右侧出现下拉按钮，如图9-73所示。

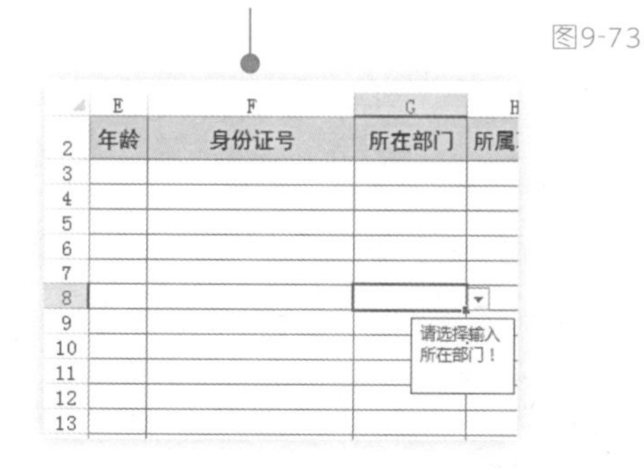

图9-73

❾ 单击按钮即可实现从下拉菜单中选择输入，如图9-74所示。

图9-74

在“数据验证”对话框中设置序列的来源时，各数据间要使用半角逗号隔开，若使用全角逗号将不能显示正确结果。

❿ 选中“学历”列单元格区域，按上面相同的操作，实现“学历”列数据的选择性输入，如图9-75所示。

图9-75

⓫ 完成表格的相关设置之后，即可向表格中导入相应数据，从而完成员工档案管理表的创建工作，如图9-76所示。

员工档案管理表

编号	姓名	性别	出生日期	年龄	身份证号	所在部门	所属职位	入职时间	工龄	学历
HG001	胡莉				342701198204108302	财务部	总监	2006/2/14		硕士以上
HG002	王青				342301198402018426	企划部	员工	2012/7/1		本科
HG003	何以玫				342701198702138528	销售部	业务员	2004/7/1		大专
HG004	王飞扬				341228810912009	企划部	部门经理	2006/7/1		本科
HG005	童瑶瑶				341270198306123241	网络安全部	员工	2009/4/5		硕士以上
HG006	王小利				322701810314955	销售部	业务员	2006/4/14		本科
HG007	吴晨				342526198410151583	网络安全部	部门经理	2008/6/14		硕士
HG008	吴昕				342826830815206	行政部	员工	2004/1/28		大专
HG009	钱毅力				341226810912001	销售部	部门经理	2010/2/2		大专
HG010	张飞				341226199204152025	财务部	员工	2004/2/19		本科
HG011	管一非				342826198810102082	销售部	业务员	2013/4/7		大专
HG012	王蓉				341226198504122041	企划部	员工	2014/2/20		硕士
HG013	石兴红				342326760321201	销售部	业务员	2005/2/25		高中及以下
HG014	朱红梅				341226199210152042	行政部	员工	2013/2/25		本科
HG015	夏守梅				341228810506203	网络安全部	员工	2011/8/26		本科
HG016	周静				342801680228112	销售部	业务员	2005/10/4		大专
HG017	王涛				342622197212038624	行政部	员工	2003/10/6		大专
HG018	彭红				342170198003122557	行政部	员工	2010/2/9		大专
HG019	王晶				342701197202138578	销售部	业务员	2010/2/14		本科
HG020	李金晶				342701197002158573	网络安全部	员工	2002/4/12		硕士以上
HG021	王桃芳				342170198202138517	销售部	业务员	2006/5/25		高中及以下

图9-76

2. 设置公式自动返回相关信息

上面建立的员工档案表中有些数据并未采用手工输入，因为这些数据可以通过设置公式从已有数据中提取得到。下面我们具体介绍如何利用公式实现性别、出生日期等信息的批量自动导入。

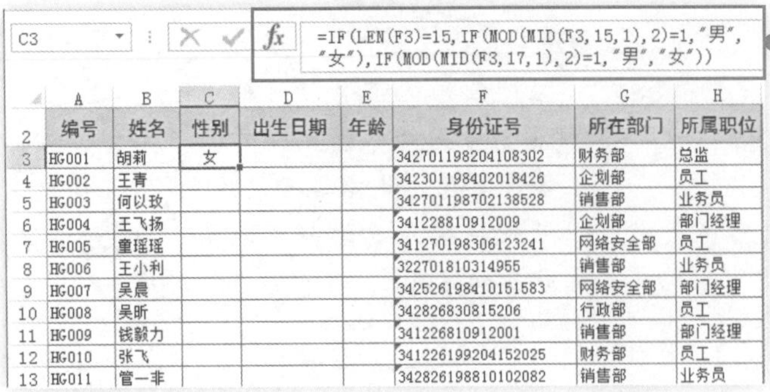

C3 =IF(LEN(F3)=15,IF(MOD(MID(F3,15,1),2)=1,"男","女"),IF(MOD(MID(F3,17,1),2)=1,"男","女"))

编号	姓名	性别	出生日期	年龄	身份证号	所在部门	所属职位
HG001	胡莉	女			342701198204108302	财务部	总监
HG002	王青				342301198402018426	企划部	员工
HG003	何以玫				342701198702138528	销售部	业务员
HG004	王飞扬				341228810912009	企划部	部门经理
HG005	童瑶瑶				341270198306123241	网络安全部	员工
HG006	王小利				322701810314955	销售部	业务员
HG007	吴晨				342526198410151583	网络安全部	部门经理
HG008	吴昕				342826830815206	行政部	员工
HG009	钱毅力				341226810912001	销售部	部门经理
HG010	张飞				341226199204152025	财务部	员工
HG011	管一非				342826198810102082	销售部	业务员

图9-77

❶ 在C3单元格中输入公式：=IF(LEN(F3)=15,IF(MOD(MID(F3,15,1),2)=1,"男","女"),IF(MOD(MID(F3,17,1),2)=1,"男","女"))，按〈Enter〉键，即可判断出第一位员工的性别，如图9-77所示。

公式解析

1）"LEN(F3)=15"，判断身份证号码是否为15位。如果是，执行"IF(MOD(MID(F3,15,1),2)=1,"男","女")"；反之，执行"IF(MOD(MID(F3,17,1),2)=1,"男","女")"。

2）"IF(MOD(MID(F3,15,1),2)=1,"男","女")"，判断15位身份证号码的最后一位是否能被2整除，即判断其是奇数还是偶数。如果不能整除返回"男"，否则返回"女"。

3）"IF(MOD(MID(F3,17,1),2)=1,"男","女")"，判断18位身份证号码的倒数第二位是否能被2整除，即判断其是奇数还是偶数。如果不能整除返回"男"，否则返回"女"。

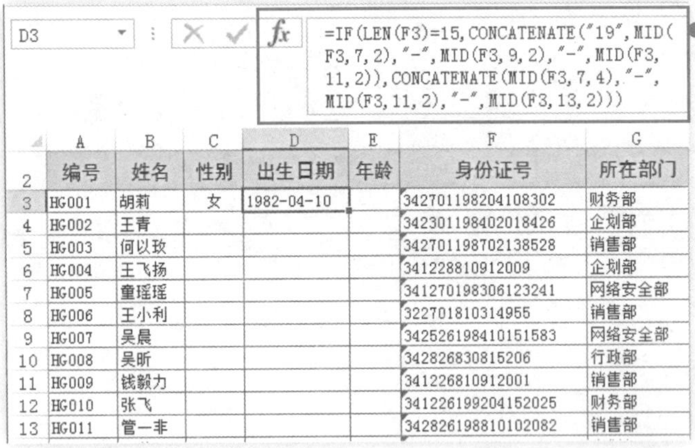

D3 =IF(LEN(F3)=15,CONCATENATE("19",MID(F3,7,2),"-",MID(F3,9,2),"-",MID(F3,11,2)),CONCATENATE(MID(F3,7,4),"-",MID(F3,11,2),"-",MID(F3,13,2)))

编号	姓名	性别	出生日期	年龄	身份证号	所在部门
HG001	胡莉	女	1982-04-10		342701198204108302	财务部
HG002	王青				342301198402018426	企划部
HG003	何以玫				342701198702138528	销售部
HG004	王飞扬				341228810912009	企划部
HG005	童瑶瑶				341270198306123241	网络安全部
HG006	王小利				322701810314955	销售部
HG007	吴晨				342526198410151583	网络安全部
HG008	吴昕				342826830815206	行政部
HG009	钱毅力				341226810912001	销售部
HG010	张飞				341226199204152025	财务部
HG011	管一非				342826198810102082	销售部

图9-78

❷ 在D3单元格中输入公式：=IF(LEN(F3)=15,CONCATENATE("19",MID(F3,7,2),"-",MID(F3,9,2),"-",MID(F3,11,2)),CONCATENATE(MID(F3,7,4),"-",MID(F3,11,2),"-",MID(F3,13,2)))，按〈Enter〉键，即可判断出第一位员工的出生日期，如图9-78所示。

公式解析

1）"(LEN(F3)=15"，判断身份证是否为15位。如果是，执行"CONCATENATE("19",MID(F3,7,2),"-",MID(F3,9,2),"-",MID(F3,11,2))"；反之，执行"CONCATENATE(MID(F3,7,4),"-",MID(F3,11,2),"-",MID(F3,13,2))"。

2）"CONCATENATE("19",MID(F3,7,2),"-",MID(F3,9,2),"-",MID(F3,11,2))"，对"19"和从15位身份证中提取的"年份""月""日"进行合并。因为15位身份证号码中出生年份不包含"19"，所以使用CONCATENATE函数"19"与函数求得的值合并。

3）"CONCATENATE(MID(F3,7,4),"-",MID(F3,11,2),"-",MID(F3,13,2))"，对从18位身份证中提取的"年份""月""日"进行合并。

❸ 在E3单元格中输入公式：=YEAR(TODAY())-YEAR(D3)，按〈Enter〉键，即可计算出第一位员工的年龄，如图9-79所示。

E3　　=YEAR(TODAY())-YEAR(D3)

	A	B	C	D	E	F
2	编号	姓名	性别	出生日期	年龄	身份证号
3	HG001	胡莉	女	1982-04-10	33	342701198204108302
4	HG002	王青				342301198402018426
5	HG003	何以玫				342701198702138528
6	HG004	王飞扬				341228810912009
7	HG005	童瑶瑶				341270198306123241
8	HG006	王小利				322701810314955
9	HG007	吴晨				342526198410151583
10	HG008	吴昕				342826830815206
11	HG009	钱毅力				341226810912001
12	HG010	张飞				341226199204152025
13	HG011	管一非				342826198810102082

图9-79

❹ 选中C3：E3单元格区域，将鼠标移至单元格右下角的填充柄上，向下复制公式即可得到所有员工的性别、出生日期及年龄，如图9-80所示。

	A	B	C	D	E	F	G
2	编号	姓名	性别	出生日期	年龄	身份证号	所在部门
3	HG001	胡莉	女	1982-04-10	33	342701198204108302	财务部
4	HG002	王青	女	1984-02-01	31	342301198402018426	企划部
5	HG003	何以玫	女	1987-02-13	28	342701198702138528	销售部
6	HG004	王飞扬	男	1981-09-12	34	341228810912009	企划部
7	HG005	童瑶瑶	女	1983-06-12	32	341270198306123241	网络安全部
8	HG006	王小利	男	1981-03-14	34	322701810314955	销售部
9	HG007	吴晨	女	1984-10-15	31	342526198410151583	网络安全部
10	HG008	吴昕	女	1983-08-15	32	342826830815206	行政部
11	HG009	钱毅力	男	1981-09-12	34	341226810912001	销售部
12	HG010	张飞	女	1992-04-15	23	341226199204152025	财务部
13	HG011	管一非	女	1988-10-10	27	342826198810102082	销售部
14	HG012	王蓉	女	1985-04-12	30	341226198504122041	企划部
15	HG013	石兴红	男	1976-03-21	39	342326760321201	销售部
16	HG014	朱红梅	女	1992-10-15	23	341226199210152042	行政部
17	HG015	夏守梅	男	1981-05-06	34	341228810506203	网络安全部
18	HG016	周静	女	1968-02-28	47	342801680228112	销售部
19	HG017	王涛	女	1972-12-03	43	342622197212038624	行政部
20	HG018	彭红	男	1980-03-12	35	342170198003122557	行政部

图9-80

❺ 在J3单元格中输入公式：=YEAR(TODAY())-YEAR(I3)，按〈Enter〉键，返回一个日期值。向下复制公式，效果，如图9-81所示。

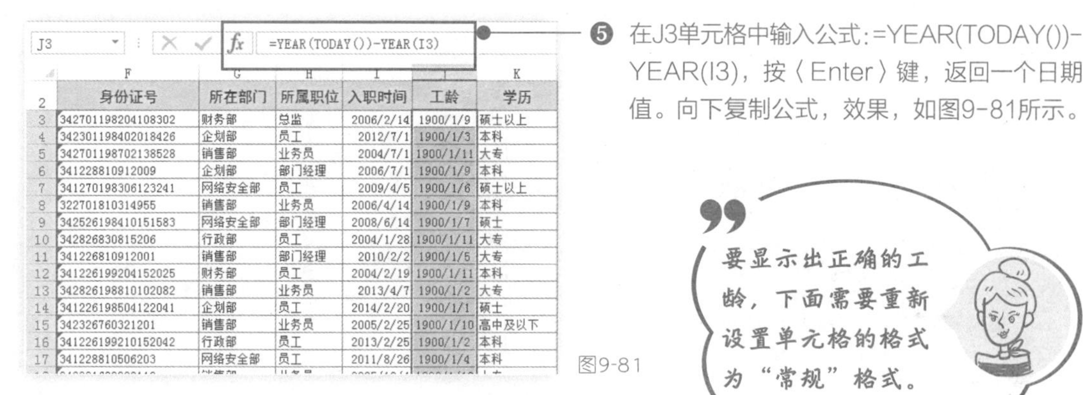
J3　　=YEAR(TODAY())-YEAR(I3)

	F	G	H	I	J	K
2	身份证号	所在部门	所属职位	入职时间	工龄	学历
3	342701198204108302	财务部	总监	2006/2/14	1900/1/9	硕士以上
4	342301198402018426	企划部	员工	2012/7/1	1900/1/3	本科
5	342701198702138528	销售部	业务员	2004/7/1	1900/1/11	大专
6	341228810912009	企划部	部门经理	2006/7/1	1900/1/9	本科
7	341270198306123241	网络安全部	员工	2009/4/5	1900/1/6	硕士以上
8	322701810314955	销售部	业务员	2006/4/14	1900/1/9	本科
9	342526198410151583	网络安全部	部门经理	2008/6/14	1900/1/7	硕士
10	342826830815206	行政部	员工	2004/1/28	1900/1/11	大专
11	341226810912001	销售部	部门经理	2010/2/2	1900/1/5	大专
12	341226199204152025	财务部	员工	2004/2/19	1900/1/11	本科
13	342826198810102082	销售部	业务员	2013/4/7	1900/1/2	大专
14	341226198504122041	企划部	员工	2014/2/20	1900/1/1	硕士
15	342326760321201	销售部	业务员	2005/2/25	1900/1/10	高中及以下
16	341226199210152042	行政部	员工	2013/2/25	1900/1/2	本科
17	341228810506203	网络安全部	员工	2011/8/26	1900/1/4	本科

图9-81

❻ 选中“工龄”列单元格区域，在“开始”选项卡下“数字”组中设置单元格的格式为“常规”，如图9-82所示。

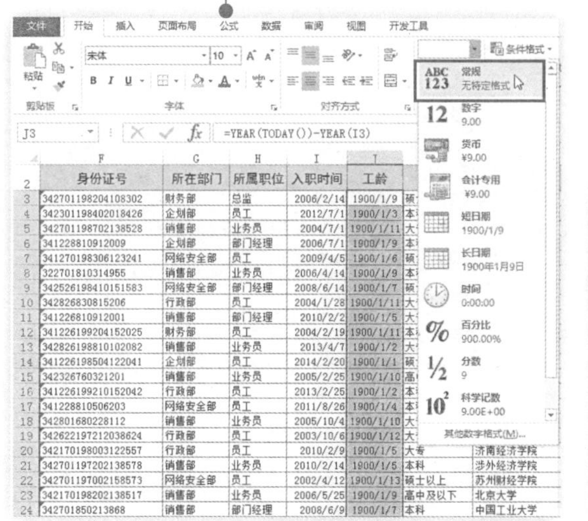

J3　　=YEAR(TODAY())-YEAR(I3)

	F	G	H	I	J
2	身份证号	所在部门	所属职位	入职时间	工龄
3	342701198204108302	财务部	总监	2006/2/14	1900/1/9
4	342301198402018426	企划部	员工	2012/7/1	1900/1/3
5	342701198702138528	销售部	业务员	2004/7/1	1900/1/11
6	341228810912009	企划部	部门经理	2006/7/1	1900/1/9
7	341270198306123241	网络安全部	员工	2009/4/5	1900/1/6
8	322701810314955	销售部	业务员	2006/4/14	1900/1/9
9	342526198410151583	网络安全部	部门经理	2008/6/14	1900/1/7
10	342826830815206	行政部	员工	2004/1/28	1900/1/11
11	341226810912001	销售部	部门经理	2010/2/2	1900/1/5
12	341226199204152025	财务部	员工	2004/2/19	1900/1/11
13	342826198810102082	销售部	业务员	2013/4/7	1900/1/2
14	341226198504122041	企划部	员工	2014/2/20	1900/1/1
15	342326760321201	销售部	业务员	2005/2/25	1900/1/10
16	341226199210152042	行政部	员工	2013/2/25	1900/1/2
17	341228810506203	网络安全部	员工	2011/8/26	1900/1/4
18	342801680228112	销售部	业务员	2005/10/4	1900/1/10
19	342622197212038624	行政部	员工	2003/10/6	1900/1/12
20	342170198003122557	行政部	员工	2010/2/9	1900/1/5
21	342701197202138578	销售部	业务员	2010/2/14	1900/1/5
22	342701197002158573	网络安全部	员工	2002/4/12	1900/1/13
23	342170198202138517	销售部	业务员	2006/5/25	1900/1/9
24	342701850213868	销售部	部门经理	2008/6/9	1900/1/7

图9-82

❼ 执行上述命令，即可显示出正确的工龄，效果如图9-83所示。

	F	G	H	I	J	K	L
2	身份证号	所在部门	所属职位	入职时间	工龄	学历	毕业院校
3	342701198204108302	财务部	总监	2006/2/14	9	硕士以上	苏州财经学院
4	342301198402018426	企划部	员工	2012/7/1	3	本科	中国工业大学
5	342701198702138528	销售部	业务员	2004/7/1	11	大专	江苏外国语学院
6	341228810912009	企划部	部门经理	2006/7/1	9	本科	南京学院
7	341270198306123241	网络安全部	员工	2009/4/5	6	硕士以上	南京电子工程学院
8	322701810314955	销售部	业务员	2006/4/14	9	本科	江苏商学院
9	342526198410151583	网络安全部	部门经理	2008/6/14	7	硕士	苏州大学
10	342826830815206	行政部	员工	2004/1/28	11	大专	济南经济学院
11	341226810912001	销售部	部门经理	2010/2/2	5	大专	涉外经济学院
12	341226199204152025	财务部	员工	2004/2/19	11	本科	苏州财经学院
13	342826198810102082	销售部	业务员	2013/4/7	2	大专	北京大学
14	341226198504122041	企划部	员工	2014/2/20	1	硕士	中国工业大学
15	342326760321201	销售部	业务员	2005/2/25	10	高中及以下	南昌商学院
16	341226199210152042	行政部	员工	2013/2/25	2	本科	天津理工大学
17	341228810506203	网络安全部	员工	2011/8/26	4	本科	南京电子工程学院
18	342801680228112	销售部	业务员	2005/10/4	10	大专	江苏商学院
19	342622197212038624	行政部	员工	2003/10/6	12	大专	苏州大学
20	342170198003122557	行政部	员工	2010/2/9	5	大专	济南经济学院
21	342701197202138578	销售部	业务员	2010/2/14	5	本科	涉外经济学院
22	342701197002158573	网络安全部	员工	2002/4/12	13	硕士以上	苏州财经学院
23	342170198202138517	销售部	业务员	2006/5/25	9	高中及以下	北京大学
24	342701850213868	销售部	部门经理	2008/6/9	7	本科	中国工业大学

图9-83

9.3.2 档案查询表

建立了员工档案管理表之后，通常需要查询某位员工的档案信息，如果企业员工较多，可以利用Excel 2013中的函数功能可以建立一个查询表。

1. 建立档案查询表

下面在Excel 2013中创建一个员工档案查询表，当有查询需要时，只要输入员工的姓名即可快速查询。具体操作如下：

❶ 重命名Sheet2工作表标签为“档案查询表”。在工作表中创建如图9-84所示的表格，并设置表格的格式。

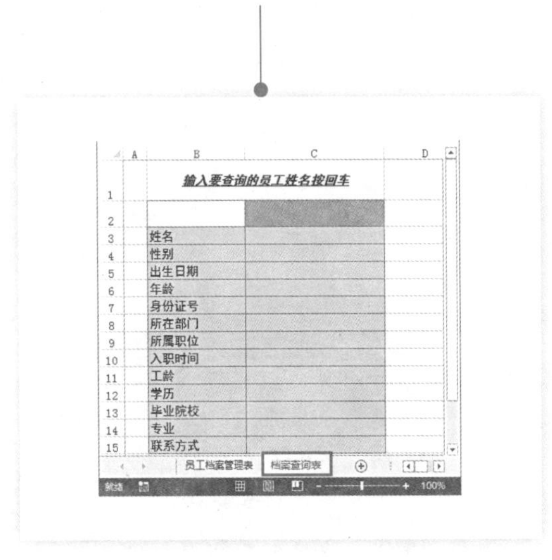

图9-84

❷ 选中C2单元格，在“数据”选项下“数据工具”组中单击“数据验证”按钮，打开“数据验证”对话框。在“允许”下拉菜单中选择“序列”，如图9-85所示。

图9-85

❸ 单击“来源”框右侧的 按钮回到“档案管理表”工作表中选择“姓名”列的单元格区域，如图9-86所示。选择后再单击按钮回到“数据验证”对话框。

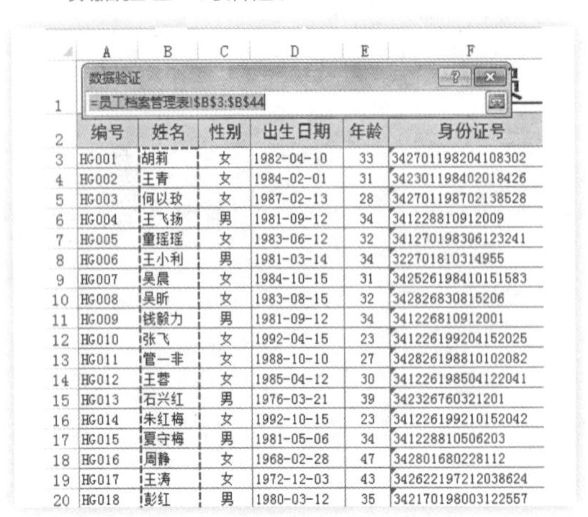

编号	姓名	性别	出生日期	年龄	身份证号
HG001	胡莉	女	1982-04-10	33	342701198204108302
HG002	王青	女	1984-02-01	31	342301198402018426
HG003	何以玫	女	1987-02-13	28	342701198702138528
HG004	王飞扬	男	1981-09-12	34	341228810912009
HG005	童瑶瑶	女	1983-06-12	32	341270198306123241
HG006	王小利	男	1981-03-14	34	322701810314955
HG007	吴晨	女	1984-10-15	31	342526198410151583
HG008	吴昕	女	1983-08-15	32	342826830815206
HG009	钱毅力	男	1981-09-12	34	341226810912001
HG010	张飞	女	1992-04-15	23	341226199204152025
HG011	管一非	女	1988-10-10	27	342826198810102082
HG012	王蓉	女	1985-04-12	30	341226198504122041
HG013	石兴红	男	1976-03-21	39	342326760321201
HG014	朱红梅	女	1992-10-15	23	341226199210152042
HG015	夏守梅	男	1981-05-06	34	341228810506203
HG016	周静	女	1968-02-28	47	342801680228112
HG017	王涛	女	1972-12-03	43	342622197212038624
HG018	彭红	男	1980-03-12	35	342170198003122557

图9-86

❹ “数据验证”对话框中我们可以看到设置的序列来源，点击“确定”按钮完成设置，如图9-87所示。

图9-87

❺ 完成上述设置后。在查询表中选中C2单元格，单击下拉按钮即可实现在下拉菜单中选择员工的姓名，如图9-88所示。

图9-88

❻ 选中C2单元格，在“审阅”选项卡下的“批注”组中单击“新建批注”按钮，如图9-89所示。

图9-89

❼ 在批注框中编辑批注，如图9-90所示。编辑完批注文字后，按〈Enter〉键结束。

图9-90

❽ 在“审阅”选项卡下“批注”选项组中单击“显示/隐藏批注”命令按钮，即可将批注显示出来，如图9-91所示。

图9-91

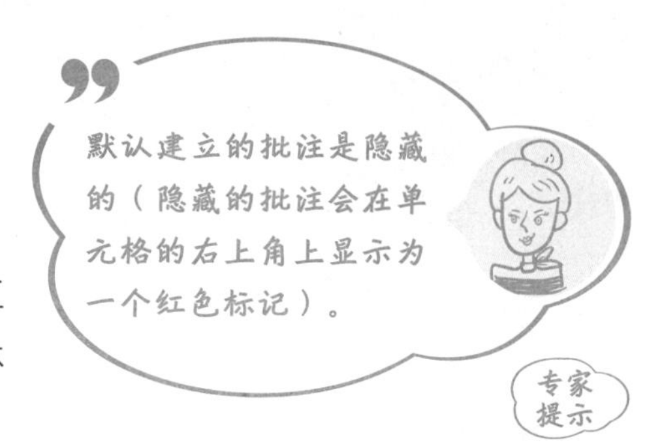

2. 设置公式实现快速查询

我们可以通过VLOOKUP公式完成对“员工档案管理表”中任意员工信息的调取与查询，具体操作如下：

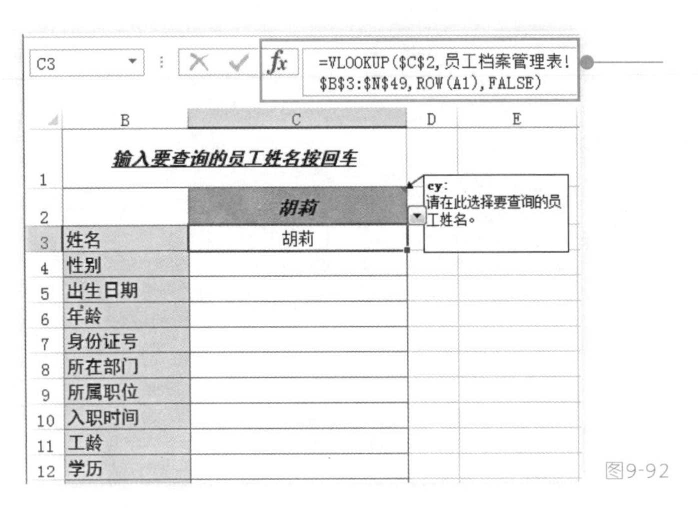

图9-92

❶ 在C3单元格中输入公式：=VLOOKUP($C$2,员工档案管理表!$B$3:$N$49,ROW(A1),FALSE)，按〈Enter〉键返回员工姓名，如图9-92所示。

公式解析

1）“ROW(A1)”，返回A1单元格所在的行号，因此返回结果为2。

2）“VLOOKUP($C$2,'档案管理表'!$B$3:$N$49,ROW(A1),FALSE)”，在“档案管理表”的$B$3:$N$49单元格区域的首列中寻找与C2单格中相同的姓名，找到后返回对应在第1列中的值。

3）此公式中的查找范围与查找条件都使用了绝对引用方式，即在向下复制公式时都是不改变的，唯一要改变的是用于指定返回“档案管理表”的$B$3:$N$49单元格区域哪一列值的参数，本例中使用了“ROW(A1)”来表示，当公式复制到C4单元格时，“ROW(A1)”变为“ROW(A2)”，返回值为2；当公式复制到C5单元格时，“ROW(A1)”变为“ROW(A3)”，返回值为3，依次类推。

❷ 选中C3单元格，将光标定位到单元格右下角，当出现黑色十字形时向下拖动，释放鼠标即可返回C2单元格中指定员工的各项信息，如图9-93所示。

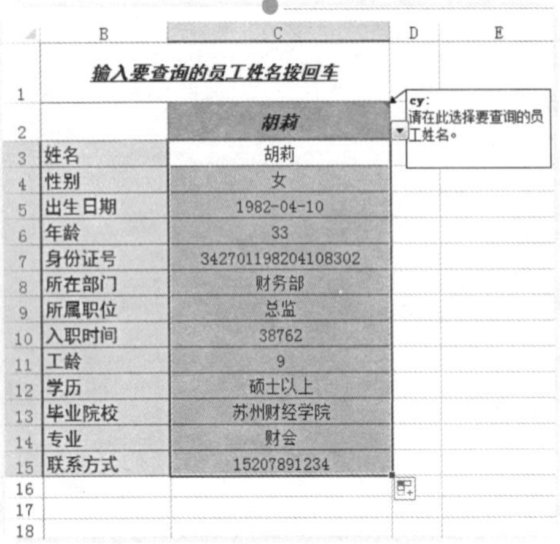

	B	C
1	输入要查询的员工姓名按回车	
2		胡莉
3	姓名	胡莉
4	性别	女
5	出生日期	1982-04-10
6	年龄	33
7	身份证号	342701198204108302
8	所在部门	财务部
9	所属职位	总监
10	入职时间	38762
11	工龄	9
12	学历	硕士以上
13	毕业院校	苏州财经学院
14	专业	财会
15	联系方式	15207891234

图9-93

❸ 选中C10单元格，在“开始”选项卡下的“数字”组中设置其为“短日期”格式，如图9-94所示（因为默认的单元格格式为“常规”，利用公式返回的日期值显示成了日期序号）。

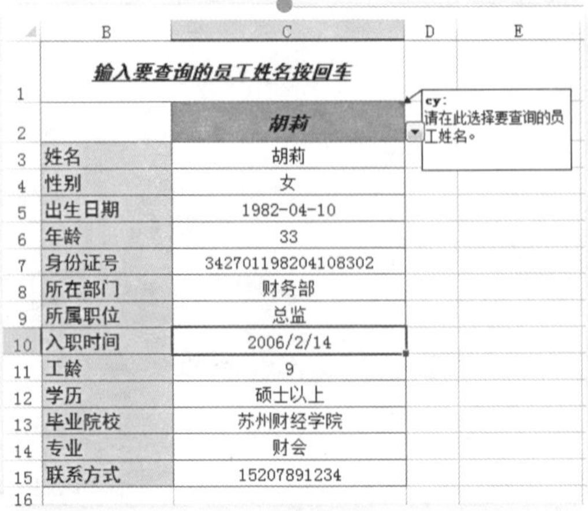

	B	C
1	输入要查询的员工姓名按回车	
2		胡莉
3	姓名	胡莉
4	性别	女
5	出生日期	1982-04-10
6	年龄	33
7	身份证号	342701198204108302
8	所在部门	财务部
9	所属职位	总监
10	入职时间	2006/2/14
11	工龄	9
12	学历	硕士以上
13	毕业院校	苏州财经学院
14	专业	财会
15	联系方式	15207891234

图9-94

❹ 选择姓名为“王青”，按〈Enter〉键查询出该员工的详细信息，如图9-95所示。

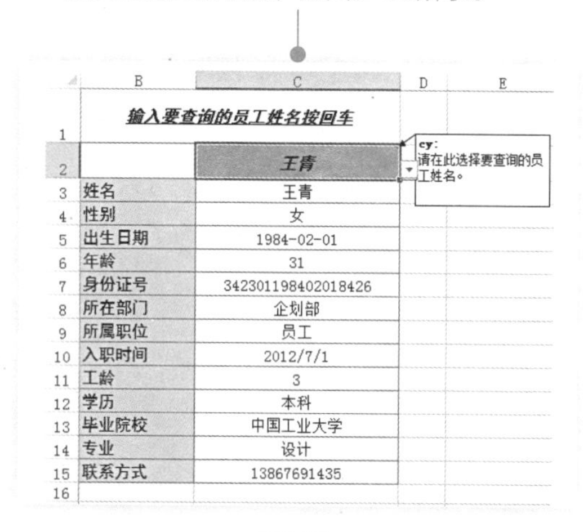

输入要查询的员工姓名按回车

	王青
姓名	王青
性别	女
出生日期	1984-02-01
年龄	31
身份证号	342301198402018426
所在部门	企划部
所属职位	员工
入职时间	2012/7/1
工龄	3
学历	本科
毕业院校	中国工业大学
专业	设计
联系方式	13867691435

图9-95

❺ 选择姓名为“吴晨”，按〈Enter〉键查询出该员工的详细信息，如图9-96所示。

输入要查询的员工姓名按回车

	吴晨
姓名	吴晨
性别	女
出生日期	1984-10-15
年龄	31
身份证号	342526198410151583
所在部门	网络安全部
所属职位	部门经理
入职时间	2008/6/14
工龄	7
学历	硕士
毕业院校	苏州大学
专业	IT网络
联系方式	15867491240

cy:
请在此选择要查询的员工姓名。

图9-96

9.4 数据分析

现在的人事工作也不好做，真的什么都要会，除了要做员工档案管理表，还要会对人员结构进行分析。

是呀，管好用好员工档案，对企业人才资源开发起着重要作用。你可以借助图表来实现啊，使用图表分析效果会更加直观。

9.4.1 员工年龄结构分析

年龄是衡量包括企业员工研究能力、市场开拓能力在内的综合素质高低的重要指标之一，想要了解企业年龄结构分布情况，我们可以借助Excel 2013中的数据透视表对企业员工年龄结构进行分段，并通过饼图来显示各个年龄段员工所占比例。

1. 创建数据透视表分析员工年龄结构

下面在Excel 2013中创建数据透视表来对企业员工年龄结构进行分析。

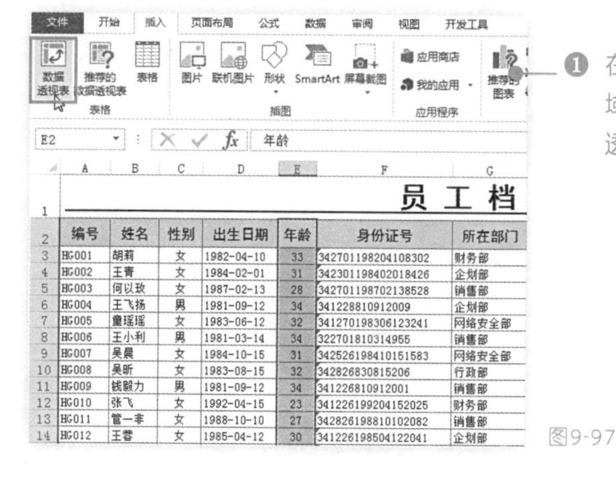

员 工 档

编号	姓名	性别	出生日期	年龄	身份证号	所在部门
HG001	胡莉	女	1982-04-10	33	342701198204108302	财务部
HG002	王青	女	1984-02-01	31	342301198402018426	企划部
HG003	何以玫	女	1987-02-13	28	342701198702138528	销售部
HG004	王飞扬	男	1981-09-12	34	341228810912009	企划部
HG005	童瑶瑶	女	1983-06-12	32	341270198306123241	网络安全部
HG006	王小利	男	1981-03-14	34	322701810314955	销售部
HG007	吴晨	女	1984-10-15	31	342526198410151583	网络安全部
HG008	吴昕	女	1983-08-15	32	342826830815206	行政部
HG009	钱毅力	男	1981-09-12	34	341226810912001	销售部
HG010	张飞	女	1992-04-15	23	341226199204152025	财务部
HG011	管一非	女	1988-10-10	27	342826198810102082	销售部
HG012	王蓉	女	1985-04-12	30	341226198504122041	企划部

❶ 在“员工档案管理表”中选中“年龄”列单元格区域，在“插入”选项卡下“表格”组中单击“数据透视表”按钮，如图9-97所示。

图9-97

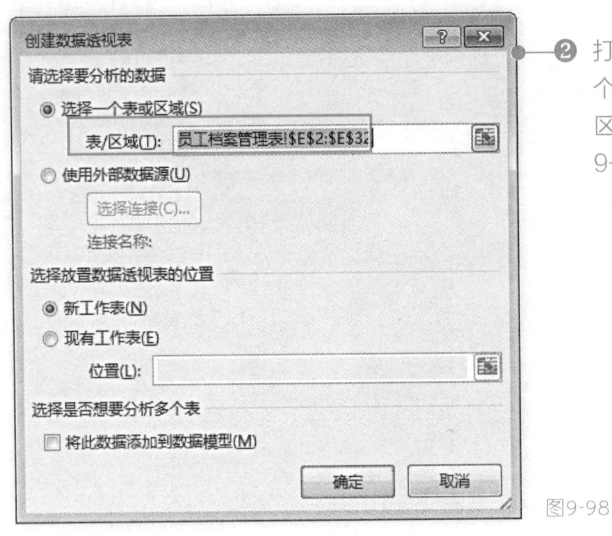

❷ 打开“创建数据透视表”对话框，在“选择一个表或区域”框中已经显示了选中的单元格区域，单击“确定”按钮创建数据透视表如图9-98所示。

图9-98

❹ 在“值”列表框中单击“年龄”数值字段，在打开的下拉菜单中选择“值字段设置”（图9-100），打开“值字段设置”对话框。

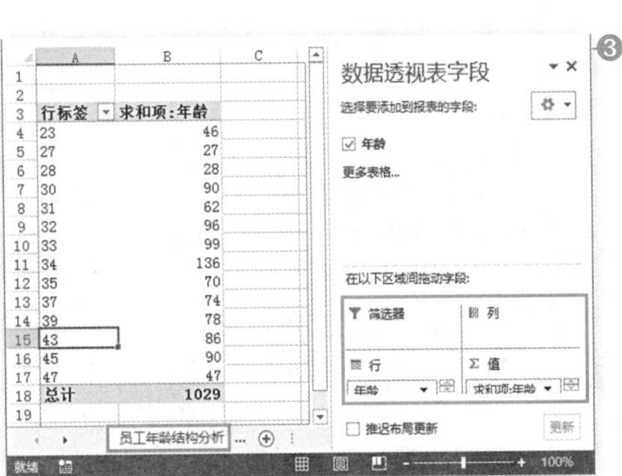

行标签	求和项:年龄
23	46
27	27
28	28
30	90
31	62
32	96
33	99
34	136
35	70
37	74
39	78
43	86
45	90
47	47
总计	1029

❸ 将新工作表重命名为“员工年龄结构分析”，并设置“年龄”字段为行标签，设置“年龄”字段为值字段，（默认汇总方式为求和），如图9-99所示。

图9-99

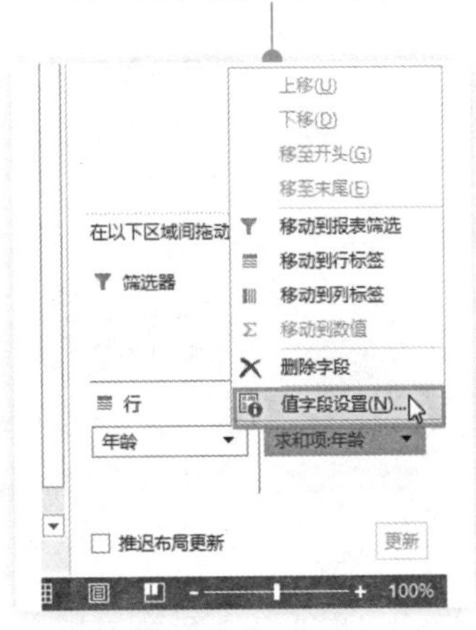

图9-100

❺ 重新设置计算类型为“计数”，在“自定义名称”设置框中设置名称为“人数”，单击“确定”按钮完成值段设置如图9-101所示。

❻ 完成上述操作后表格显示效果，如图9-102所示。

图9-101

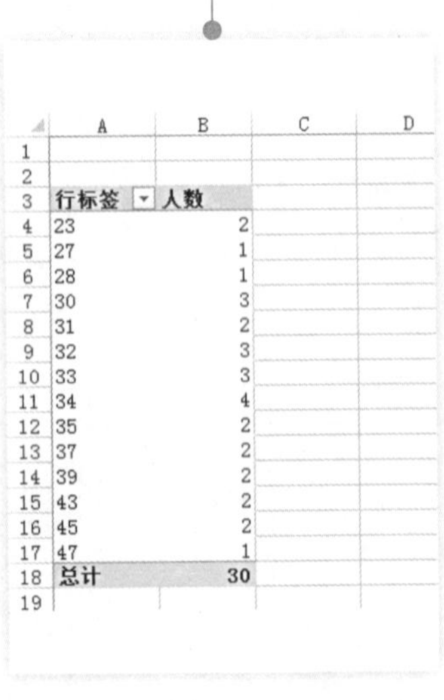

行标签	人数
23	2
27	1
28	1
30	3
31	2
32	3
33	3
34	4
35	2
37	2
39	2
43	2
45	2
47	1
总计	30

图9-102

❼ 选中“行标签”字段下任意单元格，切换到“数据透视表工具”→“分析”选项卡下，在“分组”选项组中单击“组选择”按钮，如图9-103所示。打开“组合”对话框

图9-103

❽ 根据需要设置步长（本例中设置为“7”），单击“确定”按钮完成设置，如图9-104所示。

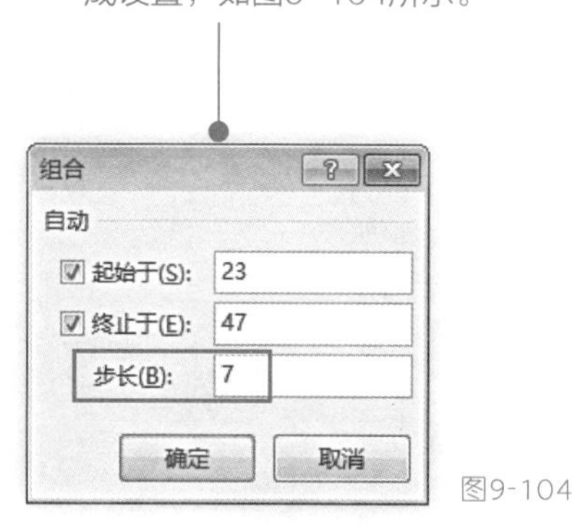

图9-104

❾ 设置完成后表格即可按指定步长分段显示年龄，如图9-105所示。

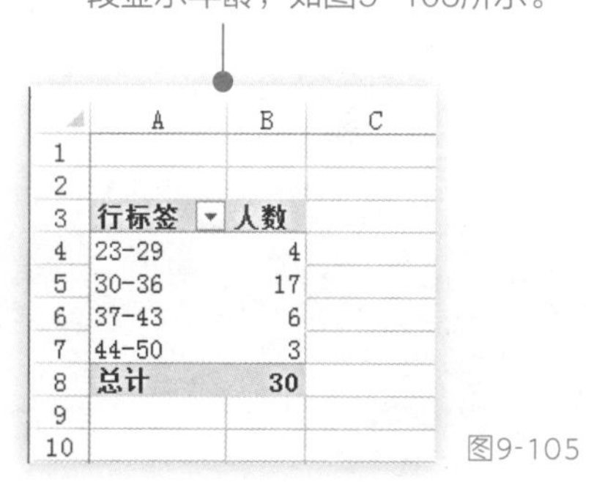

图9-105

2. 用图表显示各年龄段占比情况

数据透视表创建完成后，下面我们可以通过创建饼图来直观显示各年龄段占比情况。

❶ 选中数据透视表任意单元格，单击“数据透视表工具”→“分析”选项卡，在“工具”组中单击“数据透视图”按钮，如图9-106所示。

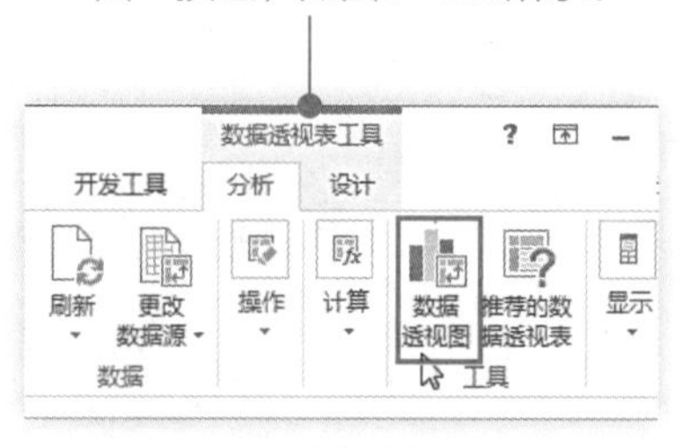

图9-106

❷ 打开“插入图表”对话框，单击“饼图”选项组选择“饼图”类型，如图9-107所示。单击“确定”按钮完成新建数据透视图。

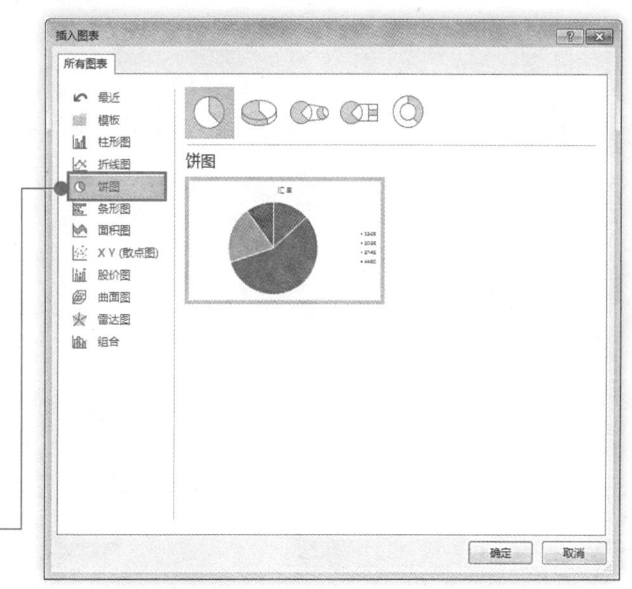

图9-107

❸ 新建图表后，可以在图表标题编辑框中重新输入图表名称“员工年龄结构分布图”，如图9-108所示。

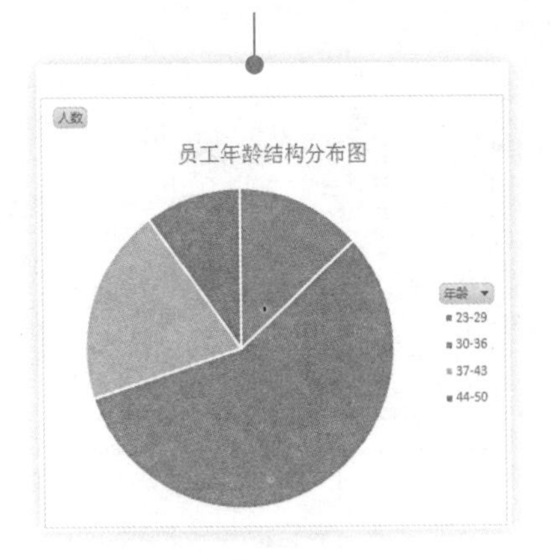

图9-108

❹ 选中图表，单击“图表元素”按钮，打开下拉菜单，单击“数据标签”右侧按钮，在子菜单中单击“更多选项”（如图9-109所示），打开“设置数据标签格式”窗格。

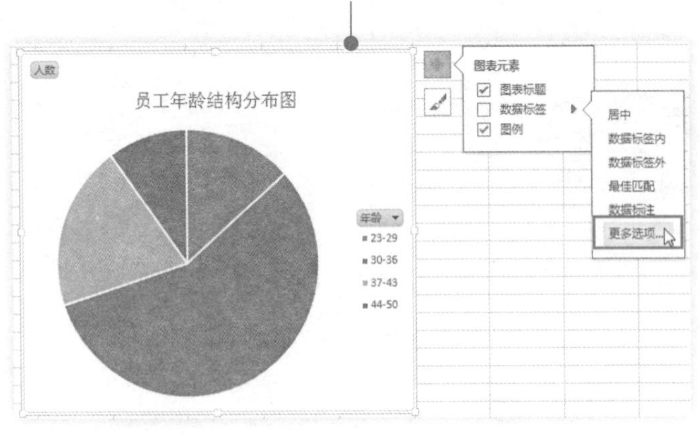

图9-109

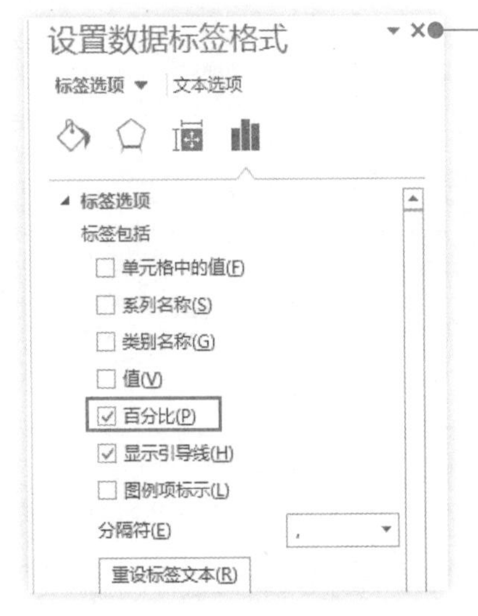

图9-110

❺ 在“设置数据标签格式”窗格中的“标签包括”栏下选中要显示标签前的复选框，这里选中“百分比”，如图9-110所示。

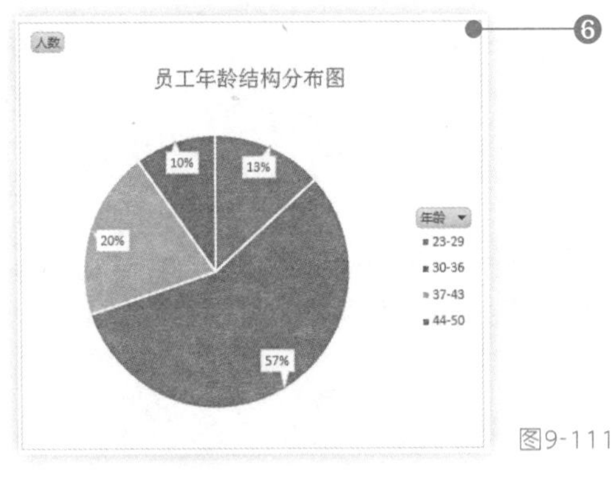

图9-111

❻ 完成上述操作图表即可显示出各个年龄段人数占总人数的百分比，如图9-111所示。

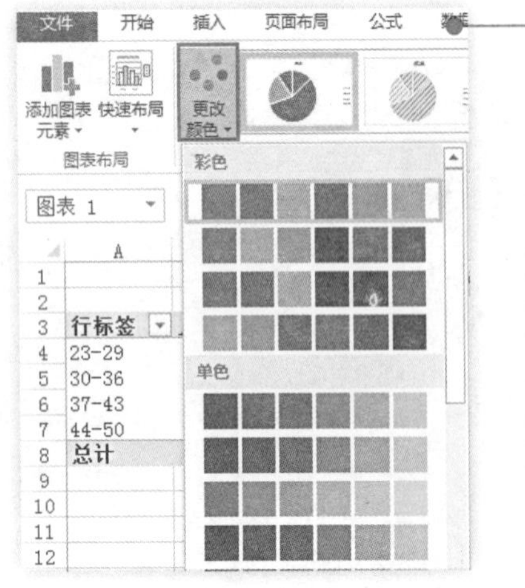

图9-112

❼ 选中图表，“图表工具”→“设计”选项卡，在“图表样式”组中单击“更改颜色”按钮，打开下拉菜单，并在下拉菜单中选取颜色如图9-112所示。

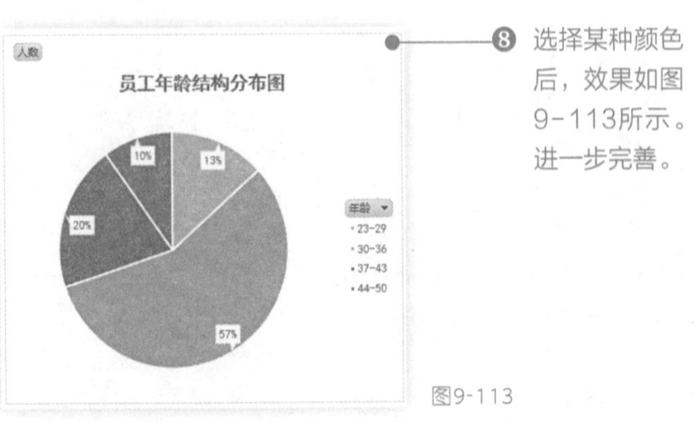

图9-113

❽ 选择某种颜色后，效果如图9-113所示。进一步完善。

9.4.2 分析各部门员工性别分布

当企业想了解各部门男女员工的构成情况时，我们可以通过数据透视表分析各个部门员工男女分布情况，并借助柱形图比较各部门员工的性别分布情况。

❶ 打开“员工档案管理表”工作表，建立数据透视表，将新建数据透视表命名为“分析各部门员工性别分布”。将“部门”和“性别”字段添加到“行标签”区域，将“计数项：性别”字段添加到“数值”区域，如图9-114所示。

图9-114

❷ 选中数据透视表任意单元格，单击“数据透视表工具”→“分析”选项卡，在“工具”组中单击“数据透视图”按钮，如图9-115所示。打开“插入图表”对话框。

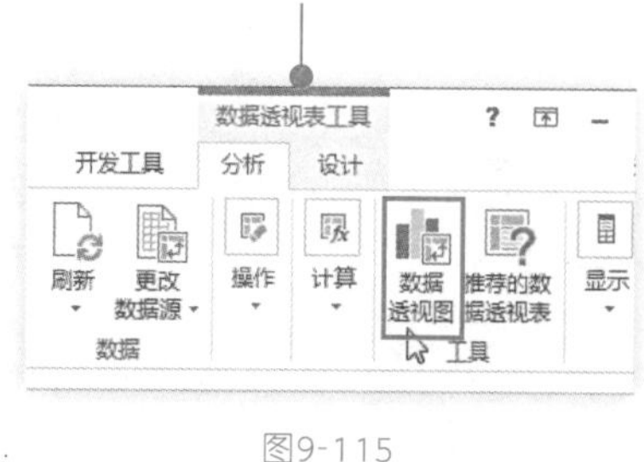

图9-115

❸ 在“插入图表”对话框中选取“柱形图”选项组，选择图表类型，单击“确定”按钮新建数据透视图，如图9-116所示。

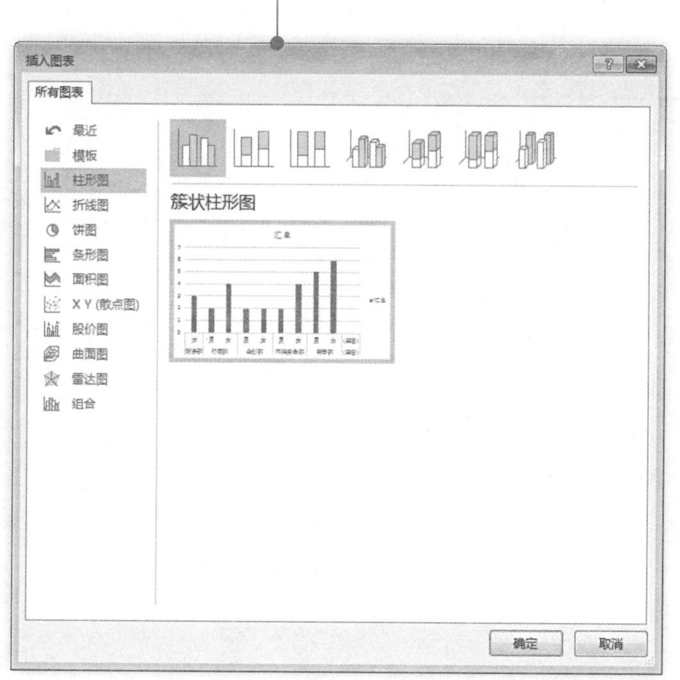

图9-116

❹ 将图表标题更改为“各部门员工性别分布图”，如图9-117所示。

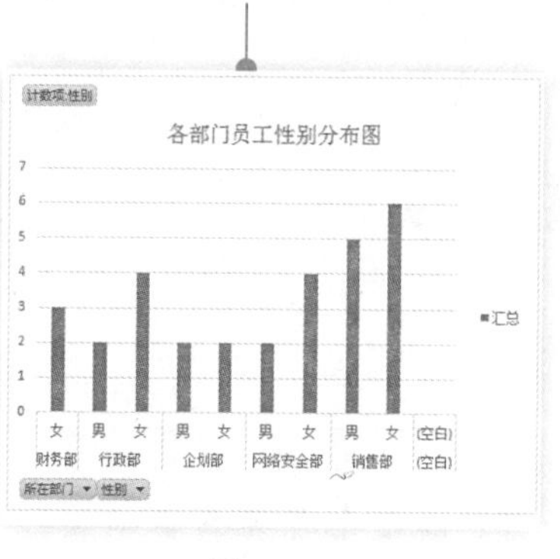

图9-117

❺ 选中图表，打开“设置数据系列格式”对话框，在“分类间距”区域向左滑动“无间距”滑板按钮，滑动到100%，如图9-118所示。

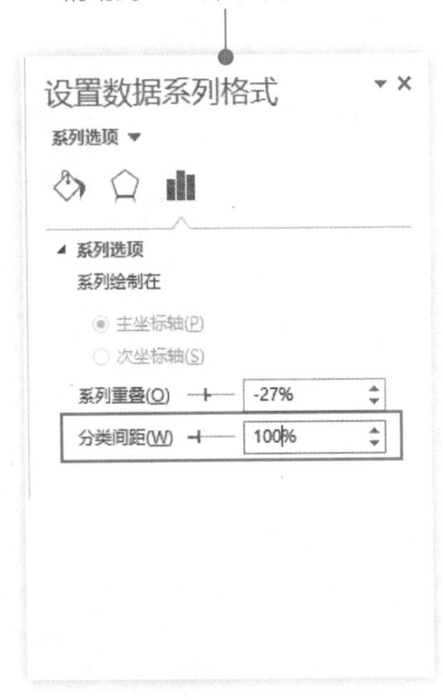

图9-118

❻ 单击“财务部男”数据系列，切换到“格式”选项卡，在“形状样式”选项组单击“形状填充”下拉按钮，在其下拉列表中选择“浅蓝”(图9-119)，即可更改数据系列的填充颜色。按照相同的方法设置其他部门男生数据系列为浅蓝。

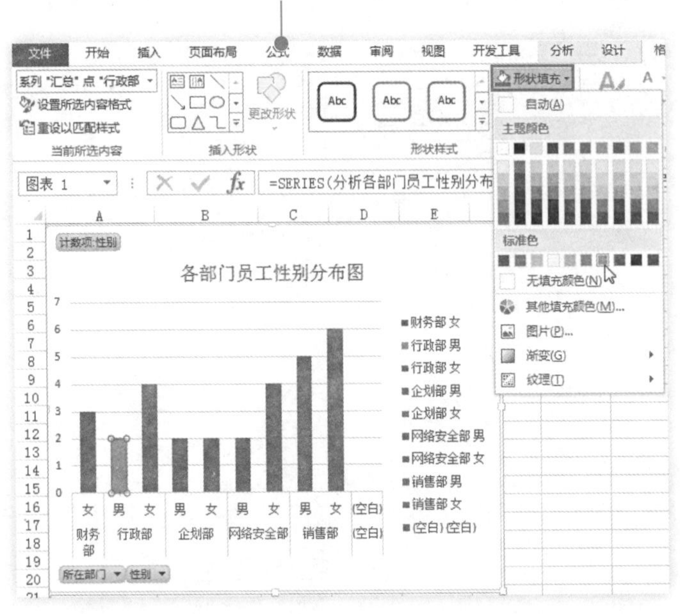

图9-119

❼ 单击“财务部女”数据系列，切换到“格式”选项卡，在“形状样式”选项组单击“形状填充”下拉按钮，在其下拉列表中选择“红色”(图9-120)，即可更改数据系列的填充颜色。按照相同的方法设置其他部门女生数据系列为红色。

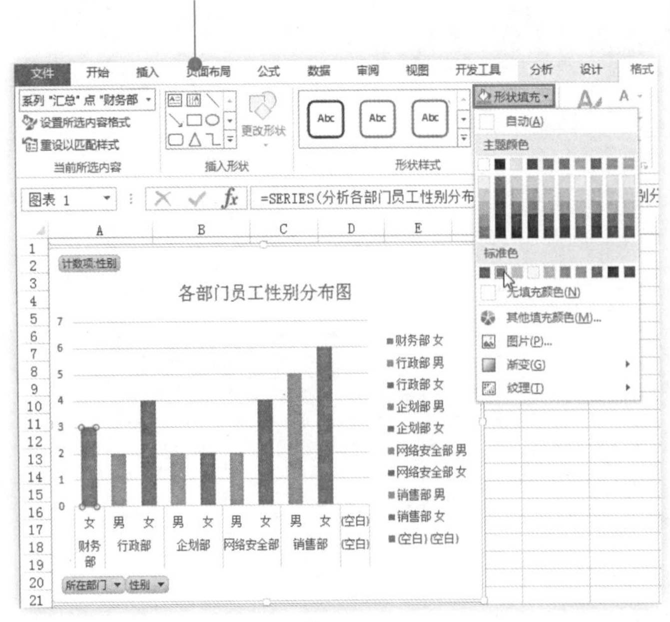

图9-120

❽ 选中图表，单击“图表元素”按钮，打开下拉菜单，取消“图例”右侧复选框，如图9-121所示。

❾ 如图9-122所示。从图表中我们可以直观地看出财务部全部员工都是女生。

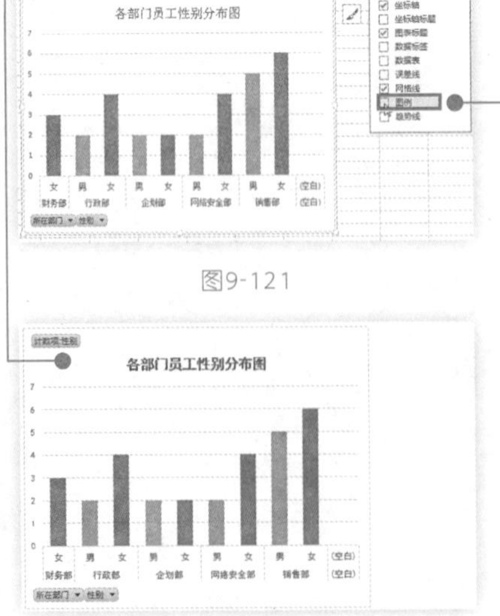

图9-121

图9-122

9.4.3　分析公司员工稳定性

我们可以通过对档案表中的工龄情况进行分析，判断出该企业员工的稳定性情况。

❶ 在“员工档案管理表”中选中“工龄”列单元格区域，建立数据透视表。重命名工作表标签为“分析公司员工稳定性”，并设置“工龄”字段为行标签，设置“工龄”字段为数值字段，（默认汇总方式为求和），如图9-123所示。

❷ 在“值”列表框中单击“工龄”字段，在打开的下拉菜单中选择“值字段设置”，打开“值字段设置”对话框。重新设置计算类型为“计数”，在“自定义名称”设置框中设置名称为“人数”，单击“确定”按钮完成设置如图9-124所示。

行标签	求和项:工龄
1	1
2	6
3	9
4	12
5	15
6	6
7	21
8	8
9	45
10	20
11	33
12	12
13	13
总计	201

图9-123

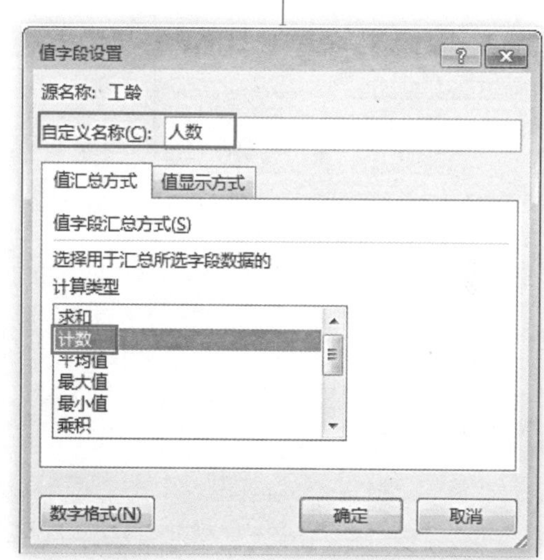

图9-124

❹ 选中“行标签”字段下任意单元格，切换到“数据透视表工具”→“分析”选项卡，在“分组”选项组中单击“组选择”按钮，如图9-126所示。打开“组合”对话框。

❸ 完成上述设置后数据透视表显示效果如图9-125所示。

行标签	人数
1	1
2	3
3	3
4	3
5	3
6	1
7	3
8	1
9	5
10	2
11	3
12	1
13	1
总计	30

图9-125

行标签	人数
1	1
2	3
3	3
4	3
5	3
6	1
7	3
8	1
9	5
10	2
11	3
12	1
13	1
总计	30

图9-126

❺ 根据需要设置步长（本例中设置为“5”），如图9-127所示。

图9-127

❻ 打开“插入图表”对话框，选择图表类型。单击“确定”按钮即可新建数据透视图，新建图表后，可以在图表标题编辑框中重新输入图表名称，如图9-128所示。

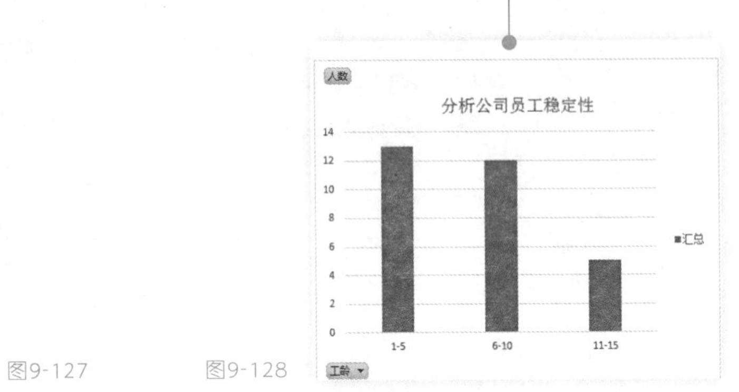

图9-128

❼ 选中图表，单击“图表样式”按钮，打开下拉列表，在“样式”栏下选择一种图表样式（单击即可应用），如图9-129所示。

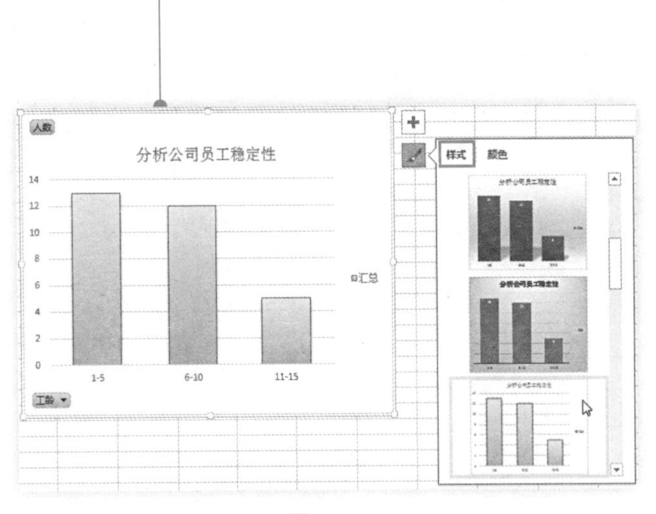

图9-129

❽ 删除图例，并对设置图表中文字格式。设置完成后图表如图9-130所示。从图表中可以看到工龄在“1-5”年的人数比较多，说明该企业员工的稳定性一般。

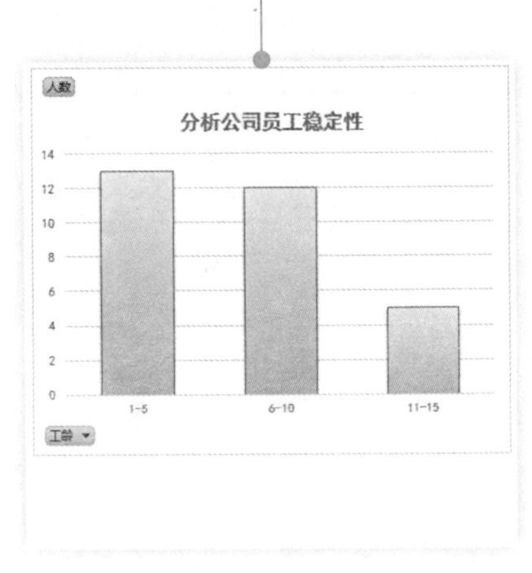

图9-130

第10章 企业员工考勤管理

每到月底最让人头疼的就是统计员工的考勤数据因为这是关系到大家的工资收入的问题。要是一不小心搞错了，导致同事扣钱，那我的罪过可就大了啊……

所以我们对这块工作要异常仔细啊，我们可以利用 Excel 2013 来管理考勤数据，这样做不但减少了工作量，而且不会出错，让工作更轻松。

10.1 制作流程

为了规范员工的劳动考勤管理，促使员工自觉遵守公司劳动纪律，企业一般会根据自身的要求制定一份员工考勤管理制度，再根据制定的考勤管理制度对员工实施严格的考勤管理。

下面我们将从制作员工休假流程图，员工考勤表，考勤统计表，各部门出勤情况分析和员工出勤情况统计五项任务出发向你全面介绍与企业员工考勤管理相关的各项知识与技能，如图10-1所示。

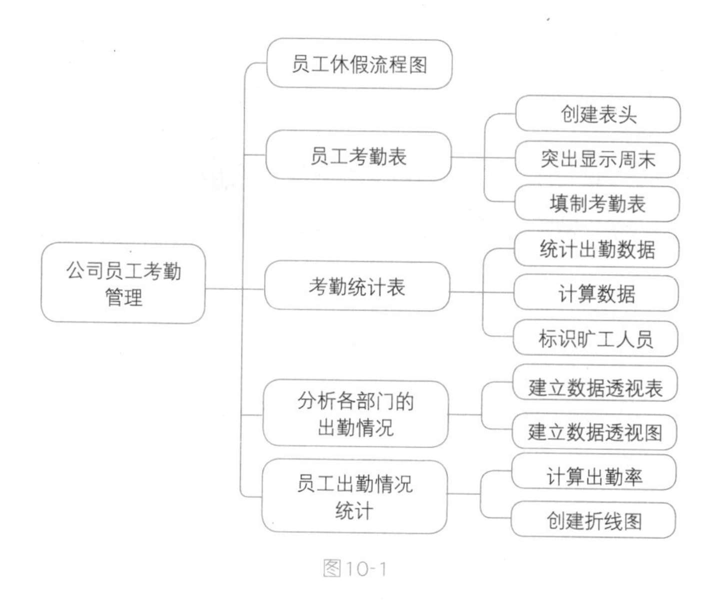

图10-1

在进行员工考勤管理时，我们需要进行数据记录和统计分析，会用到多个不同的表格和数据透视图表等。下面我们可以先来看一下相关效果图。如图10-2所示。

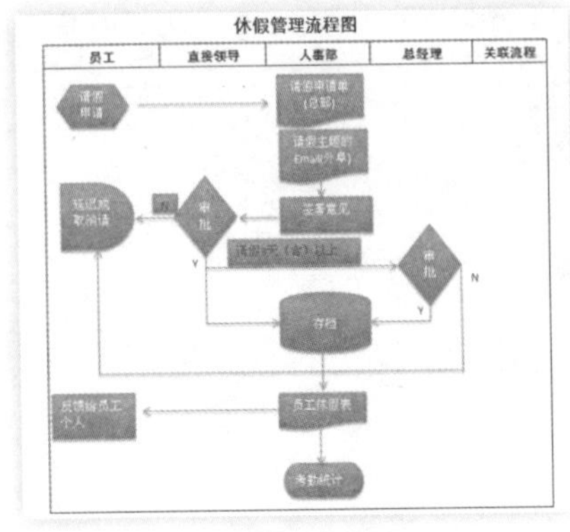

休假管理流程图

考勤表

本月考勤统计分析

病假：10元　事假：30元　迟到：20元　旷工：100元

姓名	性别	所在部门	出勤 √	病假 ⊕	事假 ⊙	迟到 ◎	旷工 ◇	婚假 ♀	产假 ♁	年假 ▲	出差 ★	实际工作天数	满勤奖	应扣工资
胡莉	男	企划部	41	1	0	0	0	0	0	0	2	21.5	0	10
王青	女	财务部	44	0	0	0	0	0	0	0	0	22	0	0
何以玫	男	企划部	43	0	1	0	0	0	0	0	0	21.5	0	30
王飞扬	女	企划部	44	0	0	0	0	0	0	0	0	22	0	0
童瑶瑶	女	行政部	43	0	1	0	0	0	0	0	0	21.5	0	30
王小利	女	销售部	42	0	0	0	0	0	0	0	2	22	0	0
吴晨	女	网络安全部	42	0	0	0	2	0	0	0	0	21	200	200
吴昕	男	行政部	44	0	0	0	0	0	0	0	0	22	0	0
钱毅力	女	销售部	44	0	0	0	0	0	0	0	0	22	0	0
张飞	女	财务部	42	0	0	0	2	0	0	0	0	21	200	200
管一非	女	销售部	44	0	0	0	0	0	0	0	0	22	0	0
王蓉	女	企划部	30	0	0	0	0	8	6	0	0	15	0	0
石兴红	男	销售部	44	0	0	0	0	0	0	0	0	22	0	0
朱红梅	男	行政部	44	0	0	0	0	0	0	0	0	22	0	0
夏守梅	男	网络安全部	44	0	0	0	0	0	0	0	0	22	0	0
周静	男	销售部	41	0	0	2	0	0	0	0	1	21	200	40
王涛	女	行政部	40	0	3	0	1	0	0	0	0	20	0	190
彭红	男	行政部	39	2	3	0	0	0	0	0	0	19.5	0	110
王晶	男	销售部	44	0	0	0	0	0	0	0	0	22	0	0
李金晶	女	网络安全部	43	0	1	0	0	0	0	0	0	21.5	0	30
王桃芳	女	销售部	40	0	0	2	0	0	0	0	2	21	200	40
刘云英	女	销售部	44	0	0	0	0	0	0	0	0	22	0	0
李光明	男	企划部	44	0	0	0	0	0	0	0	0	22	0	0
莫凡	女	财务部	44	0	0	0	0	0	0	0	0	22	0	0
简单	女	网络安全部	44	0	0	0	0	0	0	0	0	22	0	0
刘颖	女	销售部	42	0	0	2	0	0	0	0	0	21	200	40
胡梦婷	女	网络安全部	44	0	0	0	0	0	0	0	0	22	0	0

员工出勤情况统计

考勤统计表

图10-2

10.2　新手基础

在Excel 2013中进行员工考勤管理需要用到的知识点除了包括前面章节中介绍过的知识点外还包括：条件格式、图表、数据透视表、数据透视图以及相关函数等！学会这些知识点，进行考勤管理管理时会更得心应手！

10.2.1　自动标识出周末日期

Excel 2013的条件格式功能非常强大，系统不仅内置了很多常用条件，而且我们还可以通过公式自行设定条件格式。下例中我们将利用条件格式功能分析周末出差人员情况，具体操作如下：

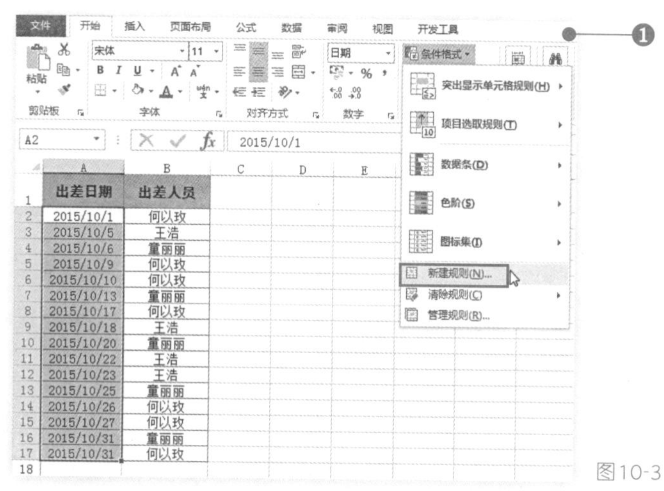

❶ 选中要设置的单元格区域，在“开始”选项卡的“样式”组中单击“条件格式”下拉按钮，在“突出显示单元格规则”子菜单下单击“新建规则”命令（图10-3），打开“新建格式规则”对话框。

图10-3

❷ 在列表中选择最后一条规则类型，设置公式为：=WEEKDAY(A2,2)>5，然后单击“格式”按钮（图10-4），打开“设置单元格格式”对话框。

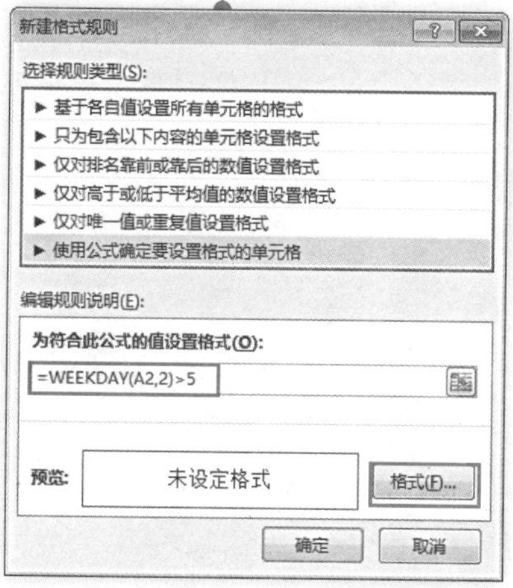

❸ 切换到“填充”选项卡下，选择填充颜色为“黄色”，如图10-5所示。单击“确定”按钮返回“新建格式规则”对话框。

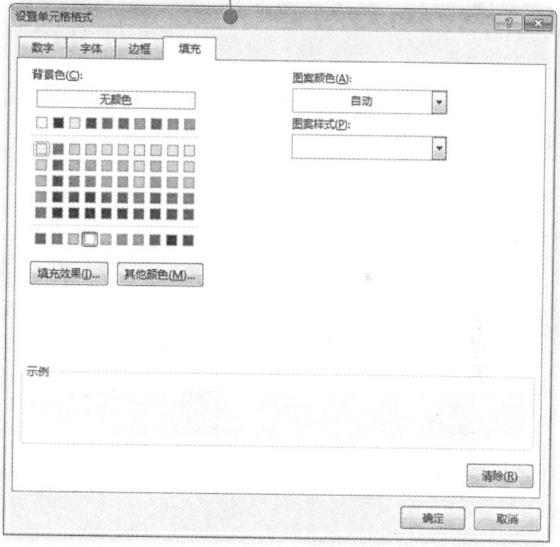

图10-4

图10-5

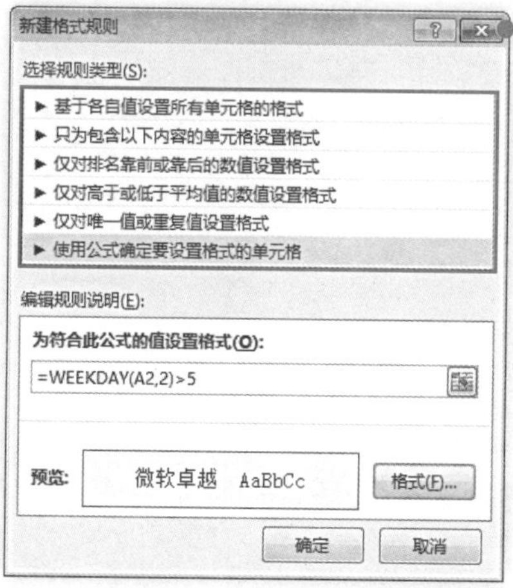

❹ 完成格式设置后即可看到预览效果，如图10-6所示。确认“预览效果”符合要求后即可单击“确定”按钮完成格式规则设置。

❺ 完成格式规则设置后，即可看到周末的销售额以特殊格式显示出来，如图10-7所示。

图10-6

图10-7

参数“2”表示返回“数字1到数字7(星期一到星期日)”，参数“>5”表示当条件大于5时则周末(因为星期六和星期日返回的数字为6和7)，就为其设置格式。

10.2.2 图表对象的填色

在实际工作中为让图表更加醒目美观我们需要为图表进行自定义颜色填充，具体操作如下：

❶ 选中图表区，切换到“图表工具”→“格式”选项卡，在“形状样式”组中单击“形状填充”按钮，打开下拉菜单，并在“主题颜色”栏中选择填充颜色当鼠标指向设置选项时，图表会即时显示预览效果如图10-8所示。

❷ 完成颜色填充后的最终效果如图10-9所示。

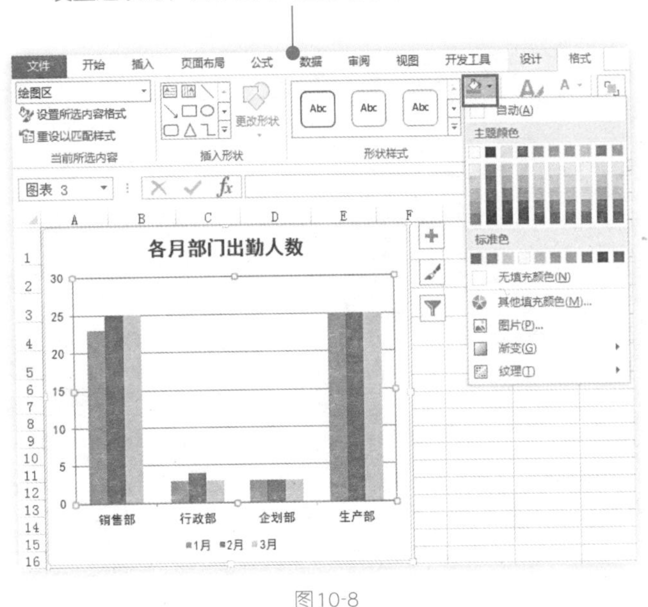

图10-8

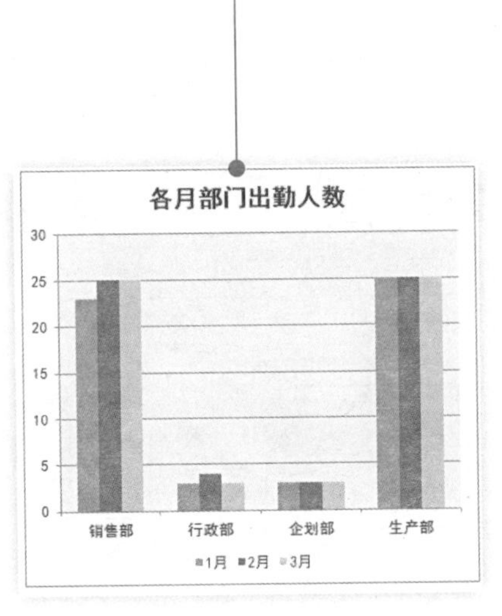

图10-9

10.2.3 选中难以选中的数据系列

我们在Excel 2013中根据表格数据建立图表后，如果想对图表中对象进行格式设置。我们首先要选中这一对象才能进行相关操作，那么我们该怎么实现这一操作呢，下面可以通过工具栏操作准确将其选中。

如果想选某一个系列中的一个数据点，那么则可以首先选中指定系列，再在目标数据点上单击一次鼠标即可选中单独的数据点。

❶ 选中整张图表，单击“图表工具”→“格式”选项卡，在“当前所选内容”选项组中单击“▾”按钮，打开下拉菜单，在菜单中单击指定对象即可选中该对象如图10-10所示。

❷ 本例中我们选取了“系列2月”，选取后效果如图10-11所示。

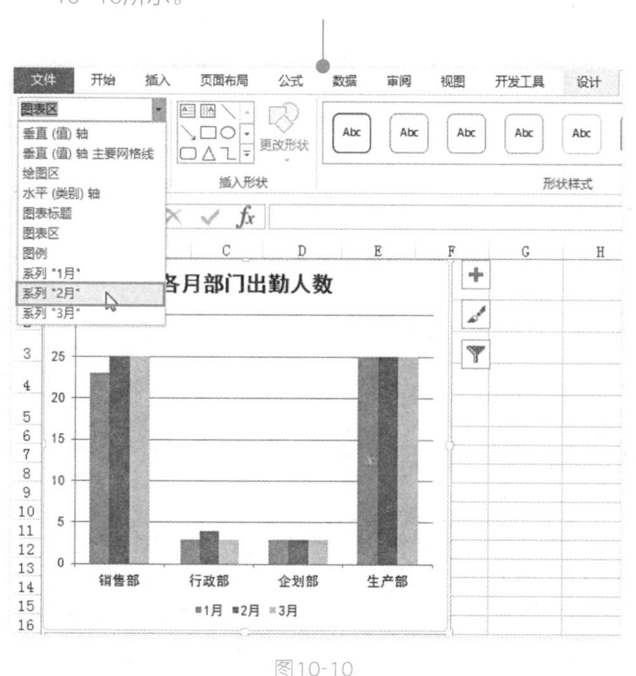

图10-10

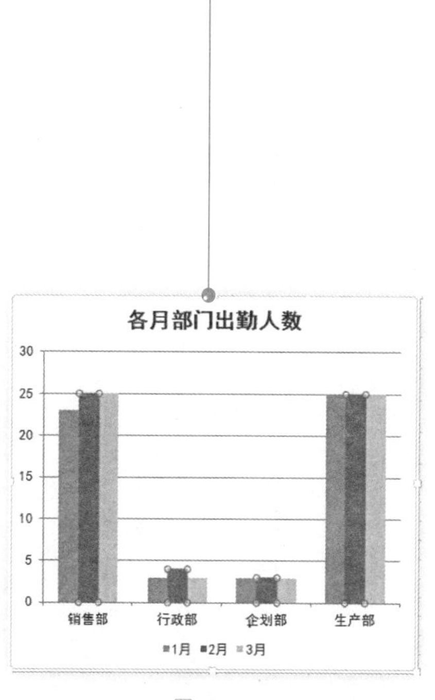

图10-11

10.2.4　当数值大于指定值时将该数值的特殊格式显示

将表格中满足指定条件的数据以特殊的标记显示出来，可以起到辅助数据分析的作用。例如在下例中我们将利用条件格式功能将金额大于5000元的数据的以红色标记出来。具体操作如下：

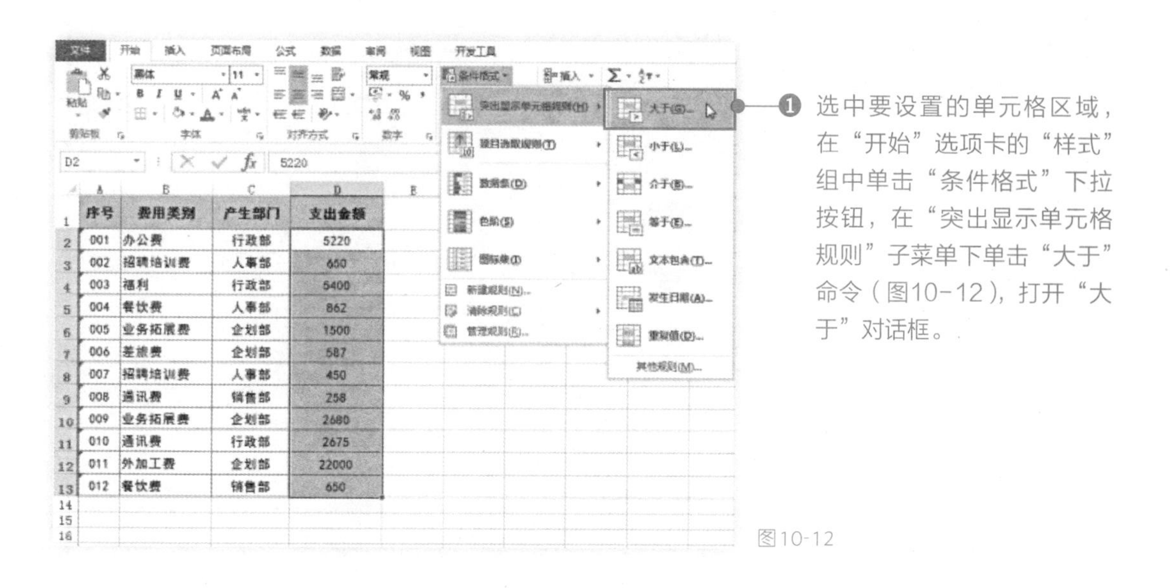

❶ 选中要设置的单元格区域，在“开始”选项卡的“样式”组中单击“条件格式”下拉按钮，在“突出显示单元格规则”子菜单下单击“大于”命令（图10-12），打开“大于”对话框。

图10-12

❷ 在左侧文本框中输入作为指定值的数值，在右侧的下拉列表中选择单元格样式，单击“确定”按钮完成设置如图10-13所示。

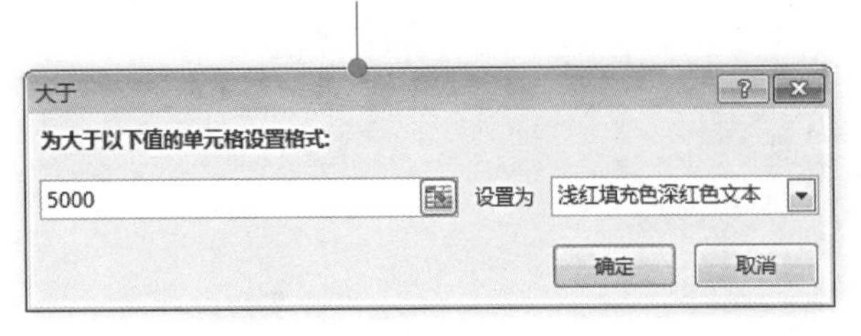

图10-13

❸ 完成上述设置后“支出金额”数值大于5000的单元格区域即以指定格式显示效果如图10-14所示。

	A	B	C	D
1	序号	费用类别	产生部门	支出金额
2	001	办公费	行政部	5220
3	002	招聘培训费	人事部	650
4	003	福利	行政部	5400
5	004	餐饮费	人事部	862
6	005	业务拓展费	企划部	1500
7	006	差旅费	企划部	587
8	007	招聘培训费	人事部	450
9	008	通讯费	销售部	258
10	009	业务拓展费	企划部	2680
11	010	通讯费	行政部	2675
12	011	外加工费	企划部	22000
13	012	餐饮费	销售部	650
14				
15				

图10-14

知识扩展

自定义设置条件格式的特殊格式。

如果不想只是使用列表中给出的几种格式，则我们可以自定义满足设置条件时所显示的特殊格式。

在对话框中的“设置为”下拉列表中单击“自定义格式”命令（图10-15），打开“设置单元格格式”对话框。在“字体”选项卡中设置“字形”和“颜色”，如图10-16所示；切换到“填充”选项卡，设置单元格的填充颜色，如图10-17所示。设置完成后，依次单击“确定”按钮，即可实现让满足条件的单元格显示所设置的特殊格式。

图10-15

图10-16

图10-17

10.2.5　使重复值以特殊格式显示

在下例中我们可以通过条件格式功能，让员工值班表中重复值班人员的姓名以特殊格式显示，具体操作如下：

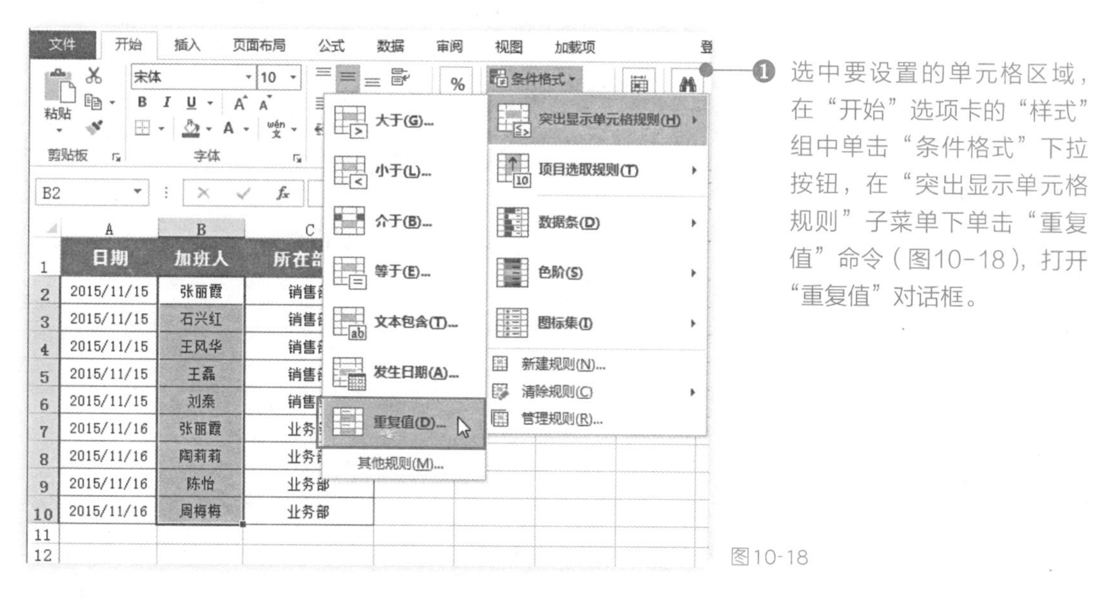

❶ 选中要设置的单元格区域，在“开始”选项卡的“样式”组中单击“条件格式”下拉按钮，在“突出显示单元格规则”子菜单下单击“重复值”命令（图10-18），打开“重复值”对话框。

图10-18

❷ 设置单元格值为“重复值”显示为“黄填充色深黄色文本”，如图10-19所示。单击“确定”按钮完成设置。

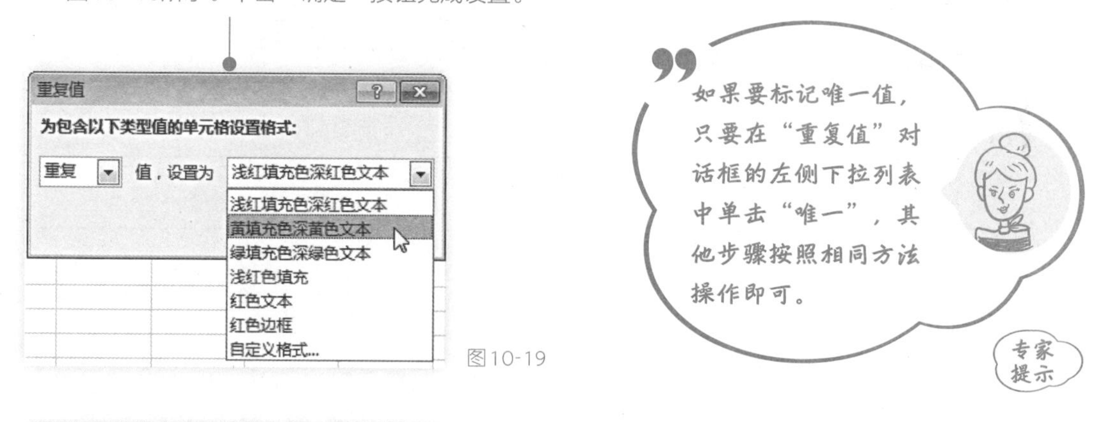

图10-19

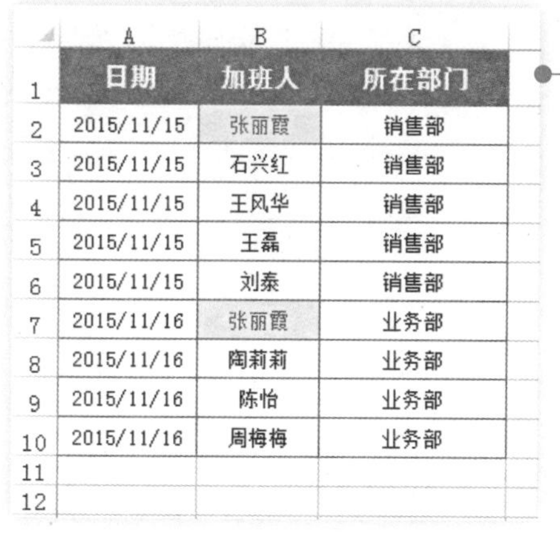

日期	加班人	所在部门
2015/11/15	张丽霞	销售部
2015/11/15	石兴红	销售部
2015/11/15	王风华	销售部
2015/11/15	王磊	销售部
2015/11/15	刘泰	销售部
2015/11/16	张丽霞	业务部
2015/11/16	陶莉莉	业务部
2015/11/16	陈怡	业务部
2015/11/16	周梅梅	业务部

❸ 完成上述设置系统即将重复的员工姓名以特殊格式显示出来，如图10-20所示。

图10-20

10.2.6 自动标识错误编号

在实际工作中条件格式功能可以帮助我们解决许多非常个性化的问题，例如在下例中我们将利用条件格式功能中的新建规则工具，帮助我们找出员工编号不以“HZP_”开头的数据条目，具体操作如下：

❶ 选中要设置的单元格区域，在“开始”选项卡的“样式”组中单击“条件格式”下拉按钮，在“突出显示单元格规则”子菜单下单击“新建规则”命令（图10-21），打开“新建格式规则”对话框。

❷ 在“选择规则类型”栏中选择“使用公式确定要设置格式的单元格”，然后在下面的文本框中输入公式“=NOT(COUNTIF(A2,"HZP_*")=1)”，完成输入后，单击“格式”按钮，打开“设置单元格格式”对话框如图10-22所示。

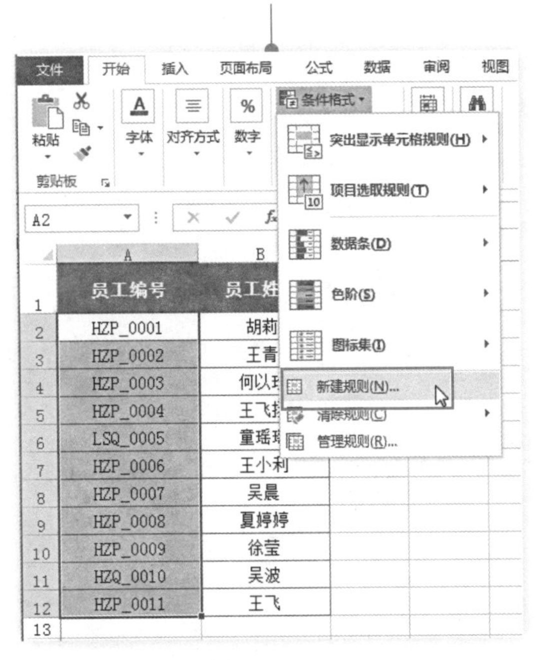

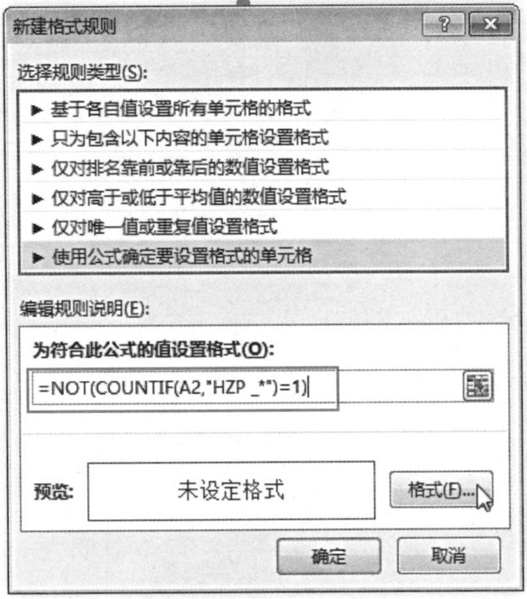

图10-21

图10-22

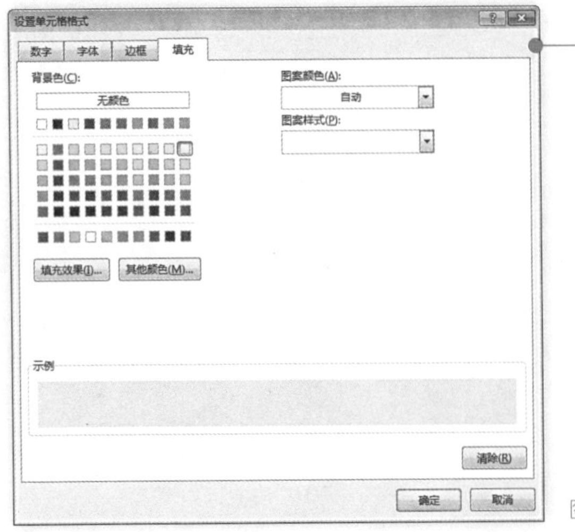

❸ 切换到“填充”选项卡下，根据需要对需要标识的单元格进行格式设置，这里以设置单元格背景颜色为“黄色”为例，如图10-23所示单击“确定”完成设置。

图10-23

❹ 返回“新建格式规则”对话框后，即可看到预览效果，如图10-24所示。确认预览效果达到要求后，单击“确定”按钮完成设置。

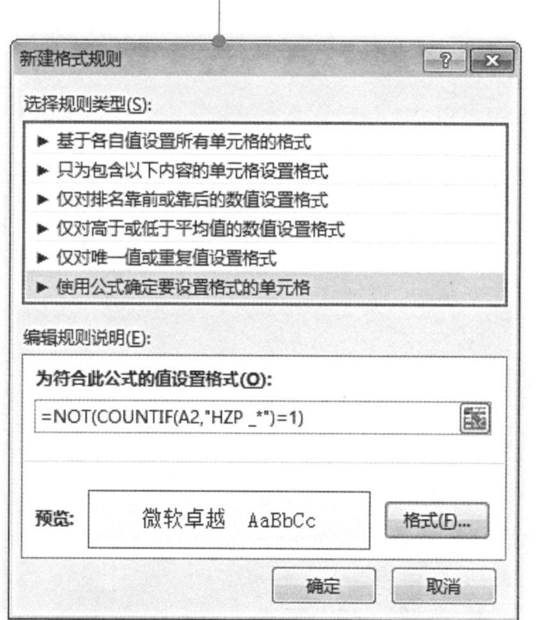

图10-24

❺ 完成上述操作系统即可将选定单元格区域内的未以“HZP _”开头的产品编码标识出来，如图10-25所示。

	A	B
1	员工编号	员工姓名
2	HZP_0001	胡莉
3	HZP_0002	王青
4	HZP_0003	何以玫
5	HZP_0004	王飞扬
6	LSQ_0005	童瑶瑶
7	HZP_0006	王小利
8	HZP_0007	吴晨
9	HZP_0008	夏婷婷
10	HZP_0009	徐莹
11	HZQ_0010	吴波
12	HZP_0011	王飞
13		

图10-25

使用 COUNTIF 函数在 A2 单元格中判断“”HZP_*”是否出现 1 次，如果是出现 1 次则返回 TURE，再使用 NOT 函数求反，结果为 FALSE，表示如果出现一次不进行格式设置，否则进行格式设置。

10.2.7　让日期显示为想要的格式

在表格中输入的日期格式不是自己想要的格式，可以将其转换为自己想要的格式吗？回答当然是可以的，如果想让输入的日期以某种特定格式显示，我们可以先设置单元格格式，然后再以最简易的方式输入日期，按Enter 键后，系统会自动转换日期格式。

	A	B
1	出差日期	出差人员
2	2015/10/1	何以玫
3	2015/10/5	王浩
4	2015/10/6	童丽丽
5	2015/10/9	何以玫
6	2015/10/10	何以玫
7	2015/10/13	童丽丽
8	2015/10/17	何以玫
9	2015/10/18	王浩
10	2015/10/20	童丽丽

❶ 选中要重新设置日期格式的单元格区域，在“开始”选项卡的“数字”组中单击“对话框启动器”按钮，打开“设置单元格格式”对话框，如图10-26所示。

图10-26

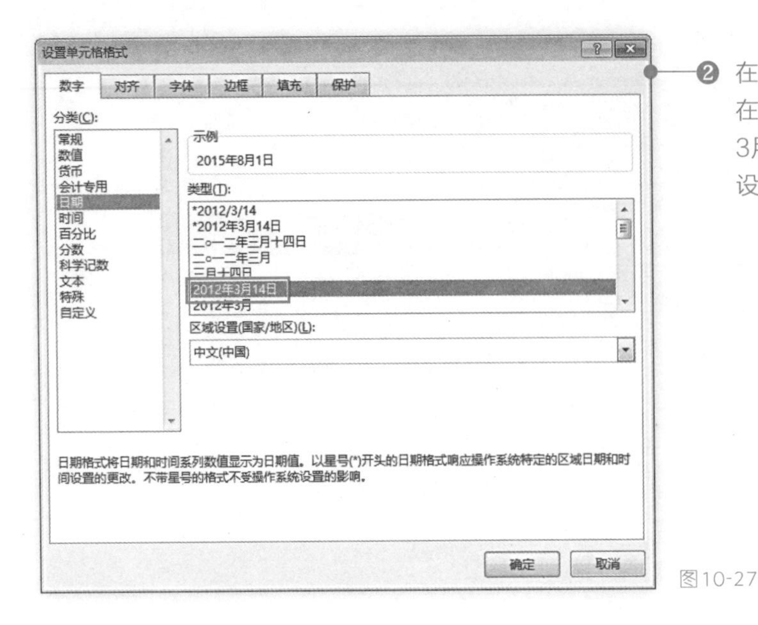

❷ 在“分类”列表中单击“日期”，在“类型”列表框中选中“2012年3月14日”，单击“确定”按钮完成设置如图10-27所示。

图10-27

❸ 完成上述操作，返回工作表，即可看到想要设置的日期格式效果，如图10-28所示。

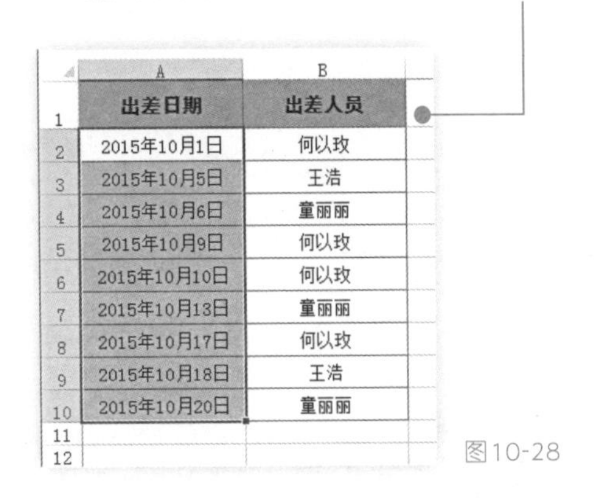

出差日期	出差人员
2015年10月1日	何以玫
2015年10月5日	王浩
2015年10月6日	童丽丽
2015年10月9日	何以玫
2015年10月10日	何以玫
2015年10月13日	童丽丽
2015年10月17日	何以玫
2015年10月18日	王浩
2015年10月20日	童丽丽

图10-28

除了在“类型”列表中设置不同的日期类型外，还可以单击“区域设置(国家/地区)(L)”设置框下拉按钮，在下拉菜单中选择某个国家的时间样式。

专家提示

10.2.8 约定数据宽度不足时用零补齐

在工作表中输入数据时，有时为了保证表格整齐美观，我们需要让数据保持相同的长度，当数据位数不足特定长度时，我们可以通过单元格格式设置让系统自动在数据前面添加0来补足位数，例如，本例中要求数据位数为4位，不足4位时前面加0。要实现这一效果我们需要按照如下方法进行设置：

❶ 选中需要设置的目标单元格，如A2:A12单元格区域，在“开始”选项卡的“数字”组中单击“对话框启动器”按钮 ⧉（图10-29），打开“设置单元格格式”对话框。

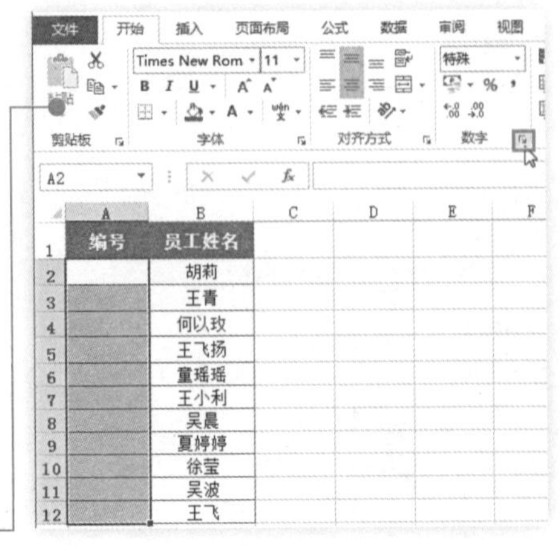

编号	员工姓名
	胡莉
	王青
	何以玫
	王飞扬
	童瑶瑶
	王小利
	吴晨
	夏婷婷
	徐莹
	吴波
	王飞

图10-29

❷ 在“数字”选项卡下，选中“分类”列表框中的“自定义”选项，在右侧的“类型”设置框中设置为“0000”，单击“确定”按钮完成设置，如图10-30所示。

图10-30

❸ 完成上述设置后，当输入数据数位不足4位时，系统会自动在数据前添加“0”以使数据数位置达到要求长度，最终如图10-31所示。

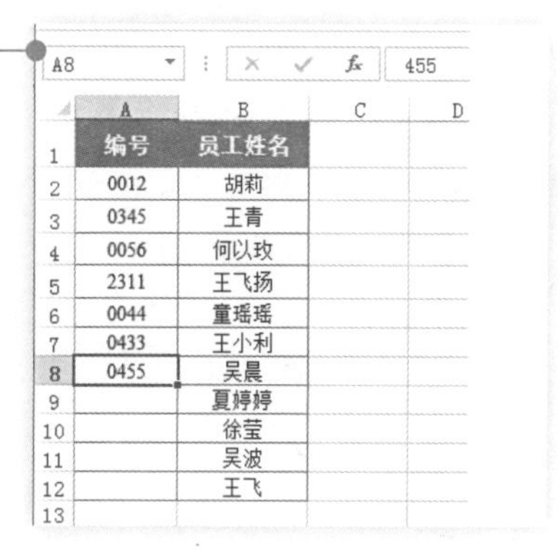

图10-31

知识扩展

需要设置数值的默认位数为多少位就在“类型”输入框中输入多少个“0”。若需要设置默认为5位数字，当不足5位时自动补0，则可在“类型”输入框中输入“00000”。

10.2.9　WEEKDAY 函数（返回指定日期对应的星期数）

【函数功能】WEEKDAY函数表示返回某日期为星期几。默认情况下，其值为1（星期天）到7（星期六）之间的整数。

【函数语法】WEEKDAY(serial_number,[return_type])

- Serial_number：一个序列号，代表尝试查找的那一天的日期。应使用 DATE 函数输入日期，或者将日期作为其他公式或函数的结果输入；
- Return_type ：可选。用于确定返回值类型的数字。Return_type参数与WEEKDAY返回值之间对应关系如表10-1所示：

表　10-1

Return_type参数	WEEKDAY返回值
1（默认）	数字1（星期日）到数字7（星期六）
2	数字1（星期一）到数字7（星期日）
3	数字0（星期一）到数字6（星期日）

WEEKDAY函数可以帮助我们解决以下日常作业中的常见问题。

1. 返回值班日期对应的星期数

如图10-32所示建立了值班安排表，现在需要根据值班的日期将对应的星期数显示出来，并以中文显示。具体方法如下例所示：

值班人员	值班日期
胡莉	2015/1/25
王青	2015/3/13
何以玫	2015/4/10
王飞扬	2015/6/14
童瑶瑶	2015/10/2

图10-32

公式解析

先使用 WEEYDAY 函数返回此日期对应的星期数。再使用 TEXT 函数将星期数的阿拉伯数字转化为中文显示。

❶ 在C2单元格中输入公式："=TEXT(WEEKDAY(B2,1),"aaaa")"，按〈Enter〉键返回第一个值班日期对应的星期数，如图10-33所示。

C2　=TEXT(WEEKDAY(B2,1),"aaaa")

值班人员	值班日期	星期数
胡莉	2015/1/25	星期日
王青	2015/3/13	
何以玫	2015/4/10	
王飞扬	2015/6/14	
童瑶瑶	2015/10/2	

图10-33

❷ 向下填充C2单元格的公式，即可得到其他值班日期对应的星期数，如图10-34所示。

值班人员	值班日期	星期数
胡莉	2015/1/25	星期日
王青	2015/3/13	星期五
何以玫	2015/4/10	星期五
王飞扬	2015/6/14	星期日
童瑶瑶	2015/10/2	星期五

图10-34

2. 判断值班日期是平时加班还是双休日加班

如图10-35所示为值班安排表，现在需要根据值班的日期，推算出是工作日加班还是双休日加班。具体操作方法如下所示：

值班人员	值班日期
胡莉	2015/1/25
王青	2015/3/13
何以玫	2015/4/10
王飞扬	2015/6/14
童瑶瑶	2015/10/2

图10-35

公式解析

先使用 WEEYDAY 函数返回此日期对应的星期数，但显示的是阿拉伯数字。再使用 OR 函数判断是否满足星期"6"或星期"7"任何一个条件。最后用 IF 函数将 OR 函数判断的结果返回为具体的内容，如果是星期六或星期日，显示为"双休日"，若不是则显示"工作日"。

❶ 在C2单元格中输入公式："=IF(OR(WEEKDAY(B2,2)=6,WEEKDAY(B2,2)=7),"双休日","工作日")"，按〈Enter〉键系统返回第一个值班日期是否是工作日还是双休日，如图10-36所示。

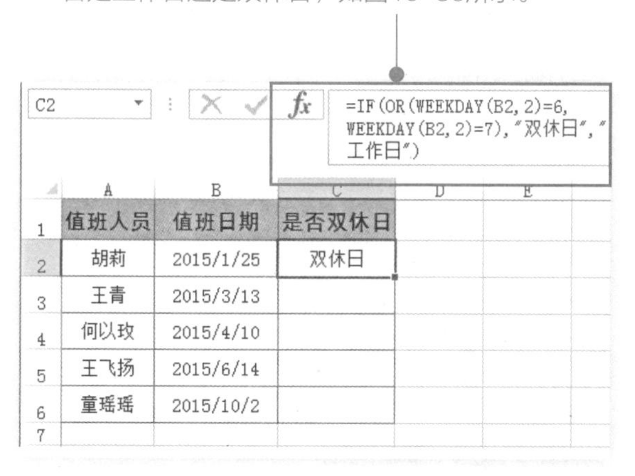

值班人员	值班日期	是否双休日
胡莉	2015/1/25	双休日
王青	2015/3/13	
何以玫	2015/4/10	
王飞扬	2015/6/14	
童瑶瑶	2015/10/2	

图10-36

❷ 向下填充C2单元格的公式，即可得到其他值班日期是工作日还是双休日，如图10-37所示。

值班人员	值班日期	是否双休日
胡莉	2015/1/25	双休日
王青	2015/3/13	工作日
何以玫	2015/4/10	工作日
王飞扬	2015/6/14	双休日
童瑶瑶	2015/10/2	工作日

图10-37

3. 汇总出周日的支出金额

图10-38所示为对应日期的现金支出金额表，现在要汇总出周日的支出金额。

日期	支出金额
2015/1/1	12580
2015/3/12	18000
2015/4/21	12200
2015/6/7	8000
2015/7/19	3000
2015/7/4	22000
2015/9/6	5000
2015/9/11	38000
2015/9/13	20000

图10-38

公式解析

"IF(WEEKDAY(A2:A10,2)=7,B2:B10)"先使用WEEKDAY函数提取A列中日期对应的星期数，然后利用IF函数判断返回值是否为7。如果是，说明该日期为星期日，则返回B列中与该日期对应的支出金额。最后使用SUM函数对星期日的支出金额的数组求和。

D2　{=SUM(IF(WEEKDAY(A2:A10,2)=7,B2:B10))}

日期	支出金额		周日支出金额
2015/1/1	12580		36000
2015/3/12	18000		
2015/4/21	12200		
2015/6/7	8000		
2015/7/19	3000		
2015/7/4	22000		
2015/9/6	5000		
2015/9/11	38000		
2015/9/13	20000		

图10-39

在D2单元格中输入公式："=SUM(IF(WEEKDAY(A2:A10,2)=7,B2:B10))"，按〈Ctrl+Shift+Enter〉组合键，即可汇总出周日的支出金额，如图10-39所示。

10.2.10 COUNT 函数（统计含有数字的单元格个数）

【函数功能】COUNT函数用于返回数字参数的个数，即统计数组或单元格区域中含有数字的单元格个数。

【函数语法】COUNT(value1,value2,…)

◆ value1,value2,…：包含或引用各种类型数据的参数（1~30个），其中只有数字类型的数据才能被统计。

COUNT函数是我们常用到的函数之一，它可以帮我们统计出勤总人数。

图10-40所示表格统计了某日的员工出勤情况（只选取了部分数据）。“1”表示确认出勤，“- -”表示未出勤，现在要求统计出勤人数。

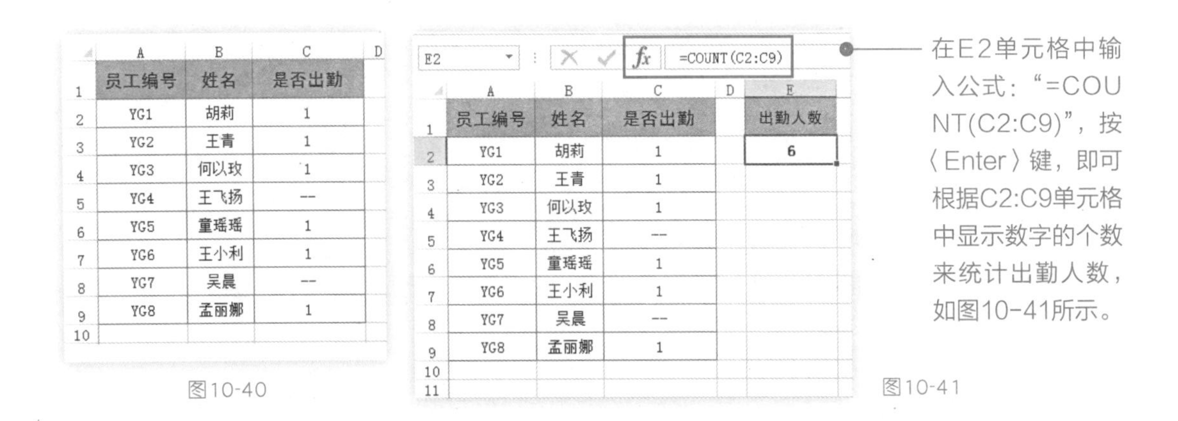

员工编号	姓名	是否出勤
YG1	胡莉	1
YG2	王青	1
YG3	何以玫	1
YG4	王飞扬	--
YG5	童瑶瑶	1
YG6	王小利	1
YG7	吴晨	--
YG8	孟丽娜	1

图10-40

E2 =COUNT(C2:C9)

员工编号	姓名	是否出勤		出勤人数
YG1	胡莉	1		6
YG2	王青	1		
YG3	何以玫	1		
YG4	王飞扬	--		
YG5	童瑶瑶	1		
YG6	王小利	1		
YG7	吴晨	--		
YG8	孟丽娜	1		

在E2单元格中输入公式：“=COUNT(C2:C9)”，按〈Enter〉键，即可根据C2:C9单元格中显示数字的个数来统计出勤人数，如图10-41所示。

图10-41

10.2.11 COUNTIF 函数（计算满足给定条件的单元格的个数）

【函数功能】COUNTIF函数计算区域中满足给定条件的单元格的个数。

【函数语法】COUNTIF(range,criteria)

◆ Range：需要计算其中满足条件的单元格数目的单元格区域；

◆ Criteria：确定哪些单元格将被计算在内的条件，其形式可以为数字、表达式或文本。

COUNTIF函数可以帮我完成以下常见任务。

1. 统计出迟到次数大于指定值的人数

图10-42所示表格中统计了迟到员工的迟到次数，现在要统计出迟到次数大于等于3次的人数。

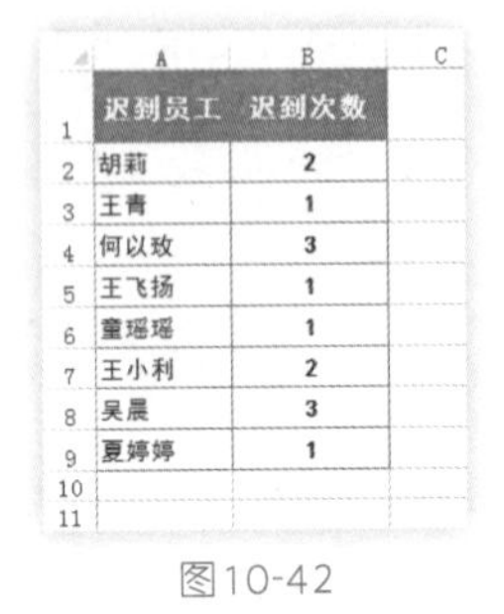

迟到员工	迟到次数
胡莉	2
王青	1
何以玫	3
王飞扬	1
童瑶瑶	1
王小利	2
吴晨	3
夏婷婷	1

图10-42

D2 =COUNTIF(B2:B9,">=3")

迟到员工	迟到次数		迟到次数大于等于3的记录条数
胡莉	2		2
王青	1		
何以玫	3		
王飞扬	1		
童瑶瑶	1		
王小利	2		
吴晨	3		
夏婷婷	1		

在E2单元格中输入公式：“=COUNTIF(B2:B9,”>=3”)”，按〈Enter〉键，即可统计出B2:B9单元格区域中迟到次数大于等于3的条数，如图10-43所示。

图10-43

2. 统计出大于平均分数的员工人数

图10-44所示表格中统计了每位员工考核的分数，现在要统计出大于平均值的记录数。

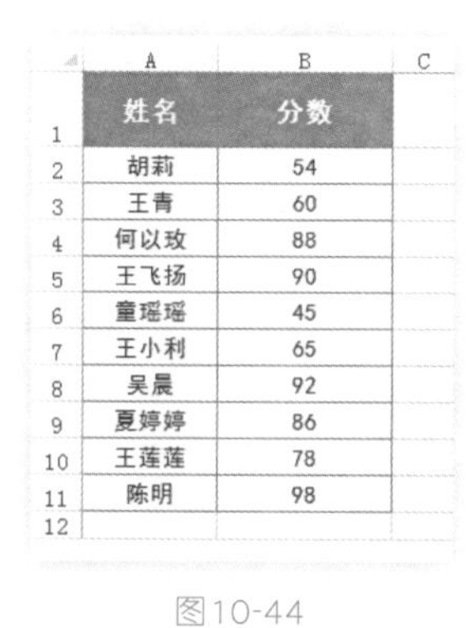

姓名	分数
胡莉	54
王青	60
何以玫	88
王飞扬	90
童瑶瑶	45
王小利	65
吴晨	92
夏婷婷	86
王莲莲	78
陈明	98

图10-44

D2 =COUNTIF(B2:B11,">"&AVERAGE(B2:B11))

姓名	分数		大于平均值的记录条数
胡莉	54		6
王青	60		
何以玫	88		
王飞扬	90		
童瑶瑶	45		
王小利	65		
吴晨	92		
夏婷婷	86		
王莲莲	78		
陈明	98		

在D2单元格中输入公式：“=COUNTIF(B2:B11,”>”&AVERAGE(B2:B11))”，按〈Enter〉键，即可统计出大于平均值的记录条数，如图10-45所示。

图10-45

公式解析

1）先使用 AVERAGE 函数求出 B2:B11 单元格区域数值的平均值。

2）使用 COUNTIF 函数统计出 B2:B11 单元格区域中大于上一步求出值的记录条数。

3. 统计出具有指定学历的员工人数

图10-46所示表格中统计了每位员工的学历，现在要统计出学历为本科的员工人数。

员工	学历	考核成绩
胡莉	本科	422
王青	本科	418
何以玫	大专	512
王飞扬	本科	385
童瑶瑶	硕士	418
王小利	大专	482
吴晨	硕士	368
夏婷婷	本科	458
徐莹	硕士	180
吴波	本科	388
王飞	大专	482

图10-46

F2 =COUNTIF(B2:B12,"本科")

员工	学历	考核成绩		学历	员工人数
胡莉	本科	422		本科	5
王青	本科	418			
何以玫	大专	512			
王飞扬	本科	385			
童瑶瑶	硕士	418			
王小利	大专	482			
吴晨	硕士	368			
夏婷婷	本科	458			
徐莹	硕士	180			
吴波	本科	388			
王飞	大专	482			

在F2单元格中输入公式：“=COUNTIF(B2:B12,"本科")”，按〈Enter〉键，即可统计出学历为本科的员工人数，如图10-47所示。

图10-47

10.3 表格创建

考勤工作月月都需要做，而且工作量也蛮大的，为什么公司还不给我们配一套完善的考勤系统啊？

干吗指望公司呢，我们可以利用 Excel 2013 来创建考勤表啊，而且通过 Excel 2013 公式与函数设置相关公式，完全可以使考勤表具有自动化功能。

10.3.1 员工休假流程图

休假流程图演示从员工请假申请到假期被最终批准的整个流程，休假流程图可以使员工清晰地了解请假的程序其具体制作方法如下例所示：

❶ 新建工作簿，并命名为“企业员工考勤管理”，将“Sheet1”工作表重命名为“休假管理流程图”，在工作表中创建如图10-48所示的表格。

❷ 切换到“插入”选项卡，在“插图”选项组单击“形状”下拉按钮，在其下拉列表中选择“六边形”图形，如图10-49所示。

图10-48

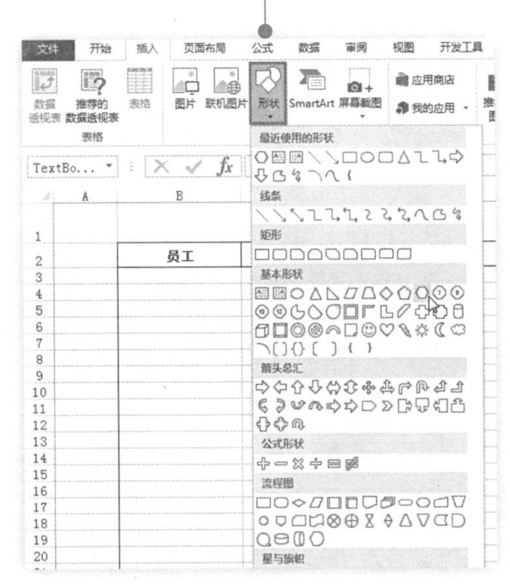

图10-49

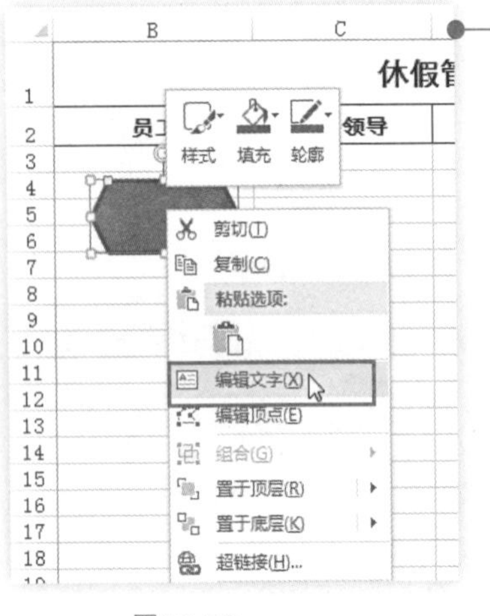

图10-50

❸ 在B列中按住鼠标左键拖动绘制六边形，拖至适当大小后，释放鼠标左键即可得到需要的形状。选取绘制的形状，单击鼠标右键，在弹出菜单中单击“编辑文字”命令，激活图形的文字输入状态如图10-50所示。

❹ 在图形中输入相应文字内容并调整图形大小，效果如图10-51所示。

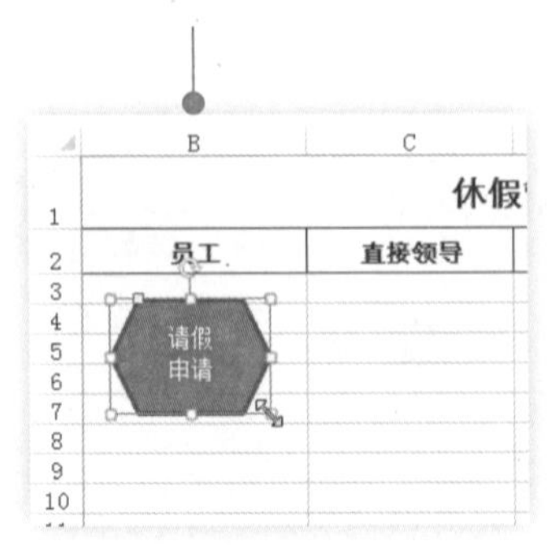

图10-51

❺ 参照上述步骤根据休假流程制作其他流程节点图标，如图10-52所示。

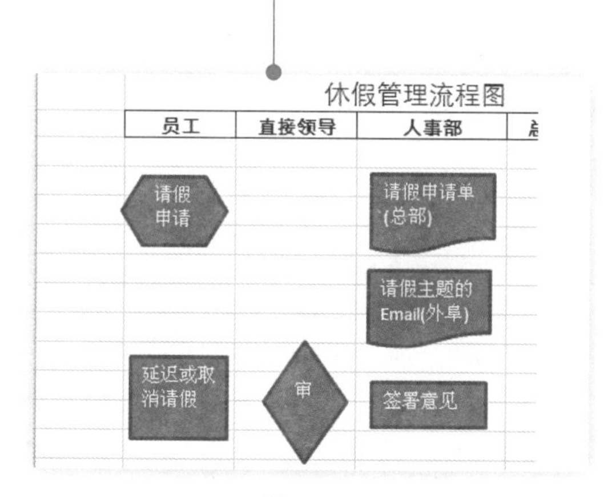

图10-52

❻ 在“插图”选项组中单击“形状”下拉按钮，在其下拉列表中选择“单向箭头”，然后在流程图图标之间绘制箭头引导线，效果如图10-53所示。

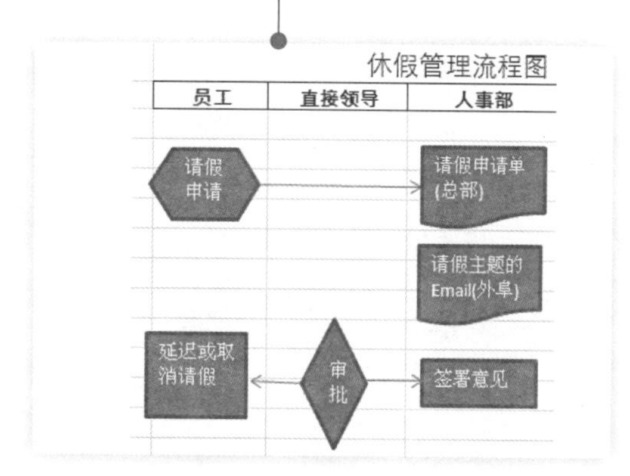

图10-53

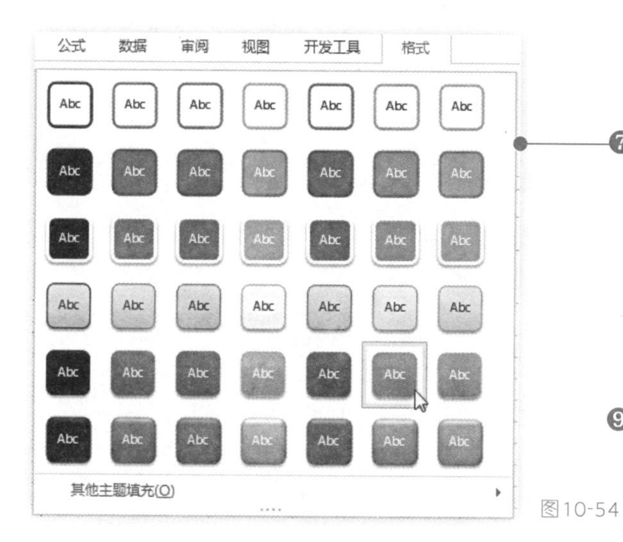

图10-54

❼ 按Shift键依次选中流程图中所有自选图形，在弹出的菜单中选择适合的样式，单击即可应用，如图10-54所示。也可以为箭头线条设置形状轮廓。

❽ 选中所有形状，箭头线条和文本框对象，在“格式”选项卡下“排列”选项组中单击“组合”右侧的下三角按钮，在下拉菜单中单击“组合”选项，将所有对象进行合并如图10-55所示。

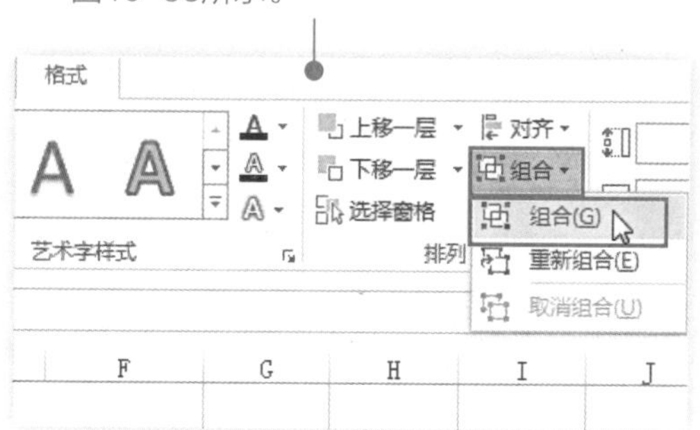

图10-55

❾ “休假管理流程图”最终效果，如图10-56所示。

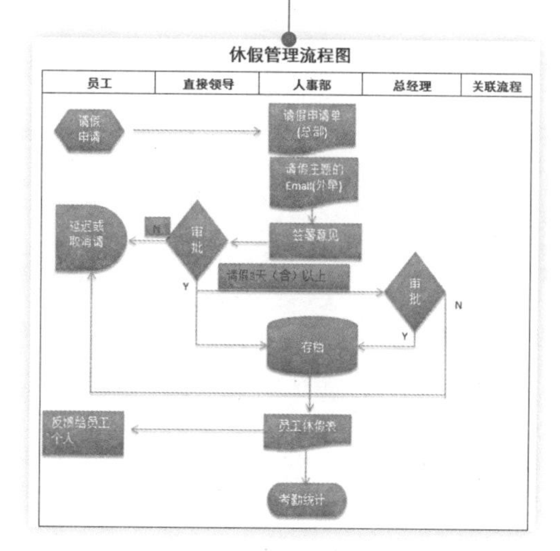

图10-56

10.3.2 员工考勤表

考勤是人事部门必须开展的一项工作，考勤表是公司员工每天上班打卡的凭证，也是员工领工资的依据之一。

1. 创建考勤表表头

考勤表用于记录员工上班的天数、迟到、早退、旷工、病假、事假、休假等信息，下面我们利用Excel 2013来创建考勤表，并设置考勤表表头。

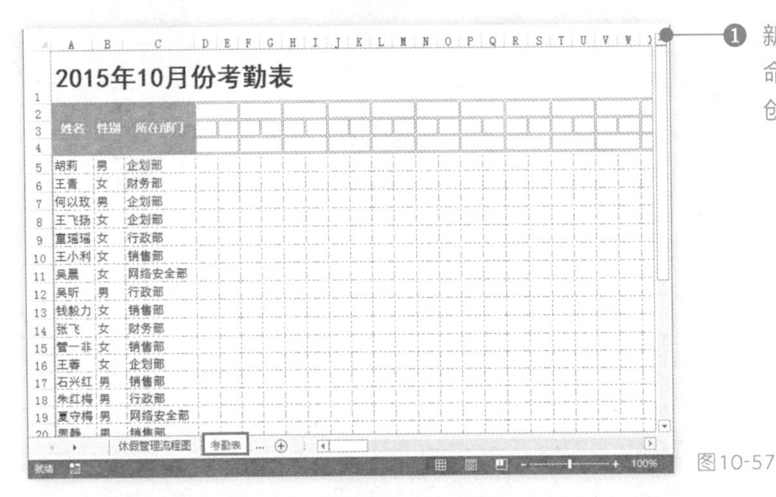

❶ 新建工作表，将工作表标签重命名为“考勤表”，在工作表中创建如图10-57所示的表格。

图10-57

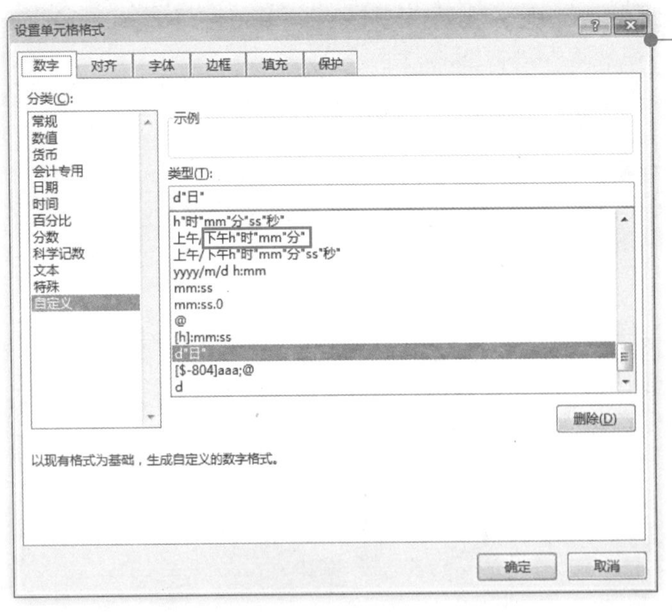

❷ 在D2单元格中输入“2015/10/1”，在“开始”选项卡下“数字”组中单击 按钮，打开“设置单元格格式”对话框。在“分类”列表中选中“自定义”选项，设置“类型”为“d"日"”，表示只显示日，单击“确定”按钮完成设置如图10-58所示。

图10-58

❸ 完成上述设置后我们可以看到当在D4单元格中输入“2015/10/1”后单元格中数据显示为“1日”，如图10-59所示。

图10-59

考勤表需要逐日考勤，因此下面要显示出当前月份下的每个日期。

❹ 选中D2单元格，将光标定位到右下角，当出现黑色十字形时，按住鼠标左键向右拖动至BM单元格，可以填充指定年月下的所有日期，如图10-60所示。

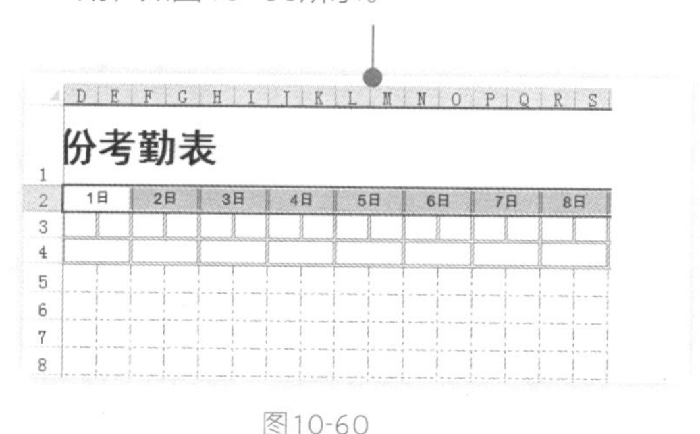

图10-60

❺ 在D3、E3单元格中分别输入“上午”“下午”，然后选中D3：E3单元格区域，将光标定位到右下角，当出现黑色十字形时，按住鼠标左键向右拖动至BM单元格，完成填充如图10-61所示。

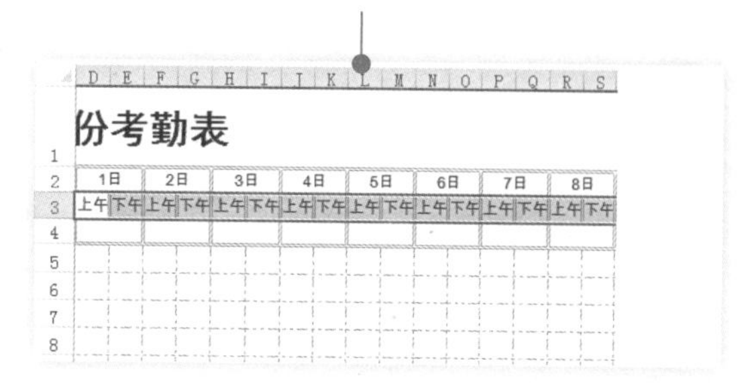

图10-61

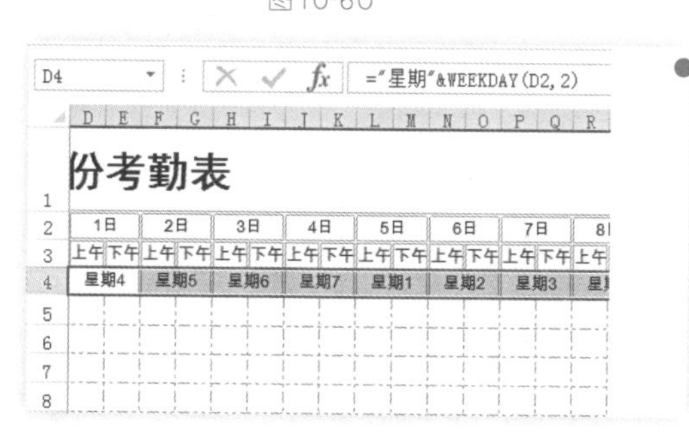

❻ 在D4单元格中输入公式：="星期"&WEEKDAY(D2,2)，按〈Enter〉键返回当前指定日期下对应的星期数，如图10-62所示。

图10-62

2. 突出显示周末

由于周末不上班，我们通过“条件格式”功能将考勤表中“星期六”“星期日”显示为特殊颜色，以方便员工填写考勤情况。具体操作如下：

❶ 选中D2：BM2单元格，在“开始”选项卡下的“样式”组中单击“条件格式”按钮，在打开下拉菜单中单击“新建规则”（图10-63），打开“新建格式规则”对话框。

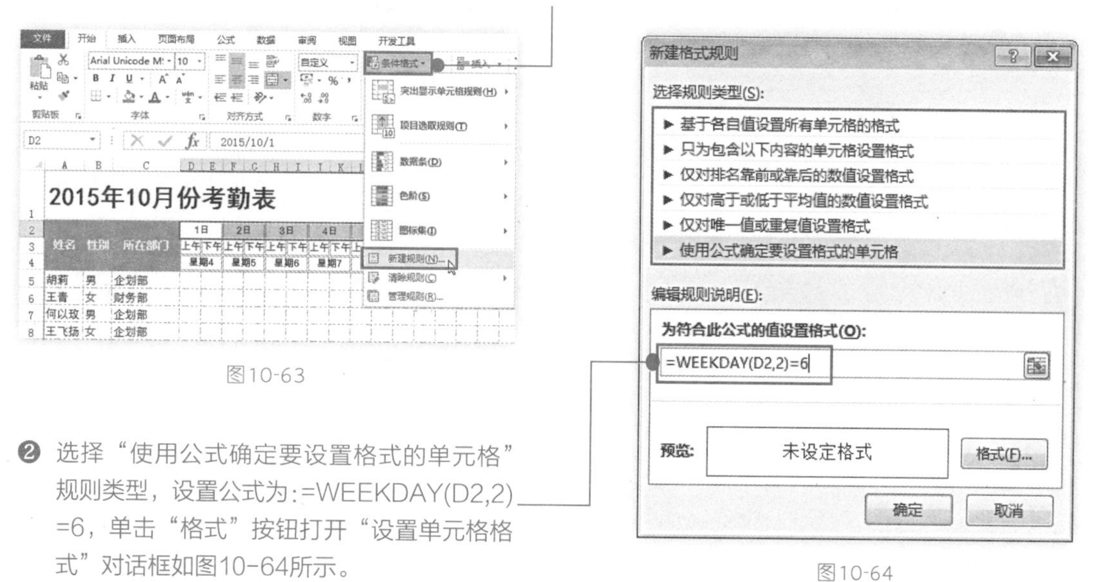

图10-63

❷ 选择“使用公式确定要设置格式的单元格”规则类型，设置公式为：=WEEKDAY(D2,2)=6，单击“格式”按钮打开“设置单元格格式”对话框如图10-64所示。

图10-64

❸ 切换到“填充”选项卡，设置特殊背景色，如图10-65所示。还可以切换到“字体”“边框”选项卡下设置其他特殊格式。设置完毕后依次单击“确定”按钮完成设置。

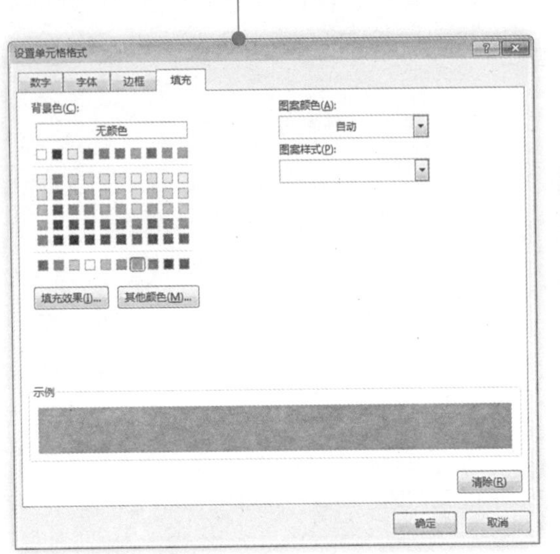

图10-65

❹ 回到工作表中可以看到所有“周六”都显示为设置的颜色，如图10-66所示。

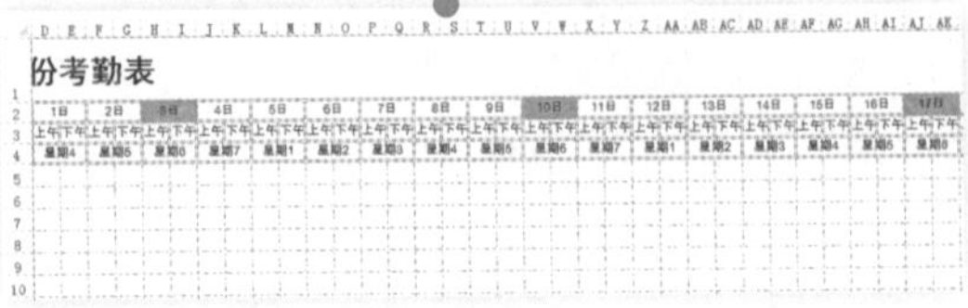

份考勤表

图10-66

❺ 选中D2单元格，打开“新建格式规则”对话框。选择“使用公式确定要设置格式的单元格”规则类型，设置公式为：=WEEKDAY(D2,2)=7，单击“格式”按钮，打开“设置单元格格式”对话框如图10-67所示。

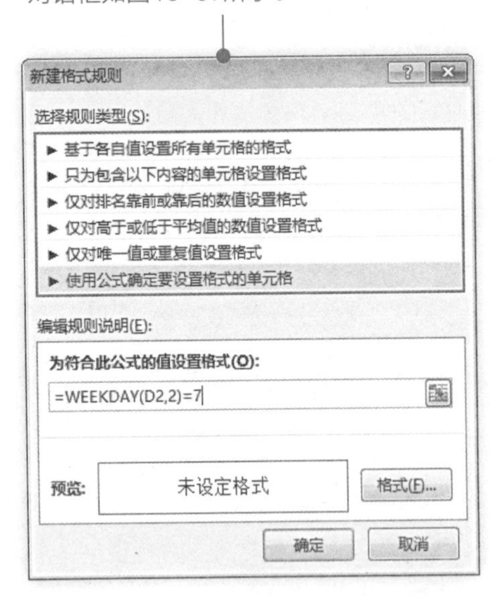

图10-67

❻ 在“设置单元格格式”对话框下完成相关设置后单击“确定”按钮回到“新建格式规则”对话框中，可以看到格式预览，如图10-68所示。确认预览效果符合要求后单击“确定”按钮完成设置。

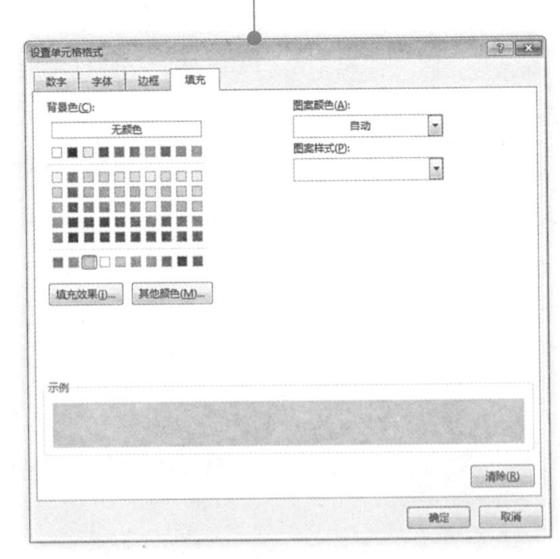

图10-68

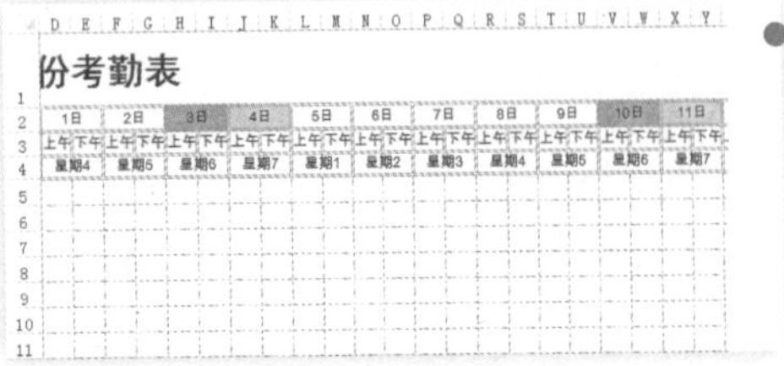

❼ 设置完成后，可以看到所有“周日”显示为设置的颜色，效果如图10-69所示。

份考勤表

图10-69

3. 填制考勤表

完成了上面考勤表的建立之后，我们就可以根据本月的实际情况来填制考勤表了。为了方便实际考勤工作，我们可以通过“数据验证”功能使用符号来表示出勤、各种不同假别等考勤情况。为此我们需要在考勤表的表头部分注明考勤符号说明，如图10-70所示。具体操作如下：

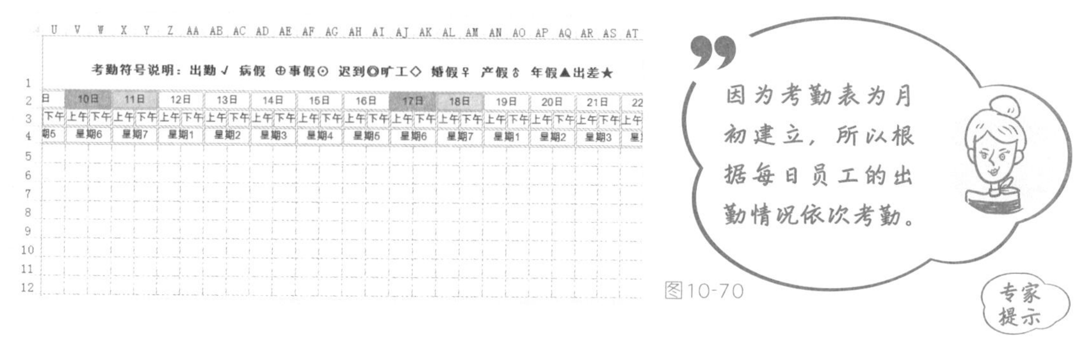

图10-70

❶ 选中考勤区域，在“数据”选项卡，在“数据工具”组下单击“数据验证”按钮（图10-71），打开“数据验证”对话框。

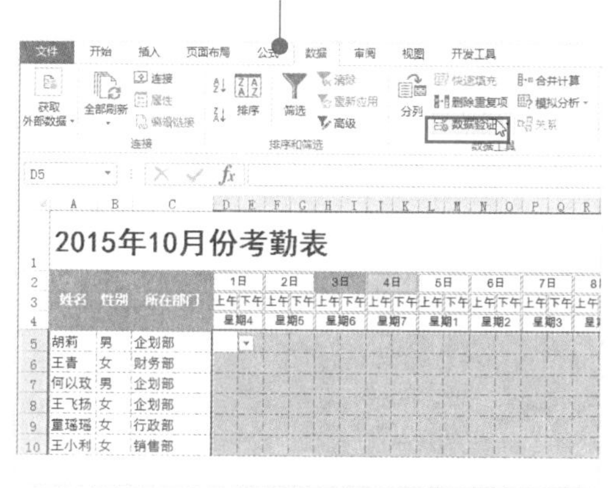

图10-71

❷ 在“设置”选项卡下设置填充序列为“√,⊕,⊙,◎,◇,♀,♁,▲,★”（此处只针对本例设置），单击“确定”按钮如图10-72所示。

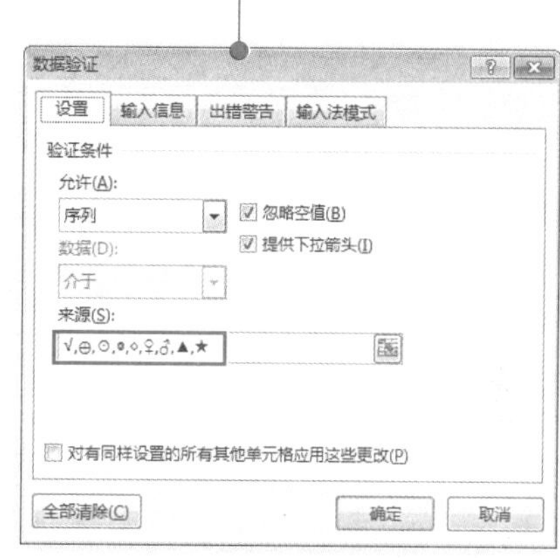

图10-72

❸ 在考勤表中，根据员工的考勤情况分别选中对应的单元格，在弹出的下拉列表中选择以符号来代替的考勤类型，如图10-73所示。

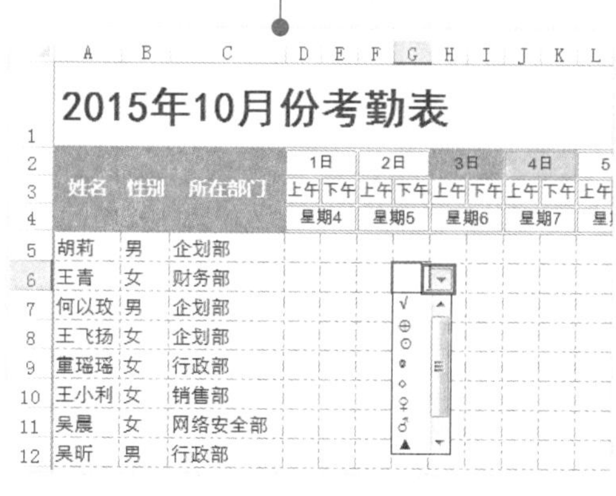

图10-73

❹ 所有员工的考勤情况填写好后，效果如图10-74所示。

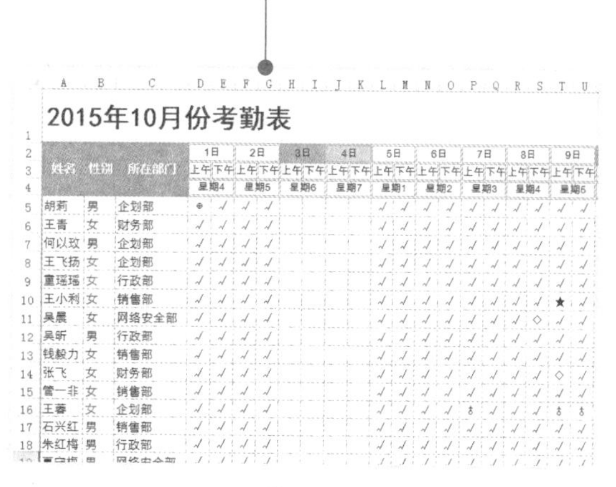

图10-74

10.3.3 考勤统计表

对员工的本月出勤情况进行统计后，我们需要对当前的考勤数据进行统计分析，如统计各员工本月请假天数、迟到次数、应扣工资等。

1. 统计各员工本月出勤数据

下面在表格中利用公式统计各员工本月出勤数据。

❶ 新建工作表，将其重命名为“考勤统计表”。建立表头，将员工基本信息数据复制进来，并输入规划好的统计标识，如图10-75所示。

❷ 在D4单元格中输入公式：=COUNTIF(考勤表!$D5:$BM5,D$3)，按〈Enter〉键，即可统计出第一位员工的实际出勤天数。向右复制公式到单元格，可一次性统计出第一位员工其他假别天数、迟到次数等数据，如图10-76所示。

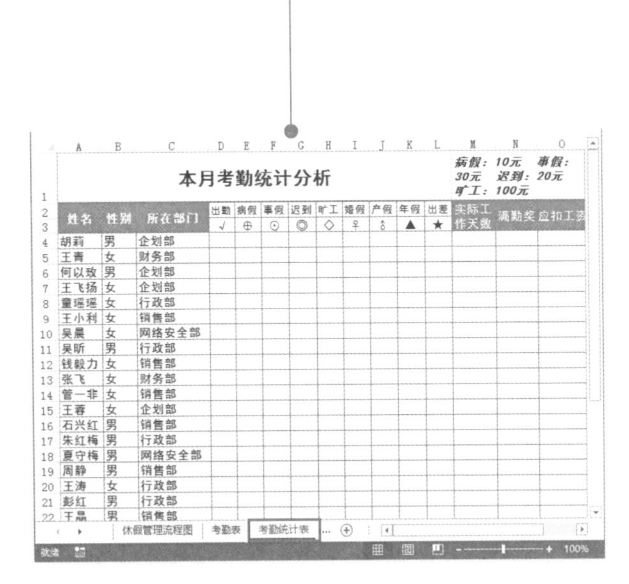

本月考勤统计分析

病假：10元 事假：30元 迟到：20元 旷工：100元

姓名	性别	所在部门	出勤	病假	事假	迟到	旷工	婚假	产假	年假	出差	实际工作天数	满勤奖	应扣工资
			√	⊕	⊙	◎	◇	♀	♂	▲	★			
胡莉	男	企划部												
王青	女	财务部												
何以玫	男	企划部												
王飞扬	女	企划部												
童瑶瑶	女	行政部												
王小利	女	销售部												
吴晨	女	网络安全部												
吴昕	男	行政部												
钱毅力	女	销售部												
张飞	女	财务部												
管一非	女	销售部												
王蓉	女	企划部												
石兴红	男	销售部												
朱红梅	男	行政部												
夏守梅	男	网络安全部												
周静	男	销售部												
王涛	女	行政部												
彭红	男	行政部												
王晶	男	销售部												

图10-75

本月考勤统计分析

姓名	性别	所在部门	出勤	病假	事假	迟到	旷工	婚假	产假	年假	出差
			√	⊕	⊙	◎	◇	♀	♂	▲	★
胡莉	男	企划部	41	1	0	0	0	0	0	0	2
王青	女	财务部									
何以玫	男	企划部									
王飞扬	女	企划部									
童瑶瑶	女	行政部									
王小利	女	销售部									
吴晨	女	网络安全部									
吴昕	男	行政部									
钱毅力	女	销售部									
张飞	女	财务部									
管一非	女	销售部									
王蓉	女	企划部									
石兴红	男	销售部									
朱红梅	男	行政部									
夏守梅	男	网络安全部									
周静	男	销售部									
王涛	女	行政部									
彭红	男	行政部									

图10-76

公式解析

统计出考勤表的$D5:$BM5单元格区域中，出现D3单元格中显示符号的次数。注意此处公式对单元格的引用方式，有相对引用也有绝对引用，这个公式在后面需要向右复制又需要向下复制，所以必须正确的设置才能返回正确的结果。这也正体现了正确设置单元格引用方式的重要性。

为什么这里建立统计标识时分两行显示呢？

第二行中显示的是在“考勤区”中使用的代替符号，之所以这样设计是因为接下来需要使用COUNTIF函数从考勤区中统计出每位员工各个假别的天数、迟到次数，这样设计可以方便对数据源的引用。

D4　=COUNTIF(考勤表!$D5:$BM5,D$3)

	A	B	C	D	E	F	G	H	I	J	K	L
2	姓名	性别	所在部门	出勤	病假	事假	迟到	旷工	婚假	产假	年假	出差
3				√	⊕	⊙	◎	◇	♀	♂	▲	★
4	胡莉	男	企划部	41	1	0	0	0	0	0	0	2
5	王青	女	财务部	44	0	0	0	0	0	0	0	0
6	何以玫	男	企划部	43	0	1	0	0	0	0	0	0
7	王飞扬	女	企划部	44	0	0	0	0	0	0	0	0
8	童瑶瑶	女	行政部	43	0	1	0	0	0	0	0	0
9	王小利	女	销售部	42	0	0	0	0	0	0	0	2
10	吴晨	女	网络安全部	42	0	0	0	2	0	0	0	0
11	吴昕	男	行政部	44	0	0	0	0	0	0	0	0
12	钱毅力	女	销售部	44	0	0	0	0	0	0	0	0
13	张飞	女	财务部	42	0	0	0	2	0	0	0	0
14	管一非	女	销售部	44	0	0	0	0	0	0	0	0

❸ 选中D4:L4单元格区域，将光标定位到右下角，当出现黑色十字形时，按住鼠标左键向下拖动至最后一位员工记录，释放鼠标即可一次性统计出每位员工出勤天数、其他假别天数、迟到次数等考勤数据，如图10-77所示。

图10-77

2. 计算满勤奖、应扣工资

根据考勤统计结果，我们可以计算出满勤奖与应扣工资，这一数据是当月财务部门进行工资核算时需要使用的数据我们可以运用IF函数批量自动生成每个人应得的奖罚金额具体方法如下所示：

❶ 在M4单元格中输入公式：=(D4+L4)/2，按〈Enter〉键，即可统计出第一位员工本月的实际工作天数，如图10-78所示。

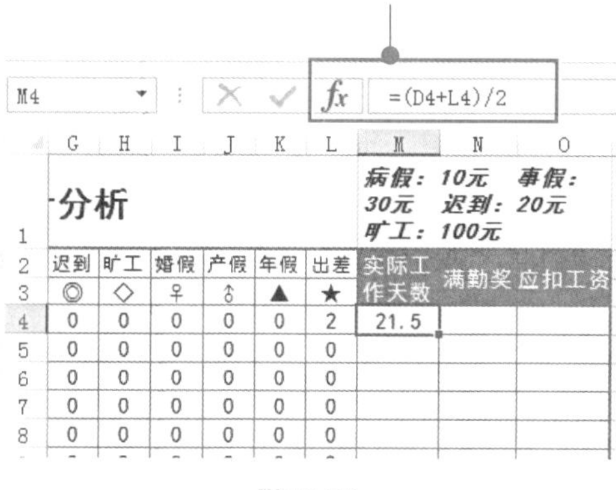

M4　=(D4+L4)/2

分析　病假：10元　事假：30元　迟到：20元　旷工：100元

	G	H	I	J	K	L	M	N	O
2	迟到	旷工	婚假	产假	年假	出差	实际工作天数	满勤奖	应扣工资
3	◎	◇	♀	♂	▲	★			
4	0	0	0	0	0	2	21.5		
5	0	0	0	0	0	0			
6	0	0	0	0	0	0			
7	0	0	0	0	0	0			
8	0	0	0	0	0	0			

图10-78

❷ 在N4单元格中输入公式：=IF(M4=21,200,0)，按〈Enter〉键，即可计算出第一位员工是否是满勤，如果是返回满勤奖为200元，不满勤返回0，如图10-79所示。

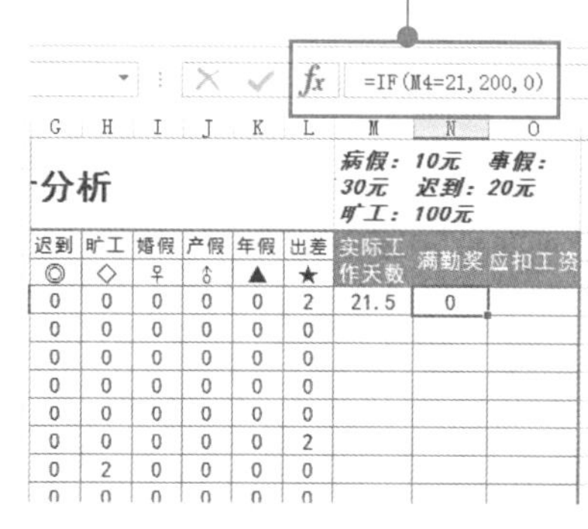

=IF(M4=21,200,0)

分析　病假：10元　事假：30元　迟到：20元　旷工：100元

G	H	I	J	K	L	M	N	O
迟到	旷工	婚假	产假	年假	出差	实际工作天数	满勤奖	应扣工资
◎	◇	♀	♂	▲	★			
0	0	0	0	0	2	21.5	0	
0	0	0	0	0	0			
0	0	0	0	0	0			
0	0	0	0	0	0			
0	0	0	0	0	0			
0	0	0	0	0	2			
0	2	0	0	0	0			

图10-79

❸ 在O4单元格中输入公式：=E4*10+F4*30+G4*20+H4*100，按〈Enter〉键，即可计算出第一位员工应扣工资，如图10-80所示。

O4　=E4*10+F4*30+G4*20+H4*100

分析　病假：10元　事假：30元　迟到：20元　旷工：100元

	G	H	I	J	K	L	M	N	O
2	迟到	旷工	婚假	产假	年假	出差	实际工作天数	满勤奖	应扣工资
3	◎	◇	♀	♂	▲	★			
4	0	0	0	0	0	2	21.5	0	10
5	0	0	0	0	0	0			
6	0	0	0	0	0	0			
7	0	0	0	0	0	0			
8	0	0	0	0	0	0			
9	0	0	0	0	0	2			
10	0	2	0	0	0	0			
11	0	0	0	0	0	0			

图10-80

❹ 选中M4:O4单元格区域，将光标定位到右下角，当出现黑色十字形时，按住鼠标左键向下拖动至指定位置，释放鼠标即可一次性统计出所有员工实际工作天数、满勤奖与应扣工资，如图10-81所示。

	G	H	I	J	K	L	M	N	O
2	迟到	旷工	婚假	产假	年假	出差	实际工作天数	满勤奖	应扣工资
3	◎	◇	♀	♂	▲	★			
4	0	0	0	0	0	2	21.5	0	10
5	0	0	0	0	0	0	22	0	0
6	0	0	0	0	0	0	21.5	0	30
7	0	0	0	0	0	0	22	0	0
8	0	0	0	0	0	0	21.5	0	30
9	0	0	0	0	0	2	22	0	0
10	0	2	0	0	0	0	21	200	200
11	0	0	0	0	0	0	22	0	0
12	0	0	0	0	0	0	22	0	0
13	0	2	0	0	0	0	21	200	200
14	0	0	0	0	0	0	22	0	0
15	0	0	8	6	0	0	15	0	0
16	0	0	0	0	0	0	22	0	0

图10-81

3. 将旷工人员用特殊颜色标记出来

为了方便查看员工旷工情况，我们可以利用条件格式功能，将矿工人员在表格中标记出来，具体操作方法如下所示：

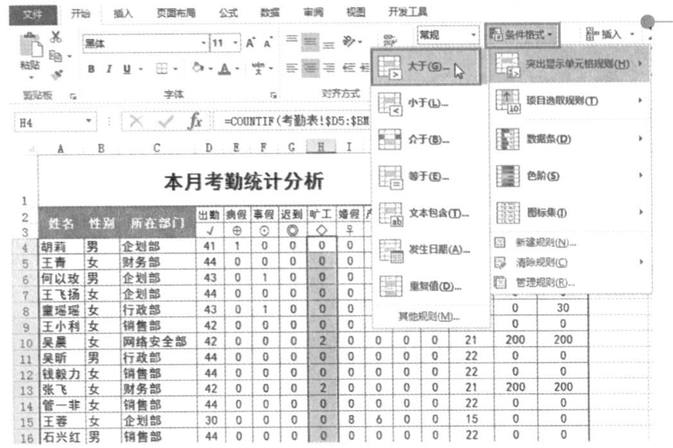

❶ 选中H4:H33单元格区域，单击“开始”选项卡，在“样式”选项组单击“条件格式”下拉按钮，在下拉菜单中选择“大于”命令（图10-82），打开“大于”对话框。

图10-82

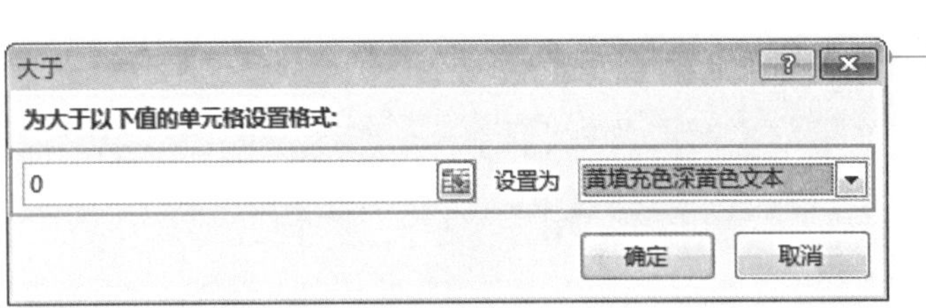

❷ 在“为大于以下值的单元格设置格式”文本框中输入“0”，接着在“设置为”下拉菜单中选择“黄填充深黄色文本”，单击“确定”按钮完成设置如图10-83所示。

图10-83

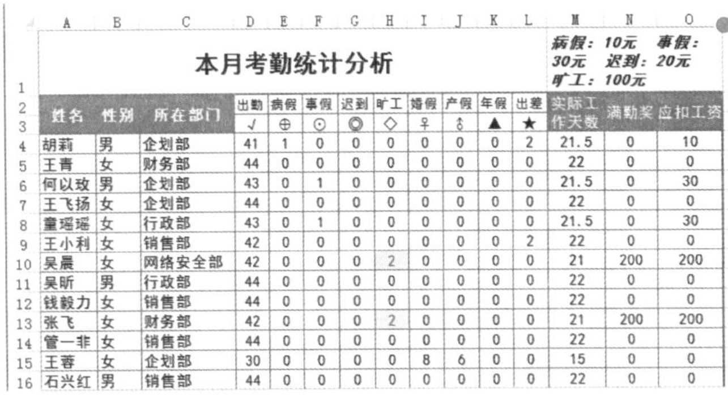

本月考勤统计分析　病假：10元　事假：30元　迟到：20元　旷工：100元

姓名	性别	所在部门	出勤 ✓	病假 ⊕	事假 ⊙	迟到 ◎	旷工 ◇	婚假 ♀	产假 ⚨	年假 ▲	出差 ★	实际工作天数	满勤奖	应扣工资
胡莉	男	企划部	41	1	0	0	0	0	0	0	2	21.5	0	10
王青	女	财务部	44	0	0	0	0	0	0	0	0	22	0	0
何以玫	男	企划部	43	0	1	0	0	0	0	0	0	21.5	0	30
王飞扬	女	企划部	44	0	0	0	0	0	0	0	0	22	0	0
童瑶瑶	女	行政部	43	0	1	0	0	0	0	0	0	21.5	0	30
王小利	女	销售部	42	0	0	0	0	0	0	0	2	22	0	0
吴晨	女	网络安全部	42	0	0	0	2	0	0	0	0	21	200	200
吴昕	男	行政部	44	0	0	0	0	0	0	0	0	22	0	0
钱毅力	女	销售部	44	0	0	0	0	0	0	0	0	22	0	0
张飞	女	财务部	42	0	0	0	2	0	0	0	0	21	200	200
管一非	女	销售部	44	0	0	0	0	0	0	0	0	22	0	0
王蓉	女	企划部	30	0	0	0	0	8	6	0	0	15	0	0
石兴红	男	销售部	44	0	0	0	0	0	0	0	0	22	0	0

❸ 完成上述操作系统即可将早退的人员以指定颜色标记出来，如图10-84所示。

图10-84

10.4 数据分析

在考勤统计表中，如果想要比较各部门出勤情况，要是逐条比较，然后处理，效率非常差……

这就充分体现了利用Excel 2013管理数据的好处了，只要创建了考勤统计表，那么就可以利用Excel 2013中的一些数据统计功能，很多问题都迎刃而解了。

10.4.1　分析各部门的出勤情况

1. 建立数据透视表分析各部门出勤情况

在建立了考勤统计表之后，我们可以利用数据透视表来分析各部门请假状况，以便于企业行政部门对员工请假情况做出控制。

❶ 在“考勤统计表”中单击除表头之外的其他所有数据编辑区，在“插入”选项卡下“表格”组中单击“数据透视表”按钮（图10-85），打开“创建数据透视表”对话框。

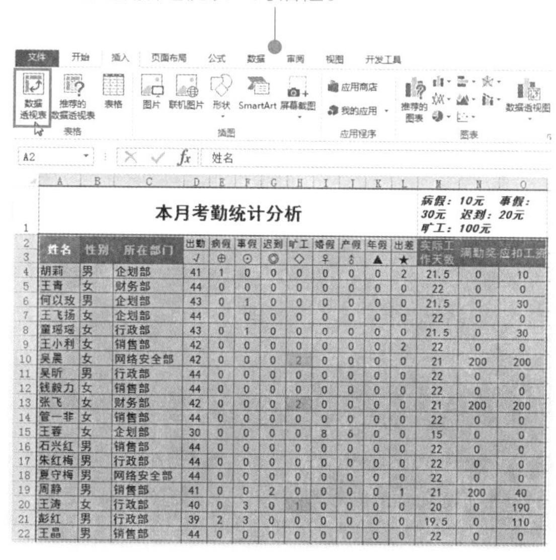

图10-85

❷ 选取“选择一个表或区域”复选框此时“表/区域”文本框中显示了选中的单元格区域，单击“确定”按钮，完成数据透视表创建如图10-86所示。

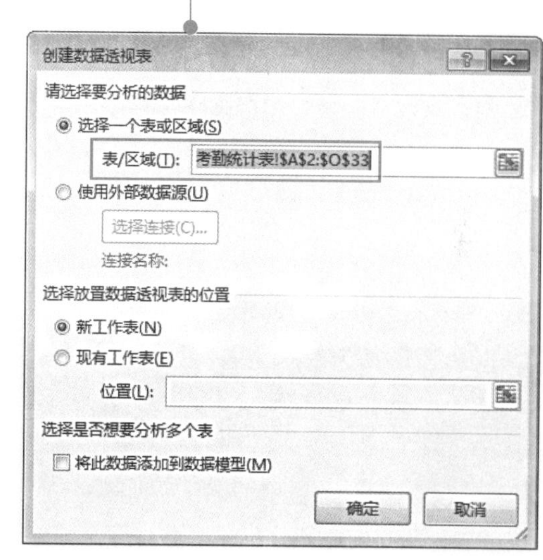

图10-86

❸ 在工作表标签上双击鼠标左键，然后输入新名称为“各部门缺勤情况分析”；设置“所在部门”字段为行标签，设置“事假”“病假”“ 迟到”“旷工”字段为值字段，如图10-87所示。

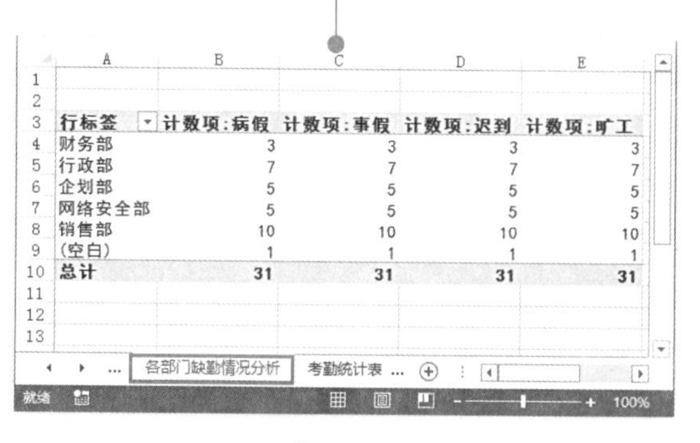

图10-87

❹ 在“值”字段列表框中单击添加的数值字段（如计数项：病假），在打开的菜单中单击“值字段设置”命令，打开“值字段设置”对话框。重新设置计算类型为“求和”，并自定义名称为“病假人数”，单击“确定”按钮完成设置如图10-88所示。

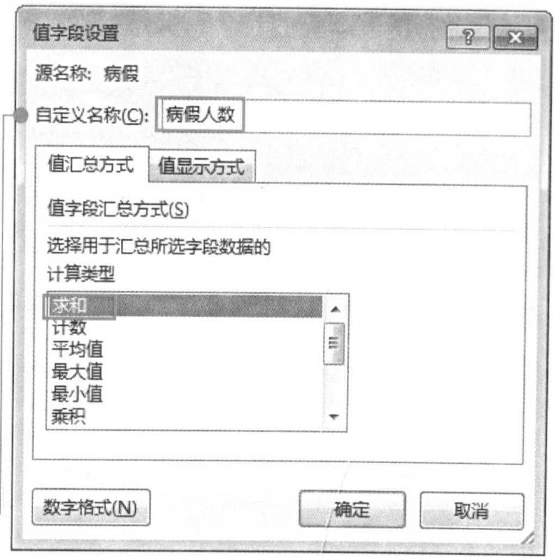

图10-88

❺ 设置完成后数据透视表即可统计出各个部门病假的人数，如图10-89所示。

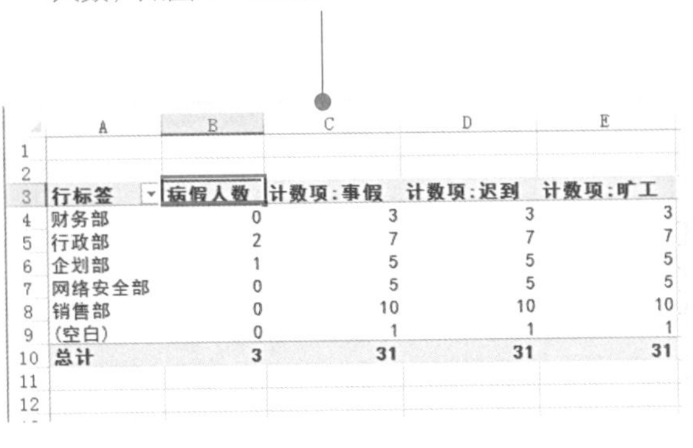

行标签	病假人数	计数项:事假	计数项:迟到	计数项:旷工
财务部	0	3	3	3
行政部	2	7	7	7
企划部	1	5	5	5
网络安全部	0	5	5	5
销售部	0	10	10	10
(空白)	0	1	1	1
总计	3	31	31	31

图10-89

❻ 按相同的方法设置“事假”“迟到”“旷工”字段的计算类型为“求和”并重新命名，数据透视表的统计效果如图10-90所示。

行标签	病假人数	事假人数	迟到人数	旷工人数
财务部	0	0	0	1
行政部	2	4	0	1
企划部	1	0	0	0
网络安全部	0	1	0	2
销售部	0	0	5	0
(空白)	0	0	0	0
总计	3	5	5	4

图10-90

2. 通过数据透视图直观比较缺勤情况

在创建了统计各部门出勤数据的数据透视表后，我们可以通过数据透视图将缺勤情况直观地表现出来。

❶ 选中数据透视表任意单元格，单击“数据透视表工具”→“分析”选项卡，在“工具”组中单击“数据透视图”按钮，打开“插入图表”对话框如图10-91所示。

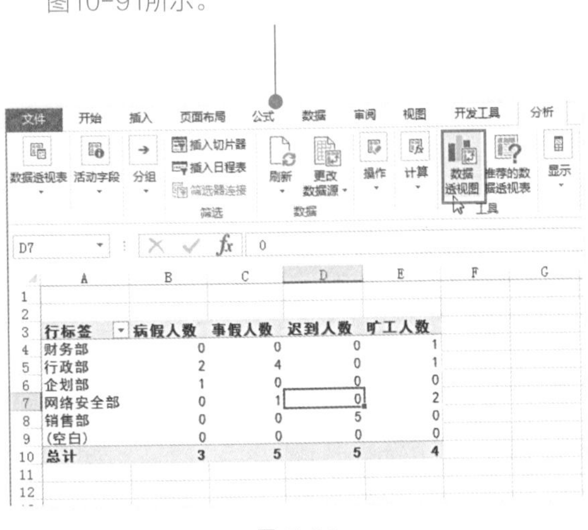

行标签	病假人数	事假人数	迟到人数	旷工人数
财务部	0	0	0	1
行政部	2	4	0	1
企划部	1	0	0	0
网络安全部	0	1	0	2
销售部	0	0	5	0
(空白)	0	0	0	0
总计	3	5	5	4

图10-91

❷ 选取条形图标签，并选择中意的图表类型，单击“确定”按钮新建数据透视图如图10-92所示。

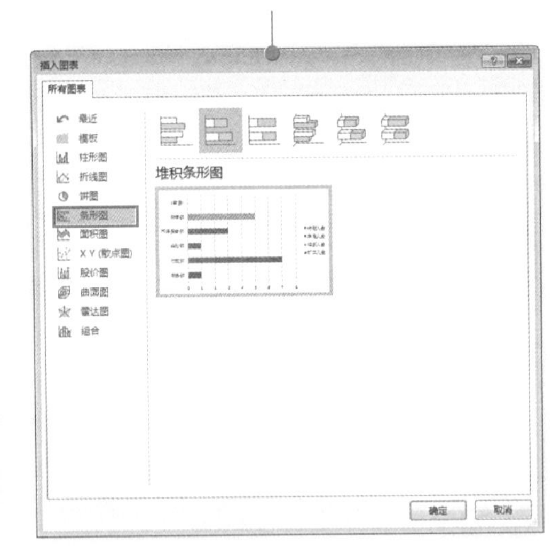

图10-92

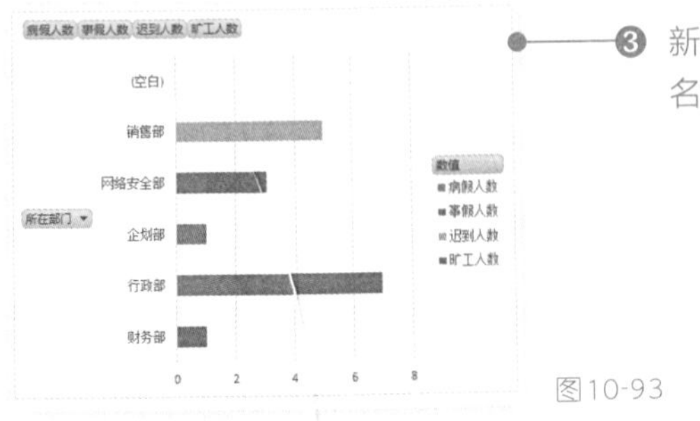

❸ 新建图表后，我们可以在图表标题编辑框中重新输入图表名称，其效果如图10-93所示。

图10-93

❹ 选中图表，单击“图表元素”按钮，打开下拉菜单，单击“数据标签”右侧按钮，在子菜单中选择数据标签显示的位置如图10-94所示。

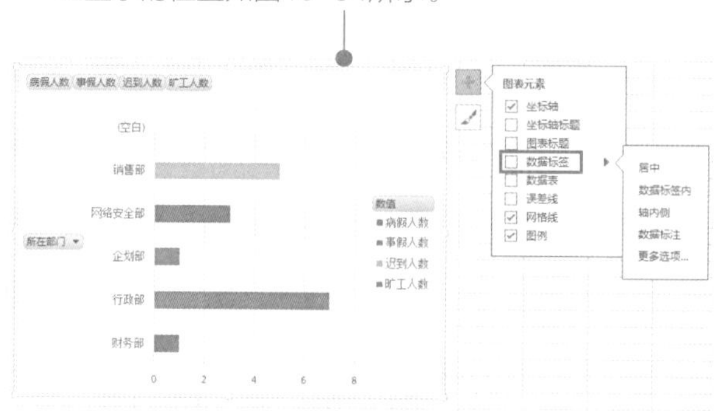

图10-94

❺ 完成数据位置设置后，效果如图10-95所示。

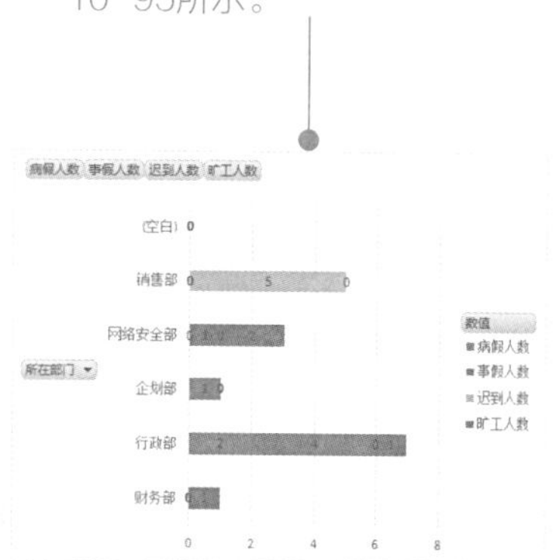

图10-95

❻ 选中图表，单击“图表样式”按钮，打开下拉列表，在“样式”栏下选择一种图表样式（单击即可应用），效果如图10-96所示。

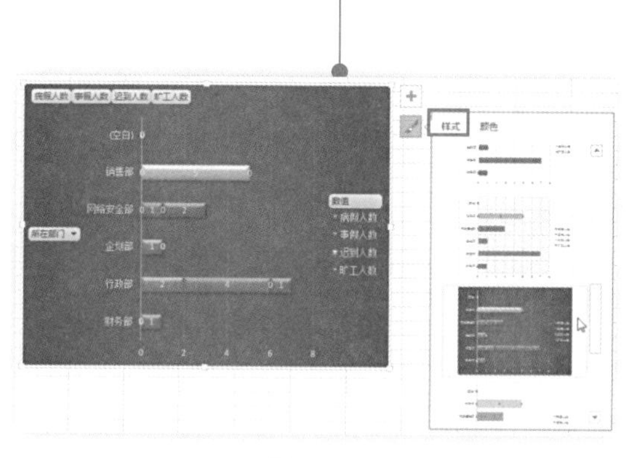

图10-96

❼ 选中图表，“图表工具”→“设计”选项卡，在“图表样式”组中单击“更改颜色”按钮，打开下拉菜单，选择某种颜色后，单击一次鼠标即可应用到图表上，如图10-97所示。

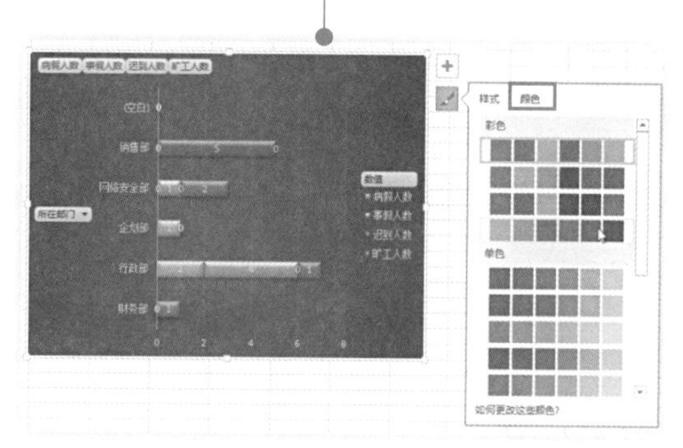

图10-97

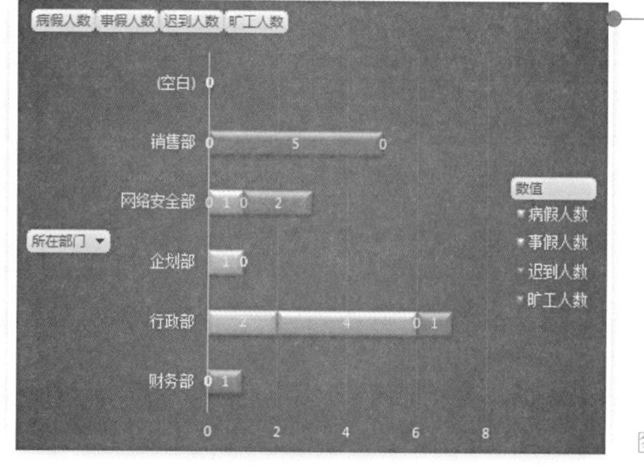

图10-98

❽ 设置完成后图表效果如图10-98所示。从图表中可以直观看到“行政部”缺勤情况最为严重，且多数为“事假”情况，“销售部”缺勤情况其次。

10.4.2　员工出勤情况统计

在日常工作中，一般我们需要统计每日出勤率并将出勤率用折线图表达出来，以便管理人员对公司出勤情况有整体把握。

1. 计算出勤率

出勤率是根据应到人数与实到人数来计算每个员工的出勤率。

❶ 新建工作表，将其重命名为“员工出勤情况统计”。将出勤数据导入表格如图10-99所示。

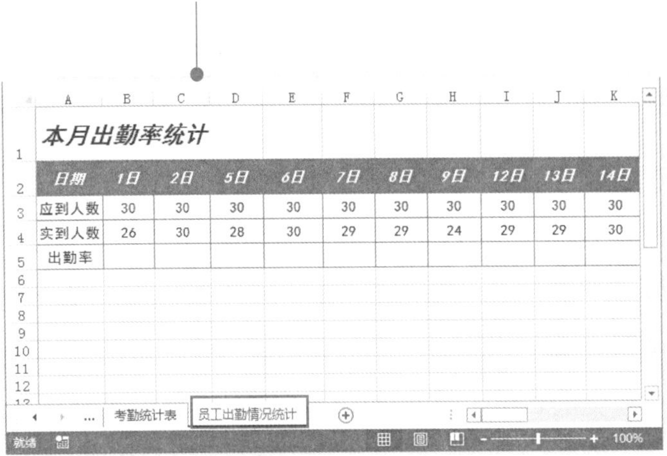

本月出勤率统计

日期	1日	2日	5日	6日	7日	8日	9日	12日	13日	14日
应到人数	30	30	30	30	30	30	30	30	30	30
实到人数	26	30	28	30	29	29	24	29	29	30
出勤率										

图10-99

❷ 在B5单元格中输入公式：=B4/B3，按〈Enter〉键，即可计算出“1日”的出勤率，如图10-100所示。

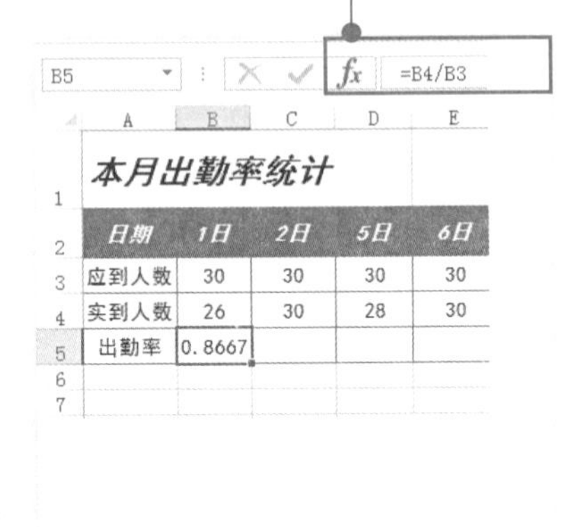

本月出勤率统计

日期	1日	2日	5日	6日
应到人数	30	30	30	30
实到人数	26	30	28	30
出勤率	0.8667			

图10-100

❸ 选中B5单元格，向右复制公式到V5单元格，如图10-101所示。

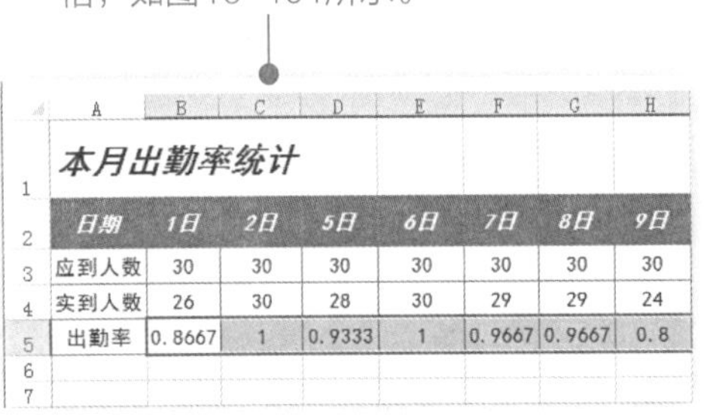

本月出勤率统计

日期	1日	2日	5日	6日	7日	8日	9日
应到人数	30	30	30	30	30	30	30
实到人数	26	30	28	30	29	29	24
出勤率	0.8667	1	0.9333	1	0.9667	0.9667	0.8

图10-101

❹ 设置返回的数据格式为百分比格式并且包含两位小数，如图10-102所示。

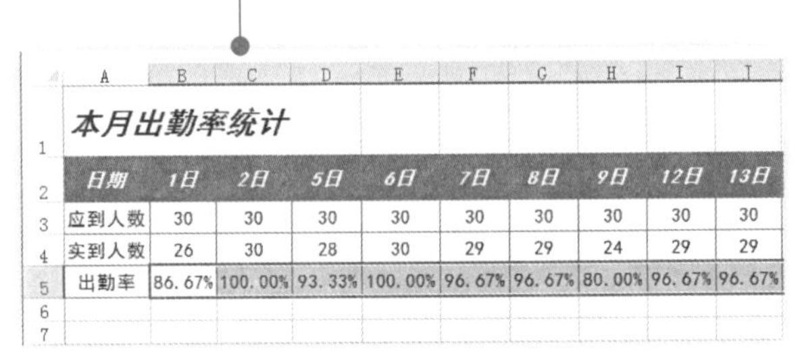

本月出勤率统计

日期	1日	2日	5日	6日	7日	8日	9日	12日	13日
应到人数	30	30	30	30	30	30	30	30	30
实到人数	26	30	28	30	29	29	24	29	29
出勤率	86.67%	100.00%	93.33%	100.00%	96.67%	96.67%	80.00%	96.67%	96.67%

图10-102

2. 创建全月出勤率走势折线图

下面我们根据出勤数据来创建全月出勤率走势折线图。

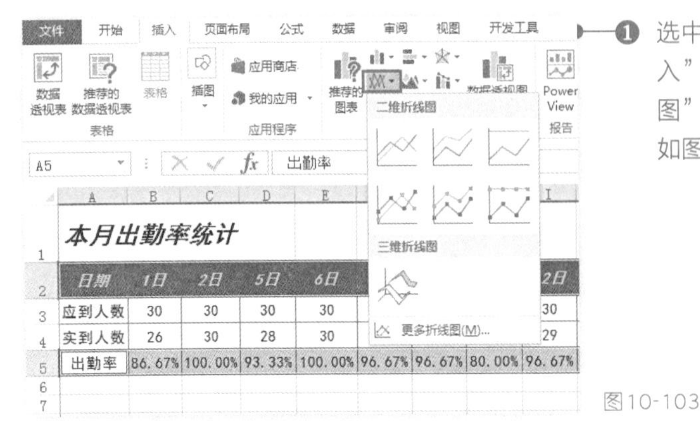

❶ 选中A2:W2、A5:W5单元格区域，在“插入”选项卡下的“图表”组中单击“折线图”按钮，在下拉菜单中选择子图表类型，如图10-103所示。

图10-103

❷ 执行上述操作，即可创建折线图，如图10-104所示。

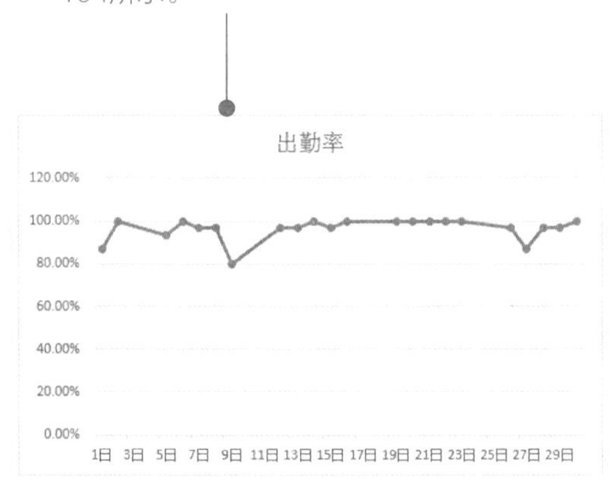

图10-104

❸ 选中图表，单击“图表样式”按钮，打开下拉列表，在“样式”栏下选择一种图表样式（单击即可应用），如图10-105所示。

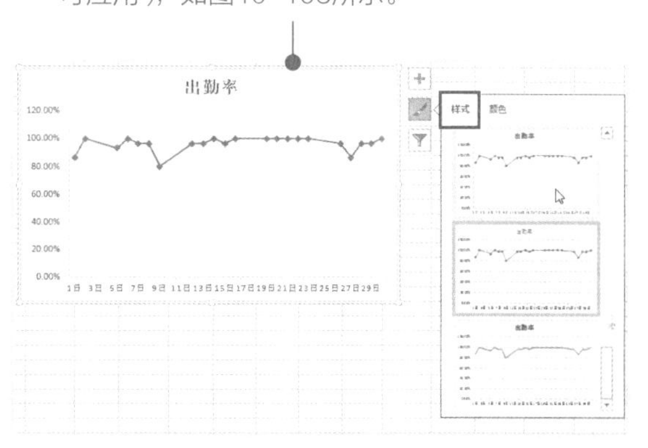

图10-105

❹ 选中绘图区，在“图表工具”→“格式”选项卡下，在“形状样式”组中单击“形状填充”按钮，打开下拉菜单。鼠标指针指向“纹理”，打开子菜单可以选择多种效果，鼠标指向设置选项时，图表即时预览效果，如图10-106所示。

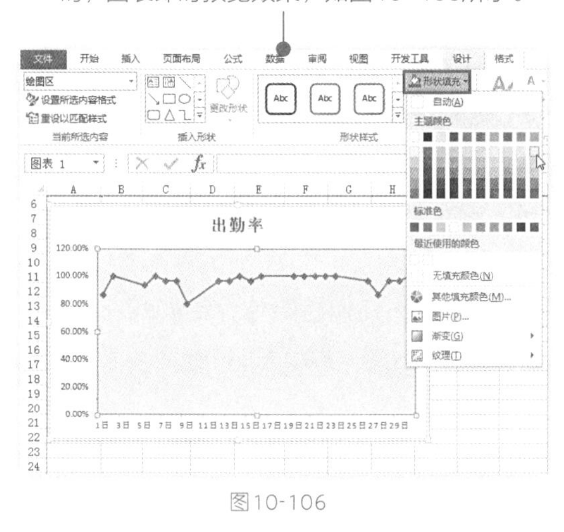

图10-106

❺ 选中图表中的数据系列（本图表中只有一个数据系列），在“图表工具”→“格式”选项卡下，单击“形状样式”组中“形状填充”按钮，的下拉菜单的“主题颜色”栏中可以选择填充颜色，单击即可应用，如图10-107所示。

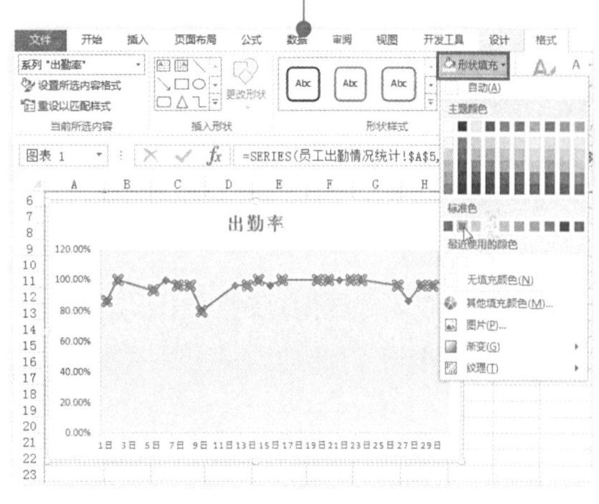

图10-107

❻ 在图表标题编辑框中重新输入图表名称，并对设置图表中文字格式。设置完成后图表如图10-108所示。从图表中可以直观看到全月中出勤率走势。

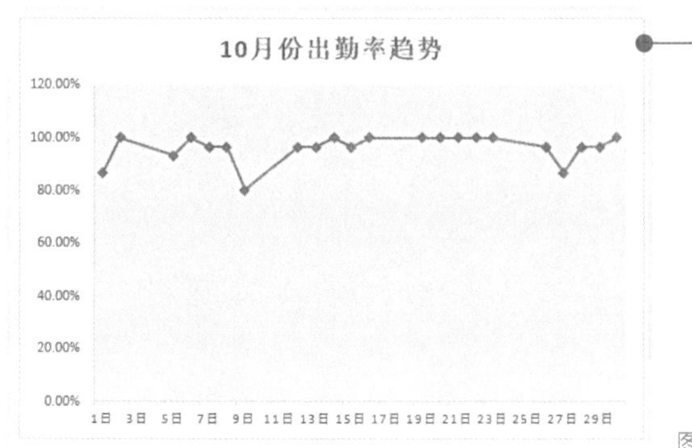

图10-108

企业员工值班与加班管理

一遇到节假日尤其是小长假的时候，安排值班人员就是件头疼的事情，每个同事都有这个那个的要求，安排不好就得得罪大家了……

不用担心，可以用 Excel 2013 来创建值班人员安排表啊，然后统计下大家的值班要求，Excel 2013 的规划求解功能完全可以帮你实现哦，一起来试试吧。

11.1 制作流程

由于工作任务或业务开展的需要，企业员工经常会出现加班与值班的情况。值班是劳动者根据用人单位的要求，在正常工作之外担负一定的非生产的任务，主要是因单位安全、消防、行政等需要担任单位临时安排或制度安排的与劳动者本职工作无关的工作；加班指在法定节日或公休假日从事工作。

作为行政人员要做好企业员工值班、加班管理。本章中我们将向你介绍如何在Excel 2013中创建值班与加班相关表格，并根据工作需要利用Excel 2013功能进行相关设置，方便管理员工值班与加班工作。本章主要内容版块如图11-1所示。

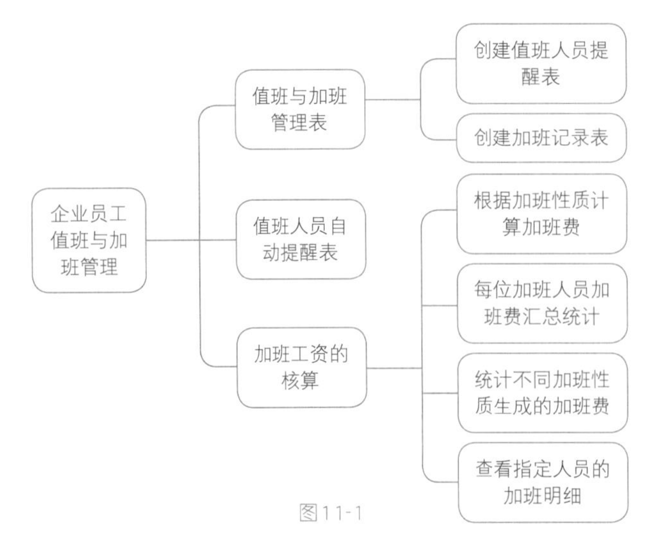

图11-1

在进行员工值班与加班管理时，由于用途不同，需要用到不同的表格，下面我们可以先来看一下值班与加班相关表格的效果图，如图 11-2 所示。

值班人员提醒表

值班人	值班日期	起讫时间
何莉莉	2015/10/1	22:00~6:00
何莉莉	2015/10/2	22:00~6:00
何莉莉	2015/10/7	22:00~6:00
何莉莉	2015/10/16	22:00~6:00
何莉莉	2015/10/19	22:00~6:00
何莉莉	2015/10/28	22:00~6:00
李玉华	2015/10/5	22:00~6:00
李玉华	2015/10/6	22:00~6:00
李玉华	2015/10/11	8:00~16:00
李玉华	2015/10/17	8:00~16:00
李玉华	2015/10/29	22:00~6:00
吴昕	2015/10/8	22:00~6:00
吴昕	2015/10/13	22:00~6:00
吴昕	2015/10/14	22:00~6:00
吴昕	2015/10/20	22:00~6:00
吴昕	2015/10/21	22:00~6:00
吴昕	2015/10/27	22:00~6:00
石兴红	2015/10/23	22:00~6:00
石兴红	2015/10/26	22:00~6:00

值班人员提醒表

10 月 份 加 班 记 录 表

编号	姓名	加班时间	加班类型	开始时间	结束时间	加班小时数
001	胡莉	2015-10-2	平常日	17:30	21:30	4
002	王青	2015-10-2	平常日	18:00	22:00	4
003	何以玫	2015-10-3	公休日	17:30	22:30	5
004	王飞扬	2015-10-4	公休日	17:30	22:00	4.5
005	童瑶瑶	2015-10-4	公休日	17:30	21:00	3.5
006	王小利	2015-10-5	平常日	9:00	17:30	8.5
007	吴晨	2015-10-6	平常日	9:00	17:30	8.5
008	吴昕	2015-10-7	平常日	17:30	20:00	2.5
009	钱毅力	2015-10-8	平常日	18:30	22:00	3.5
010	张飞	2015-10-9	平常日	17:30	22:00	4.5
011	管一非	2015-10-10	公休日	17:30	22:00	4.5
012	王蓉	2015-10-10	公休日	17:30	21:00	3.5
013	石兴红	2015-10-11	公休日	17:30	21:30	4
014	朱红梅	2015-10-12	平常日	9:00	17:30	8.5
015	夏守梅	2015-10-13	平常日	9:00	17:30	8.5
016	周静	2015-10-14	平常日	17:30	20:00	2.5
017	王涛	2015-10-15	平常日	18:00	22:00	4
018	彭红	2015-10-15	平常日	17:30	22:00	4.5
019	王晶	2015-10-16	平常日	17:30	22:00	4.5
020	李金晶	2015-10-17	公休日	18:00	21:00	3
021	王桃芳	2015-10-18	公休日	18:00	21:30	3.5
022	刘云英	2015-10-19	平常日	9:00	17:30	8.5
023	李光明	2015-10-20	平常日	9:00	17:30	8.5
024	莫凡	2015-10-20	平常日	9:00	17:30	8.5
025	简单	2015-10-21	平常日	18:00	20:00	2
026	刘颖	2015-10-22	平常日	19:00	22:00	3
027	胡梦婷	2015-10-23	平常日	17:30	22:00	4.5
028	沈红莲	2015-10-24	公休日	17:30	22:00	4.5

加班记录表

图11-2

11.2 新手基础

在Excel 2013中进行员工值班与加班管理需要用到的知识点除了包括前面章节中介绍过的知识点外还包括：数据的输入、数据验证以及相关函数等！学会这些知识点，进行值班与加班管理时会更得心应手！

11.2.1 在连续单元格填充相同数据

在实际工作中我们经常遇到需要在一段连续的单元格内输入相同信息的情况，此时一个一个单元格慢慢输入内容需要花费很多时间，这就使我们的工作效率变低了。其实Excel 2013中有更简单的办法，我们可以利用填充柄的功能来快速填充相同数据。下例中值班人员表格需要输入相同的值班人员姓名，我们可以按如下方法实现。

❶ 在单元格中输入第一个数据（如此处在B2单元格中输入“何莉莉”），将光标定位在单元格右下角的填充柄上，如图11-3所示。

图11-3

❷ 按住鼠标左键不放，向下拖动至填充结束的位置，如图11-4所示。

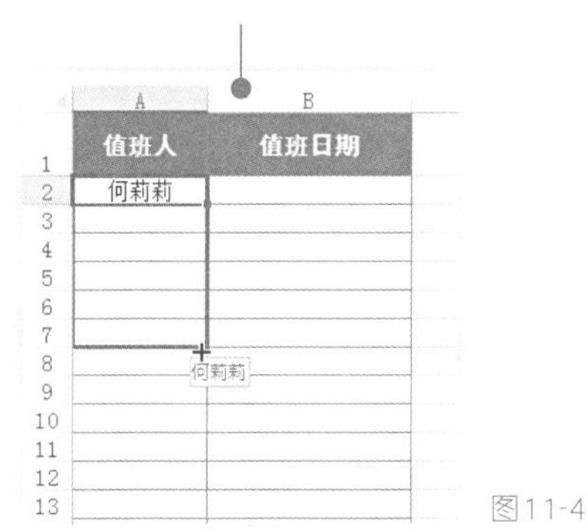

图11-4

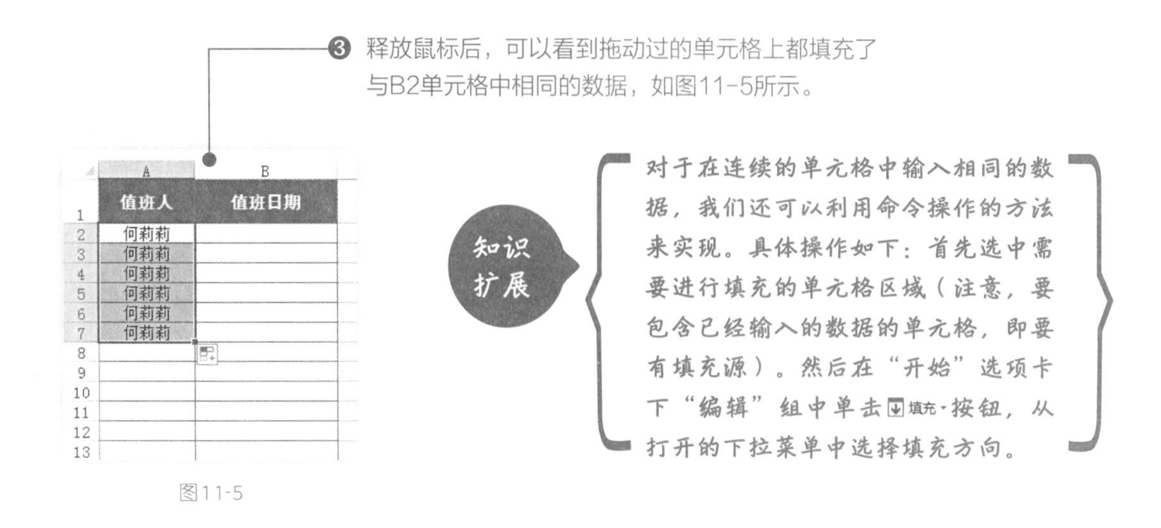

图11-5

11.2.2 只粘贴公式的计算结果

我上次将其他销售表中的计算数据复制过来，难怪数据会发生变化了，原来是没有将公式的计算结果转换为值。

有些表格的数据是通过公式计算得到的，但是我们又想将这个数据复制到另外的位置上去使用，默认情况下当我们对数据进行复制粘贴时系统将连同表格中的公式一起进行粘贴，而且有时复制复制的数据没有合适的数据让公式自动重算时还会直接显示出一串错误值（因为没有可计算的数据源）。实际上我们很多时候需要粘贴的只是公式中的数值结果，而并不需要公式此时就要用到选择性粘贴。这个操作太常用了，我们赶紧来学习一下。

❶ 当前表格中D列是公式计算返回的结果，选中D列中的单元格区域，按〈Ctrl+C〉组合键复制，如图11-6所示。

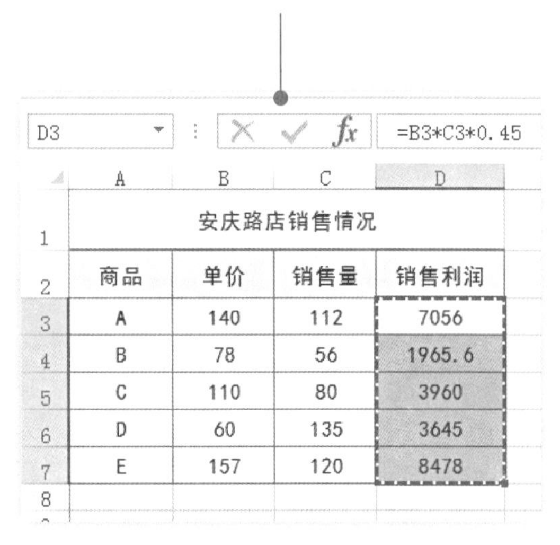
D3 =B3*C3*0.45

安庆路店销售情况

商品	单价	销售量	销售利润
A	140	112	7056
B	78	56	1965.6
C	110	80	3960
D	60	135	3645
E	157	120	8478

图11-6

❷ 按〈Ctrl+V〉组合键粘贴，单击粘贴内容处的右下角的“粘贴选项”按钮，在下拉菜单中单击“粘贴链接”命令，即可将公式结果与原文保持链接，如图11-7所示。

图11-7

长江路店销售情况

商品	单价	销售量	销售利润
A	140	120	7056
B	78	46	1965.6
C	110	112	3960
D	60	90	3645
E	157	46	8478

11.2.3　快速输入规范的日期

在Excel 2013中使用横线分隔符“-”和斜线分隔符“/”输入的日期均是规范化的日期格式。若需要输入的日期为本年度，输入时不可以将年份省略，例如直接输入“10-17”或者“10/17”，系统会自动将其解析为“2015/10/17”。如果想让输入的日期显示为某种特定格式，我们可以先设置单元格格式，然后再以最简易的方式输入日期，按〈Enter〉键后系统将会自动完成转换。具体操作如下：

❶ 选中B2:B7单元格区域（图11-8），右击鼠标，在右键菜单中单击“设置单元格格式”命令，打开“设置单元格格式”对话框。

❷ 切换至“数字”选项卡，在“分类”列表中单击“日期”，在“类型”列表框中选中“2012年3月14日”，单击“确定”按钮完成设置如图11-9所示。

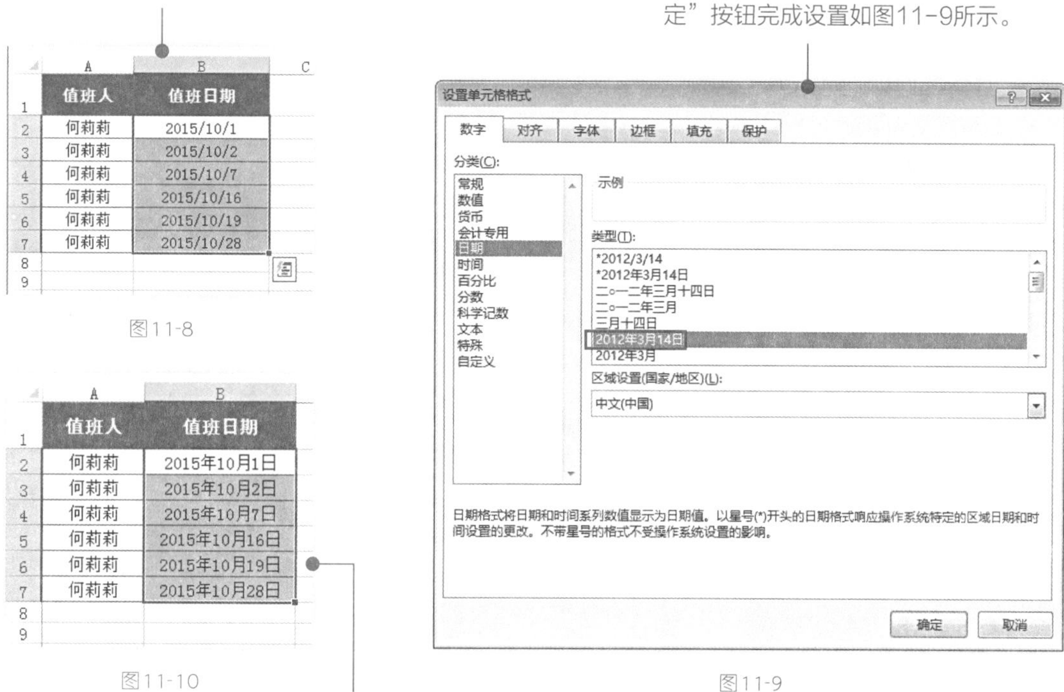

图11-8

图11-10

图11-9

❸ 设置后效果如图11-10所示。

11.2.4　HOUR 函数（返回时间值的小时数）

【函数功能】HOUR函数表示返回时间值的小时数。

【函数语法】HOUR(serial_number)

◆ Serial_number：一个时间值，其中包含要查找的小时。

合理利用HOUR函数可以帮助我们解决以下常见问题。

1. 界定整点范围

如图11-11所示的表格中的A列记录了具体的值班时间，下面我要利用HOUR函数根据值班时间记录得到每次值班所发生在的时间区间。

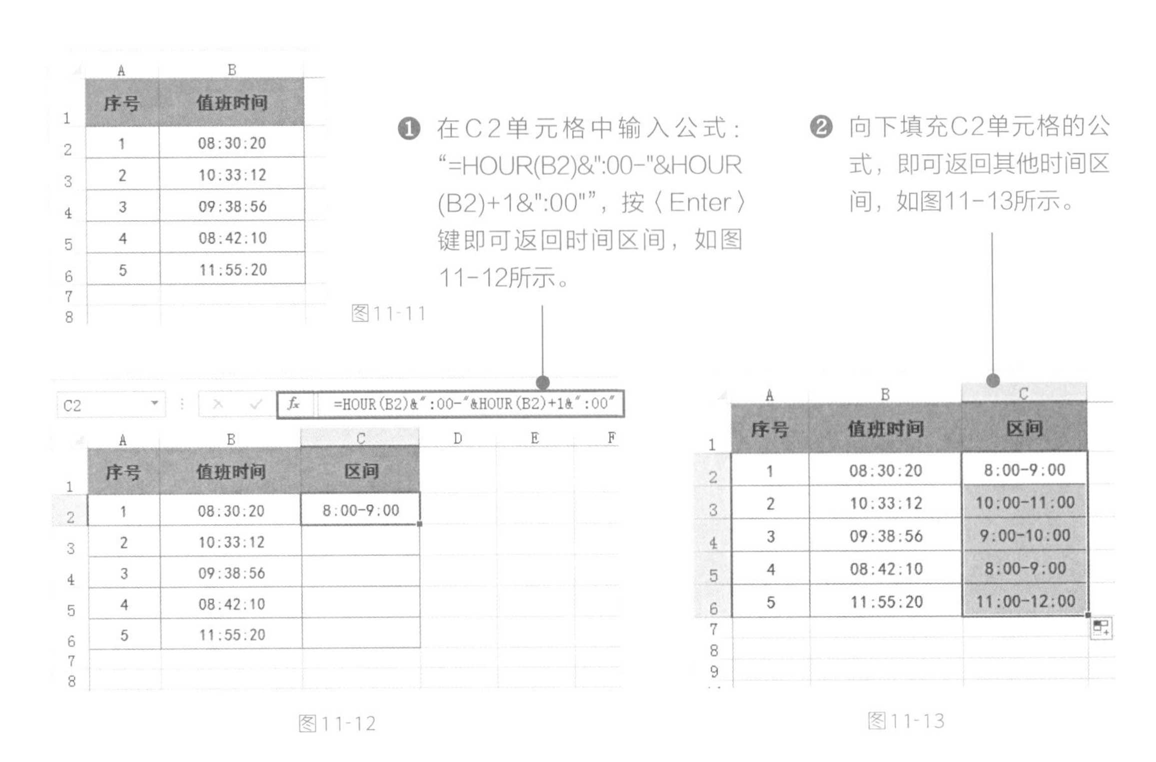

序号	值班时间
1	08:30:20
2	10:33:12
3	09:38:56
4	08:42:10
5	11:55:20

图11-11

序号	值班时间	区间
1	08:30:20	8:00-9:00
2	10:33:12	
3	09:38:56	
4	08:42:10	
5	11:55:20	

图11-12

序号	值班时间	区间
1	08:30:20	8:00-9:00
2	10:33:12	10:00-11:00
3	09:38:56	9:00-10:00
4	08:42:10	8:00-9:00
5	11:55:20	11:00-12:00

图11-13

2. 判断职工上早班还是夜班

如图11-14所示的表格中记录了员工上班打卡时间，我们可以利用HOUR函数判断员工上早班还是夜班。具体方法如下所示：

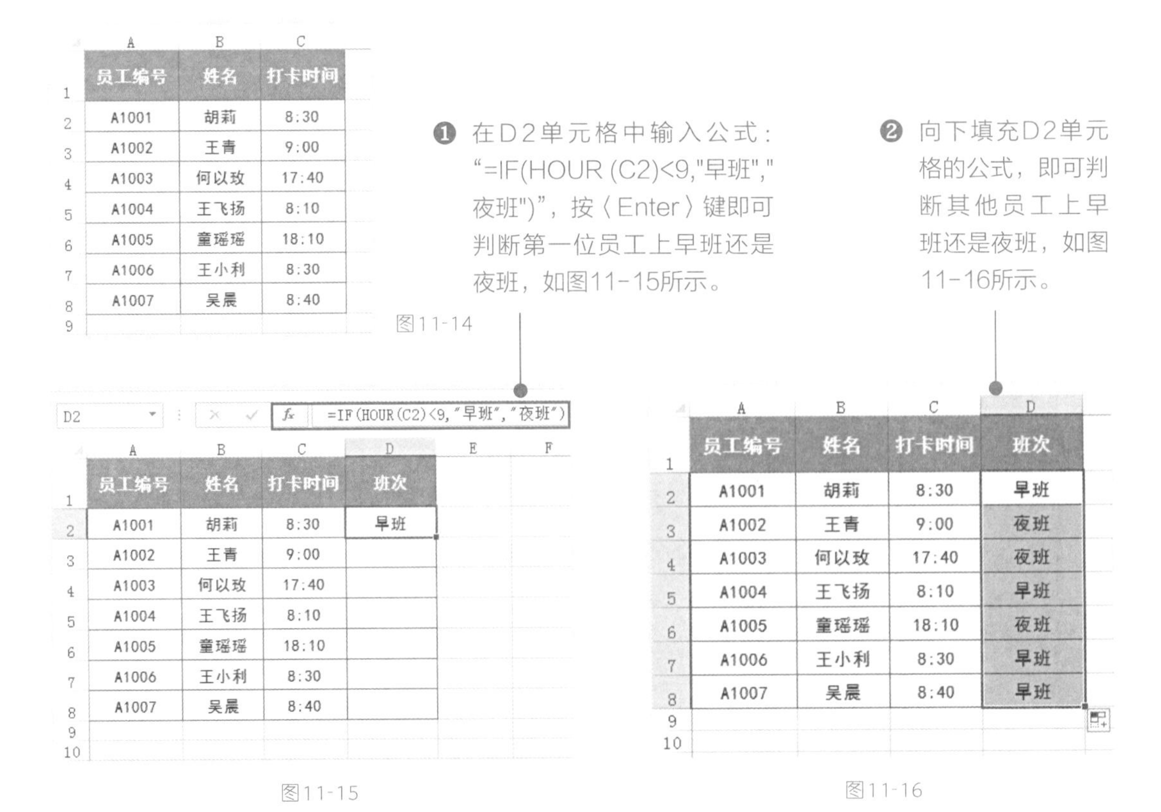

员工编号	姓名	打卡时间
A1001	胡莉	8:30
A1002	王青	9:00
A1003	何以玫	17:40
A1004	王飞扬	8:10
A1005	童瑶瑶	18:10
A1006	王小利	8:30
A1007	吴晨	8:40

图11-14

员工编号	姓名	打卡时间	班次
A1001	胡莉	8:30	早班
A1002	王青	9:00	
A1003	何以玫	17:40	
A1004	王飞扬	8:10	
A1005	童瑶瑶	18:10	
A1006	王小利	8:30	
A1007	吴晨	8:40	

图11-15

员工编号	姓名	打卡时间	班次
A1001	胡莉	8:30	早班
A1002	王青	9:00	夜班
A1003	何以玫	17:40	夜班
A1004	王飞扬	8:10	早班
A1005	童瑶瑶	18:10	夜班
A1006	王小利	8:30	早班
A1007	吴晨	8:40	早班

图11-16

1）先使用 HOUR 函数根据 C 单元格的日期，计算小时数。
2）再使用 IF 函数判断小时数是否小于 9，如果小于，则返回“早班”，若不是，则返回“夜班”。

3. 计算加班小时数

如图11-17所示的加班记录表中记录了每个人的加班开始和结束时间，现在我们运用HOUR函数计算加班小时数。具体操作如下：

	A	B	C
1	加班人	开始时间	结束时间
2	胡莉	2015/11/10	2015/11/10
3	王青	2015/11/10	2015/11/10
4	何以玫	2015/11/10	2015/11/10
5	王飞扬	2015/11/10	2015/11/10
6	童瑶瑶	2015/11/10	2015/11/10
7	王小利	2015/11/10	2015/11/10
8	吴晨	2015/11/15	2015/11/15
9	刘欣	2015/11/15	2015/11/15
10	王浩	2015/11/15	2015/11/15
11	陈怡	2015/11/15	2015/11/15
12			

图11-17

❶ 在D2单元格中输入公式：“=(HOUR(C2)+MINUTE(C2)/60)-(HOUR(B2)+MINUTE(B2)/60)”，按〈Enter〉键即可返回第一个员工加班小时数，如图11-18所示。

❷ 向下填充D2单元格的公式，即可快速计算出其他员工的加班时长，如图11-19所示。

D2　=(HOUR(C2)+MINUTE(C2)/60)-(HOUR(B2)+MINUTE(B2)/60)

	A	B	C	D
1	加班人	开始时间	结束时间	加班小时数
2	胡莉	2015/11/10	2015/11/10	5.5
3	王青	2015/11/10	2015/11/10	
4	何以玫	2015/11/10	2015/11/10	
5	王飞扬	2015/11/10	2015/11/10	
6	童瑶瑶	2015/11/10	2015/11/10	
7	王小利	2015/11/10	2015/11/10	
8	吴晨	2015/11/15	2015/11/15	
9	刘欣	2015/11/15	2015/11/15	
10	王浩	2015/11/15	2015/11/15	
11	陈怡	2015/11/15	2015/11/15	
12				

图11-18

	A	B	C	D
1	加班人	开始时间	结束时间	加班小时数
2	胡莉	2015/11/10	2015/11/10	5.5
3	王青	2015/11/10	2015/11/10	5.5
4	何以玫	2015/11/10	2015/11/10	5.5
5	王飞扬	2015/11/10	2015/11/10	5.5
6	童瑶瑶	2015/11/10	2015/11/10	5.5
7	王小利	2015/11/10	2015/11/10	5.5
8	吴晨	2015/11/15	2015/11/15	4
9	刘欣	2015/11/15	2015/11/15	4
10	王浩	2015/11/15	2015/11/15	4
11	陈怡	2015/11/15	2015/11/15	4
12				
13				

图11-19

11.2.5 MINUTE 函数（返回时间值的分钟数）

【函数功能】MINUTE函数表示返回时间值的分钟数。

【函数语法】MINUTE(serial_number)

◆ Serial_number：时间值，其中包含要查找的分钟。

MINUTE函数可以帮助我们计算停车分钟数。

如图11-20所示的表格中记录了开始停车时间和停车结束时间，我们可以利用MINUTE函数计算停车分钟数。具体操作如下：

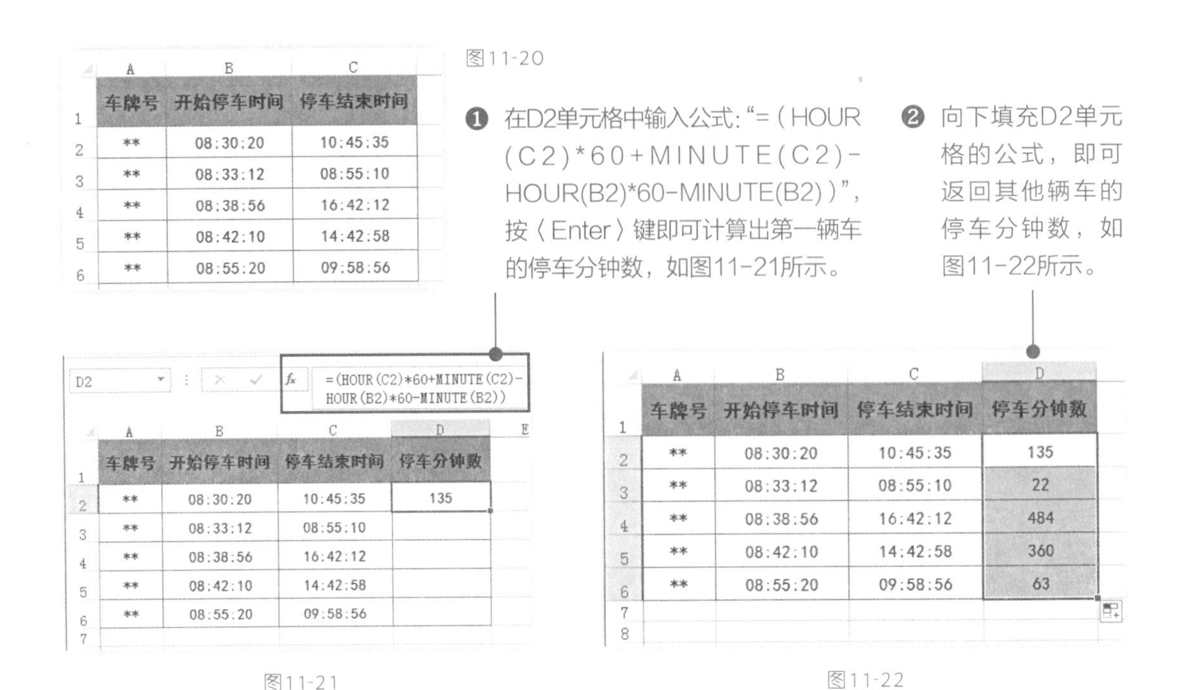

	A	B	C
1	车牌号	开始停车时间	停车结束时间
2	**	08:30:20	10:45:35
3	**	08:33:12	08:55:10
4	**	08:38:56	16:42:12
5	**	08:42:10	14:42:58
6	**	08:55:20	09:58:56

图11-20

	A	B	C	D
1	车牌号	开始停车时间	停车结束时间	停车分钟数
2	**	08:30:20	10:45:35	135
3	**	08:33:12	08:55:10	
4	**	08:38:56	16:42:12	
5	**	08:42:10	14:42:58	
6	**	08:55:20	09:58:56	

图11-21

	A	B	C	D
1	车牌号	开始停车时间	停车结束时间	停车分钟数
2	**	08:30:20	10:45:35	135
3	**	08:33:12	08:55:10	22
4	**	08:38:56	16:42:12	484
5	**	08:42:10	14:42:58	360
6	**	08:55:20	09:58:56	63

图11-22

11.2.6 SUMIF 函数(返回时间值的分钟数)

【函数功能】SUMIF 函数可以对区域(区域:工作表上的两个或多个单元格。区域中的单元格可以相邻或不相邻。)中符合指定条件的值求和。

【函数语法】SUMIF(range, criteria, [sum_range])

- ◆ Range:必需。用于条件计算的单元格区域。每个区域中的单元格都必须是数字或名称、数组或包含数字的引用。空值和文本值将被忽略。
- ◆ Criteria:必需。用于确定对哪些单元格求和的条件,其形式可以为数字、表达式、单元格引用、文本或函数。
- ◆ Sum_range:根据条件判断的结果要进行计算的单元格区域。如果 sum_range 参数被省略,Excel 2013会对在 range 参数中指定的单元格区域中符合条件的单元格进行求和。

SUMIF函数可以帮助我们按部门统计销售业绩之和。

在下例中,销售员分布在三个不同的部门,我们可以利用SUMIF函数按部门统计出各部门的总销售业绩。具体操作如下:

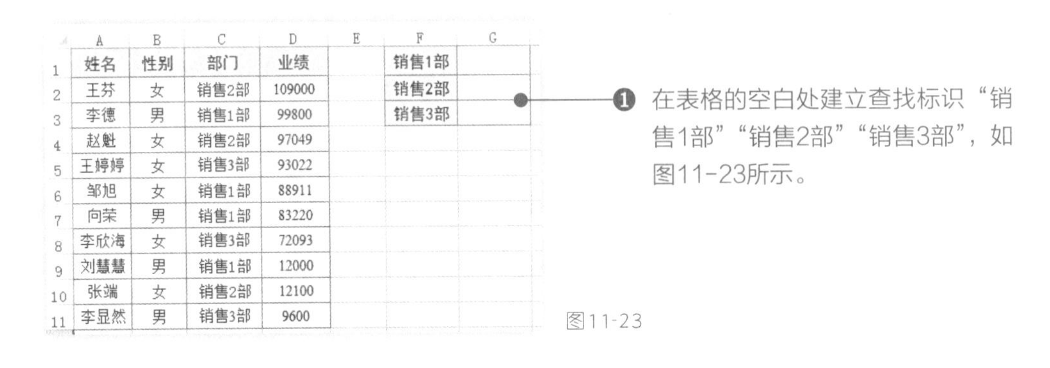

	A	B	C	D	E	F	G
1	姓名	性别	部门	业绩		销售1部	
2	王芬	女	销售2部	109000		销售2部	
3	李德	男	销售1部	99800		销售3部	
4	赵魁	女	销售2部	97049			
5	王婷婷	女	销售3部	93022			
6	邹旭	女	销售1部	88911			
7	向荣	男	销售1部	83220			
8	李欣海	女	销售3部	72093			
9	刘慧慧	男	销售1部	12000			
10	张端	女	销售2部	12100			
11	李显然	男	销售3部	9600			

图11-23

❷ 在G1单元格中输入公式=SUMIF($C$2:$C$11,F1,$D$2:$D$11)，按〈Enter〉键根据销售数据表统计得到销售1部的业绩总和，如图11-24所示。

G1　=SUMIF($C$2:$C$11,F1,$D$2:$D$11)

	A	B	C	D	E	F	G	H
1	姓名	性别	部门	业绩		销售1部	283931	
2	王芬	女	销售2部	109000		销售2部		
3	李德	男	销售1部	99800		销售3部		
4	赵魁	女	销售2部	97049				
5	王婷婷	女	销售3部	93022				
6	邹旭	女	销售1部	88911				
7	向荣	男	销售1部	83220				
8	李欣海	女	销售3部	72093				
9	刘慧慧	男	销售1部	12000				
10	张端	女	销售2部	12100				
11	李显然	男	销售3部	9600				

图11-24

❸ 选中G1单元格，向下填充公式到G3单元格中，分别得到销售2部与销售3部的业绩总和，如图11-25所示。从G3单元格中可以看到公式只有第2个参数发生变化，而用于查找判断的区域与用于求和的区域都是不变的，这是因为我们使用了绝对引用方式。

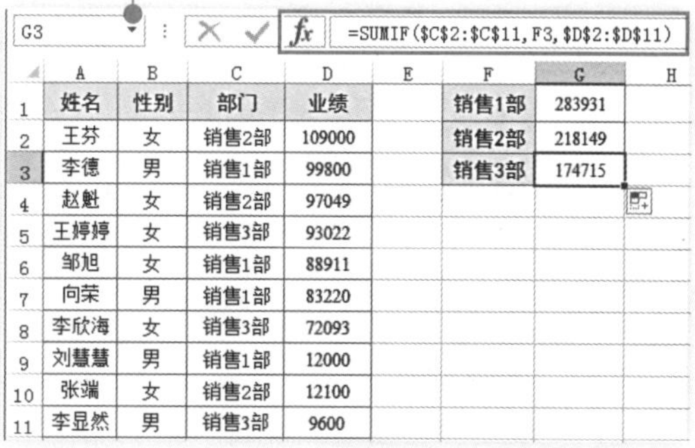

G3　=SUMIF($C$2:$C$11,F3,$D$2:$D$11)

	A	B	C	D	E	F	G	H
1	姓名	性别	部门	业绩		销售1部	283931	
2	王芬	女	销售2部	109000		销售2部	218149	
3	李德	男	销售1部	99800		销售3部	174715	
4	赵魁	女	销售2部	97049				
5	王婷婷	女	销售3部	93022				
6	邹旭	女	销售1部	88911				
7	向荣	男	销售1部	83220				
8	李欣海	女	销售3部	72093				
9	刘慧慧	男	销售1部	12000				
10	张端	女	销售2部	12100				
11	李显然	男	销售3部	9600				

图11-25

11.3　表格创建

一到月末时都要排出个月的值班表，同时也需要对本月的加班数据进行可核算，这些工作总是要不断地重复着……

这些表格虽然月月需要做，但是它们的结构都是一样的，所以设计出的表格中包含相应的计算公式，每个月制作时只要更改原始数据就可以了。

我们在日常工作中，经常会遇到值班与加班情况。为了做好值班与加班工作，行政人员需要对值班与加班人员进行统计，这个过程中我们会用到与值班与加班相关的表格，本节我们将向你介绍与之相关的知识与技能。

11.3.1　值班人员提醒表

在值班人员安排好后，我们可以运用Excel 2013的数据验证功能与相应公式来创立一份值班人员提醒表，以方便行政部门及时通知加班人员准时加班。值班人员提醒表具体制作方法如下例所示：

❶ 新建工作表，将其重命名为“值班人员提醒表”，构建表格基本架构，输入表格的基本数据，如图11-26所示。

	A	B	C
1	值班人员提醒表		
2	值班人	值班日期	起讫时间
3	何莉莉		
4	何莉莉		
5	何莉莉		
6	何莉莉		
7	何莉莉		
8	何莉莉		
9	李玉华		
10	李玉华		
11	李玉华		
12	李玉华		
13	李玉华		
14	吴昕		
15	吴昕		
16	吴昕		
17	吴昕		

图11-26

❷ 选中“值班日期”列的单元格区域，在“数据”选项卡下“数据工具”组中单击“数据验证”按钮（图11-27），打开“数据验证”对话框。

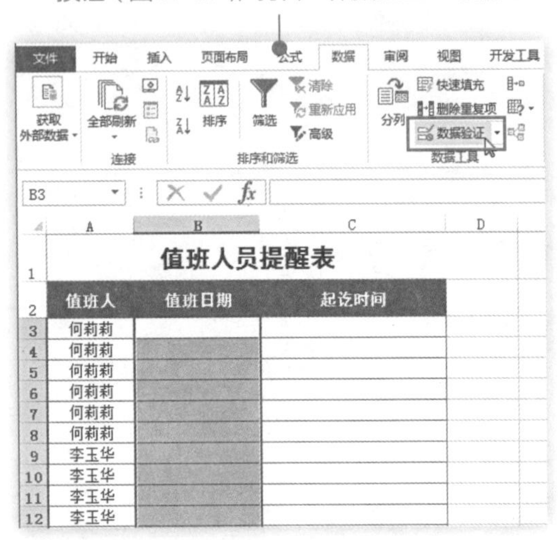

图11-27

❸ 在“设置”选项卡中的“允许”下拉列表中选择“自定义”，在“公式”设置栏中设置公式为：=COUNTIF(B:B,B3)=1，如图11-28所示。

图11-28

公式解析

用于统计B列中B3单元格值出现的次数是否等于1，如果等1允许输入，如果大于1则弹出错提示信息。公式依次向下取值，即判断完C3单元格后再判断C4单元格，依次向下。

❹ 切换到“出错敬告”选项卡下，设置“样式”为“信息”，并设置提示信息的标题与错误信息（表示输入不满足条件的数据时，就弹出错误提示信息），此处我们设置为“请安排其他日期”，如图11-29所示，设置完成后，单击“确定”按钮。

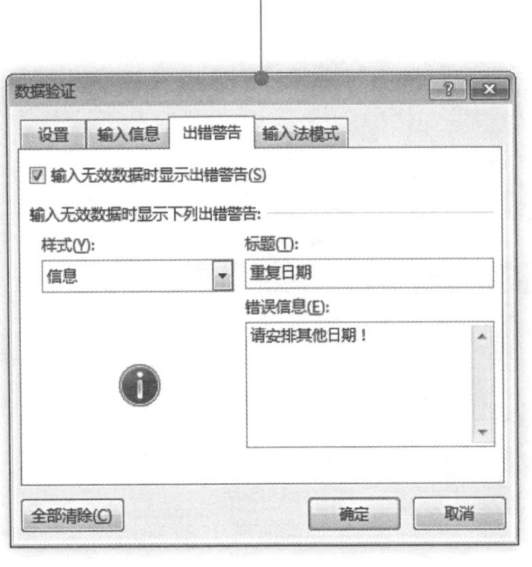

图11-29

❺ 回到工作表中，当输入与前面有任何重复的日期时都会弹出错误提示，如图11-30所示。

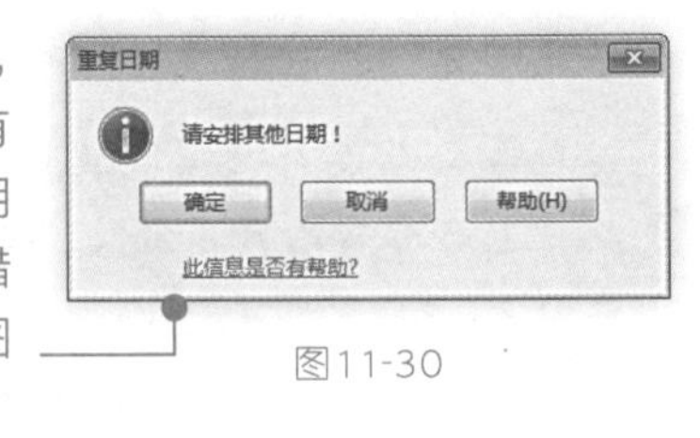

图11-30

❻ 在C3单元格中输入公式：=IF(MOD(B3,7)<2,"8:00~16:00","22:00~6:00")，按〈Enter〉键，向下复制公式，系统即可自动根据B列中的日期，自动返回值班的起讫时间，如图11-31所示。

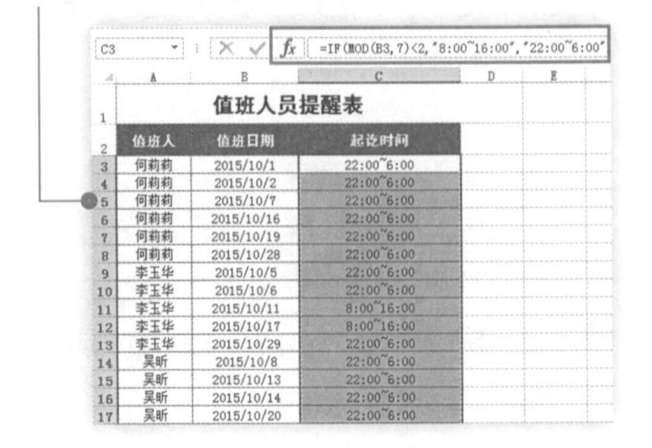

值班人员提醒表

值班人	值班日期	起讫时间
何莉莉	2015/10/1	22:00~6:00
何莉莉	2015/10/2	22:00~6:00
何莉莉	2015/10/7	22:00~6:00
何莉莉	2015/10/16	22:00~6:00
何莉莉	2015/10/19	22:00~6:00
何莉莉	2015/10/28	22:00~6:00
李玉华	2015/10/5	22:00~6:00
李玉华	2015/10/6	22:00~6:00
李玉华	2015/10/11	8:00~16:00
李玉华	2015/10/17	8:00~16:00
李玉华	2015/10/29	22:00~6:00
吴昕	2015/10/8	22:00~6:00
吴昕	2015/10/13	22:00~6:00
吴昕	2015/10/14	22:00~6:00
吴昕	2015/10/20	22:00~6:00

图11-31

星期六日期序列号与 7 相除的余数为 0，星期日日期序列号与 7 相除的余数为 1。因此当 B 列的日期与 7 相除的余数小于 2 时，表示为周六日值班；否则为工作日值班。

11.3.2　加班记录表

加班统计表是按加班人、加班开始时间、加班结束时间逐条记录的。加班可能出现在正常工作日里下班后的时间里，也可能出现在周末，或法定假日。下面利用Excel 2013来创建加班记录表。

❶ 插入新工作表，重命名为“加班记录表”，在表格中建立相应列标识，并进行文字格式设置、边框底纹设置等美化设置，如图11-32所示。

图11-32

❷ 输入基本数据到工作表中，在D3单元格中输入公式：=IF(WEEKDAY(C3,2)>=6,"公休日","平常日")，按〈Enter〉键，即可根据加班时间返回加班类型，向下复制公式，如图11-33所示。

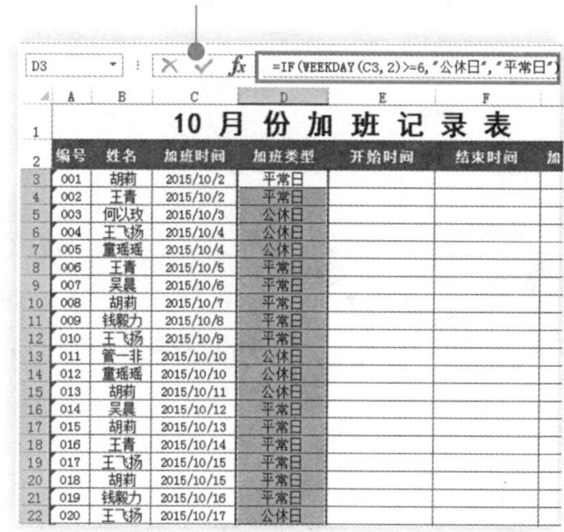

编号	姓名	加班时间	加班类型	开始时间	结束时间
001	胡莉	2015/10/2	平常日		
002	王青	2015/10/2	平常日		
003	何以玫	2015/10/3	公休日		
004	王飞扬	2015/10/4	公休日		
005	童瑶瑶	2015/10/4	公休日		
006	王青	2015/10/5	平常日		
007	吴晨	2015/10/6	平常日		
008	胡莉	2015/10/7	平常日		
009	钱毅力	2015/10/8	平常日		
010	王飞扬	2015/10/9	平常日		
011	管一非	2015/10/10	公休日		
012	童瑶瑶	2015/10/10	公休日		
013	胡莉	2015/10/11	公休日		
014	吴晨	2015/10/12	平常日		
015	胡莉	2015/10/13	平常日		
016	王青	2015/10/14	平常日		
017	王飞扬	2015/10/15	平常日		
018	胡莉	2015/10/15	平常日		
019	钱毅力	2015/10/16	平常日		
020	王飞扬	2015/10/17	公休日		

图11-33

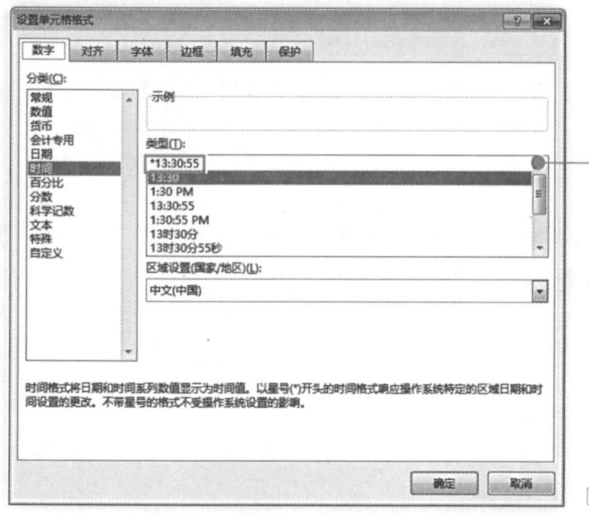

❸ 选中要输入时间的E3：F32单元格区域，在“开始”选项卡下的“数字”组中单击按钮，打开“设置单元格格式”对话框。在“数字”选项卡下的“分类”列表中选中“时间”，并在“类型”框中选择时间格式，如图11-34所示单击“确定”按钮。

图11-34

❹ 完成上述操作后，再输入时间时，就会显示为如图11-35所示的格式。

	A	B	C	D	E	F	G
1	10 月 份 加 班 记 录 表						
2	编号	姓名	加班时间	加班类型	开始时间	结束时间	加班小时数
3	001	胡莉	2015/10/2	平常日	17:30	21:30	
4	002	王青	2015/10/2	平常日	18:00	22:00	
5	003	何以玫	2015/10/3	公休日	17:30	22:30	
6	004	王飞扬	2015/10/4	公休日	17:30	22:00	
7	005	童瑶瑶	2015/10/4	公休日	17:30	21:00	
8	006	王青	2015/10/5	平常日	9:00	17:30	
9	007	吴晨	2015/10/6	平常日	9:00	17:30	
10	008	胡莉	2015/10/7	平常日	17:30	20:00	
11	009	钱毅力	2015/10/8	平常日	18:30	22:00	
12	010	王飞扬	2015/10/9	平常日	17:30	22:00	
13	011	管一非	2015/10/10	公休日	17:30	22:00	
14	012	童瑶瑶	2015/10/10	公休日	17:30	21:00	
15	013	胡莉	2015/10/11	公休日	17:30	21:30	
16	014	吴晨	2015/10/12	平常日	9:00	17:30	
17	015	胡莉	2015/10/13	平常日	9:00	17:30	
18	016	王青	2015/10/14	平常日	17:30	20:00	
19	017	王飞扬	2015/10/15	平常日	18:00	22:00	
20	018	胡莉	2015/10/15	平常日	17:30	22:00	
21	019	钱毅力	2015/10/16	平常日	17:30	22:00	
22	020	王飞扬	2015/10/17	公休日	18:00	21:00	
23	021	胡莉	2015/10/18	公休日	18:00	21:30	
24	022	管一非	2015/10/19	平常日	9:00	17:30	

图11-35

❺ 在G3单元格中输入公式：=(HOUR(F3)+MINUTE(F3)/60)-(HOUR(E3)+MINUTE(E3)/60)，按〈Enter〉键，即可计算出第一条记录的加班小时数，向下复制公式，计算出各条记录的加班小时数，如图11-36所示。

G3 | =(HOUR(F3)+MINUTE(F3)/60)-(HOUR(E3)+MINUTE(E3)/60

	A	B	C	D	E	F	G
1	10 月 份 加 班 记 录 表						
2	编号	姓名	加班时间	加班类型	开始时间	结束时间	加班小时数
3	001	胡莉	2015/10/2	平常日	17:30	21:30	4
4	002	王青	2015/10/2	平常日	18:00	22:00	4
5	003	何以玫	2015/10/3	公休日	17:30	22:30	5
6	004	王飞扬	2015/10/4	公休日	17:30	22:00	4.5
7	005	童瑶瑶	2015/10/4	公休日	17:30	21:00	3.5
8	006	王青	2015/10/5	平常日	9:00	17:30	8.5
9	007	吴晨	2015/10/6	平常日	9:00	17:30	8.5
10	008	胡莉	2015/10/7	平常日	17:30	20:00	2.5
11	009	钱毅力	2015/10/8	平常日	18:30	22:00	3.5
12	010	王飞扬	2015/10/9	平常日	17:30	22:00	4.5
13	011	管一非	2015/10/10	公休日	17:30	22:00	4.5
14	012	童瑶瑶	2015/10/10	公休日	17:30	21:00	3.5
15	013	胡莉	2015/10/11	公休日	17:30	21:30	4
16	014	吴晨	2015/10/12	平常日	9:00	17:30	8.5
17	015	胡莉	2015/10/13	平常日	9:00	17:30	8.5
18	016	王青	2015/10/14	平常日	17:30	20:00	2.5
19	017	王飞扬	2015/10/15	平常日	18:00	22:00	4
20	018	胡莉	2015/10/15	平常日	17:30	22:00	4.5
21	019	钱毅力	2015/10/16	平常日	17:30	22:00	4.5
22	020	王飞扬	2015/10/17	公休日	18:00	21:00	3
23	021	胡莉	2015/10/18	公休日	18:00	21:30	3.5

图11-36

=(HOUR(F3)+MINUTE(F3)/60)-(HOUR(E3)+MINUTE(E3)/60) 公式解析：分别将E3单元格的时间与D3单元格中的时间转换为小时数，然后取它们的差值即为加班小时数。

11.4 数据分析

每个月总是有那么几个人忘记是自己值班的日子，我哪里有那么多时间，天天提醒他们啊……

谁让你自己提醒他们了啊，不是有值班人员表么，你可以通过Excel 2013的条件格式功能设置下，突出显示每日值班人员，把表格发给大伙啊！

11.4.1 值班人员自动提醒表

我们在11.3.1节创建了值班人员提醒表，这里为了要达到自动提醒要值班的员工的目的，我们可以通过条件格式这一功能来实现。具体操作如下：

❶ 打开“值班提醒表”工作表，选中“值班日期”列的单元格区域，在“开始”选项卡下“样式”组中单击“条件格式”按钮，在打开的下拉菜单中单击“新建规则”命令（图11-37），打开“新建格式规则”对话框。

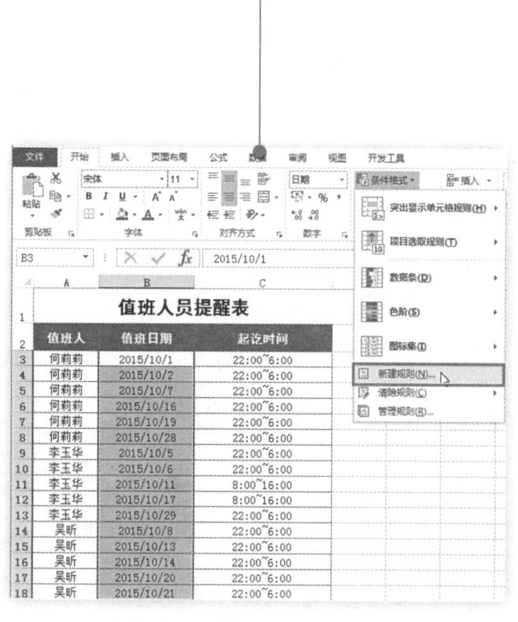

图11-37

❷ 在列表框中选择“使用公式确定要设置格式的单元格”规则，并设置公式为：=B3=TODAY()+1，如图11-38所示单击“格式”按钮，打开“设置单元格格式”对话框。

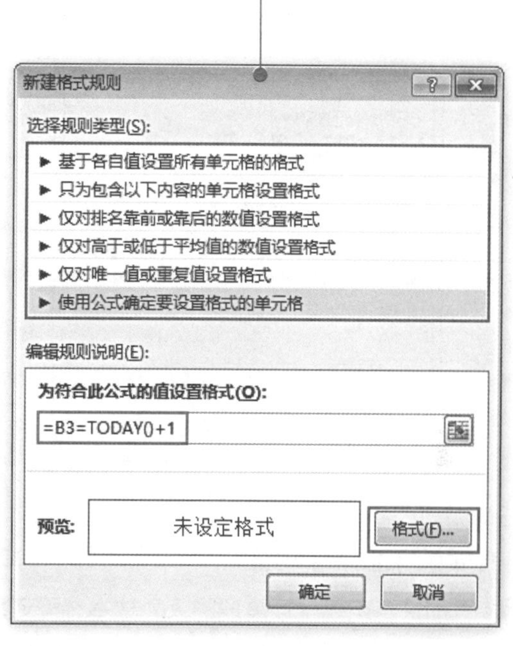

图11-38

❸ 在“字体”选项下设置满足条件时显示的特殊格式，如图11-39所示。

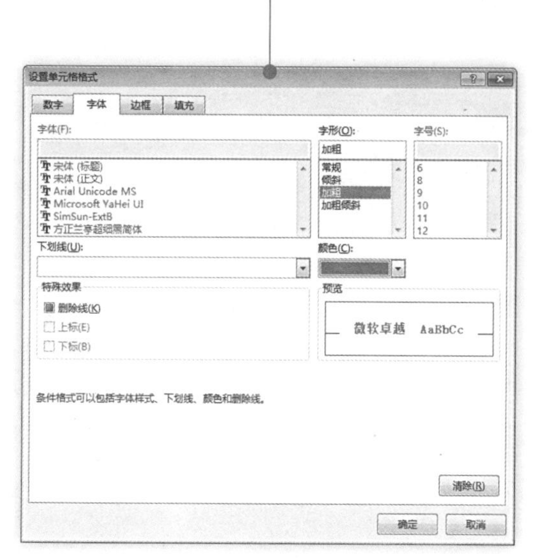

图11-39

❹ 切换到“填充”选项卡，设置满足条件时显示的特殊格式，如图11-40所示，设置完成后，单击“确定”按钮。

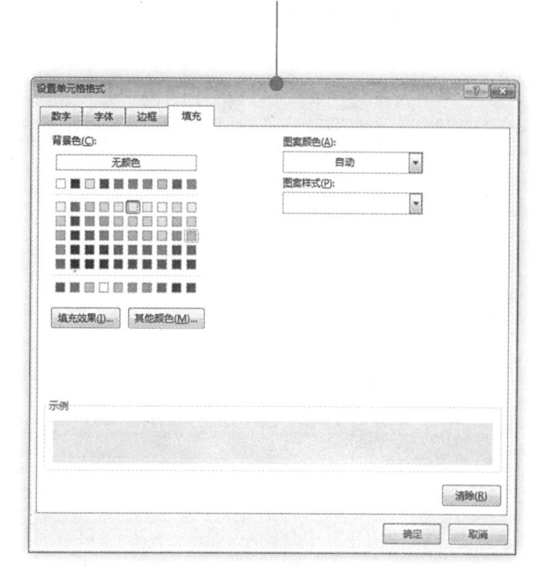

图11-40

❺ 完成上述操作回到“新建格式规则”对话框中，可以看到格式预览，如图11-41所示，确认预览效果后，单击“确定”按钮完成设置。

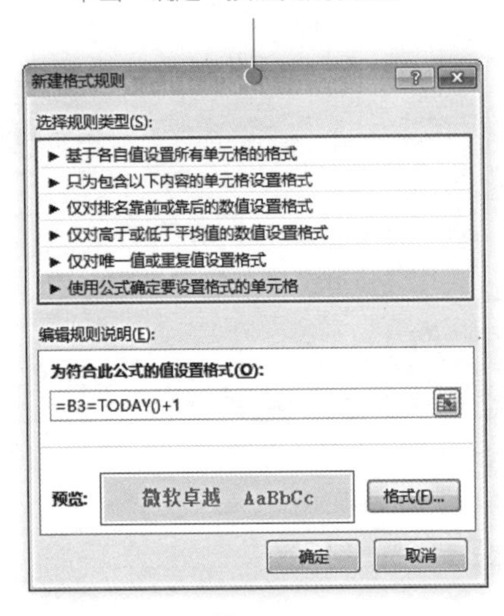

图11-41

❻ 回到工作表我们可以看到当前日期的后一日会显示特列格式，以达到提醒的目的，如图11-42所示。

	A	B	C	D
1	值班人员提醒表			
2	值班人	值班日期	起讫时间	
3	何莉莉	2015/10/1	22:00~6:00	
4	何莉莉	2015/10/2	22:00~6:00	
5	何莉莉	2015/10/7	22:00~6:00	
6	何莉莉	2015/10/16	22:00~6:00	
7	何莉莉	2015/10/19	22:00~6:00	
8	何莉莉	2015/10/28	22:00~6:00	
9	李玉华	2015/10/5	22:00~6:00	
10	李玉华	2015/10/6	22:00~6:00	
11	李玉华	2015/10/11	8:00~16:00	
12	李玉华	2015/10/17	8:00~16:00	
13	李玉华	2015/10/29	22:00~6:00	
14	吴昕	2015/10/8	22:00~6:00	
15	吴昕	2015/10/13	22:00~6:00	
16	吴昕	2015/10/14	22:00~6:00	
17	吴昕	2015/10/20	22:00~6:00	
18	吴昕	2015/10/21	22:00~6:00	
19	吴昕	2015/10/27	22:00~6:00	
20	石兴红	2015/10/23	22:00~6:00	
21	石兴红	2015/10/26	22:00~6:00	

图11-42

11.4.2 加班费的核算

加班费用是一项重要的人力成本，严谨的加班费核算一方面可以帮助企业管理运营成本，另一方面可以使员工劳有所得，激励员工爱岗敬业。本节我们将向你介绍加班费核算的相关知识与技能。

1. 根据加班性质计算加班费

在实际工作中，加班费需要按照不同加班性质根据不同的加班费标准进行核算。下例中我们假设员工日平均工资为150元，工作日加班费每小时为18.75元，双休日加班费为平时加班的2倍。下面我们根据这些已知条件，设置公式计算加班费。

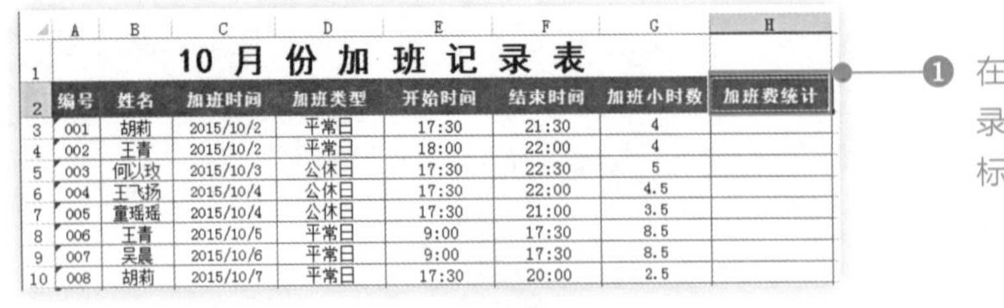

	A	B	C	D	E	F	G	H
1	10 月 份 加 班 记 录 表							
2	编号	姓名	加班时间	加班类型	开始时间	结束时间	加班小时数	加班费统计
3	001	胡莉	2015/10/2	平常日	17:30	21:30	4	
4	002	王青	2015/10/2	平常日	18:00	22:00	4	
5	003	何以玫	2015/10/3	公休日	17:30	22:30	5	
6	004	王飞扬	2015/10/4	公休日	17:30	22:00	4.5	
7	005	董瑶瑶	2015/10/4	公休日	17:30	21:00	3.5	
8	006	王青	2015/10/5	平常日	9:00	17:30	8.5	
9	007	吴晨	2015/10/6	平常日	9:00	17:30	8.5	
10	008	胡莉	2015/10/7	平常日	17:30	20:00	2.5	

图11-43

❶ 在11.3.2小节中创建的“加班记录表”中建立“加班费统计”新标识，如图11-43所示。

H3 fx =IF(D3="平常日",G3*18.75,G3*(18.75*2))

	A	B	C	D	E	F	G	H
1	10 月 份 加 班 记 录 表							
2	编号	姓名	加班时间	加班类型	开始时间	结束时间	加班小时数	加班费统计
3	001	胡莉	2015/10/2	平常日	17:30	21:30	4	75
4	002	王青	2015/10/2	平常日	18:00	22:00	4	
5	003	何以玫	2015/10/3	公休日	17:30	22:30	5	
6	004	王飞扬	2015/10/4	公休日	17:30	22:00	4.5	
7	005	董瑶瑶	2015/10/4	公休日	17:30	21:00	3.5	
8	006	王青	2015/10/5	平常日	9:00	17:30	8.5	

图11-44

❷ 选中M3单元格，输入公式：=IF(D3="平常日",G3*18.75,G3*(18.75*2))，按〈Enter〉键，即可根据加班类型与加班小时数计算出第一条加班记录的加班费，如图11-44所示。

H3　=IF(D3="平常日",G3*18.75,G3*(18.75*2))

	A	B	C	D	E	F	G	H
1	10 月 份 加 班 记 录 表							
2	编号	姓名	加班时间	加班类型	开始时间	结束时间	加班小时数	加班费统计
3	001	胡莉	2015/10/2	平常日	17:30	21:30	4	75
4	002	王青	2015/10/2	平常日	18:00	22:00	4	75
5	003	何以玫	2015/10/3	公休日	17:30	22:30	5	187.5
6	004	王飞扬	2015/10/4	公休日	17:30	22:00	4.5	168.75
7	005	童瑶瑶	2015/10/4	公休日	17:30	21:00	3.5	131.25
8	006	王青	2015/10/5	平常日	9:00	17:30	8.5	159.375
9	007	吴晨	2015/10/6	平常日	9:00	17:30	8.5	159.375
10	008	胡莉	2015/10/7	平常日	17:30	20:00	2.5	46.875
11	009	钱毅力	2015/10/8	平常日	18:30	22:00	3.5	65.625
12	010	王飞扬	2015/10/9	平常日	17:30	22:00	4.5	84.375
13	011	管一非	2015/10/10	公休日	17:30	22:00	4.5	168.75
14	012	童瑶瑶	2015/10/10	公休日	17:30	21:00	3.5	131.25
15	013	胡莉	2015/10/11	公休日	17:30	21:30	4	150
16	014	吴晨	2015/10/12	平常日	9:00	17:30	8.5	159.375
17	015	胡莉	2015/10/13	平常日	9:00	17:30	8.5	159.375
18	016	王青	2015/10/14	平常日	17:30	20:00	2.5	46.875
19	017	王飞扬	2015/10/15	平常日	18:00	22:00	4	75
20	018	胡莉	2015/10/15	平常日	17:30	22:00	4.5	84.375
21	019	钱毅力	2015/10/16	平常日	17:30	22:00	4.5	84.375
22	020	王飞扬	2015/10/17	公休日	18:00	21:00	3	112.5
23	021	胡莉	2015/10/18	公休日	18:00	21:30	3.5	131.25
24	022	管一非	2015/10/19	平常日	9:00	17:30	8.5	159.375

图11-45

❸ 选中H3单元格，向下复制公式，可以计算出各条加班记录的加费，如图11-45所示。

2. 每位加班人员加班费汇总统计

由于一位员工可能涉及多条加班记录，因此当完成了对本月所有加班记录的统计后，我们需要对每位加班人员加班费进行汇总统计。此时我们可以运用前面介绍过的SUMIF函数快速准确的统计出每个人的加班费总金额，具体方法如下所示：

	A	B	C	D	E	F	G	H	I	J	K
1	10 月 份 加 班 记 录 表										
2	编号	姓名	加班时间	加班类型	开始时间	结束时间	加班小时数	加班费统计		姓名	加班费
3	001	胡莉	2015/10/2	平常日	17:30	21:30	4	75		胡莉	
4	002	王青	2015/10/2	平常日	18:00	22:00	4	75		王青	
5	003	何以玫	2015/10/3	公休日	17:30	22:30	5	187.5		何以玫	
6	004	王飞扬	2015/10/4	公休日	17:30	22:00	4.5	168.75		王飞扬	
7	005	童瑶瑶	2015/10/4	公休日	17:30	21:00	3.5	131.25		童瑶瑶	
8	006	王青	2015/10/5	平常日	9:00	17:30	8.5	159.375		吴晨	
9	007	吴晨	2015/10/6	平常日	9:00	17:30	8.5	159.375		钱毅力	
10	008	胡莉	2015/10/7	平常日	17:30	20:00	2.5	46.875		管一非	
11	009	钱毅力	2015/10/8	平常日	18:30	22:00	3.5	65.625		胡梦婷	
12	010	王飞扬	2015/10/9	平常日	17:30	22:00	4.5	84.375			

图11-46

❶ 在“加班记录表”的空白位置建立“姓名”与“加班费”标识，并输入加班人员姓名信息，如图11-46所示。

fx　=SUMIF($B$2:$B$32,J3,$H$3:$H$32)

D	E	F	G	H	I	J	K
份 加 班 记 录 表							
加班类型	开始时间	结束时间	加班小时数	加班费统计		姓名	加班费
平常日	17:30	21:30	4	75		胡莉	750
平常日	18:00	22:00	4	75		王青	
公休日	17:30	22:30	5	187.5		何以玫	
公休日	17:30	22:00	4.5	168.75		王飞扬	
公休日	17:30	21:00	3.5	131.25		童瑶瑶	
平常日	9:00	17:30	8.5	159.375		吴晨	
平常日	9:00	17:30	8.5	159.375		钱毅力	
平常日	17:30	20:00	2.5	46.875		管一非	
平常日	18:30	22:00	3.5	65.625		胡梦婷	
平常日	17:30	22:00	4.5	84.375			

图11-47

❷ 选中K3单元格，输入公式：=SUMIF($B$2:$B$32,J3,$H$3:$H$32)，按〈Enter〉键，即可统计出“胡莉”这名员工的加班费总金额，如图11-47所示。

=SUMIF($B$2:$B$32,J3,$H$3:$H$32)

0 月份加班记录表

加班时间	加班类型	开始时间	结束时间	加班小时数	加班费统计		姓名	加班费
2015/10/2	平常日	17:30	21:30	4	75		胡莉	750
2015/10/2	平常日	18:00	22:00	4	75		王青	421.875
2015/10/3	公休日	17:30	22:30	5	187.5		何以玫	206.25
2015/10/4	公休日	17:30	22:00	4.5	168.75		王飞扬	515.625
2015/10/4	公休日	17:30	21:00	3.5	131.25		董瑶瑶	365.625
2015/10/5	平常日	9:00	17:30	8.5	159.375		吴晨	337.5
2015/10/6	平常日	9:00	17:30	8.5	159.375		钱毅力	196.875
2015/10/7	平常日	17:30	20:00	2.5	46.875		管一非	506.25
2015/10/8	平常日	18:30	22:00	3.5	65.625		胡梦婷	168.75
2015/10/9	平常日	17:30	22:00	4.5	84.375			

❸ 选中K3单元格，向下复制公式，即可利用SUMIF函数求解出每一位员工的加班费合计金额，如图11-48所示。

图11-48

3. 统计不同加班性质生成的加班费

在实际工作中，为了更加有效调配人力资源，节省运营成本我们需要对加班费结构进行对比分析。此时我们可以利用数据透视表，快速统计出不同加班性质的加班时长以及生成的加班费。具体操作方法如下例所示：

❶ 选中“加班记录表”数据区域的任意单元格，在“插入”选项卡的“表格”选项组中单击“数据透视表”命令按钮，如图11-49所示。

❷ 打开“创建数据透视表”对话框，保持默认选项，如图11-50所示单击“确定”按钮。

10 月份加班记录表

编号	姓名	加班时间	加班类型	开始时间	结束时间	加班小时数	加班费统计
001	胡莉	2015/10/2	平常日	17:30	21:30	4	75
002	王青	2015/10/2	平常日	18:00	22:00	4	75
003	何以玫	2015/10/3	公休日	17:30	22:30	5	187.5
004	王飞扬	2015/10/4	公休日	17:30	22:00	4.5	168.75
005	董瑶瑶	2015/10/4	公休日	17:30	21:00	3.5	131.25
006	王青	2015/10/5	平常日	9:00	17:30	8.5	159.375
007	吴晨	2015/10/6	平常日	9:00	17:30	8.5	159.375
008	胡莉	2015/10/7	平常日	17:30	20:00	2.5	46.875
009	钱毅力	2015/10/8	平常日	18:30	22:00	3.5	65.625
010	王飞扬	2015/10/9	平常日	17:30	22:00	4.5	84.375
011	管一非	2015/10/10	公休日	17:30	22:00	4.5	168.75
012	董瑶瑶	2015/10/10	公休日	17:30	21:00	3.5	131.25

图11-49

创建数据透视表

请选择要分析的数据

◉ 选择一个表或区域(S)

表/区域(T): 加班记录表!$A$2:$H$32

○ 使用外部数据源(U)

选择连接(C)...

连接名称:

选择放置数据透视表的位置

◉ 新工作表(N)

○ 现有工作表(E)

位置(L):

选择是否想要分析多个表

☐ 将此数据添加到数据模型(M)

确定 取消

图11-50

❸ 完成上述操作即可自动创建一个新工作表显示数据透视表（当前因未添加字段所以无统计结果），将新工作表重命名为“不同加班性质加班费统计”，如图11-51所示。

图11-51

❹ 分别添加字段到右侧的列表中（如图11-52所示）即可得到本期中两种不同加班类型的总加班小时数与加班费合计金额。

图11-52

4. 查看指定人员的加班明细

在加班费管理过程中我们经常需要调取各种加班费明细，例如，查看指定人员的加班明细，或者填制加班费发放单据时我们需要提供出加班明细数据，此时我们可以运用筛选功能进行数据筛选与检索。具体操作如下：

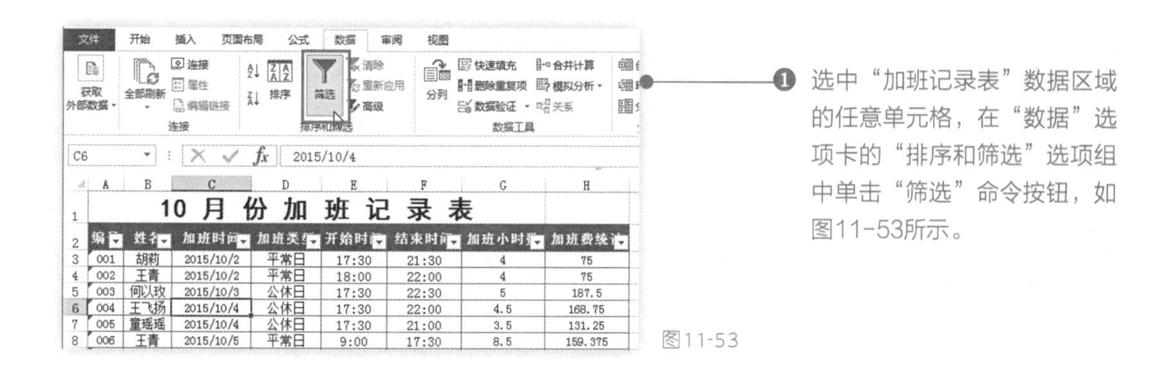

❶ 选中“加班记录表”数据区域的任意单元格，在“数据”选项卡的“排序和筛选”选项组中单击“筛选”命令按钮，如图11-53所示。

图11-53

开始时间	结束时间	加班小时数	加班费统计
17:30	21:30	4	75
18:00	22:00	4	75
17:30	22:30	5	187.5
17:30	22:00	4.5	168.75
17:30	21:00	3.5	131.25
9:00	17:30	8.5	159.375
9:00	17:30	8.5	159.375
17:30	20:00	2.5	46.875
18:30	22:00	3.5	65.625
17:30	22:00	4.5	84.375
17:30	22:00	4.5	168.75
17:30	21:00	3.5	131.25
17:30	21:30	4	150
9:00	17:30	8.5	159.375
9:00	17:30	8.5	159.375
17:30	20:00	2.5	46.875
18:00	22:00	4	75
17:30	22:00	4.5	84.375
17:30	22:00	4.5	84.375
18:00	21:00	3	112.5
18:00	21:30	3.5	131.25
9:00	17:30	8.5	159.375

图11-54

❷ 单击“姓名”右侧的下拉按钮弹出下拉菜单，取消“全选”复选框，选中想查看的姓名前面的复选框，如图11-54所示单击“确定”按钮。

10 月份加班记录表

编号	姓名	加班时间	加班类型	开始时间	结束时间	加班小时数	加班费统计
001	胡莉	2015/10/2	平常日	17:30	21:30	4	75
008	胡莉	2015/10/7	平常日	17:30	20:00	2.5	46.875
013	胡莉	2015/10/11	公休日	17:30	21:30	4	150
015	胡莉	2015/10/13	平常日	9:00	17:30	8.5	159.375
018	胡莉	2015/10/15	平常日	17:30	22:00	4.5	84.375
021	胡莉	2015/10/18	公休日	18:00	21:30	3.5	131.25
023	胡莉	2015/10/20	平常日	9:00	17:30	8.5	159.375

图11-55

❸ 完成上述操作即可得出筛选指定人员的加班明细数据，如图11-55所示。

员工业绩与工作态度评估

领导要求我起草一份员工业绩与工作态度评估方法草案，这么复杂的工作对于我这个新手来说实在太难了，千头万绪无从下手！

别紧张，以后这样的工作是常有的事情，遇事要学会冷静。你可以先在Excel 2013创建一个业绩测评流程图，然后根据流程一步一步地来实施。而且对于员工的绩效管理我们可以从员工的工作业绩、工作能力和工作态度三个方面来考评。

12.1 制作流程

业绩与工作态度评估的目的在于通过对现有绩效和工作态度的考核与评价，对员工的表现进行肯定和激励。同时，通过分析找出存在的问题和差距，采取相应的措施改善和提高员工及组织效能，使企业最终获取竞争优势，不仅实现既定的战略目标，同时创造卓越的绩效。

下面我们将通过制作员工业绩测评流程图、员工季度业绩分析表、员工工作能力和态度评估表、员工工作态度互评表以及员工季度业绩图表分析和个人工作能力和态度分析六个任务，向读者具体介绍与员工业绩和工作态度评估相关的知识与技能，如图12-1所示。

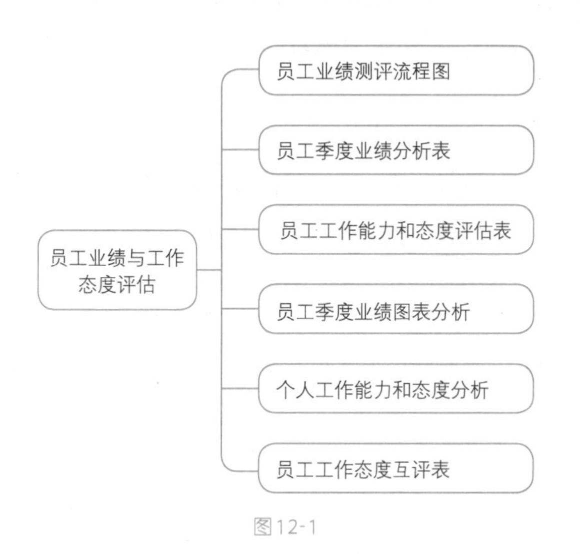

图12-1

在进行员工业绩与工作态度评估管理时，需要用到多个不同的表格来进行统计与分析，下面我们可以先来看一下业绩与工作态度评估管理相关表格的效果图如图 12-2 所示。

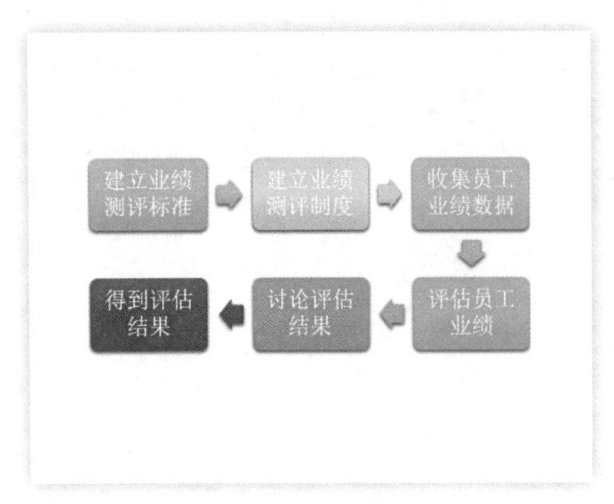

员工业绩测评流程图

员工季度业绩分析

员工编号	员工姓名	10月销售额	11月销售额	12月销售额	季度总额	名次	等级	评定
YG001	胡莉	¥120,000	¥280,000	¥20,000	¥420,000	4	1	特等
YG002	王青	¥20,000	¥45,000	¥22,000	¥87,000	19	3	合格
YG003	何以玫	¥15,000	¥69,000	¥174,562	¥258,562	12	3	合格
YG004	王飞扬	¥4,560	¥90,000	¥84,000	¥178,560	15	3	合格
YG005	童瑶瑶	¥8,200	¥150,000	¥45,712	¥203,912	13	3	合格
YG006	王小利	¥60,200	¥111,000	¥22,557	¥193,757	14	3	合格
YG007	吴晨	¥47,820	¥157,400	¥80,521	¥285,741	10	2	一等
YG008	吴昕	¥65,000	¥25,620	¥2,652	¥93,272	17	3	合格
YG009	钱毅力	¥22,000	¥78,500	¥62,500	¥163,000	16	3	合格
YG010	张飞	¥51,000	¥26,002	¥15,400	¥92,402	18	3	合格
YG011	管一非	¥44,000	¥259,840	¥14,855	¥318,695	8	2	一等
YG012	王蓉	¥12,000	¥15,472	¥26,598	¥54,070	21	3	合格
YG013	石兴红	¥17,000	¥225,240	¥22,000	¥264,240	11	3	合格
YG014	朱红梅	¥154,780	¥155,470	¥47,000	¥357,250	6	2	一等
YG015	夏守梅	¥226,600	¥125,405	¥114,000	¥466,005	2	1	特等
YG016	周静	¥157,840	¥225,100	¥126,000	¥508,940	1	1	特等
YG017	王涛	¥56,000	¥17,850	¥245,000	¥318,850	7	2	一等
YG018	彭红	¥17,000	¥25,210	¥22,000	¥64,210	20	3	合格
YG019	王晶	¥251,010	¥157,000	¥15,000	¥423,010	3	1	特等
YG020	李金晶	¥147,950	¥169,000	¥61,000	¥377,950	5	1	特等
YG021	王桃芳	¥162,000	¥54,000	¥88,920	¥304,920	9	2	一等

员工季度业绩分析表

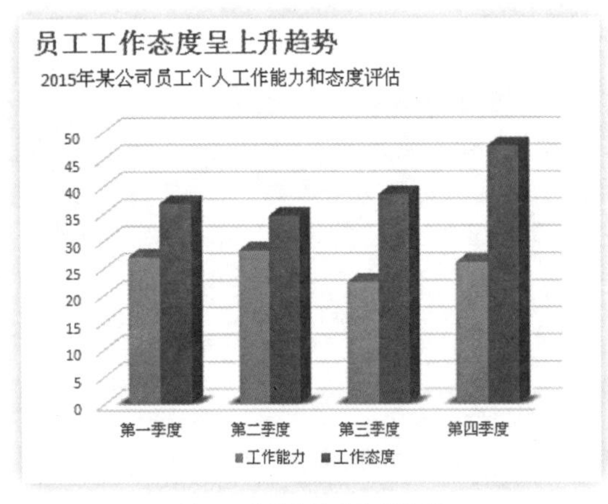

员工工作能力和态度评估表

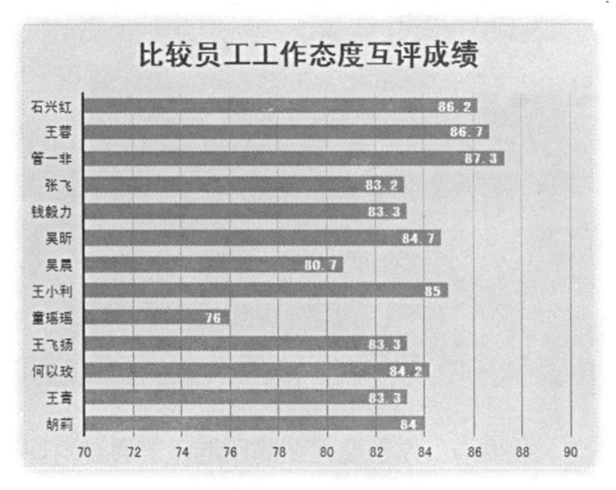

员工工作态度互评表

图12-2

12.2 新手基础

在Excel 2013中进行公司员工业绩与工作态度评估需要用到的知识点包括SmartArt（组织结构图）图形、迷你图以及相关函数等。学会这些知识点，可以让你的工作轻松很多哦！

12.2.1 创建 SmartArt 图形

在日常工作中，我们经常需要撰写一些逻辑结构相对复杂的文案，例如分析报告、业务流程说明等。为了应对此类工作需求，Excel 2013提供了多种SmartArt图形，用户口可以方便地使用SmartArt图形来编制各种逻辑结构图，创建SmartArt图形的操作如下：

图12-3

❶ 新建空白工作簿，单击“插入”选项卡，在“插图”选项组中单击SmartArt按钮，如图12-3所示。

❷ 弹出“选择SmartArt图形”对话框，在左侧列表中选择“流程”，在右侧列表框中选择一种流程图，如图12-4所示单击“确定”按钮将SmartArt图形添加到工作表中。

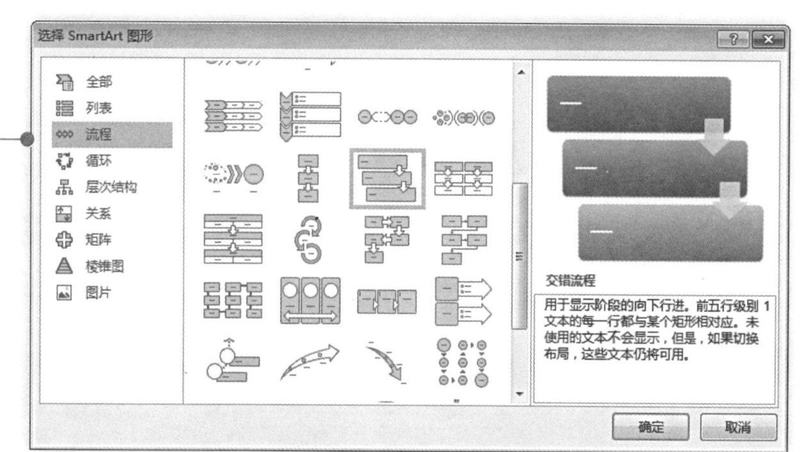

图12-4

❸ 创建SmartArt图形后效果如图12-5所示。

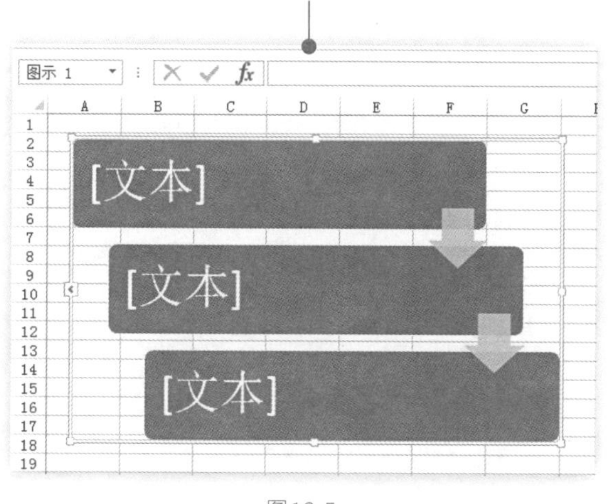

图12-5

12.2.2 设置 SmartArt 图形样式

在Excel 2013里插入SmartArt图形后，如果觉得创建的SmartArt 图形看起来不够生动，我们可以通过应用不同的 SmartArt 颜色和样式来改变这些效果。在Excel 2013中插入SmartArt图形后，用户可根据需要，对其设置显示效果。具体操作如下：

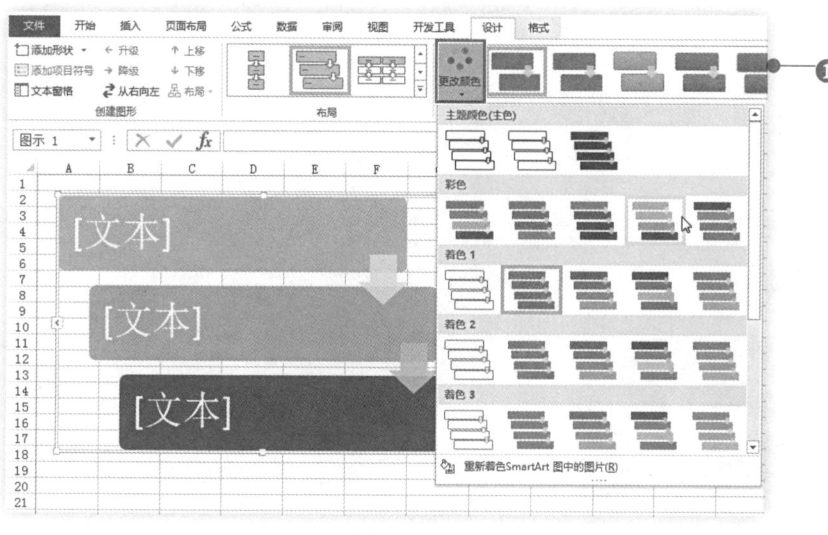

图12-6

❶ 选择需要设置的SmartArt图形，单击“SmartArt工具”栏下的“设计”选项卡，在“SmartArt样式”选项组中单击“更改颜色”按钮，在下拉列表中通过单击选择一种合适颜色，如图12-6所示。

❷ 在“SmartArt样式”选项组单击“其他”按钮，在下拉列表中通过单击选择合适的样式，如图12-7所示。

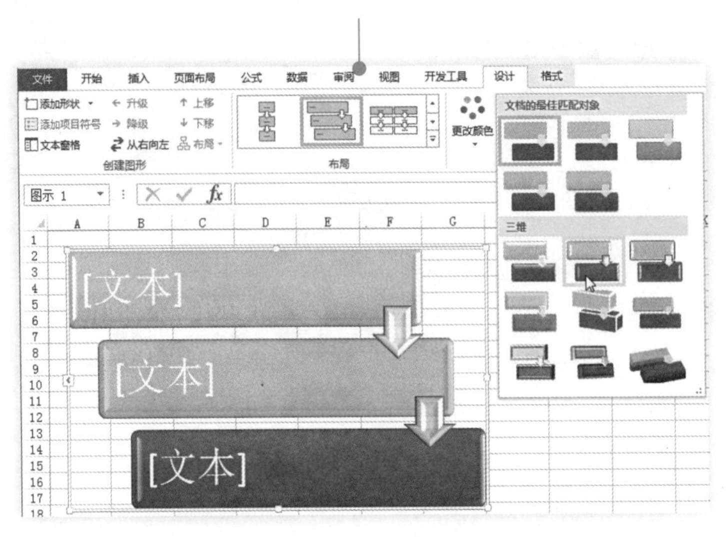

图12-7

12.2.3 添加新的 SmartArt 形状

在Excel 2013中添加SmartArt图形后一般还需要对其进行适当的编辑和修饰。因为默认的SmartArt图形有时候并不能满足用户的需要，如需要添加或者删除SmartArt图形中的形状等。若需要在工作表中为SmartArt图形添加形状，可以按下面操作方法来实现。

❶ 选择需要设置的SmartArt图形，单击“设计”选项卡，在“创建图形”选项组中单击“添加形状”按钮，在其下拉菜单中单击“在后面添加形状”，如图12-8所示。

图12-8

❷ 执行上述操作，即可为SmartArt图形添加形状，为图形添加文本后最终效果，如图12-9所示。

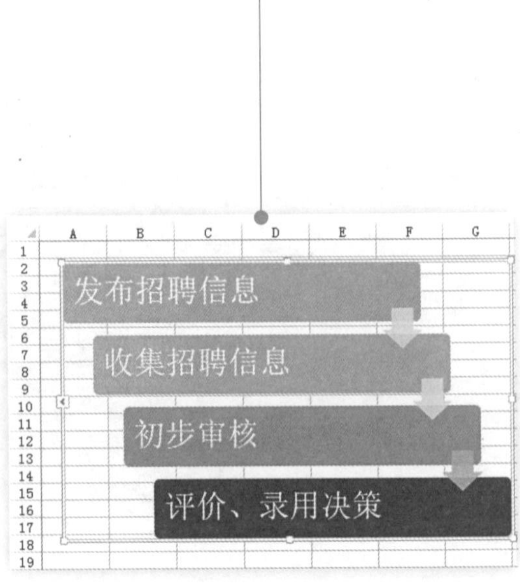

图12-9

12.2.4 创建单个迷你图

迷你图是Excel 2013中加入的一种全新的图表制作工具，它以单元格为绘图区域，简单便捷地为我们绘制出简明的数据小图表，清晰地展现数据的变化情况。它可以帮助我们在工作表数据的基础上进行展示并对趋势做出比较。根据数据创建单个迷你图的具体操作如下：

❶ 单击任意单元格，单击“插入”选项卡，在“迷你图”组中单击“柱形图”按钮（图12-10），打开“创建迷你图”对话框。

姓名 第一季度 第二季度 第三季度 第四季度
胡莉 4862 6892 4462 3642
王青 3286 4460 4942 4462
何以玫 4024 3862 3746 6741
王飞扬 8400 4682 6423 4220

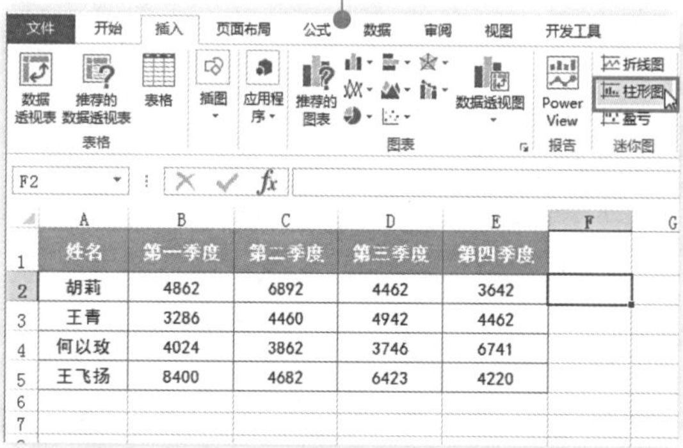

图12-10

❷ 在对话框中设置创建迷你图所需的数据以及放置迷你图的位置，如图12-11所示。单击“确定”按钮完成设置。

创建迷你图
选择所需的数据
数据范围(D): B2:E2
选择放置迷你图的位置
位置范围(L): $F$2
确定
取消

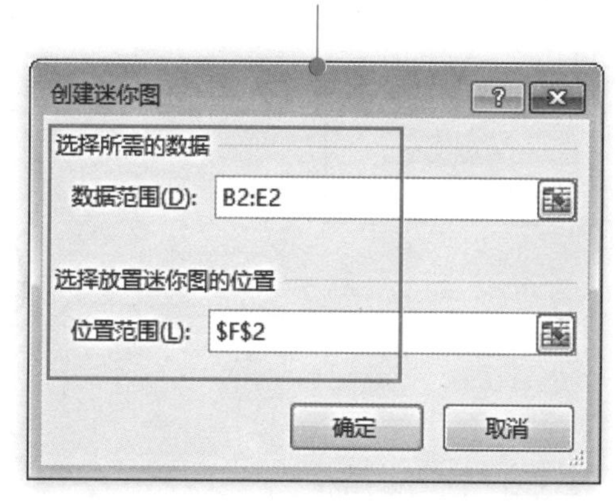

图12-11

❸ 创建的单个迷你图最终效果，如图12-12所示。

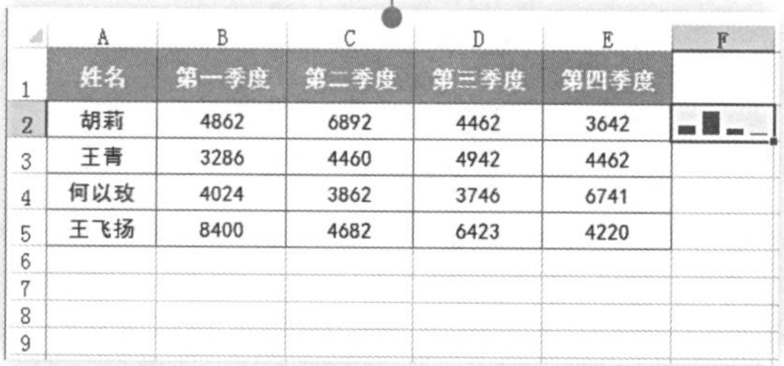

姓名 第一季度 第二季度 第三季度 第四季度
胡莉 4862 6892 4462 3642
王青 3286 4460 4942 4462
何以玫 4024 3862 3746 6741
王飞扬 8400 4682 6423 4220

图12-12

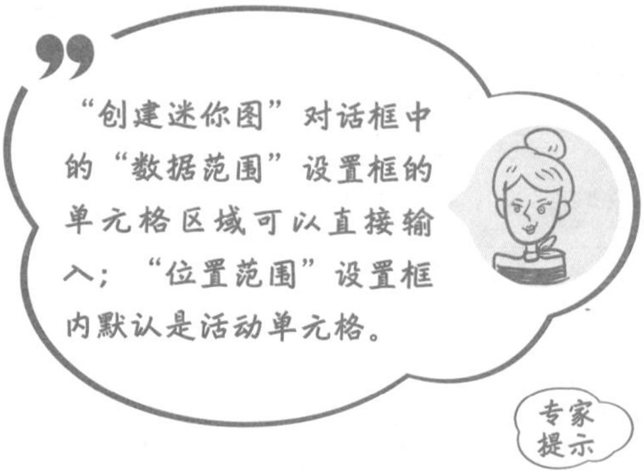

“创建迷你图”对话框中的“数据范围”设置框的单元格区域可以直接输入；“位置范围”设置框内默认是活动单元格。
专家提示

12.2.5 创建一组迷你图

上面介绍了创建单个迷你图的操作方法，其实创建单个迷你图和一组迷你图在操作上的差异就在于数据源的设置，下面来介绍创建一组迷你图的具体操作方法。

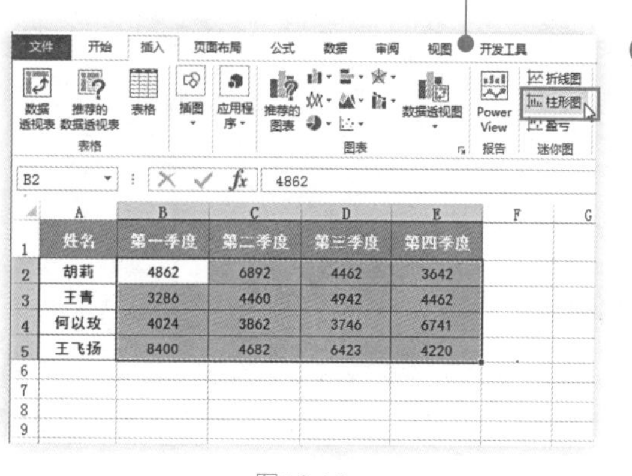

姓名 第一季度 第二季度 第三季度 第四季度
胡莉 4862 6892 4462 3642
王青 3286 4460 4942 4462
何以玫 4024 3862 3746 6741
王飞扬 8400 4682 6423 4220

图12-13

❶ 选中要创建迷你图的单元格区域，单击“插入”选项卡，在“迷你图”组中单击“柱形图”按钮（图12-13），打开“创建迷你图”对话框。

❷ 在对话框中“迷你图所需的数据”设置框中默认刚刚选中的单元格区域，这里只需要设置创建以及放置迷你图的位置即可，如图12-14所示完成参数设定后单击“确定”按钮完成设置。

创建迷你图
选择所需的数据
数据范围(D): B2:E5
选择放置迷你图的位置
位置范围(L): $F$2:$F$5
确定
取消

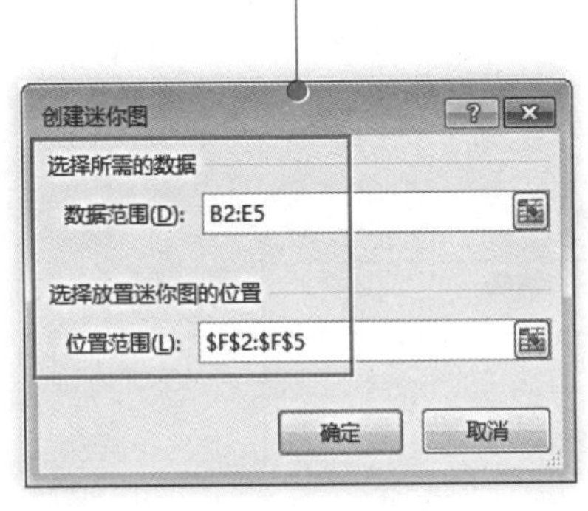

图12-14

❸ 创建的一组迷你图的最终效果如图12-15所示。

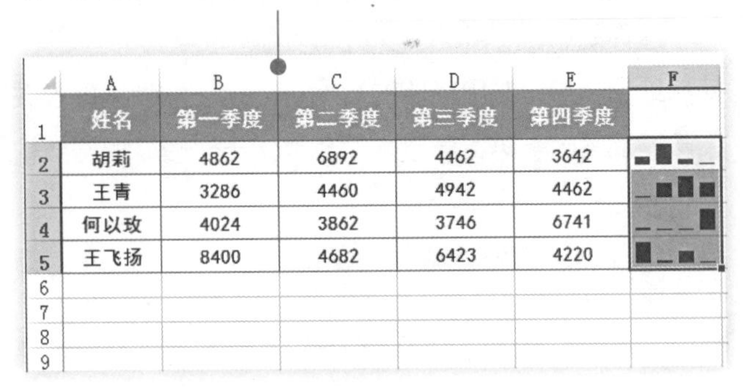

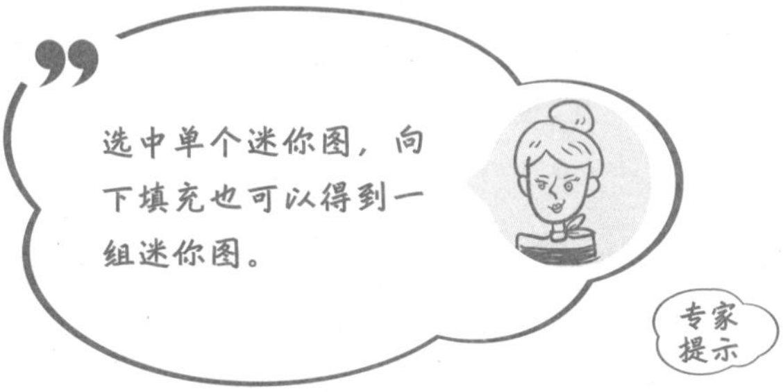

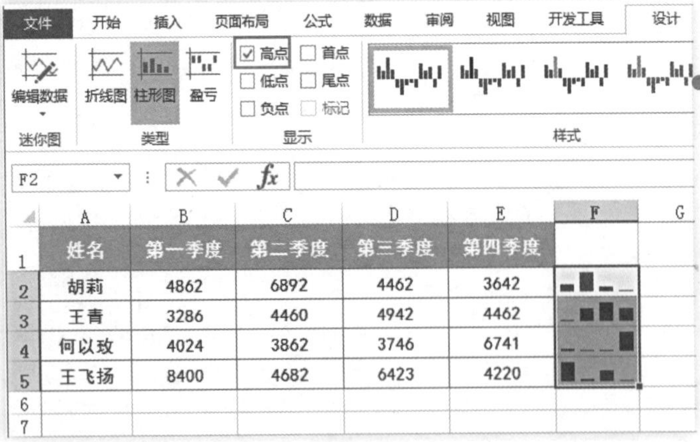

姓名 第一季度 第二季度 第三季度 第四季度
胡莉 4862 6892 4462 3642
王青 3286 4460 4942 4462
何以致 4024 3862 3746 6741
王飞扬 8400 4682 6423 4220

图12-15

选中单个迷你图，向下填充也可以得到一组迷你图。
专家提示

12.2.6 标记数据点

各数据值在迷你图中的体现称为数据标记，对于个别比较重要的数据，为了能更清楚地进行展示，可以设置其突出显示。例如，要突出显示迷你图中的最高值，我们可以通过下面方法来实现。

文件 开始 插入 页面布局 公式 数据 审阅 视图 开发工具 设计
编辑数据 折线图 柱形图 盈亏
高点 首点 低点 尾点 负点 标记
迷你图 类型 显示 样式
F2
姓名 第一季度 第二季度 第三季度 第四季度
胡莉 4862 6892 4462 3642
王青 3286 4460 4942 4462
何以致 4024 3862 3746 6741
王飞扬 8400 4682 6423 4220

选中包含迷你图的单元格（或区域），单击“迷你图工具”→“设计”选项卡，在“显示”组中勾选“高点”复选框。可以突出显示迷你图中的最高值，如图12-16所示。

图12-16

12.2.7 直接定义名称

所谓定义名称，顾名思义，就是为一个区域、常量值或者数组定义一个名称。我们在Excel 2013中可以用定义名称的方法来指代单元格区域，定义名称便于对数据区域进行快速定位。快速将单元格区域定义为名称的方法如下：

选中需要定义名称的单元格区域，如“A2:A5”，在名称框中输入需要定义的名称，如“员工姓名”，按下〈Enter〉即可定义名称，如图12-17所示。

员工姓名 | 胡莉

	A	B	C	D	E
1	姓名	第一季度	第二季度	第三季度	第四季度
2	胡莉	4862	6892	4462	3642
3	王青	3286	4460	4942	4462
4	何以玫	4024	3862	3746	6741
5	王飞扬	8400	4682	6423	4220

图12-17

12.2.8　将公式定义为名称

我们也可以为公式定义名称，尤其是在进行一些复杂运算或实现某些动态数据源效果时，为公式定义名称将极大地简化操作。

例如，在当前表格中想建立一个根据中奖金额计算出扣除税金后的计算器，其中税金比率根据中奖金额的大小也有所有不同（中奖金额<1000元，税率为10%；中奖金额为1000~5000元，税率为15%；中奖金额>5000元，税率20%），这时可以建立一个名称，并设置其引用位置为公式（用IF函数进行条件判断），从而达到自动计算的目的。具体操作如下：

❶ 在“公式”选项卡的“定义名称”组单击“定义名称”按钮（图12-18），打开“新建名称”对话框。

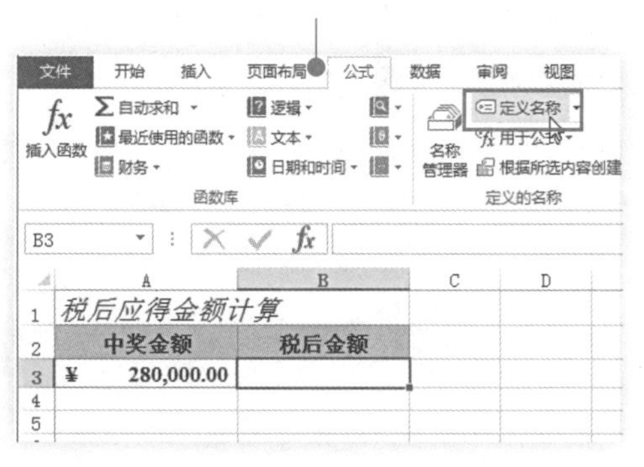

图12-18

❷ 输入名称为“应交税金”，并设置引用位置为：“=IF(Sheet1!$A$3<=5000,Sheet1!$A$3*0.1,IF(Sheet1!$A$3<=10000,Sheet1!$A$3*0.15,Sheet1!$A$3*0.2))”，单击“确定”按钮完成名称的定义如图12-19所示。

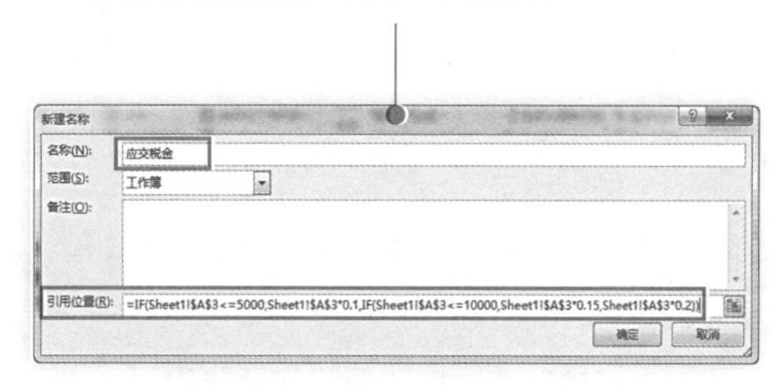

图12-19

❸ 在工作表中选中B3单元格，设置公式为：“=A3-应交税金”，计算结果如图12-20所示。

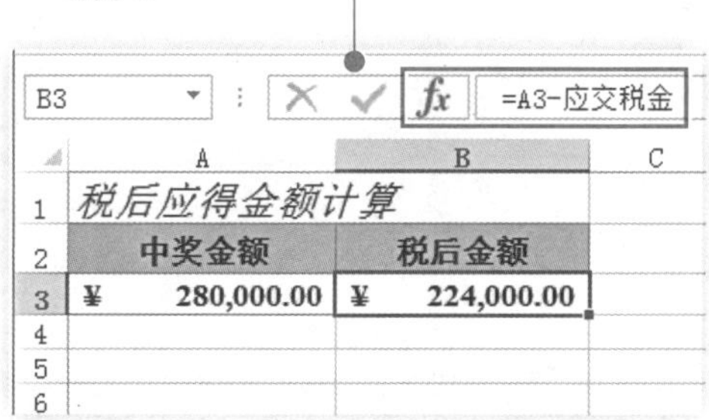

图12-20

❹ 当更改了A3单元格中的中奖金额后，税后金额自动计算，如图12-21所示。

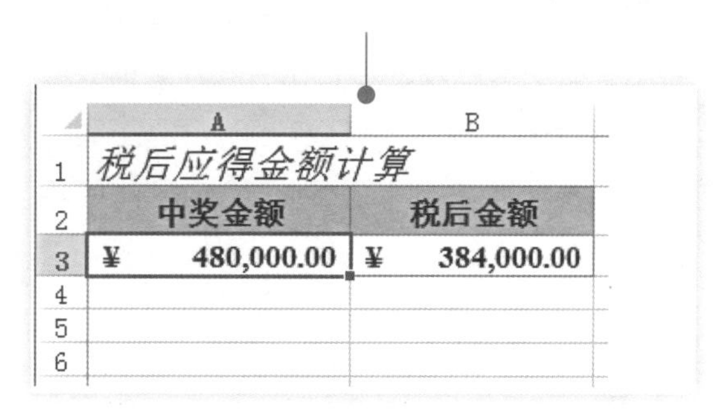

图12-21

知识扩展

在定义单元格、数值、公式等定义名称时，定义的名称不能是任意的字符，而需要遵循以下命名规则：

1）名称的第一个字符必须是字母、汉字或下划线，其他字符可以是字母、数字、句号和下划线。

2）名称不能与单元格名称相同。

3）组成名称的字符之间不能有空格符，但我们可以使用“.”来间隔各个字符。

4）名称长度不能超过255个字符，字母不区分大小写。

5）同一工作簿中定义的名称不能重复。

6）如果定义名称时不遵守上述规则系统会弹出“Microsoft Excel”对话框以做出提示。

12.2.9 VLOOKUP 函数（在首列查找指定的值并返回当前行中指定列处的数值）

【函数功能】VLOOKUP函数搜索某个单元格区域的第一列，然后返回该区域相同行上任何单元格中的值。

【函数语法】VLOOKUP(lookup_value, table_array, col_index_num, [range_lookup])

- Lookup_value：要在表格或区域的第一列中搜索的值。lookup_value 参数可以是值或引用。
- Table_array：包含数据的单元格区域。可以使用对区域或区域名称的引用。
- Col_index_num：table_array 参数中必须返回的匹配值的列号。
- Range_lookup：可选。一个逻辑值，指定希望VLOOKUP查找精确匹配值还是近似匹配值。

VLOOKUP函数在实际工作十分有用，利用VLOOKUP可以帮助我们解决很多实际问题。

1. 在销售表中自动返回产品单价

在建立销售数据管理系统时，我们通常都会建立一张产品单价表，以统计所有产品的进货单价与销售单价等基本信息，如图12-22所示。有了这张表之后，在后面建立销售数据统计表时，我们就可以利用VLOOKUP函数直接引用产品单价数据了，具体使用方法如下：

	A	B	C	D
1	品牌	进货单价	销售单价	
2	初音	167	520	
3	亲昵	89	200	
4	靓影	125	220	
5	韩水伊人	182	632	
6	不语	92	350	
7	韩美	102	450	
8	蓝衣	170	680	
9	布娃娃	85	299	
10	布面	180	720	
11	花开了	115	500	

单价表 | 销售表 ...

就绪 100%

图12-22

❶ 切换到“销售表”工作表，在C2单元格中输入公式：“=VLOOKUP(A2,单价表!A$1:C$11,3,FALSE)*B2”，按〈Enter〉键，即可从“单价表”中提取产品的销售单价，并根据销售数量自动计算出销售金额，如图12-23所示。

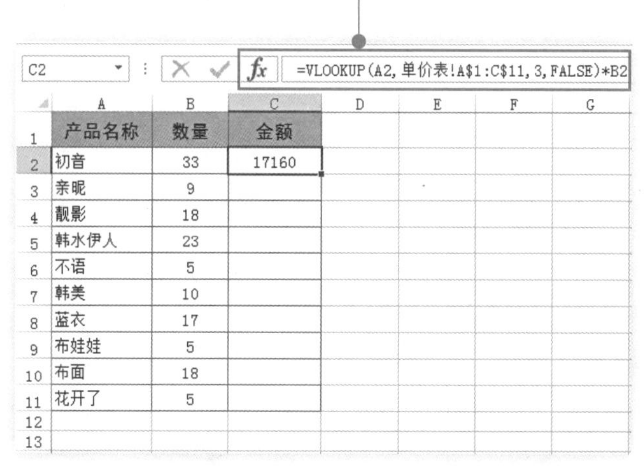

C2　=VLOOKUP(A2,单价表!A$1:C$11,3,FALSE)*B2

	A	B	C
1	产品名称	数量	金额
2	初音	33	17160
3	亲昵	9	
4	靓影	18	
5	韩水伊人	23	
6	不语	5	
7	韩美	10	
8	蓝衣	17	
9	布娃娃	5	
10	布面	18	
11	花开了	5	

图12-23

❷ 向下填充C2单元格的公式，效果如图12-24所示。

	A	B	C
1	产品名称	数量	金额
2	初音	33	17160
3	亲昵	9	1800
4	靓影	18	3960
5	韩水伊人	23	14536
6	不语	5	1750
7	韩美	10	4500
8	蓝衣	17	11560
9	布娃娃	5	1495
10	布面	18	12960
11	花开了	5	2500

图12-24

公式解析

=VLOOKUP(A2, 单价表 !A$1:C$11,3,FALSE)*B2 公式解析：

1）在单价表的 A$1:C$11 单元格区域中寻找与 A2 单元格中相同的值。

2）找到返回对应在 A$1:C$11 第 3 列上的值，设为对应的单价。

3）再将第一步返回结果乘以 B2 即为销售金额。

2. 使用 VLOOKUP 函数进行反向查询

统计了基金的相关数据如图12-25所示。现在要利用VLOOKUP函数根据买入基金的代码来查找最新的净值（基金的代码显示要最右列），具体操作如下：

	A	B	C	D	E	F	G
1	日期	最新净值	累计净值	基金代码			
2	41284	1.7056	2.2456	240002			
3	41285	1.2552	2.046	240001			
4	41286	1.2255	1.2955	240003			
5	41287	1.4124	1.4124	213003			
6	41288	1.0145	2.6092	213002			
7	41289	1.1502	2.7902	213001			
8							
9	基金代码	购买金额	买入价格	市场净值	持有份额	市值	利润
10	240003	20000	1.1		6000.26	6144.31	644.03
11	213003	5000	0.876		1600.69	1622.9	207.9
12	240002	20000	0.999		6700	9667.16	3974.77
13	213001	10000	0.994		700.69	920.74	124.73

图12-25

❶ 在D10单元格中输入公式：“=VLOOKUP(A10,IF({1,0},$D$2:$D$7,$B$2:$B$7),2,)”，按〈Enter〉键，即可根据A10单元格的基金代码从B2:B7单元格区域找到其最新净值，如图12-26所示。

D10　=VLOOKUP(A10,IF({1,0},$D$2:$D$7,$B$2:$B$7),2,

	A	B	C	D	E	F	G
1	日期	最新净值	累计净值	基金代码			
2	41284	1.7056	2.2456	240002			
3	41285	1.2552	2.046	240001			
4	41286	1.2255	1.2955	240003			
5	41287	1.4124	1.4124	213003			
6	41288	1.0145	2.6092	213002			
7	41289	1.1502	2.7902	213001			
8							
9	基金代码	购买金额	买入价格	市场净值	持有份额	市值	利润
10	240003	20000	1.1	1.2255	6000.26	6144.31	644.03
11	213003	5000	0.876		1600.69	1622.9	207.9
12	240002	20000	0.999		6700	9667.16	3974.77
13	213001	10000	0.994		700.69	920.74	124.73

图12-26

	A	B	C	D	E	F	G
1	日期	最新净值	累计净值	基金代码			
2	41284	1.7056	2.2456	240002			
3	41285	1.2552	2.046	240001			
4	41286	1.2255	1.2955	240003			
5	41287	1.4124	1.4124	213003			
6	41288	1.0145	2.6092	213002			
7	41289	1.1502	2.7902	213001			
8							
9	基金代码	购买金额	买入价格	市场净值	持有份额	市值	利润
10	240003	20000	1.1	1.2255	6000.26	6144.31	644.03
11	213003	5000	0.876	1.4124	1600.69	1622.9	207.9
12	240002	20000	0.999	1.7056	6700	9667.16	3974.77
13	213001	10000	0.994	1.1502	700.69	920.74	124.73
14							
15							
16							

❷ 向下填充D10单元格的公式，即可得到其他基金代码的最新净值，效果如图12-27所示。

图12-27

3. 同时查询两个标准计算年终奖

在如图12-28所示的表格中根据员工的工龄及职位对年终奖金设置了发放规则，现在需要利用VLOOKUP函数根据当前员工的工龄来自动计算该员工应获得的年终奖金额，具体操作如下：

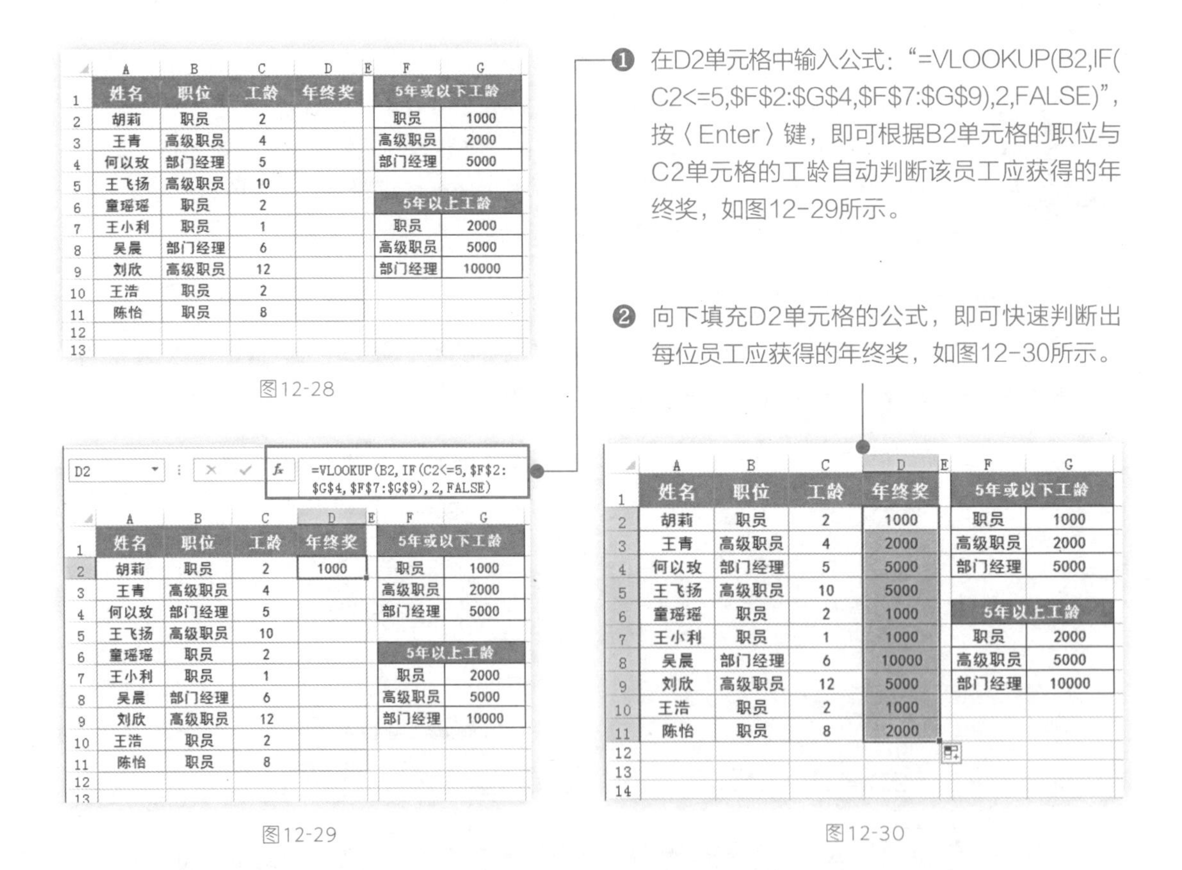

	A	B	C	D	E	F	G
1	姓名	职位	工龄	年终奖		5年或以下工龄	
2	胡莉	职员	2			职员	1000
3	王青	高级职员	4			高级职员	2000
4	何以玫	部门经理	5			部门经理	5000
5	王飞扬	高级职员	10				
6	童瑶瑶	职员	2			5年以上工龄	
7	王小利	职员	1			职员	2000
8	吴晨	部门经理	6			高级职员	5000
9	刘欣	高级职员	12			部门经理	10000
10	王浩	职员	2				
11	陈怡	职员	8				
12							
13							

图12-28

❶ 在D2单元格中输入公式：“=VLOOKUP(B2,IF(C2<=5,$F$2:$G$4,$F$7:$G$9),2,FALSE)”，按〈Enter〉键，即可根据B2单元格的职位与C2单元格的工龄自动判断该员工应获得的年终奖，如图12-29所示。

D2　=VLOOKUP(B2,IF(C2<=5,$F$2:$G$4,$F$7:$G$9),2,FALSE)

	A	B	C	D	E	F	G
1	姓名	职位	工龄	年终奖		5年或以下工龄	
2	胡莉	职员	2	1000		职员	1000
3	王青	高级职员	4			高级职员	2000
4	何以玫	部门经理	5			部门经理	5000
5	王飞扬	高级职员	10				
6	童瑶瑶	职员	2			5年以上工龄	
7	王小利	职员	1			职员	2000
8	吴晨	部门经理	6			高级职员	5000
9	刘欣	高级职员	12			部门经理	10000
10	王浩	职员	2				
11	陈怡	职员	8				
12							
13							

图12-29

❷ 向下填充D2单元格的公式，即可快速判断出每位员工应获得的年终奖，如图12-30所示。

	A	B	C	D	E	F	G
1	姓名	职位	工龄	年终奖		5年或以下工龄	
2	胡莉	职员	2	1000		职员	1000
3	王青	高级职员	4	2000		高级职员	2000
4	何以玫	部门经理	5	5000		部门经理	5000
5	王飞扬	高级职员	10	5000			
6	童瑶瑶	职员	2	1000		5年以上工龄	
7	王小利	职员	1	1000		职员	2000
8	吴晨	部门经理	6	10000		高级职员	5000
9	刘欣	高级职员	12	5000		部门经理	10000
10	王浩	职员	2	1000			
11	陈怡	职员	8	2000			
12							
13							
14							

图12-30

12.2.10 CHOOSE 函数（从值的列表中选择值）

【函数功能】CHOOSE函数用于从给定的参数中返回指定的值。

【函数语法】CHOOSE(index_num, value1, [value2], ...)

◆ Index_num：指定所选定的值参数。Index_num 必须为 1~254的数字，或者被公式或对包含 1~254某个数字的单元格的引用。

◆ Value1, value2, ...：Value1 是必需的，后续值是可选的。这些值参数的个数介于 1~254，函数 CHOOSE 基于 index_num 从这些值参数中选择一个数值或一项要执行的操作。参数可以为数字、单元格引用、已定义名称、公式、函数或文本。

合理使用CHOOSE函数可以帮助我们解决不少实际工作中的常见问题。

1. 根据编号判断科目名称

在如图12-31所示的表格中，考核科目编号101代表“技能”，102代表“英语”，103代表“理论”，我们可以使用CHOOSE函数为每一个编号匹配考核科目名称。具体操作如下：

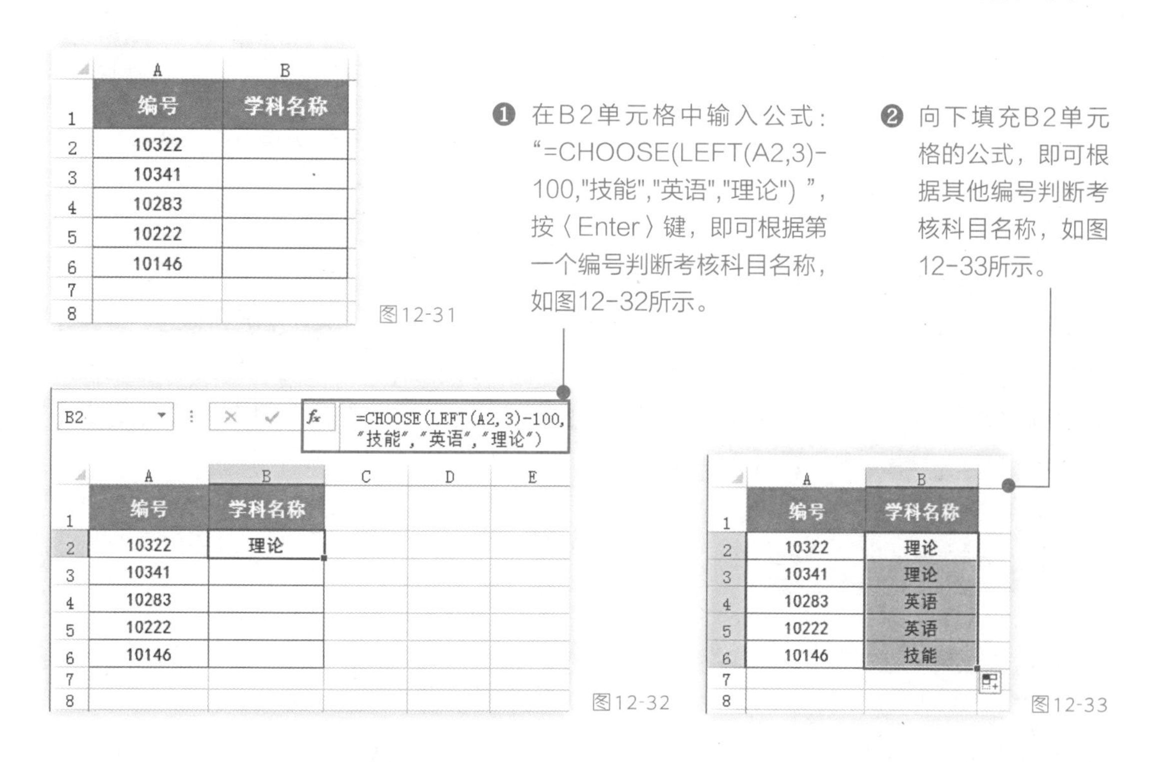

图12-31　图12-32　图12-33

2. 判断员工考核成绩是否合格

在如图12-34所示的员工考核成绩统计报表中，我们对员工成绩进行考评，总成绩大于等于120分显示为合格、小于120分显示为不合格。我们可以使用CHOOSE函数来评定每一位学员的成绩，具体操作如下：

序号	姓名	课程成绩	领导评分	综合成绩
1	胡莉	70	80	150
2	王青	75	80	155
3	何以玫	50	69	119
4	王飞扬	60	70	130
5	童瑶瑶	65	45	110
6	王小利	60	80	140
7	吴晨	70	80	150
8	刘欣	75	34	109
9	王浩	70	70	140
10	陈怡	73	56	129
11	张凡	75	75	150
12	林凤	60	65	125
13	刘朱燕	60	55	115

图12-34

❶ 在F单元格中输入公式："=CHOOSE(IF(E2>=120,1,2),"合格","不合格")"，按〈Enter〉键，即可判断第一位员工的总成绩是否合格，如图12-35所示。

❷ 向下填充F2单元格的公式，即可考评其他员工的总成绩是否全部合格，如图12-36所示。

F2 =CHOOSE(IF(E2>=120,1,2),"合格","不合格"

序号	姓名	课程成绩	领导评分	综合成绩	考评结果
1	胡莉	70	80	150	合格
2	王青	75	80	155	
3	何以玫	50	69	119	
4	王飞扬	60	70	130	
5	童瑶瑶	65	45	110	
6	王小利	60	80	140	
7	吴晨	70	80	150	
8	刘欣	75	34	109	
9	王浩	70	70	140	
10	陈怡	73	56	129	
11	张凡	75	75	150	
12	林凤	60	65	125	
13	刘朱燕	60	55	115	

图12-35

序号	姓名	课程成绩	领导评分	综合成绩	考评结果
1	胡莉	70	80	150	合格
2	王青	75	80	155	合格
3	何以玫	50	69	119	不合格
4	王飞扬	60	70	130	合格
5	童瑶瑶	65	45	110	不合格
6	王小利	60	80	140	合格
7	吴晨	70	80	150	合格
8	刘欣	75	34	109	不合格
9	王浩	70	70	140	合格
10	陈怡	73	56	129	合格
11	张凡	75	75	150	合格
12	林凤	60	65	125	合格
13	刘朱燕	60	55	115	不合格

图12-36

3. 考评销售员的销售等级

在如图12-37所示的产品销售统计报表中记录了每一名销售人员的销售数据。公司约定，总销售额>200000的，销售等级为"四等销售员"；总销售量为180000~200000的，销售等级为"三等销售员"；总销售量为150000~180000的，销售等级为"二等销售员"；总销售量<150000的，销售等级为"一等销售员"。我们可以利用CHOOSE函数依据上述规则为每一位销售人员评定销售等级，具体操作如下：

销售员	销售量	销售单价	销售金额
胡莉	817	210	171570
王青	921	210	193410
何以玫	886	210	186060
王飞扬	1008	210	211680
童瑶瑶	635	210	133350
王小利	978	210	205380

图12-37

❶ 在E2单元格中输入公式："=CHOOSE(IF(D2>200000,1,IF(D2>=180000,2,IF(D2>=150000,3,4))),"四等销售员","三等销售员","二等销售员","一等销售员")"，按〈Enter〉键即可评定第一位销售员等级，如图12-38所示。

❷ 向下填充E2单元格的公式，即可评定其他销售员等级，如图12-39所示。

E2 =CHOOSE(IF(D2>200000,1,IF(D2>=180000,2,IF(D2>=150000,3,4))),"四等销售员","三等销售员","二等销售员","一等销售员")

销售员	销售量	销售单价	销售金额	销售等级
胡莉	817	210	171570	二等销售员
王青	921	210	193410	
何以玫	886	210	186060	
王飞扬	1008	210	211680	
童瑶瑶	635	210	133350	
王小利	978	210	205380	

图12-38

销售员	销售量	销售单价	销售金额	销售等级
胡莉	817	210	171570	二等销售员
王青	921	210	193410	三等销售员
何以玫	886	210	186060	三等销售员
王飞扬	1008	210	211680	四等销售员
童瑶瑶	635	210	133350	一等销售员
王小利	978	210	205380	四等销售员

图12-39

4. 根据卡机数据判断员工部门

在如图12-40所示的表格中，B列是出勤表中提取的数据，其编号规则是：前5位是持卡人编号；之后10位数是年、月、日、小时和分钟数；最后3位数表示部门编号：001是生产部，038为业务部，014为总务部，011为人事部，008为食堂，021为保卫部，043为采购部，009为送货部，028为财务部。我们可以利用CHOOSE函数根据上述规则判定每一位员工所隶属的部门，具体操作如下：

	A	B
1	员工姓名	卡机数据
2	胡莉	10001201210200831001
3	王青	10001201210200821011
4	何以玫	10001201210200745011
5	王飞扬	10001201210200756038
6	童瑶瑶	10001201210200835014
7	王小利	10001201210200836008
8	吴晨	10001201210200750014
9	刘欣	10001201210200753043
10	王浩	10001201210200824028
11	陈怡	10001201210200812009
12		

图12-40

❶ 在C2单元格中输入公式："=CHOOSE (MATCH(--RIGHT(B2,3),{1,38,14,11, 8,21,43,9,28},0), "生产部","业务部","总务部","人事部","食堂","保卫部","采购部","送货部","财务部")"，按〈Enter〉键，即可判断第一个员工的所在部门，如图12-41所示。

❷ 向下填充C2单元格的公式，即可判断其他员工的所在部门，如图12-42所示。

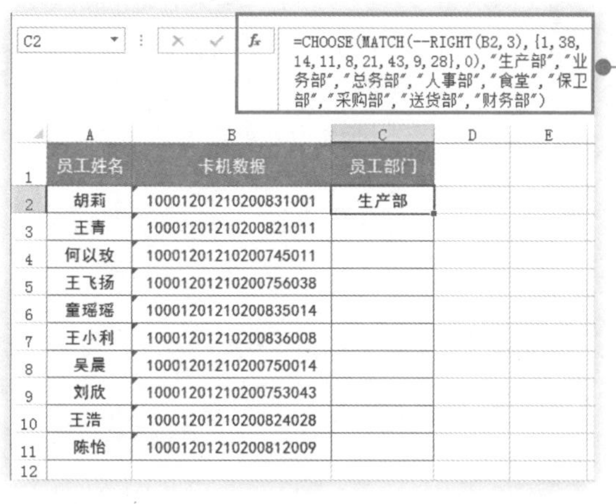

C2　=CHOOSE(MATCH(--RIGHT(B2,3),{1,38,14,11,8,21,43,9,28},0),"生产部","业务部","总务部","人事部","食堂","保卫部","采购部","送货部","财务部")

	A	B	C	D	E
1	员工姓名	卡机数据	员工部门		
2	胡莉	10001201210200831001	生产部		
3	王青	10001201210200821011			
4	何以玫	10001201210200745011			
5	王飞扬	10001201210200756038			
6	童瑶瑶	10001201210200835014			
7	王小利	10001201210200836008			
8	吴晨	10001201210200750014			
9	刘欣	10001201210200753043			
10	王浩	10001201210200824028			
11	陈怡	10001201210200812009			
12					

图12-41

	A	B	C
1	员工姓名	卡机数据	员工部门
2	胡莉	10001201210200831001	生产部
3	王青	10001201210200821011	人事部
4	何以玫	10001201210200745011	人事部
5	王飞扬	10001201210200756038	业务部
6	童瑶瑶	10001201210200835014	总务部
7	王小利	10001201210200836008	食堂
8	吴晨	10001201210200750014	总务部
9	刘欣	10001201210200753043	采购部
10	王浩	10001201210200824028	财务部
11	陈怡	10001201210200812009	送货部
12			
13			

图12-42

12.3 表格创建

现在公司实行绩效考核制度，需要根据个人的表现对员工的绩效、工作态度等进行评估，我的工作量又加大了……

这可是作为行政人员分内的事情。其实，也没有那么棘手，只要将这些数据统计出来不就可以了吗？在Excel 2013中轻松就可以实现。

12.3.1 员工业绩测评流程图

为了让业绩评估体系能够得出精确可靠的员工业绩测评结果，业绩测评需要按照统一的系统流程来实施。下面我们将介绍如何在Excel 2013中创建如图12-43所示的员工业绩测评流程图。

❶ 新建工作簿，并命名为“员工业绩与工作态度评估”，将“Sheet1”工作表重命名为“员工业绩测评流程图”，切换至“插入”选项卡，在“插图”选项组中单击“SmartArt”按钮，如图12-44所示。

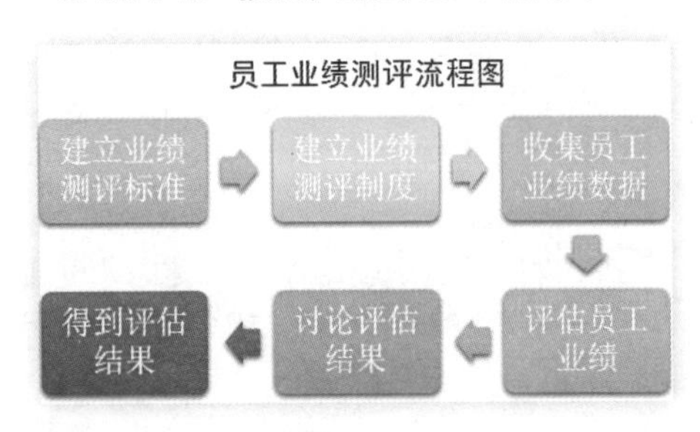

图12-43

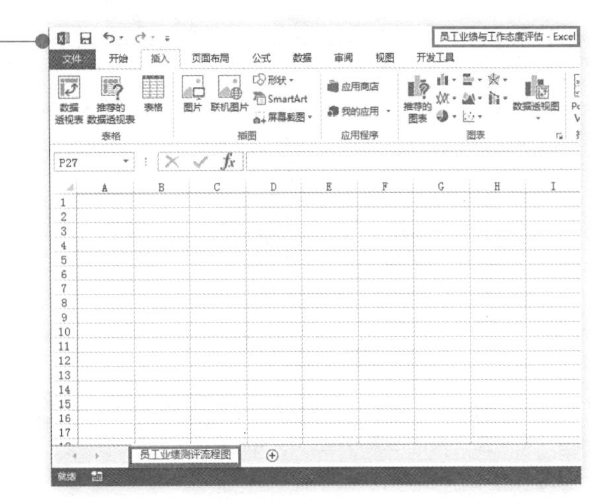

图12-44

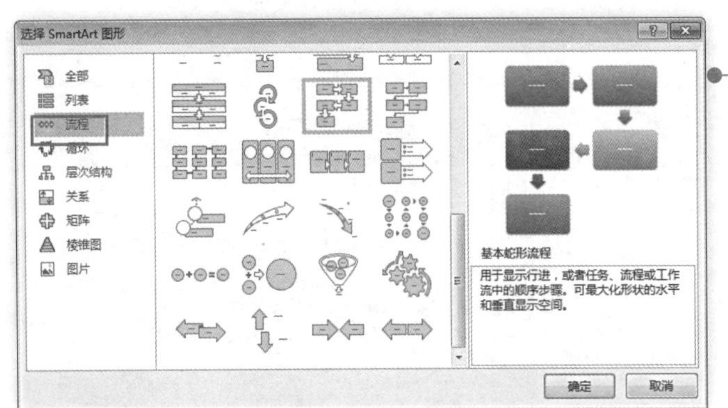

❷ 打开“选择SmartArt图形”对话框，单击左侧的“流程”标签，然后在其右侧的列表框中选择“基本蛇形流程”图标，如图12-45所示单击“确定”按钮。

图12-45

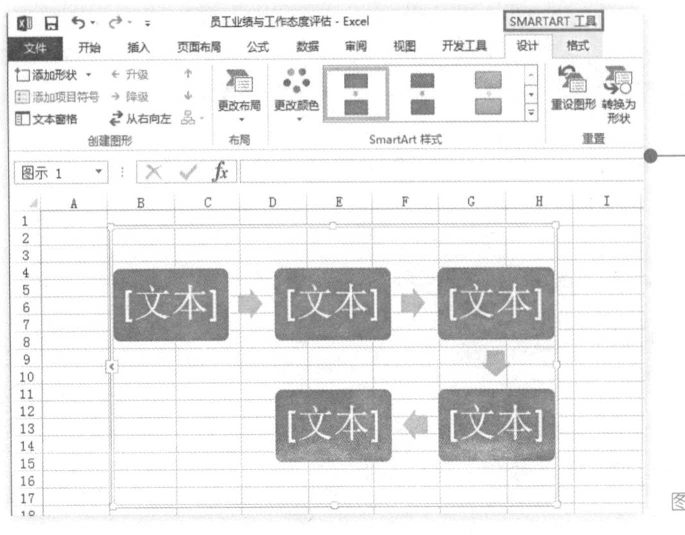

❸ 完成上述操作后，在工作表中已插入所选的流程图，并启动“SmartArt工具”选项卡，如图12-46所示。

图12-46

❹ 选中图形，单击“SmartArt工具”→“设计”选项卡，在“创建图形”选项组中单击“形状添加”下拉按钮，在下拉菜单中选择“在后面添加形状”选项，即在选中形状之前添加一个形状，如图12-47所示。

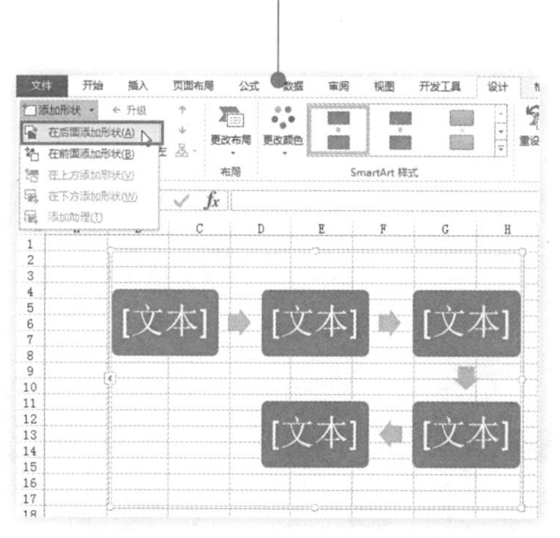

图12-47

❺ 分别单击形状上的文本字样，激活文本框，在其中输入需要的文本，如图12-48所示。

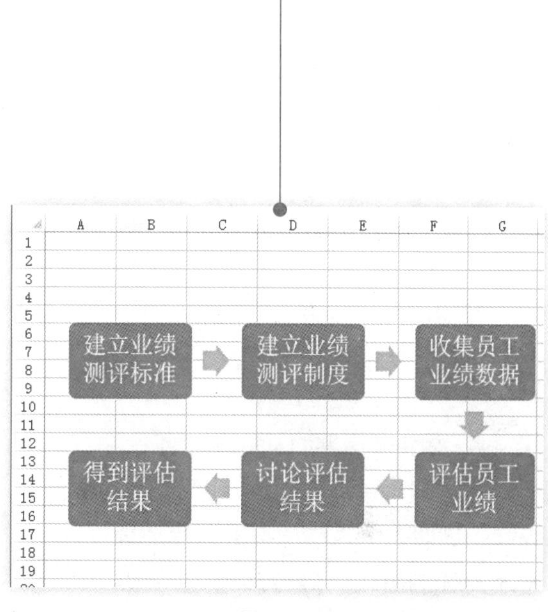

图12-48

❻ 选中SmartArt图形，单击“SmartArt工具”→“设计”选项卡，在“SmartArt样式”选项组中单击“更改颜色”下拉按钮，在下拉列表中单击需要的颜色图标，如图12-49所示。

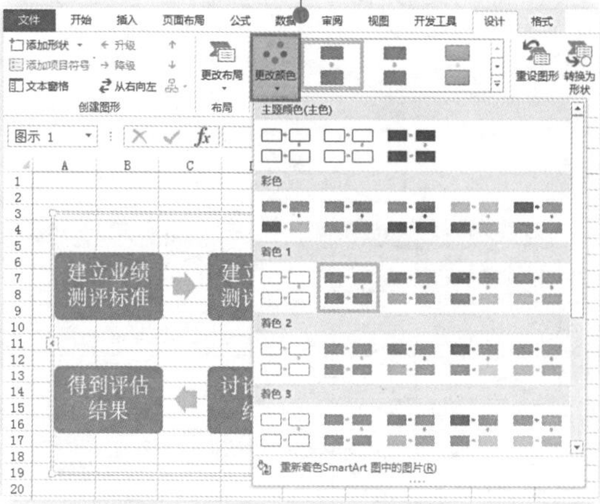

图12-49

❼ 接着单击“SmartArt样式”组中的快翻按钮，选择一种样式，如图12-50所示。

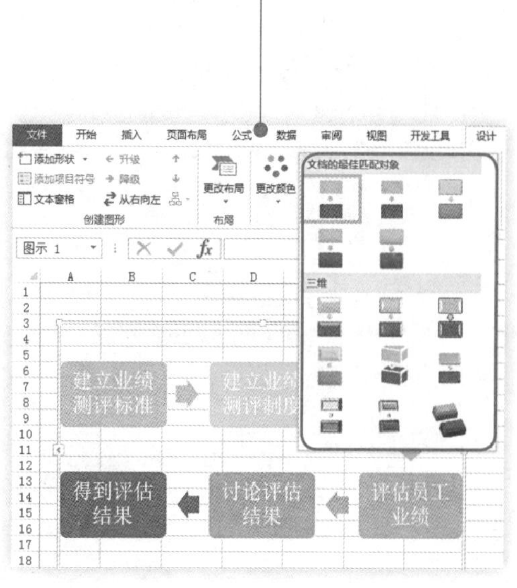

图12-50

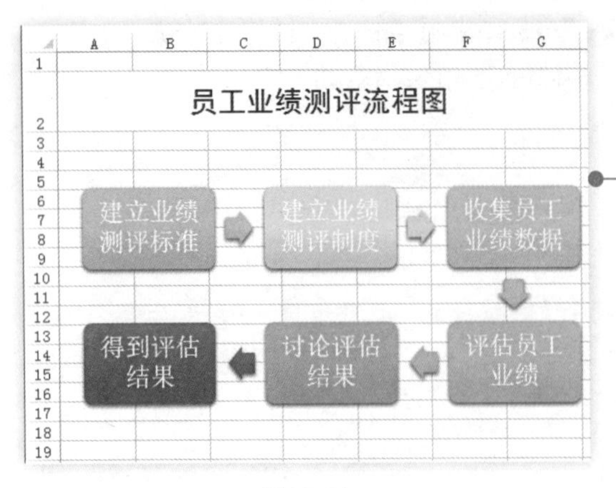

图12-51

❽ 执行上述操作，选中的SmartArt图形应用了指定的颜色和样式，效果得到进一步完善，如图12-51所示。

12.3.2 员工季度业绩分析表

员工业绩是指员工在工作中取得的成绩，例如销售人员取得的销售业绩、技术人员完成的工作量等。企业一般会以季度为基准对员工工作情况进行考核考核结果将成为对员工进行奖惩的依据。在对员工业绩进行评定时员工季度业绩分析表是我们必会涉及的核心表格之一，下面向大家介绍其制作方法。

❶ 新建工作表，将工作表重命名为“员工季度业绩分析”，在表格中创建如图12-52所示的表格，并输入固定文本，进行相关格式设置。

员工季度业绩分析

员工编号	员工姓名	10月销售额	11月销售额	12月销售额	季度总额	名次	等级	评定
YG001	胡莉	¥120,000	¥280,000	¥20,000				
YG002	王青	¥20,000	¥45,000	¥22,000				
YG003	何以玫	¥15,000	¥69,000	¥174,562				
YG004	王飞扬	¥4,560	¥90,000	¥84,000				
YG005	童瑶瑶	¥8,200	¥150,000	¥45,712				
YG006	王小利	¥60,200	¥111,000	¥22,557				
YG007	吴晨	¥47,820	¥157,400	¥80,521				
YG008	吴昕	¥65,000	¥25,620	¥2,652				
YG009	钱毅力	¥22,000	¥78,500	¥62,500				
YG010	张飞	¥51,000	¥26,002	¥15,400				
YG011	管一非	¥44,000	¥259,840	¥14,855				
YG012	王蓉	¥12,000	¥15,472	¥26,598				
YG013	石兴红	¥17,000	¥225,240	¥22,000				
YG014	朱红梅	¥154,780	¥155,470	¥47,000				
YG015	夏守梅	¥226,600	¥125,405	¥114,000				
YG016	周静	¥157,840	¥225,100	¥126,000				

员工业绩测评流程图 员工季度业绩分析

图12-52

❷ 在F3单元格中输入公式：“=SUM(C3,D3,E3)”，按〈Enter〉键，即可得到第一位员工的季度总额，向下填充公式，即可得到其他所有员工的季度总额，如图12-53所示。

F3 =SUM(C3,D3,E3)

员工编号	员工姓名	10月销售额	11月销售额	12月销售额	季度总额	名次
YG001	胡莉	¥120,000	¥280,000	¥20,000	¥420,000	
YG002	王青	¥20,000	¥45,000	¥22,000	¥87,000	
YG003	何以玫	¥15,000	¥69,000	¥174,562	¥258,562	
YG004	王飞扬	¥4,560	¥90,000	¥84,000	¥178,560	
YG005	童瑶瑶	¥8,200	¥150,000	¥45,712	¥203,912	
YG006	王小利	¥60,200	¥111,000	¥22,557	¥193,757	
YG007	吴晨	¥47,820	¥157,400	¥80,521	¥285,741	
YG008	吴昕	¥65,000	¥25,620	¥2,652	¥93,272	
YG009	钱毅力	¥22,000	¥78,500	¥62,500	¥163,000	
YG010	张飞	¥51,000	¥26,002	¥15,400	¥92,402	
YG011	管一非	¥44,000	¥259,840	¥14,855	¥318,695	
YG012	王蓉	¥12,000	¥15,472	¥26,598	¥54,070	
YG013	石兴红	¥17,000	¥225,240	¥22,000	¥264,240	
YG014	朱红梅	¥154,780	¥155,470	¥47,000	¥357,250	
YG015	夏守梅	¥226,600	¥125,405	¥114,000	¥466,005	
YG016	周静	¥157,840	¥225,100	¥126,000	¥508,940	
YG017	王涛	¥56,000	¥17,850	¥245,000	¥318,850	

图12-53

❸ 在G3单元格中输入公式：“=RANK.EQ(F3,$F$3:$F$23)”，按〈Enter〉键，向下填充公式，即可计算出员工业绩排名，如图12-54所示。

G3 =RANK.EQ(F3,$F$3:$F$23)

员工编号	员工姓名	10月销售额	11月销售额	12月销售额	季度总额	名次	等级
YG001	胡莉	¥120,000	¥280,000	¥20,000	¥420,000	4	
YG002	王青	¥20,000	¥45,000	¥22,000	¥87,000	19	
YG003	何以玫	¥15,000	¥69,000	¥174,562	¥258,562	12	
YG004	王飞扬	¥4,560	¥90,000	¥84,000	¥178,560	15	
YG005	童瑶瑶	¥8,200	¥150,000	¥45,712	¥203,912	13	
YG006	王小利	¥60,200	¥111,000	¥22,557	¥193,757	14	
YG007	吴晨	¥47,820	¥157,400	¥80,521	¥285,741	10	
YG008	吴昕	¥65,000	¥25,620	¥2,652	¥93,272	17	
YG009	钱毅力	¥22,000	¥78,500	¥62,500	¥163,000	16	
YG010	张飞	¥51,000	¥26,002	¥15,400	¥92,402	18	
YG011	管一非	¥44,000	¥259,840	¥14,855	¥318,695	8	
YG012	王蓉	¥12,000	¥15,472	¥26,598	¥54,070	21	
YG013	石兴红	¥17,000	¥225,240	¥22,000	¥264,240	11	
YG014	朱红梅	¥154,780	¥155,470	¥47,000	¥357,250	6	
YG015	夏守梅	¥226,600	¥125,405	¥114,000	¥466,005	2	
YG016	周静	¥157,840	¥225,100	¥126,000	¥508,940	1	
YG017	王涛	¥56,000	¥17,850	¥245,000	¥318,850	7	
YG018	彭红	¥17,000	¥25,210	¥22,000	¥64,210	20	

图12-54

❹ 在H3单元格中输入："=IF(G3<=5,1,IF(G3<=10,2,3))"，按回车键，向下复制公式，即可计算出员工季度业绩等级，如图12-55所示。

H3　=IF(G3<=5,1,IF(G3<=10,2,3))

员工编号	员工姓名	10月销售额	11月销售额	12月销售额	季度总额	名次	等级
YG001	胡莉	¥120,000	¥280,000	¥20,000	¥420,000	4	1
YG002	王青	¥20,000	¥45,000	¥22,000	¥87,000	19	3
YG003	何以玫	¥15,000	¥69,000	¥174,562	¥258,562	12	3
YG004	王飞扬	¥4,560	¥90,000	¥84,000	¥178,560	15	3
YG005	童瑶瑶	¥8,200	¥150,000	¥45,712	¥203,912	13	3
YG006	王小利	¥60,200	¥111,000	¥22,557	¥193,757	14	3
YG007	吴晨	¥47,820	¥157,400	¥80,521	¥285,741	10	2
YG008	吴昕	¥65,000	¥25,620	¥2,652	¥93,272	17	3
YG009	钱毅力	¥22,000	¥78,500	¥62,500	¥163,000	16	3
YG010	张飞	¥51,000	¥26,002	¥15,400	¥92,402	18	3
YG011	管一非	¥44,000	¥259,840	¥14,855	¥318,695	8	2
YG012	王蓉	¥12,000	¥15,472	¥26,598	¥54,070	21	3
YG013	石兴红	¥17,000	¥225,240	¥22,000	¥264,240	11	3
YG014	朱红梅	¥154,780	¥155,470	¥47,000	¥357,250	6	2
YG015	夏守梅	¥226,600	¥125,405	¥114,000	¥466,005	2	1
YG016	周静	¥157,840	¥225,100	¥126,000	¥508,940	1	1
YG017	王涛	¥56,000	¥17,850	¥245,000	¥318,850	7	2

图12-55

❺ 选中I3：I27单元格区域，在编辑中输入公式："=CHOOSE(H3,"特等","一等","合格")"，按下〈Ctrl+Enter〉组合键，计算出各员工的评定等级，如图12-56所示。

I3　=CHOOSE(H3,"特等","一等","合格")

员工季度业绩分析

员工编号	员工姓名	10月销售额	11月销售额	12月销售额	季度总额	名次	等级	评定
YG001	胡莉	¥120,000	¥280,000	¥20,000	¥420,000	4	1	特等
YG002	王青	¥20,000	¥45,000	¥22,000	¥87,000	19	3	合格
YG003	何以玫	¥15,000	¥69,000	¥174,562	¥258,562	12	3	合格
YG004	王飞扬	¥4,560	¥90,000	¥84,000	¥178,560	15	3	合格
YG005	童瑶瑶	¥8,200	¥150,000	¥45,712	¥203,912	13	3	合格
YG006	王小利	¥60,200	¥111,000	¥22,557	¥193,757	14	3	合格
YG007	吴晨	¥47,820	¥157,400	¥80,521	¥285,741	10	2	一等
YG008	吴昕	¥65,000	¥25,620	¥2,652	¥93,272	17	3	合格
YG009	钱毅力	¥22,000	¥78,500	¥62,500	¥163,000	16	3	合格
YG010	张飞	¥51,000	¥26,002	¥15,400	¥92,402	18	3	合格
YG011	管一非	¥44,000	¥259,840	¥14,855	¥318,695	8	2	一等
YG012	王蓉	¥12,000	¥15,472	¥26,598	¥54,070	21	3	合格
YG013	石兴红	¥17,000	¥225,240	¥22,000	¥264,240	11	3	合格
YG014	朱红梅	¥154,780	¥155,470	¥47,000	¥357,250	6	2	一等
YG015	夏守梅	¥226,600	¥125,405	¥114,000	¥466,005	2	1	特等

图12-56

12.3.3　员工工作能力和态度评估表

在业绩考核的过程中，员工的工作能力和工作态度直接决定着员工的工作业绩，因此员工的工作能力和态度评估是必然要进行的。

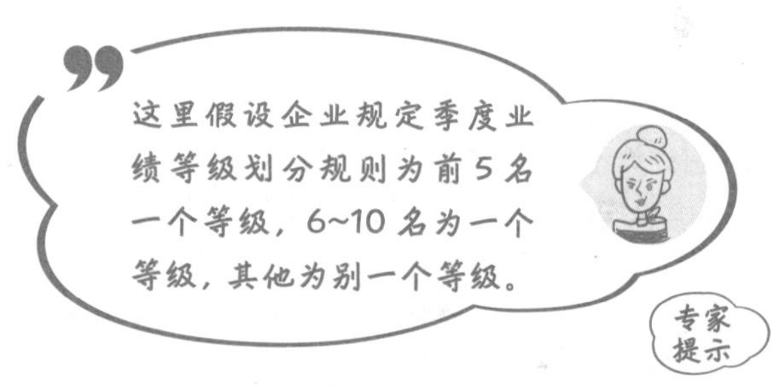

对员工工作能力和态度进行评定是由部门领导按长期对员工的印象来打分的。要对员工的季度工作能力和态度进行评估，必须要先收集员工的季度工作能力和态度得分数据，通过这些数据才可以计算出员工的季度总额和季度奖金。员工工作能力与态度评估表的制作方法如下：

❶ 新建工作表，将工作表重命名为"员工工作能力和态度评估表"，输入工作表表头及各项列标识，并设置合适的表格格式，效果如图12-57所示。

员工工作能力和态度评估表

员工编号	员工姓名	第一季度工作能力	第二季度工作能力	第三季度工作能力	第四季度工作能力	第一季度工作态度	第二季度工作态度	第三季度工作态度	第四季度工作态度

图12-57

❷ 输入员工编号、姓名及各季度的工作能力和工作态度分数，效果如图12-58所示。

员工工作能力和态度评估表

员工编号	员工姓名	第一季度工作能力	第二季度工作能力	第三季度工作能力	第四季度工作能力	第一季度工作态度	第二季度工作态度	第三季度工作态度	第四季度工作态度
YG001	胡莉	25	23	27.5	18.9	45.5	49	35	41
YG002	王青	22	14	12.5	15.7	48	37	38	43
YG003	何以玫	24	28	23.6	24.3	35	45.4	40.7	37
YG004	王飞扬	28	27.5	22.8	16	43	28	35.4	39
YG005	童瑶瑶	23	24.8	19.1	18	47.5	37	37	34.6
YG006	王小利	15	18	17.4	20.5	38	20	28.8	34.9
YG007	吴晨	19	21.5	15.6	21.5	32	27.9	34.5	45.5
YG008	吴昕	17	22.5	18	16.7	35	45.5	34	48.2
YG009	钱毅力	29.5	14.5	20	17	40.6	43.1	46	24.6
YG010	张飞	24.5	22.8	21	18.5	31.5	46	25.6	27
YG011	管一非	26.2	14	21.5	29.4	23.5	34.5	35.9	43
YG012	王蓉	24.5	18	18.7	17.8	34	36	20.6	45
YG013	石兴红	18	27.8	27.6	19.6	40.6	29.5	47	38.7
YG014	朱红梅	28.5	15	19	20.1	28.5	34	34	34
YG015	夏守梅	22.3	21	20.3	17.5	18.6	25	28	27
YG016	周静	26.5	27.6	16	22	24	29.5	42.8	46
YG017	王涛	27	28.2	22.4	26	36.8	34.6	38.5	47.4
YG018	彭红	24	19.4	18.9	15.7	40.2	46	33	37.8
YG019	王晶	24.6	18.5	23.5	23.9	41	43.8	25	29

图12-58

❸ 选中“B2：J25”单元格区域，在“公式”选项卡下的“定义的名称”选项组中单击“定义名称”按钮，打开“新建名称”对话框，设置名称为“YGFZ”，如图12-59所示。单击“确定”按钮完成设置。

图12-59

❹ 完成上述操作返回工作表中，在“员工工作能力和态度评估表”下方创建“个人工作能力和态度评估表”表格，输入文本字段并设置表格格式，效果如图12-60所示。

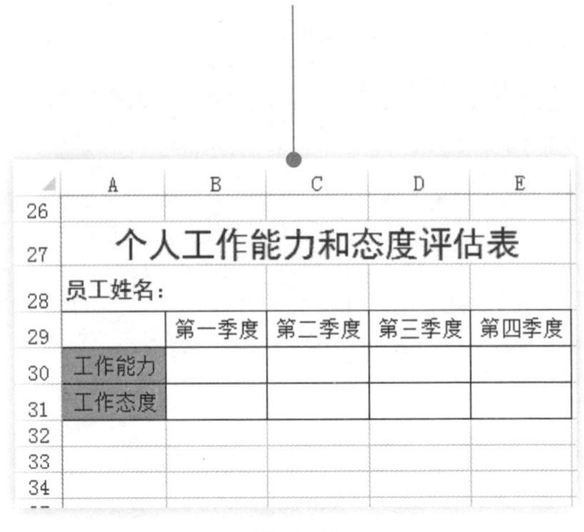

	A	B	C	D	E
26					
27	个人工作能力和态度评估表				
28	员工姓名：				
29		第一季度	第二季度	第三季度	第四季度
30	工作能力				
31	工作态度				
32					
33					
34					

图12-60

❺ 在B2单元格输入要查询员工姓名，在B30单元格中输入公式：“=VLOOKUP(B28, YGFS,2,0)”，按下〈Enter〉键，即可得到第一位员工第一季度的“工作能力”得分，如图12-61所示。

B30 fx =VLOOKUP(B28, YGFS, 2, 0)

	A	B	C	D	E	F
22	YG020	李金晶	25.8	14.5	26.5	17.7
23	YG021	王桃芳	29	11.5	28.3	21.5
24	YG022	陶丽尧	19.6	26.4	17.6	24
25	YG023	周梦兰	21	27.1	19.8	21.3
26						
27	个人工作能力和态度评估表					
28	员工姓名	王涛				
29		第一季度	第二季度	第三季度	第四季度	
30	工作能力	27				
31	工作态度					
32						
33						

图12-61

❻ 利用相同的函数引用该员工每个季度的工作能力和工作态度分数值，如图12-62所示。

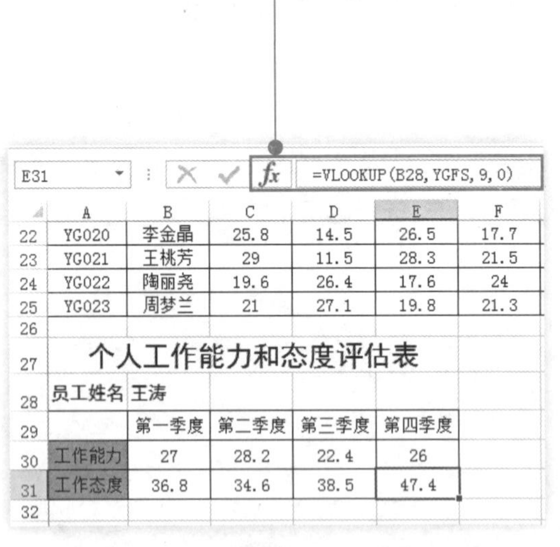
E31 fx =VLOOKUP(B28, YGFS, 9, 0)

	A	B	C	D	E	F
22	YG020	李金晶	25.8	14.5	26.5	17.7
23	YG021	王桃芳	29	11.5	28.3	21.5
24	YG022	陶丽尧	19.6	26.4	17.6	24
25	YG023	周梦兰	21	27.1	19.8	21.3
26						
27	个人工作能力和态度评估表					
28	员工姓名	王涛				
29		第一季度	第二季度	第三季度	第四季度	
30	工作能力	27	28.2	22.4	26	
31	工作态度	36.8	34.6	38.5	47.4	
32						

图12-62

12.4 数据分析

最近本来就工作量大，工作内容复杂，现在又要向领导汇报时员工业绩与工作态度评估情况，要如何快速地展现给领导一个简洁、直观、明了的结果呢？

这其实很简单啊！充分利用好 Excel 2013 中的数据分析工具，特别是各种图表功能，可以让整个分析过程和分析结果变得一目了然。

12.4.1　员工季度业绩图表分析

在12.2节我们创建了员工季度业绩分析表格，这里为了清晰地看出员工业绩最好的月份和最差月份，可以在Excel 2013中将员工月度业绩用迷你折线图来表示。具体操作如下：

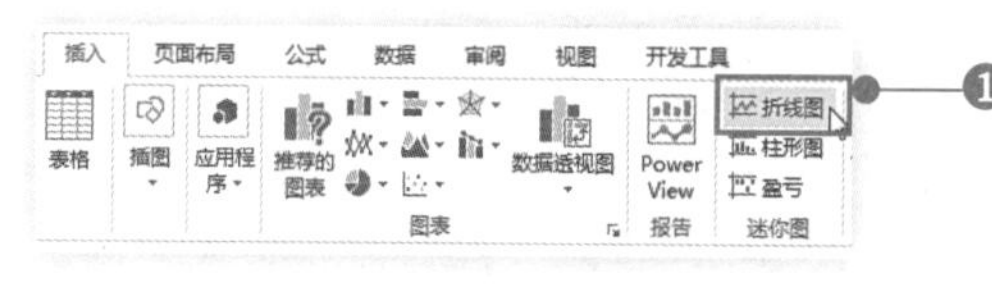

图12-63

❶ 打开“员工季度业绩分析”工作表，在“插入”选项卡下“迷你图”选项组中单击“折线图”按钮（图12-63），弹出“创建迷你图”对话框。

❷ 在“数据范围”文本框中输入“C3:E23”在“位置范围”文本框中输入$J $3：$J $23，单击“确定”按钮，如图12-64所示。

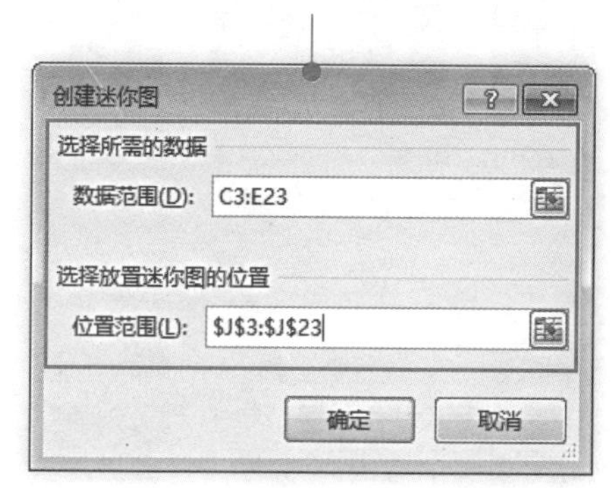

图12-64

❸ 选中迷你图所在单元格区域，在“迷你图工具”→“设计”选项卡下，单击“样式”选项组的快翻按钮，要展开的下拉列表中选择需要的迷你图样式,如图12-65所示。

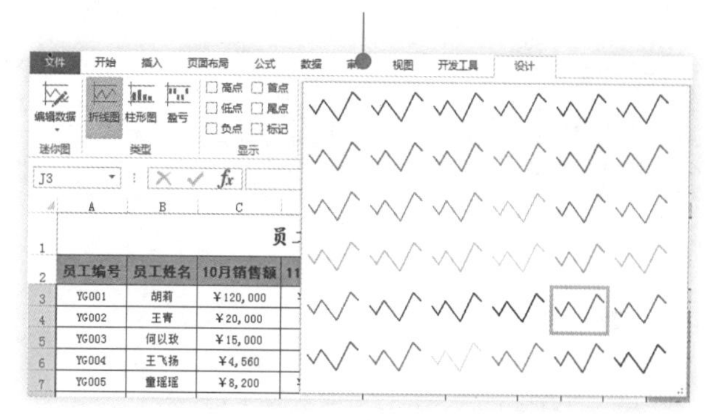

图12-65

❹ 在“迷你图工具”→“设计”选项卡下的“显示”组中勾选需要突出显示的点复选框，如勾选“高点”和“低点”复选框，如图12-66所示。

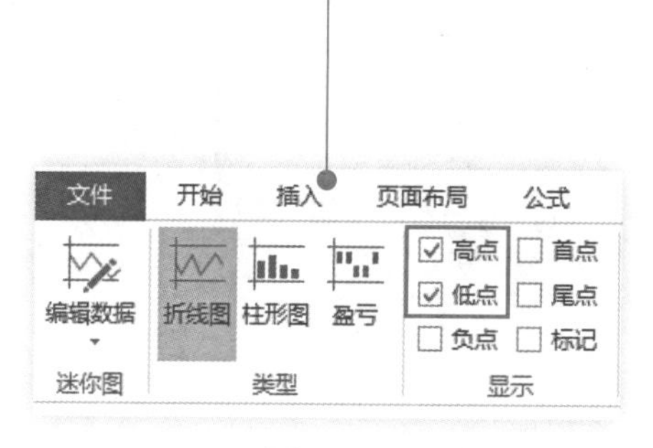

图12-66

❺ 返回工作表中，可以从迷你图中轻易地找出员工哪个月业绩最好，哪个月业绩最差，如图12-67所示。

员工季度业绩分析

员工编号	员工姓名	10月销售额	11月销售额	12月销售额	季度总额	名次	等级	评定
YG001	胡莉	¥120,000	¥280,000	¥20,000	¥420,000	4	1	特等
YG002	王青	¥20,000	¥45,000	¥22,000	¥87,000	19	3	合格
YG003	何以玫	¥15,000	¥69,000	¥174,562	¥258,562	12	3	合格
YG004	王飞扬	¥4,560	¥90,000	¥84,000	¥178,560	15	3	合格
YG005	童瑶瑶	¥8,200	¥150,000	¥45,712	¥203,912	13	3	合格
YG006	王小利	¥60,200	¥111,000	¥22,557	¥193,757	14	3	合格
YG007	吴晨	¥47,820	¥157,400	¥80,521	¥285,741	10	2	一等
YG008	吴昕	¥65,000	¥25,620	¥2,652	¥93,272	17	3	合格
YG009	钱毅力	¥22,000	¥78,500	¥62,500	¥163,000	16	3	合格
YG010	张飞	¥51,000	¥26,002	¥15,400	¥92,402	18	3	合格
YG011	管一非	¥44,000	¥259,840	¥14,855	¥318,695	8	2	一等
YG012	王蓉	¥12,000	¥15,472	¥26,598	¥54,070	21	3	合格
YG013	石兴红	¥17,000	¥225,240	¥22,000	¥264,240	11	3	合格
YG014	朱红梅	¥154,780	¥155,470	¥47,000	¥357,250	6	2	一等
YG015	夏守梅	¥226,600	¥125,405	¥114,000	¥466,005	2	1	特等
YG016	周静	¥157,840	¥225,100	¥126,000	¥508,940	1	1	特等

图12-67

12.4.2 个人工作能力和态度分析

在12.3.3节我们创建了员工工作能力和态度评估表，为了使个人工作能力和态度的相关数据能够更直观地显示，可以将这些数据以图表的格式表现出来。具体操作如下：

❶ 打开“员工工作能力和态度评估表”工作表，选中A29：E31单元格区域，单击“插入”选项卡，在“图表”选项组中单击“柱形图”下拉按钮，在其下拉列表中选择“三维簇状柱形图”，如图12-68所示。

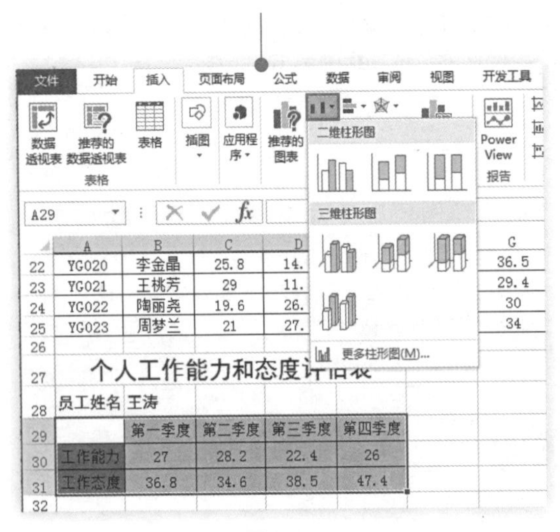

图12-68

❷ 返回工作表中，系统会创建一个三维簇状柱形图，如图12-69所示。

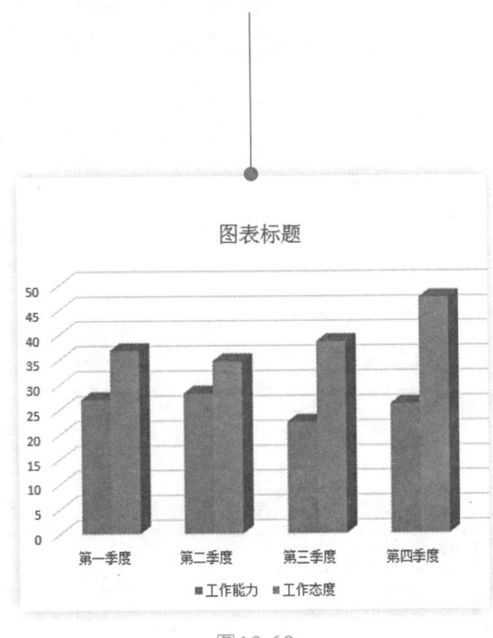

图12-69

❸ 选中图表，单击“图表工具”→“设计”选项卡，在“图表样式”组中单击“其他”下拉按钮，打开下拉菜单，选择某种样式后，单击一次鼠标即可应用到图表上，如图12-70所示。

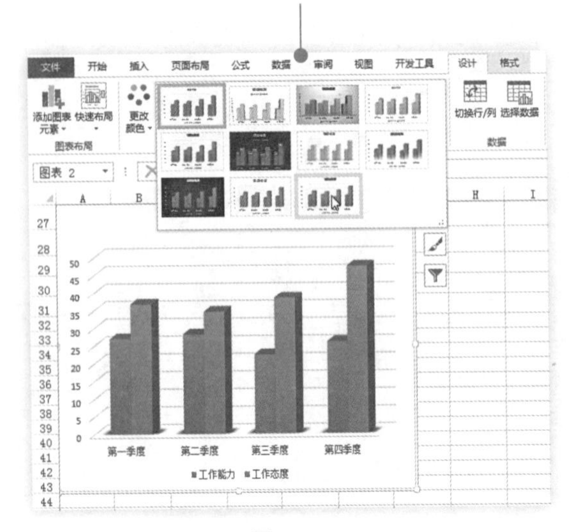

图12-70

❹ 选中图表，在“图表工具”→“设计”选项卡下“图表样式”组中单击“更改颜色”按钮，在下拉菜单中选择一种图表样式（单击即可应用），效果如图12-71所示。

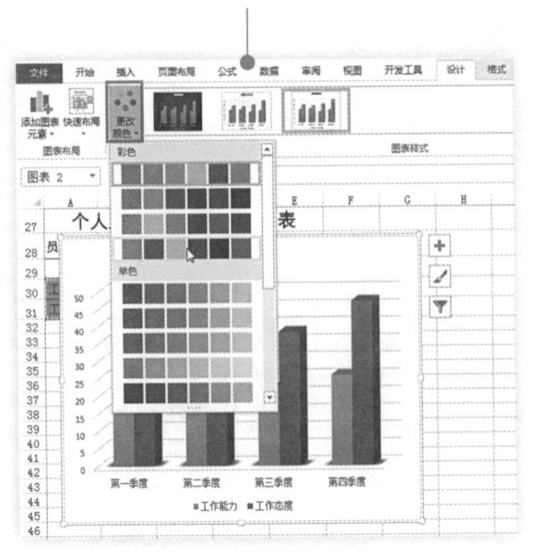

图12-71

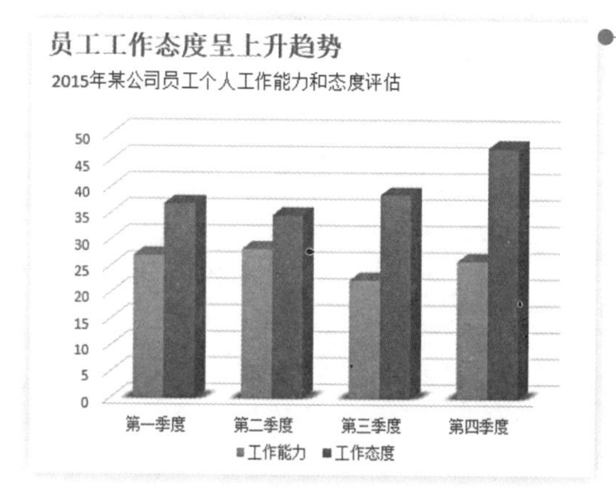

图12-72

❺ 输入图表标题，效果进一步完善，如图12-72所示。

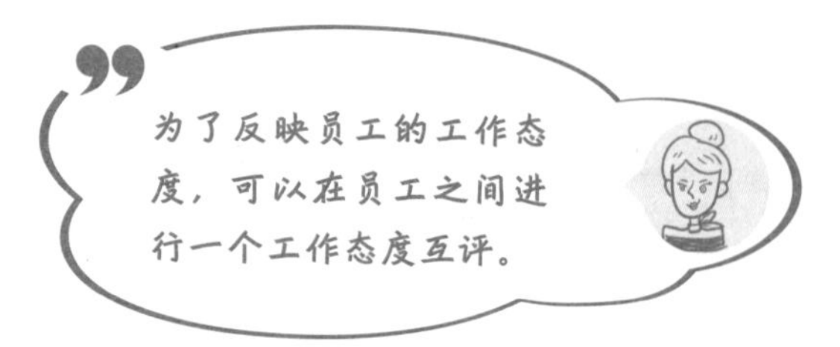

12.4.3　员工工作态度互评表

互评是员工之间相互考评的考评方式。互评适合于主观性评价，如工作态度的互评等。采用互评的方式的优点在于员工之间能够比较真实地了解到相互的工作态度，并且由多人同时评价，往往能更加准确地反映客观情况，防止主观性错误。下面介绍员工工作态度互评表的制作方法。

❶ 新建工作表，将工作表重命名为“员工工作态度互评表”，在表格中设计如图12-73所示的表格，并输入固定文本，进行相关格式设置。

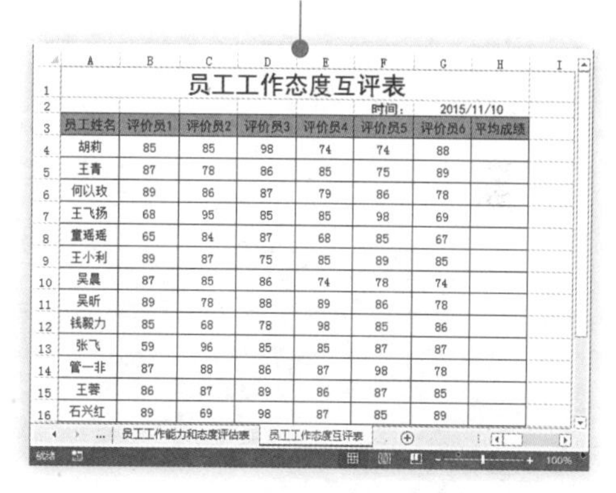

员工工作态度互评表

时间：2015/11/10

员工姓名	评价员1	评价员2	评价员3	评价员4	评价员5	评价员6	平均成绩
胡莉	85	85	98	74	74	88	
王青	87	78	86	85	75	89	
何以玫	89	86	87	79	86	78	
王飞扬	68	95	85	85	98	69	
董瑶瑶	65	84	87	68	85	67	
王小利	89	87	75	85	89	85	
吴晨	87	85	86	74	78	74	
吴昕	89	78	88	89	86	78	
钱毅力	85	68	78	98	85	86	
张飞	59	96	85	85	87	87	
管一非	87	88	86	87	98	78	
王蓉	86	87	89	86	87	85	
石兴红	89	69	98	87	85	89	

图12-73

❷ 在H4单元格中输入公式：“=ROUND(AVERAGE(B4：G4),1)”，按〈Enter〉键，向下复制公式，计算出员工平均成绩，如图12-74所示。

H4　=ROUND(AVERAGE(B4:G4),1)

员工工作态度互评表

时间：2015/11/10

员工姓名	评价员1	评价员2	评价员3	评价员4	评价员5	评价员6	平均成绩
胡莉	85	85	98	74	74	88	84
王青	87	78	86	85	75	89	83.3
何以玫	89	86	87	79	86	78	84.2
王飞扬	68	95	85	85	98	69	83.3
董瑶瑶	65	84	87	68	85	67	76
王小利	89	87	75	85	89	85	85
吴晨	87	85	86	74	78	74	80.7
吴昕	89	78	88	89	86	78	84.7
钱毅力	85	68	78	98	85	86	83.3
张飞	59	96	85	85	87	87	83.2
管一非	87	88	86	87	98	78	87.3
王蓉	86	87	89	86	87	85	86.7
石兴红	89	69	98	87	85	89	86.2

图12-74

❸ 选中A3：A16、H3：H16单元格区域，单击“插入”选项卡，在“图表”选项组中单击“条形图”下拉按钮，在其下拉列表中选择“簇状条形图”，如图12-75所示。

文件　开始　插入　页面布局　公式　数据　审阅　视图　开发工具

二维条形图　三维条形图　更多条形图(M)...

H3　平均成绩

员工工作态度互评表

2015/11/10

员工姓名	评价员1	评价员2	评价员3	评价员4	评价员5	评价员6	平均成绩
胡莉	85	85	98	74	74	88	84
王青	87	78	86	85	75	89	83.3
何以玫	89	86	87	79	86	78	84.2
王飞扬	68	95	85	85	98	69	83.3
董瑶瑶	65	84	87	68	85	67	76
王小利	89	87	75	85	89	85	85
吴晨	87	85	86	74	78	74	80.7
吴昕	89	78	88	89	86	78	84.7
钱毅力	85	68	78	98	85	86	83.3
张飞	59	96	85	85	87	87	83.2
管一非	87	88	86	87	98	78	87.3
王蓉	86	87	89	86	87	85	86.7
石兴红	89	69	98	87	85	89	86.2

图12-75

❹ 返回工作表中，系统会创建一个簇状条形图，如图12-76所示。

❺ 选中图表，单击“图表样式”按钮，打开下拉列表，在“样式”栏下选择一种图表样式（单击即可应用），效果如图12-77所示。

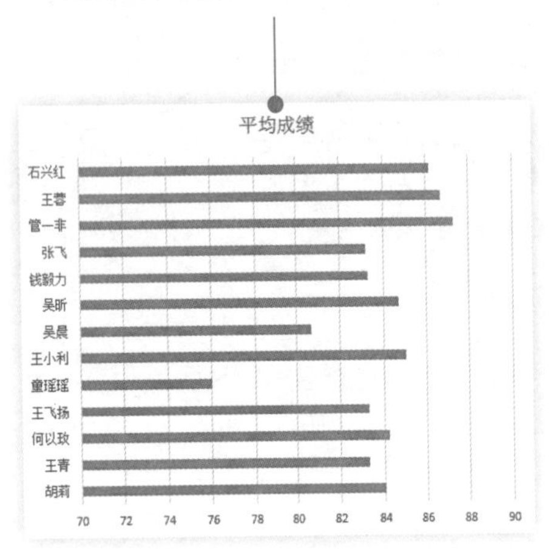

图12-76

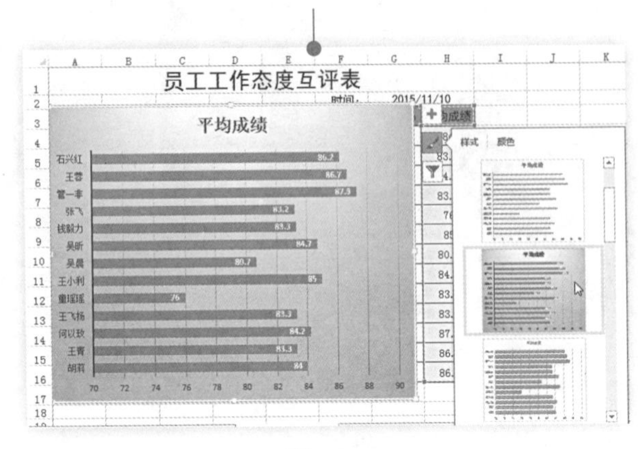

图12-77

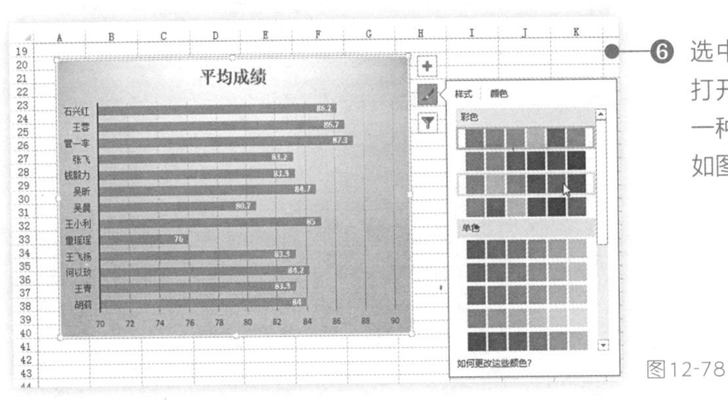

❻ 选中图表，单击“图表样式”按钮，打开下拉列表，在“颜色”栏下选择一种图表样式（单击即可应用），效果如图12-78所示。

图12-78

❼ 选中图表区，在“图表工具”→“格式”选项卡下，在“形状样式”组中单击“形状填充”按钮，打开下拉菜单。在“主题颜色”栏中可以选择填充颜色，鼠标指针指向设置选项时，图表即时预览效果，单击指定颜色即可将其应用于图表如图12-79所示。

❽ 将图表标题更改为“比较员工工作态度互评成绩”，效果进一步完善，如图12-80所示。

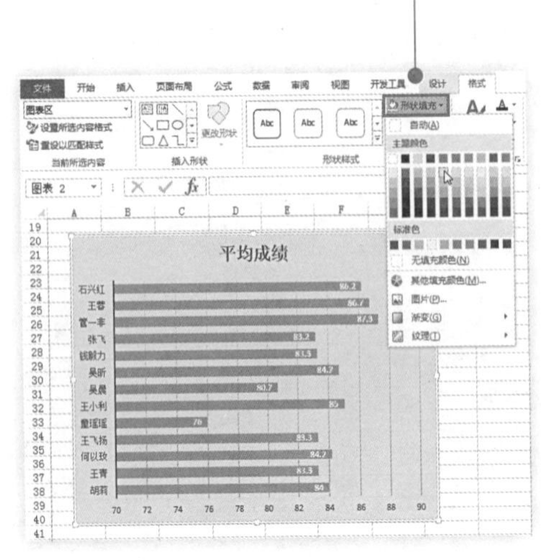

图12-79

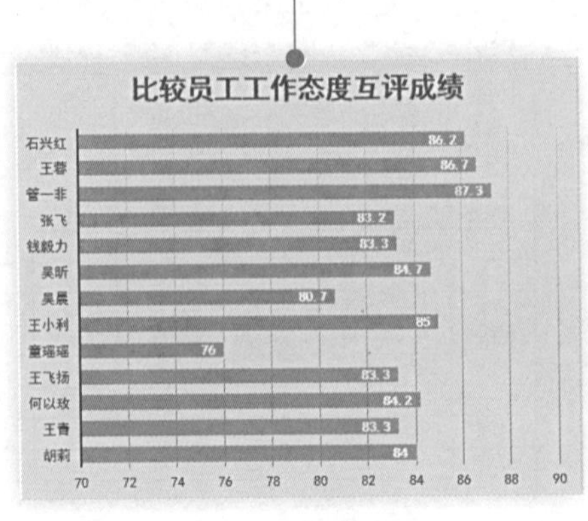

图12-80

企业日常费用支出统计与分析

领导让我把这个月的公司各部门的日常费用统计一下交上去，可是我现在连这个月费用支出的明细表还没有整理好呢！领导这么着急要，我得加班加点到什么时候才能完成啊！

应对这种工作，我们首先需要整理好各种费用明细，然后在利用函数、数据透视表等功能对数据进行汇总分析。只要我们能够条分缕析的逐步操作其实完成这些工作还是比较简单的。

13.1 制作流程

日常费用是指企业的生产经营活动过程中发生的，与产品生产活动没有直接联系的各项费用，它是企业生产经营活动和管理过程中的必然产物，也是财务数据重要的组成部分。

本章我们将会通过制作费用报销流程图、招聘培训费用明细表、企业费用支出统计表、日常费用支出预算表和日常费用数据透视分析等五项任务，向你介绍与日常费用支出统计与分析相关的知识与技能，如图13-1所示。

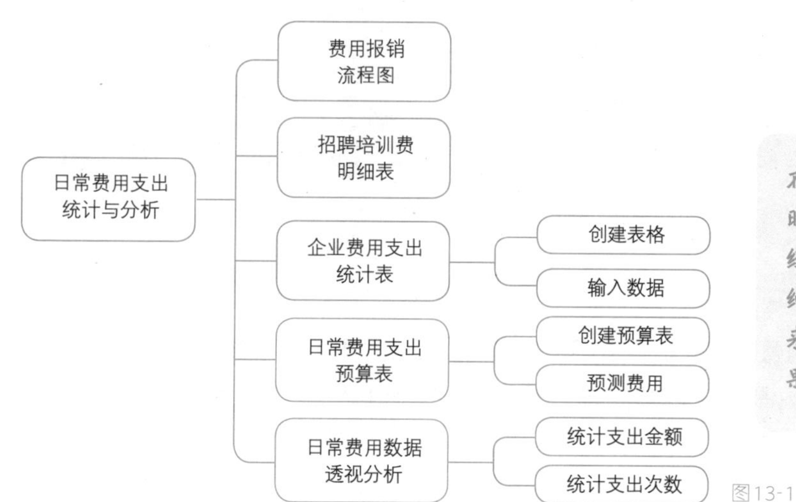

图13-1

在进行日常费用管理时，由于费用类别不同，经常会遇到各种费用明细表，下面我们可以先来看一下相关表格的效果图，如图13-2所示。

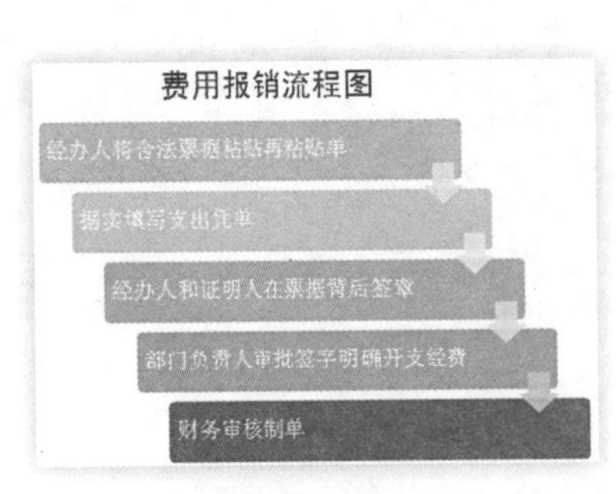

费用报销流程图

招聘培训费明细表

招聘时间	2015年11月12日—2015年11月14日	
招聘地点	南京市体育馆	
负责部门	行政部	
具体负责人	石兴红	
招聘培调费		
序号	项目	项目金额
1	招聘场地租用费	¥ 1, 200. 00
2	交通费	¥ 230. 00
3	招聘资料打印复印费	¥ 30. 00
4	购买教材	¥ 300. 00
合计		¥ 1, 760. 00
预算审核人（签字）	公司主管领导审批（签字）	
制作人：吴虹飞	制作日期：2015年11月14日	

招聘培训费明细表

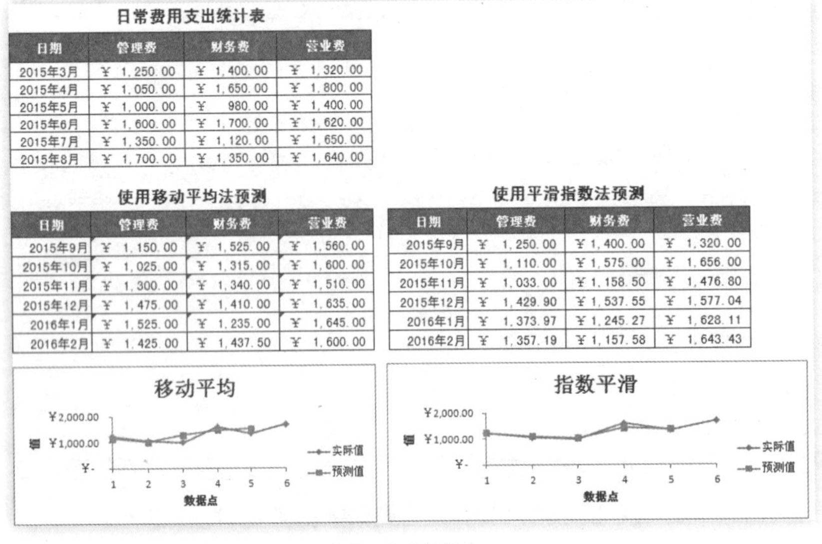

日常费用支出统计表

日期	管理费	财务费	营业费
2015年3月	¥ 1, 250. 00	¥ 1, 400. 00	¥ 1, 320. 00
2015年4月	¥ 1, 050. 00	¥ 1, 650. 00	¥ 1, 800. 00
2015年5月	¥ 1, 000. 00	¥ 980. 00	¥ 1, 400. 00
2015年6月	¥ 1, 600. 00	¥ 1, 700. 00	¥ 1, 620. 00
2015年7月	¥ 1, 350. 00	¥ 1, 120. 00	¥ 1, 650. 00
2015年8月	¥ 1, 700. 00	¥ 1, 350. 00	¥ 1, 640. 00

使用移动平均法预测

日期	管理费	财务费	营业费
2015年9月	¥ 1, 150. 00	¥ 1, 525. 00	¥ 1, 560. 00
2015年10月	¥ 1, 025. 00	¥ 1, 315. 00	¥ 1, 600. 00
2015年11月	¥ 1, 300. 00	¥ 1, 340. 00	¥ 1, 510. 00
2015年12月	¥ 1, 475. 00	¥ 1, 410. 00	¥ 1, 635. 00
2016年1月	¥ 1, 525. 00	¥ 1, 235. 00	¥ 1, 645. 00
2016年2月	¥ 1, 425. 00	¥ 1, 437. 50	¥ 1, 600. 00

使用平滑指数法预测

日期	管理费	财务费	营业费
2015年9月	¥ 1, 250. 00	¥ 1, 400. 00	¥ 1, 320. 00
2015年10月	¥ 1, 110. 00	¥ 1, 575. 00	¥ 1, 656. 00
2015年11月	¥ 1, 033. 00	¥ 1, 158. 50	¥ 1, 476. 80
2015年12月	¥ 1, 429. 90	¥ 1, 537. 55	¥ 1, 577. 04
2016年1月	¥ 1, 373. 97	¥ 1, 245. 27	¥ 1, 628. 11
2016年2月	¥ 1, 357. 19	¥ 1, 157. 58	¥ 1, 643. 43

日常费用支出预算表

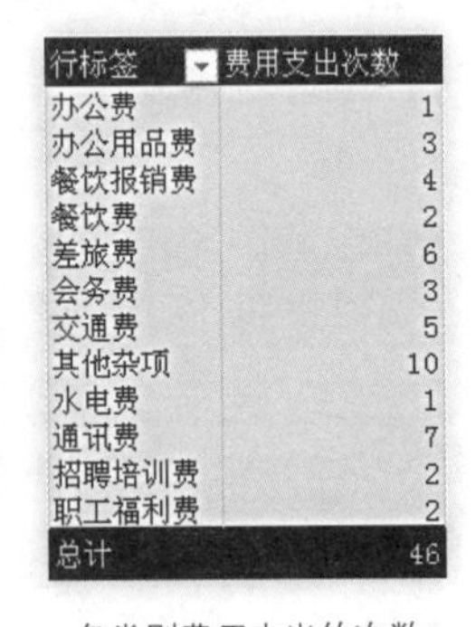

行标签	费用支出次数
办公费	1
办公用品费	3
餐饮报销费	4
餐饮费	2
差旅费	6
会务费	3
交通费	5
其他杂项	10
水电费	1
通讯费	7
招聘培训费	2
职工福利费	2
总计	46

各类别费用支出的次数

图13-2

13.2 新手基础

在Excel 2013中进行日常费用的管理需要用到的知识点除了包括前面章节中介绍过的知识点外还包括：填充数据、数据透视表以及相关函数等！学会这些知识点，进行日常费用管理时会更得心应手！

13.2.1 按条件填充数据

在实际工作中，我们有时需要按照特定条件对数据进行填充，此时运用Excel 2013的“自动填充”功能将极大地提升工作效率。在下例中我们将利用该功能分别按月和按日对日期数据进行填充，具体操作如下：

❶ 在A2单元格中输入“2015-1-1”。选中A2单元格，将鼠标指针移至该单元格区域的右下角，至鼠标指针变成十字形状 **+**，如图13-3所示。

❷ 按住鼠标左键不放，向下拖动至填充结束的位置，如图13-4所示。

❸ 释放鼠标，可以看到默认按日进行填充，并显示出“自动填充选项”按钮。单击“自动填充选项”按钮，在打开的菜单中选中“以月填充”单选项，如图13-5所示。

	A	B
1	日 期	是否满勤
2	2015/1/1	

图13-3

	A	B
1	日 期	是否满勤
2	2015/1/1	

图13-4

	A	B
1	日 期	是否满勤
2	2015/1/1	
3	2015/1/2	
4	2015/1/3	
5	2015/1/4	
6	2015/1/5	
7	2015/1/6	
8	2015/1/7	
9	2015/1/8	
10	2015/1/9	
11	2015/1/10	
12	2015/1/11	
13	2015/1/12	

复制单元格(C)
填充序列(S)
仅填充格式(F)
不带格式填充(O)
以天数填充(D)
以工作日填充(W)
以月填充(M)
以年填充(Y)
快速填充(F)

图13-5

	A	B
1	日 期	是否满勤
2	2015/1/1	
3	2015/2/1	
4	2015/3/1	
5	2015/4/1	
6	2015/5/1	
7	2015/6/1	
8	2015/7/1	
9	2015/8/1	
10	2015/9/1	
11	2015/10/1	
12	2015/11/1	
13	2015/12/1	

图13-6

❹ 执行上述操作，即可实现以月数进行填充，如图13-6所示。

	A	B
1	日 期	是否满勤
2	2015/1/1	
3	2015/1/2	
4	2015/1/5	
5	2015/1/6	
6	2015/1/7	
7	2015/1/8	
8	2015/1/9	
9	2015/1/12	
10	2015/1/13	
11	2015/1/14	
12	2015/1/15	
13	2015/1/16	

图13-7

❺ 在图13-3所示打开的“自动填充选项”按钮的下拉菜单中单击“以工作日填充”单选框，其填充效果如图13-7所示。

单击“自动填充选项”按钮，在此选项菜单中，我们可以选择不同的填充方式，例如“仅填充格式”“不带格式填充”等，此外我们还可以将填充方式改为“复制”，从而实现快速填充相同的数据。

专家提示

13.2.2 套用数据透视表样式

数据透视表的样式并非千篇一律，我们可以将数据透视表设置为各种需要的样式。程序内置了很多种数据透视表样式，通过套用数据透视表样式我们可以达到快速美化的目的，免去逐一设置表格样式要素的麻烦。如图13-8所示为默认的数据透视表，现在我们通过如下操作对其进行快速美化，最终效果如图13-9所示。

	A	B	C
1		Befor	
2			
3	行标签	求和项:本月销售业绩	
4	⊟销售二部	163000	
5	胡梦婷	29000	
6	简单	22000	
7	王青	26000	
8	王桃芳	42000	
9	吴晨	22000	
10	夏守梅	22000	
11	⊟销售三部	284000	
12	何以玫	62000	
13	李光明	46000	
14	钱毅力	32000	
15	王晶	70000	
16	王蓉	47000	
17	朱红梅	27000	
18	⊟销售四部	249000	

图13-8

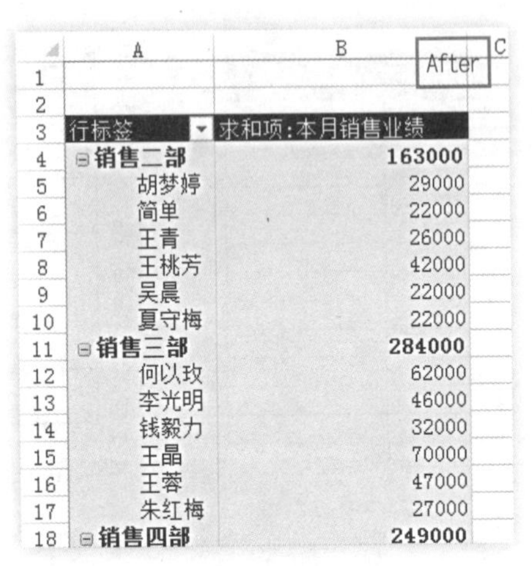

	A	B	C
1		After	
2			
3	行标签	求和项:本月销售业绩	
4	⊟销售二部	163000	
5	胡梦婷	29000	
6	简单	22000	
7	王青	26000	
8	王桃芳	42000	
9	吴晨	22000	
10	夏守梅	22000	
11	⊟销售三部	284000	
12	何以玫	62000	
13	李光明	46000	
14	钱毅力	32000	
15	王晶	70000	
16	王蓉	47000	
17	朱红梅	27000	
18	⊟销售四部	249000	

图13-9

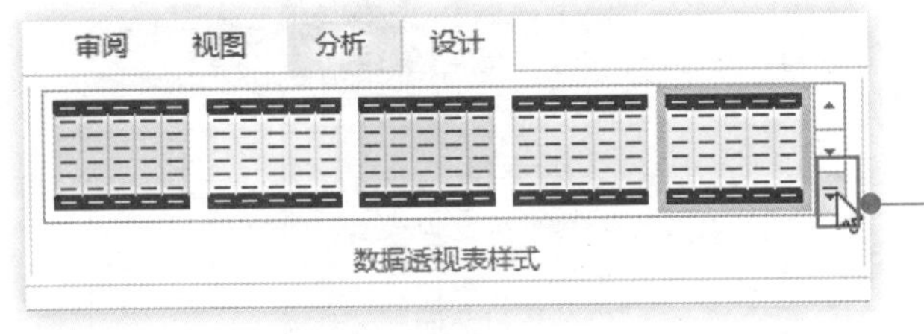

图13-10

❶ 选中数据透视表任意单元格，在“设计”选项卡中的“数据透视表样式”组中单击“其他”按钮（▾），展开下拉列表，如图13-10所示。

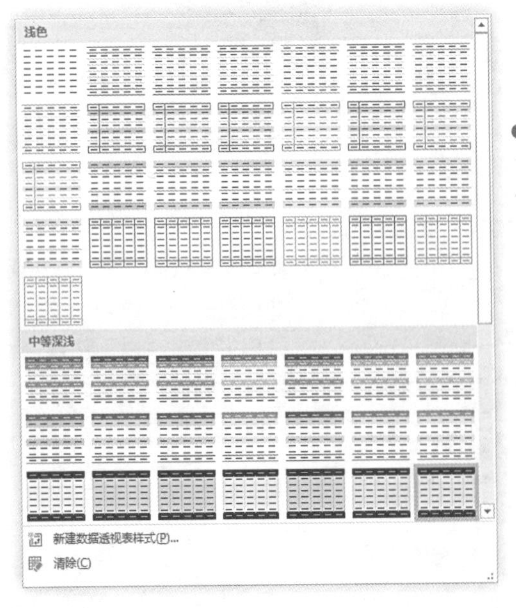

图13-11

❷ 在样式列表中选择需要的样式（图13-11），鼠标指针单击样式即可将其应用于透视表。

知识扩展：设置默认的数据透视表样式。

如果在实际工作中需要经常应用某种数据透视表样式，我们可以将其设置为默认样式，这样在创建数据透视表时将自动应用此样式，不需要再进行设置。

如果需要的样式已经在“数据透视表样式”下拉列表中，我们将鼠标指针指向该样式单击鼠标右键，单击“设为默认值”命令（图13-12），即可将此样式设置为此工作表中的默认样式。若需要新建常用的数据透视表样式，可在“新建数据透视表快速样式”对话框中设置好后，选中“设置为此文档的默认数据透视表样式”复选框，如图13-13所示，单击“确定”按钮完成设置。当创建数据透视表时，系统将自动应用此样式。

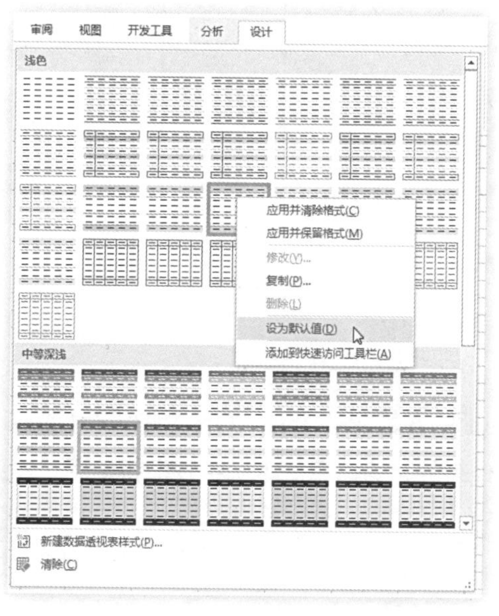

图13-12

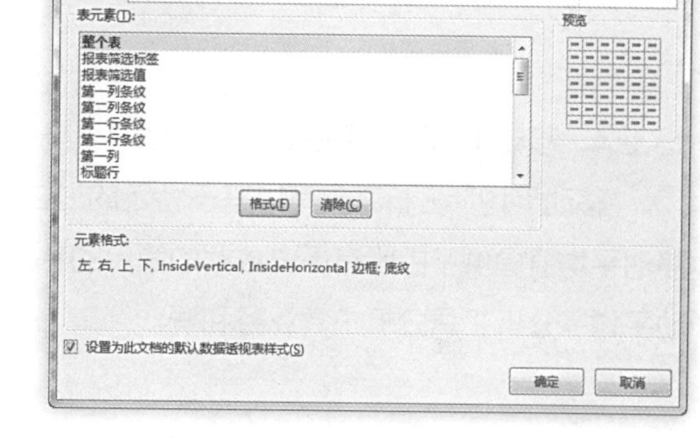

图13-13

13.2.3　数据格式的设置

如果我们创建的数据透视表中的数字格式不能满足我们的需求，那么我们可以重新更改数据透视表中的数字格式。例如这里我们想要让提成比例数据显示为百分比格式，那么可以通过下面方法来实现。

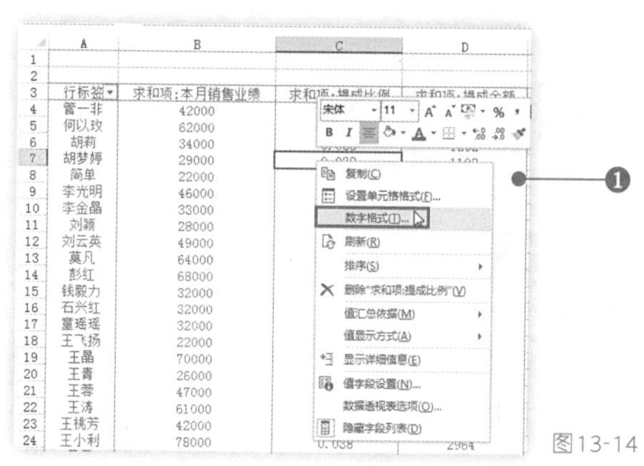

❶ 鼠标右键单击需要重设数字格式的单元格（如本例中右击“提成比例”下任意单元格），单击“数字格式”命令（图13-14），打开“设置单元格格式”对话框。

图13-14

❷ 在“分类”列表框中选择“百分比”，然后设置“小数位数”为2，如图13-15所示。

图13-15

❸ 设置“百分比”格式后效果如图13-16所示。

	A	B	C	D
1				
2				
3	行标签	求和项:本月销售业绩	求和项:提成比例	求和项:提成金额
4	管一非	42000	3.80%	1596
5	何以玫	62000	3.80%	2356
6	胡莉	34000	3.80%	1292
7	胡梦婷	29000	3.80%	1102
8	简单	22000	3.80%	836
9	李光明	46000	3.80%	1748
10	李金晶	33000	3.80%	1254
11	刘颖	28000	3.80%	1064
12	刘云英	49000	3.80%	1862
13	莫凡	64000	3.80%	2432
14	彭红	68000	3.80%	2584
15	钱毅力	32000	3.80%	1216
16	石兴红	32000	3.80%	1216
17	董瑶瑶	32000	3.80%	1216
18	王飞扬	22000	3.80%	836
19	王晶	70000	3.80%	2660

图13-16

13.2.4 移动平均法分析主营业务利润

“移动平均”分析工具可以基于特定的过去某段时期中变量的平均值，对未来值进行预测。移动平均值提供了由所有历史数据的简单的平均值所代表的趋势信息。本例中我们将使用“移动平均”分析工具分析主营业务利润。

❶ 在当前工作表中单击“数据”选项卡，在“分析”组中单击“数据分析”按钮（图13-17），打开“数据分析”对话框。

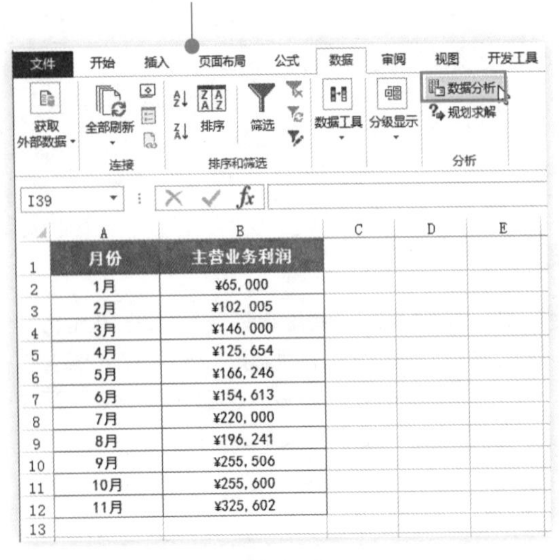

	A	B
1	月份	主营业务利润
2	1月	¥65,000
3	2月	¥102,005
4	3月	¥146,000
5	4月	¥125,654
6	5月	¥166,246
7	6月	¥154,613
8	7月	¥220,000
9	8月	¥196,241
10	9月	¥255,506
11	10月	¥255,600
12	11月	¥325,602
13		

图13-17

❷ 在“分析工具”列表中单击“移动平均”，单击“确定”按钮（图13-18），弹出“移动平均”对话框。

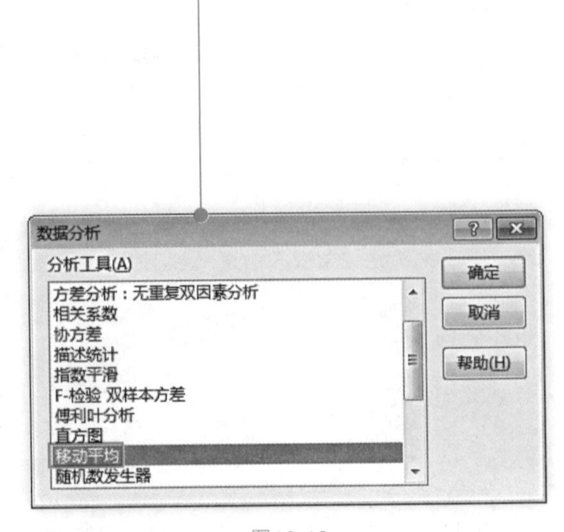

图13-18

❸ 设置“输入区域”为B2：B12单元格区域，勾选“标志位于第一行”复选框，在“间隔”设置框中输入“3”，设置“输出区域”为D2单元格，最后勾选“图表输出”和“标准误差”复选框，如图13-19所示。

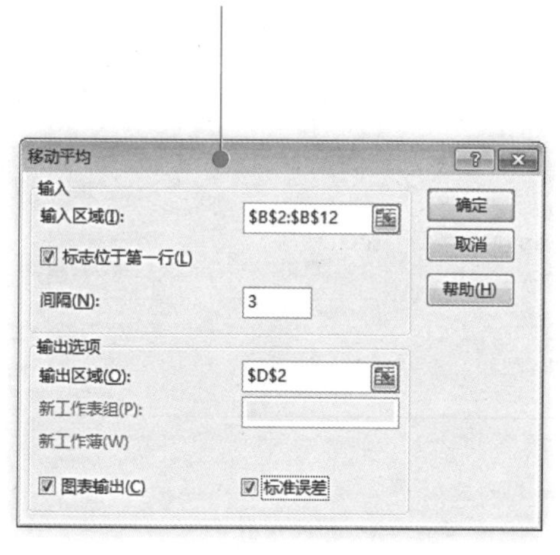

图13-19

❹ 完成设置后系统输出如图13-20所示的移动平均和标准误差值，并输出了一个移动平均图表，该图表中显示了实际值与预测值之间的趋势以及它们之间的差异。

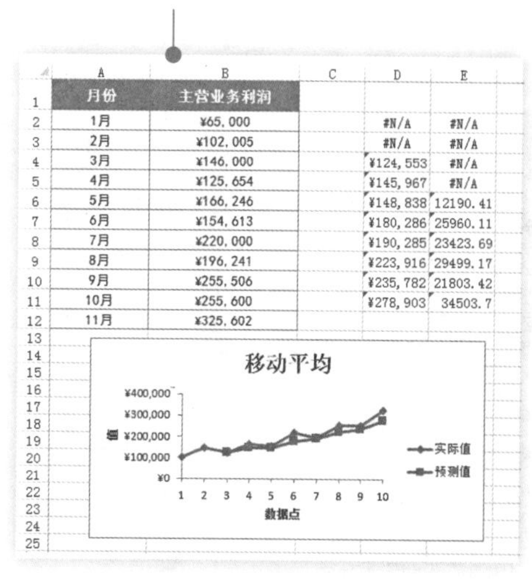

月份	主营业务利润	C	D	E
1月	¥65, 000		#N/A	#N/A
2月	¥102, 005		#N/A	#N/A
3月	¥146, 000		¥124, 553	#N/A
4月	¥125, 654		¥145, 967	#N/A
5月	¥166, 246		¥148, 838	12190. 41
6月	¥154, 613		¥180, 286	25960. 11
7月	¥220, 000		¥190, 285	23423. 69
8月	¥196, 241		¥223, 916	29499. 17
9月	¥255, 506		¥235, 782	21803. 42
10月	¥255, 600		¥278, 903	34503. 7
11月	¥325, 602			

图13-20

13.2.5　使用指数平滑分析预测产品销量

指数平滑法对移动平均法进行了改进和发展，应用较为广泛。指数平滑分析工具基于前期预测值导出相应的新预测值，并修正前期预测值的误差。此工具将使用平滑常数a，其大小决定了本次预测对前期预测误差的修正程度。下面介绍该工具的具体使用方法。

❶ 这里先确定指数平滑的初始值，通过前三项的平均值得到，在B3单元格中输入公式：“=SUM(B4:B6)/COUNT(B4:B6)”，按〈Enter〉键，结果如图13-21所示。

B3　=SUM(B4:B6)/COUNT(B4:B6)

企业近年销量	
年份	销量（万）
	110
2003	90
2004	110
2005	130
2006	150
2007	180
2008	200
2009	220
2010	250
2011	285
2012	292
2013	310
2014	320

图13-21

❷ 在当前工作表中单击“数据”选项卡，在“分析”组中单击“数据分析”按钮（图13-22），打开“数据分析”对话框。

文件　开始　插入　页面布局　公式　数据　审阅　视图　开发工具

获取外部数据　全部刷新　连接　排序　筛选　排序和筛选　数据工具　分级显示　数据分析　规划求解　分析

E24

企业近年销量	
年份	销量（万）
	110
2003	90
2004	110
2005	130
2006	150
2007	180
2008	200
2009	220
2010	250
2011	285
2012	292
2013	310
2014	320
合计	
平均	
2015年销量预测（万）	

图13-22

❸ 在“数据分析”列表中单击“指数平滑”，单击“确定”按钮（图13-23），弹出“指数平滑”对话框。

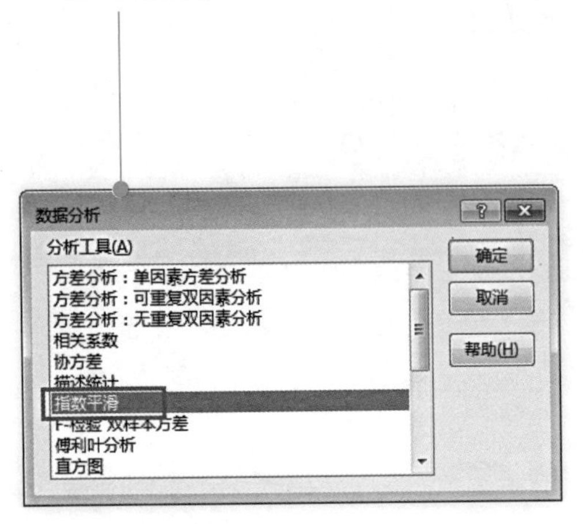

图13-23

❹ 将“输入区域”设置为“$B$3:$B$15”单元格区域；将“阻尼系数”设置为“0.25”；将“输出区域”设置为“$C$3”单元格，如图13-24所示。

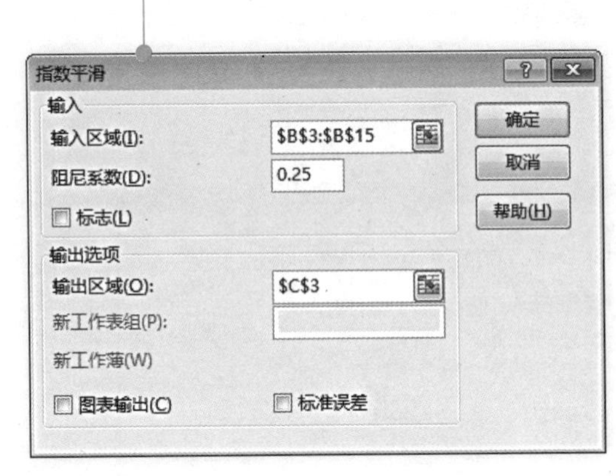

图13-24

❺ 完成上述操作即可得到a= 0.25时的指数平滑预测数据。为了判断结果的准确性，在D4单元格输入公式：“=POWER(C4-B4,2)”，按〈Enter〉键，复制公式至D15单元格，得到平均误差值，如图13-25所示。

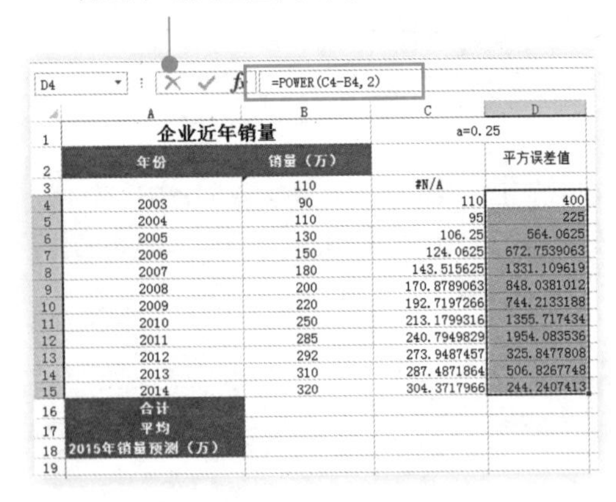
D4 =POWER(C4-B4, 2)

	A	B	C	D
1	企业近年销量		a=0.25	
2	年份	销量（万）		平方误差值
3		110	#N/A	
4	2003	90	110	400
5	2004	110	95	225
6	2005	130	106.25	564.0625
7	2006	150	124.0625	672.7539063
8	2007	180	143.515625	1331.109619
9	2008	200	170.8789063	848.0381012
10	2009	220	192.7197266	744.2133188
11	2010	250	213.1799316	1355.717434
12	2011	285	240.7949829	1954.083536
13	2012	292	273.9487457	325.8477808
14	2013	310	287.4871864	506.8267748
15	2014	320	304.3717966	244.2407413
16	合计			
17	平均			
18	2015年销量预测（万）			
19				

图13-25

❻ 再次打开“指数平滑”对话框，将“输入区域”设置为“$B$3:$B$15”单元格区域；将“阻尼系数”设置为“0.75”；将“输出区域”设置为“$E$3”单元格，如图13-26所示。单击“确定”按钮完成设置。

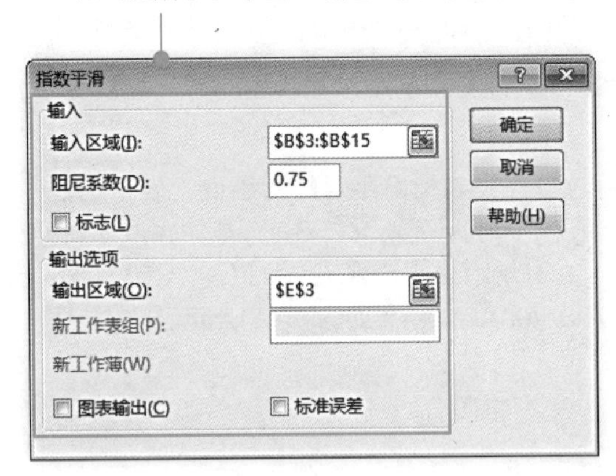

图13-26

	C	D	E	F
1	a=0.25		α=0.75	
2		平方误差值		平方误差值
3	#N/A		#N/A	
4	110	400	110	
5	95	225	105	
6	106.25	564.0625	106.25	
7	124.0625	672.7539063	112.1875	
8	143.515625	1331.109619	121.640625	
9	170.8789063	848.0381012	136.2304688	
10	192.7197266	744.2133188	152.1728516	
11	213.1799316	1355.717434	169.1296387	
12	240.7949829	1954.083536	189.347229	
13	273.9487457	325.8477808	213.2604218	
14	287.4871864	506.8267748	232.9453163	
15	304.3717966	244.2407413	252.2089872	
16				
17				

❼ 完成上述操作即可以得到a=0.75时的指数平滑预测数据，如图13-27所示。

图13-27

❽ 在F4单元格输入公式："=POWER(E4-B4,2)"，按〈Enter〉键，复制公式至F15单元格，得到平均误差值，如图13-28所示。

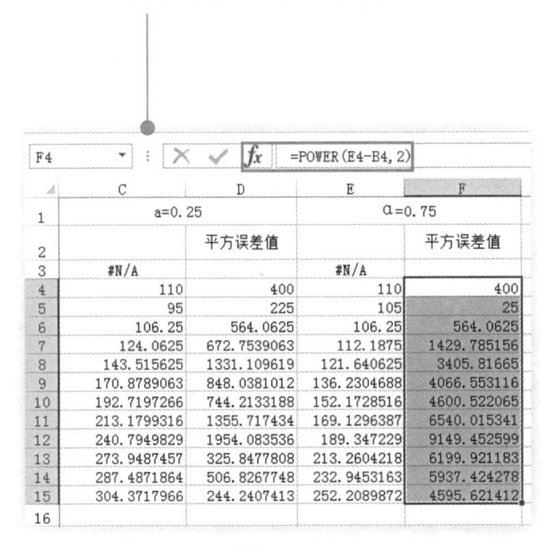

F4　=POWER(E4-B4, 2)

	C	D	E	F
1	a=0.25		α=0.75	
2		平方误差值		平方误差值
3	#N/A		#N/A	
4	110	400	110	400
5	95	225	105	25
6	106.25	564.0625	106.25	564.0625
7	124.0625	672.7539063	112.1875	1429.785156
8	143.515625	1331.109619	121.640625	3405.81665
9	170.8789063	848.0381012	136.2304688	4066.553116
10	192.7197266	744.2133188	152.1728516	4600.522065
11	213.1799316	1355.717434	169.1296387	6540.015341
12	240.7949829	1954.083536	189.347229	9149.452599
13	273.9487457	325.8477808	213.2604218	6199.921183
14	287.4871864	506.8267748	232.9453163	5937.424278
15	304.3717966	244.2407413	252.2089872	4595.621412
16				

图13-28

❾ 在D16单元格输入公式："=SUM(D4:D15)"，按〈Enter〉键，复制公式至F16单元格，分别得到平均误差值的和，如图13-29所示。

D16　=SUM(D4:D15)

	C	D	E	F
1	a=0.25		α=0.75	
2		平方误差值		平方误差值
3	#N/A		#N/A	
4	110	400	110	400
5	95	225	105	25
6	106.25	564.0625	106.25	564.0625
7	124.0625	672.7539063	112.1875	1429.785156
8	143.515625	1331.109619	121.640625	3405.81665
9	170.8789063	848.0381012	136.2304688	4066.553116
10	192.7197266	744.2133188	152.1728516	4600.522065
11	213.1799316	1355.717434	169.1296387	6540.015341
12	240.7949829	1954.083536	189.347229	9149.452599
13	273.9487457	325.8477808	213.2604218	6199.921183
14	287.4871864	506.8267748	232.9453163	5937.424278
15	304.3717966	244.2407413	252.2089872	4595.621412
16		9171.893712		46914.1743
17				
18				

图13-29

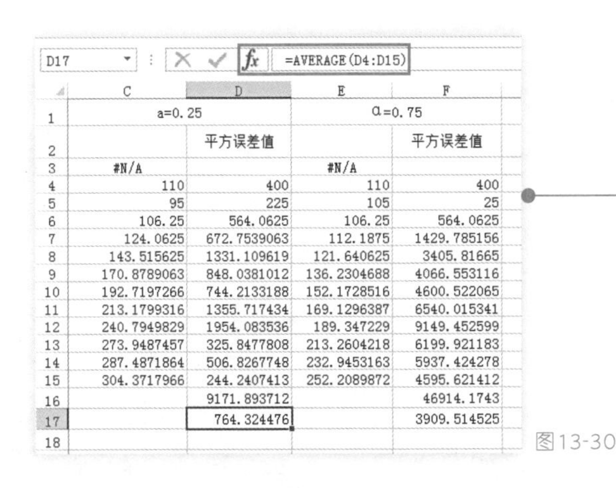

D17　=AVERAGE(D4:D15)

	C	D	E	F
1	a=0.25		α=0.75	
2		平方误差值		平方误差值
3	#N/A		#N/A	
4	110	400	110	400
5	95	225	105	25
6	106.25	564.0625	106.25	564.0625
7	124.0625	672.7539063	112.1875	1429.785156
8	143.515625	1331.109619	121.640625	3405.81665
9	170.8789063	848.0381012	136.2304688	4066.553116
10	192.7197266	744.2133188	152.1728516	4600.522065
11	213.1799316	1355.717434	169.1296387	6540.015341
12	240.7949829	1954.083536	189.347229	9149.452599
13	273.9487457	325.8477808	213.2604218	6199.921183
14	287.4871864	506.8267748	232.9453163	5937.424278
15	304.3717966	244.2407413	252.2089872	4595.621412
16		9171.893712		46914.1743
17		764.324476		3909.514525
18				

图13-30

❿ 在D17单元格输入公式："=AVERAGE(D4:D15)"，按〈Enter〉键，复制公式至F17单元格，分别得到平均误差值的平均值，如图13-30所示。

B18　=0.25*B15+0.75*C15

	A	B	C
1	企业近年销量		a=0.
2	年份	销量（万）	
3		110	#N/A
4	2003	90	110
5	2004	110	95
6	2005	130	106.25
7	2006	150	124.0625
8	2007	180	143.515625
9	2008	200	170.8789063
10	2009	220	192.7197266
11	2010	250	213.1799316
12	2011	285	240.7949829
13	2012	292	273.9487457
14	2013	310	287.4871864
15	2014	320	304.3717966
16	合计		
17	平均		
18	2015年销量预测（万）	308	
19			

图13-31

⓫ 在B18单元格输入公式："=0.25*B15+0.75*C15"，按〈Enter〉键，得到预测结果值，如图13-31所示。

无论是平方误差合计值还是平均值都能看出a为0.25时预测结果更精确。

13.2.6 设置金额为会计专用格式

在输入员工收入金额的时候，我们需要为金额数据添加货币符号。如果在输入数据的时候一一为其添加，会非常烦琐。其实我们可以先输入数据，然后一次性为需要添加货币符号的数据设置货币格式，如此操作简单又不会出错。具体操作如下：

❶ 选中想显示为会计专用格式的数据区域，切换到“开始”选项卡，在“数字”组中单击（ ）按钮，如图13-32所示。打开“设置单元格格式”对话框。

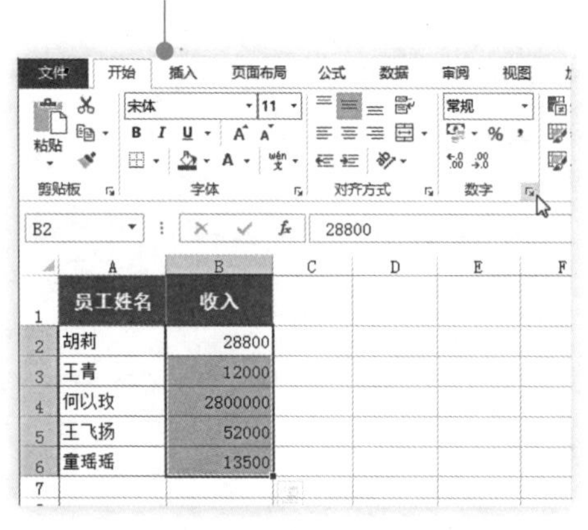

图13-32

❷ 在“分类”列表中单击“会计专用”，并设置小数位数、选择货币符号的样式，单击“确定”按钮如图13-33所示。

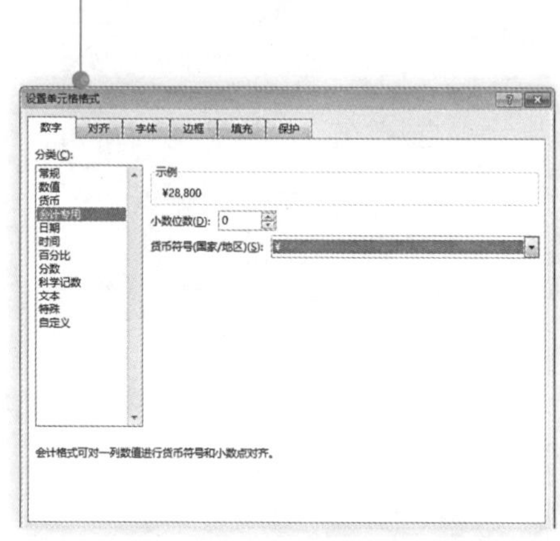

图13-33

❸ 完成上述操作选中的单元格区域格式更改为会计专用格式，效果如图13-34所示。

图13-34

13.2.7 通过设置使系统只允许输入某类型的数据

Excel 2013中提供了“数据验证”功能，我们可以设定输入的规则，如果输入的数据不符合规则，则系统不允许录入。下面介绍利用“数据验证”功能让系统只允许输入大于某指定日期类型的数据的操作方法。

❶ 选择日期列，在“数据”选项卡的“数据工具”组中，单击“数据验证”按钮（图13-35），打开“数据验证”对话框。

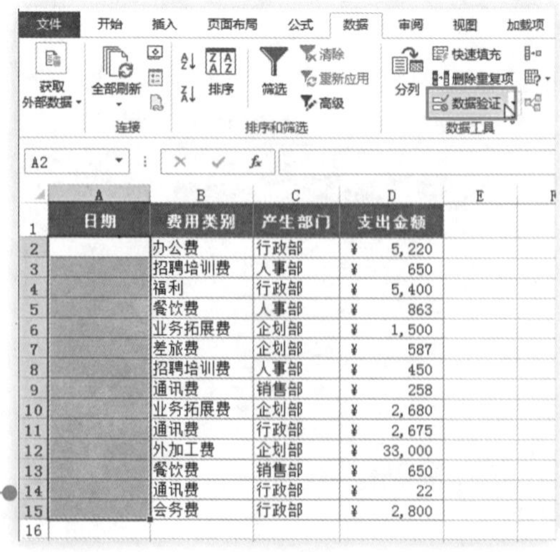

图13-35

❷ 单击“设置”标签，在“允许”下拉列表中单击“日期”；在“数据”下拉列表中单击“大于或等于”；在“开始日期”设置框中输入最小的日期值，如图13-36所示。

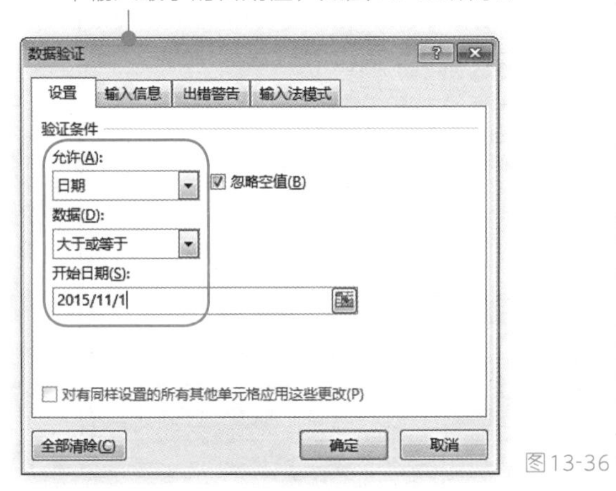

图13-36

❸ 切换至“出错警告”标签，在“标题”和“错误信息”文本框中输入相应的内容，单击“确定”按钮完成设置如图13-37所示。

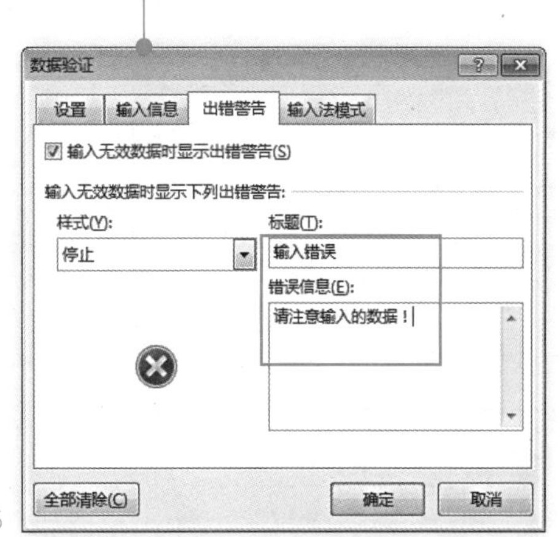

图13-37

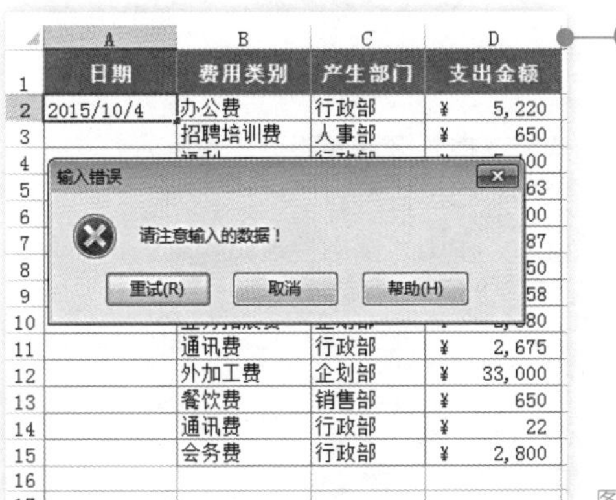

图13-38

❹ 当在“日期”列输入小于指定日期的值时，按〈Enter〉键，即会弹出提示对话框，如图13-38所示。

13.2.8　阻止输入重复值

表格中输入数据时，如果所输入的内容不允许重复（例如身份证号码、产品编码等），也可以通过数据验证的设置来进行限制，具体可按如下的方法来实现。

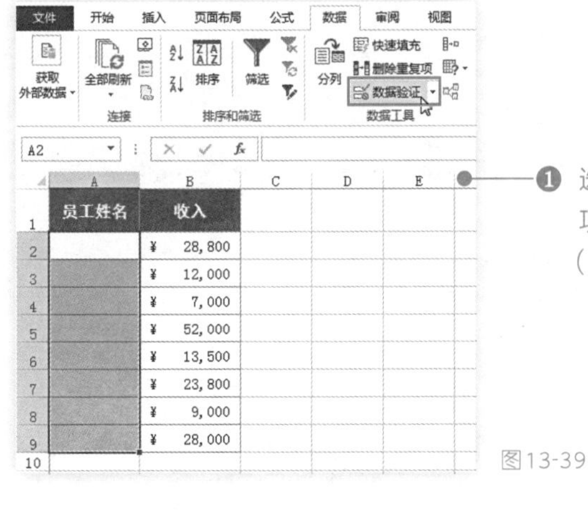

图13-39

❶ 选中需要设置的单元格或单元格区域，在“数据”选项卡的“数据工具”组中，单击“数据验证”按钮（图13-39），打开“数据验证”对话框。

❷ 在“设置”标签中，单击“允许”下拉按钮，选择“自定义”选项，接着在“公式”文本框中输入公式：“=COUNTIF($A$2:$A$9,A2)=1”，如图13-40所示。

图13-40

❸ 切换到“出错警告”标签，输入警告的标题和内容，单击“确定”按钮即可完成设置如图13-41所示。

图13-41

图13-42

❹ 完成上述操作所选择的区域即不可输入重复的编码，否则会弹出提示对话框，当弹出提示对话框后，单击“取消”按钮，重新输入数据即可，如图13-42所示。

13.2.9 清除数据验证设置

为了便于输入编辑，我们通常都会在Excel 2013单元格加上许多数据验证设置。这样一来，是简便了输入。如果需要重新更改单元格区域的数据验证，或者需要清除其设置，就可以通过以下方法进行设置。

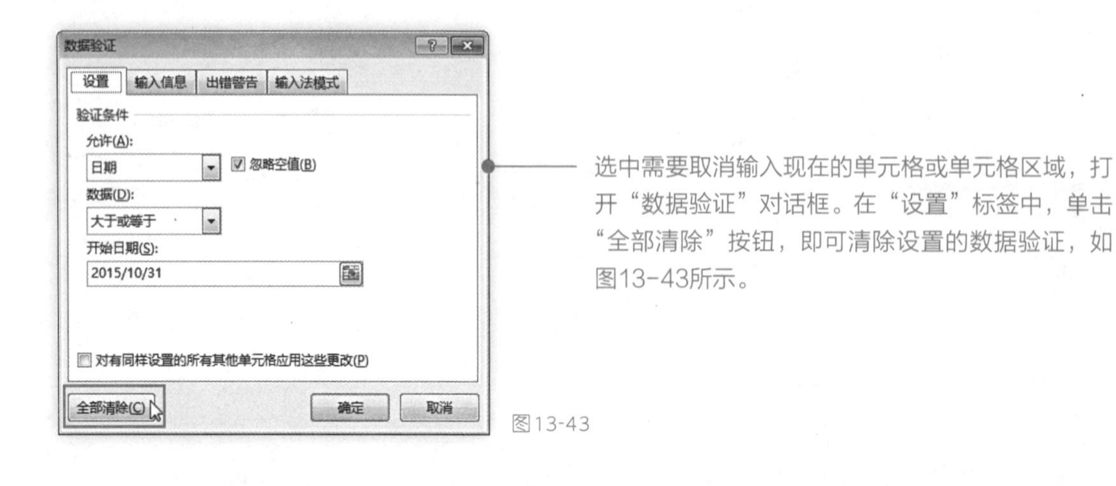

选中需要取消输入现在的单元格或单元格区域，打开“数据验证”对话框。在“设置”标签中，单击“全部清除”按钮，即可清除设置的数据验证，如图13-43所示。

图13-43

13.2.10　AVERAGE（计算算术平均值）

【函数功能】AVERAGE函数用于计算所有参数的算术平均值。

【函数语法】AVERAGE(number1,number2,...)

◆ Number1,number2,...：要计算平均值的1～30个参数。

在实际工作中AVERAGE函数可以帮助我们解决以下问题。

1. 每季度办公费用支出金额

例如如图13-44所示的表格中统计了每季度的办公费用支出金额，现在我们要计算平均支出金额。

季度	支出金额
一季度	1800
二季度	2890
三季度	1200
四季度	3500

图13-44

季度	支出金额
一季度	1800
二季度	2890
三季度	1200
四季度	3500
每季度平均支出	2347.5

在C7单元格输入公式："=AVERAGE(B2:B5)"，按〈Enter〉键即可统计算出每季度办公费用支出金额，如图13-45所示。

图13-45

2. 计算采购员平均采购单价

例如如图13-46所示的表格中统计了某产品的采购量，下面计算产品平均采购单价。

在C10单元格输入公式："=CEILING(AVERAGE(C2:C8),1)"，按〈Enter〉键即可返回员工产品平均采购单价，如图13-47所示。

采购员	采购量	采购单价	总额
王荣	800	132	105600
周国菊	102	182	18564
陶丽	122	137	16714
周蓓	110	132	14520
王涛	100	157	15700
葛丽	120	147	17640
黄寅	104	112	11648

图13-46

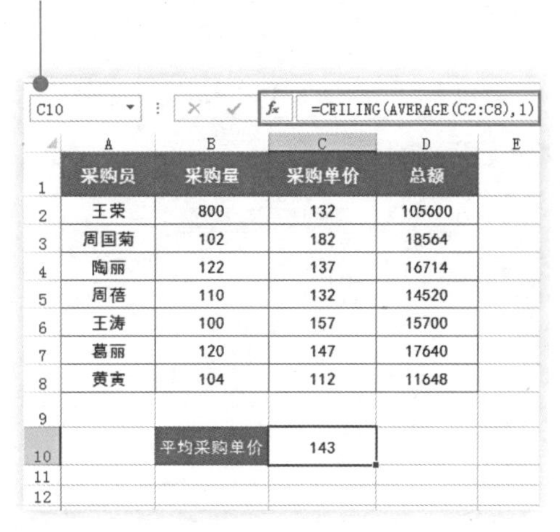

采购员	采购量	采购单价	总额
王荣	800	132	105600
周国菊	102	182	18564
陶丽	122	137	16714
周蓓	110	132	14520
王涛	100	157	15700
葛丽	120	147	17640
黄寅	104	112	11648
	平均采购单价	143	

图13-47

3. 忽略 0 值计算平均分数

求平均值时，引用的所有单元格都参与计算，在这些参与运算的单元格中可能存在0值，如果想忽略0值求平均值，则需要在AVERAGE函数基础上进一步设计公式。例如如图13-48所示的表格中统计了员工的考核成绩，现在想要忽略0值计算平均分数。

员工姓名	考核成绩
胡莉	78
王青	60
何以玫	95
王飞扬	0
童瑶瑶	92
王小利	65
吴晨	0
周伟	50

图13-48

D2　{=AVERAGE(IF(B2:B9<>0,B2:B9))}

员工姓名	考核成绩		平均分
胡莉	78		73.33333333
王青	60		
何以玫	95		
王飞扬	0		
童瑶瑶	92		
王小利	65		
吴晨	0		
周伟	50		

图13-49

在D2单元格输入公式："=AVERAGE(IF(B2:B9<>0,B2:B9))"，按〈Ctrl+Shift+Enter〉组合键，即可忽略0值计算出平均分数，如图13-49所示。

1）使用 IF 函数依次判断 B2:B9 单元格区域是否为不等于 0，如果是提取 B2:B9 单元格区域与之对应的分数。

2）使用 AVERAGE 函数对上一步的运算结果返回的数组求平均分。

4. 按指定条件求平均值

在企业各部门的产品销售量统计报表中，计算出各部门的产品平均销售量。

❶ 在F4单元格中输入公式："=AVERAGE(IF($B$2:$B$13=E4,$C$2:$C$13))"，按〈Ctrl+Shift+Enter〉组合键，即可计算出"销售1部"的平均销售量，如图13-50所示。

❷ 向下填充F4单元格的公式至F6单元格，即可计算出其他部门的平均销售量，如图13-51所示。

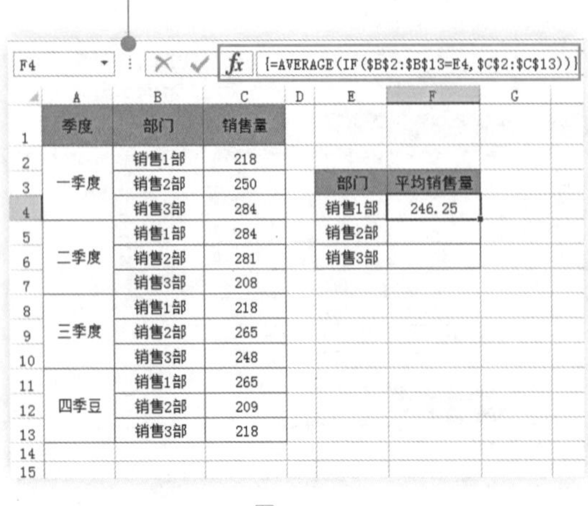

F4　{=AVERAGE(IF($B$2:$B$13=E4,$C$2:$C$13))}

季度	部门	销售量		部门	平均销售量
一季度	销售1部	218			
	销售2部	250		部门	平均销售量
	销售3部	284		销售1部	246.25
二季度	销售1部	284		销售2部	
	销售2部	281		销售3部	
	销售3部	208			
三季度	销售1部	218			
	销售2部	265			
	销售3部	248			
四季豆	销售1部	265			
	销售2部	209			
	销售3部	218			

图13-50

季度	部门	销售量			
一季度	销售1部	218			
	销售2部	250		部门	平均销售量
	销售3部	284		销售1部	246.25
二季度	销售1部	284		销售2部	251.25
	销售2部	281		销售3部	239.5
	销售3部	208			
三季度	销售1部	218			
	销售2部	265			
	销售3部	248			
四季豆	销售1部	265			
	销售2部	209			
	销售3部	218			

图13-51

5. 数据动态变化时自动计算平均分

在对员工的考核平均分数进行计算的时候，如果后期需要添加员工考核成绩记录，使用手动更改公式比较麻烦。我们可以通过定义名称功能将数据区域转换为动态区域，从而实现当表格数据变动时，平均值能自动更新的效果。

❶ 打开工作簿，在“公式”选项卡“定义的名称”组中单击“定义名称”按钮（图13-52），打开“新建名称”对话框。

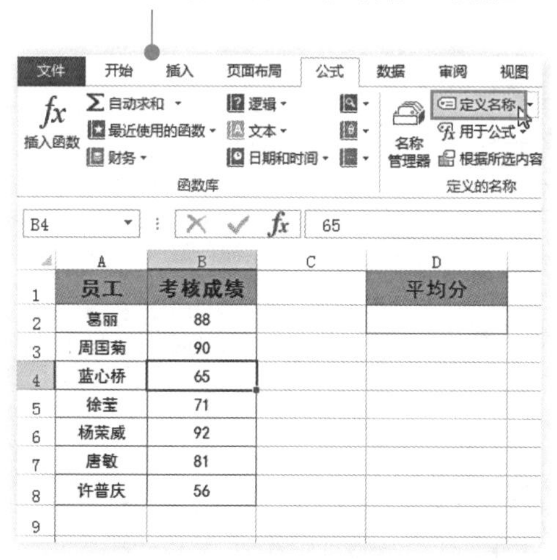

图13-52

❷ 在“名称”设置框内设置名称名为“成绩”，设置引用位置为“=Sheet1!$B$2:$B$8”，单击“确定”按钮如图13-53所示。

图13-53

❸ 选中A1:B8单元格区域，按下〈Ctrl+L〉组合键打开“创建表”对话框，勾选“表包含标题”复选框，单击“确定”按钮如图13-54所示。

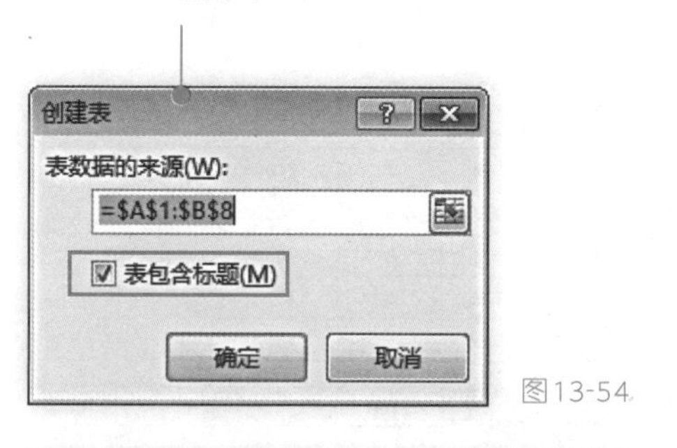

图13-54

❹ 完成上述操作即可创建列表区域，当添加新数据时，如图13-55所示。

图13-55

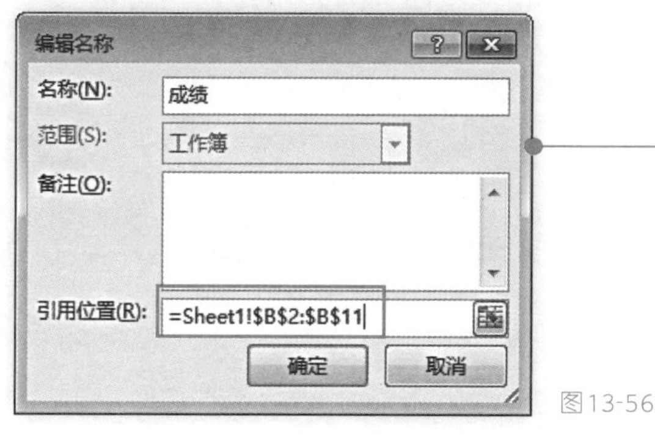

❺ 名称的引用位置会相应发生改变，查看“成绩”的引用位置更改为了“=Sheet1!$B$2:$B$11”，如图13-56所示。

图13-56

❻ 在D2单元格中输入公式："=AVERAGE（成绩）"，按〈Enter〉键计算出员工的平均分数，如图13-57所示。

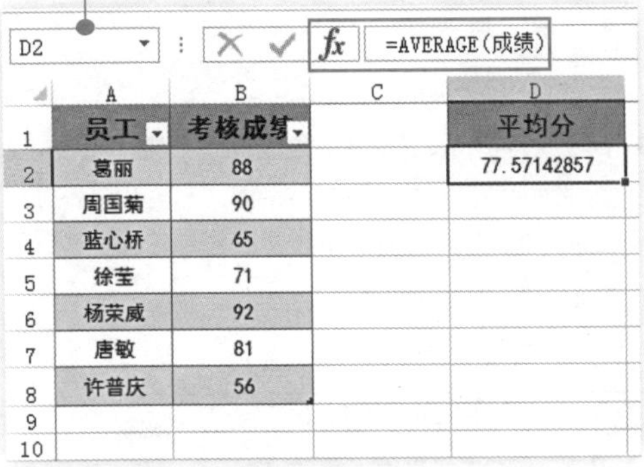

D2 =AVERAGE(成绩)

	A	B	C	D
1	员工	考核成绩		平均分
2	葛丽	88		77.57142857
3	周国菊	90		
4	蓝心桥	65		
5	徐莹	71		
6	杨荣威	92		
7	唐敏	81		
8	许普庆	56		
9				
10				

图13-57

❼ 当添加了三行新数据时，平均分数也自动计算，如图13-58所示。

D2 =AVERAGE(成绩)

	A	B	C	D
1	员工	考核成绩		平均分
2	葛丽	88		71
3	周国菊	90		
4	蓝心桥	65		
5	徐莹	71		
6	杨荣威	92		
7	唐敏	81		
8	许普庆	56		
9	周伟	46		
10	黄明	51		
11	周宝华	70		
12				
13				

图13-58

6. 计算一车间女职工的平均工资

例如如图13-59所示的表格中统计了三个部门的工资，现要求统计一车间女职工的平均工资。

在C11单元格输入公式："=AVERAGE(IF((B2:B9="一车间")*(C2:C9="女"),D2:D9))"，按〈Ctrl+Shift+Enter〉组合键，即可计算出一车间女职工的平均工资，如图13-60所示。

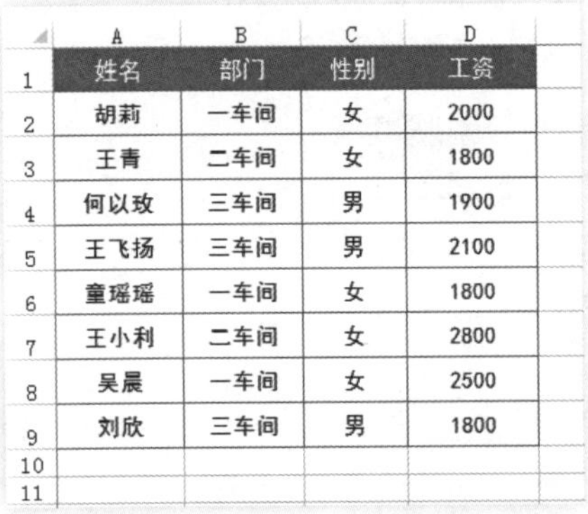

	A	B	C	D
1	姓名	部门	性别	工资
2	胡莉	一车间	女	2000
3	王青	二车间	女	1800
4	何以玫	三车间	男	1900
5	王飞扬	三车间	男	2100
6	童瑶瑶	一车间	女	1800
7	王小利	二车间	女	2800
8	吴晨	一车间	女	2500
9	刘欣	三车间	男	1800
10				
11				

图13-59

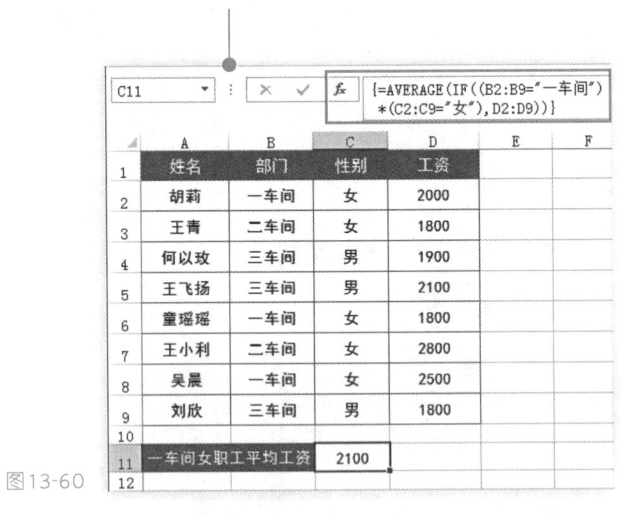

C11 {=AVERAGE(IF((B2:B9="一车间")*(C2:C9="女"),D2:D9))}

	A	B	C	D	E	F
1	姓名	部门	性别	工资		
2	胡莉	一车间	女	2000		
3	王青	二车间	女	1800		
4	何以玫	三车间	男	1900		
5	王飞扬	三车间	男	2100		
6	童瑶瑶	一车间	女	1800		
7	王小利	二车间	女	2800		
8	吴晨	一车间	女	2500		
9	刘欣	三车间	男	1800		
10						
11	一车间女职工平均工资		2100			
12						

图13-60

13.3 表格创建

公司采购的费用报销单有时候根本不能满足同事们要填写项目的需求，而且统计起来好麻烦啊！

工作一定要从实际出发，你可以根据之前所学的 Excel 2013 知识和公司的实际情况设计制作一套报销表和费用明细表。

13.3.1　费用报销流程图

制作费用报销流程图是规范费用报销的第一步，有了流程图员工只需按照流程图操作可快速、方便地完成费用的报销。下面让我们从零开始制作一份报销流程图。

❶ 新建工作簿，并命名为“企业日常费用支出统计与分析”，将“Sheet1”工作表重命名为“费用报销流程图”，切换至“插入”选项卡，在“插图”选项组中单击“SmartArt”按钮，打开“选择SmartArt图形”对话框，如图13-61所示。

图13-61

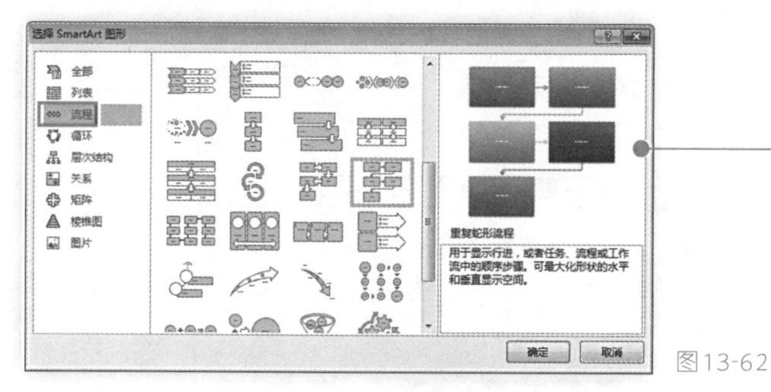

❷ 单击左侧的“流程”标签，然后在其右侧的列表框中选择“重复蛇形流程”图标，单击“确定”按钮如图13-62所示。

图13-62

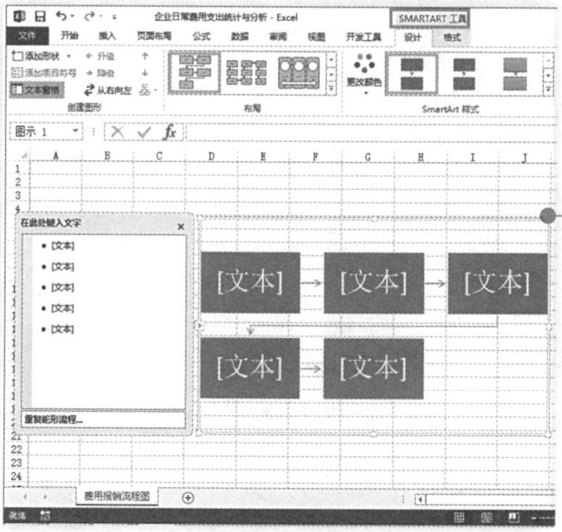

❸ 完成上述操作此时在工作表中已插入所选的流程图，并启动“SmartArt工具”选项卡，如图13-63所示。

图13-63

❹ 在SmartArt流程图中输入费用报销的步骤，并调整各个SmartArt图形的位置，如图13-64所示。

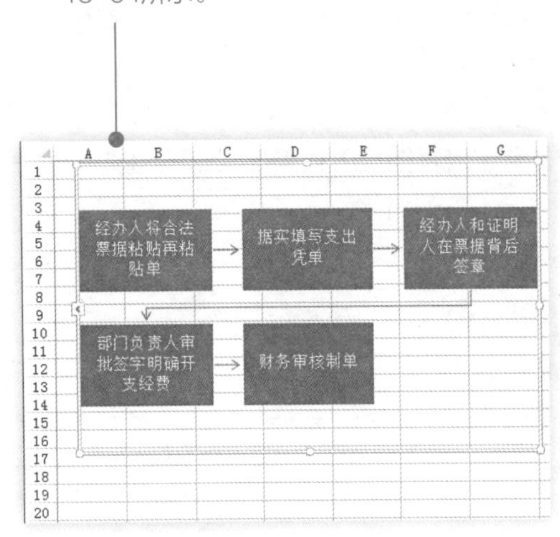

图13-64

❺ 在“SmartArt工具-设计”选项卡，单击“布局”组中的快翻按钮，在展开的样式库中选择需要更改为的布局样式，单击选中样式即可将其应用如图13-65所示。

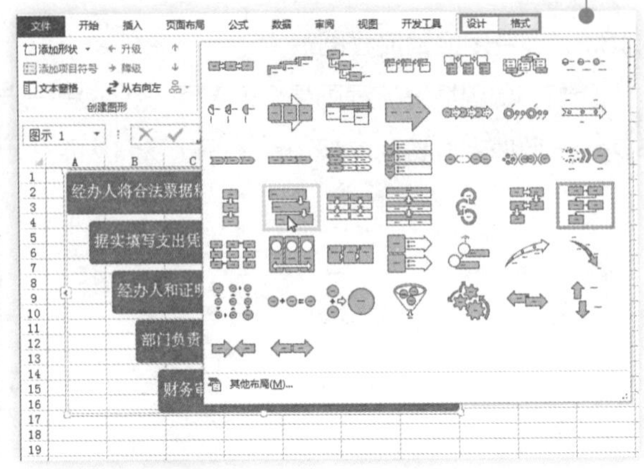

图13-65

❻ 单击鼠标后，可以看到SmartArt图形的布局已经更改，应用了选择的布局样式，效果如图13-66所示。

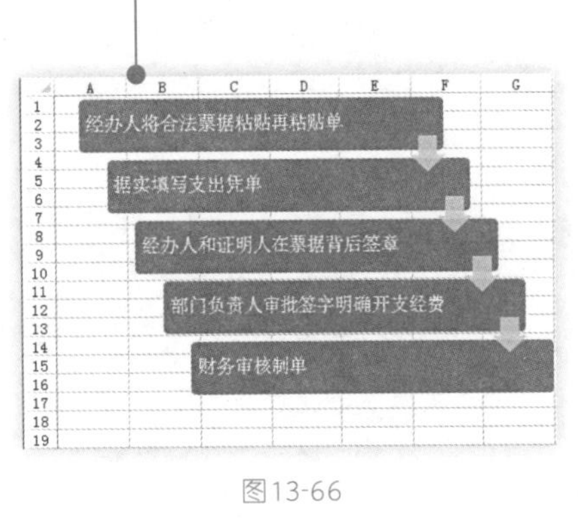

图13-66

❼ 选中SmartArt图形，单击“SmartArt工具-设计”选项卡，在“SmartArt样式”选项组中单击“更改颜色”下拉按钮，在下拉列表中单击需要的颜色图标，如图13-67所示。

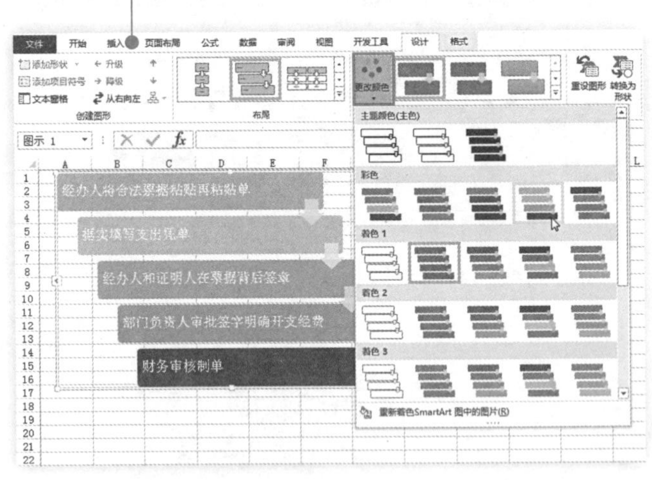

图13-67

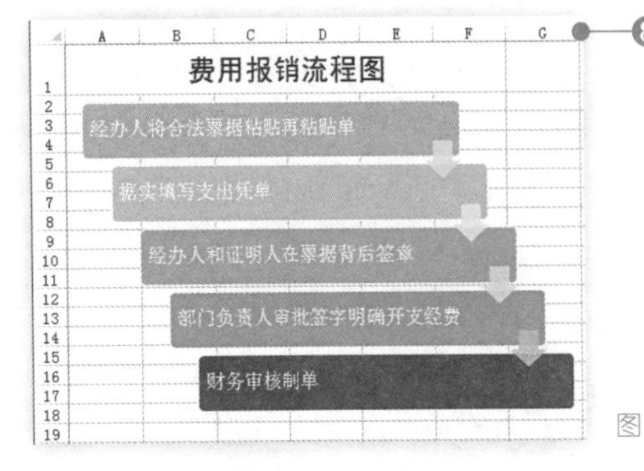

图13-68

❽ 执行上述操作，选中的SmartArt图形应用了指定的颜色和样式，并进一步完善，效果如图13-68所示。

如果对设置的SmartArt图形不满意，也可以重新更改。

专家提示

13.3.2　招聘培训费明细表

招聘培训费明细表包括招聘场地租用费、表格资料打印复印费、培训费等。下面我们将在Excel 2013中创建招聘培训费明细表。

❶ 新建工作表，将其重命名为“招聘培训费明细表”，在表格中建立相应列标识，并设置表格的文字格式、边框底纹等，如图13-69所示。

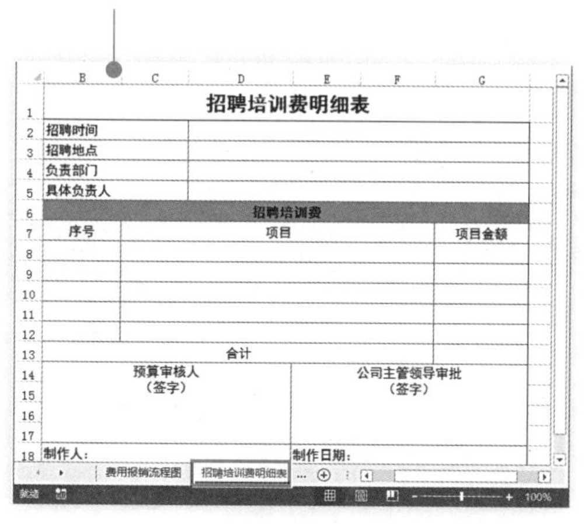

图13-69

❷ 在G13单元格中输入公式：“=SUM(G8:G12)”，按〈Enter〉键，即可计算出项目金额合计值，如图13-70所示。

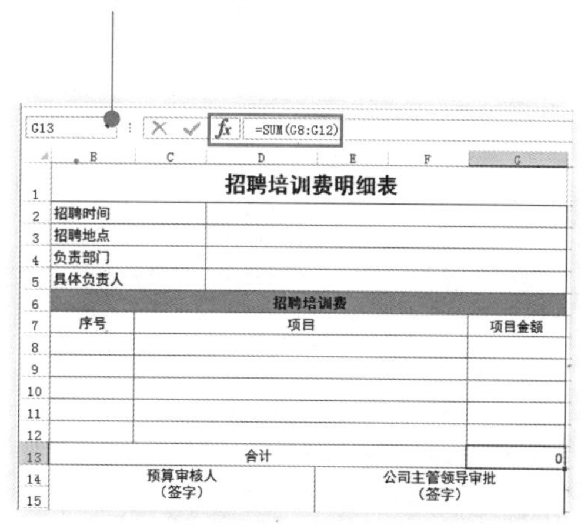

图13-70

❸ 选中G8：G13单元格区域，在“开始”选项卡的“数字”组单击“数字格式”按钮，在其下拉列表中单击“会计专用”，即可为选定单元格区域设置会计数字格式，如图13-71所示。

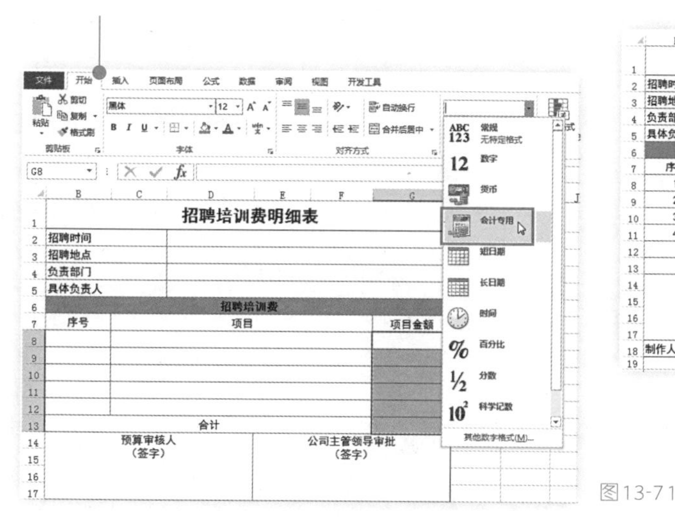

图13-71

❹ 设置完成后，根据实际情况在表格中填写相关数据，效果如图13-72所示。

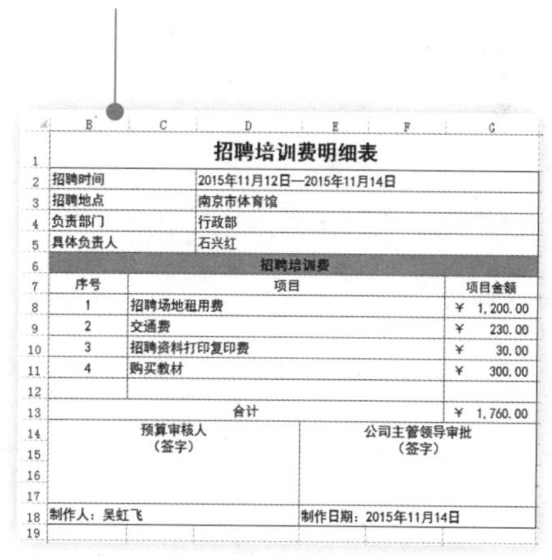

图13-72

13.3.3　企业费用支出统计表

企业费用统计表可以详细地记录一段时间企业日常管理中产生的费用支出。针对不同企业，其费用类型、支出部门可能有所不同，但统计报表中所包含的要素是基本相同的。

1. 创建费用支出统计表

日常费用支出统计表一般按日期以流水账的方式记录，通常包含费用产生部门、费用类别、费用金额等几项基本标识。下面利用Excel 2013来创建日常费用支出统计表框架。

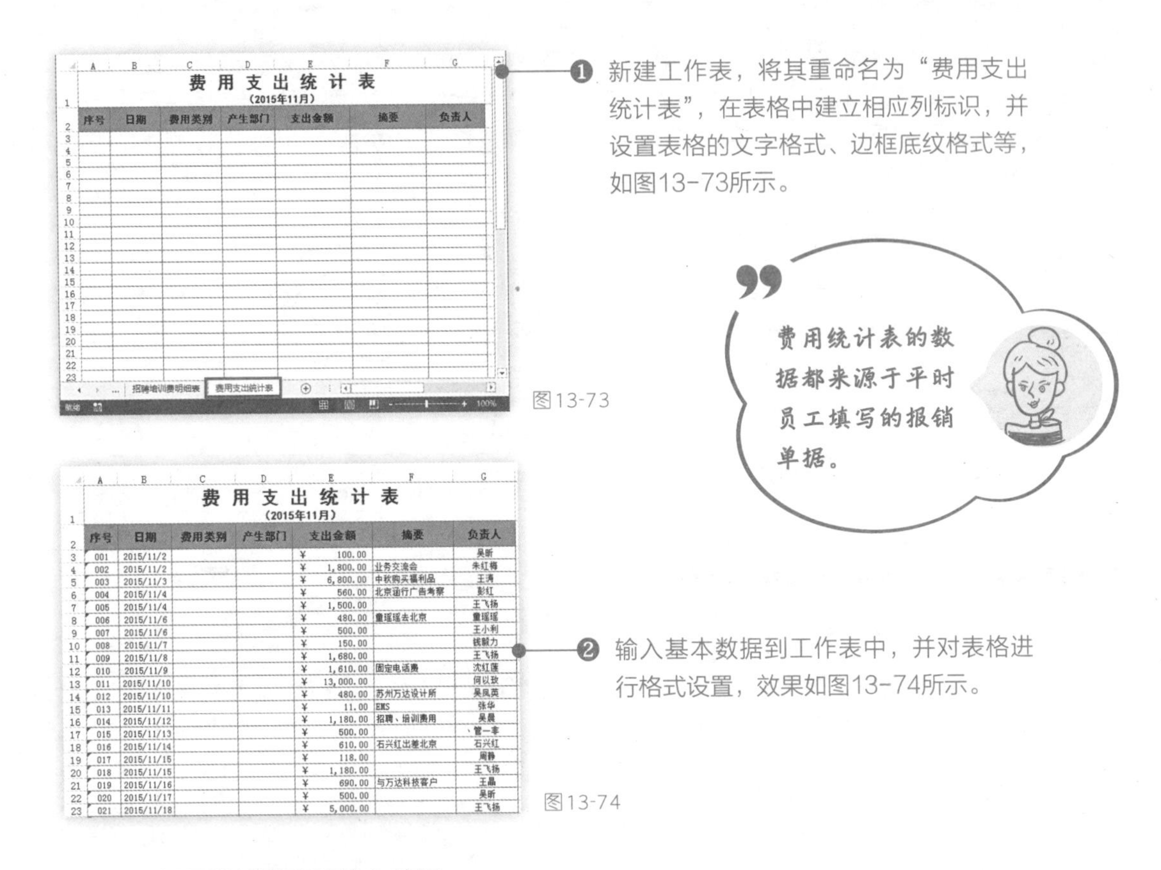

❶ 新建工作表，将其重命名为“费用支出统计表”，在表格中建立相应列标识，并设置表格的文字格式、边框底纹格式等，如图13-73所示。

图13-73

❷ 输入基本数据到工作表中，并对表格进行格式设置，效果如图13-74所示。

图13-74

2. 设置快速准确的输入数据

为了实现快速录入数据，我们可以为“费用类别”与“产生部门”列设置数据验证，以实现选择输入。

❶ 在工作表的空白处输入所有费用类别，选中“费用类别”列单元格区域，在“数据”选项卡下的“数据工具”组中单击“数据验证”按钮（图13-75），打开“数据验证”对话框。

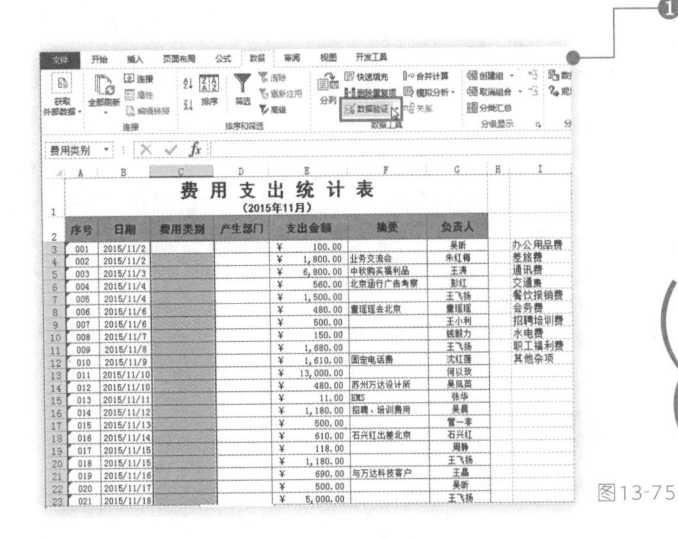

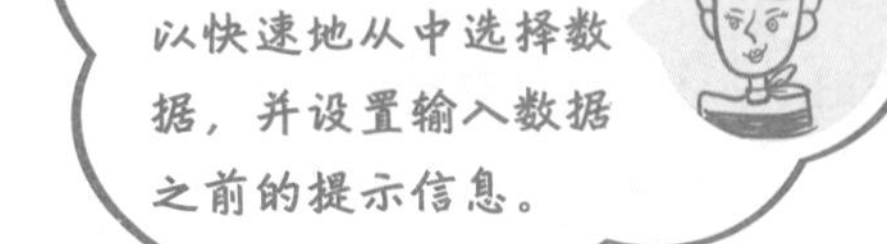

图13-75

❷ 选取“设置”选项卡在“允许”列表中选择“序列”，单击“来源”编辑框右侧的“ ”（拾取器）按钮，如图13-76所示。

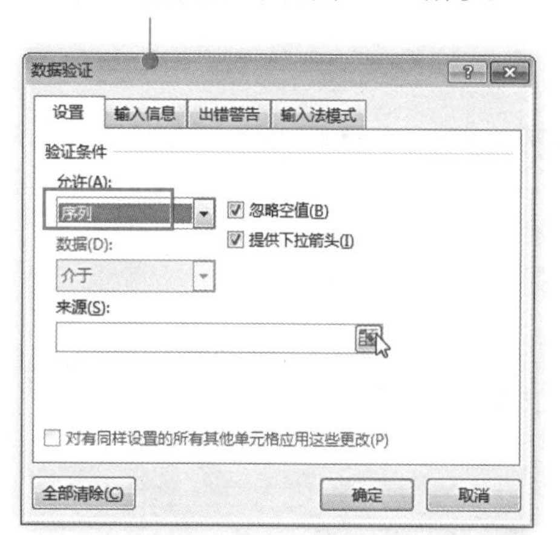

图13-76

❸ 在工作表中选择之前输入费用类别的单元格区域作为序列的来源，如图13-77所示。

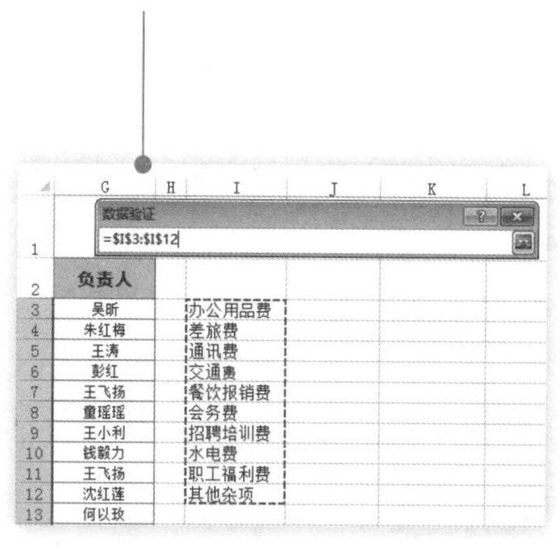

图13-77

❹ 选择来源后，单击“ ”按钮回到“数据验证”对话框中，可以看到“来源”框中显示的单元格区域，如图13-78所示。

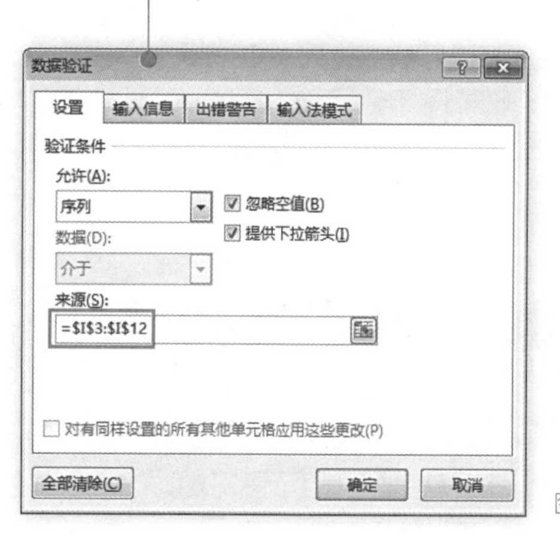

图13-78

❺ 选择“输入信息”选项卡，在“输入信息”编辑框中输入选中单元格时显示的提示信息，单击“确定”按钮如图13-79所示。

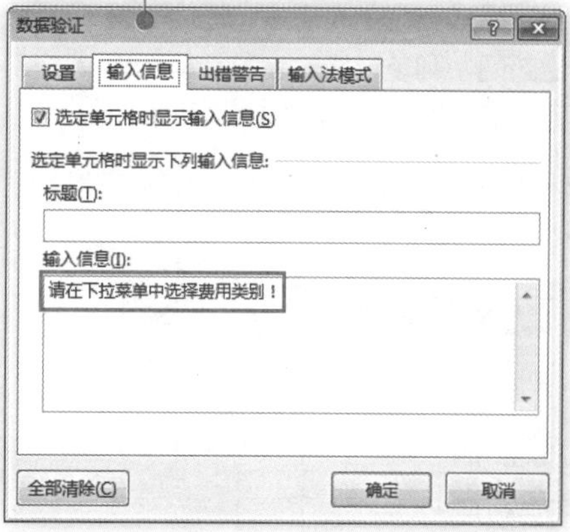

图13-79

❻ 单击“确定”按钮回到工作表中，选中“费用类别”列单元格时，会显示提示信息并显示下拉按钮，如图13-80所示。

图13-80

❼ 单击下拉按钮打开下拉菜单，显示可供选择的费用类别，如图13-81所示。

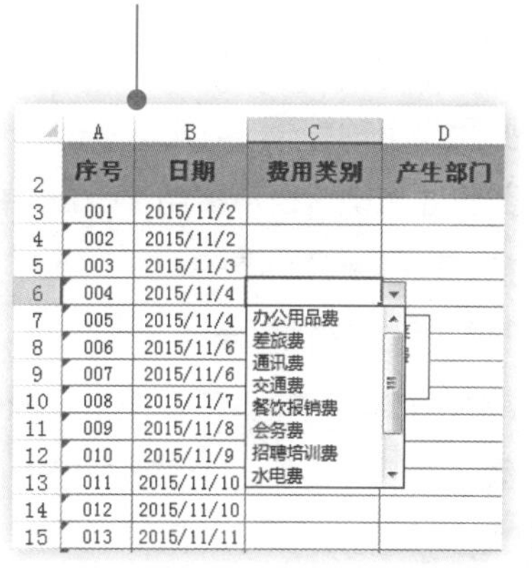

图13-81

❽ 选中“产生部门”列单元格区域，打开“数据验证”对话框。在“允许”列表中选择“序列”，在“来源”设置框中输入各个部门（注意用半角逗号隔开），如图13-82所示。

图13-82

❾ 切换到“输入信息”选项卡下，设置选中单元格时显示的提示信息，单击“确定”按钮如图13-83所示。

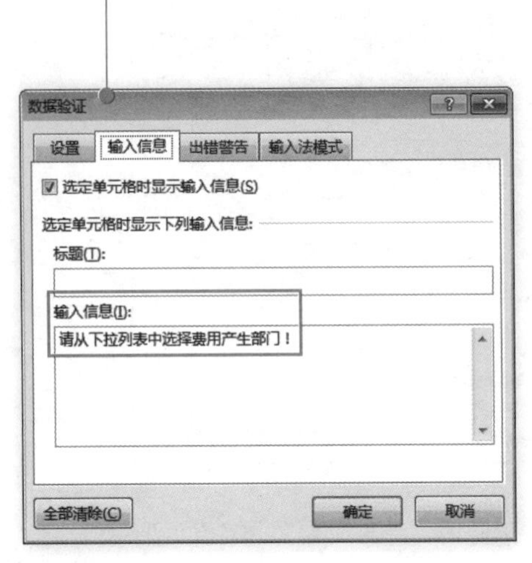

图13-83

❿ 完成上述操作回到工作表中，选中“费用产生部门”列单元格时会显示提示信息并显示下拉按钮，如图13-84所示。

	A	B	C	D	
2	序号	日期	费用类别	产生部门	支出
3	001	2015/11/2			¥
4	002	2015/11/2			¥
5	003	2015/11/3			¥
6	004	2015/11/4			
7	005	2015/11/4			
8	006	2015/11/6			
9	007	2015/11/6			
10	008	2015/11/7			
11	009	2015/11/8			¥
12	010	2015/11/9			¥
13	011	2015/11/10			¥
14	012	2015/11/10			¥

请从下拉列表中选择费用产生部门！

图13-84

⓫ 单击按钮即可从下拉列表中选择部门，如图13-85所示。

	A	B	C	D	
2	序号	日期	费用类别	产生部门	支出
3	001	2015/11/2			¥
4	002	2015/11/2			¥
5	003	2015/11/3			¥
6	004	2015/11/4			
7	005	2015/11/4			
8	006	2015/11/6			
9	007	2015/11/6			
10	008	2015/11/7			
11	009	2015/11/8			¥
12	010	2015/11/9			¥
13	011	2015/11/10			¥
14	012	2015/11/10			¥

请从下拉列表中选择费用产生部门！

图13-85

13.3.4 日常费用支出预算表

对于大多数企业来说，日常费用都是企业比较大的开支，同时也是较难控制的开支，因此制作日常费用预算表是十分必要的。

1. 创建日常费用支出预算表

为了对日常费用支出进行有效管理，根据日常费用支出数据，计算出来相应时间段内日常费用支出的金额，我们需要在Excel 2013中创建日常费用支出预算表。

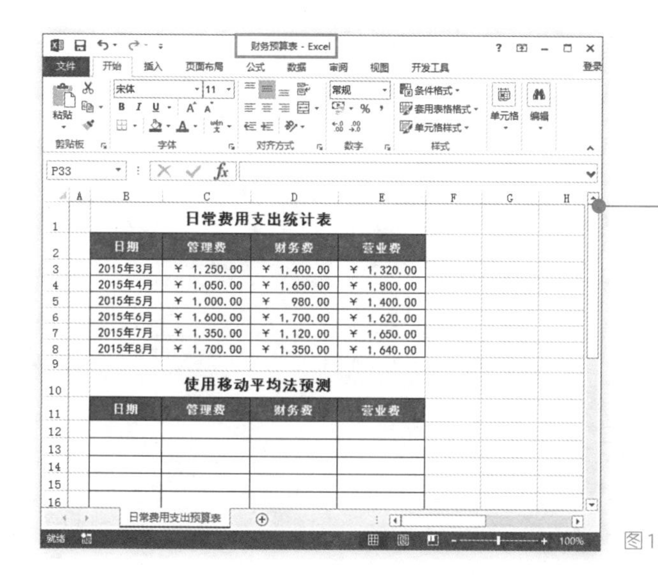

日常费用支出统计表

日期	管理费	财务费	营业费
2015年3月	￥ 1,250.00	￥ 1,400.00	￥ 1,320.00
2015年4月	￥ 1,050.00	￥ 1,650.00	￥ 1,800.00
2015年5月	￥ 1,000.00	￥ 980.00	￥ 1,400.00
2015年6月	￥ 1,600.00	￥ 1,700.00	￥ 1,620.00
2015年7月	￥ 1,350.00	￥ 1,120.00	￥ 1,650.00
2015年8月	￥ 1,700.00	￥ 1,350.00	￥ 1,640.00

使用移动平均法预测

日期	管理费	财务费	营业费

图13-86

❶ 新建工作簿，并命名为“财务预算表”，将“Sheet1”工作表重命名为“日常费用支出预算表”，在表格中建立相应列标识，并设置表格的文字格式、边框底纹格式等，如图13-86所示。

❷ 在B12单元格中输入“2015年9月”，向下填充到B17单元格，单击“自动填充选项”按钮，在打开的菜单中选中“以月填充”单选框，如图13-87所示。

日常费用支出统计表

日期	管理费	财务费	营业费
2015年3月	￥ 1,250.00	￥ 1,400.00	￥ 1,320.00
2015年4月	￥ 1,050.00	￥ 1,650.00	￥ 1,800.00
2015年5月	￥ 1,000.00	￥ 980.00	￥ 1,400.00
2015年6月	￥ 1,600.00	￥ 1,700.00	￥ 1,620.00
2015年7月	￥ 1,350.00	￥ 1,120.00	￥ 1,650.00
2015年8月	￥ 1,700.00	￥ 1,350.00	￥ 1,640.00

日期	管理费	财务费	营业费
2015年9月			
2015年9月			
2015年9月			
2015年9月			
2015年9月			
2015年9月			

复制单元格(C)
填充序列(S)
仅填充格式(F)
不带格式填充(O)
以天数填充(D)
以工作日填充(W)
以月填充(M)
以年填充(Y)
快速填充(F)

图13-87

❸ 执行上述操作，即可实现以月数进行填充，如图13-88所示。

日常费用支出统计表

日期	管理费	财务费	营业费
2015年3月	￥ 1,250.00	￥ 1,400.00	￥ 1,320.00
2015年4月	￥ 1,050.00	￥ 1,650.00	￥ 1,800.00
2015年5月	￥ 1,000.00	￥ 980.00	￥ 1,400.00
2015年6月	￥ 1,600.00	￥ 1,700.00	￥ 1,620.00
2015年7月	￥ 1,350.00	￥ 1,120.00	￥ 1,650.00
2015年8月	￥ 1,700.00	￥ 1,350.00	￥ 1,640.00

使用移动平均法预测

日期	管理费	财务费	营业费
2015年9月			
2015年10月			
2015年11月			
2015年12月			
2016年1月			
2016年2月			

图13-88

2. 对日常费用预测

为了有效地控制日常费用的支出，更合理的安排和利用企业资源，财务部门需要对日常企业费用进行预测分析，从而尽量避免企业的不合理开支。下面将以上例中数据为基础向你介绍几种常用的利用Excel 2013进行财务数据预测的方法。

1）移动平均法预测

❶ 切换至“数据”选项卡下，在“分析”组中单击“数据分析”按钮，弹出“数据分析”对话框，选中“移动平均”，接着单击“确定”按钮（图13-89），打开“移动平均”对话框。

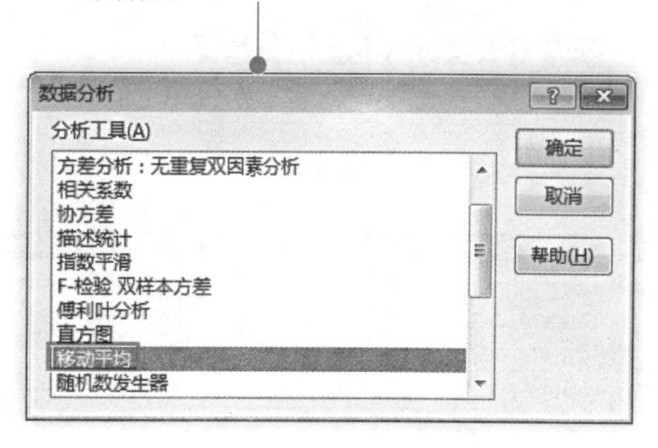

图13-89

❷ 根据需要设置输入区域、间隔、输出区域等参数值，设置完成后单击“确定”按钮如图13-90所示。

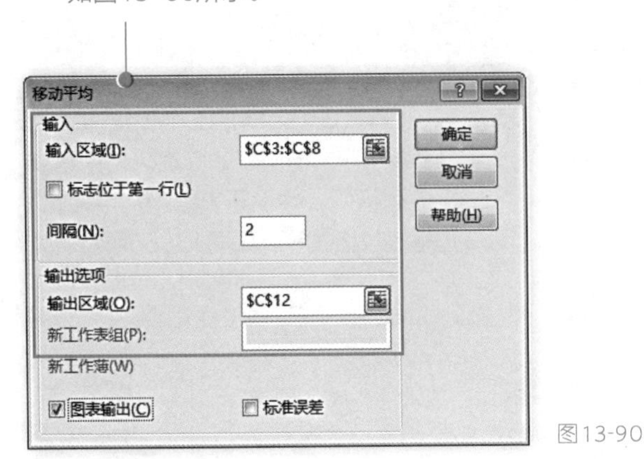

图13-90

❸ 完成上述操作即可得到“2015年10月”至“2016年2月”管理费的预测数据，如图13-91所示。

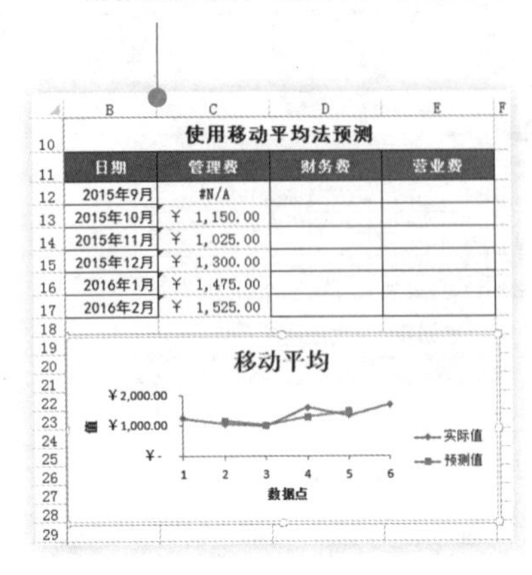

日期	管理费	财务费	营业费
2015年9月	#N/A		
2015年10月	¥ 1,150.00		
2015年11月	¥ 1,025.00		
2015年12月	¥ 1,300.00		
2016年1月	¥ 1,475.00		
2016年2月	¥ 1,525.00		

图13-91

❹ 删除“2015年9月”的数据，如图13-92所示。

❺ 选中C12：C16单元格区域，拖动填充柄向右复制公式，计算出财务费和营业费的预测值，如图13-93所示。

❻ 假设2015年9月的预测值为实际值，则可以在单元格C17输入公式：“=AVERAGE（C8, C12）”，按〈Enter〉键，向右复制公式，得到2016年2月的预测费用，如图13-94所示。

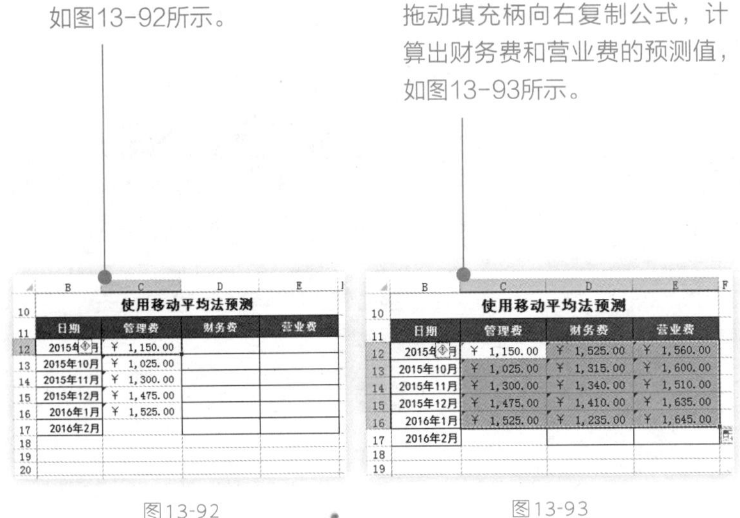

使用移动平均法预测

日期	管理费	财务费	营业费
2015年9月	¥ 1,150.00		
2015年10月	¥ 1,025.00		
2015年11月	¥ 1,300.00		
2015年12月	¥ 1,475.00		
2016年1月	¥ 1,525.00		
2016年2月			

图13-92

使用移动平均法预测

日期	管理费	财务费	营业费
2015年9月	¥ 1,150.00	¥ 1,525.00	¥ 1,560.00
2015年10月	¥ 1,025.00	¥ 1,315.00	¥ 1,600.00
2015年11月	¥ 1,300.00	¥ 1,340.00	¥ 1,510.00
2015年12月	¥ 1,475.00	¥ 1,410.00	¥ 1,635.00
2016年1月	¥ 1,525.00	¥ 1,235.00	¥ 1,645.00
2016年2月			

图13-93

C17 =AVERAGE(C8,C12)

使用移动平均法预测

日期	管理费	财务费	营业费
2015年9月	¥ 1,150.00	¥ 1,525.00	¥ 1,560.00
2015年10月	¥ 1,025.00	¥ 1,315.00	¥ 1,600.00
2015年11月	¥ 1,300.00	¥ 1,340.00	¥ 1,510.00
2015年12月	¥ 1,475.00	¥ 1,410.00	¥ 1,635.00
2016年1月	¥ 1,525.00	¥ 1,235.00	¥ 1,645.00
2016年2月	¥ 1,425.00	¥ 1,437.50	¥ 1,600.00

图13-94

2）指数平滑法预测

❶ 复制“使用移动平均法预测”表格，清除计算结果，并将表格标题更改为“使用平滑指数法预测”，设置后效果，如图13-95所示。

日常费用支出统计表

日期	管理费	财务费	营业费
2015年3月	¥ 1,250.00	¥ 1,400.00	¥ 1,320.00
2015年4月	¥ 1,050.00	¥ 1,650.00	¥ 1,800.00
2015年5月	¥ 1,000.00	¥ 980.00	¥ 1,400.00
2015年6月	¥ 1,600.00	¥ 1,700.00	¥ 1,620.00
2015年7月	¥ 1,350.00	¥ 1,120.00	¥ 1,650.00
2015年8月	¥ 1,700.00	¥ 1,350.00	¥ 1,640.00

使用移动平均法预测

日期	管理费	财务费	营业费
2015年9月	¥ 1,150.00	¥ 1,525.00	¥ 1,560.00
2015年10月	¥ 1,025.00	¥ 1,315.00	¥ 1,600.00
2015年11月	¥ 1,300.00	¥ 1,340.00	¥ 1,510.00
2015年12月	¥ 1,475.00	¥ 1,410.00	¥ 1,635.00
2016年1月	¥ 1,525.00	¥ 1,235.00	¥ 1,645.00
2016年2月	¥ 1,425.00	¥ 1,437.50	¥ 1,600.00

使用平滑指数法预测

日期	管理费	财务费	营业费
2015年9月			
2015年10月			
2015年11月			
2015年12月			
2016年1月			
2016年2月			

图13-95

❷ 切换至“数据”选项卡下，在“分析”组中单击“数据分析”按钮，弹出“数据分析”对话框，选中“指数平滑”，接着单击“确定”按钮（图13-96），打开“指数平滑”对话框。

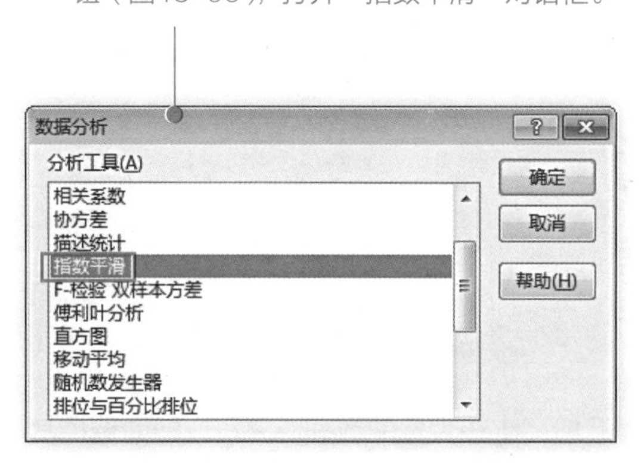

图13-96

❸ 设置输入区域，阻尼系数，输出区域参数，并勾选“图表输出”复选框，设置完成后单击“确定”按钮如图13-97所示。

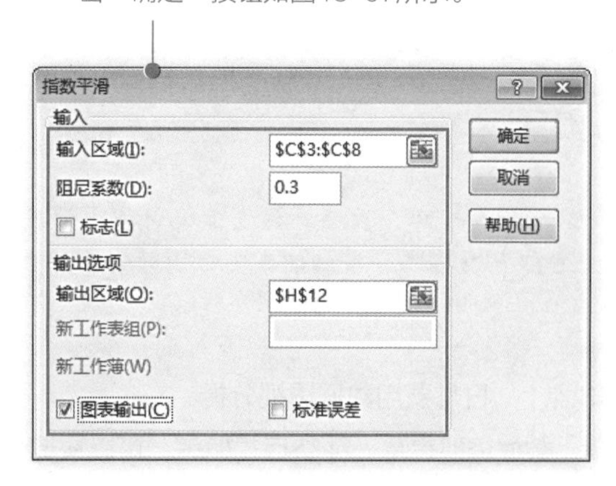

图13-97

❹ 完成上述操作系统即可生成按指数平滑法计算得到的管理费预测数据及相应图表，如图13-98所示。

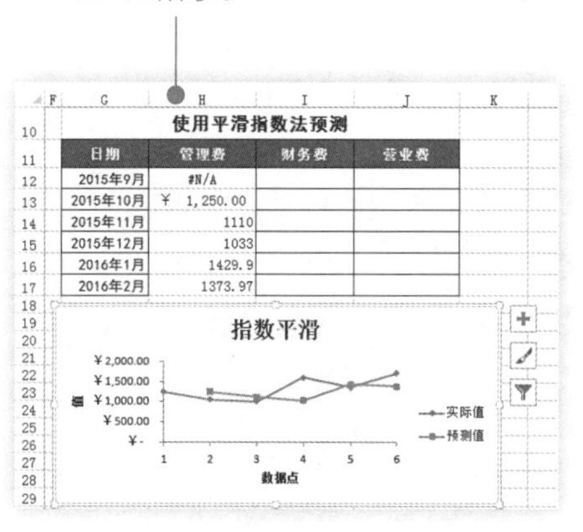

使用平滑指数法预测

日期	管理费	财务费	营业费
2015年9月	#N/A		
2015年10月	¥ 1,250.00		
2015年11月	1110		
2015年12月	1033		
2016年1月	1429.9		
2016年2月	1373.97		

图13-98

❺ 删除“2015年9月”数据，并向上移动单元格，然后利用自动填充功能，向右复制公式，计算出各费用项目的预测金额，如图13-99所示。

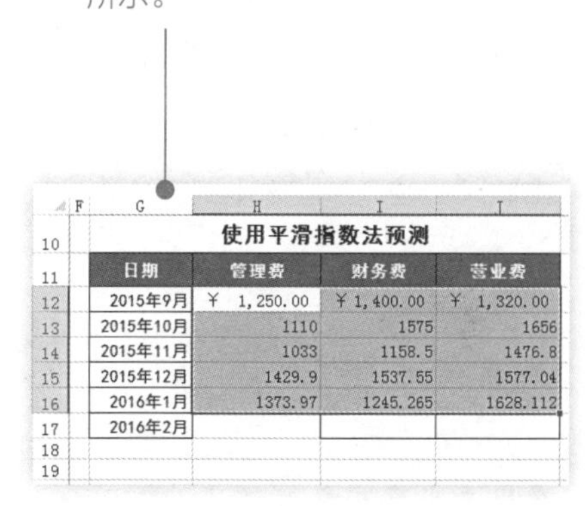

使用平滑指数法预测

日期	管理费	财务费	营业费
2015年9月	¥ 1,250.00	¥ 1,400.00	¥ 1,320.00
2015年10月	1110	1575	1656
2015年11月	1033	1158.5	1476.8
2015年12月	1429.9	1537.55	1577.04
2016年1月	1373.97	1245.265	1628.112
2016年2月			

图13-99

❻ 设置表格数字格式，在G17单元格输入公式：“=C7*0.7+H16*0.3”，按下〈Enter〉键，向右复制公式计算出6月的预测费用，如图13-100所示。

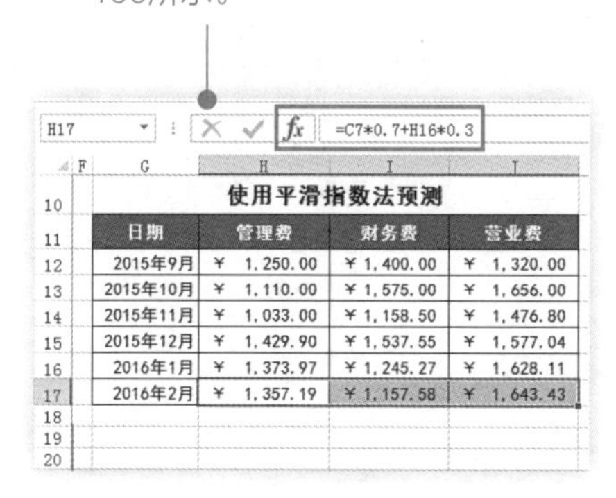

H17　=C7*0.7+H16*0.3

使用平滑指数法预测

日期	管理费	财务费	营业费
2015年9月	¥ 1,250.00	¥ 1,400.00	¥ 1,320.00
2015年10月	¥ 1,110.00	¥ 1,575.00	¥ 1,656.00
2015年11月	¥ 1,033.00	¥ 1,158.50	¥ 1,476.80
2015年12月	¥ 1,429.90	¥ 1,537.55	¥ 1,577.04
2016年1月	¥ 1,373.97	¥ 1,245.27	¥ 1,628.11
2016年2月	¥ 1,357.19	¥ 1,157.58	¥ 1,643.43

图13-100

❼ 此时在目标单元格中显示了指数平滑法计算结果和图表，它与移动平均法相同，只能预测出5个月的管理费用数据，如图13-101所示。

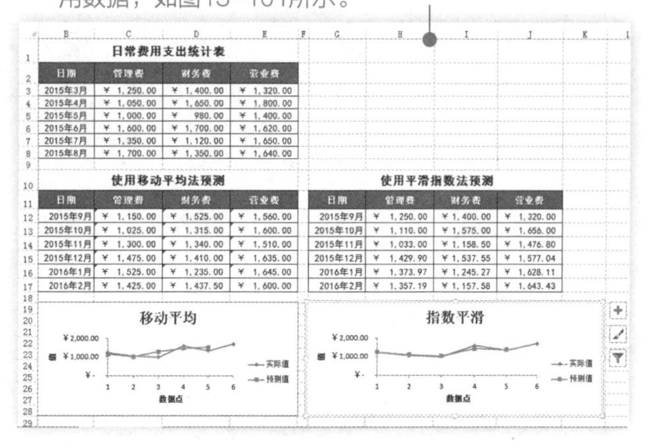

日常费用支出统计表

日期	管理费	财务费	营业费
2015年3月	¥ 1,250.00	¥ 1,400.00	¥ 1,320.00
2015年4月	¥ 1,050.00	¥ 1,650.00	¥ 1,800.00
2015年5月	¥ 1,000.00	¥ 980.00	¥ 1,400.00
2015年6月	¥ 1,600.00	¥ 1,700.00	¥ 1,620.00
2015年7月	¥ 1,350.00	¥ 1,120.00	¥ 1,650.00
2015年8月	¥ 1,700.00	¥ 1,350.00	¥ 1,640.00

使用移动平均法预测

日期	管理费	财务费	营业费
2015年9月	¥ 1,150.00	¥ 1,525.00	¥ 1,560.00
2015年10月	¥ 1,025.00	¥ 1,315.00	¥ 1,600.00
2015年11月	¥ 1,300.00	¥ 1,340.00	¥ 1,510.00
2015年12月	¥ 1,475.00	¥ 1,410.00	¥ 1,635.00
2016年1月	¥ 1,525.00	¥ 1,235.00	¥ 1,645.00
2016年2月	¥ 1,425.00	¥ 1,437.50	¥ 1,600.00

使用平滑指数法预测

日期	管理费	财务费	营业费
2015年9月	¥ 1,250.00	¥ 1,400.00	¥ 1,320.00
2015年10月	¥ 1,110.00	¥ 1,575.00	¥ 1,656.00
2015年11月	¥ 1,033.00	¥ 1,158.50	¥ 1,476.80
2015年12月	¥ 1,429.90	¥ 1,537.55	¥ 1,577.04
2016年1月	¥ 1,373.97	¥ 1,245.27	¥ 1,628.11
2016年2月	¥ 1,357.19	¥ 1,157.58	¥ 1,643.43

图13-101

13.4 数据分析

费用支出统计表是完成了，可是费用统计表虽然详尽，但也不免过于烦琐，很难高效进行数据分析啊！

这有什么难的，虽然费用支出统计表中涉及的项目很多，我们可以通过 Excel 2013 的数据透视表功能来实现高效的数据分析啊！

13.4.1 日常费用数据透视分析

数据透视表是一种交互式报表，可以快速分类汇总、比较大量的数据，并可以随时选择其中页、行和列中的不同元素，以快速查看源数据的不同统计结果。

利用数据透视表我们可以对费用记录进行有效分析，并在此基础上对日后的日常费用支出进行有效管理。

1. 统计各部门各费用类别的支出金额

❶ 选中“费用支出统计表”表格中任意单元格区域。在“插入”选项卡下“表格”组中单击“数据透视表”按钮，如图13-102所示。

❷ 打开“创建数据透视表”对话框，在“选择一个表或区域”框中显示了当前要建立为数据透视表的数据源，如图13-103所示单击“确定”按钮完成新建数据透视表。

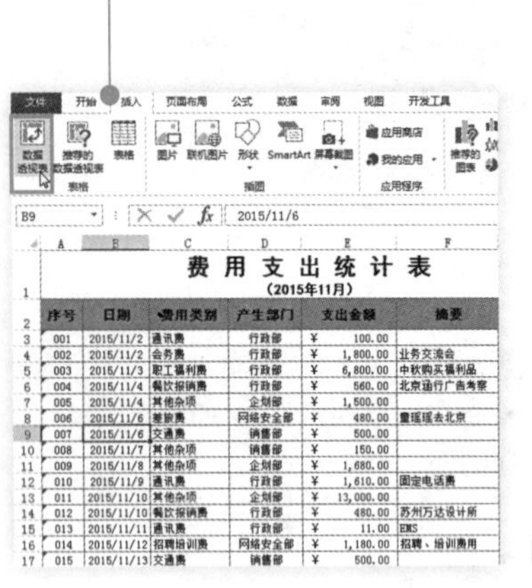

图13-102

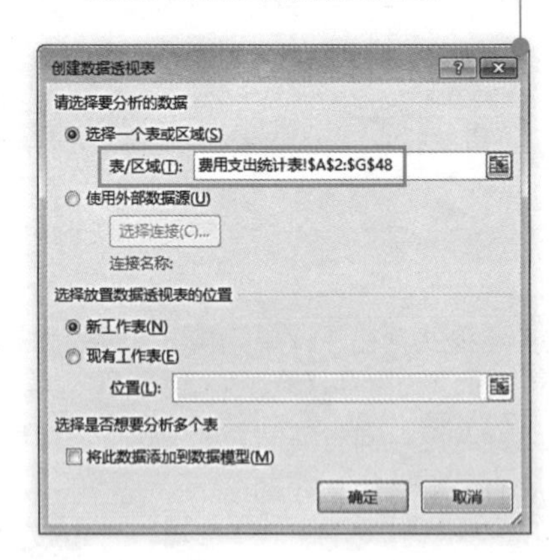

图13-103

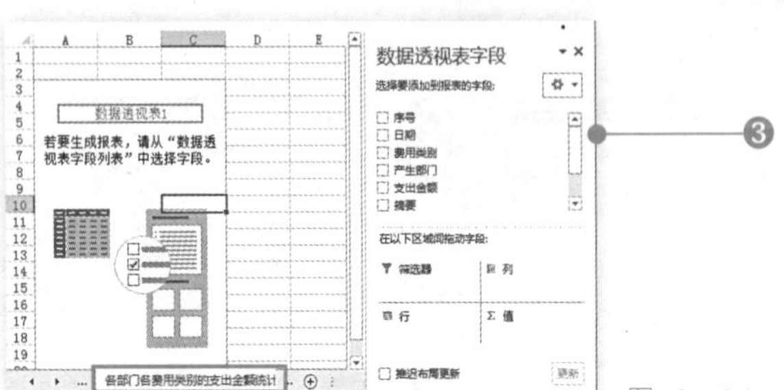

图13-104

❸ 在新建的工作表标签上双击鼠标，输入名称为“各部门各费用类别的支出金额统计”，如图13-104所示。

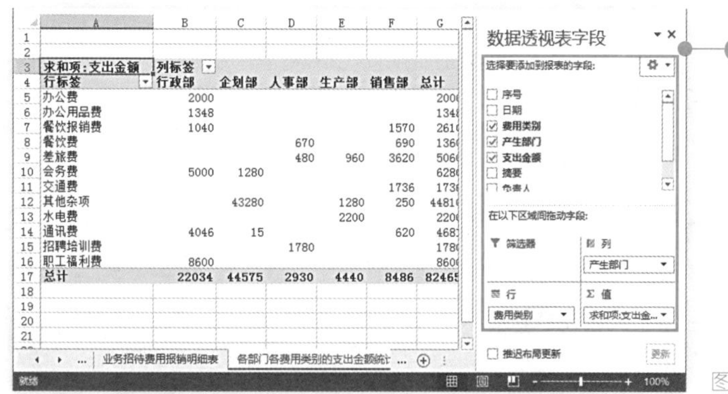

图13-105

❹ 在字段列表中选中“费用类别”字段，按住鼠标左键将其拖动至“行标签”列表中；选中“产生部门”字段，按住鼠标左键将其拖动至“列标签”列表中；选中“支出金额”字段，按住鼠标左键将其拖动至“数值”列表中，统计效果如图13-105所示。

❺ 选中数据透视表任意单元格，单击“数据透视表工具”→“设计”选项卡，在“数据透视表样式”组中可以选择套用的样式，单击右侧的“其他”（▾）按钮可打开下拉菜单，有多种样式可供选择，单击指定样式将其应用于表格如图13-106所示。

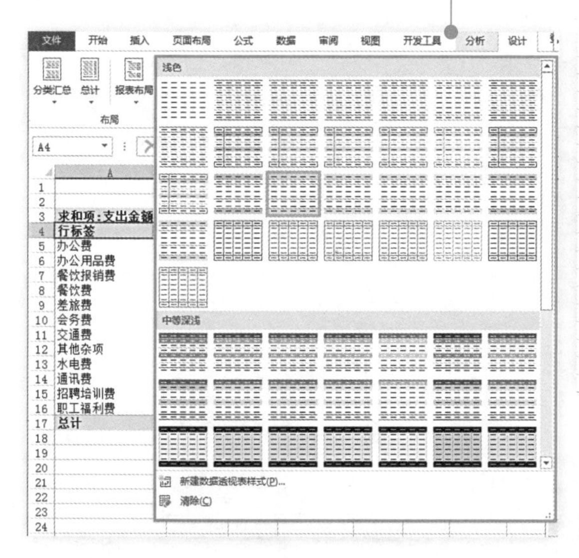

图13-106

❻ 应用新样式后效果如图13-107所示。从数据透视表中可以很清楚地看出“企划部”的“其他杂项”费用最高，以及整个“企划部”支出的费用也是最高的。

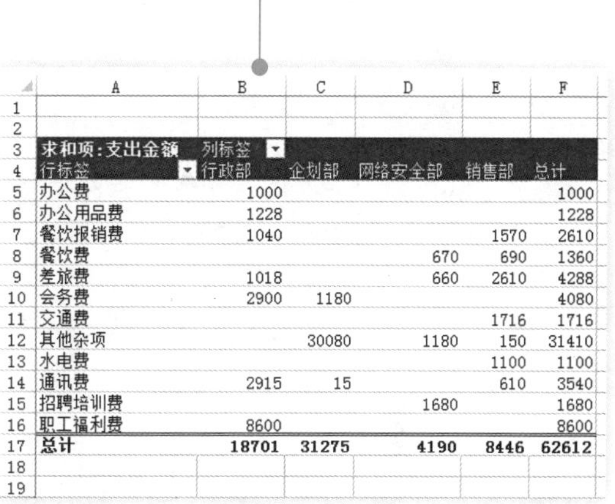

求和项:支出金额	列标签				
行标签	行政部	企划部	网络安全部	销售部	总计
办公费	1000				1000
办公用品费	1228				1228
餐饮报销费	1040			1570	2610
餐饮费			670	690	1360
差旅费	1018		660	2610	4288
会务费	2900	1180			4080
交通费				1716	1716
其他杂项		30080	1180	150	31410
水电费				1100	1100
通讯费	2915	15		610	3540
招聘培训费			1680		1680
职工福利费	8600				8600
总计	18701	31275	4190	8446	62612

图13-107

2. 统计各类别费用支出的次数

❶ 选中“费用支出统计表”表格中任意单元格区域。在“插入”选项卡下“表格”组中单击“数据透视表”按钮，如图13-108所示。

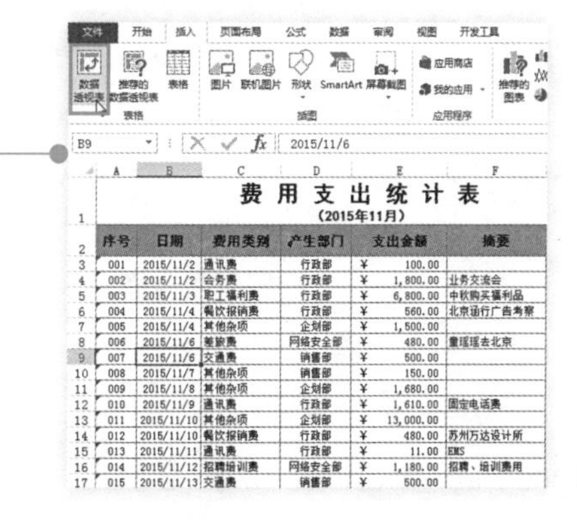

图13-108

❷ 打开“创建数据透视表”对话框，在“选择一个表或区域”框中显示了当前要建立为数据透视表的数据源，单击“确定”按钮完成新建数据透视表如图13-109所示。

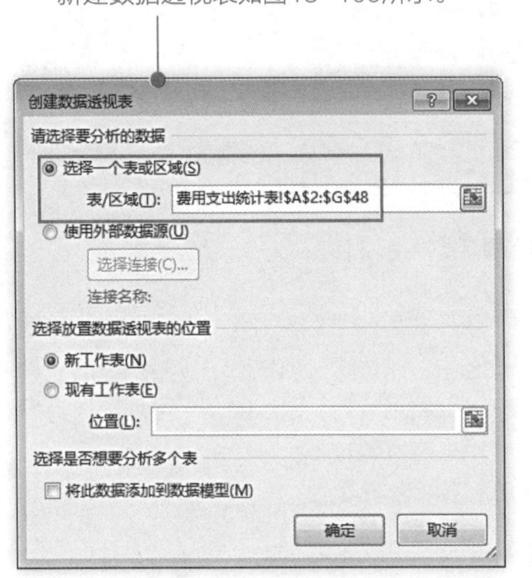

图13-109

❸ 在新建的工作表标签上双击鼠标，输入名称为“各类别费用支出的次数”，如图13-110所示。

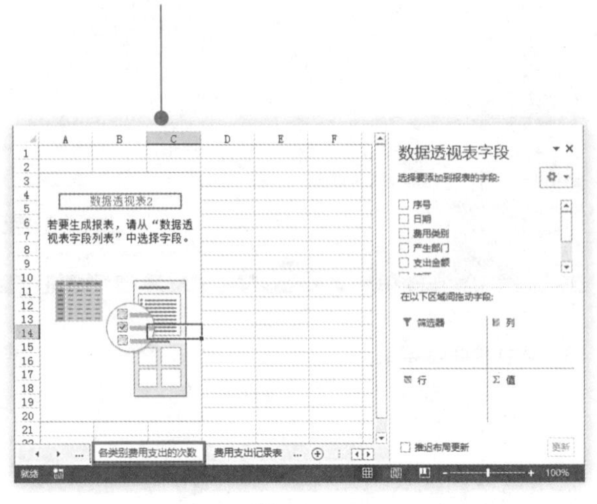

图13-110

❹ 设置“费用类别”字段为“行标签”字段，设置“支出金额”字段为“数值”字段（默认汇总方式为“求和”），如图13-111所示。

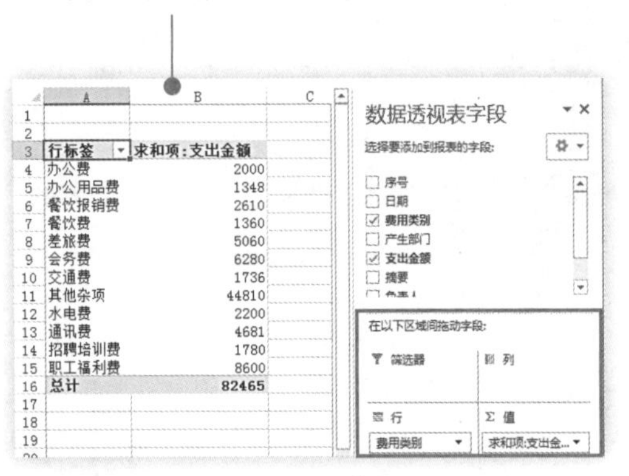

图13-111

❺ 在“数值”列表框中单击“支出金额”数值字段，打开下拉菜单，单击“值字段设置”命令（图13-112），打开“值字段设置”对话框。

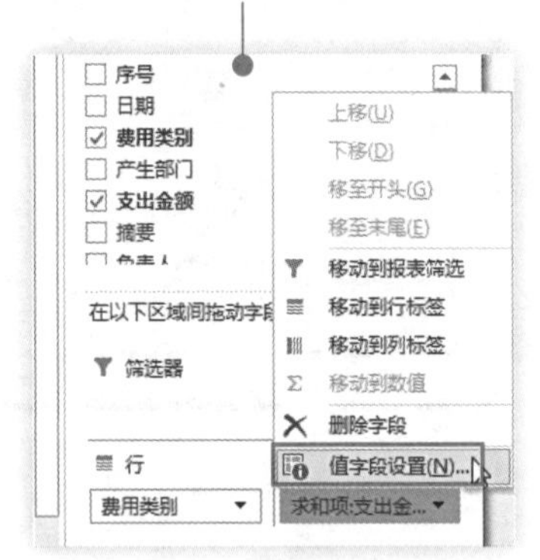

图13-112

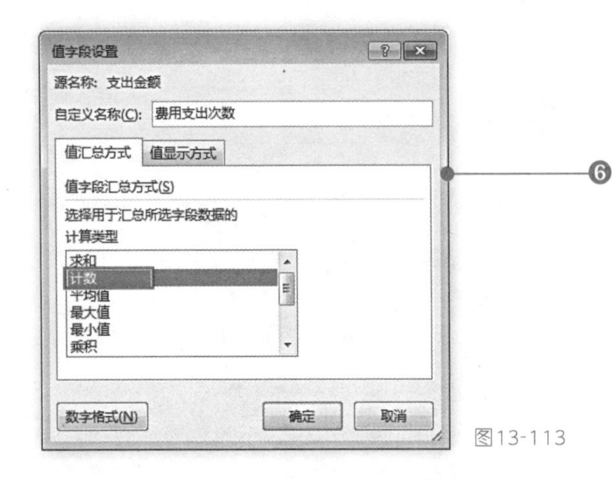

图13-113

❻ 选择“汇总方式”标签，在列表中可以选择汇总方式，如此处单击“计数”，在“自定义名称”设置框中输入“费用支出次数”，单击“确定”按钮完成设置如图13-113所示。

❼ 完成上述设置即可更改默认的求和汇总方式为计数，即统计出各个类别费用的支出次数，如图13-114所示。

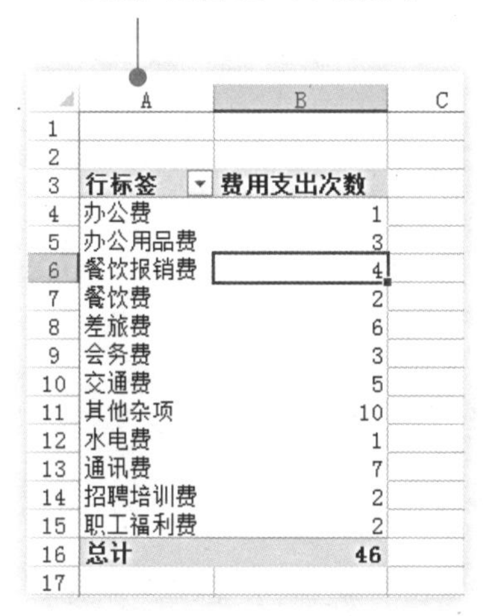

行标签	费用支出次数
办公费	1
办公用品费	3
餐饮报销费	4
餐饮费	2
差旅费	6
会务费	3
交通费	5
其他杂项	10
水电费	1
通讯费	7
招聘培训费	2
职工福利费	2
总计	**46**

图13-114

❽ 进一步设置数据透视表样式，效果如图13-115所示。可以看出“其他杂项”费用支出次数最多。

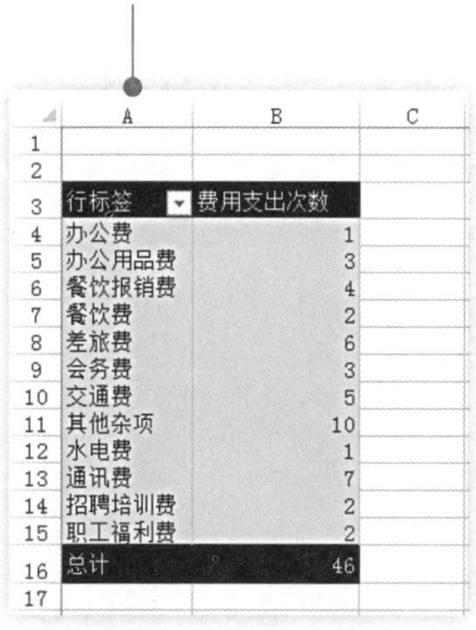

行标签	费用支出次数
办公费	1
办公用品费	3
餐饮报销费	4
餐饮费	2
差旅费	6
会务费	3
交通费	5
其他杂项	10
水电费	1
通讯费	7
招聘培训费	2
职工福利费	2
总计	46

图13-115

企业员工薪资管理

工资数据太难统计了，有没有什么办法可以有效地管理工资，减轻我们薪酬管理人员的负担。

没那么难啊，在Excel 2013中创建一个薪酬福利管理系统，有了这个系统后，每个月在进行工资核算时，只需要更改部分数据即可快速建立每月工资发放表。这样是不是简单多了啊……

14.1 制作流程

工资管理是企业管理的重要组成部分，它影响到企业的发展，涉及每一位员工的切身利益，不同的工资决策会给企业带来不同的结果。企业只有合理地制定薪酬评估与管理体系，才能更好地利用薪酬机制提高员工工作的积极性，激发员工的工作热情。

在工资管理过程中，可以利用Excel 2013程序来完成工资的核算与管理。如果企业员工较多，采用手工方式计算这些数据，工作效率低下，并且也容易出错；因此为了提高工作效率，并规范管理企业人员工资，可以用函数来构建一个工资管理系统，实现工资的自动化管理。下面我们将通过制作基本工资表，员工工资相关管理表格，工资统计表和按部门汇总员工工资金额四个任务来向你介绍与工资管理相关的知识与技能。如图14-1所示：

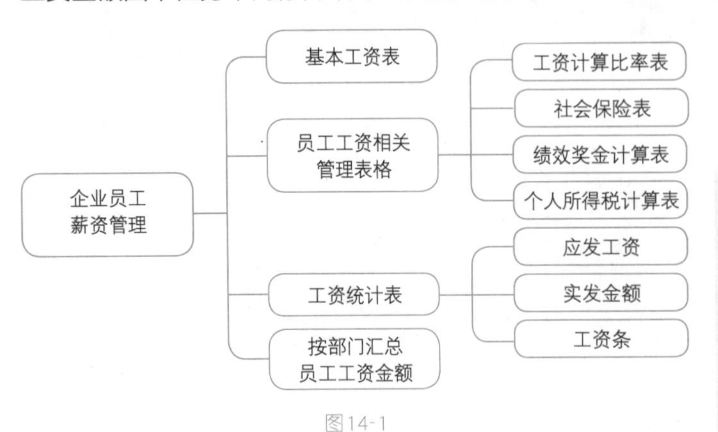

图14-1

在进行工资管理时，需要用到多个不同的表格，包括原始记录表，也包括数据分析计算表。下面我们可以先来看一下相关表格的效果图如图14-2所示。

涵行集团员工基本工资一览表

编　号	姓　名	部　门	基本工资（元）	岗位工资（元）	工资合计（元）
YG_0001	胡莉	办公室	1800	1000	2800
YG_0002	王蕾	办公室	2000	800	2800
YG_0003	何以玫	销售部	1500	800	2300
YG_0004	王飞扬	销售部	1400	800	2200
YG_0005	童瑶瑶	销售部	1300	800	2100
YG_0006	王小利	后勤部	1700	800	2500
YG_0007	吴晨	后勤部	1000	600	1600
YG_0008	吴昕	制造部	1300	1000	2300
YG_0009	钱毅力	制造部	1600	1000	2600
YG_0010	张飞	制造部	1500	600	2100
YG_0011	管一非	制造部	1300	600	1900
YG_0012	王琴	制造部	1300	600	1900
YG_0013	石兴红	制造部	1300	600	1900
YG_0014	朱红梅	制造部	1500	600	2100
YG_0015	夏守梅	制造部	1500	600	2100
YG_0016	周静	制造部	1500	600	2100
YG_0017	王涛	制造部	1500	600	2100
YG_0018	彭红	制造部	1500	600	2100
YG_0019	王晶	制造部	1500	600	2100
YG_0020	李金晶	制造部	1500	600	2100
YG_0021	王桃芳	制造部	1500	600	2100
YG_0022	刘云英	制造部	1500	600	2100
YG_0023	李光明	制造部	1500	600	2100

基本工资表

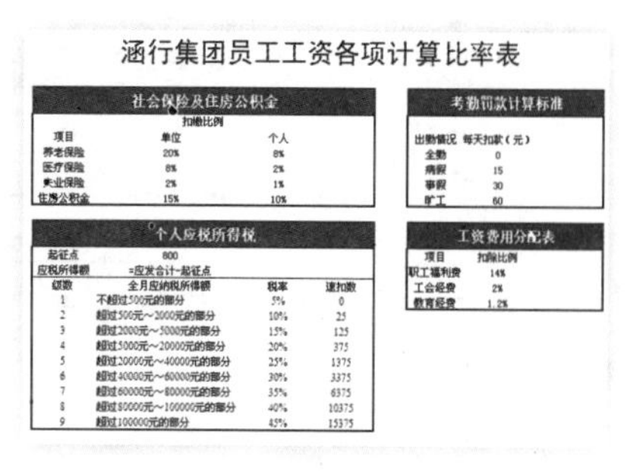

涵行集团员工工资各项计算比率表

社会保险及住房公积金		
	扣缴比例	
项目	单位	个人
养老保险	20%	8%
医疗保险	8%	2%
失业保险	2%	1%
住房公积金	15%	10%

考勤罚款计算标准	
出勤情况	每天扣款（元）
全勤	0
病假	15
事假	30
旷工	60

个人应税所得税			
起征点	800		
应税所得额	=应发合计-起征点		
级数	全月应纳税所得额	税率	速扣数
1	不超过500元的部分	5%	0
2	超过500元～2000元的部分	10%	25
3	超过2000元～5000元的部分	15%	125
4	超过5000元～20000元的部分	20%	375
5	超过20000元～40000元的部分	25%	1375
6	超过40000元～60000元的部分	30%	3375
7	超过60000元～80000元的部分	35%	6375
8	超过80000元～100000元的部分	40%	10375
9	超过100000元的部分	45%	15375

工资费用分配表	
项目	扣除比例
职工福利费	14%
工会经费	2%
教育经费	1.2%

计算比率表

工　资　统　计　表

编号	姓名	所属部门	基本工资	岗位工资	福利补贴	绩效奖金	应发合计	保险扣款	个人所得税	应扣合计	实发工资
YG_0001	胡莉	办公室	1800	1000	1260		4060	308	16.8	324.8	3735.2
YG_0002	王蕾	办公室	2000	800	1260		4060	308	16.8	324.8	3735.2
YG_0003	何以玫	销售部	1500	800	630	14400	17330	253	2452.5	2705.5	14624.5
YG_0004	王飞扬	销售部	1400	800	630	4560	7390	242	284	526	6864
YG_0005	童瑶瑶	销售部	1300	800	630	22400	25130	231	4402.5	4633.5	20496.5
YG_0006	王小利	后勤部	1700	800	990		3490	275	0	275	3215
YG_0007	吴晨	后勤部	1000	600	990		2590	176	0	176	2414
YG_0008	吴昕	制造部	1300	1000	820		3120	253	0	253	2867
YG_0009	钱毅力	制造部	1600	1000	820		3420	286	0	286	3134
YG_0010	张飞	制造部	1500	600	820		2920	231	0	231	2689
YG_0011	管一非	制造部	1300	600	820		2720	209	0	209	2511
YG_0012	王琴	制造部	1300	600	820		2720	209	0	209	2511
YG_0013	石兴红	制造部	1300	600	820		2720	209	0	209	2511
YG_0014	朱红梅	制造部	1500	600	820		2920	231	0	231	2689
YG_0015	夏守梅	制造部	1500	600	820		2920	231	0	231	2689
YG_0016	周静	制造部	1500	600	820		2920	231	0	231	2689
YG_0017	王涛	制造部	1500	600	820		2920	231	0	231	2689
YG_0018	彭红	制造部	1500	600	820		2920	231	0	231	2689
YG_0019	王晶	制造部	1500	600	820		2920	231	0	231	2689
YG_0020	李金晶	制造部	1500	600	820		2920	231	0	231	2689
YG_0021	王桃芳	制造部	1500	600	820		2920	231	0	231	2689
YG_0022	刘云英	制造部	1500	600	820		2920	231	0	231	2689
YG_0023	李光明	制造部	1500	600	820		2920	231	0	231	2689

工资统计表

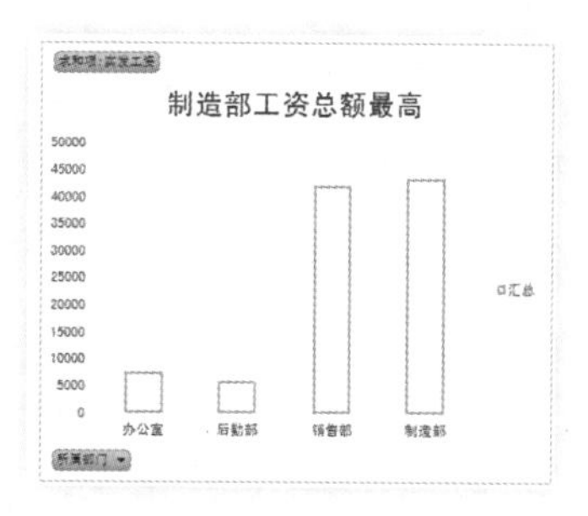

按部门汇总员工工资金额

图14-2

14.2　新手基础

在Excel 2013中进行公司工资管理需要用到的知识点包括：自动换行、定义名称、相关函数计算等。学会这些知识点，进行工资管理时会让你的工作轻松很多哦！

14.2.1　当输入内容超过单元格宽度时自动换行

在单元格中输入数据时，如果数据长度超过了单元格的宽度，则超过的部分将无法显示出来。除了缩小字体的大小或者通过设置单元格的“自动调整列宽”格式，让输入的内容超过单元格宽度时自动调整列宽这些方法外，我们也可以通过设置单元格的“自动换行”格式让其完整显示。具体操作方法如下例所示：

❶ 选中要设置自动换行的单元格区域，如C1单元格所在行，在“开始”选项卡的“对齐方式”组中单击“自动换行”按钮，如图14-3所示。

图14-3

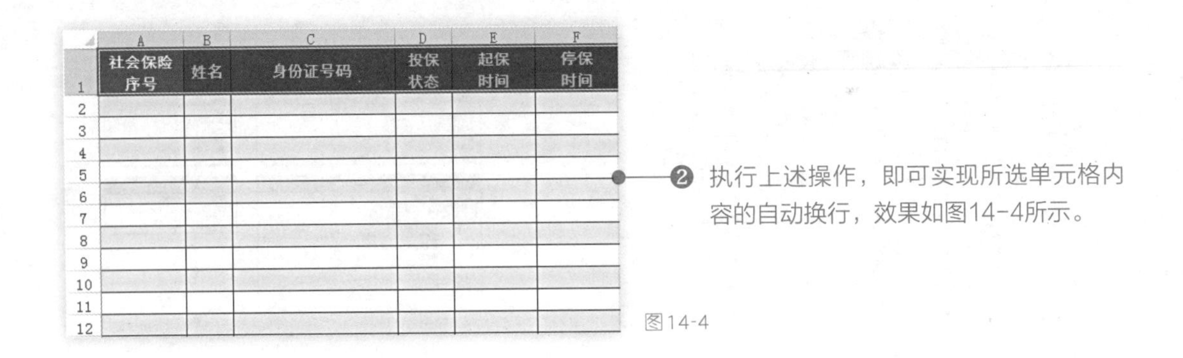

社会保险序号	姓名	身份证号码	投保状态	起保时间	停保时间

❷ 执行上述操作，即可实现所选单元格内容的自动换行，效果如图14-4所示。

图14-4

14.2.2 设置图表文字格式

图表中文字一般包括图表标题、图例文字、水平轴菜单与垂直轴菜单几项。要重新更改默认的文字格式，需要在选中要设置的对象后，在“开始”选项卡下的“字体”选项组中设置字体字号等文字格式要素，除此之外我们还可以设置艺术字效果（一般用于标题文字）。下面以设置标题文字格式为例介绍设置文字格式的方法。

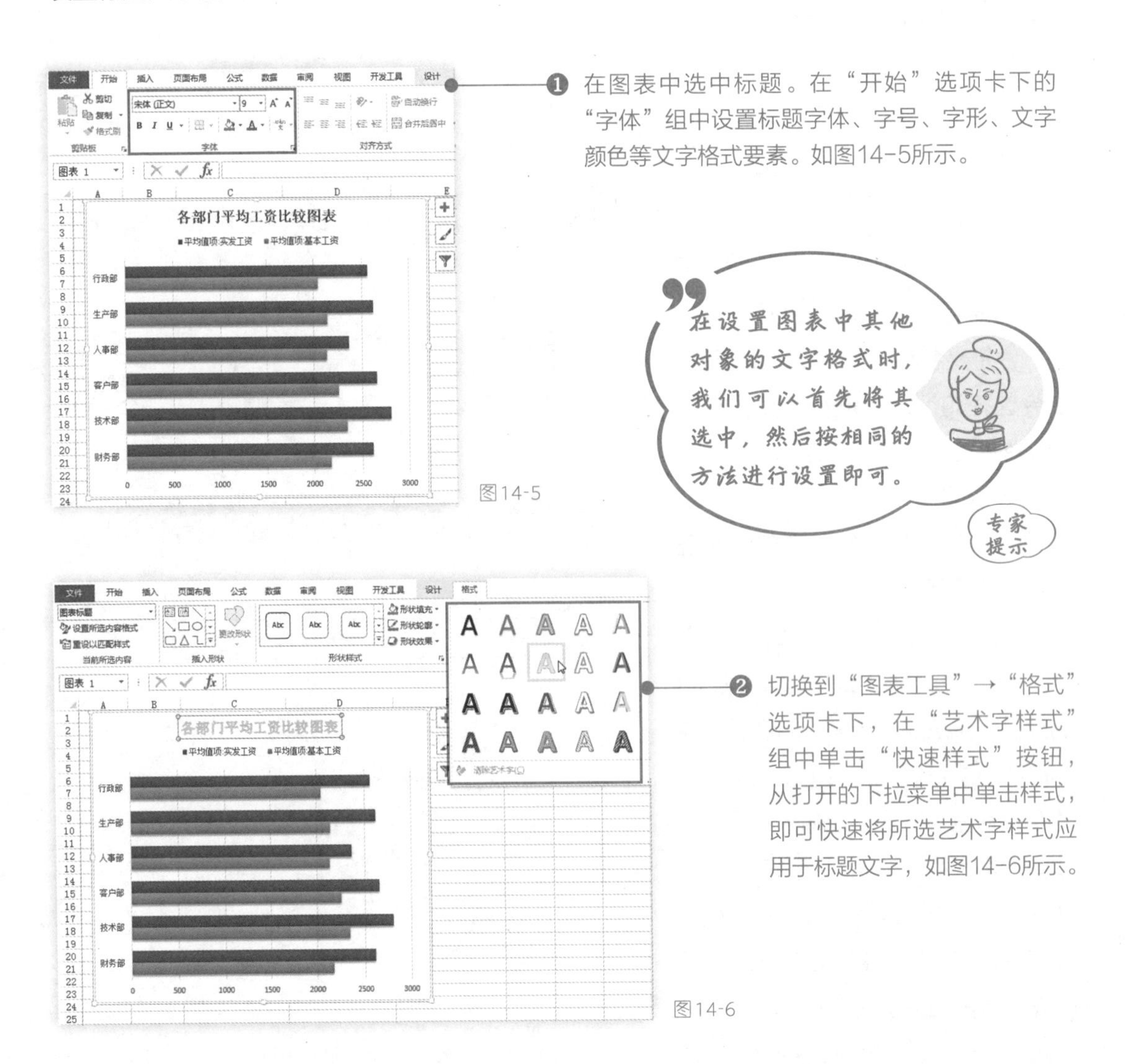

❶ 在图表中选中标题。在“开始”选项卡下的“字体”组中设置标题字体、字号、字形、文字颜色等文字格式要素。如图14-5所示。

图14-5

❷ 切换到“图表工具”→“格式”选项卡下，在“艺术字样式”组中单击“快速样式”按钮，从打开的下拉菜单中单击样式，即可快速将所选艺术字样式应用于标题文字，如图14-6所示。

图14-6

14.2.3　快速更改图表颜色

我们在Excel 2013中创建图表后，如果我们要把该图表放到Word 2013文档中进行排版，或者放到PPT中作展示，我们一般要求图表具有较好的视觉效果。但我们在默认设置下创建的图表有时候并不能满足需求，此时变换图表颜色设置是一个十分快捷有效提升图表视觉效果的方法。Excel 2013中预设了很多图表的颜色方案，如果对图表的颜色不满意，可以按下面的方法重新设置。

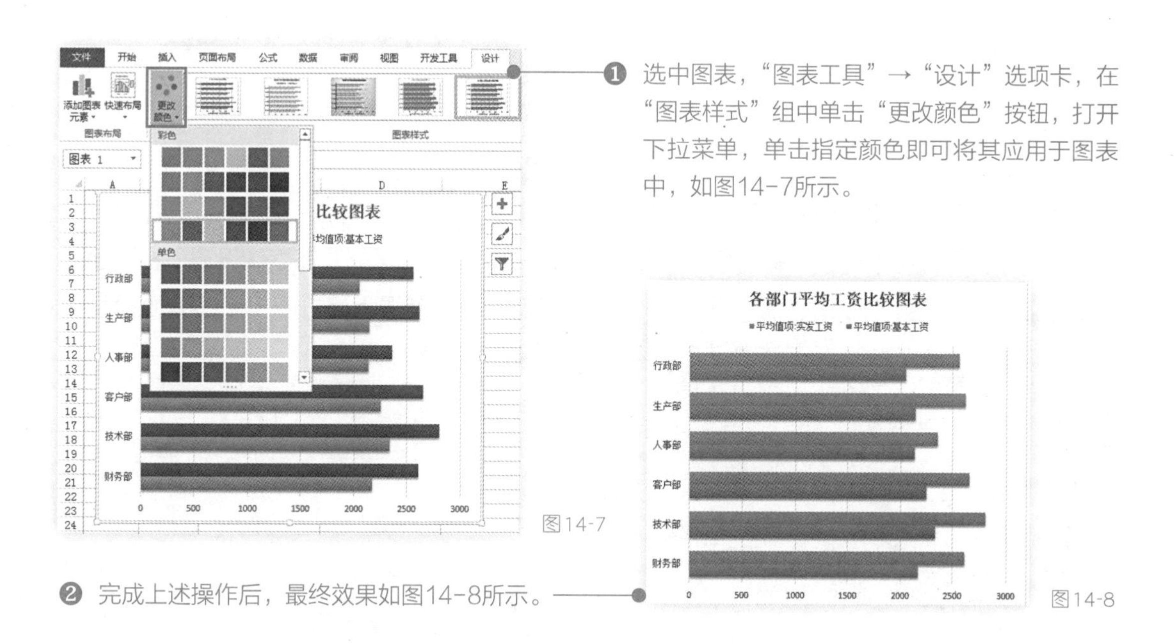

❶ 选中图表，“图表工具”→“设计”选项卡，在“图表样式”组中单击“更改颜色”按钮，打开下拉菜单，单击指定颜色即可将其应用于图表中，如图14-7所示。

图14-7

❷ 完成上述操作后，最终效果如图14-8所示。

图14-8

14.2.4　套用图表样式快速美化图表

Excel 2013为我们提供了丰富的图表样式，直接套用省时省力。Excel 2013“图表样式”功能，在套用样式后，会使坐标轴、系列、图表效果等都发生改变，即应用样式的同时，除了设置图表格式，同时也将图表合理布局。套用图表样式具体操作如下：

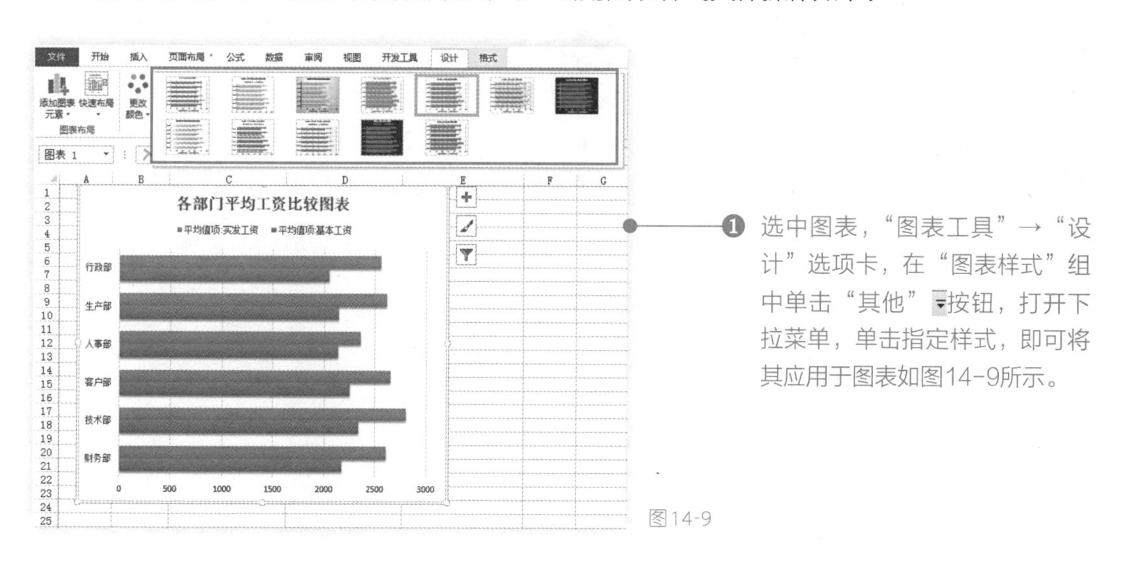

❶ 选中图表，“图表工具”→“设计”选项卡，在“图表样式”组中单击“其他”按钮，打开下拉菜单，单击指定样式，即可将其应用于图表如图14-9所示。

图14-9

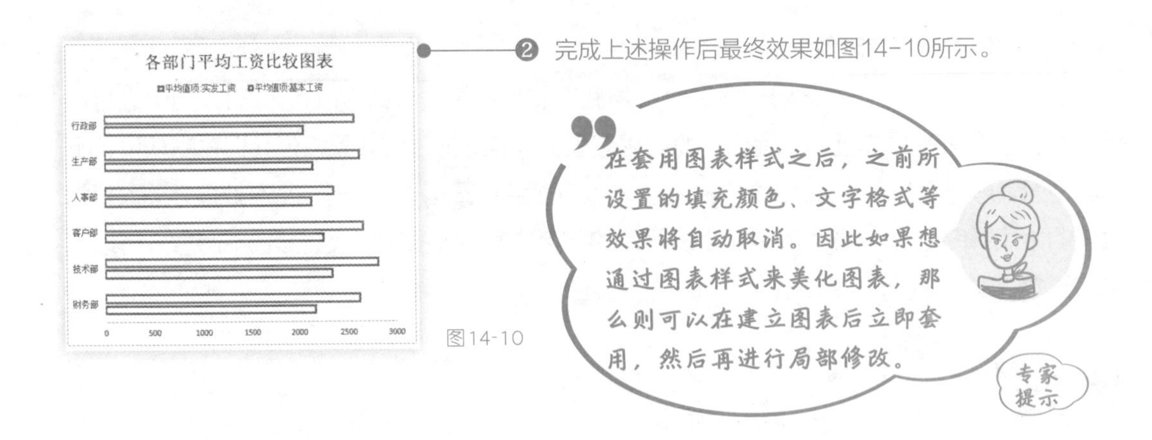

图14-10

❷ 完成上述操作后最终效果如图14-10所示。

14.2.5 让表格在纸张正中间打印

我们在打印表格的时候，有时候会遇到表格内容不能占满一页纸，在默认设置下打印出来的表格就会显示在纸张的左上角，显得非常的不规范。为了使得表格打印出来的效果显得美观，可以通过下面的方法对页面进行设置将表格进行居中打印。

❶ 单击工作簿左上角的“文件”→“打印”命令，进入打印预览状态，如图14-11所示（默认表格以左上角对齐）。

❷ 在打印预览状态下，单击“页面设置”按钮，如图14-11所示。

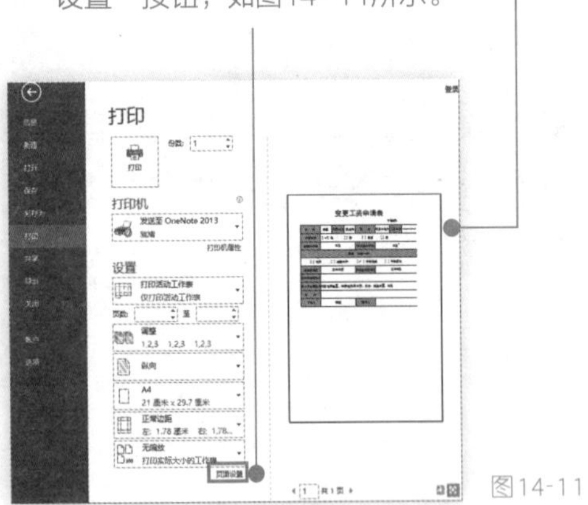

图14-11

❸ 打开“页面设置”对话框，切换到“页边距”标签，选中“居中方式”栏中的“水平”“垂直”复选框，单击“确定”按钮如图14-12所示。

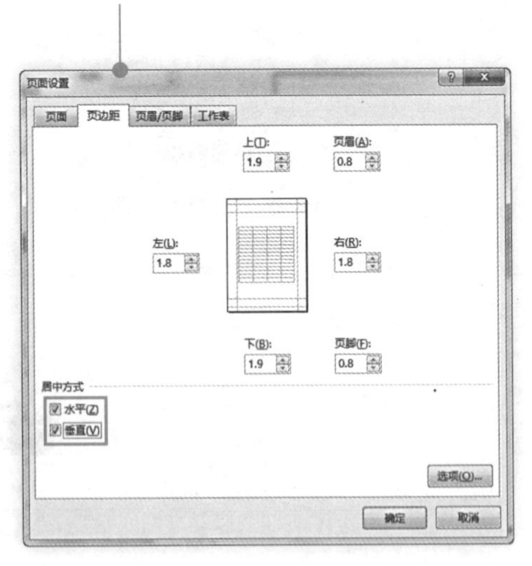

图14-12

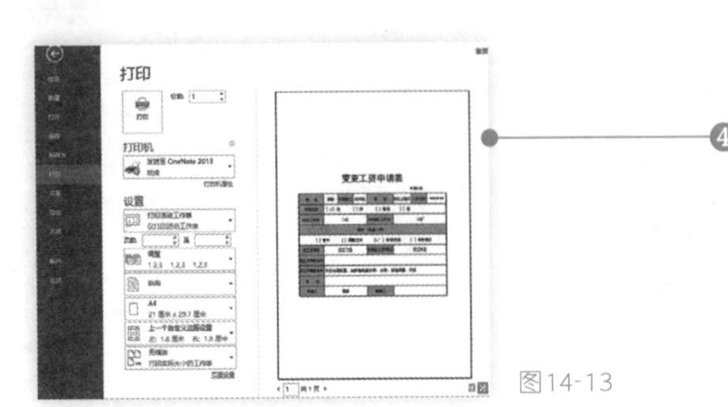

图14-13

❹ 完成上述操作后，可以在打印预览中看到表格位于纸张的正中位置，预览效果确认无误后，即可单击“打印”按钮完成打印，如图14-13所示。

14.2.6　ROUND 函数（对数据进行四舍五入）

【函数功能】ROUND函数用于按指定位数对其数值进行四舍五入。

【函数语法】ROUND(number,num_digits)

- Number：需要进行四舍五入的数值。
- Num_digits：舍入的位数。

运用好ROUND函数可以帮我们解决以下日常工作中常见问题。

1. 计算员工应缴纳的各项保险金额

例如根据如图14-14所示表格中记录了员工的基本工资和各项保险扣款比例，需要我们计算员工应缴纳的养老保险、医疗保险、失业保险金额并对计算结果进行四舍五入到个位，当时我们可以使用ROUND函数来实现具体操作如下：

	A	B	C	D	E	F
1	编号	姓名	基本工资	养老保险	医疗保险	失业保险
2	FX001	胡莉	3000			
3	FX002	王青	2000			
4	FX003	何以玫	1500			
5	FX004	王飞扬	1500			
6	FX005	童瑶瑶	1500			
7	FX006	王小利	1500			
8	FX007	吴晨	1500			
9	FX008	刘欣	1500			
10						
11		扣缴比例				
12	项目	公司	个人			
13	养老保险	20.00%	8.00%			
14	医疗保险	8.00%	2.00%			
15	失业保险	2.00%	1.00%			
16						

图14-14

❶ 在D2单元格中输入公式："=ROUND(C2:C9*$C$13,2)"，按〈Enter〉键即可统计出第一位员工应缴的养老保险并将金额四舍五入到个位，如图14-15所示。

D2　=ROUND(C2:C9*$C$13,2)

	A	B	C	D	E	F
1	编号	姓名	基本工资	养老保险	医疗保险	失业保险
2	FX001	胡莉	3000	240		
3	FX002	王青	2000			
4	FX003	何以玫	1500			
5	FX004	王飞扬	1500			
6	FX005	童瑶瑶	1500			
7	FX006	王小利	1500			
8	FX007	吴晨	1500			
9	FX008	刘欣	1500			
10						
11		扣缴比例				
12	项目	公司	个人			
13	养老保险	20.00%	8.00%			
14	医疗保险	8.00%	2.00%			
15	失业保险	2.00%	1.00%			
16						

图14-15

❷ 向下填充D2单元格的公式，即可计算出其他员工应缴的养老保险金额并对结果进行四舍五入，如图14-16所示。

	A	B	C	D	E	F
1	编号	姓名	基本工资	养老保险	医疗保险	失业保险
2	FX001	胡莉	3000	240		
3	FX002	王青	2000	160		
4	FX003	何以玫	1500	120		
5	FX004	王飞扬	1500	120		
6	FX005	童瑶瑶	1500	120		
7	FX006	王小利	1500	120		
8	FX007	吴晨	1500	120		
9	FX008	刘欣	1500	120		
10						
11		扣缴比例				
12	项目	公司	个人			
13	养老保险	20.00%	8.00%			
14	医疗保险	8.00%	2.00%			
15	失业保险	2.00%	1.00%			
16						

图14-16

❸ 在E2单元格中输入公式："=ROUND(C2:C9*$C$14,2)"，按〈Enter〉键即可统计出第一位员工应缴的医疗保险金额并对其进行四舍五入，如图14-17所示。

E2 =ROUND(C2:C9*$C$14, 2)

编号	姓名	基本工资	养老保险	医疗保险	失业保险
FX001	胡莉	3000	240	60	
FX002	王青	2000	160		
FX003	何以玫	1500	120		
FX004	王飞扬	1500	120		
FX005	童瑶瑶	1500	120		
FX006	王小利	1500	120		
FX007	吴晨	1500	120		
FX008	刘欣	1500	120		

	扣缴比例	
项目	公司	个人
养老保险	20.00%	8.00%
医疗保险	8.00%	2.00%
失业保险	2.00%	1.00%

图14-17

❹ 向下填充E2单元格的公式，即可计算出其他员工应缴的医疗保险金额并对其进行四舍五入，如图14-18所示。

编号	姓名	基本工资	养老保险	医疗保险	失业保险
FX001	胡莉	3000	240	60	
FX002	王青	2000	160	40	
FX003	何以玫	1500	120	30	
FX004	王飞扬	1500	120	30	
FX005	童瑶瑶	1500	120	30	
FX006	王小利	1500	120	30	
FX007	吴晨	1500	120	30	
FX008	刘欣	1500	120	30	

	扣缴比例	
项目	公司	个人
养老保险	20.00%	8.00%
医疗保险	8.00%	2.00%
失业保险	2.00%	1.00%

图14-18

❺ 在F2单元格中输入公式："=ROUND(C2:C9*$C$15,2)"，按〈Enter〉键即可统计出第一位员工应缴的失业保险金额并对其进行四舍五入，如图14-19所示。

F2 =ROUND(C2:C9*$C$15, 2)

编号	姓名	基本工资	养老保险	医疗保险	失业保险
FX001	胡莉	3000	240	60	30
FX002	王青	2000	160	40	
FX003	何以玫	1500	120	30	
FX004	王飞扬	1500	120	30	
FX005	童瑶瑶	1500	120	30	
FX006	王小利	1500	120	30	
FX007	吴晨	1500	120	30	
FX008	刘欣	1500	120	30	

	扣缴比例	
项目	公司	个人
养老保险	20.00%	8.00%
医疗保险	8.00%	2.00%
失业保险	2.00%	1.00%

图14-19

❻ 向下填充F2单元格的公式，即可计算出其他员工应缴的失业保险金额并对其进行四舍五入，如图14-20所示。

编号	姓名	基本工资	养老保险	医疗保险	失业保险
FX001	胡莉	3000	240	60	30
FX002	王青	2000	160	40	20
FX003	何以玫	1500	120	30	15
FX004	王飞扬	1500	120	30	15
FX005	童瑶瑶	1500	120	30	15
FX006	王小利	1500	120	30	15
FX007	吴晨	1500	120	30	15
FX008	刘欣	1500	120	30	15

	扣缴比例	
项目	公司	个人
养老保险	20.00%	8.00%
医疗保险	8.00%	2.00%
失业保险	2.00%	1.00%

图14-20

2. 让销售额保留两位小数

如图14-21所示在产品销售金额统计报表中，如果我要根据单价和数量计算各商品金额，对结果保留指定位数的小数，并自动进行四舍五入，我们可以使用ROUND函数。具体方法如下所示：

❶ 在D2单元格中输入公式：“=ROUND(B2*C2,2)”，按〈Enter〉键，即可计算出销售金额保留两位小数并自动进行四舍五入计算，如图14-22所示。

❷ 向下填充D2单元格的公式，即可将其他各条计算的销售金额保留两位小数，如图14-23所示。

	A	B	C
1	商品	单价	数量
2	产品A	1.52	2000
3	产品B	1.53	4500
4	产品C	1.67	2800
5	产品D	1.75	1500
6	产品E	1.81	3400
7	产品F	1.82	4500
8	产品G	2.22	4550
9	产品H	3.98	7800
10	产品I	4.67	1600
11			

图14-21

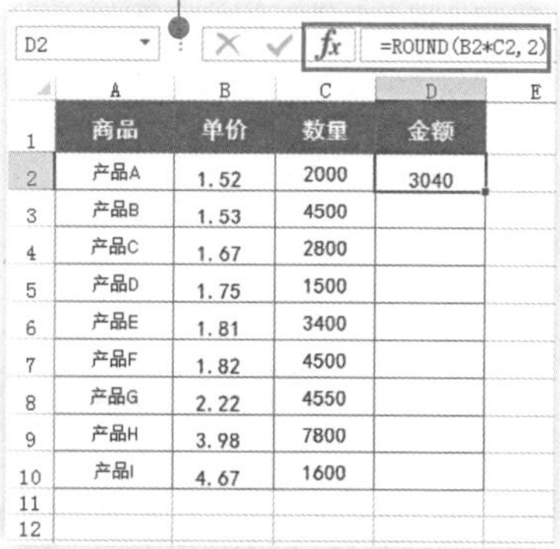

D2 =ROUND(B2*C2,2)

	A	B	C	D	E
1	商品	单价	数量	金额	
2	产品A	1.52	2000	3040	
3	产品B	1.53	4500		
4	产品C	1.67	2800		
5	产品D	1.75	1500		
6	产品E	1.81	3400		
7	产品F	1.82	4500		
8	产品G	2.22	4550		
9	产品H	3.98	7800		
10	产品I	4.67	1600		
11					
12					

图14-22

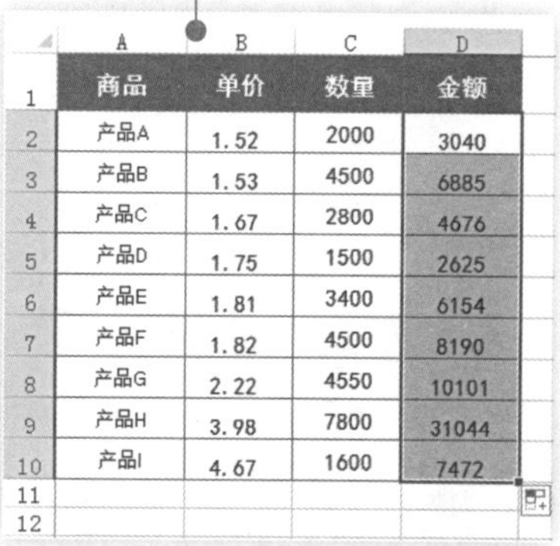

	A	B	C	D
1	商品	单价	数量	金额
2	产品A	1.52	2000	3040
3	产品B	1.53	4500	6885
4	产品C	1.67	2800	4676
5	产品D	1.75	1500	2625
6	产品E	1.81	3400	6154
7	产品F	1.82	4500	8190
8	产品G	2.22	4550	10101
9	产品H	3.98	7800	31044
10	产品I	4.67	1600	7472
11				
12				

图14-23

3. 解决汇总金额会与实际差 1 分钱的问题

在Excel 2013工作表中进行小数运算时，经常出现公式运算结果与实际结果差1分钱的情况，如图14-24所示。

这是由于Excel 2013执行浮点运算规则，采用二进制数字贮存，因而导致意外计算误差。我们可以通过如下方法可以解决这一问题。

C2 =3000/22*B2

	A	B	C	D
1	姓名	出勤天数	工资	
2	胡莉	22	3000.00	
3	王青	21	2863.64	
4	何以玫	21	2863.64	
5	王飞扬	20	2727.27	
6	童瑶瑶	19	2590.91	
7				
8		公式计算合计	14,045.45	
9		手动计算合计	14,045.46	

图14-24

❶ 在C2单元格中修改公式：“=ROUND(3000/22*B2, 2)”，按〈Enter〉键，即可计算出第一位员工的工资，如图14-25所示。

❷ 向下填充C2单元格的公式，即可计算出其他员工的工资，如图14-26所示。可发现公式计算和手工计算的结果是一样的。

C2 =ROUND(3000/22*B2, 2)

	A	B	C	D	E
1	姓名	出勤天数	工资		
2	胡莉	22	3000.00		
3	王青	21	2863.64		
4	何以玫	21	2863.64		
5	王飞扬	20	2727.27		
6	童瑶瑶	19	2590.91		
7					
8		公式计算合计	14,045.45		
9		手动计算合计	14,045.46		
10					
11					

图14-25

	A	B	C
1	姓名	出勤天数	工资
2	胡莉	22	3000.00
3	王青	21	2863.64
4	何以玫	21	2863.64
5	王飞扬	20	2727.27
6	童瑶瑶	19	2590.91
7			
8		公式计算合计	14,045.46
9		手动计算合计	14,045.46
10			

图14-26

4. 计算平均工资

例如如图14-27所示表格中统计了各员工的工资，现在要计算所有员工的平均工资，请假、工伤等无薪人员也计算在内，平均工资保留两位小数，第三位四舍五入。

在F2单元格中输入公式："=ROUND(AVERAGEA(D2:D12),2)"，按〈Enter〉键，即可返回员工的平均工资，如图14-28所示。

员工	部门	性别	工资
胡莉	销售部	女	6000
王青	销售部	男	工伤
何以玫	财务部	女	1800
王飞扬	生产一车间	女	2500
童瑶瑶	商务部	女	1800
王小利	人事部	男	请假
吴晨	销售部	男	3000
刘欣	工程部	女	4580
何玲燕	采购部	男	2000
周海峰	生产二车间	女	2180
吴昊	销售部	男	3800

图14-27

F2 =ROUND(AVERAGEA(D2:D12),2)

员工	部门	性别	工资		平均工资
胡莉	销售部	女	6000		2514.55
王青	销售部	男	工伤		
何以玫	财务部	女	1800		
王飞扬	生产一车间	女	2500		
童瑶瑶	商务部	女	1800		
王小利	人事部	男	请假		
吴晨	销售部	男	3000		
刘欣	工程部	女	4580		
何玲燕	采购部	男	2000		
周海峰	生产二车间	女	2180		
吴昊	销售部	男	3800		

图14-28

5. 计算奖金或扣款

例如如图14-29所示表格中统计了各员工销售的完成量（B1单元格中给出了达标值）。要求通过设置公式实现根据完成量自动计算奖金与扣款。具体要求如下：当完成量大于等于目标值一个百分点时，给予500元奖励（向上累加），大于1个百分点按2个百分点算，大于2个百分点按3个百分点算，依次类推；当完成量小于目标值一个百分点扣除400元（向上累加），大于1个百分点按2个百分点算，大于2个百分点按3个百分点算，依次类推。

达标值	87.50%	
姓名	完成量	奖金
胡莉	89.40%	
王青	87.00%	
何以玫	90.00%	
王飞扬	86.00%	
童瑶瑶	87.52%	
王小利	90.40%	
吴晨	88.00%	
刘欣	90.00%	

图14-29

C3 =IF(B3>=$B$1,ROUND(B3-$B$1,2)*100*500,ROUND(B3-$B$1,2)*100*400)

达标值	87.50%	
姓名	完成量	奖金
胡莉	89.40%	1000
王青	87.00%	
何以玫	90.00%	
王飞扬	86.00%	
童瑶瑶	87.52%	
王小利	90.40%	
吴晨	88.00%	
刘欣	90.00%	

❶ 在C3单元格中修改公式："=IF(B3>=$B$1,ROUND(B3-$B$1,2)*100*500,ROUND(B3-$B$1,2)*100*400)"，按〈Enter〉键得出第一位员工的奖金或扣款，如图14-30所示。

图14-30

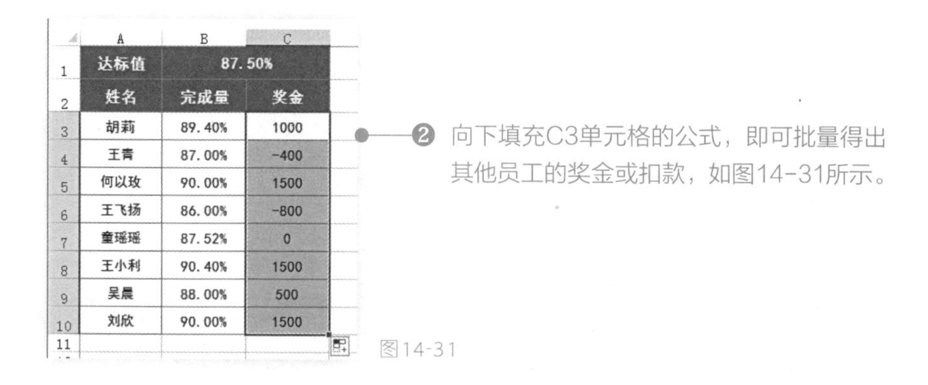

	A	B	C
1	达标值	87.50%	
2	姓名	完成量	奖金
3	胡莉	89.40%	1000
4	王青	87.00%	-400
5	何以玫	90.00%	1500
6	王飞扬	86.00%	-800
7	童瑶瑶	87.52%	0
8	王小利	90.40%	1500
9	吴晨	88.00%	500
10	刘欣	90.00%	1500
11			

❷ 向下填充C3单元格的公式，即可批量得出其他员工的奖金或扣款，如图14-31所示。

图14-31

14.2.7　COLUMN 函数（返回给定引用的列标）

【函数功能】COLUMN函数表示返回指定单元格引用的序列号。

【函数语法】COLUMN([reference])

◆ Reference：可选。要返回其列号的单元格或单元格区域。如果省略参数 reference 或该参数为一个单元格区域，并且 COLUMN 函数是以水平数组公式的形式输入的，则 COLUMN 函数将以水平数组的形式返回参数 reference 的列号。

灵活运用COLUMN函数可以帮助我们解决以下工作中常见问题。

1. 在一行中快速输入月份

在日常人力资源工作中制作表格时经常需要输入月份，通过下面实现在一行中快速输入月份。

❶ 在A1单元格中输入公式："=TEXT(COLUMN(),"0月")"，按〈Enter〉键，即可返回如图14-32所示。

A1　=TEXT(COLUMN(),"0月")

	A	B	C	D	E	F
1	1月					
2						
3						
4						

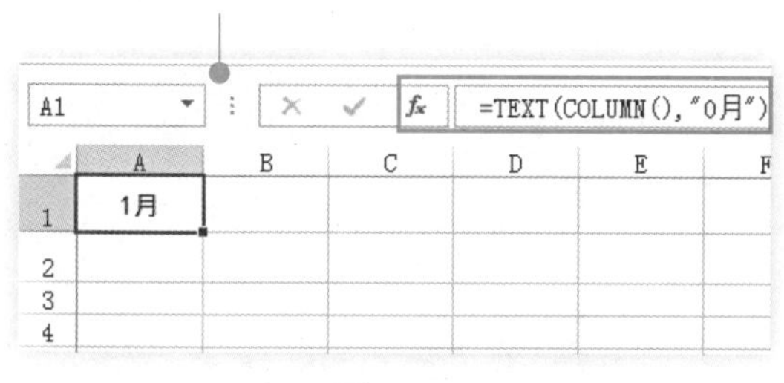

图14-32

❷ 向右填充A1单元格的公式，即可返回如图14-33所示的结果。

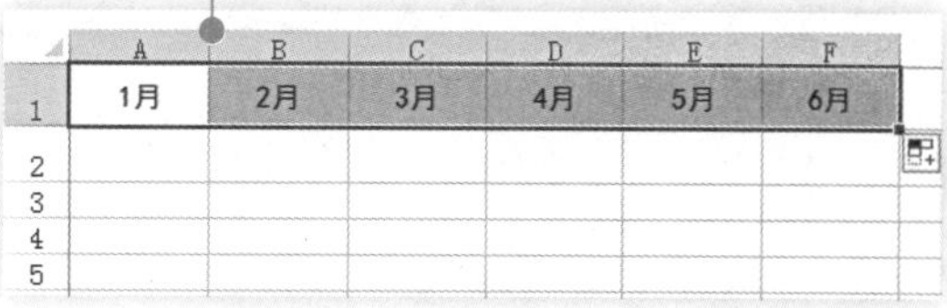

	A	B	C	D	E	F
1	1月	2月	3月	4月	5月	6月
2						
3						
4						
5						

图14-33

2. 实现隔列计算销售金额

如图14-34所示的表格，统计了员工前六个月的销售记录，现在需要计算2、4、6这三个月的销售总额。

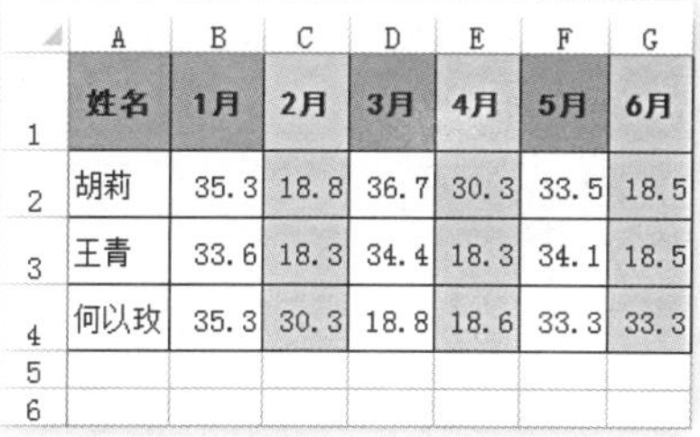

	A	B	C	D	E	F	G
1	姓名	1月	2月	3月	4月	5月	6月
2	胡莉	35.3	18.8	36.7	30.3	33.5	18.5
3	王青	33.6	18.3	34.4	18.3	34.1	18.5
4	何以玫	35.3	30.3	18.8	18.6	33.3	33.3
5							
6							

图14-34

❶ 在H2单元格中输入公式：“=SUM(IF(MOD(COLUMN($A2:$G2),2)=0,$B2:$G2))”，按〈Ctrl+Shift+Enter〉组合键，可统计C2、E2、G2单元格之和，如图14-35所示。

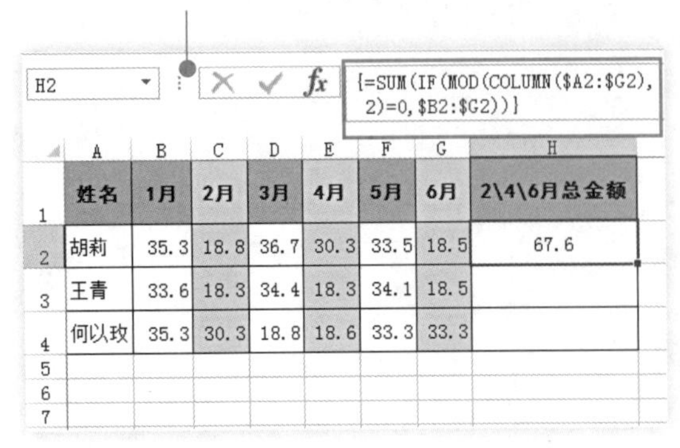

H2 {=SUM(IF(MOD(COLUMN($A2:$G2),2)=0,$B2:$G2))}

	A	B	C	D	E	F	G	H
1	姓名	1月	2月	3月	4月	5月	6月	2\4\6月总金额
2	胡莉	35.3	18.8	36.7	30.3	33.5	18.5	67.6
3	王青	33.6	18.3	34.4	18.3	34.1	18.5	
4	何以玫	35.3	30.3	18.8	18.6	33.3	33.3	
5								
6								
7								

图14-35

❷ 向下填充H2单元格的公式，即可计算出其他销售人员2、4、6月销售金额合计值，如图14-36所示。

	A	B	C	D	E	F	G	H
1	姓名	1月	2月	3月	4月	5月	6月	2\4\6月总金额
2	胡莉	35.3	18.8	36.7	30.3	33.5	18.5	67.6
3	王青	33.6	18.3	34.4	18.3	34.1	18.5	55.1
4	何以玫	35.3	30.3	18.8	18.6	33.3	33.3	82.2
5								

图14-36

3. 隔列来计算各员工的平均考核成绩

公司对员工全年的工作能力和表现进行考核，在如图14-37所示全年员工考核统计报表中，通过隔列来计算各员工的平均考核成绩。

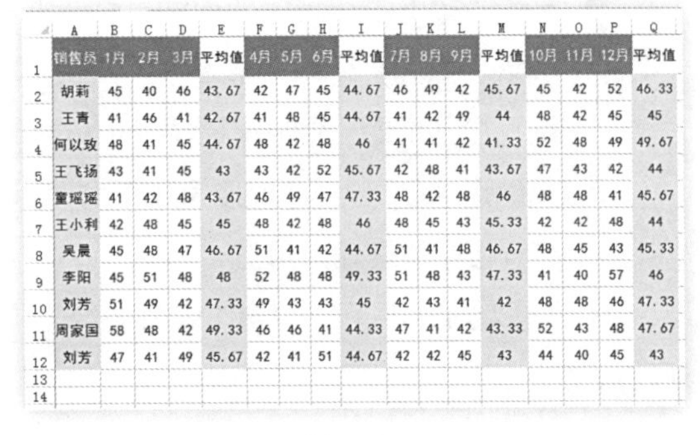

	A	B	C	D	E	F	G	H	I	J	K	L	M	N	O	P	Q
1	销售员	1月	2月	3月	平均值	4月	5月	6月	平均值	7月	8月	9月	平均值	10月	11月	12月	平均值
2	胡莉	45	40	46	43.67	42	47	45	44.67	46	49	42	45.67	45	42	52	46.33
3	王青	41	46	41	42.67	41	48	45	44.67	41	42	49	44	48	42	45	45
4	何以玫	48	41	45	44.67	48	42	48	46	41	41	42	41.33	52	48	49	49.67
5	王飞扬	43	41	45	43	43	42	52	45.67	42	48	41	43.67	47	43	42	44
6	童瑶瑶	41	42	48	43.67	46	49	47	47.33	48	42	48	46	48	48	41	45.67
7	王小利	42	48	45	45	48	42	48	46	48	45	43	45.33	42	42	48	44
8	吴晨	45	48	47	46.67	51	41	42	44.67	51	41	48	46.67	48	45	43	45.33
9	李阳	45	51	48	48	52	48	48	49.33	51	48	43	47.33	41	40	57	46
10	刘芳	51	49	42	47.33	49	43	43	45	42	43	41	42	48	48	46	47.33
11	周家国	58	48	42	49.33	46	46	41	44.33	47	41	42	43.33	52	43	48	47.67
12	刘芳	47	41	49	45.67	42	41	51	44.67	42	42	45	43	44	40	45	43
13																	
14																	

图14-37

❶ 在R2单元格中输入公式：“=AVERAGE(IF(MOD(COLUMN($B2:$Q2),4)=0,IF($B2:$Q2>0,$B2:$Q2)))”，按〈Ctrl+Shift+Enter〉组合键，即可计算出第一位员工的月平均成绩，如图14-38所示。

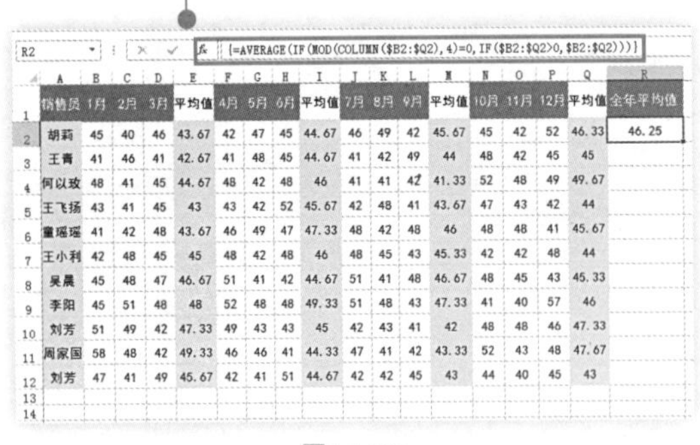

R2 {=AVERAGE(IF(MOD(COLUMN($B2:$Q2),4)=0,IF($B2:$Q2>0,$B2:$Q2)))}

	A	B	C	D	E	F	G	H	I	J	K	L	M	N	O	P	Q	R
1	销售员	1月	2月	3月	平均值	4月	5月	6月	平均值	7月	8月	9月	平均值	10月	11月	12月	平均值	全年平均值
2	胡莉	45	40	46	43.67	42	47	45	44.67	46	49	42	45.67	45	42	52	46.33	46.25
3	王青	41	46	41	42.67	41	48	45	44.67	41	42	49	44	48	42	45	45	
4	何以玫	48	41	45	44.67	48	42	48	46	41	41	42	41.33	52	48	49	49.67	
5	王飞扬	43	41	45	43	43	42	52	45.67	42	48	41	43.67	47	43	42	44	
6	童瑶瑶	41	42	48	43.67	46	49	47	47.33	48	42	48	46	48	48	41	45.67	
7	王小利	42	48	45	45	48	42	48	46	48	45	43	45.33	42	42	48	44	
8	吴晨	45	48	47	46.67	51	41	42	44.67	51	41	48	46.67	48	45	43	45.33	
9	李阳	45	51	48	48	52	48	48	49.33	51	48	43	47.33	41	40	57	46	
10	刘芳	51	49	42	47.33	49	43	43	45	42	43	41	42	48	48	46	47.33	
11	周家国	58	48	42	49.33	46	46	41	44.33	47	41	42	43.33	52	43	48	47.67	
12	刘芳	47	41	49	45.67	42	41	51	44.67	42	42	45	43	44	40	45	43	
13																		
14																		

图14-38

❷ 向下填充R2单元格的公式，即可计算出其他员工的月平均成绩，如图14-39所示。

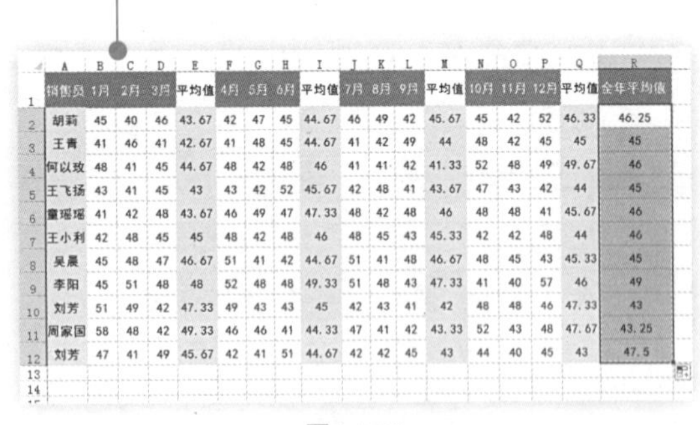

	A	B	C	D	E	F	G	H	I	J	K	L	M	N	O	P	Q	R
1	销售员	1月	2月	3月	平均值	4月	5月	6月	平均值	7月	8月	9月	平均值	10月	11月	12月	平均值	全年平均值
2	胡莉	45	40	46	43.67	42	47	45	44.67	46	49	42	45.67	45	42	52	46.33	46.25
3	王青	41	46	41	42.67	41	48	45	44.67	41	42	49	44	48	42	45	45	45
4	何以玫	48	41	45	44.67	48	42	48	46	41	41	42	41.33	52	48	49	49.67	46
5	王飞扬	43	41	45	43	43	42	52	45.67	42	48	41	43.67	47	43	42	44	45
6	童瑶瑶	41	42	48	43.67	46	49	47	47.33	48	42	48	46	48	48	41	45.67	46
7	王小利	42	48	45	45	48	42	48	46	48	45	43	45.33	42	42	48	44	46
8	吴晨	45	48	47	46.67	51	41	42	44.67	51	41	48	46.67	48	45	43	45.33	45
9	李阳	45	51	48	48	52	48	48	49.33	51	48	43	47.33	41	40	57	46	49
10	刘芳	51	49	42	47.33	49	43	43	45	42	43	41	42	48	48	46	47.33	43
11	周家国	58	48	42	49.33	46	46	41	44.33	47	41	42	43.33	52	43	48	47.67	43.25
12	刘芳	47	41	49	45.67	42	41	51	44.67	42	42	45	43	44	40	45	43	47.5
13																		
14																		

图14-39

14.3 表格创建

一到统计工资的时候我就头疼，要在工资表中把每个员工的所有工资明细都要列出来，这么多数据没有几天时间我可做不出来……

为什么非要等到月末再来统计这些数据呢，你可以平时先创建一些基本表格啊帮助你计算和整理相关数据啊。

14.3.1　基本工资表

在员工基本工资表中，主要包含员工的基本工资、岗位工资、工龄工资、计划奖金等信息，员工基本工资表可以清晰地反映每位员工的基本工资的金额。

❶ 新建工作簿，并将其命名为“企业员工薪资管理”，将Sheet1工作表重命名为“基本工资表”，在表格中建立相应列标识，并设置表格的文字格式、边框底纹格式等，效果如图14-40所示。

涵行集团员工基本工资一览表

编　号	姓　名	部　门	基本工资（元）	岗位工资（元）	工资合计

图14-40

❷ 根据实际情况在工作表中输入表头、标识项、编号、姓名、部门、基本工资等信息，输入完成后对表格进行美化设置，效果如图14-41所示。

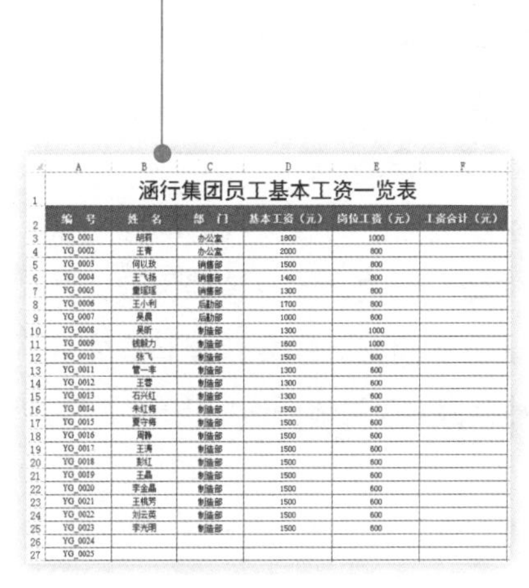

涵行集团员工基本工资一览表

编　号	姓　名	部　门	基本工资（元）	岗位工资（元）	工资合计（元）
YG_0001	胡莉	办公室	1800	1000	
YG_0002	王青	办公室	2000	800	
YG_0003	何以玫	销售部	1500	800	
YG_0004	王飞扬	销售部	1400	800	
YG_0005	童瑶瑶	销售部	1300	800	
YG_0006	王小利	后勤部	1700	800	
YG_0007	吴晨	后勤部	1000	600	
YG_0008	吴昕	制造部	1300	1000	
YG_0009	钱毅力	制造部	1600	1000	
YG_0010	张飞	制造部	1500	600	
YG_0011	管一非	制造部	1300	600	
YG_0012	王蓉	制造部	1300	600	
YG_0013	石兴红	制造部	1300	600	
YG_0014	朱红梅	制造部	1500	600	
YG_0015	夏守梅	制造部	1500	600	
YG_0016	周静	制造部	1500	600	
YG_0017	王涛	制造部	1500	600	
YG_0018	彭红	制造部	1500	600	
YG_0019	王晶	制造部	1500	600	
YG_0020	李金晶	制造部	1500	600	
YG_0021	王桃芳	制造部	1500	600	
YG_0022	刘云英	制造部	1500	600	
YG_0023	李光明	制造部	1500	600	
YG_0024					
YG_0025					

图14-41

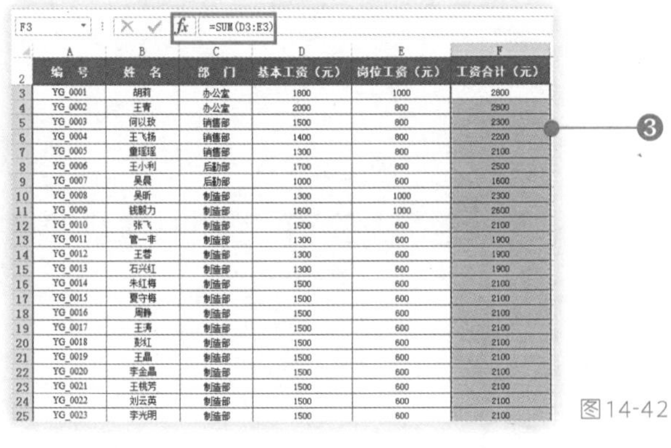

F3　=SUM(D3:E3)

编　号	姓　名	部　门	基本工资（元）	岗位工资（元）	工资合计（元）
YG_0001	胡莉	办公室	1800	1000	2800
YG_0002	王青	办公室	2000	800	2800
YG_0003	何以玫	销售部	1500	800	2300
YG_0004	王飞扬	销售部	1400	800	2200
YG_0005	童瑶瑶	销售部	1300	800	2100
YG_0006	王小利	后勤部	1700	800	2500
YG_0007	吴晨	后勤部	1000	600	1600
YG_0008	吴昕	制造部	1300	1000	2300
YG_0009	钱毅力	制造部	1600	1000	2600
YG_0010	张飞	制造部	1500	600	2100
YG_0011	管一非	制造部	1300	600	1900
YG_0012	王蓉	制造部	1300	600	1900
YG_0013	石兴红	制造部	1300	600	1900
YG_0014	朱红梅	制造部	1500	600	2100
YG_0015	夏守梅	制造部	1500	600	2100
YG_0016	周静	制造部	1500	600	2100
YG_0017	王涛	制造部	1500	600	2100
YG_0018	彭红	制造部	1500	600	2100
YG_0019	王晶	制造部	1500	600	2100
YG_0020	李金晶	制造部	1500	600	2100
YG_0021	王桃芳	制造部	1500	600	2100
YG_0022	刘云英	制造部	1500	600	2100
YG_0023	李光明	制造部	1500	600	2100

图14-42

❸ 在F3单元格中输入公式：=SUM(D3:E3)，按〈Enter〉键，向下复制公式，即可计算所有员工的工资合计，如图14-42所示。

14.3.2　员工工资相关管理表格

员工在领工资时可以发现工资条中包含多项明细核算，除了基本工资，还有员工福利金额、员工社会保险金额、考勤与罚款金额、个人所得税的扣除金额等为了能够高效准确的计算这些数据，我们需制作一些相关管理表格，本节将着重介绍这些管理表格的设计与使用。

1. 员工工资计算比率表

员工工资计算比率表，是为了方便在工资管理表中计算员工的社会保险金、住房公积金、考勤罚款、个人所得税和工资费用分配等费用的管理表，如图14-43所示：

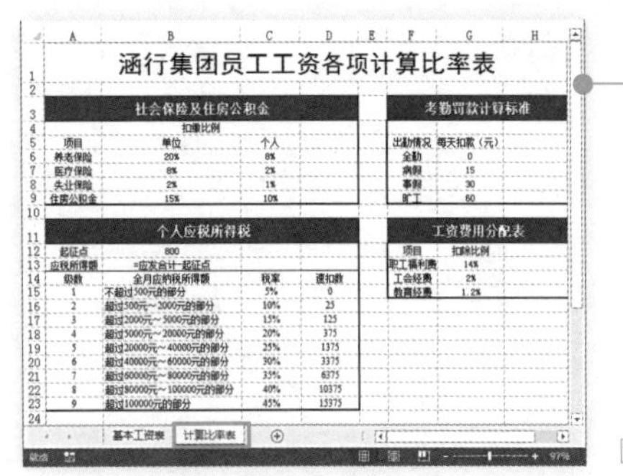

涵行集团员工工资各项计算比率表

社会保险及住房公积金		
	扣缴比例	
项目	单位	个人
养老保险	20%	8%
医疗保险	6%	2%
失业保险	2%	1%
住房公积金	15%	10%

考勤罚款计算标准	
出勤情况	每天扣款（元）
全勤	0
病假	15
事假	30
旷工	60

个人应税所得税			
起征点	800		
应税所得额	=应发合计-起征点		
级数	全月应纳税所得额	税率	速扣数
1	不超过500元的部分	5%	0
2	超过500元～2000元的部分	10%	25
3	超过2000元～5000元的部分	15%	125
4	超过5000元～20000元的部分	20%	375
5	超过20000元～40000元的部分	25%	1375
6	超过40000元～60000元的部分	30%	3375
7	超过60000元～80000元的部分	35%	6375
8	超过80000元～100000元的部分	40%	10375
9	超过100000元的部分	45%	15375

工资费用分配表	
项目	扣除比例
职工福利费	14%
工会经费	2%
教育经费	1.2%

新建工作表，将其重命名为“计算比率表”，在工作表中分别建立社会保险表、住房公积金、考勤罚款、个人所得税和工资费用分配表格，并分别输入对应的计算比率级别，效果如图14-43所示。

图14-43

2. 员工社会保险表

社会保险是指当社会成员因为年老、疾病、失业、生育、死亡、灾害等原因致使生活困难时，能够从国家、社会获得基本生活需求的保障社会保险表具体操作如下：

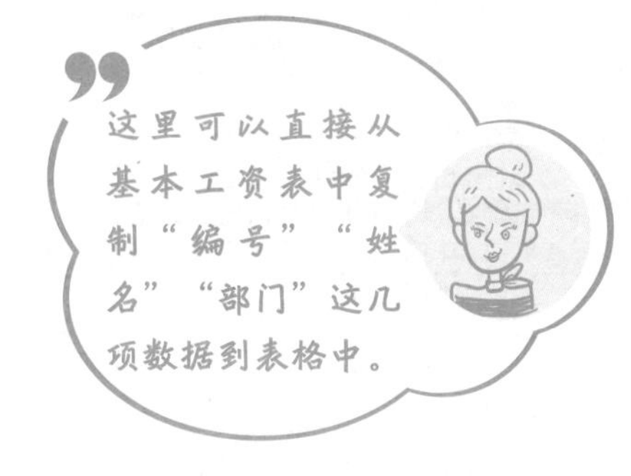

❶ 新建工作表，将其重命名为“员工社会保险表”，在工作表中输入表头、标识项、编号、姓名和性别等信息，输入完成后对表格进行美化设置，效果如图14-44所示。

❷ 在选中D3单元格中输入公式：=ROUND(SUM(基本工资表!F3)*计算比率表!$C$6,2)，按〈Enter〉键，向下复制公式即可返回各员工应扣的养老保险金额，如图14-45所示。

涵行集团员工社会保险缴纳情况一览表

编　号	姓　名	部　门	养老保险（元）	医疗保险（元）	失业保险（元）	合计（元）
YG_0001	胡莉	办公室				
YG_0002	王青	办公室				
YG_0003	何以玫	销售部				
YG_0004	王飞扬	销售部				
YG_0005	童瑶瑶	销售部				
YG_0006	王小利	后勤部				
YG_0007	吴晨	后勤部				
YG_0008	吴昕	制造部				
YG_0009	钱毅力	制造部				
YG_0010	张飞	制造部				
YG_0011	管一非	制造部				
YG_0012	王蓉	制造部				
YG_0013	石兴红	制造部				
YG_0014	朱红梅	制造部				
YG_0015	夏守梅	制造部				
YG_0016	周静	制造部				
YG_0017	王涛	制造部				
YG_0018	彭红	制造部				
YG_0019	王晶	制造部				
YG_0020	李金晶	制造部				

图14-44

D3　=ROUND(SUM(基本工资表!F3)*计算比率表!$C$6,2)

编　号	姓　名	部　门	养老保险（元）	医疗保险（元）	失业保险（元）
YG_0001	胡莉	办公室	224.00		
YG_0002	王青	办公室	224.00		
YG_0003	何以玫	销售部	184.00		
YG_0004	王飞扬	销售部	176.00		
YG_0005	童瑶瑶	销售部	168.00		
YG_0006	王小利	后勤部	200.00		
YG_0007	吴晨	后勤部	128.00		
YG_0008	吴昕	制造部	184.00		
YG_0009	钱毅力	制造部	208.00		
YG_0010	张飞	制造部	168.00		
YG_0011	管一非	制造部	152.00		
YG_0012	王蓉	制造部	152.00		
YG_0013	石兴红	制造部	152.00		
YG_0014	朱红梅	制造部	168.00		
YG_0015	夏守梅	制造部	168.00		
YG_0016	周静	制造部	168.00		
YG_0017	王涛	制造部	168.00		
YG_0018	彭红	制造部	168.00		
YG_0019	王晶	制造部	168.00		
YG_0020	李金晶	制造部	168.00		
YG_0021	王桃芳	制造部	168.00		
YG_0022	刘云英	制造部	168.00		
YG_0023	李光明	制造部	168.00		

图14-45

❸ 在E3单元格中输入公式：=ROUND(SUM(基本工资表!F3)*计算比率表!$C$7,2)，按〈Enter〉键，向下复制公式即可返回各员工应扣的医疗保险金额，如图14-46所示。

E3 =ROUND(SUM(基本工资表!F3)*计算比率表!$C$7,2)

编 号	姓 名	部 门	养老保险（元）	医疗保险（元）	失业保险（元）
YG_0001	胡莉	办公室	224.00	56.00	
YG_0002	王青	办公室	224.00	56.00	
YG_0003	何以玫	销售部	184.00	46.00	
YG_0004	王飞扬	销售部	176.00	44.00	
YG_0005	童瑶瑶	销售部	168.00	42.00	
YG_0006	王小利	后勤部	200.00	50.00	
YG_0007	吴晨	后勤部	128.00	32.00	
YG_0008	吴昕	制造部	184.00	46.00	
YG_0009	钱毅力	制造部	208.00	52.00	
YG_0010	张飞	制造部	168.00	42.00	
YG_0011	管一非	制造部	152.00	38.00	
YG_0012	王蓉	制造部	152.00	38.00	
YG_0013	石兴红	制造部	152.00	38.00	
YG_0014	朱红梅	制造部	168.00	42.00	
YG_0015	夏守梅	制造部	168.00	42.00	
YG_0016	周静	制造部	168.00	42.00	
YG_0017	王涛	制造部	168.00	42.00	
YG_0018	彭红	制造部	168.00	42.00	
YG_0019	王晶	制造部	168.00	42.00	
YG_0020	李金晶	制造部	168.00	42.00	
YG_0021	王桃芳	制造部	168.00	42.00	
YG_0022	刘云英	制造部	168.00	42.00	
YG_0023	李光明	制造部	168.00	42.00	

图14-46

❹ 在F3单元格中输入公式：=ROUND(SUM(基本工资表!F3)*计算比率表!$C$8,2)，按〈Enter〉键，向下复制公式即可返回各员工应扣的失业保险金额，如图14-47所示。

F3 =ROUND(SUM(基本工资表!F3)*计算比率表!$C$8,2)

编 号	姓 名	部 门	养老保险（元）	医疗保险（元）	失业保险（元）
YG_0001	胡莉	办公室	224.00	56.00	28.00
YG_0002	王青	办公室	224.00	56.00	28.00
YG_0003	何以玫	销售部	184.00	46.00	23.00
YG_0004	王飞扬	销售部	176.00	44.00	22.00
YG_0005	童瑶瑶	销售部	168.00	42.00	21.00
YG_0006	王小利	后勤部	200.00	50.00	25.00
YG_0007	吴晨	后勤部	128.00	32.00	16.00
YG_0008	吴昕	制造部	184.00	46.00	23.00
YG_0009	钱毅力	制造部	208.00	52.00	26.00
YG_0010	张飞	制造部	168.00	42.00	21.00
YG_0011	管一非	制造部	152.00	38.00	19.00
YG_0012	王蓉	制造部	152.00	38.00	19.00
YG_0013	石兴红	制造部	152.00	38.00	19.00
YG_0014	朱红梅	制造部	168.00	42.00	21.00
YG_0015	夏守梅	制造部	168.00	42.00	21.00
YG_0016	周静	制造部	168.00	42.00	21.00
YG_0017	王涛	制造部	168.00	42.00	21.00
YG_0018	彭红	制造部	168.00	42.00	21.00
YG_0019	王晶	制造部	168.00	42.00	21.00
YG_0020	李金晶	制造部	168.00	42.00	21.00
YG_0021	王桃芳	制造部	168.00	42.00	21.00
YG_0022	刘云英	制造部	168.00	42.00	21.00
YG_0023	李光明	制造部	168.00	42.00	21.00

图14-47

❺ 在G3单元格中输入公式：=SUM(D3:F3)，按〈Enter〉键，向下复制公式，即可计算出所有员工应扣的社会保险总金额，如图14-48所示。

G3 =SUM(D3:F3)

部 门	养老保险（元）	医疗保险（元）	失业保险（元）	合计（元）
办公室	224.00	56.00	28.00	308.00
办公室	224.00	56.00	28.00	308.00
销售部	184.00	46.00	23.00	253.00
销售部	176.00	44.00	22.00	242.00
销售部	168.00	42.00	21.00	231.00
后勤部	200.00	50.00	25.00	275.00
后勤部	128.00	32.00	16.00	176.00
制造部	184.00	46.00	23.00	253.00
制造部	208.00	52.00	26.00	286.00
制造部	168.00	42.00	21.00	231.00
制造部	152.00	38.00	19.00	209.00
制造部	152.00	38.00	19.00	209.00
制造部	152.00	38.00	19.00	209.00
制造部	168.00	42.00	21.00	231.00
制造部	168.00	42.00	21.00	231.00
制造部	168.00	42.00	21.00	231.00
制造部	168.00	42.00	21.00	231.00
制造部	168.00	42.00	21.00	231.00
制造部	168.00	42.00	21.00	231.00
制造部	168.00	42.00	21.00	231.00
制造部	168.00	42.00	21.00	231.00

图14-48

❻ 参考本节前面介绍的“社会保险表”的制作方法，在“企业员工薪资管理”工作簿中，新建工作表将其重命名为“福利表”，并设计出相同的福利表，效果如图14-49所示。

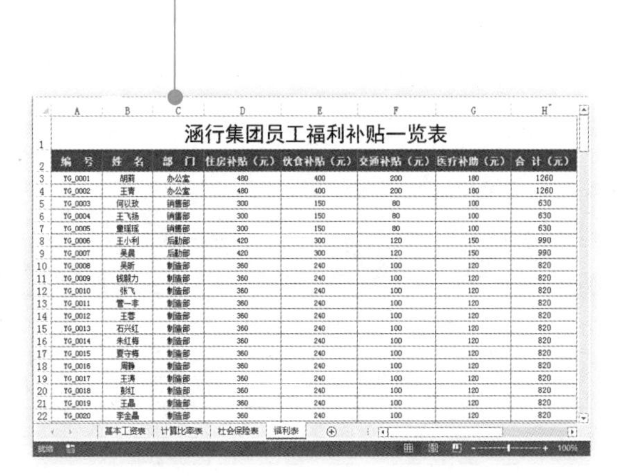

涵行集团员工福利补贴一览表

编 号	姓 名	部 门	住房补贴（元）	伙食补贴（元）	交通补贴（元）	医疗补助（元）	合 计（元）
YG_0001	胡莉	办公室	480	400	200	180	1260
YG_0002	王青	办公室	480	400	200	180	1260
YG_0003	何以玫	销售部	300	150	80	100	630
YG_0004	王飞扬	销售部	300	150	80	100	630
YG_0005	童瑶瑶	销售部	300	150	80	100	630
YG_0006	王小利	后勤部	420	300	120	150	990
YG_0007	吴晨	后勤部	420	300	120	150	990
YG_0008	吴昕	制造部	360	240	100	120	820
YG_0009	钱毅力	制造部	360	240	100	120	820
YG_0010	张飞	制造部	360	240	100	120	820
YG_0011	管一非	制造部	360	240	100	120	820
YG_0012	王蓉	制造部	360	240	100	120	820
YG_0013	石兴红	制造部	360	240	100	120	820
YG_0014	朱红梅	制造部	360	240	100	120	820
YG_0015	夏守梅	制造部	360	240	100	120	820
YG_0016	周静	制造部	360	240	100	120	820
YG_0017	王涛	制造部	360	240	100	120	820
YG_0018	彭红	制造部	360	240	100	120	820
YG_0019	王晶	制造部	360	240	100	120	820
YG_0020	李金晶	制造部	360	240	100	120	820

图14-49

3. 员工绩效奖金计算表

对于销售部的员工来说工资很大一部分来自业绩提成。这些数据也需要记录的本期工资数据中，因此需要建立一张工作表来统计这些数据具体操作如下：

❶ 新建工作表，将其重命名为“员工绩效奖金计算表”。输入表格标题、列标识，并对表格字体、对齐方式、底纹和边框等设置，效果如图14-50所示。

❷ 将所有销售部的员工的编号、姓名记录到表格中，另外销售业绩金额也是需要根据实际情况手工记录，如图14-51所示。

❸ 在E2单元格中输入公式：“=IF(D3<=20000,D3*0.03,IF(D3<=50000,D3*0.05,D3*0.08))”，按〈Enter〉键，根据D3单元格的销售业绩计算出其提成金额，向下复制公式，可一次性计算出所有提成金额，如图14-52所示。

涵行集团员工绩效奖金计算表

编号	姓名	所属部门	销售业绩	绩效奖金

图14-50

涵行集团员工绩效奖金计算表

编号	姓名	所属部门	销售业绩	绩效奖金
YG_0003	何以玫	销售部	180000	
YG_0004	王飞扬	销售部	57000	
YG_0005	童瑶瑶	销售部	280000	

图14-51

涵行集团员工绩效奖金计算表

编号	姓名	所属部门	销售业绩	绩效奖金
YG_0003	何以玫	销售部	180000	14400
YG_0004	王飞扬	销售部	57000	4560
YG_0005	童瑶瑶	销售部	280000	22400

图14-52

4. 个人所得税计算表

由于个人所得税的计算牵涉到税率的计算、速算扣除数等问题，因此我们可以另建一张表格来进行计算。当收入超过3500元起征点后根据表14-1中规则利用IF函数配合其他函数我们可以快速计算个人所得税。具体方法如下所示：

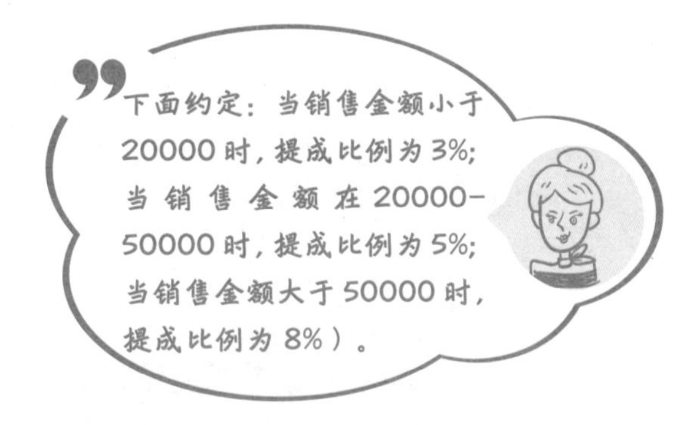

表 14-1

应纳税所得额（元）	税率（%）	速算扣除数（元）
不超过1500	3%	0
1500~4500	10%	105
4500~9000	20%	555
9000~35000	25%	1005
35000~55000	30%	2755
55000~80000	35%	5505
超过80000	45%	13505

❶ 新建工作表，将其重命名为“所得税计算表”，在表格中建立相应列标识，并设置表格的文字格式、边框底纹格式等，根据实际情况输入员工“编号”“姓名”“所在部门”基本数据，如图14-53所示。

❷ 选中E3单元格，在公式编辑栏中输入公式：“=IF(D3>3500,D3-3500,0) ”，按〈Enter〉键得出第一条位员工的“应纳税所得额”，如图14-54所示。

图14-53

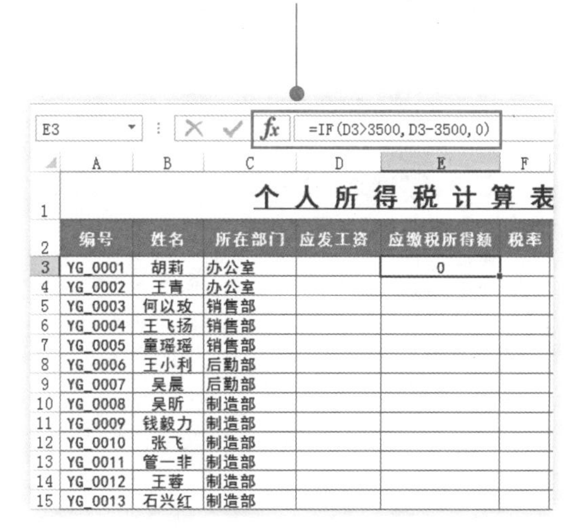

图14-54

❸ 在F3单元格中输入公式：“=IF(E3<=1500,0.03,IF(E3<=4500,0.1,IF(E3<=9000,0.2,IF(E3<=35000,0.25,IF(E3<=55000,0.3,IF(E3<=80000,0.35,0.45)))))) ”，按〈Enter〉键根据“应纳税所得额”得出第一位员工的“税率”，如图14-55所示。

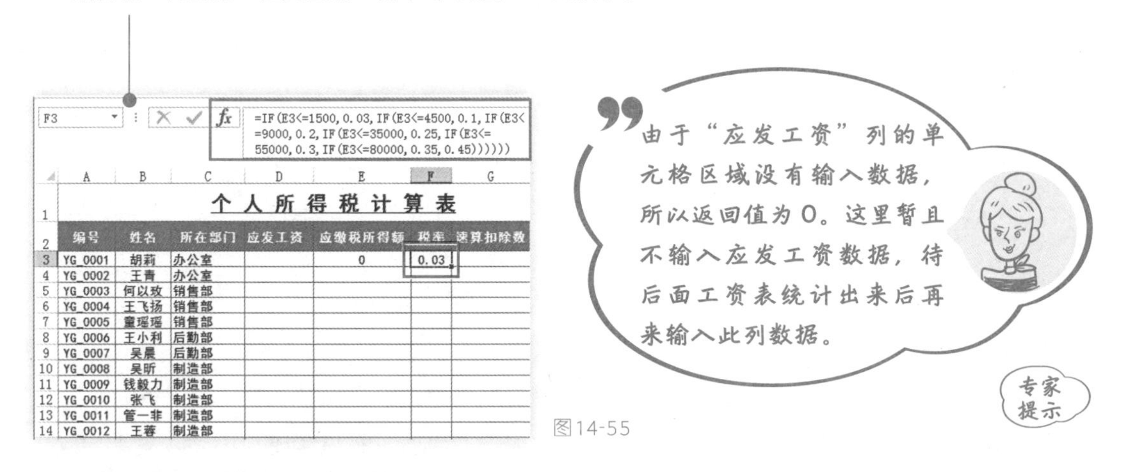

图14-55

❹ 在G3单元格中输入公式：“=VLOOKUP(F3,{0.03,0;0.1,105;0.2,555;0.25,1005;0.3,2755;0.35,5505;0.45,13505},2,)”，按〈Enter〉键，根据“税率”得出第一位员工的“速算扣除数”，如图14-56所示。

图14-56

❺ 在H2单元格中输入公式："=E3*F3-G3"，按〈Enter〉键计算得出第一位员工的"应缴所得税"，如图14-57所示。

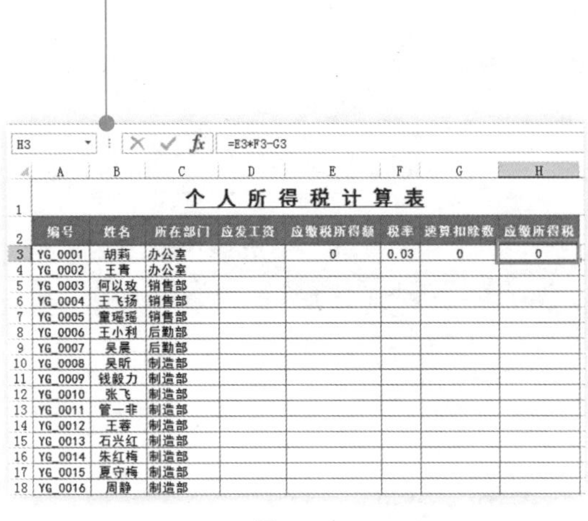

H3 =E3*F3-G3

个 人 所 得 税 计 算 表

编号	姓名	所在部门	应发工资	应缴税所得额	税率	速算扣除数	应缴所得税
YG_0001	胡莉	办公室		0	0.03	0	0
YG_0002	王青	办公室					
YG_0003	何以玫	销售部					
YG_0004	王飞扬	销售部					
YG_0005	童瑶瑶	销售部					
YG_0006	王小利	后勤部					
YG_0007	吴晨	后勤部					
YG_0008	吴昕	制造部					
YG_0009	钱毅力	制造部					
YG_0010	张飞	制造部					
YG_0011	管一非	制造部					
YG_0012	王蓉	制造部					
YG_0013	石兴红	制造部					
YG_0014	朱红梅	制造部					
YG_0015	夏守梅	制造部					
YG_0016	周静	制造部					

图14-57

❻ 选中E3:H3单元格区域，将光标定位到右下角的填充柄上，按住鼠标向下拖动复制公式，即可批量得出每一位员工的应缴所得税额，如图14-58所示。

个 人 所 得 税 计 算 表

编号	姓名	所在部门	应发工资	应缴税所得额	税率	速算扣除数	应缴所得税
YG_0001	胡莉	办公室		0	0.03	0	0
YG_0002	王青	办公室		0	0.03	0	0
YG_0003	何以玫	销售部		0	0.03	0	0
YG_0004	王飞扬	销售部		0	0.03	0	0
YG_0005	童瑶瑶	销售部		0	0.03	0	0
YG_0006	王小利	后勤部		0	0.03	0	0
YG_0007	吴晨	后勤部		0	0.03	0	0
YG_0008	吴昕	制造部		0	0.03	0	0
YG_0009	钱毅力	制造部		0	0.03	0	0
YG_0010	张飞	制造部		0	0.03	0	0
YG_0011	管一非	制造部		0	0.03	0	0
YG_0012	王蓉	制造部		0	0.03	0	0
YG_0013	石兴红	制造部		0	0.03	0	0
YG_0014	朱红梅	制造部		0	0.03	0	0
YG_0015	夏守梅	制造部		0	0.03	0	0
YG_0016	周静	制造部		0	0.03	0	0
YG_0017	王涛	制造部		0	0.03	0	0
YG_0018	彭红	制造部		0	0.03	0	0
YG_0019	王晶	制造部		0	0.03	0	0
YG_0020	李金晶	制造部		0	0.03	0	0
YG_0021	王桃芳	制造部		0	0.03	0	0

图14-58

14.4 数据分析

每到员工发工资的时候成堆的工资统计表和工资条都让我头痛不已，工作量又大又烦琐，有没有什么方法让工作变得简单吗？

Excel 2013 可是数据加工处理的利器，利用好 Excel 2013 功能可以帮助我们极大的提升工作效率，下面就跟着我的思路看看如何用 Excel 2013 高效完成工资管理的相关工作吧！

14.4.1 工资统计表

在实际工作中，企业发放职工工资、办理工资结算是通过"工资统计表"来进行的。工资统计表的数据需要引用前的各项数据来完成，但一经建立完成，每月都可使用，而不需要更改。

1. 统计应发工资

为了计算实发工资，下面先要统计出员工实际应该发放的工资，员工的实际工资应该是在员工应发工资的基础上扣去各种应扣的款项金额所得税后的实发工资。下例中我们将以之前制作的基本工资表为基础制作工资统计表并计算应发工资，具体操作如下：

工资统计表用于对本月工资金额进行全面的结算，他也是我们建立的工资管理系统中的最重要的一张工作表。

图14-59

❶ 新建工作表，并将其重命名为"工资统计表"。建立工资统计表中的各项列标识（根据实际情况可能略有不同），并设置表格编辑区域的文字格式，对齐方式、边框底纹等，如图14-59所示。

下面利用公式来返回工资统计表中各数据，从而让建立的工资表每月都可以使用，无须更改。

专家提示

当"基本工资表"中员工的基本信息发生变化时，"工资统计表"中的数据也将随之更改，这就是这里使用公式的好处。

专家提示

❷ 在A3单元格中输入公式为："=基本工资表!A3"，按〈Enter〉键，向右复制公式到C3单元格，返回第一位职员的编号、姓名、所属部门，如图14-60所示。

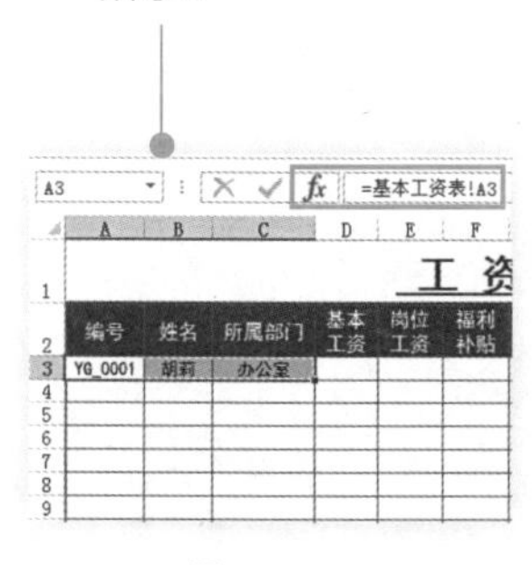

图14-60

❸ 选中A3:C3单元格区域，向下复制公式，即可得到每位员工的编号、姓名、所属部门，如图14-61所示。

编号	姓名	所属部门
YG_0001	胡莉	办公室
YG_0002	王青	办公室
YG_0003	何以玫	销售部
YG_0004	王飞扬	销售部
YG_0005	童瑶瑶	销售部
YG_0006	王小利	后勤部
YG_0007	吴晨	后勤部
YG_0008	吴昕	制造部
YG_0009	钱毅力	制造部
YG_0010	张飞	制造部
YG_0011	管一非	制造部
YG_0012	王蓉	制造部
YG_0013	石兴红	制造部
YG_0014	朱红梅	制造部
YG_0015	夏守梅	制造部
YG_0016	周静	制造部
YG_0017	王涛	制造部
YG_0018	彭红	制造部

图14-61

❹ 在D3单元格中输入公式："=VLOOKUP(A3,基本工资表!$A$2:$F$40,4)"，按〈Enter〉键，即可从"基本工资表"中返回第一位员工的基本工资，如图14-62所示。

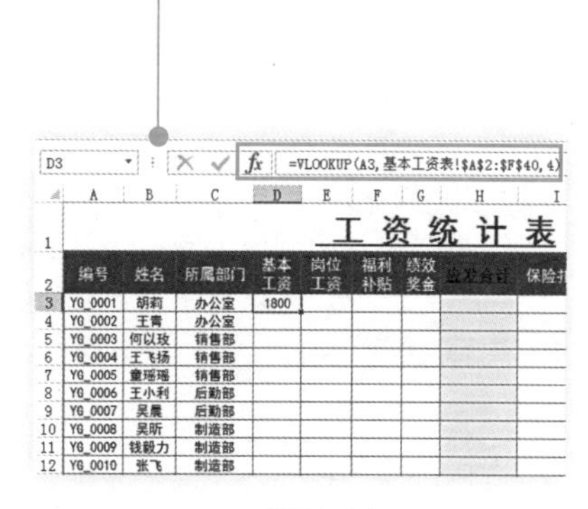

图14-62

图14-63

❺ 在E3单元格中输入公式："=VLOOKUP(A3,基本工资表!$A$2:$F$40,5)"，按〈Enter〉键，即可从"基本工资表"中返回第一位员工的岗位工资，如图14-63所示。

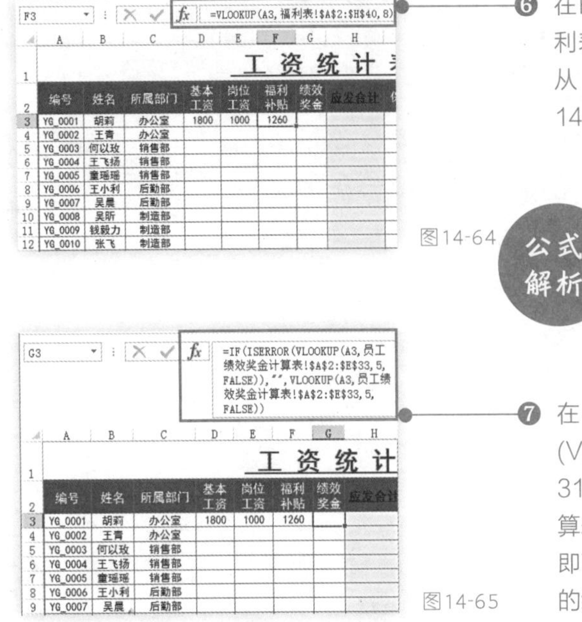

F3 =VLOOKUP(A3,福利表!$A$2:$H$40,8)

	A	B	C	D	E	F	G	H
1	工资统计表							
2	编号	姓名	所属部门	基本工资	岗位工资	福利补贴	绩效奖金	应发合计
3	YG_0001	胡莉	办公室	1800	1000	1260		
4	YG_0002	王青	办公室					
5	YG_0003	何以玫	销售部					
6	YG_0004	王飞扬	销售部					
7	YG_0005	童瑶瑶	销售部					
8	YG_0006	王小利	后勤部					
9	YG_0007	吴晨	后勤部					
10	YG_0008	吴昕	制造部					
11	YG_0009	钱毅力	制造部					
12	YG_0010	张飞	制造部					

图14-64

❻ 在F3单元格中输入公式："=VLOOKUP(A3,福利表!$A$2:$H$40,8)"，按〈Enter〉键，即可从"福利表"中返回第一位员工的福利补贴，如图14-64所示。

公式解析

公式表示在"基本工资表!$A$2:$F$40"单元格区域的首列中寻找与A3单元格相同的编号，找到后返回对应在第7列上的值。

G3 =IF(ISERROR(VLOOKUP(A3,员工绩效奖金计算表!$A$2:$E$33,5,FALSE)),"",VLOOKUP(A3,员工绩效奖金计算表!$A$2:$E$33,5,FALSE))

	A	B	C	D	E	F	G	H
1	工资统计							
2	编号	姓名	所属部门	基本工资	岗位工资	福利补贴	绩效奖金	应发合计
3	YG_0001	胡莉	办公室	1800	1000	1260		
4	YG_0002	王青	办公室					
5	YG_0003	何以玫	销售部					
6	YG_0004	王飞扬	销售部					
7	YG_0005	童瑶瑶	销售部					
8	YG_0006	王小利	后勤部					
9	YG_0007	吴晨	后勤部					

图14-65

❼ 在G3单元格中输入公式：=IF(ISERROR(VLOOKUP(A3,员工绩效奖金计算表!$A$2:$E$31,5,FALSE)),"",VLOOKUP(A3,员工绩效奖金计算表!$A$2:$E$31,5,FALSE))，按〈Enter〉键，即可从"员工绩效奖金计算表"中返回第一位员工的绩效奖金，如图14-65所示。

公式解析

在"员工绩效奖金计算表!$A$2:$E$31"单元格区域的第1列中寻找与A3单元格中相同的编号，找到后返回对应在第5列上的值。如果"员工绩效奖金计算表!$A$2:$E$31"单元格区域第5列中为空则返回空值（ISERROR函数实现的）。

H3 =SUM(D3:G3)

	C	D	E	F	G	H
1	工资统计					
2	所属部门	基本工资	岗位工资	福利补贴	绩效奖金	应发合计
3	办公室	1800	1000	1260		4060
4	办公室					
5	销售部					
6	销售部					
7	销售部					
8	后勤部					

图14-66

❽ 在H3单元格中输入公式："=SUM(D3:G3)"，按〈Enter〉键，即可计算出第一位员工的应发工资，如图14-66所示。

❾ 选中D3:H3单元格区域，向下复制公式至最后一条记录，可以快速得出所有员工的应发金额及各项明细，如图14-67所示。

	A	B	C	D	E	F	G	H
1	工资统计							
2	编号	姓名	所属部门	基本工资	岗位工资	福利补贴	绩效奖金	应发合计
3	YG_0001	胡莉	办公室	1800	1000	1260		4060
4	YG_0002	王青	办公室	2000	800	1260		4060
5	YG_0003	何以玫	销售部	1500	800	630	14400	17330
6	YG_0004	王飞扬	销售部	1400	800	630	4560	7390
7	YG_0005	童瑶瑶	销售部	1300	800	630	22400	25130
8	YG_0006	王小利	后勤部	1700	800	990		3490
9	YG_0007	吴晨	后勤部	1000	600	990		2590
10	YG_0008	吴昕	制造部	1300	1000	820		3120
11	YG_0009	钱毅力	制造部	1600	1000	820		3420
12	YG_0010	张飞	制造部	1500	600	820		2920
13	YG_0011	管一非	制造部	1300	600	820		2720
14	YG_0012	王蓉	制造部	1300	600	820		2720
15	YG_0013	石兴红	制造部	1300	600	820		2720
16	YG_0014	朱红梅	制造部	1500	600	820		2920
17	YG_0015	夏守梅	制造部	1500	600	820		2920
18	YG_0016	周静	制造部	1500	600	820		2920
19	YG_0017	王涛	制造部	1500	600	820		2920

图14-67

❿ 将"应发合计"列数据复制到"所得税计算表"工作表中的"应发工资"列，其他项都发生相应变化，效果如图14-68所示。

	A	B	C	D	E	F	G	H
1	个人所得税计算表							
2	编号	姓名	所在部门	应发工资	应缴税所得额	税率	速算扣除数	应缴所得税
3	YG_0001	胡莉	办公室	4060	560	0.03	0	16.8
4	YG_0002	王青	办公室	4060	560	0.03	0	16.8
5	YG_0003	何以玫	销售部	17330	13830	0.25	1005	2452.5
6	YG_0004	王飞扬	销售部	7390	3890	0.1	105	284
7	YG_0005	童瑶瑶	销售部	25130	21630	0.25	1005	4402.5
8	YG_0006	王小利	后勤部	3490	0	0.03	0	0
9	YG_0007	吴晨	后勤部	2590	0	0.03	0	0
10	YG_0008	吴昕	制造部	3120	0	0.03	0	0
11	YG_0009	钱毅力	制造部	3420	0	0.03	0	0
12	YG_0010	张飞	制造部	2920	0	0.03	0	0
13	YG_0011	管一非	制造部	2720	0	0.03	0	0
14	YG_0012	王蓉	制造部	2720	0	0.03	0	0
15	YG_0013	石兴红	制造部	2720	0	0.03	0	0
16	YG_0014	朱红梅	制造部	2920	0	0.03	0	0
17	YG_0015	夏守梅	制造部	2920	0	0.03	0	0
18	YG_0016	周静	制造部	2920	0	0.03	0	0
19	YG_0017	王涛	制造部	2920	0	0.03	0	0
20	YG_0018	彭红	制造部	2920	0	0.03	0	0
21	YG_0019	王晶	制造部	2920	0	0.03	0	0
22	YG_0020	李金晶	制造部	2920	0	0.03	0	0
23	YG_0021	王桃芳	制造部	2920	0	0.03	0	0

员工绩效奖金计算表 | 所得税计算表 | 工资统计表

图14-68

2. 统计实发金额

工资表中数据包含应发工资和应扣工资两部分，应发工资合计减去应扣工资合计即可得到实发工资金额。具体生成方法如下所示：

❶ 在I3单元格中输入公式："=VLOOKUP(A3,社会保险表!$A$2:$G$40,7)"，按〈Enter〉键，即可从"社会保险表"中返回第一位员工的保险扣款，如图14-69所示。

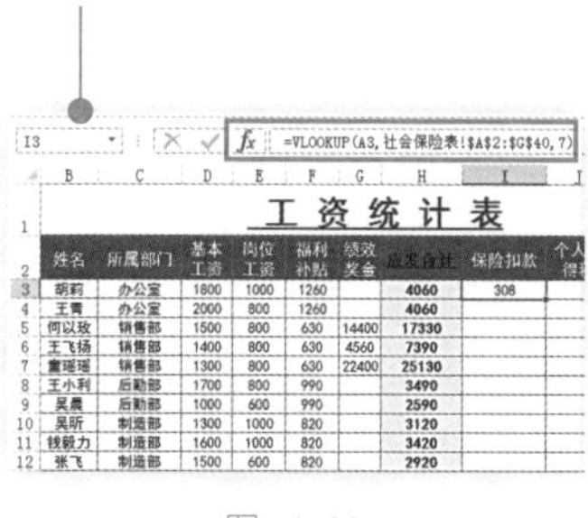

图14-69

❷ 在J3单元格中输入公式："=VLOOKUP(A3,所得税计算表!A2:I32,8)"，按〈Enter〉键，计算出第一位职员的个人所得税扣款，如图14-70所示。

图14-70

❸ 在K3单元格中输入公式："=SUM(I3:J3)"，按〈Enter〉键，即可计算出第一位员工的应扣工资，如图14-71所示。

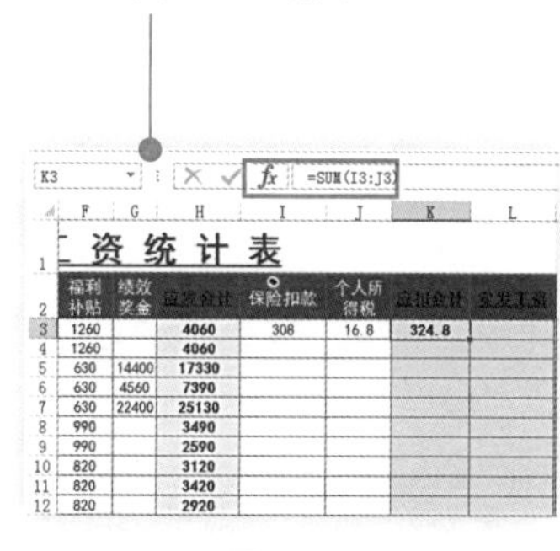

图14-71

❹ 在L3单元格中输入公式："=H3-K3"，按〈Enter〉键，即可计算出第一位员工的实发工资，如图14-72所示。

图14-72

❺ 选中I3:L3单元格区域，将光标定位到右下角的填充柄上，按住鼠标向下拖动复制公式至最后一条记录，可以快速得出所有员工的工资，如图14-73所示。

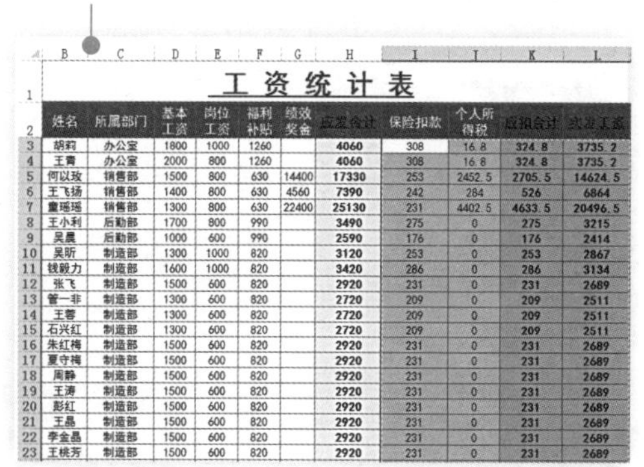

图14-73

3. 生成工资条

工资条是员工领取工资的一个详单，便于员工详细地了解本月应发工资明细与应扣工资明细。下面讲解如何在Excel 2013中利用函数自动生成工资条。

❶ 新建工作表，并将其重命名为"工资条"。规划好工资条的结构，建立标识并预留出显示值的单元格，设置好编辑区域的文字格式、边框底纹等，如图14-74所示。

图14-74

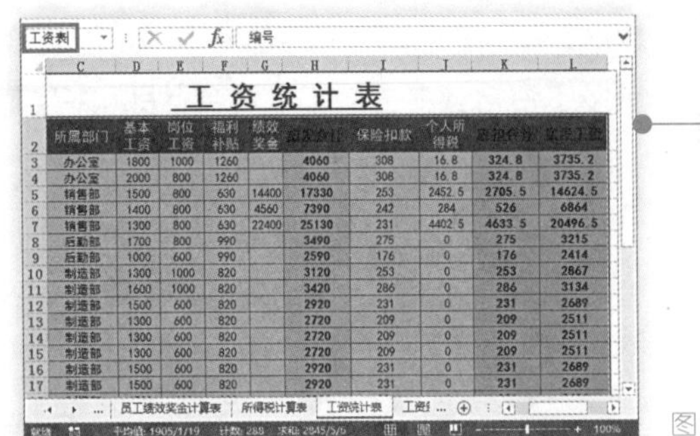

❷ 切换到“员工月度工资表”工作表中，选中从第2行开始的包含列标识的数据编辑区域，在名称编辑框中定义其名称为“工资表”（图14-75）。按〈Enter〉键即可完成名称的定义。

图14-75

❸ 切换回到“工资条”工作表中，在A3单元格中输入第一位员工的编号，如图14-76所示。

❹ 在E2单元格中输入公式：=VLOOKUP(B2,工资表,2)，按〈Enter〉键，即可返回第一位员工的姓名，如图14-77所示。

图14-76

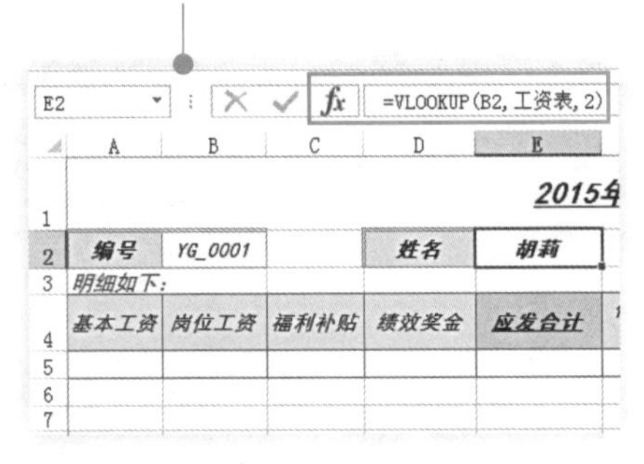

图14-77

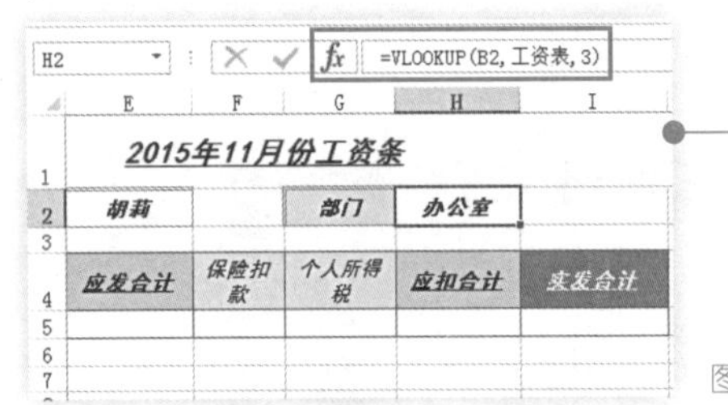

❺ 在H2单元格中输入公式：=VLOOKUP(B2,工资表,3)，按〈Enter〉键，即可返回第一位员工的所属部门，如图14-78所示。

图14-78

❻ 选中A5单元格，在公式编辑栏中输入公式：“=VLOOKUP($B2,工资表,COLUMN(D1))”，按〈Enter〉键，返回第一位员工的姓名，向右复制公式到I5单元格，即可一次性返回第一位员工工资条的各项信息，如图14-79所示。

图14-79

向下拖动什么位置释放鼠标要根据当前员工的人数来决定，即通过填充得到所有员工的工资条后释放鼠标。

专家提示

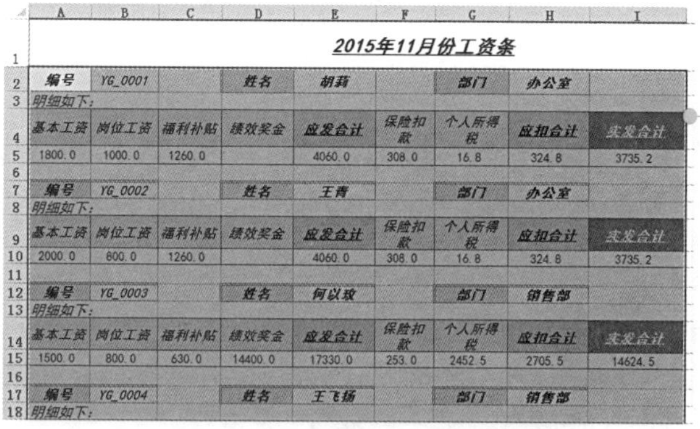

	A	B	C	D	E	F	G	H	I
1	2015年11月份工资条								
2	编号	YG_0001		姓名	胡莉		部门	办公室	
3	明细如下:								
4	基本工资	岗位工资	福利补贴	绩效奖金	应发合计	保险扣款	个人所得税	应扣合计	实发合计
5	1800.0	1000.0	1260.0		4060.0	308.0	16.8	324.8	3735.2
6									
7	编号	YG_0002		姓名	王青		部门	办公室	
8	明细如下:								
9	基本工资	岗位工资	福利补贴	绩效奖金	应发合计	保险扣款	个人所得税	应扣合计	实发合计
10	2000.0	600.0	1260.0		4060.0	308.0	16.8	324.8	3735.2
11									
12	编号	YG_0003		姓名	何以玫		部门	销售部	
13	明细如下:								
14	基本工资	岗位工资	福利补贴	绩效奖金	应发合计	保险扣款	个人所得税	应扣合计	实发合计
15	1500.0	800.0	630.0	14400.0	17330.0	253.0	2452.5	2705.5	14624.5
16									
17	编号	YG_0004		姓名	王飞扬		部门	销售部	
18	明细如下:								

图14-80

⑦ 选中A2:I6单元格区域，将光标定位到该单元格区域右下角，出现黑色十字形时，按住鼠标左键向下拖动，释放鼠标即可得到每位员工的工资条，如图14-80所示。

公式解析

"COLUMN(D1)"返回值为"4"，而姓名正处于"基本工资"（之前定义的名称）单元格区域的第 4 列中。之所以这样设置，是为了接下来复制公式的方便，当复制 A5 单元格的公式到 B5 单元格中时，公式更改为：=VLOOKUP($B2,工资表,COLUMN(E1))，"COLUMN(E1)"返回值为"5"，而岗位工资正处于"工资表"单元格区域的第 5 列中。依次类推。如果不采用这种办法来设置公式，则需要依次手动更改返回值所在的列数。

⑧ 单击"页面设置"选项卡，在"页面设置"组中单击"纸张方向"按钮，在下拉菜单中单击"横向"，如图14-81所示。

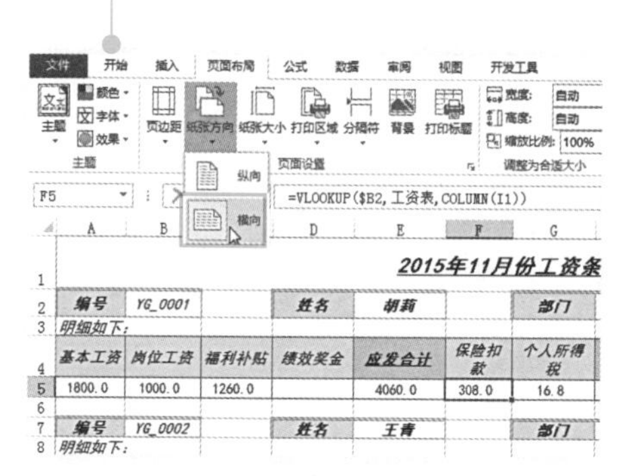

图14-81

工资条是发放给个人的，因此完成工资条的制作后，一般都需要进行打印输出。在打印之前需要进行页面设置。

⑨ 单击"文件"→"打印"命令，可以看到打印预览的效果。单击"页面设置"链接（图14-82），打开"页面设置"对话框。

⑩ 选取"页边距"选项卡在"居中方式"栏中同时选中"水平"和"垂直"两个复选框，单击"确定"按钮如图14-83所示。

⑪ 完成上述操作可以看到打印预览达到比较满意的效果，如图14-84所示。

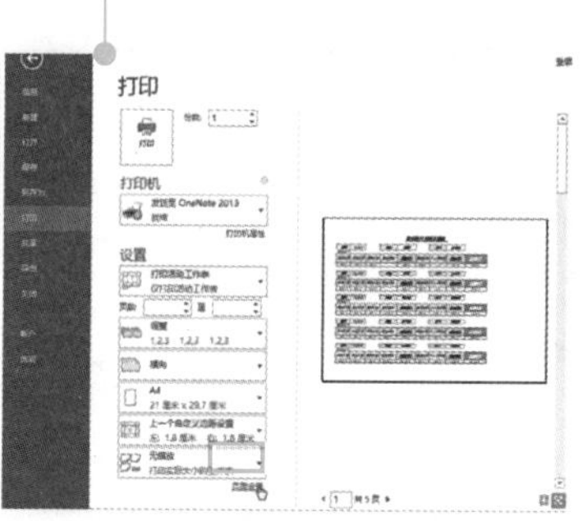

图14-82

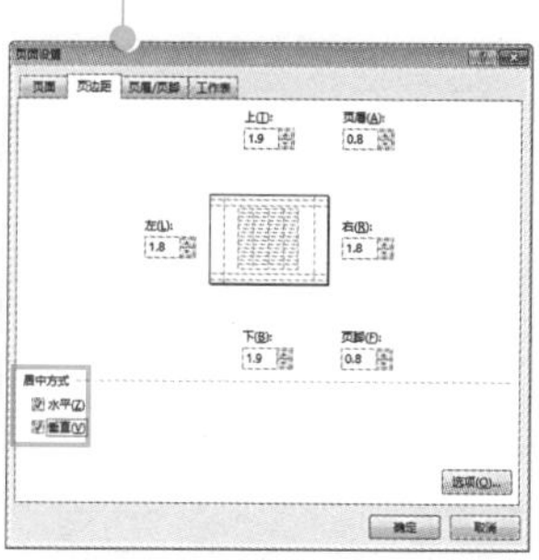

图14-83

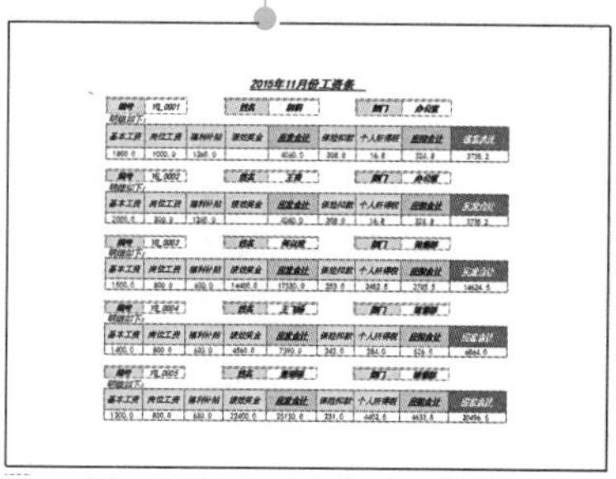

图14-84

14.4.2 按部门汇总员工工资金额

利用数据透视表分析工具可以快速地统计出各个部门的工资总额，从而便于进行比较分析，具体操作如下：

❶ 切换到“工资统计表”工作表，单击编辑区域任意单元格，在“插入”选项卡下单击“数据透视表”按钮（图14-85），打开“创建数据透视表”对话框。

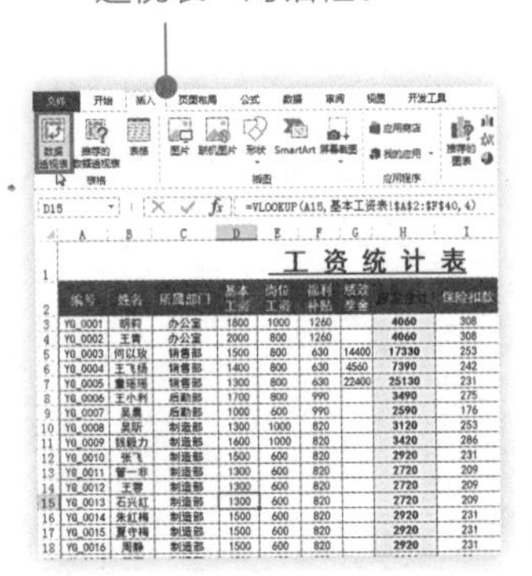

图14-85

❷ 在“选择一个表或区域”编辑框中显示了选中的单元格区域，如图14-86所示。单击“确定”按钮即可新建工作表显示数据透视表。

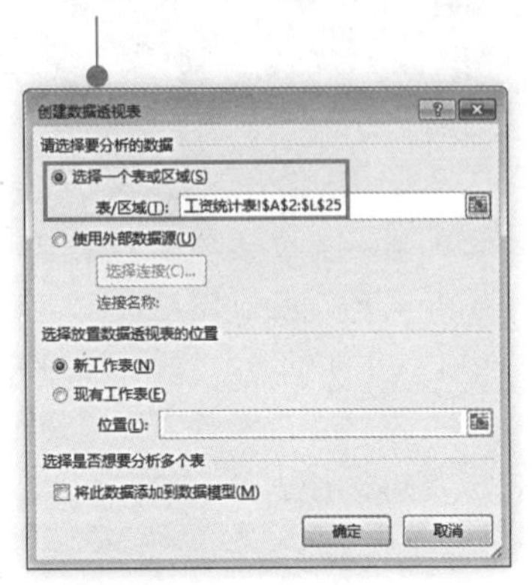

图14-86

❸ 设置“所属部门”为行标签字段，设置“实发工资”为数值字段。可以看到数据透视表中统计了各个部门的工资总金额，如图14-87所示。

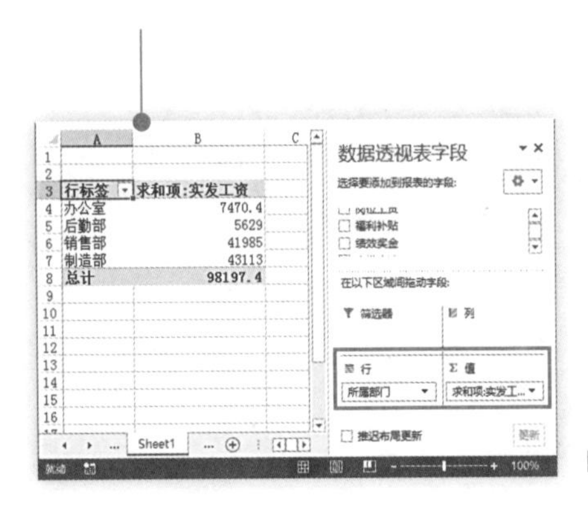

图14-87

❹ 切换到“数据透视表工具”→“选项”选项卡，在“工具”组中单击“数据透视图”按钮，打开“插入图表”对话框，选择“簇状条形图”类型，如图14-88所示。单击“确定”按钮。

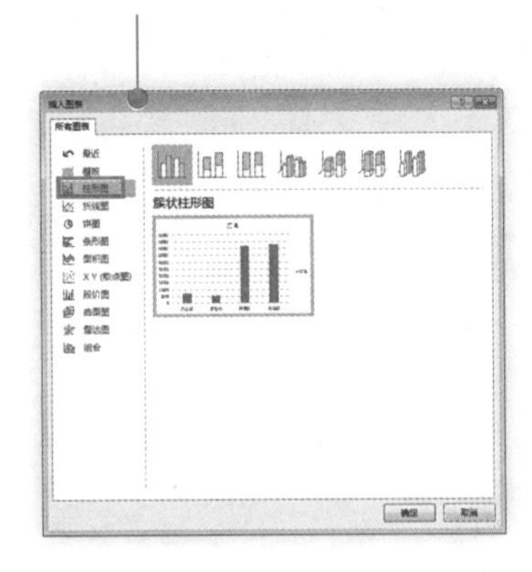

图14-88

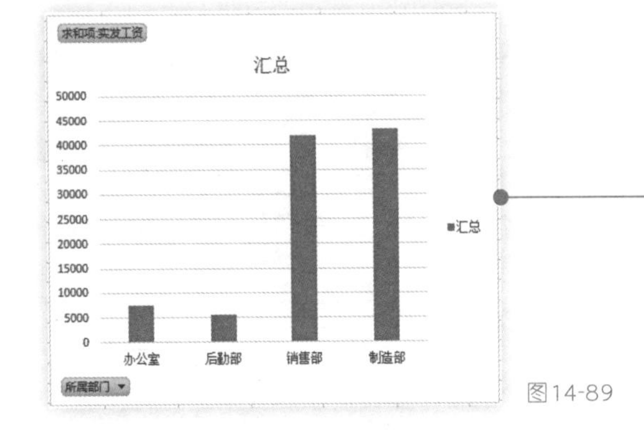

图14-89

❺ 完成上述操作即可新建数据透视图，如图14-89所示。

❻ 选中图表，在“图表工具”→“设计”选项卡下“图表样式”组中单击“更改颜色”按钮，在下拉菜单中选择一种图表颜色（单击即可应用），效果如图14-90所示。

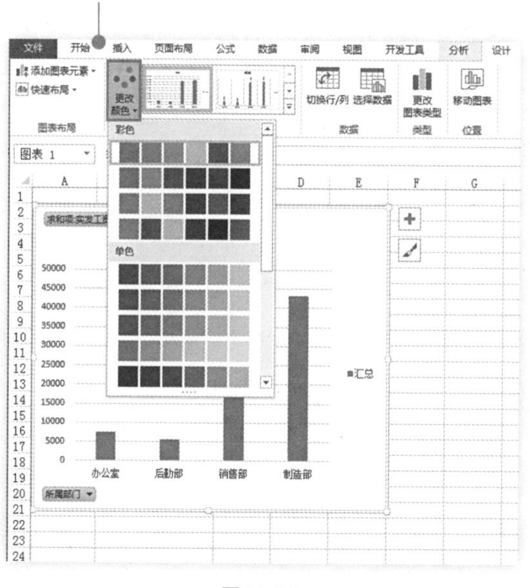

图14-90

❼ 选中图表，单击“图表工具”→“设计”选项卡，在“图表样式”组中单击“其他”下拉按钮，打开下拉菜单，选择某种样式后，单击一次鼠标即可将指定样式应用到图表上，如图14-91所示。

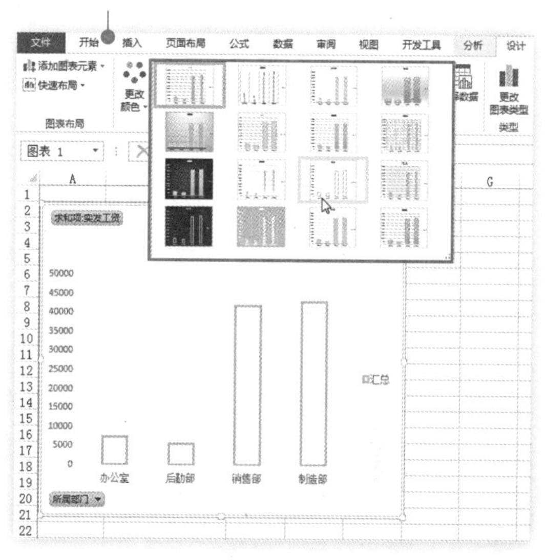

图14-91

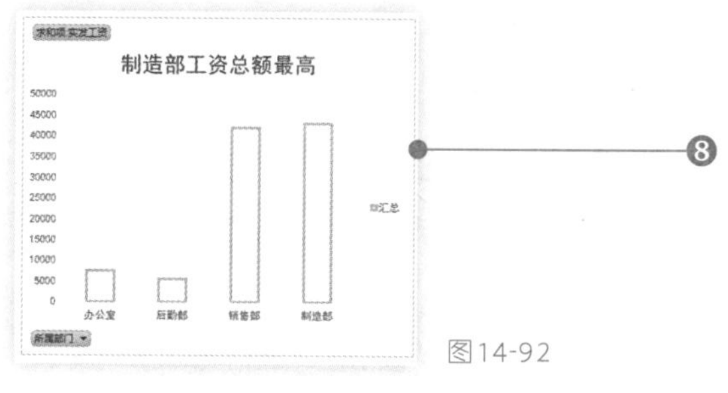

图14-92

❽ 重新编辑图表的标题，效果如图14-92所示。从图表中可以直观比较各个部门的工资总金额。

客户信息管理与分析

每次有新客户，我都有及时地在客户联系簿登记。公司客户这么多，领导现在让我对客户的资料进行详细的深入分析，面对着这个破本子要怎么分析啊？

现在谁还手工登记客户信息啊，为什么不做电子档的，不仅方便存档，也方便对资料进行分析啊。而且这些资料相当重要，提供的分析结果，可以提高客户满意程度，从而提高企业竞争力。
可以利用 Excel 2013 管理和处理客户信息数据，将信息生成电子表格、图表以方便我们进行数据的统计分析！

15.1 制作流程

公司客户既包括与公司有业务往来的销售商与供应商，也包括与公司有关的广告、银行、公关、金融机构等也属于公司的客户。因此办公人员可以按客户的类别来建立客户信息管理表，以方便用于公司的销售决策。

我们在进行客户信息管理与分析过程中将客户资料统计出来，然后对其进行分析，可以了解不同登记客户的数量以及查看客户销售额的排名等。

本章我们将从创建公司客户信息管理表，统计不同等级客户数量，依据销售额对客户进行排名和保护客户信息管理表四个任务出发向你全面介绍与客户信息管理相关的知识与技能，如图15-1所示。

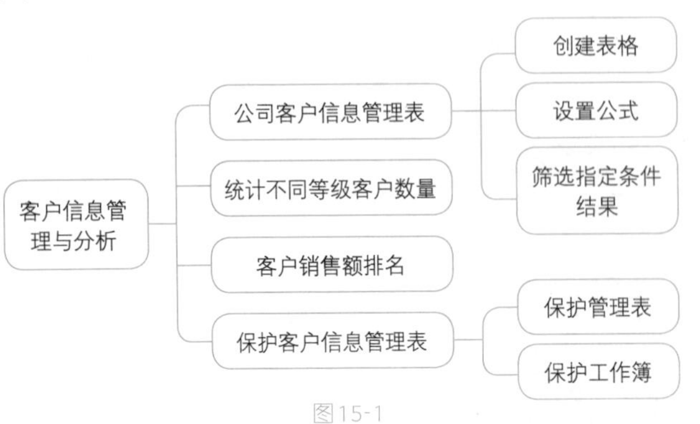

图15-1

在进行客户信息管理与分析时，我们需要创建客户信息管理表，在对客户信息进行统计的时候也需要用到数据统计分析表。下面我们可以先来看一下相关表格的效果图如图 15-2 所示。

客户信息管理表

公司名称：涵行公司　　　　经营范围：电器产品　　　　制表人：张玉芳

编号	客户名称	公司地址	邮编	联系人	电话与传真	移动电话	开户行	账号	经营范围	所在区域	年平均销售额（万元）	客户类型	受信等级
NL_KH001	苏州可信公司	苏州市 莲花路 58号	610021	吴昕	0512-56964211（T） 0512-56964212（F）	1382563XXXX	招商银行	********	冰箱	四川	500	中客户	2级
NL_KH002	无锡中汽贸易公司	无锡市 文华路 108号	435120	钱毅力	0510-23651444（T） 0510-23651445（F）	1353622XXXX	建设银行	********	空调	四川	380	小客户	3级
NL_KH003	扬州大洋科技	扬州市 阳光大道 115号	365212	张飞	0514-45621355（T） 0514-45621356（F）	1309656XXXX	中国交通银行	********	热水器	四川	200	小客户	3级
NL_KH004	贵阳安广有限公司	贵阳市 长江路 108号	326152	管一非	0851-5632101（T） 0851-5632102（F）	1369633XXXX	中国交通银行	********	数码	安徽	500	中客户	2级
NL_KH005	扬州上下贸易	扬州市 方兴大道 45号	365211	王蓉	0514-56321555（T） 0514-56321556（F）	1309654XXXX	中国交通银行	********	数码	安徽	120	小客户	3级
NL_KH006	芜湖涵行集团	芜湖市 长江东路 28号	546521	石兴红	0553-5361201（T） 0553-5361202（F）	1379685XXXX	中国银行	********	传真机	安徽	1500	大客户	1级
NL_KH007	贵阳品威商贸	贵阳市 望江路 168号	230013	朱红梅	0851-3856108（T） 0851-3856109（F）	1360020XXXX	中国建设银行	********	打印机	浙江	300	小客户	3级
NL_KH008	上海华联商贸	上海市 南京路 125号	526412	夏守梅	021-56915885（T） 021-56915886（F）	1326300XXXX	中国银行	********	彩电	浙江	400	小客户	3级
NL_KH009	南京华宇电器	南京市 北南路 110号	236511	周静	025-52961556（T） 025-52961557（F）	1396671XXXX	招商银行	********	空调	浙江	350	小客户	3级
NL_KH010	芜湖旺利来集团	芜湖市 长江东路 28号	546521	王涛	0553-7085925（T） 0553-7085926（F）	1309635XXXX	中国银行	********	健身器材	浙江	2000	大客户	1级
NL_KH011	无锡永振商贸	无锡市 沿湖路 58号	958412	彭红	0510-63956200（T） 0510-63956201（F）	1379631XXXX	中国银行	********	美容	浙江	500	中客户	2级
NL_KH012	绍兴建银电器	绍兴市 太湖大道 58号	326154	王晶	0575-45621355（T） 0575-45621356（F）	1360611XXXX	中国交通银行	********	电脑	浙江	700	中客户	2级

客户信息管理表

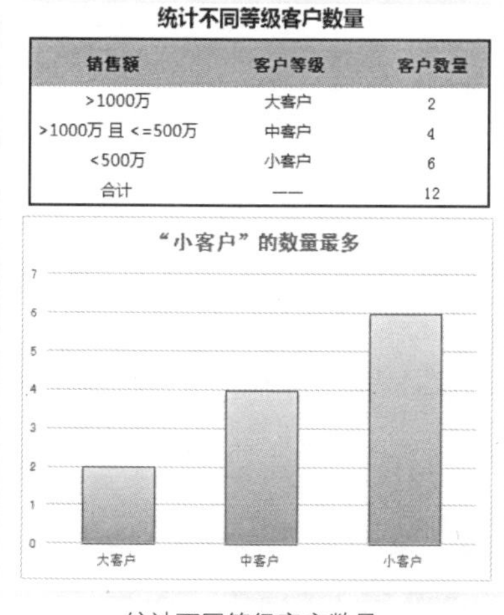

统计不同等级客户数量

销售额	客户等级	客户数量
>1000万	大客户	2
>1000万 且 <=500万	中客户	4
<500万	小客户	6
合计	——	12

统计不同等级客户数量

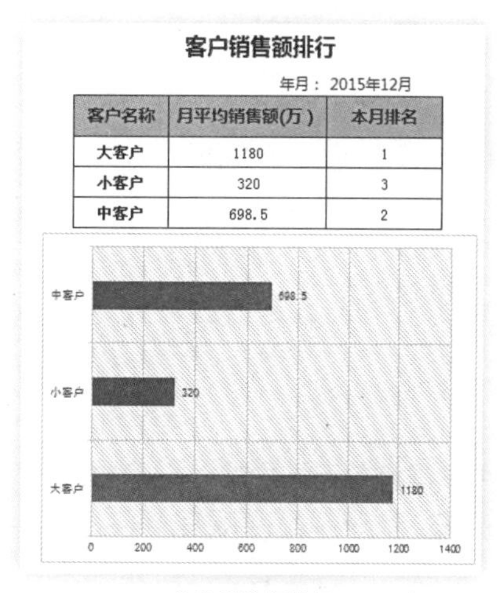

客户销售额排行

年月：2015年12月

客户名称	月平均销售额(万)	本月排名
大客户	1180	1
小客户	320	3
中客户	698.5	2

客户销售额排行

图15-2

15.2　新手基础

在Excel 2013中进行客户信息管理与分析需要用到的知识点除了包括前面章节中介绍过的知识点外还包括：单元格格式设置、数据分析、相关函数的计算等！

15.2.1　隐藏网格线

Excel 2013的网格线帮助我们在做表格时更为有效地完成表格整体布局的定位。这些网格线是不参与打印的。但在实际工作中有时Excel 2013的这些网格线非常的影响视觉效果。此时为了让工作表的背景与工作表内容更和谐，我们可以通过下面的方法将其隐藏起来。

单击“视图”选项卡，在“显示”选项组中取消“网格线”复选框，即可看到网络线隐藏后的效果，如图15-3所示。

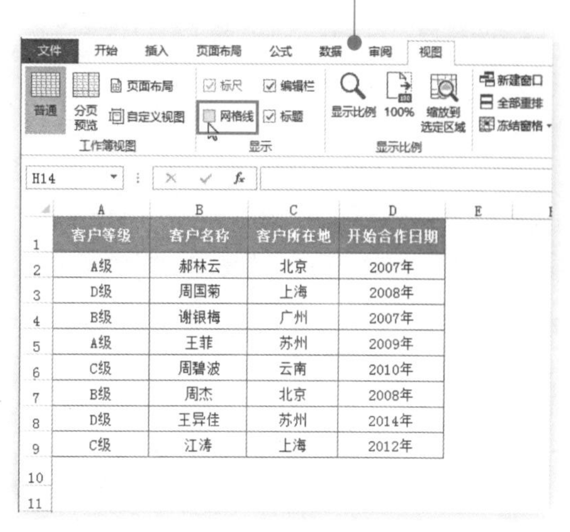

客户等级	客户名称	客户所在地	开始合作日期
A级	郝林云	北京	2007年
D级	周国菊	上海	2008年
B级	谢银梅	广州	2007年
A级	王菲	苏州	2009年
C级	周碧波	云南	2010年
B级	周杰	北京	2008年
D级	王异佳	苏州	2014年
C级	江涛	上海	2012年

图15-3

15.2.2 在任意位置上强制换行

用Excel 2013进行表格编制过程中，经常会遇到一个单元格可能放不下我们要输入的数据，这个时候我们可以选择自动换行或强制换行，在实际工作中有时为了达到更好的视觉效果，我们可以利用光标定位并配合〈Alt+Enter〉组合键实现在任意位置换行具体操作如下：

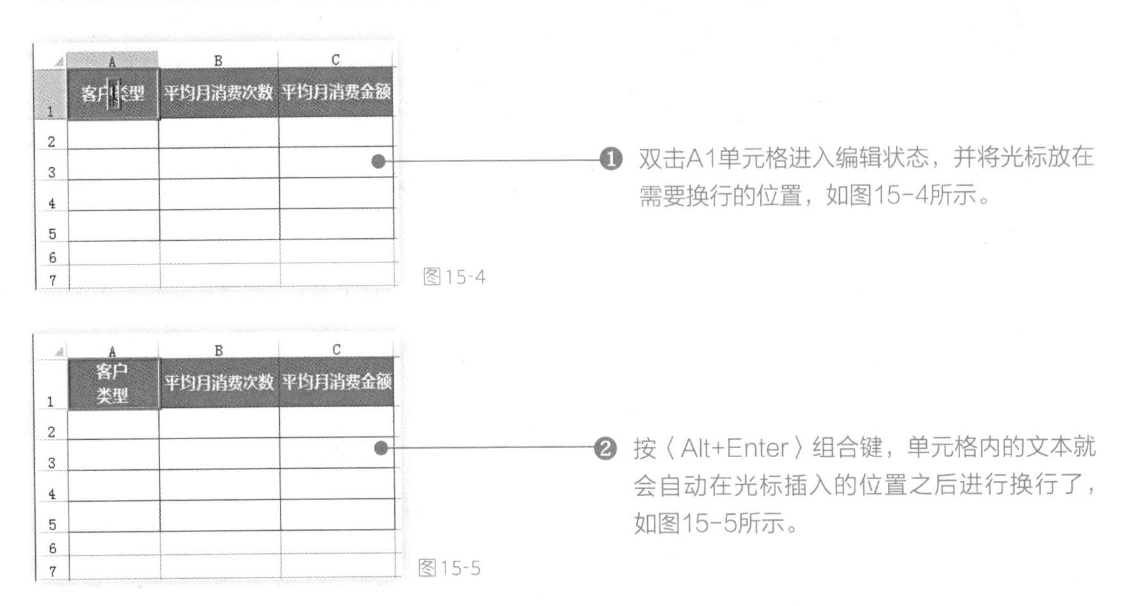

客户类型
平均月消费次数
平均月消费金额

❶ 双击A1单元格进入编辑状态，并将光标放在需要换行的位置，如图15-4所示。

图15-4

客户
类型
平均月消费次数
平均月消费金额

❷ 按〈Alt+Enter〉组合键，单元格内的文本就会自动在光标插入的位置之后进行换行了，如图15-5所示。

图15-5

15.2.3 在不连续单元格中输入相同数据

我们在用Excel 2013制作表格的过程中，很多情况下需要在表格不连续的单元格中输入相同的文本内容，这种情况下使用鼠标配合〈Ctrl〉键即可一次性快速输入具体方法如下所示：

❶ 选中首个要输入相同数据的单元格，按住〈Ctrl〉键依次单击要输入数据的单元格，如图15-6所示。

❷ 松开〈Ctrl〉键，并输入需要的文本数据。按〈Ctrl+Enter〉组合键，即可看到所有选中的单元格内全部输入了相同的文本数据，如图15-7所示。

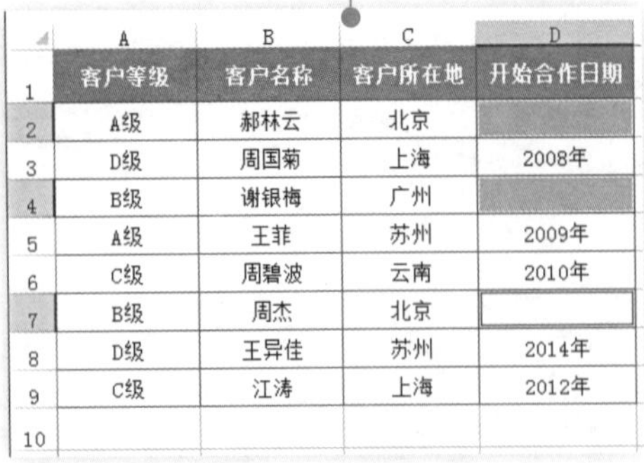

客户等级 客户名称 客户所在地 开始合作日期
A级 郝林云 北京
D级 周国菊 上海 2008年
B级 谢银梅 广州
A级 王菲 苏州 2009年
C级 周碧波 云南 2010年
B级 周杰 北京
D级 王异佳 苏州 2014年
C级 江涛 上海 2012年

图15-6

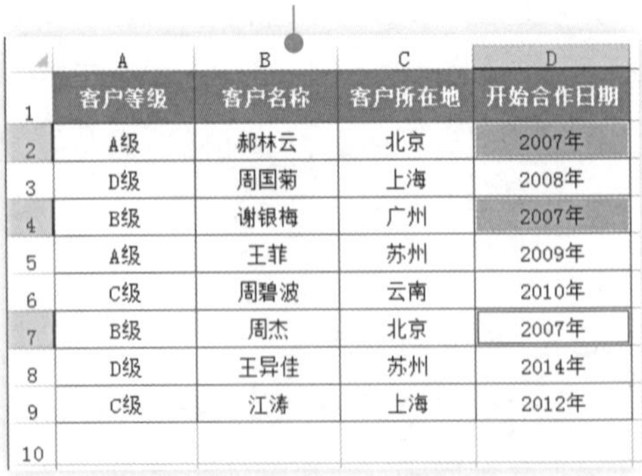

客户等级 客户名称 客户所在地 开始合作日期
A级 郝林云 北京 2007年
D级 周国菊 上海 2008年
B级 谢银梅 广州 2007年
A级 王菲 苏州 2009年
C级 周碧波 云南 2010年
B级 周杰 北京 2007年
D级 王异佳 苏州 2014年
C级 江涛 上海 2012年

图15-7

15.2.4 将特定单元格链接到其他资料

现在使用Excel 2013的人越来越多，但其中的使用方法和诀窍需要在实践中慢慢体会和总结，有时一项很简单、快捷的操作却能给办公人员带来工作效率极大的提升。为了精简表格中的数据规模，用户可以在表格需要的位置设置与其他表格的链接。当单击文本时就可以打开这张工作表了。具体操作如下：

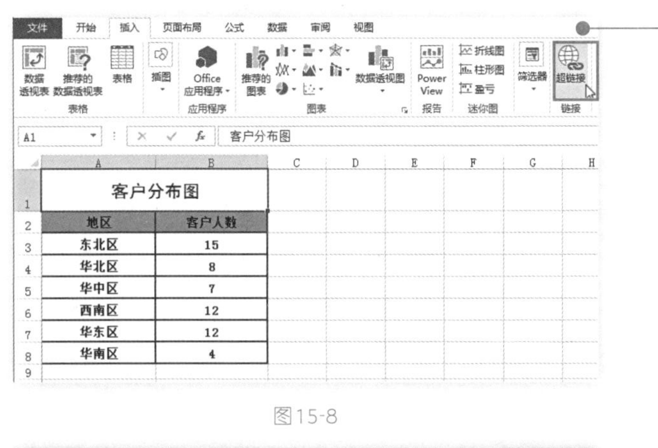

客户分布图	
地区	客户人数
东北区	15
华北区	8
华中区	7
西南区	12
华东区	12
华南区	4

图15-8

❶ 选中需要设置链接的单元格，单击“插入”选项卡，在“链接”选项组中单击“超链接”按钮，如图15-8所示。

❷ 打开“插入超链接”对话框，选中需要链接的表格文件，如图15-9所示。单击“确定”按钮。

客户分布图	
地区	客户人数
东北区	15
华北区	8
华中区	7
西南区	12
华东区	12
华南区	4

图15-10

❸ 完成上述操作即可看到选中的单元格被添加了下划线（图15-10），将鼠标指向文本内容，直接单击就可以打开其所链接的工作表了。

图15-9

知识扩展

如果想取消设置了超链接文本内容，我们可以选中需要取消超链接的单元格区域，单击鼠标右键，在右键菜单中单击“删除超链接”命令，就可以取消超链接显示了。

15.2.5 筛选出大于指定数值的记录

数据的筛选查看功能是一项十分实用的功能，它可以帮我们在瞬间就找到想查看的数据，而将不满足条件的数据隐藏起来，让数据查看极具针对性。下例中在客户销售记录表中显示了不同客户的销售额，我们需要筛选出“销售额”大于2000000的记录具体操作如下：

客户编号	客户名称	经营范围	所在区域	销售额
DKF0001	百大步行街分店	冰箱	四川	6585000
DKF0002	百大太湖分店	健身器材	安徽	2150000
DKF0003	百大永德分店	数码	四川	2000000
DKF0004	百大长虹分店	数码	四川	4500000
DKF0005	百大长顺街分店	空调	四川	1250000
DKF0006	大润伐淮海路分店	空调	安徽	1780000
DKF0007	鼓楼东一街分店	传真机	四川	1580000
DKF0008	鼓楼虹桥店	打印机	安徽	980000
DKF0009	鼓楼五池店	电脑	安徽	1500000
DKF0010	鼓楼五桂桥分店	热水器	四川	3500000
DKF0011	好邻居德胜路分店	空调	浙江	2000000
DKF0012	好邻居新华分店	彩电	浙江	7000000
DKF0013	好邻居永陵路分店	健身器材	浙江	180000
DKF0014	红旗连琐杭州二分店	数码	浙江	7200000

图15-11

❶ 单击“数据”选项卡，在“排序和筛选”选项组中单击“筛选”按钮（图15-11），即可为表格添加自动筛选按钮。

图15-12

❷ 单击"销售额"列标识右侧的下拉按钮，在下拉菜单中依次指向"数字筛选"→"大于"命令，如图15-12所示。

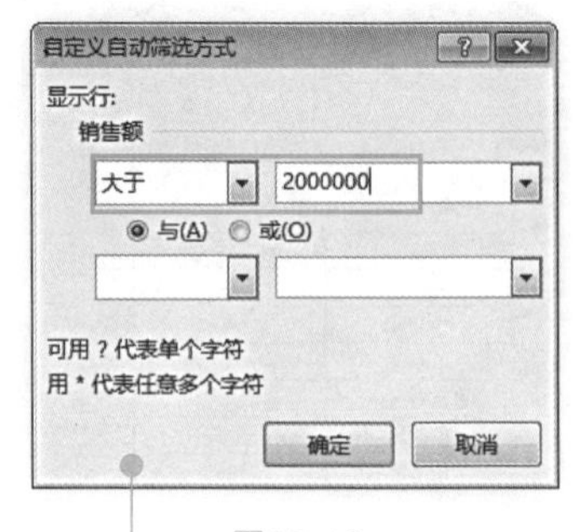

图15-13

❸ 打开"自定义自动筛选方式"对话框，设置条件为"大于"→"2000000"，如图15-13所示，单击"确定"按钮。

	客户编号	客户名称	经营范围	所在区域	销售额
2	DKF0001	百大步行街分店	冰箱	四川	6585000
3	DKF0002	百大太湖分店	健身器材	安徽	2150000
5	DKF0004	百大长虹分店	数码	四川	4500000
11	DKF0010	鼓楼五桂桥分店	热水器	四川	3500000
13	DKF0012	好邻居新华分店	彩电	浙江	7000000
15	DKF0014	红旗连琐杭州二分店	数码	浙江	7200000

图15-14

❹ 完成上述操作就可以筛选出"销售额"大于2000000的记录了，如图15-14所示。

15.2.6 筛选出介于指定数据之间的数据

筛选出介于指定数据区间的数据是项十分实用的功能例如下例中我们需要筛选出"销售额"大于5000000介于8000000之间的记录具体操作如下：

❶ 单击"数据"选项卡，在"排序和筛选"选项组中单击"筛选"按钮（图15-15），即可为表格添加自动筛选按钮。

❷ 单击"销售额"列标识右侧的下拉按钮，在下拉菜单中依次指向"数字筛选"子菜单"介于"命令（图15-16），打开"自定义自动筛选方式"对话框。

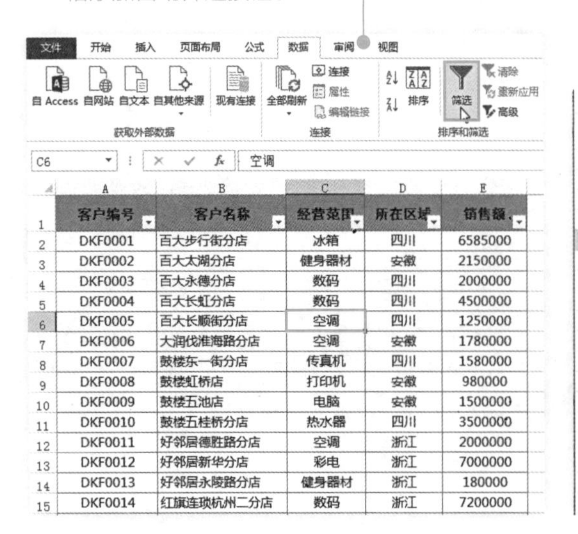

图15-15

图15-16

❸ 在“大于或等于”设置框中输入5000000，在“小于或等于”设置框中输入8000000，如图15-17所示单击“确定”按钮。

图15-17

❹ 完成上述操作即可筛选出销售额介于5000000~8000000之间的记录，如图15-18所示。

	A	B	C	D	E
1	客户编号	客户名称	经营范围	所在区域	销售额
2	DKF0001	百大步行街分店	冰箱	四川	6585000
13	DKF0012	好邻居新华分店	彩电	浙江	7000000
15	DKF0014	红旗连琐杭州二分店	数码	浙江	7200000
22					
23					
24					

图15-18

15.2.7 文本筛选利器：筛选搜索器

Excel 2013提供了搜索筛选器的功能，他可以从大量的数据集中快速搜索出相应的目标数据。在下例表格中显示了各客户名称的销售情况，现在我们需要将客户名称中包含“分店”的记录模糊筛选出来，具体操作方法如下所示：

❶ 单击“数据”选项卡，在“排序和筛选”选项组中单击“筛选”按钮（图15-19），即可为表格添加自动筛选按钮。

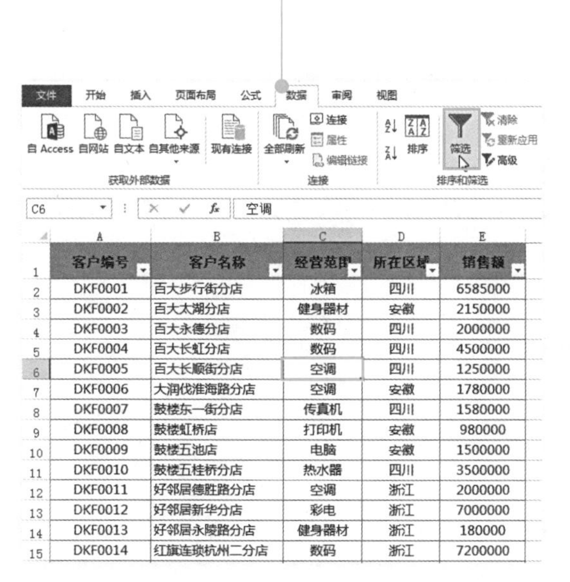

	A	B	C	D	E
1	客户编号	客户名称	经营范围	所在区域	销售额
2	DKF0001	百大步行街分店	冰箱	四川	6585000
3	DKF0002	百大太湖分店	健身器材	安徽	2150000
4	DKF0003	百大永德分店	数码	四川	2000000
5	DKF0004	百大长虹分店	数码	四川	4500000
6	DKF0005	百大长顺街分店	空调	四川	1250000
7	DKF0006	大润伐淮海路分店	空调	安徽	1780000
8	DKF0007	鼓楼东一街分店	传真机	四川	1580000
9	DKF0008	鼓楼虹桥店	打印机	安徽	980000
10	DKF0009	鼓楼五池店	电脑	安徽	1500000
11	DKF0010	鼓楼五桂桥分店	热水器	四川	3500000
12	DKF0011	好邻居德胜路分店	空调	浙江	2000000
13	DKF0012	好邻居新华分店	彩电	浙江	7000000
14	DKF0013	好邻居永陵路分店	健身器材	浙江	180000
15	DKF0014	红旗连琐杭州二分店	数码	浙江	7200000

图15-19

❷ 单击“客户名称”右侧的下拉按钮，然后在“搜索”文本框中输入所要筛选的关键字，如“分店”，下面的筛选列表即会显示所有包含“分店”的客户名称，如图15-20所示。从筛选列表中即可轻易找到所要筛选的数据，选取指定数据条目，单击“确定”按钮。

	A	B	C	D	E
1	客户编号	客户名称	经营范围	所在区域	销售额
2			冰箱	四川	6585000
3			健身器材	安徽	2150000
4			数码	四川	2000000
5			数码	四川	4500000
6			空调	四川	1250000
7			空调	安徽	1780000
8			传真机	四川	1580000
9			打印机	安徽	980000
10			电脑	安徽	1500000
11			热水器	四川	3500000
12			空调	浙江	2000000
13			彩电	浙江	7000000
14			健身器材	浙江	180000
15			数码	浙江	7200000
16			数码	浙江	890000
17			传真机	浙江	750000
18			打印机	浙江	995200
19			热水器	浙江	500000

升序(S)
降序(O)
按颜色排序(T)
从“客户名称”中清除筛选(C)
按颜色筛选(I)
文本筛选(F)
分店
(选择所有搜索结果)
将当前所选内容添加到筛选器
百大步行街分店
百大太湖分店
百大永德分店
百大长虹分店
百大长顺街分店
大润伐淮海路分店
鼓楼东一街分店
鼓楼五桂桥分店
好邻居德胜路分店
好邻居新华分店
确定 取消

图15-20

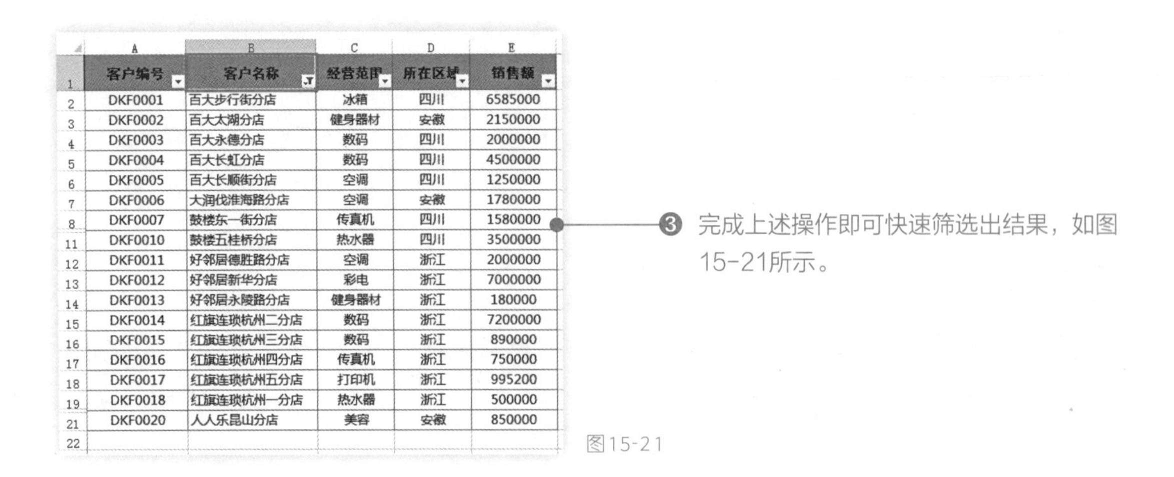

	客户编号	客户名称	经营范围	所在区域	销售额
2	DKF0001	百大步行街分店	冰箱	四川	6585000
3	DKF0002	百大太湖分店	健身器材	安徽	2150000
4	DKF0003	百大永德分店	数码	四川	2000000
5	DKF0004	百大长虹分店	数码	四川	4500000
6	DKF0005	百大长顺街分店	空调	四川	1250000
7	DKF0006	大润伐淮海路分店	空调	安徽	1780000
8	DKF0007	鼓楼东一街分店	传真机	四川	1580000
11	DKF0010	鼓楼五桂桥分店	热水器	四川	3500000
12	DKF0011	好邻居德胜路分店	空调	浙江	2000000
13	DKF0012	好邻居新华分店	彩电	浙江	7000000
14	DKF0013	好邻居永陵路分店	健身器材	浙江	180000
15	DKF0014	红旗连锁杭州二分店	数码	浙江	7200000
16	DKF0015	红旗连锁杭州三分店	数码	浙江	890000
17	DKF0016	红旗连锁杭州四分店	传真机	浙江	750000
18	DKF0017	红旗连锁杭州五分店	打印机	浙江	995200
19	DKF0018	红旗连锁杭州一分店	热水器	浙江	500000
21	DKF0020	人人乐昆山分店	美容	安徽	850000

❸ 完成上述操作即可快速筛选出结果，如图15-21所示。

图15-21

15.2.8 一次性取消当前工作表中所有自动筛选

筛选工作完成后，我们需要删除当前工作表中的自动筛选，可按如下方法操作。

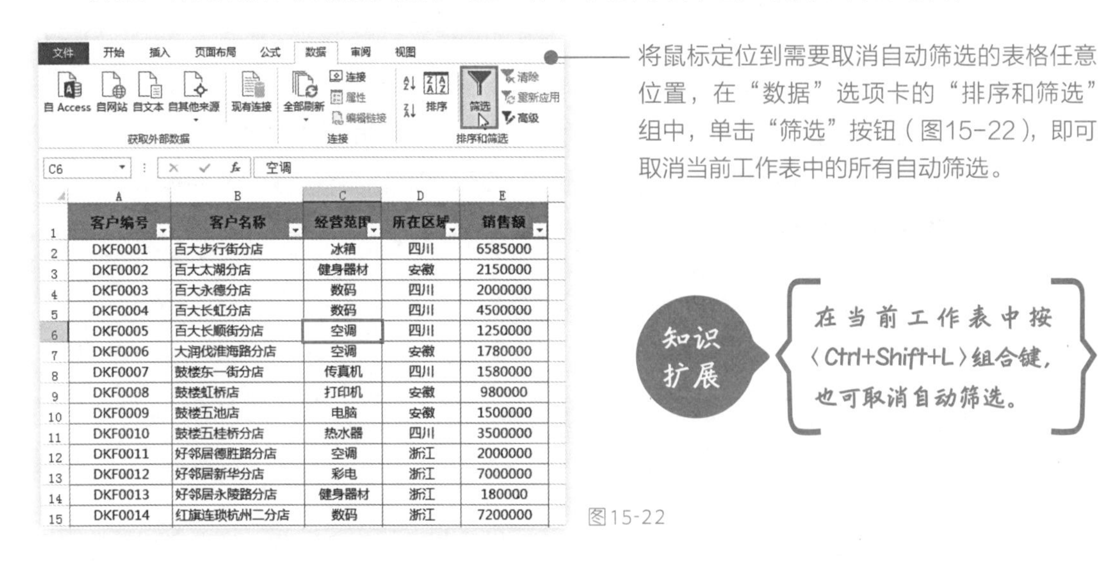

	客户编号	客户名称	经营范围	所在区域	销售额
2	DKF0001	百大步行街分店	冰箱	四川	6585000
3	DKF0002	百大太湖分店	健身器材	安徽	2150000
4	DKF0003	百大永德分店	数码	四川	2000000
5	DKF0004	百大长虹分店	数码	四川	4500000
6	DKF0005	百大长顺街分店	空调	四川	1250000
7	DKF0006	大润伐淮海路分店	空调	安徽	1780000
8	DKF0007	鼓楼东一街分店	传真机	四川	1580000
9	DKF0008	鼓楼虹桥店	打印机	安徽	980000
10	DKF0009	鼓楼五池店	电脑	安徽	1500000
11	DKF0010	鼓楼五桂桥分店	热水器	四川	3500000
12	DKF0011	好邻居德胜路分店	空调	浙江	2000000
13	DKF0012	好邻居新华分店	彩电	浙江	7000000
14	DKF0013	好邻居永陵路分店	健身器材	浙江	180000
15	DKF0014	红旗连锁杭州二分店	数码	浙江	7200000

将鼠标定位到需要取消自动筛选的表格任意位置，在“数据”选项卡的“排序和筛选”组中，单击“筛选”按钮（图15-22），即可取消当前工作表中的所有自动筛选。

知识扩展

在当前工作表中按〈Ctrl+Shift+L〉组合键，也可取消自动筛选。

图15-22

15.3 表格创建

现在公司客户越来越多，每天用纸质登记簿管理着这些客户信息工作量又大效率又低

可以在 Excel 2013 中创建客户信息管理表啊，这样我们随时对客户信息进行维护。

一般情况下企业客户信息管理表中除了记录客户的基础信息外，还会根据每个客户的公司注册资金对客户类型和受信等级进行标识和分类。

15.3.1　创建公司客户信息管理表

客户信息管理表主要包含客户名称、公司地址、联系方式、年平均销售额等客户信息，除了这些基础信息外我们还会为客户名称插入超链接，将相应的公司资料链接上去以方便我们调阅其他更为详尽的相关资料具体操作如下：

❶ 新建工作簿，并将其命名为“客户信息管理系统”，将Sheet1工作表重命名为“客户信息管理表”，在工作表中制作如图15-23所示的表格。

图15-23

❷ 在表格中输入客户信息，选中“客户名称”下方的B4单元格，单击“插入”选项卡，在“链接”选项组中单击“超链接”按钮，如图15-24所示。

图15-24

图15-25

❸ 打开“插入超链接”对话框，查找到对应的公司的资料文档，单击“屏幕提示”按钮，如图15-25所示。

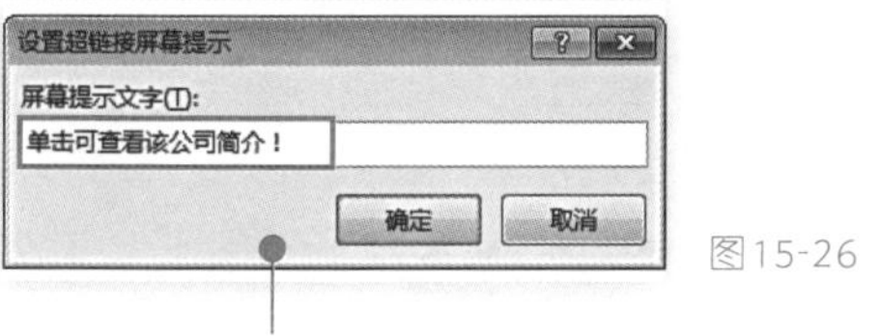

图15-26

❹ 打开“设置超链接屏幕提示”对话框，在“屏幕提示文字”文本框内输入“单击可查看该公司简介！”，如图15-26所示。连续两次单击“确定”按钮返回到工作表。

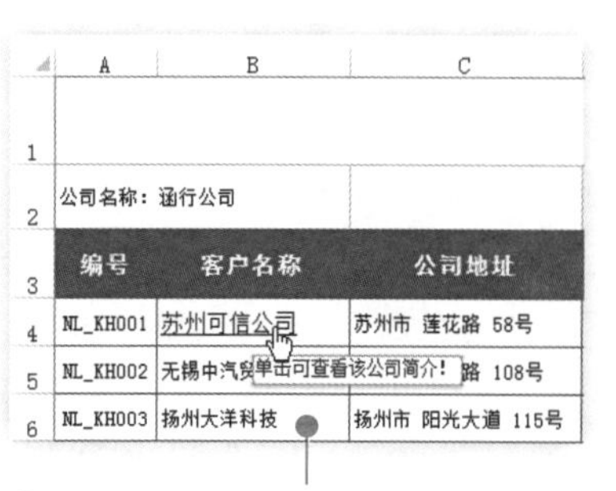

图15-27

❺ 此时B4单元格中的客户名称字体变为蓝色并且加上了下划线，将光标移到上面会出现“单击可查看该公司简介！”的提示字样，如图15-27所示。单击客户名称即可打开该客户的资料。

	A	B	C	D
4	NL_KH001	苏州可信公司	苏州市 莲花路 58号	610021
5	NL_KH002	无锡中汽贸易公司	无锡市 文华路 108号	435120
6	NL_KH003	扬州大洋科技	扬州市 阳光大道 115号	365212
7	NL_KH004	贵阳安广有限公司	贵阳市 长江路 108号	326152
8	NL_KH005	扬州上下贸易	扬州市 方兴大道 45号	365211
9	NL_KH006	芜湖涵行集团	芜湖市 长江东路 28号	546521
10	NL_KH007	贵阳品威商贸	贵阳市 望江路 168号	230013
11	NL_KH008	上海华联商贸	上海市 南京路 125号	526412
12	NL_KH009	南京华宇电器	南京市 北南路 110号	236511
13	NL_KH010	芜湖旺利来集团	芜湖市 长江东路 28号	546521
14	NL_KH011	无锡永振商贸	无锡市 沿湖路 58号	958412
15	NL_KH012	绍兴建银电器	绍兴市 太湖大道 58号	326154

图15-28

❻ 按相同的方法依次为所有客户名称设置超链接，效果如图15-28所示。

15.3.2 设置公式返回客户类型和受信等级

通常情况下我们依据销售额将客户划分为不同类型和等级，这是一种十分常见而有效的客户管理方法，下面向你介绍如何利用“IF”函数批量完成客户等级评定工作，具体操作如下：

M4 fx =IF(L4>=1000,"大客户",IF(L4>=500,"中客户","小客户"))

	G	H	I	J	K	L	M	N
3	移动电话	开户行	账号	经营范围	所在区域	年平均销售额（万元）	客户类型	受信等级
4	1382563XXXX	招商银行	********	冰箱	四川	500	中客户	
5	1353622XXXX	建设银行	********	空调	四川	380	小客户	
6	1309656XXXX	中国交通银行	********	热水器	四川	200	小客户	
7	1369633XXXX	中国交通银行	********	数码	安徽	500	中客户	
8	1309654XXXX	中国交通银行	********	数码	安徽	120	小客户	
9	1379685XXXX	中国银行	********	传真机	安徽	1500	大客户	
10	1360020XXXX	中国建设银行	********	打印机	浙江	300	小客户	
11	1326300XXXX	中国银行	********	彩电	浙江	400	小客户	
12	1396671XXXX	招商银行	********	空调	浙江	350	小客户	
13	1309635XXXX	中国银行	********	健身器材	浙江	2000	大客户	
14	1379631XXXX	中国银行	********	美容	浙江	500	中客户	
15	1360611XXXX	中国交通银行	********	电脑	浙江	700	中客户	

图15-29

❶ 在M4单元格中输入公式：=IF(L4>=1000,"大客户", IF(L4>=500,"中客户","小客户"))，按〈Enter〉键，即可计算出客户的客户类型，如图15-29所示。

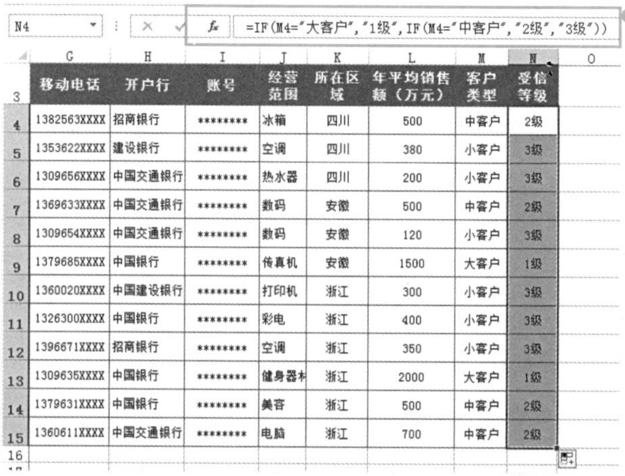

N4 =IF(M4="大客户","1级",IF(M4="中客户","2级","3级"))

	移动电话	开户行	账号	经营范围	所在区域	年平均销售额（万元）	客户类型	受信等级
4	1382563XXXX	招商银行	********	冰箱	四川	500	中客户	2级
5	1353622XXXX	建设银行	********	空调	四川	380	小客户	3级
6	1309656XXXX	中国交通银行	********	热水器	四川	200	小客户	3级
7	1369633XXXX	中国交通银行	********	数码	安徽	500	中客户	2级
8	1309654XXXX	中国交通银行	********	数码	安徽	120	小客户	3级
9	1379685XXXX	中国银行	********	传真机	安徽	1500	大客户	1级
10	1360020XXXX	中国建设银行	********	打印机	浙江	300	小客户	3级
11	1326300XXXX	中国银行	********	彩电	浙江	400	小客户	3级
12	1396671XXXX	招商银行	********	空调	浙江	350	小客户	3级
13	1309635XXXX	中国银行	********	健身器材	浙江	2000	大客户	1级
14	1379631XXXX	中国银行	********	美容	浙江	500	中客户	2级
15	1360611XXXX	中国交通银行	********	电脑	浙江	700	中客户	2级

图15-30

❷ 在N4单元格中输入公式：=IF(M4= "大客户", "1级", IF(M4= "中客户", "2级", "3级"))，按〈Enter〉键，即可计算出客户的受信等级，如图15-30所示。

企业客户信息管理表创建完成后，当需要对信息进行更改或者修改时，用户可以通过手工编辑的方式进行即可。

专家提示

15.3.3 筛选出符合指定条件的客户信息

在Excel中我们可以利用“筛选”功能来查找出满足特定条件的信息记录。例如下例中我们可以筛选出“客户类型”为“大客户”的所有记录。

❶ 选中表格中标题行，切换至“数据”选项卡，在“排序和筛选”选项组中单击“筛选”按钮，如图15-31所示。

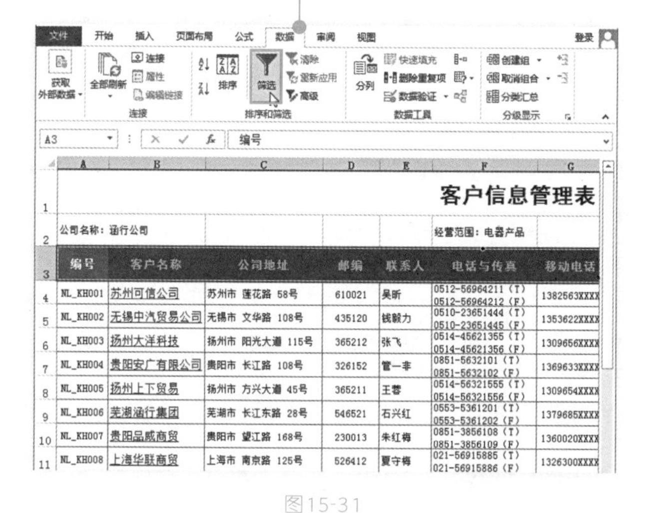

图15-31

❷ 此时在各项列标识后添加了“自动筛选”下拉按钮，单击“客户类型”后的下拉按钮，在其下拉列表中只勾选“大客户”复选框，如图15-32所示。单击“确定”按钮

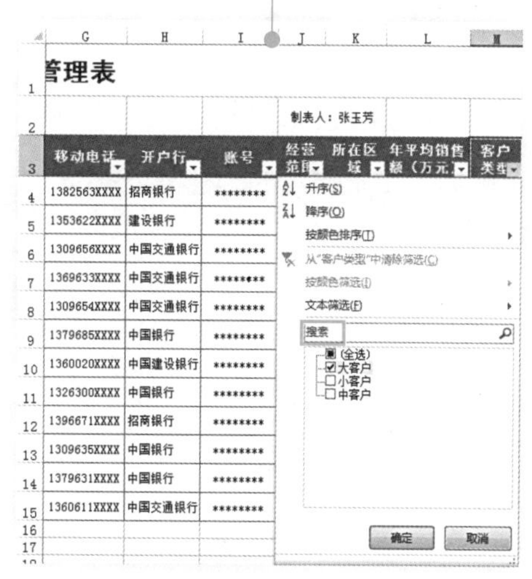

图15-32

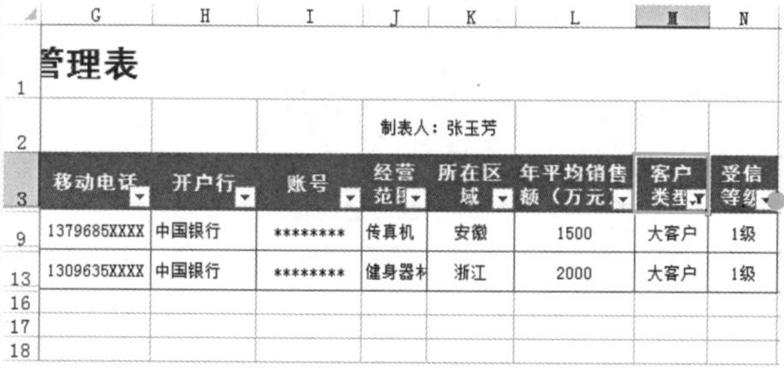

管理表

制表人：张玉芳

	移动电话	开户行	账号	经营范围	所在区域	年平均销售额（万元）	客户类型	受信等级
9	1379685XXXX	中国银行	********	传真机	安徽	1500	大客户	1级
13	1309635XXXX	中国银行	********	健身器材	浙江	2000	大客户	1级

图15-33

❸ 完成上述操作我们即可筛选出了“客户类型”为“大客户”的所有记录，如图15-33所示。

15.4 数据分析

客户信息管理是完成了，可是这么多客户信息，我要统计不同等级客户的数量，还不是得一条条的查找啊……

当然不用了，在 Excel 2013 中可以使用函数轻松统计出不同等级的客户数量。还可以使用图表直观地显示你想要的数据。

15.4.1 统计不同等级客户数量

为了使企业能够及时调整客户开发和管理策略，我们需要经常对不同等级的客户数量进行统计，以掌握企业各个等级的客户数量。在Excel 2013中，我们通过下例中所演示方法可以使用函数轻松统计出不同等级的客户数量。

❶ 新建工作表，将其重命名为“统计不同等级客户数量”，在工作表中设计如图15-34所示的表格模型。

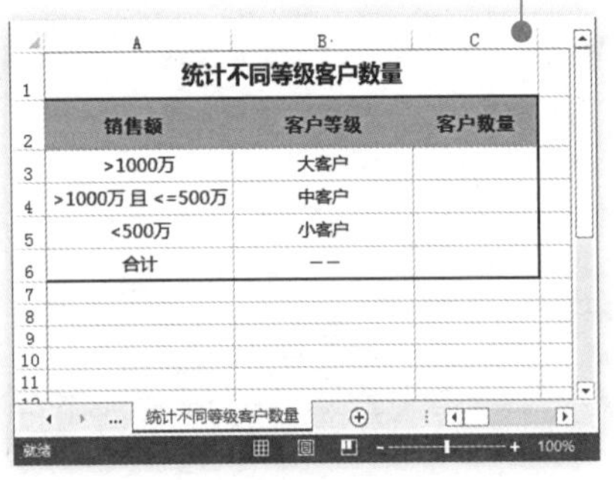

图15-34

❷ 在C3单元格中输入公式：=COUNTIF(客户信息管理表!$M$4:$M$15, B3)，按〈Enter〉键，向下复制公式至C5单元格，计算出不同等级客户的数量，如图15-35所示。

图15-35

❸ 在C6单元格中输入公式：= SUM (C3:C5)，按〈Enter〉键，统计客户的总数，如图15-36所示。

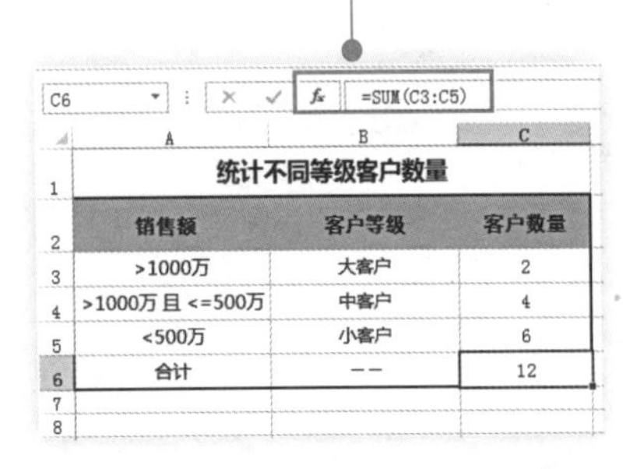

图15-36

❹ 选择B3：C5单元格区域，在“插入”选项卡下“图表”选项组中单击“插入柱形图”下拉按钮，在下拉菜单中选择“簇状柱形图”子图表类型，如图15-37所示。

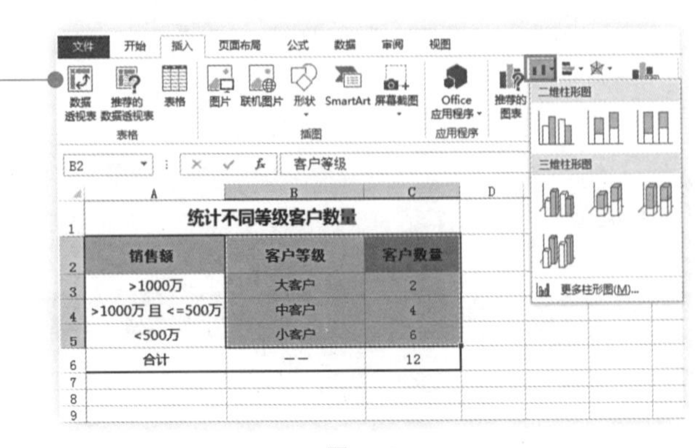

图15-37

❺ 执行上述操作，即可在工作表中创建默认的簇状柱形图，如图15-38所示。

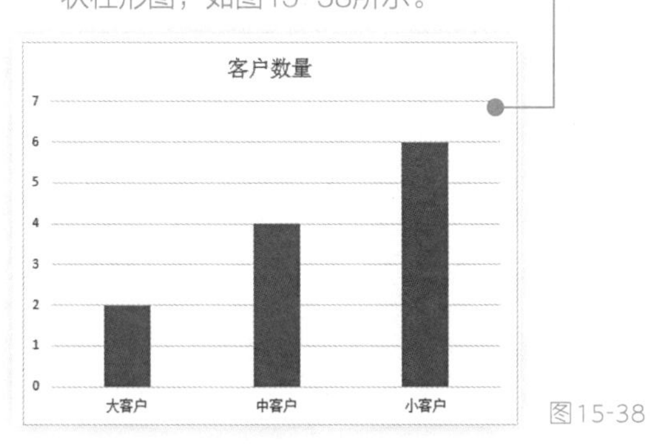

图15-38

❻ 编辑图表标题，对图表进行完善，得到最终图表效果如图15-39所示。

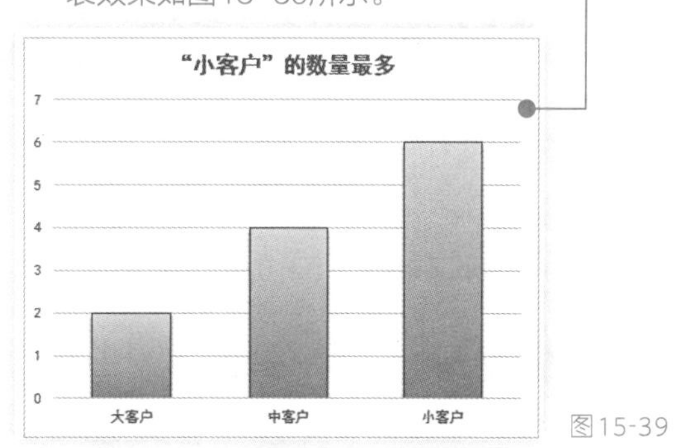

图15-39

15.4.2　客户销售额排名

在实际工作中我们需要定期分析客户销售额，并对客户销售额进行排序。我们可以使用RANK函数来计算排名，还可以使用簇状条形图来比较各个客户的平均销售额。具体操作如下：

客户销售额排行		
	年月：	2015年12月
客户名称	月平均销售额(万)	本月排名
大客户	1180	
小客户	320	
中客户	698.5	

图15-40

❶ 新建工作表，并将其命名为“客户销售额排行”，在工作表中设计如图15-40所示的表格模型。

客户销售额排行		
	年月：	2015年12月
客户名称	月平均销售额(万)	本月排名
大客户	1180	1
小客户	320	3
中客户	698.5	2

图15-41

❷ 在单元格C4中输入公式：=RANK(B4，$B$4:$B$6)，按〈Enter〉键，向下复制公式至C6单元格，即可显示出本月排名，如图15-41所示。

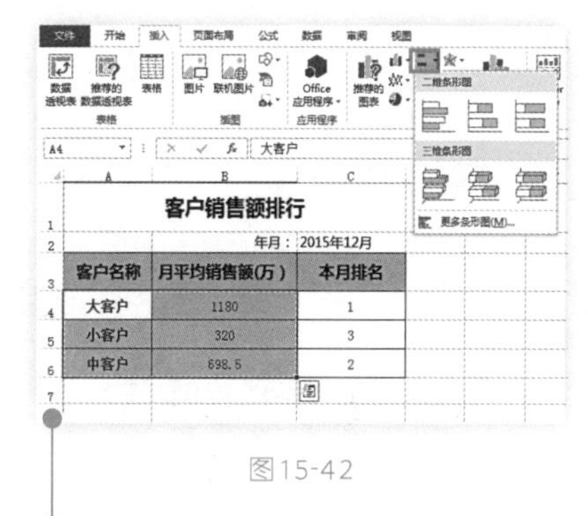

客户销售额排行		
	年月：	2015年12月
客户名称	月平均销售额(万)	本月排名
大客户	1180	1
小客户	320	3
中客户	698.5	2

图15-42

❸ 选中A4：B6单元格区域，在“插入”选项卡下“图表”选项组中单击“插入条形图”下拉按钮，在下拉菜单中选择“簇状条形图”子图表类型，如图15-42所示。

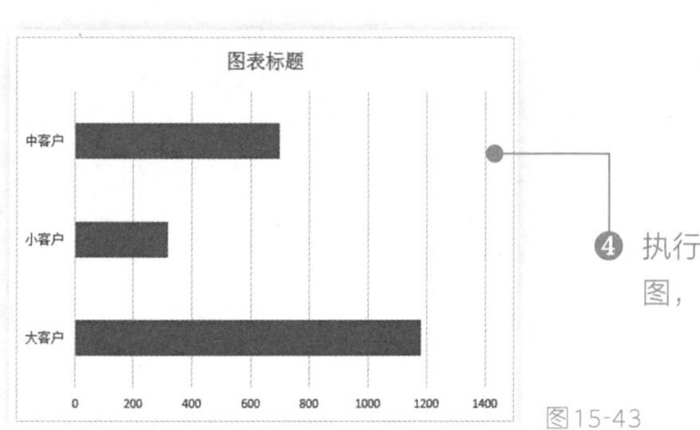

图15-43

❹ 执行上述操作，即可在工作表中创建默认的簇状条形图，如图15-43所示。

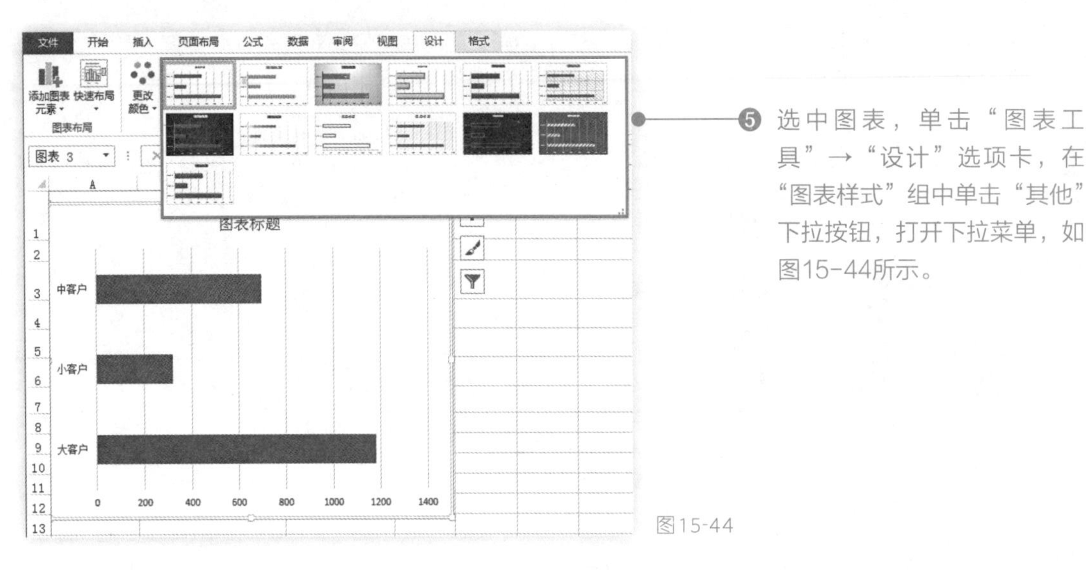

❺ 选中图表，单击“图表工具”→“设计”选项卡，在“图表样式”组中单击“其他”下拉按钮，打开下拉菜单，如图15-44所示。

图15-44

❻ 选择某种样式后，单击一次鼠标即可应用到图表上，效果如图15-45所示。

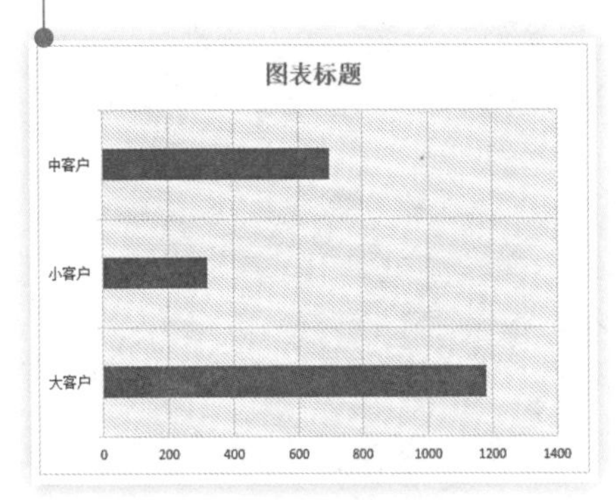

图15-45

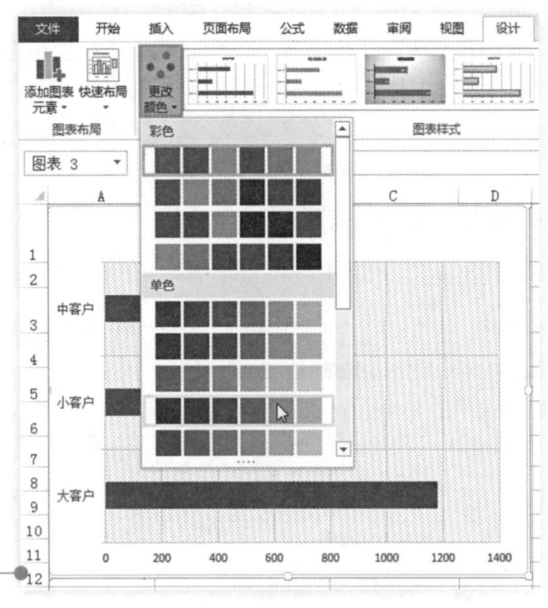

图15-46

❼ 选中图表，在“图表工具”→“设计”选项卡下“图表样式”组中单击“更改颜色”按钮，在下拉菜单中选择一种图表颜色（单击即可应用），效果如图15-46所示。

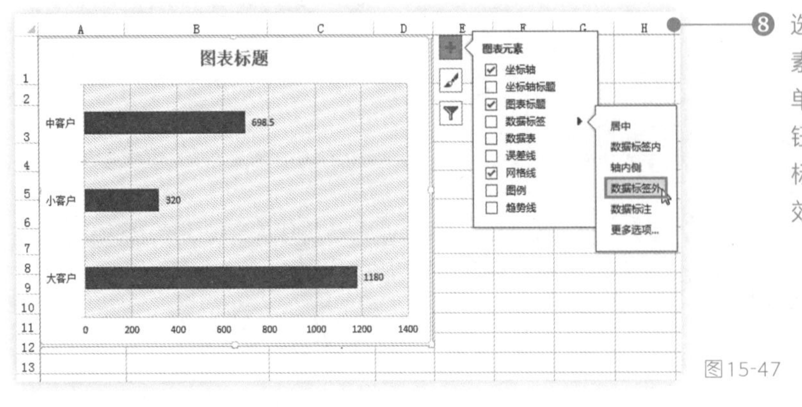

❽ 选中图表，单击“图表元素”按钮，打开下拉菜单，单击“数据标签”右侧按钮，在子菜单中单击“数据标签外”（单击即可应用），效果如图15-47所示。

图15-47

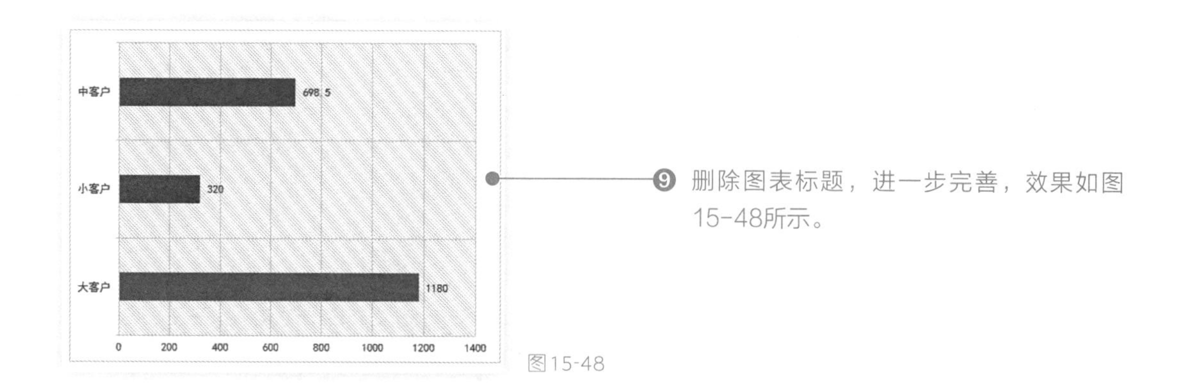

❾ 删除图表标题，进一步完善，效果如图15-48所示。

图15-48

15.4.3　保护客户信息管理表

行政人员在编制客户信息管理表之后，未经许可是不得随意查看的。为了保护商业机密和客户的隐私信息我们就需要对客户信息管理表设置保护措施，防止公司内部资料外泄，造成不必要的损失。

1. 保护客户信息管理表

下面首先向你介绍如何对客户信息管理表进行保护。

❶ 切换到“客户信息管理表”，单击“审阅”选项卡，在“更改”组中单击“保护工作表”按钮（图15-49），弹出“保护工作表”对话框。

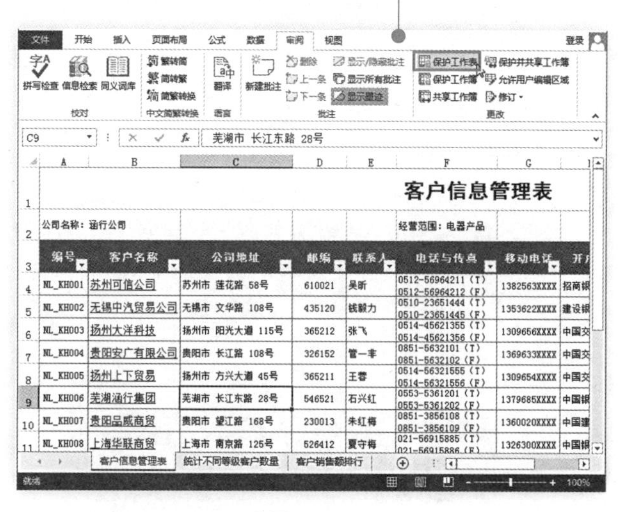

图15-49

❷ 在“取消工作表保护时使用的密码”设置框中输入保护工作表的密码，这里输入“111111”，如图15-50所示。

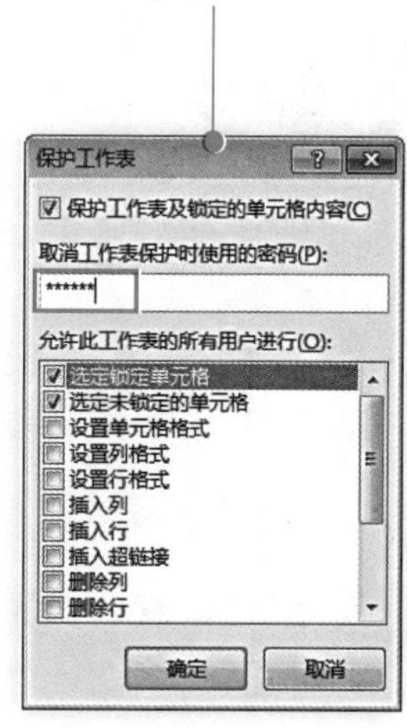

图15-50

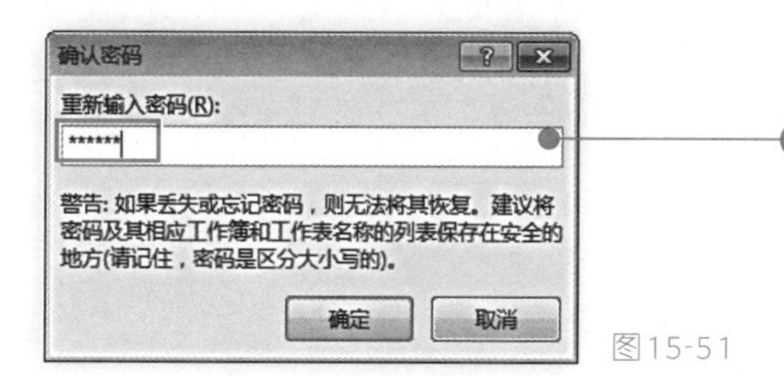

图15-51

❸ 单击“确定”按钮，弹出“确认密码”对话框，在“重新输入密码”设置框中输入设置的密码“111111”，如图15-51所示。

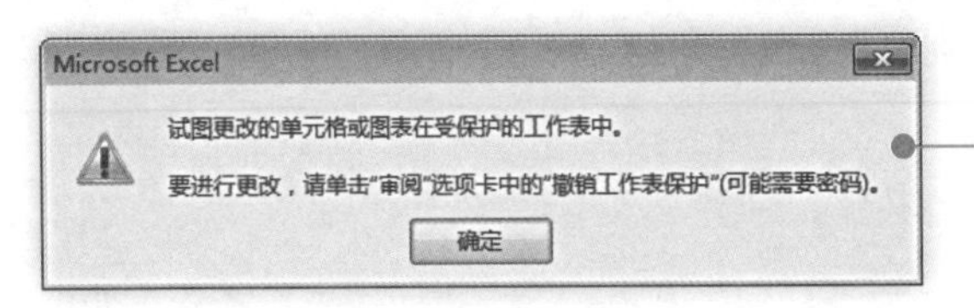

图15-52

❹ 单击“确定”按钮，返回到工作表中，如果用户对工作表中的数据进行编辑，如删除C5单元格，就弹出一个提示框，提示用户该工作表受密码保护，单击“确定”按钮，如图15-52所示。

2. 保护工作簿

如果用户需要对客户信息管理表及其相关的表格都进行保护，此时可以为客户信息管理与分析工作簿设置密码，对整个工作簿设置保护。

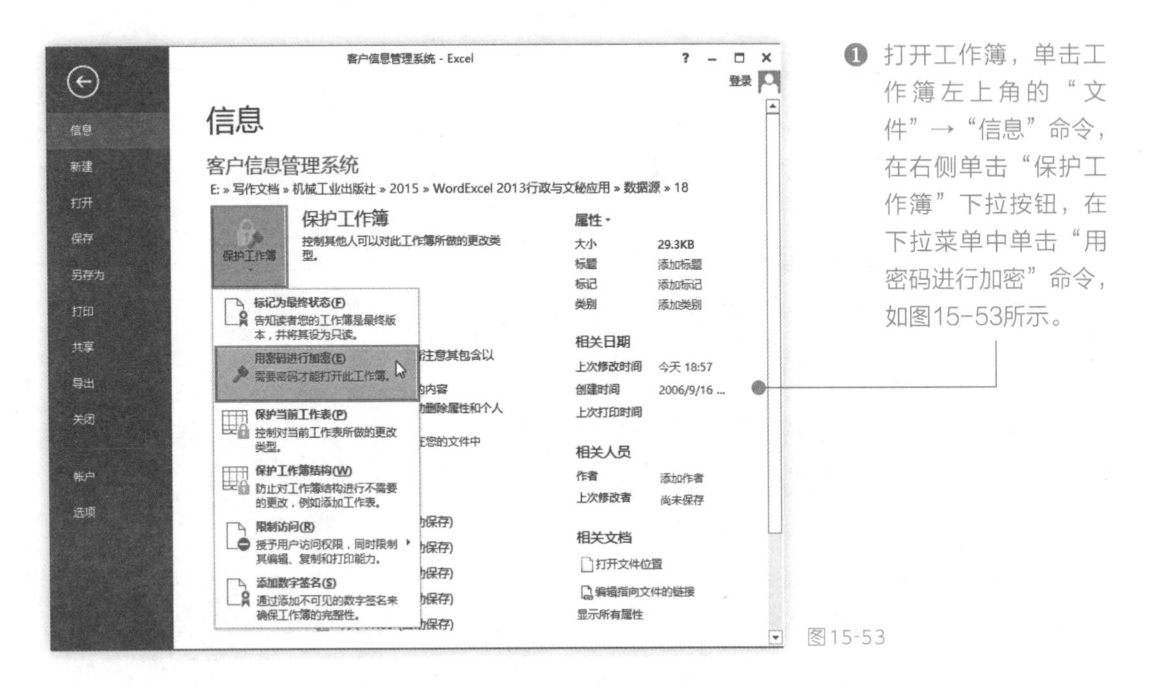

图15-53

❶ 打开工作簿，单击工作簿左上角的“文件”→“信息”命令，在右侧单击“保护工作簿”下拉按钮，在下拉菜单中单击“用密码进行加密”命令，如图15-53所示。

❷ 打开“加密文档”对话框，在“密码”设置框中输入密码，这里输入“111111”，单击“确定”按钮，如图15-54所示。

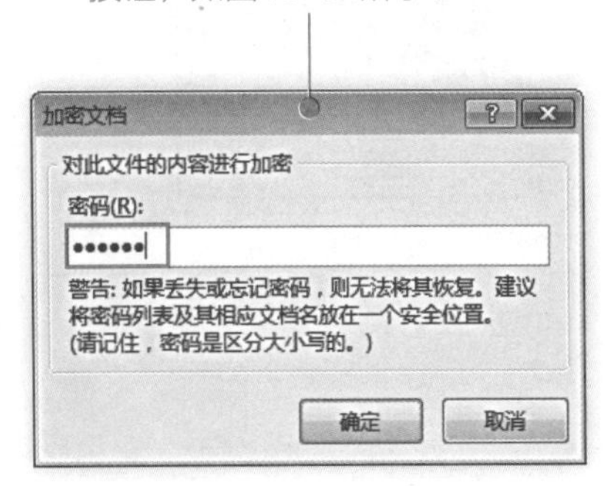

图15-54

❸ 在打开的“确认密码”对话框中重新输入一遍密码，这里输入“111111”，单击“确定”按钮，如图15-55所示，从而完成对整个工作簿的密码设置。

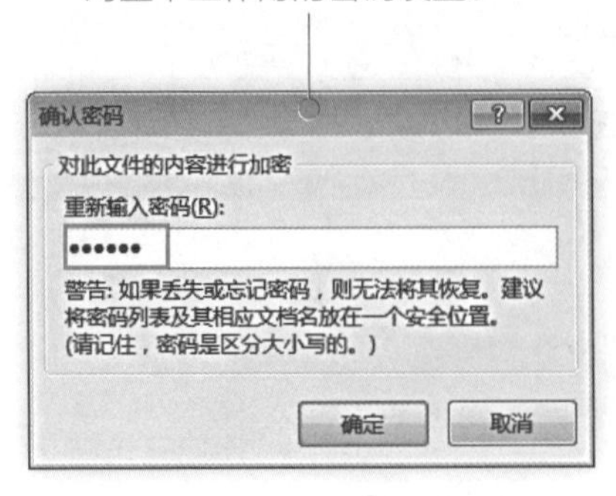

图15-55

公司产品销售数据的统计与分析

销售部拿过来的销售单据都堆着这么高了，哎，这个月的销售数据我又得开始统计了，要不然领导随时过来了解销售情况，而我却拿不出数据，到时又得挨批……

对销售数据进行统计分析，是多数企业日常工作中最为常见的工作。这项工作虽然烦琐但却极其重要，只有及时掌握准确的销售数据，并对数据进行有效分析，公司才能科学的制定生产经营计划，组织好生产销售。所以请停止抱怨，认真完成好手中的工作才能在工作中取得进步啊！

16.1 制作流程

无论是工业企业还是商品流通企业，都会涉及产品的销售问题。销售数据是企业可以获取的第一手资料，通过对销售数据的统计分析，我们不但可以统计本期的销售情况，还可以统计出各类产品的销售情况。

做好市场销售工作是企业生存的根本，在Excel 2013中建立表格将日常销售记录汇总管理，则可以利用多种分析工具得出很多重要的分析数据与分析结论。

在本章中我们将通过制作销售单据，产品基础信息表、产品销售记录表、产品汇总表和分析销售数据这五项任务向你介绍完成销售数据统计分析所必需的各项知识与技能，如图16-1所示。

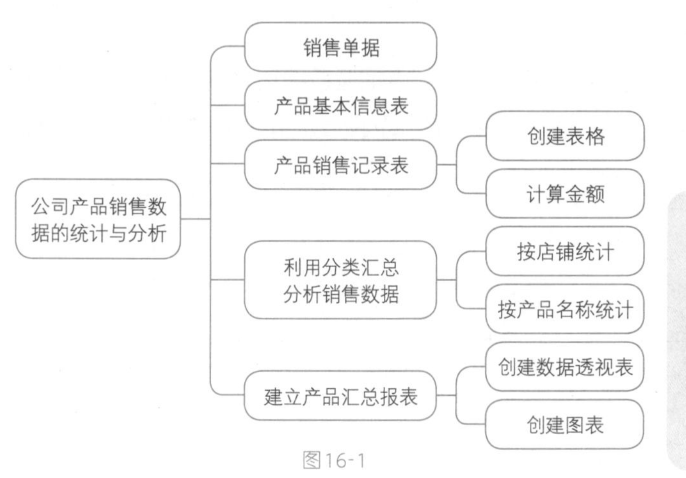

图16-1

在进行产品销售数据的统计与分析时，我们会用到相关表格，也会对表格进行分析。下面我们可以先来看一下相关表格以及分析结果的效果图如图16-2所示。

产品基本信息表

编码	品牌	名称	颜色	单位	零售单价
A001	LX	台式电脑	3色	台	4220
A002	LX	笔记本电脑	2色	台	5268
A003	LX	数码摄像机	黑色	台	7150
A004	LX	数码相机	3色	台	6480
A005	LX	MD播放器	黑色	台	1220
A006	LX	CD播放器	淡蓝	台	1200
A007	LX	MP4播放器	3色	台	1450
A008	LX	MP3播放器	2色	台	1220
B001	爱联	台式电脑	黑色	台	5168
B002	爱联	笔记本电脑	3色	台	6588
B003	爱联	数码摄像机	2色	台	6565
B004	爱联	数码相机	黑白	台	5450
B005	爱联	MD播放器	蓝灰	台	1289
B006	爱联	CD播放器	3色	台	1259
B007	爱联	MP4播放器	3色	台	1255
B008	爱联	MP3播放器	蓝	台	500
C001	PG	台式电脑	2色	台	8179
C002	PG	笔记本电脑	蓝色	台	7400
C003	PG	数码摄像机	黑灰	台	10300
C004	PG	数码相机	2色	台	2125
C005	PG	MD播放器	蓝色	台	1128
C006	PG	CD播放器	印花	台	1478
C007	PG	MP4播放器	卡其	台	888
C008	PG	MP3播放器	黑色	台	298

产品基本信息表

11月份产品销售记录表

日期	店铺	编码	品牌	产品名称	颜色	单位	销售单价	销售数量	销售金额	折扣	交易金额
				CD播放器 汇总					7933		7220
				MD播放器 汇总					14042		12781
				MP3播放器 汇总					16416		15760
				MP4播放器 汇总					14870		13540
				笔记本电脑 汇总					126388		115018
				数码摄像机 汇总					158030		143810
				数码相机 汇总					37810		34409
				台式电脑 汇总					102723		93481
				总计					478212		436019

按产品名称统计金额

11月份产品销售记录表

日期	店铺	编码	品牌	产品名称	颜色	单位	销售单价	销售数量	销售金额	折扣	交易金额
11-1	和平广场店	A002	LX	笔记本电脑	2色	台	5268	2	10536	948	9588
11-1	和平广场店	A008	LX	MP3播放器	2色	台	1220	1	1220	109	1111
11-1	银楼店	B001	爱联	台式电脑	黑色	台	5168	1	5168	465	4703
11-1	开大商业街店	B008	爱联	MP3播放器	蓝	台	500	2	1000	0	1000
11-1	开大商业街店	C001	PG	台式电脑	2色	台	8179	2	16358	1472	14886
11-1	银楼店	C004	PG	数码相机	2色	台	2125	1	2125	191	1934
11-1	和平广场店	C005	PG	MD播放器	蓝色	台	1128	1	1128	101	1027
11-2	银楼店	B006	爱联	CD播放器	3色	台	1259	1	1259	113	1146
11-2	和平广场店	C005	PG	MD播放器	蓝色	台	1128	1	1128	101	1027
11-2	开大商业街店	C002	PG	笔记本电脑	蓝色	台	7400	1	7400	666	6734
11-2	和平广场店	C003	PG	数码摄像机	黑灰	台	10300	1	10300	927	9373
11-3	银楼店	B007	爱联	MP4播放器	3色	台	1255	2	2510	225	2285
11-3	和平广场店	B008	爱联	MP3播放器	蓝	台	500	1	500	0	500
11-3	和平广场店	C001	PG	台式电脑	2色	台	8179	1	8179	736	7443
11-3	银楼店	C002	PG	笔记本电脑	蓝色	台	7400	1	7400	666	6734
11-3	开大商业街店	C003	PG	数码摄像机	黑灰	台	10300	2	20600	1854	18746
11-4	和平广场店	A001	LX	台式电脑	3色	台	4220	1	4220	379	3841
11-4	和平广场店	A007	LX	MP4播放器	3色	台	1450	1	1450	130	1320
11-4	开大商业街店	A004	LX	数码相机	3色	台	6480	1	6480	583	5897
11-4	银楼店	B002	爱联	笔记本电脑	3色	台	6588	2	13176	1185	11991
11-4	开大商业街店	B002	爱联	笔记本电脑	3色	台	6588	1	6588	592	5996
11-4	银楼店	B003	爱联	数码摄像机	2色	台	6565	5	32825	2954	29871
11-4	和平广场店	C004	PG	数码相机	2色	台	2125	1	2125	191	1934

产品销售记录表

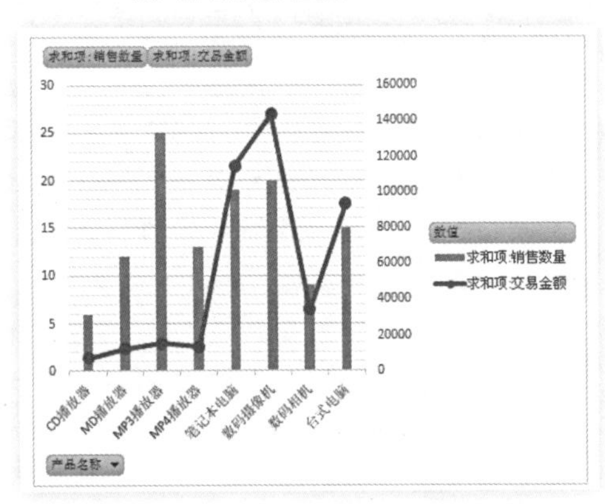

产品汇总

图16-2

16.2 新手基础

在Excel 2013中进行产品销售数据的统计与分析需要用到的知识点除了包括前面章节中介绍过的知识点外还包括：图表、相关函数计算等！

16.2.1 复制工作表

在Excel 2013中创建表格时，如果发现之前有一张内容相似且编辑好的工作表，为了快速地完成工作表的制作，我们可以直接将其复制过来在进行局部改动后再投入使用。复制工作表的具体方法如下所示：

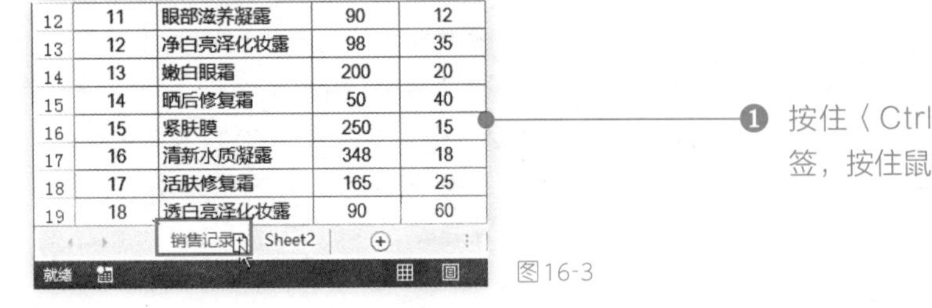

12	11	眼部滋养凝露	90	12
13	12	净白亮泽化妆露	98	35
14	13	嫩白眼霜	200	20
15	14	晒后修复霜	50	40
16	15	紧肤膜	250	15
17	16	清新水质凝露	348	18
18	17	活肤修复霜	165	25
19	18	透白亮泽化妆露	90	60

图16-3

❶ 按住〈Ctrl〉键，选中要复制的工作表标签，按住鼠标左键不放，如图16-3所示。

❷ 拖动工作表标签到要复制的位置，如图16-4所示。

12	11	眼部滋养凝露	90	12
13	12	净白亮泽化妆露	98	35
14	13	嫩白眼霜	200	20
15	14	晒后修复霜	50	40
16	15	紧肤膜	250	15
17	16	清新水质凝露	348	18
18	17	活肤修复霜	165	25
19	18	透白亮泽化妆露	90	60

销售记录　Sheet2

就绪

图16-4

❸ 松开鼠标左键，即可看到复制成功的“销售记录（2）”工作表，如图16-5所示。

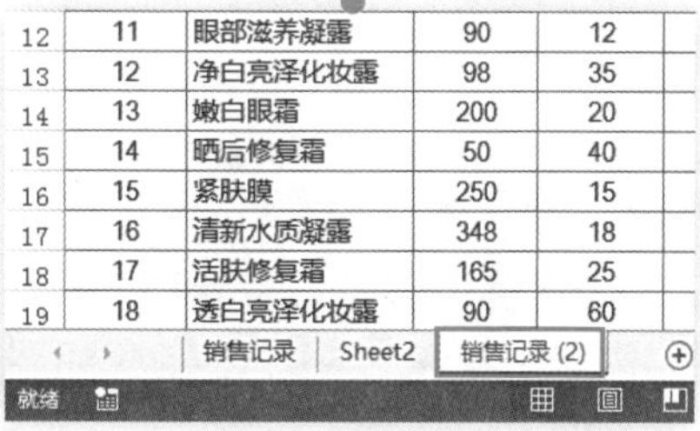

12	11	眼部滋养凝露	90	12
13	12	净白亮泽化妆露	98	35
14	13	嫩白眼霜	200	20
15	14	晒后修复霜	50	40
16	15	紧肤膜	250	15
17	16	清新水质凝露	348	18
18	17	活肤修复霜	165	25
19	18	透白亮泽化妆露	90	60

销售记录　Sheet2　销售记录 (2)

就绪

图16-5

16.2.2　只对特定区域排序

排序是Excel 2013里面的一些基本操作。如果想要突出表达表格中的某一列内容并对其进行单独排序，就可以通过以下方式进行。

	A	B
1	产品名称	销售额
2	紧肤膜	3750
3	清新水质凝露	6960
4	活肤修复霜	1650
5	透白亮泽化妆露	270
6	柔和防晒露SPF8	950
7	清透平衡露	621
8	俊仕剃须膏	536
9	散粉	5340
10	男士香水	4032
11	女士香水	5200
12	眼部滋养凝露	1080
13	净白亮泽化妆露	3430
14	嫩白眼霜	4000

图16-6

❶ 选中需要排序列的任意单元格，然后在“数据”选项卡的“排序和筛选”组中选择需排序的方式，如图16-6所示本例中我们单击“升序”按钮。

❷ 完成上述操作即可实现让数据按照“销售额”的升序进行排列，如图16-7所示。

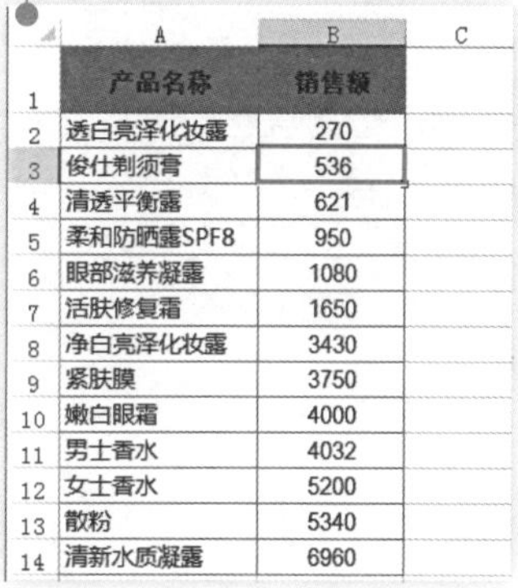

	A	B
1	产品名称	销售额
2	透白亮泽化妆露	270
3	俊仕剃须膏	536
4	清透平衡露	621
5	柔和防晒露SPF8	950
6	眼部滋养凝露	1080
7	活肤修复霜	1650
8	净白亮泽化妆露	3430
9	紧肤膜	3750
10	嫩白眼霜	4000
11	男士香水	4032
12	女士香水	5200
13	散粉	5340
14	清新水质凝露	6960

图16-7

数据的排序操作，通常都是应用于当表格数据非常多时，从而快速地从庞大的数据表中快速查看相关信息。这里为了显示方便，只列举部分记录来操作。

16.2.3　按自定义的规则排序

用户在使用Excel 2013对相应数据进行排序时，无论是按拼音还是按笔画，可能都达不到所需要求，对于这种情况，用户可以进行自定义排序操作。例如需要按学历从高到低排序（即按“博士-硕士-本科-大专”的顺序排列），此时我们可以通过自定义功能来实现排序。具体操作如下例所示：

❶ 选择编辑区域的任意单元格，在“数据”选项卡的“排序和筛选”组中单击“排序”按钮（图16-8），打开“排序”对话框。

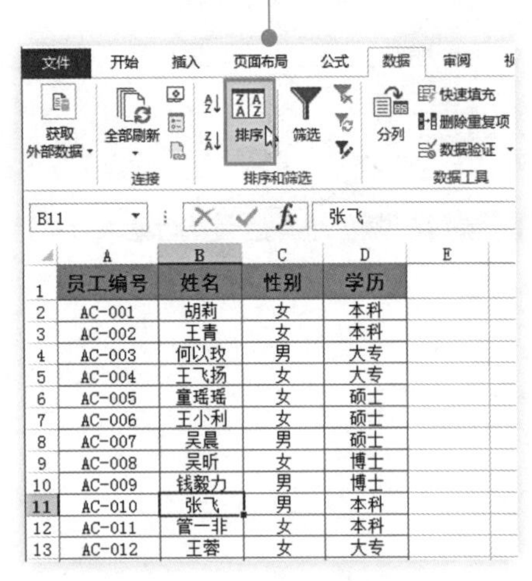

	A	B	C	D
1	员工编号	姓名	性别	学历
2	AC-001	胡莉	女	本科
3	AC-002	王青	女	本科
4	AC-003	何以玫	男	大专
5	AC-004	王飞扬	女	大专
6	AC-005	童瑶瑶	女	硕士
7	AC-006	王小利	女	硕士
8	AC-007	吴晨	男	硕士
9	AC-008	吴昕	女	博士
10	AC-009	钱毅力	男	博士
11	AC-010	张飞	男	本科
12	AC-011	管一非	女	本科
13	AC-012	王蓉	女	大专

图16-8

❷ 选择“主要关键字”为“学历”，从“次序”下拉列表中单击“自定义序列”（图16-9），弹出“自定义序列”对话框。

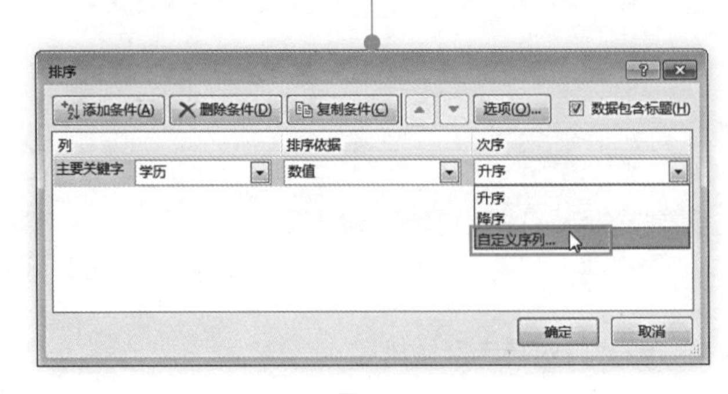

图16-9

图16-10

❸ 在“输入序列”列表框中输入自定义序列，并单击“添加”按钮，如图16-10所示依次单击“确定”按钮完成设置。

❹ 完成上述操作系统将依照要求完成排序，排序后效果，如图16-11所示。

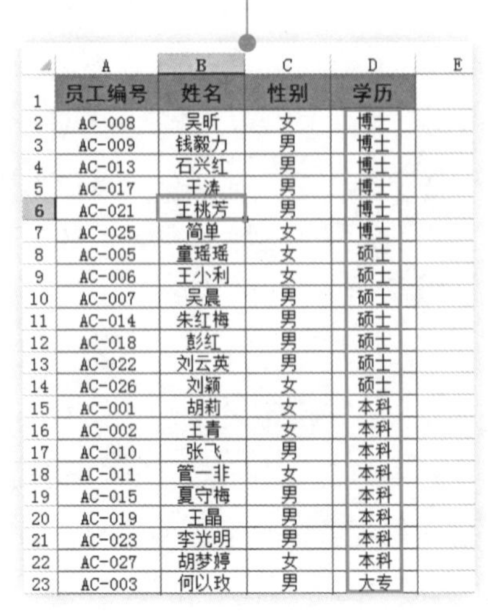

	A	B	C	D
1	员工编号	姓名	性别	学历
2	AC-008	吴昕	女	博士
3	AC-009	钱毅力	男	博士
4	AC-013	石兴红	男	博士
5	AC-017	王涛	男	博士
6	AC-021	王桃芳	男	博士
7	AC-025	简单	女	博士
8	AC-005	童瑶瑶	女	硕士
9	AC-006	王小利	女	硕士
10	AC-007	吴晨	男	硕士
11	AC-014	朱红梅	男	硕士
12	AC-018	彭红	男	硕士
13	AC-022	刘云英	男	硕士
14	AC-026	刘颖	女	硕士
15	AC-001	胡莉	女	本科
16	AC-002	王青	女	本科
17	AC-010	张飞	男	本科
18	AC-011	管一非	女	本科
19	AC-015	夏守梅	男	本科
20	AC-019	王晶	男	本科
21	AC-023	李光明	男	本科
22	AC-027	胡梦婷	女	本科
23	AC-003	何以玫	男	大专

图16-11

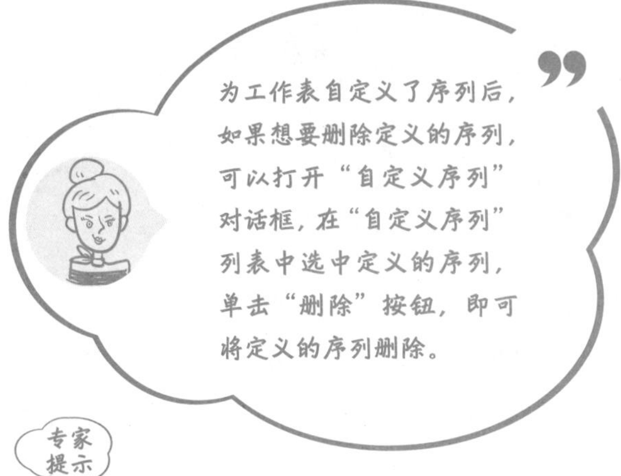

16.2.4　按产品统计数据

在对数据进行分类汇总前需要对所汇总的数据进行分类，而我们一般是通过排序功能来完成分类操作的。

例如在下例中我们要统计出各产品的实际收款合计值，则首先要按“产品”字段进行排序，然后进行分类汇总设置。

❶ 选中“产品”列中任意单元格。单击“数据”选项卡下“排序和筛选”组中的“升序”按钮进行排序，如图16-12所示。

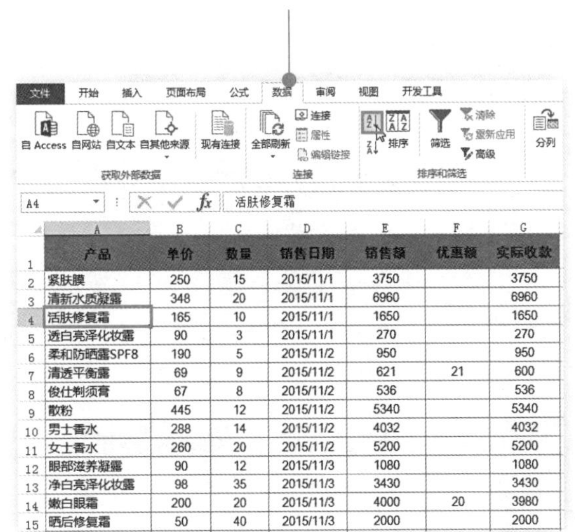

	A	B	C	D	E	F	G
1	产品	单价	数量	销售日期	销售额	优惠额	实际收款
2	紧肤膜	250	15	2015/11/1	3750		3750
3	清新水质凝露	348	20	2015/11/1	6960		6960
4	活肤修复霜	165	10	2015/11/1	1650		1650
5	透白亮泽化妆露	90	3	2015/11/1	270		270
6	柔和防晒露SPF8	190	5	2015/11/2	950		950
7	清透平衡露	69	9	2015/11/2	621	21	600
8	俊仕剃须膏	67	8	2015/11/2	536		536
9	散粉	445	12	2015/11/2	5340		5340
10	男士香水	288	14	2015/11/2	4032		4032
11	女士香水	260	20	2015/11/2	5200		5200
12	眼部滋养凝露	90	12	2015/11/3	1080		1080
13	净白亮泽化妆露	98	35	2015/11/3	3430		3430
14	嫩白眼霜	200	20	2015/11/3	4000	20	3980
15	晒后修复霜	50	40	2015/11/3	2000		2000

图16-12

❷ 选择表格编辑区域的任意单元格，在“数据”选项卡下的“分级显示”组中单击“分类汇总”按钮，打开“分类汇总”对话框，如图16-13所示。

	A	B	C	D	E	F	G
1	产品	单价	数量	销售日期	销售额	优惠额	实际收款
2	活肤修复霜	165	10	2015/11/1	1650		1650
3	活肤修复霜	165	25	2015/11/4	4125	32	4093
4	活肤修复霜	165	10	2015/11/5	1650		1650
5	活肤修复霜	165	13	2015/11/7	2145		2145
6	活肤修复霜	165	17	2015/11/8	2805		2805
7	活肤修复霜	165	22	2015/11/9	3630		3630
8	活肤修复霜	165	36	2015/11/10	5940		5940
9	紧肤膜	250	15	2015/11/1	3750		3750
10	紧肤膜	250	15	2015/11/3	3750		3750
11	紧肤膜	250	20	2015/11/5	5000	10	4990
12	紧肤膜	250	17	2015/11/7	4250		4250
13	紧肤膜	250	12	2015/11/8	3000		3000
14	紧肤膜	250	25	2015/11/9	6250		6250
15	紧肤膜	250	37	2015/11/10	9250		9250
16	净白亮泽化妆露	98	35	2015/11/3	3430		3430
17	净白亮泽化妆露	98	40	2015/11/5	3920		3920
18	净白亮泽化妆露	98	12	2015/11/6	1176		1176

图16-13

❸ 在“分类字段”列表框中选中“产品”单选框；在“汇总方式”下拉列表中选择“求和”；在“选定汇总项”列表框中选中“实际收款”复选框，如图16-14所示单击“确定”按钮完成设置。

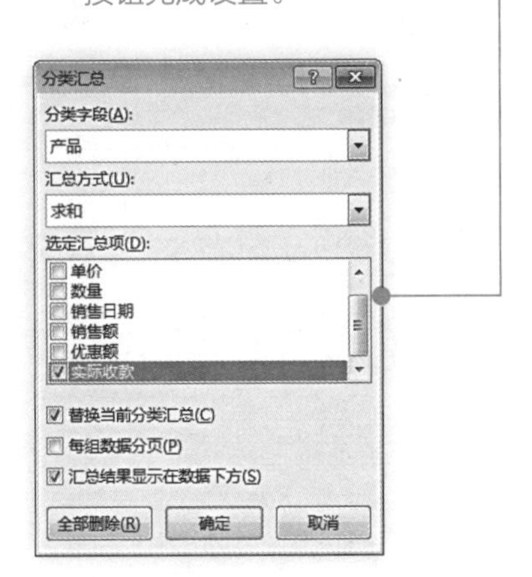

图16-14

❹ 完成上述操作后即可将表格中以“区域”排序后的销售记录进行分类汇总，并显示分类汇总后的结果（汇总项为“实际销售额”），如图16-15所示。

	A	B	C	D	E	F	G
1	产品	单价	数量	销售日期	销售额	优惠额	实际收款
2	活肤修复霜	165	10	2015/11/1	1650		1650
3	活肤修复霜	165	25	2015/11/4	4125	32	4093
4	活肤修复霜	165	10	2015/11/5	1650		1650
5	活肤修复霜	165	13	2015/11/7	2145		2145
6	活肤修复霜	165	17	2015/11/8	2805		2805
7	活肤修复霜	165	22	2015/11/9	3630		3630
8	活肤修复霜	165	36	2015/11/10	5940		5940
9	活肤修复霜 汇总						21913
10	紧肤膜	250	15	2015/11/1	3750		3750
11	紧肤膜	250	15	2015/11/3	3750		3750
12	紧肤膜	250	20	2015/11/5	5000	10	4990
13	紧肤膜	250	17	2015/11/7	4250		4250
14	紧肤膜	250	12	2015/11/8	3000		3000
15	紧肤膜	250	25	2015/11/9	6250		6250
16	紧肤膜	250	37	2015/11/10	9250		9250
17	紧肤膜 汇总						35240
18	净白亮泽化妆露	98	35	2015/11/3	3430		3430
19	净白亮泽化妆露	98	40	2015/11/5	3920		3920
20	净白亮泽化妆露	98	12	2015/11/6	1176		1176
21	净白亮泽化妆露	98	21	2015/11/7	2058		2058

图16-15

知识扩展

对表格进行分类汇总后，在左侧窗格中会有分级显示符号，如图16-16所示。如果不需要分级显示，我们可以选择"消除分级显示"。具体方法如下：

在"数据"选项卡的"分级显示"组中，单击"取消组合"下拉按钮，在下拉菜单中单击"消除分级显示"命令（图16-17），即可清除分级显示符号，效果如图16-18所示。

若想再显示分级符号，再次打开"分类汇总"对话框，单击"确定"按钮即可。

	A	B	C	D	E	F	G
1	产品	单价	数量	销售日期	销售额	优惠额	实际收款
2	活肤修复霜	165	10	2015/11/1	1650		1650
3	活肤修复霜	165	25	2015/11/4	4125	32	4093
4	活肤修复霜	165	10	2015/11/5	1650		1650
5	活肤修复霜	165	13	2015/11/7	2145		2145
6	活肤修复霜	165	17	2015/11/8	2805		2805
7	活肤修复霜	165	22	2015/11/9	3630		3630
8	活肤修复霜	165	36	2015/11/10	5940		5940
9	活肤修复霜 汇总						21913
10	紧肤膜	250	15	2015/11/1	3750		3750
11	紧肤膜	250	15	2015/11/3	3750		3750
12	紧肤膜	250	20	2015/11/5	5000	10	4990
13	紧肤膜	250	17	2015/11/7	4250		4250
14	紧肤膜	250	12	2015/11/8	3000		3000
15	紧肤膜	250	25	2015/11/9	6250		6250
16	紧肤膜	250	37	2015/11/10	9250		9250
17	紧肤膜 汇总						35240
18	净白亮泽化妆露	98	35	2015/11/3	3430		3430
19	净白亮泽化妆露	98	40	2015/11/5	3920		3920
20	净白亮泽化妆露	98	12	2015/11/6	1176		1176

图16-16

文件 开始 插入 页面布局 公式 数据 审阅 视图 开发工具

获取外部数据 全部刷新 连接 属性 编辑链接 排序 筛选 清除 重新应用 高级 分列 快速填充 删除重复项 数据验证 创建组 取消组合 取消组合(U)... 清除分级显示(C)

连接 排序和筛选 数据工具

E6 =B6*C6

	A	B	C	D	E	F	G
1	产品	单价	数量	销售日期	销售额	优惠额	实际收款
2	活肤修复霜	165	10	2015/11/1	1650		1650
3	活肤修复霜	165	25	2015/11/4	4125	32	4093
4	活肤修复霜	165	10	2015/11/5	1650		1650
5	活肤修复霜	165	13	2015/11/7	2145		2145
6	活肤修复霜	165	17	2015/11/8	2805		2805
7	活肤修复霜	165	22	2015/11/9	3630		3630
8	活肤修复霜	165	36	2015/11/10	5940		5940
9	活肤修复霜 汇总						21913
10	紧肤膜	250	15	2015/11/1	3750		3750

图16-17

	A	B	C	D	E	F	G
1	产品	单价	数量	销售日期	销售额	优惠额	实际收款
2	活肤修复霜	165	10	2015/11/1	1650		1650
3	活肤修复霜	165	25	2015/11/4	4125	32	4093
4	活肤修复霜	165	10	2015/11/5	1650		1650
5	活肤修复霜	165	13	2015/11/7	2145		2145
6	活肤修复霜	165	17	2015/11/8	2805		2805
7	活肤修复霜	165	22	2015/11/9	3630		3630
8	活肤修复霜	165	36	2015/11/10	5940		5940
9	活肤修复霜 汇总						21913
10	紧肤膜	250	15	2015/11/1	3750		3750
11	紧肤膜	250	15	2015/11/3	3750		3750
12	紧肤膜	250	20	2015/11/5	5000	10	4990
13	紧肤膜	250	17	2015/11/7	4250		4250
14	紧肤膜	250	12	2015/11/8	3000		3000
15	紧肤膜	250	25	2015/11/9	6250		6250
16	紧肤膜	250	37	2015/11/10	9250		9250
17	紧肤膜 汇总						35240
18	净白亮泽化妆露	98	35	2015/11/3	3430		3430
19	净白亮泽化妆露	98	40	2015/11/5	3920		3920

图16-18

16.2.5 只显示出分类汇总的结果

在进行分类汇总后，如果只想查看分类汇总结果，我们可以通过单击分级序号来实现。完成工作表数据的多项分类汇总后，就会在工作表左侧显示分类汇总表的分级显示区，比如：1级、2级，3级（图16-19）。用户可以单击其中的按钮，来选择分类汇总后数据的显示的层级。具体操作如下：

	A	B	C	D	E	F	G
1	产品	单价	数量	销售日期	销售额	优惠额	实际收款
2	活肤修复霜	165	10	2015/11/1	1650		1650
3	活肤修复霜	165	25	2015/11/4	4125	32	4093
4	活肤修复霜	165	10	2015/11/5	1650		1650
5	活肤修复霜	165	13	2015/11/7	2145		2145
6	活肤修复霜	165	17	2015/11/8	2805		2805
7	活肤修复霜	165	22	2015/11/9	3630		3630
8	活肤修复霜	165	36	2015/11/10	5940		5940
9	活肤修复霜 汇总						21913
10	紧肤膜	250	15	2015/11/1	3750		3750
11	紧肤膜	250	15	2015/11/3	3750		3750
12	紧肤膜	250	20	2015/11/5	5000	10	4990
13	紧肤膜	250	17	2015/11/7	4250		4250
14	紧肤膜	250	12	2015/11/8	3000		3000
15	紧肤膜	250	25	2015/11/9	6250		6250
16	紧肤膜	250	37	2015/11/10	9250		9250
17	紧肤膜 汇总						35240
18	净白亮泽化妆露	98	35	2015/11/3	3430		3430
19	净白亮泽化妆露	98	40	2015/11/5	3920		3920
20	净白亮泽化妆露	98	12	2015/11/6	1176		1176

图16-19

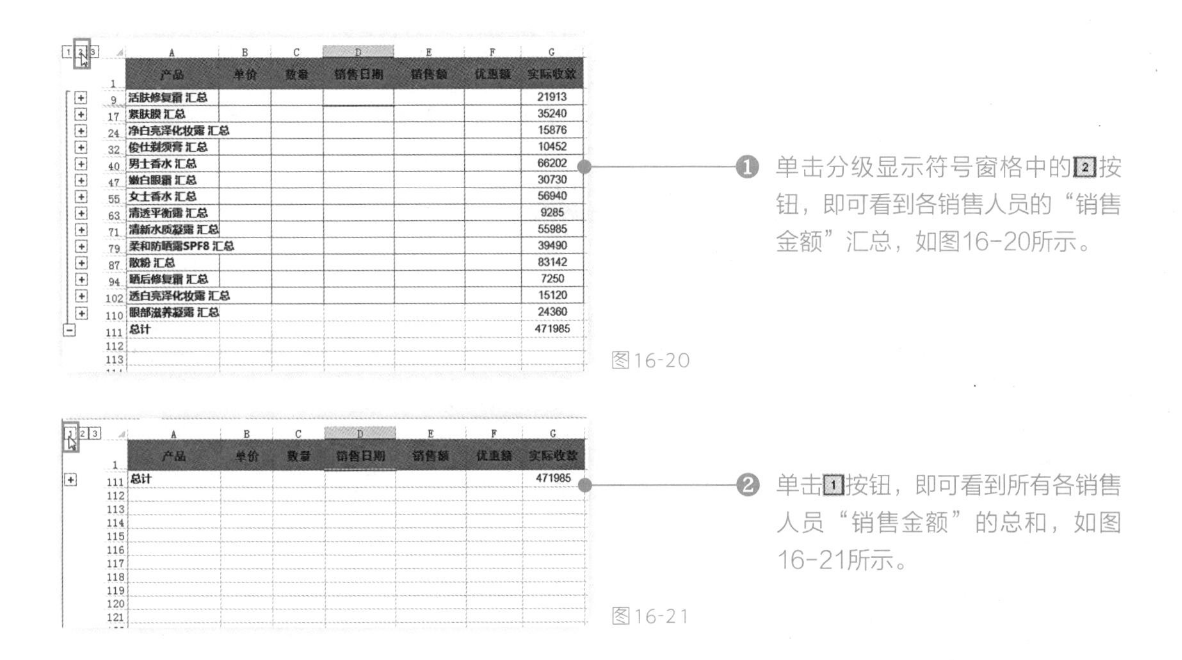

行	产品	单价	数量	销售日期	销售额	优惠额	实际收款
9	活肤修复霜 汇总						21913
17	紧肤膜 汇总						35240
24	净白亮泽化妆露 汇总						15876
32	俊仕剃须膏 汇总						10452
40	男士香水 汇总						66202
47	嫩白眼霜 汇总						30730
55	女士香水 汇总						56940
63	清透平衡露 汇总						9285
71	清新水质凝露 汇总						55985
79	柔和防晒露SPF8 汇总						39490
87	散粉 汇总						83142
94	晒后修复霜 汇总						7250
102	透白亮泽化妆露 汇总						15120
110	眼部滋养凝露 汇总						24360
111	总计						471985

❶ 单击分级显示符号窗格中的2按钮，即可看到各销售人员的“销售金额”汇总，如图16-20所示。

图16-20

行	产品	单价	数量	销售日期	销售额	优惠额	实际收款
111	总计						471985

❷ 单击1按钮，即可看到所有各销售人员“销售金额”的总和，如图16-21所示。

图16-21

16.2.6　排序分类汇总的结果

在本例中，我们对各产品的实际收款进行了分类汇总操作，当对其执行排序操作时，就会弹出如图16-22所示的提示框。如果需要将汇总的结果进行排序，可以通过下面的方法实现。

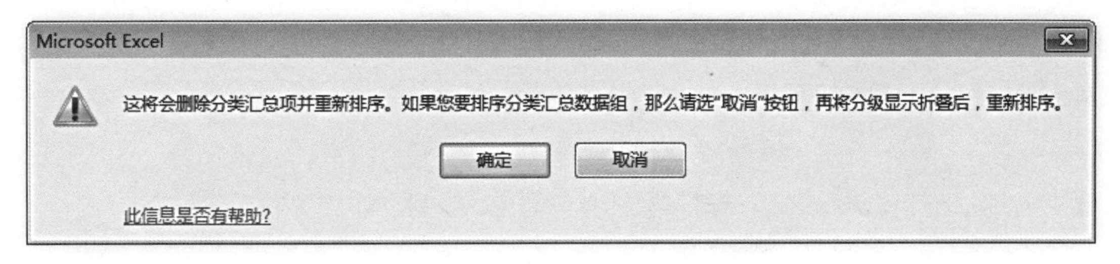

图16-22

❶ 在左侧窗格中单击2按钮，如图16-23所示。

行	产品	单价	数量	销售日期	销售额	优惠额	实际收款
2	活肤修复霜	165	10	2015/11/1	1650		1650
3	活肤修复霜	165	25	2015/11/4	4125	32	4093
4	活肤修复霜	165	10	2015/11/5	1650		1650
5	活肤修复霜	165	13	2015/11/7	2145		2145
6	活肤修复霜	165	17	2015/11/8	2805		2805
7	活肤修复霜	165	22	2015/11/9	3630		3630
8	活肤修复霜	165	36	2015/11/10	5940		5940
9	活肤修复霜 汇总						21913
10	紧肤膜	250	15	2015/11/1	3750		3750
11	紧肤膜	250	15	2015/11/3	3750		3750
12	紧肤膜	250	20	2015/11/5	5000	10	4990
13	紧肤膜	250	17	2015/11/7	4250		4250
14	紧肤膜	250	12	2015/11/8	3000		3000
15	紧肤膜	250	25	2015/11/9	6250		6250
16	紧肤膜	250	37	2015/11/10	9250		9250
17	紧肤膜 汇总						35240
18	净白亮泽化妆露	98	35	2015/11/3	3430		3430
19	净白亮泽化妆露	98	40	2015/11/5	3920		3920
20	净白亮泽化妆露	98	12	2015/11/6	1176		1176

图16-23

❷ 执行上述操作，即可只显示分类汇总的结果，如图16-24所示。

行	产品	单价	数量	销售日期	销售额	优惠额	实际收款
9	活肤修复霜 汇总						21913
17	紧肤膜 汇总						35240
24	净白亮泽化妆露 汇总						15876
32	俊仕剃须膏 汇总						10452
40	男士香水 汇总						66202
47	嫩白眼霜 汇总						30730
55	女士香水 汇总						56940
63	清透平衡露 汇总						9285
71	清新水质凝露 汇总						55985
79	柔和防晒露SPF8 汇总						39490
87	散粉 汇总						83142
94	晒后修复霜 汇总						7250
102	透白亮泽化妆露 汇总						15120
110	眼部滋养凝露 汇总						24360
111	总计						471985

图16-24

❸ 选择需要排序列的任意单元格，如“实际收款”，然后单击“升序”按钮，即可将各产品的实际收款按升序排列，如图16-25所示。

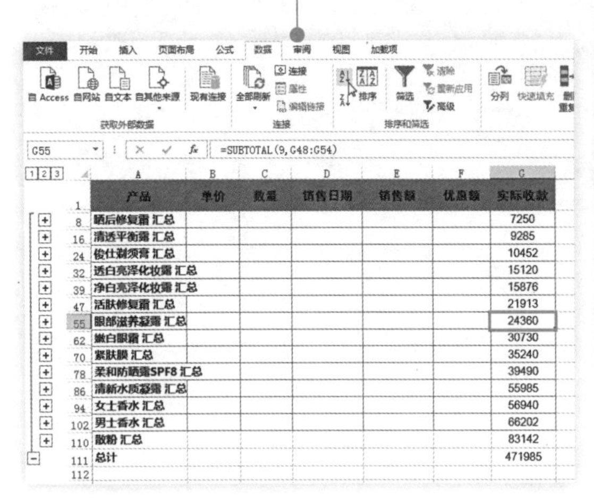

图16-25

❹ 选择需要排序列的任意单元格，如“实际收款”列中的G40单元格，然后单击“降序”按钮，即可将各产品的实际收款按降序排列，如图16-26所示。

图16-26

16.2.7 快速取消分类汇总

我们平时使用Excel 2013汇总数据的时候会用到Excel 2013分类汇总功能。如果使用了分类汇总统计数据，当我们不想统计数据了，那么该如何取消分类汇总呢？通常很多人都不知道这个答案，其实很简单。当不再需要数据表中的分类汇总设置，可以通过分类汇总对话框将其全部删除。具体操作如下：

❶ 定位到需要删除分类汇总的工作表，单击“数据”选项卡的“分级显示”组中，单击“分类汇总”按钮（图16-27），打开“分类汇总”对话框。

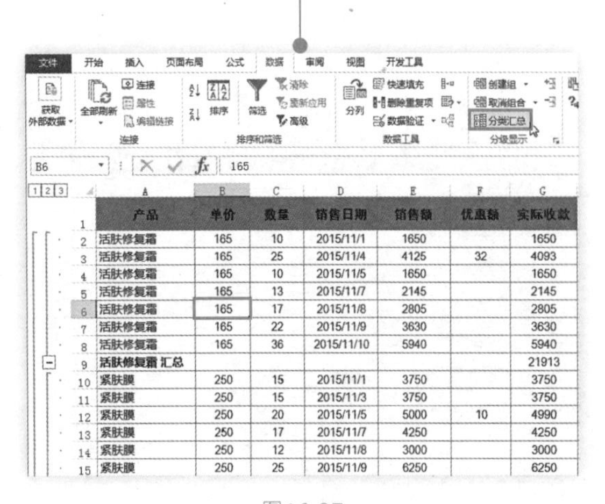

图16-27

❷ 单击对话框左下角的“全部删除”按钮，即可将分类汇总删除，如图16-28所示。

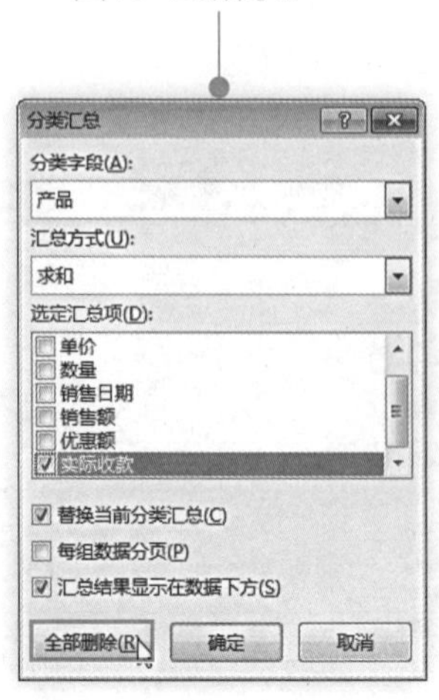

图16-28

知识扩展

删除分类汇总后如何恢复数据的原有次序？

在创建分类汇总前需要对所汇总的数据进行排序，所以在进行分类汇总后再将其删除，显示的数据则是按排序后的次序显示的。如果希望在删除分类汇总后还能恢复原有的次序，可以通过下面介绍来实现。

在进行分类汇总之前，添加辅助列，例如在下例中我们将 G 列设为辅助列并在 G2 单元格中输入“1”，按住〈Ctrl〉键不放，向下填充至 G45 单元格，效果如图 16-29 所示。进行分类汇总后结果如图 16-30 所示。

	A	B	C	D	E	F	G
1	订单号	日期	销售人员	商品类别	数量	金额	辅助列
2	NL_001	2015/6/1	周智慧	文具	99	689.05	1
3	NL_002	2015/6/11	张明玲	文具	86	863.58	2
4	NL_003	2015/6/13	石兴红	玩具	90	999.5	3
5	NL_004	2015/6/14	石兴红	玩具	87	6305	4
6	NL_005	2015/6/18	夏守梅	图书	60	539.8	5
7	NL_007	2015/6/19	周智慧	文具	49	625	6
8	NL_008	2015/6/20	夏守梅	文具	11	269.96	7
9	NL_009	2015/6/25	朱红梅	文具	90	889.6	8
10	NL_010	2015/6/26	石兴红	图书	27	539.73	9
11	NL_012	2015/7/1	石兴红	玩具	12	250	10
12	NL_011	2015/7/1	朱红梅	玩具	60	299.8	11
13	NL_013	2015/7/7	朱红梅	玩具	17	639.93	12
14	NL_014	2015/7/7	周智慧	文具	82	6005.9	13
15	NL_015	2015/7/8	夏守梅	玩具	62	309.38	14
16	NL_017	2015/7/10	张明玲	玩具	9	59.03	15
17	NL_018	2015/7/12	夏守梅	玩具	29	57.76	16
18	NL_020	2015/7/15	石兴红	玩具	39	678.65	17
19	NL_019	2015/7/15	周智慧	文具	96	667.88	18
20	NL_024	2015/8/5	石兴红	图书	96	879.08	19
21	NL_026	2015/8/8	周智慧	玩具	90	289.5	20
22	NL_025	2015/8/8	朱红梅	玩具	76	656.28	21
23	NL_027	2015/8/12	张明玲	文具	33	825	22
24	NL_028	2015/8/17	张明玲	文具	81	369.69	23

图16-29

	A	B	C	D	E	F	G
1	订单号	日期	销售人员	商品类别	数量	金额	辅助列
2	NL_005	2015/6/18	夏守梅	图书	60	539.8	5
3	NL_010	2015/6/26	石兴红	图书	27	539.73	9
4	NL_024	2015/8/5	石兴红	图书	96	879.08	19
5	NL_031	2015/8/22	石兴红	图书	98	6879.06	27
6	NL_033	2015/8/27	石兴红	图书	11	58.89	28
7	NL_035	2015/8/28	夏守梅	图书	28	639.72	30
8	NL_046	2015/9/18	夏守梅	图书	93	68.37	34
9	NL_037	2015/9/22	朱红梅	图书	60	299.8	35
10	NL_038	2015/9/23	夏守梅	图书	60	299.8	37
11				图书 汇总		10204.25	
12	NL_003	2015/6/13	石兴红	玩具	90	999.5	3
13	NL_004	2015/6/14	石兴红	玩具	87	6305	4
14	NL_012	2015/7/1	石兴红	玩具	12	250	10
15	NL_011	2015/7/1	朱红梅	玩具	60	299.8	11
16	NL_013	2015/7/7	朱红梅	玩具	17	639.93	12
17	NL_015	2015/7/8	夏守梅	玩具	62	309.38	14
18	NL_017	2015/7/10	张明玲	玩具	9	59.03	15
19	NL_018	2015/7/12	夏守梅	玩具	29	57.76	16
20	NL_020	2015/7/15	石兴红	玩具	39	[illegible].65	17
21	NL_026	2015/8/8	周智慧	玩具	90	289.5	20
22	NL_025	2015/8/8	朱红梅	玩具	76	656.28	21
23	NL_023	2015/8/21	石兴红	玩具	99	686.95	25
24	NL_032	2015/8/27	朱红梅	玩具	67	86.83	29
25	NL_034	2015/8/28	周智慧	玩具	97	6639.83	31

图16-30

取消分类汇总后结果如图 16-31 所示。

单击“辅助列”任意单元格，单击“数据”选项卡下“排序和筛选”组中的“升序”按钮，即可恢复数据原有的次序，效果如图 16-32 所示。

	A	B	C	D	E	F	G
1	订单号	日期	销售人员	商品类别	数量	金额	辅助列
2	NL_005	2015/6/18	夏守梅	图书	60	539.8	5
3	NL_010	2015/6/26	石兴红	图书	27	539.73	9
4	NL_024	2015/8/5	石兴红	图书	96	879.08	19
5	NL_031	2015/8/22	石兴红	图书	98	6879.06	27
6	NL_033	2015/8/27	石兴红	图书	11	58.89	28
7	NL_035	2015/8/28	夏守梅	图书	28	639.72	30
8	NL_046	2015/9/18	夏守梅	图书	93	68.37	34
9	NL_037	2015/9/22	朱红梅	图书	60	299.8	35
10	NL_038	2015/9/23	夏守梅	图书	60	299.8	37
11	NL_003	2015/6/13	石兴红	玩具	90	999.5	3
12	NL_004	2015/6/14	石兴红	玩具	87	6305	4
13	NL_012	2015/7/1	石兴红	玩具	12	250	10
14	NL_011	2015/7/1	朱红梅	玩具	60	299.8	11
15	NL_013	2015/7/7	朱红梅	玩具	17	639.93	12
16	NL_015	2015/7/8	夏守梅	玩具	62	309.38	14
17	NL_017	2015/7/10	张明玲	玩具	9	59.03	15
18	NL_018	2015/7/12	夏守梅	玩具	29	57.76	16
19	NL_020	2015/7/15	石兴红	玩具	39	678.65	17
20	NL_026	2015/8/8	周智慧	玩具	90	289.5	20
21	NL_025	2015/8/8	朱红梅	玩具	76	656.28	21
22	NL_023	2015/8/21	石兴红	玩具	99	686.95	25
23	NL_032	2015/8/27	朱红梅	玩具	67	86.83	29
24	NL_034	2015/8/28	周智慧	玩具	97	6639.83	31

图16-31

	A	B	C	D	E	F	G
1	订单号	日期	销售人员	商品类别	数量	金额	辅助列
2	NL_001	2015/6/1	周智慧	文具	99	689.05	1
3	NL_002	2015/6/11	张明玲	文具	86	863.58	2
4	NL_003	2015/6/13	石兴红	玩具	90	999.5	3
5	NL_004	2015/6/14	石兴红	玩具	87	6305	4
6	NL_005	2015/6/18	夏守梅	图书	60	539.8	5
7	NL_007	2015/6/19	周智慧	文具	49	625	6
8	NL_008	2015/6/20	夏守梅	文具	11	269.96	7
9	NL_009	2015/6/25	朱红梅	文具	90	889.6	8
10	NL_010	2015/6/26	石兴红	图书	27	539.73	9
11	NL_012	2015/7/1	石兴红	玩具	12	250	10
12	NL_011	2015/7/1	朱红梅	玩具	60	299.8	11
13	NL_013	2015/7/7	朱红梅	玩具	17	639.93	12
14	NL_014	2015/7/7	周智慧	文具	82	6005.9	13
15	NL_015	2015/7/8	夏守梅	玩具	62	309.38	14
16	NL_017	2015/7/10	张明玲	玩具	9	59.03	15
17	NL_018	2015/7/12	夏守梅	玩具	29	57.76	16
18	NL_020	2015/7/15	石兴红	玩具	39	678.65	17
19	NL_019	2015/7/15	周智慧	文具	96	667.88	18
20	NL_024	2015/8/5	石兴红	图书	96	879.08	19
21	NL_026	2015/8/8	周智慧	玩具	90	289.5	20
22	NL_025	2015/8/8	朱红梅	玩具	76	656.28	21
23	NL_027	2015/8/12	张明玲	文具	33	825	22
24	NL_028	2015/8/17	张明玲	文具	81	369.69	23
25	NL_029	2015/8/18	夏守梅	文具	28	256.72	24

图16-32

16.2.8　INT 函数（将数字向下舍入到最接近的整数）

【函数功能】INT函数用于将指定数值向下取整为最接近的整数。

【函数语法】INT(number)

- Number：进行计算的数值。

合理使用INT函数可以帮助我们对平均销售量取整。

如图16-33所示表格统计了各店铺的销售量，下面需要计算几个店铺的平均销售量，并将结果舍去小数部分。具体操作方法如下：

	A	B
1	店铺	销售数量
2	A店	3500
3	B店	3000
4	C店	3400
5	D店	1600
6	E店	3600
7		

图16-33

B8 =INT(AVERAGE(B2:B6))

	A	B	C	D
1	店铺	销售数量		
2	A店	3500		
3	B店	3000		
4	C店	3400		
5	D店	1600		
6	E店	3600		
7				
8	平均销量	3020		
9				
10				

在B8单元格中输入公式："=INT(AVERAGE(B2:B6))"，按〈Enter〉键即可对计算出的产品平均销售量进行取整，如图16-34所示。

图16-34

16.3 表格创建

领导在催着要看这个月的销售数据情况呢，可我啥都没有统计呢……

以后当日拿过来的单据都要将其统计出来，不要累积到月底再来统计，月底集中统计不仅工作量大，而且还容易出错。趁现在还有时间，赶紧创建产品销售记录表吧。

16.3.1 销售单据

销售单据是客户在购买产品时，提供给客户的购物凭据。可以作为客户调换产品的凭证，也是所购产品的质保凭证。销售单据的具体制作流程如下：

❶ 新建工作簿，将其命名为"公司产品销售数据的统计与分析"。将Sheet1工作表重命名为"销售单据"，在工作表中创建如图16-35所示的表格。

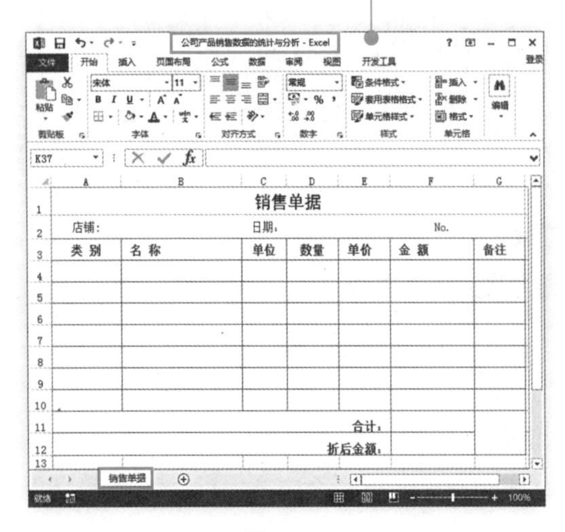

图16-35

❷ 选中G2单元格，为其设置文本格式。在G2单元格中输入编号，效果如图16-36所示。

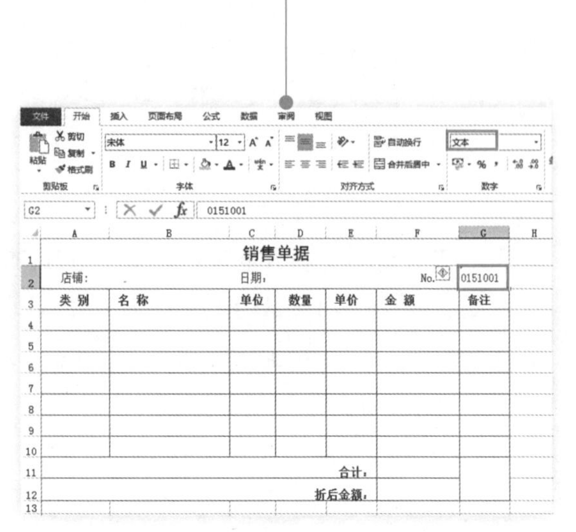

图16-36

❸ 在F11单元格中输入公式："=SUM(F4:F10)"，按〈Enter〉键即可计算出合计金额（目前结果为0，因为在表格中没有输入数据），效果如图16-37所示。

图16-37

这里我们假定公司的折扣政策为：如果单笔订单小于500元没有折扣，500-1000元给予95折，大于1000元给予9折。

❹ 在F12单元格中输入公式："=IF(F11<=500,F11,IF(F11<=1000,F11*0.95,F11*0.9))"，按〈Enter〉键即可计算出折后金额（目前结果为0，因为在表格中没有输入数据），如图16-38所示。

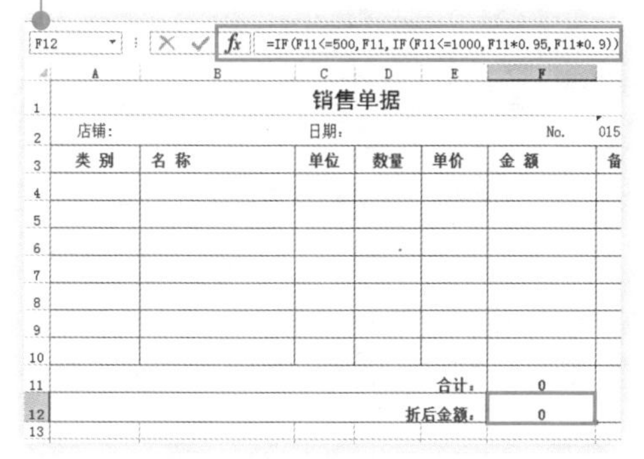

图16-38

16.3.2 产品基本信息表

产品基本信息表中显示的是企业当前销售的所有产品的列表，当增加新产品或减少老产品时，都需要在此表格中增加或删除。产品基本信息表的样式如图16-39所示。

产品基本信息表

编码	品牌	名称	颜色	单位	零售单价
A001	LX	台式电脑	3色	台	4220
A002	LX	笔记本电脑	2色	台	5268
A003	LX	数码摄像机	黑色	台	7150
A004	LX	数码相机	3色	台	6480
A005	LX	MD播放器	黑色	台	1220
A006	LX	CD播放器	淡蓝	台	1200
A007	LX	MP4播放器	3色	台	1450
A008	LX	MP3播放器	2色	台	1220
B001	爱联	台式电脑	黑色	台	5168
B002	爱联	笔记本电脑	3色	台	6588
B003	爱联	数码摄像机	2色	台	6565
B004	爱联	数码相机	黑白	台	5450
B005	爱联	MD播放器	蓝灰	台	1289
B006	爱联	CD播放器	3色	台	1259
B007	爱联	MP4播放器	3色	台	1255
B008	爱联	MP3播放器	蓝	台	500
C001	PG	台式电脑	2色	台	8179
C002	PG	笔记本电脑	蓝色	台	7400

销售单据　产品基本信息表

新建工作表，将其重命名为"产品基本信息表"。设置好标题、列标识等，其中包括商品的编码、名称等基本信息，效果如图16-39所示。

图16-39

16.3.3 产品销售记录表

产品销售记录表记载了产品的销售日期、名称、销售数量、销售单价、销售金额等基础销售信息；严谨的销售记录是后续分析工作的基础。本节向你介绍产品销售记录表的制作方法。

1. 创建产品销售记录表

产品日常销售过程中会形成各张销售单据，我们首先需要在Excel 2013中建立产品销售记录表来统计这些原始数据。产品销售记录表中关于产品基本信息的数据可以从之前创建的“产品基本信息表”中利用公式获取。具体制作方法如下所示：

❶ 新建工作表，将其重命名为“产品销售记录表”。输入表格标题、列标识，对表格字体、对齐方式、底纹和边框设置，如图16-40所示。

❷ 选中“日期”列单元格区域，打开“设置单元格格式”对话框。选择“日期”分类，并选择“3-14”类型，如图16-41所示。

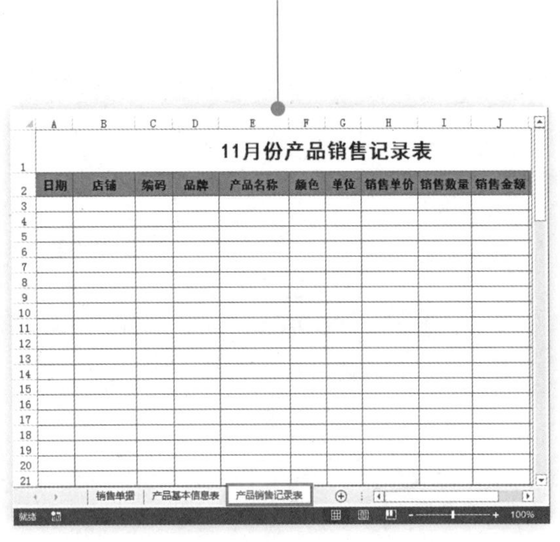

图16-40

图16-41

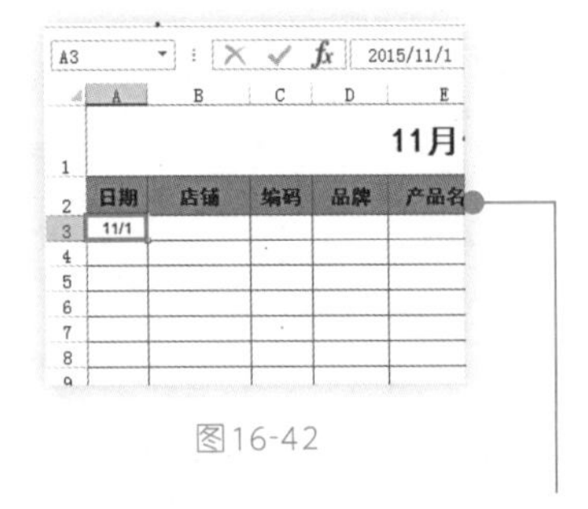

图16-42

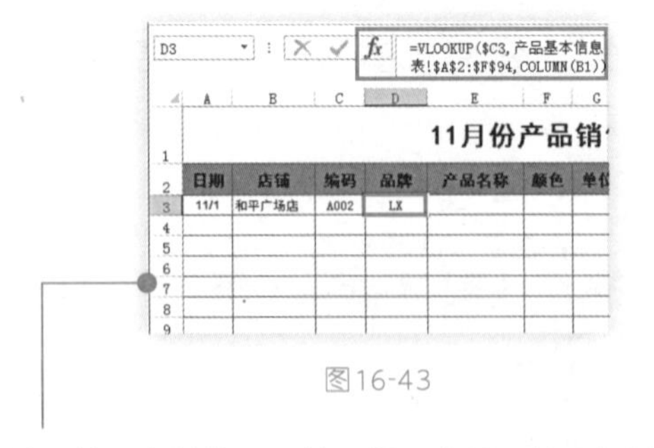

图16-43

❸ 选中“日期”列单元格区域，打开“设置单元格格式”对话框。选择“日期”分类，并选择“3-14”类型，如图16-42所示。

❹ 输入第一条销售记录的日期、店铺、编码与销售数量。在D3单元格中输入公式：“=VLOOKUP($C3, 产品基本信息表! $A$2:$F$100, COLUMN(B1))”，按〈Enter〉键可根据C3单元格中的编码返回品牌，如图16-43所示。

	A	B	C	D	E	F	G	H
2	日期	店铺	编码	品牌	产品名称	颜色	单位	销售单价
3	11/1	和平广场店	A002	LX	笔记本电脑	2色	台	5268
4				#N/A	#N/A	#N/A	#N/A	#N/A
5				#N/A	#N/A	#N/A	#N/A	#N/A
6				#N/A	#N/A	#N/A	#N/A	#N/A
7				#N/A	#N/A	#N/A	#N/A	#N/A
8				#N/A	#N/A	#N/A	#N/A	#N/A
9				#N/A	#N/A	#N/A	#N/A	#N/A
10				#N/A	#N/A	#N/A	#N/A	#N/A
11				#N/A	#N/A	#N/A	#N/A	#N/A
12				#N/A	#N/A	#N/A	#N/A	#N/A
13				#N/A	#N/A	#N/A	#N/A	#N/A
14				#N/A	#N/A	#N/A	#N/A	#N/A
15				#N/A	#N/A	#N/A	#N/A	#N/A
16				#N/A	#N/A	#N/A	#N/A	#N/A
17				#N/A	#N/A	#N/A	#N/A	#N/A
18				#N/A	#N/A	#N/A	#N/A	#N/A
19				#N/A	#N/A	#N/A	#N/A	#N/A
20				#N/A	#N/A	#N/A	#N/A	#N/A
21				#N/A	#N/A	#N/A	#N/A	#N/A
22				#N/A	#N/A	#N/A	#N/A	#N/A

❺ 选中D3单元格，向右复制公式到H3单元格，可一次性返回C3单元格中指定编码的产品名称、颜色、单位、销售单价。接着选中D3:H3单元格区域，向下复制公式，如图16-44所示。

图16-44

公式解析

在“产品基本信息表！$A$2:$F$100”单元格区域的首列中找C3单元格的值，找到后返回对应在“COLUMN(B1)”（返回值为2）指定列上的值。这个公式的关键在于对单元格引用方式的引用，由于建立的公式既需要向右复制又需要向下复制，所以必须正确设置引用方式才能在得出正确结果。“$C3”保障向右复制时列序号不变，向下复制时行序号能自动变化。“COLUMN(B1)”返回的值依次为“2、3、4”，这正是我们需要指定的返回值的位置。

为什么这里除了第一条记录都显示错误值了？

这是因为除了第一条记录输入了编码，其他“编码”列中还未输入编码，所以当前显示“#N/A”错误值。

11月份产品销售记录表

	A	B	C	D	E	F	G	H	I	J	K	L
2	日期	店铺	编码	品牌	产品名称	颜色	单位	销售单价	销售数量	销售金额	折扣	交易金额
3	11/1	和平广场店	A002	LX	笔记本电脑	2色	台	5268	2			
4	11/1	和平广场店	A008	LX	MP3播放器	2色	台	1220	1			
5	11/1	银楼店	B001	爱联	台式电脑	黑色	台	5168	1			
6	11/1	开大商业街店	B008	爱联	MP3播放器	蓝	台	500	2			
7	11/1	开大商业街店	C001	PG	台式电脑	2色	台	8179	2			
8	11/1	银楼店	C004	PG	数码相机	2色	台	2125	1			
9	11/1	和平广场店	C005	PG	MD播放器	蓝色	台	1128	1			
10	11/2	银楼店	B006	爱联	CD播放器	3色	台	1259	1			
11	11/2	和平广场店	C005	PG	MD播放器	蓝色	台	1128	1			
12	11/2	开大商业街店	C002	PG	笔记本电脑	蓝色	台	7400	1			
13	11/2	和平广场店	C003	PG	数码摄像机	黑灰	台	10300	1			
14	11/3	银楼店	B007	爱联	MP4播放器	3色	台	1255	2			
15	11/3	和平广场店	B008	爱联	MP3播放器	蓝	台	500	1			
16	11/3	和平广场店	C001	PG	台式电脑	2色	台	8179	1			
17	11/3	银楼店	C002	PG	笔记本电脑	蓝色	台	7400	1			
18	11/3	开大商业街店	C003	PG	数码摄像机	黑灰	台	10300	2			
19	11/4	和平广场店	A001	LX	台式电脑	3色	台	4220	1			
20	11/4	和平广场店	A007	LX	MP4播放器	3色	台	1450	1			
21	11/4	开大商业街店	A004	LX	数码相机	3色	台	6480	1			
22	11/4	银楼店	B002	爱联	笔记本电脑	3色	台	6588	2			
23	11/4	开大商业街店	B002	爱联	笔记本电脑	3色	台	6588	1			
24	11/4	银楼店	B003	爱联	数码摄像机	2色	台	6565	5			
25	11/4	和平广场店	C004	PG	数码相机	2色	台	2125	1			
26	11/4	银楼店	C005	PG	MD播放器	蓝色	台	1128	2			
27	11/5	和平广场店	C001	PG	台式电脑	2色	台	8179	1			
28	11/5	和平广场店	C002	PG	笔记本电脑	蓝色	台	7400	1			

❻ 根据销售单据中的销售日期，依次输入销售产品的日期、店铺、编码、销售数量（这几项数据需要手工输入）。输入完成后，效果如图16-45所示。

图16-45

2. 设置公式计算各项金额

填入各销售单据的销售数量与销售单价后，我们需要计算出各条记录的销售金额、折扣金额（是否存此项，可根据实际情况而定），以及最终的交易金额。具体操作如下：

❶ 在J3单元格中输入公式：“=I3*H3”，按〈Enter〉键，向下复制公式，即可计算出每条销售记录的销售金额，如图16-46所示。

J3 =I3*H3

	F	G	H	I	J	K	L
2	颜色	单位	销售单价	销售数量	销售金额	折扣	交易金额
3	2色	台	5268	2	10536		
4	2色	台	1220	1	1220		
5	黑色	台	5168	1	5168		
6	蓝	台	500	2	1000		
7	2色	台	8179	2	16358		
8	2色	台	2125	1	2125		
9	蓝色	台	1128	1	1128		
10	3色	台	1259	1	1259		
11	蓝色	台	1128	1	1128		
12	蓝色	台	7400	1	7400		
13	黑灰	台	10300	1	10300		
14	3色	台	1255	2	2510		
15	蓝	台	500	1	500		

图16-46

本例中公司的折扣政策为单笔销售金额大于500时，折扣为0.09，否则没有折扣。

❷ 在K3单元格中输入公式：“=IF(H3>500,INT(J3*0.09),0)”，按〈Enter〉键，向下复制公式，即可计算出每条销售记录的折扣金额，如图16-47所示。

K3 =IF(H3>500,INT(J3*0.09),0)

	F	G	H	I	J	K	L
2	颜色	单位	销售单价	销售数量	销售金额	折扣	交易金额
3	2色	台	5268	2	10536	948	
4	2色	台	1220	1	1220	109	
5	黑色	台	5168	1	5168	465	
6	蓝	台	500	2	1000	0	
7	2色	台	8179	2	16358	1472	
8	2色	台	2125	1	2125	191	
9	蓝色	台	1128	1	1128	101	
10	3色	台	1259	1	1259	113	
11	蓝色	台	1128	1	1128	101	
12	蓝色	台	7400	1	7400	666	
13	黑灰	台	10300	1	10300	927	
14	3色	台	1255	2	2510	225	
15	蓝	台	500	1	500	0	

图16-47

❸ 在L3单元格中输入公式：“=J3-K3”，按〈Enter〉键，向下复制公式，即可计算出每条销售记录的最终交易金额，如图16-48所示。

L3 =J3-K3

	F	G	H	I	J	K	L
2	颜色	单位	销售单价	销售数量	销售金额	折扣	交易金额
3	2色	台	5268	2	10536	948	9588
4	2色	台	1220	1	1220	109	1111
5	黑色	台	5168	1	5168	465	4703
6	蓝	台	500	2	1000	0	1000
7	2色	台	8179	2	16358	1472	14886
8	2色	台	2125	1	2125	191	1934
9	蓝色	台	1128	1	1128	101	1027
10	3色	台	1259	1	1259	113	1146
11	蓝色	台	1128	1	1128	101	1027
12	蓝色	台	7400	1	7400	666	6734
13	黑灰	台	10300	1	10300	927	9373
14	3色	台	1255	2	2510	225	2285
15	蓝	台	500	1	500	0	500

图16-48

16.4 数据分析

销售部领导刚找我，要我根据这个月销售数据撰写经营销售收入分析报告，我这个可怎么弄啊……

不用慌张！Excel 2013 中内置了很多非常实用的数据分析工具，合理使用这些工具做好一份分析报告并没有你想的那么困难！下面就跟着我一起来看一下这些数据统计工具是如何帮助我们完成工作的吧！

16.4.1　利用分类汇总分析销售数据

分类汇总是将数据按指定的分类进行汇总，在进分类汇总前首先需要对数据进行排序，然后再将各个类型数据按指定条件汇总。本节将向你介绍与分类汇总相关的知识。

1. 按店铺统计金额

下面要统计出各店铺的金额合计值，则首先要按“店铺”字段进行排序，然后进行分类汇总设置。具体操作如下：

❶ 复制“产品销售记录表”工作表，将其重命名为“按店铺统计金额”。单击“店铺”列中任意单元格。单击“数据”选项卡下“排序和筛选”组中的“升序”按钮进行排序，如图16-49所示。

❷ 选择表格编辑区域的任意单元格，在“数据”选项卡下的“分级显示”组中单击“分类汇总”按钮（图16-50），打开“分类汇总”对话框。

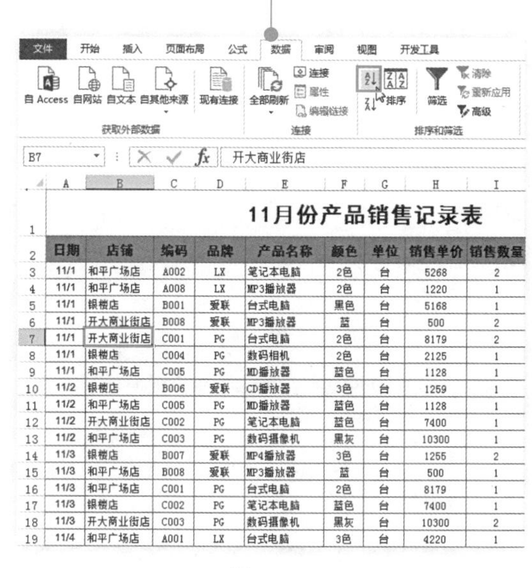

11月份产品销售记录表

日期	店铺	编码	品牌	产品名称	颜色	单位	销售单价	销售数量
11/1	和平广场店	A002	LX	笔记本电脑	2色	台	5268	2
11/1	和平广场店	A008	LX	MP3播放器	2色	台	1220	1
11/1	银楼店	B001	爱联	台式电脑	黑色	台	5168	1
11/1	开大商业街店	B008	爱联	MP3播放器	蓝	台	500	2
11/1	开大商业街店	C001	PG	台式电脑	2色	台	8179	2
11/1	银楼店	C004	PG	数码相机	2色	台	2125	1
11/1	和平广场店	C005	PG	MD播放器	蓝色	台	1128	1
11/2	银楼店	B006	爱联	CD播放器	3色	台	1259	1
11/2	和平广场店	C005	PG	MD播放器	蓝色	台	1128	1
11/2	开大商业街店	C002	PG	笔记本电脑	蓝色	台	7400	1
11/2	和平广场店	C003	PG	数码摄像机	黑灰	台	10300	1
11/3	银楼店	B007	爱联	MP4播放器	3色	台	1255	2
11/3	和平广场店	B008	爱联	MP3播放器	蓝	台	500	1
11/3	和平广场店	C001	PG	台式电脑	2色	台	8179	1
11/3	银楼店	C002	PG	笔记本电脑	蓝色	台	7400	1
11/3	开大商业街店	C003	PG	数码摄像机	黑灰	台	10300	2
11/4	和平广场店	A001	LX	台式电脑	3色	台	4220	1

图16-49

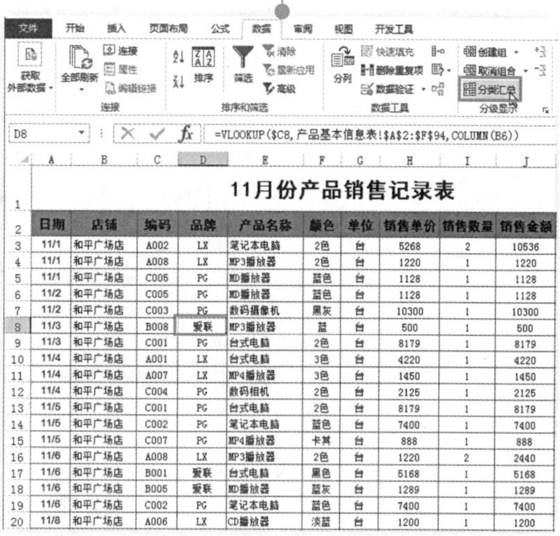

图16-50

❸ 在“分类字段”列表框中选中“店铺”单选框；在“汇总方式”下拉列表中选择“求和”；在“选定汇总项”列表框中选中“销售金额”“交易金额”复选框，如图16-51所示。

❹ 设置完成后，即可将表格中以“店铺”排序后的销售记录进行分类汇总，并显示分类汇总后的结果（汇总项为“销售金额”“交易金额”），如图16-52所示。

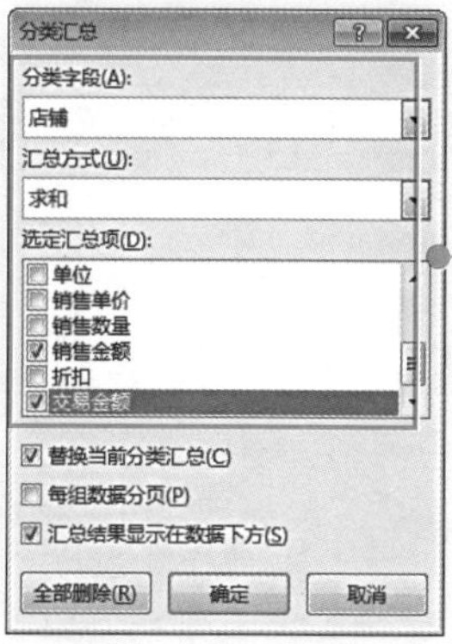

图16-51

图16-52

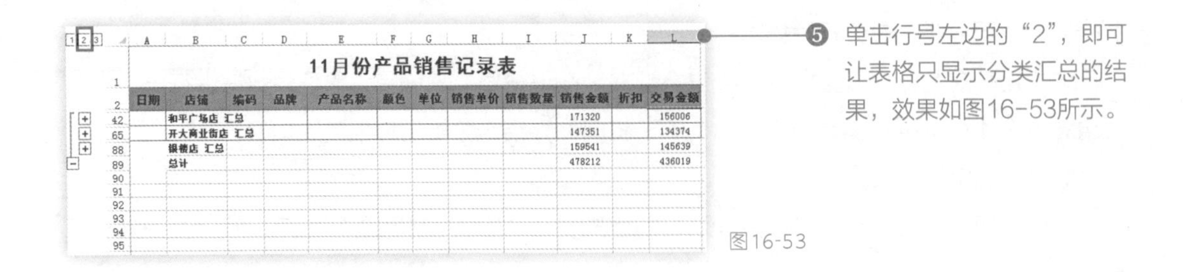

❺ 单击行号左边的“2”，即可让表格只显示分类汇总的结果，效果如图16-53所示。

图16-53

2. 按产品名称统计金额

下面要统计出各产品名称的金额合计值，则首先要按“产品名称”字段进行排序，然后进行分类汇总设置。具体操作如下：

❶ 复制“产品销售记录表”工作表，将其重命名为“按产品名称统计金额”。单击“产品名称”列中任意单元格。单击“数据”选项卡下“排序和筛选”组中的“升序”按钮进行排序，如图16-54所示。

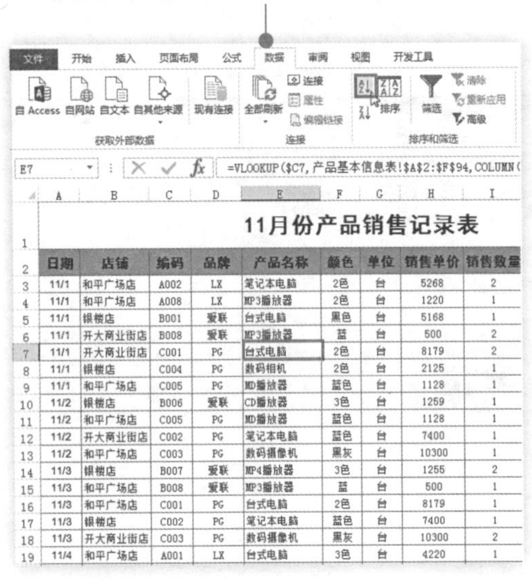

图16-54

❷ 选择表格编辑区域的任意单元格，在“数据”选项卡下的“分级显示”组中单击“分类汇总”按钮（图16-55），打开“分类汇总”对话框。

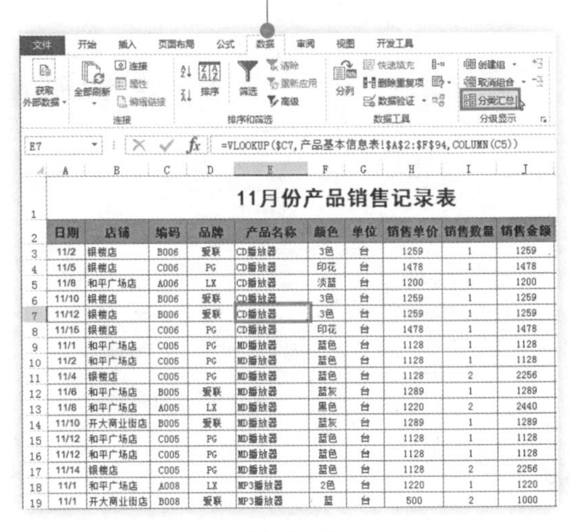

图16-55

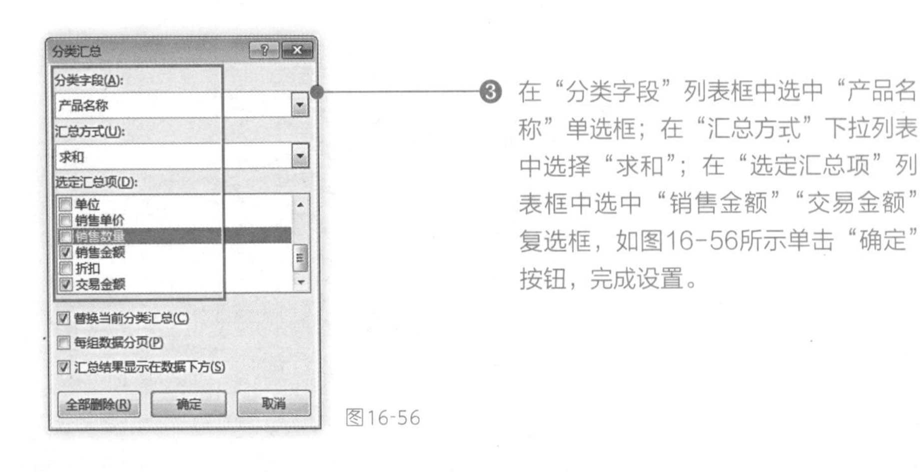

❸ 在“分类字段”列表框中选中“产品名称”单选框；在“汇总方式”下拉列表中选择“求和”；在“选定汇总项”列表框中选中“销售金额”“交易金额”复选框，如图16-56所示单击“确定”按钮，完成设置。

图16-56

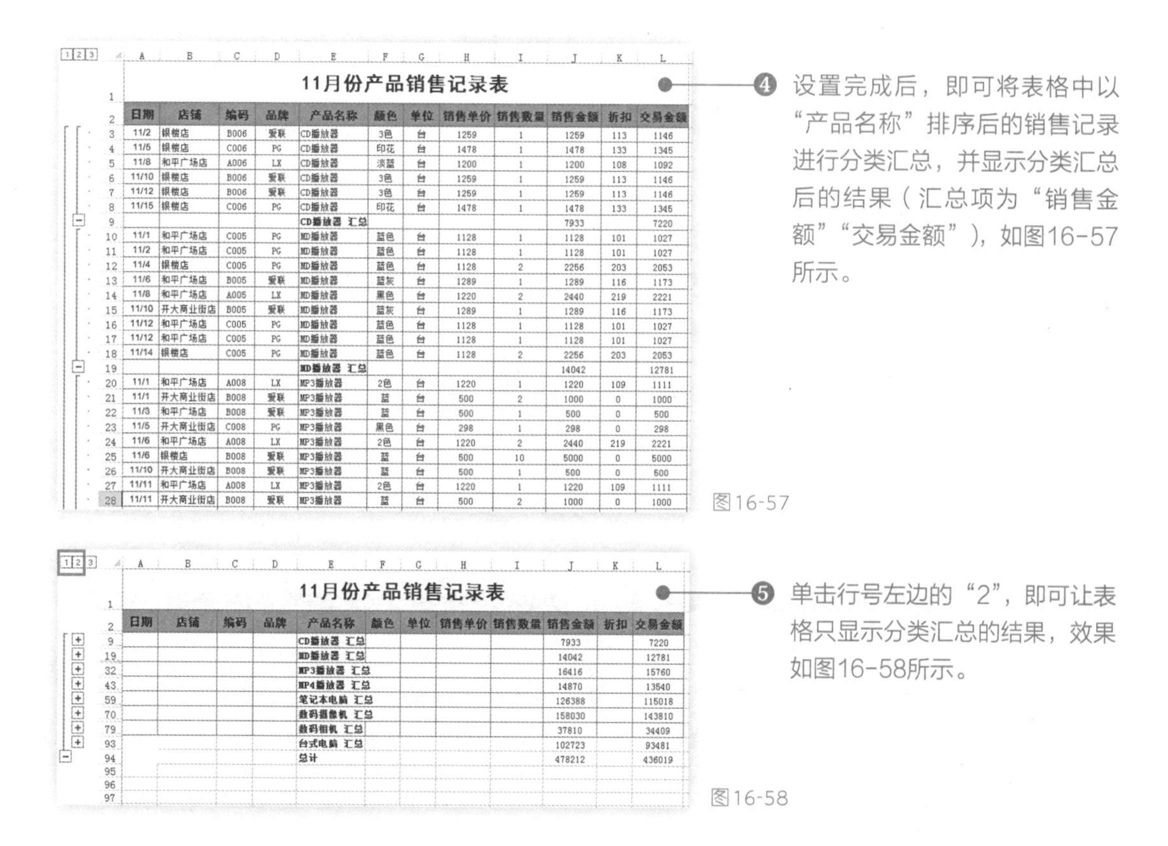

11月份产品销售记录表

	日期	店铺	编码	品牌	产品名称	颜色	单位	销售单价	销售数量	销售金额	折扣	交易金额
3	11/2	银楼店	B006	爱联	CD播放器	3色	台	1259	1	1259	113	1146
4	11/5	银楼店	C006	PG	CD播放器	印花	台	1478	1	1478	133	1345
5	11/8	和平广场店	A006	LX	CD播放器	淡蓝	台	1200	1	1200	108	1092
6	11/10	银楼店	B006	爱联	CD播放器	3色	台	1259	1	1259	113	1146
7	11/12	银楼店	B006	爱联	CD播放器	3色	台	1259	1	1259	113	1146
8	11/15	银楼店	C006	PG	CD播放器	印花	台	1478	1	1478	133	1345
9					CD播放器 汇总					7933		7220
10	11/1	和平广场店	C005	PG	MD播放器	蓝色	台	1128	1	1128	101	1027
11	11/2	和平广场店	C005	PG	MD播放器	蓝色	台	1128	1	1128	101	1027
12	11/4	银楼店	C005	PG	MD播放器	蓝色	台	1128	2	2256	203	2053
13	11/6	和平广场店	B005	爱联	MD播放器	蓝灰	台	1289	1	1289	116	1173
14	11/8	和平广场店	A005	LX	MD播放器	黑色	台	1220	2	2440	219	2221
15	11/10	开大商业街店	B005	爱联	MD播放器	蓝灰	台	1289	1	1289	116	1173
16	11/12	和平广场店	C005	PG	MD播放器	蓝色	台	1128	1	1128	101	1027
17	11/12	和平广场店	C005	PG	MD播放器	蓝色	台	1128	1	1128	101	1027
18	11/14	银楼店	C005	PG	MD播放器	蓝色	台	1128	2	2256	203	2053
19					MD播放器 汇总					14042		12781
20	11/1	和平广场店	A008	LX	MP3播放器	2色	台	1220	1	1220	109	1111
21	11/1	开大商业街店	B008	爱联	MP3播放器	蓝	台	500	2	1000	0	1000
22	11/3	和平广场店	B008	爱联	MP3播放器	蓝	台	500	1	500	0	500
23	11/5	开大商业街店	C008	PG	MP3播放器	黑色	台	298	1	298	0	298
24	11/6	和平广场店	A008	LX	MP3播放器	2色	台	1220	2	2440	219	2221
25	11/6	银楼店	B008	爱联	MP3播放器	蓝	台	500	10	5000	0	5000
26	11/10	开大商业街店	B008	爱联	MP3播放器	蓝	台	500	1	500	0	500
27	11/11	和平广场店	A008	LX	MP3播放器	2色	台	1220	1	1220	109	1111
28	11/11	开大商业街店	B008	爱联	MP3播放器	蓝	台	500	2	1000	0	1000

❹ 设置完成后，即可将表格中以“产品名称”排序后的销售记录进行分类汇总，并显示分类汇总后的结果（汇总项为“销售金额”“交易金额”），如图16-57所示。

图16-57

11月份产品销售记录表

	日期	店铺	编码	品牌	产品名称	颜色	单位	销售单价	销售数量	销售金额	折扣	交易金额
9					CD播放器 汇总					7933		7220
19					MD播放器 汇总					14042		12781
32					MP3播放器 汇总					16416		15760
43					MP4播放器 汇总					14870		13540
59					笔记本电脑 汇总					126388		115018
70					数码摄像机 汇总					158030		143810
79					数码相机 汇总					37810		34409
93					台式电脑 汇总					102723		93481
94					总计					478212		436019

❺ 单击行号左边的“2”，即可让表格只显示分类汇总的结果，效果如图16-58所示。

图16-58

16.4.2 建立产品汇总报表

利用数据透视表（图）来对销售记录表进行分析、汇总，是一项十分实用的技能，本节将向你介绍如何使用数据透视表（图）进行销售数据分析。

1. 利用数据透视表汇总产品销售情况

下面利用Excel 2013中的数据透视表分析工具可以快速地进行产品销售汇总。具体操作如下：

❶ 切换到“产品销售记录表”工作表，单击任意单元格，在“插入”选项卡下“表格”组中单击“数据透视表”按钮，如图16-59所示。

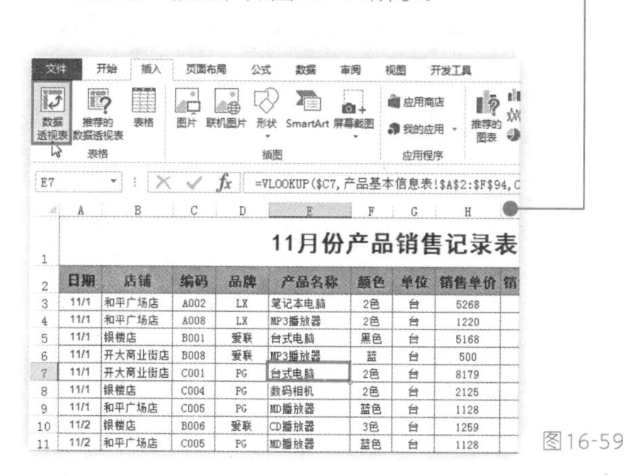

	日期	店铺	编码	品牌	产品名称	颜色	单位	销售单价
3	11/1	和平广场店	A002	LX	笔记本电脑	2色	台	5268
4	11/1	和平广场店	A008	LX	MP3播放器	2色	台	1220
5	11/1	银楼店	B001	爱联	台式电脑	黑色	台	5168
6	11/1	开大商业街店	B008	爱联	MP3播放器	蓝	台	500
7	11/1	开大商业街店	C001	PG	台式电脑	2色	台	8179
8	11/1	银楼店	C004	PG	数码相机	2色	台	2125
9	11/1	和平广场店	C005	PG	MD播放器	蓝色	台	1128
10	11/2	银楼店	B006	爱联	CD播放器	3色	台	1259
11	11/2	和平广场店	C005	PG	MD播放器	蓝色	台	1128

图16-59

❷ 打开“创建数据透视表”对话框，在“选择一个表或区域”框中显示了当前要建立为数据透视表的数据源，如图16-60所示单击“确定”按钮。

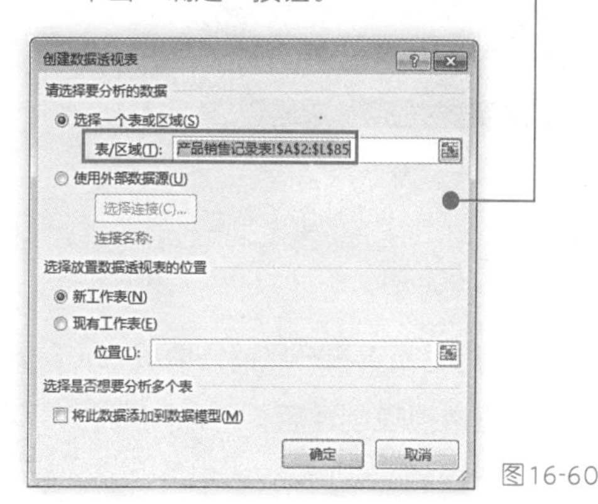

图16-60

❸ 完成上述操作即可在新建工作表中创建空白的数据透视表，在新建的工作表标签上双击鼠标，输入名称为“产品汇总”，如图16-61所示。

❹ 在字段列表中将“产品名称”设置为“行标签”；将“销售数量”“交易金额”设置为“数值”列。数据透视表根据字段的设置相应的显示，如图16-62所示。

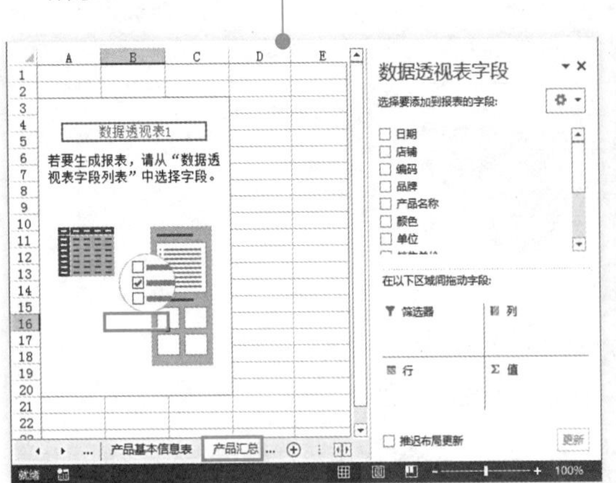

图16-61

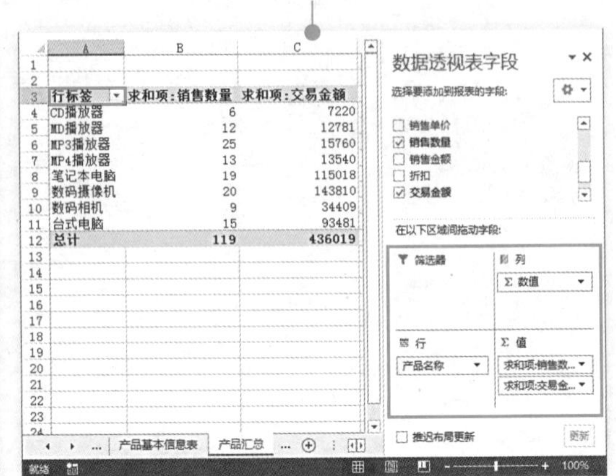

图16-62

❺ 在工作表中选中A1单元格，输入“产品汇总表”，接着合并A1:C1单元格区域，并对表头进行字体、字号设置。并可以手工调整行高和列宽，完成后的效果，如图16-63所示。

❻ 选中数据透视表任意单元格，单击“数据透视表工具”→“设计”选项卡，在“数据透视表样式”组中可以选择套用的样式，单击右侧的“其他”（▼）按钮可打开下拉菜单，有多种样式可供选择，单击指定样式即可将其应用于表格如图16-64所示。

图16-63

图16-65

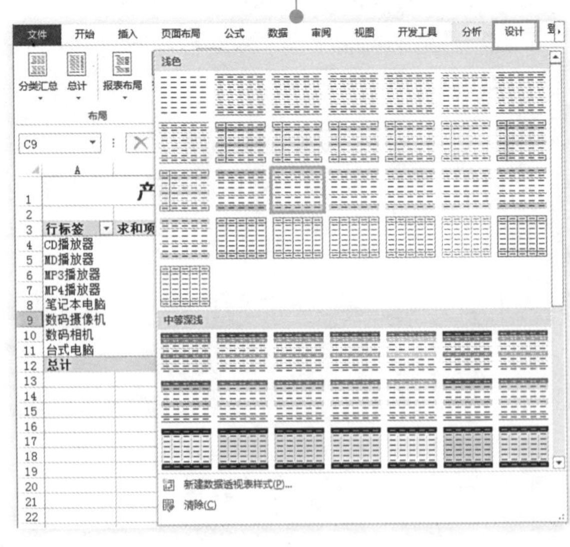

图16-64

❼ 完成上述操作后效果如图16-65所示。从数据透视表中可以很清楚地看出“包数码摄像机”的交易金额是最高的。

2. 用图表查看产品销售情况

数据透视表创建后，可以利用图表直观地查看产品销售情况。数据透视图功能使用方法如下所示：

❶ 选中数据透视表任意单元格，单击“数据透视表工具”→“分析”选项卡，在“工具”组中单击“数据透视图”按钮，如图16-66所示。

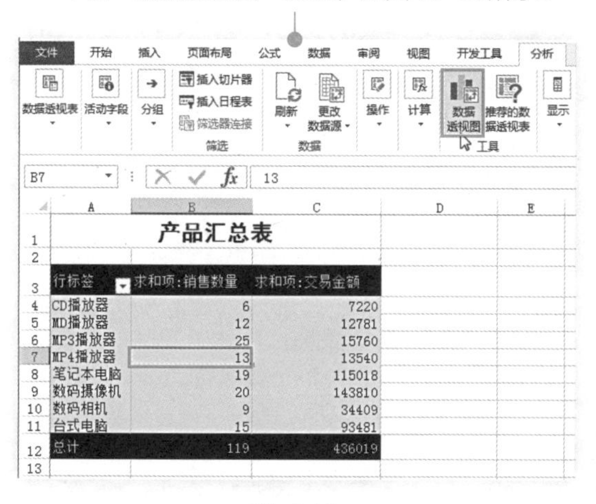

产品汇总表

行标签	求和项:销售数量	求和项:交易金额
CD播放器	6	7220
MD播放器	12	12781
MP3播放器	25	15760
MP4播放器	13	13540
笔记本电脑	19	115018
数码摄像机	20	143810
数码相机	9	34409
台式电脑	15	93481
总计	119	436019

图16-66

❷ 打开“插入图表”对话框，选择图表类型，如图16-67所示单击“确定”按钮完成“数据透视图”创建。

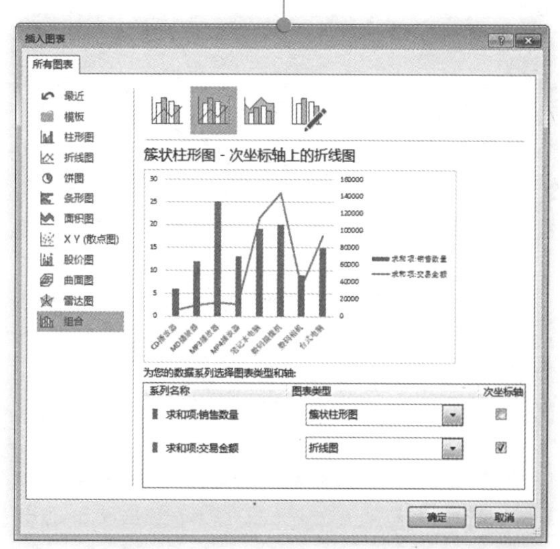

图16-67

❸ 新建“数据透视图”效果如图16-68所示。

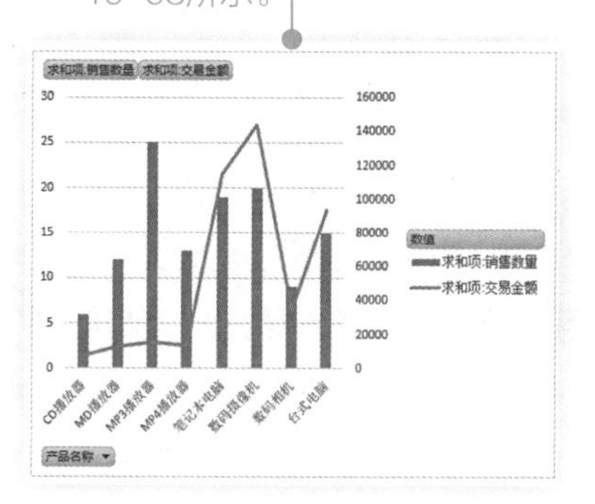

图16-68

❹ 选中图表，单击“图表样式”按钮，打开下拉列表，在“样式”栏下选择一种图表样式（单击即可应用），如图16-69所示。

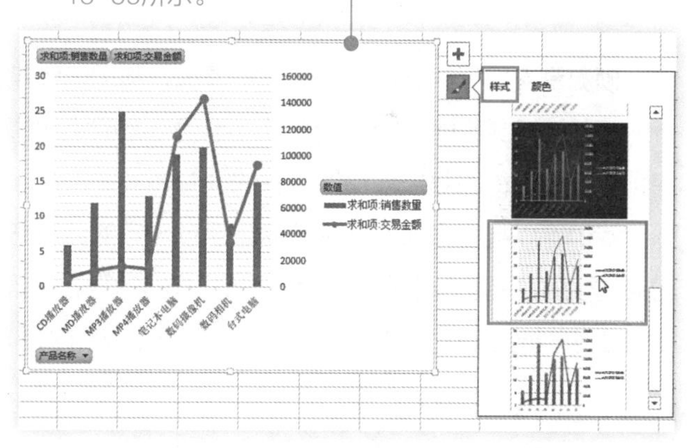

图16-69

❺ 在“颜色”栏下选择一种图表颜色（单击即可应用），如图16-70所示。

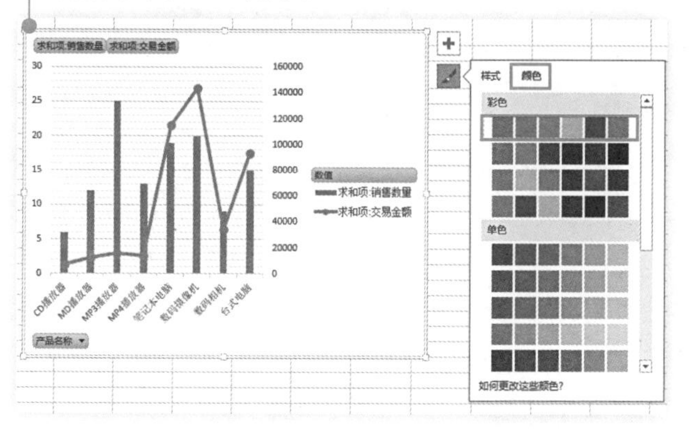

图16-70

❻ 设置完成后图表如图16-71所示。从图表中可以很直观地查看“MP3播放器”的销售数量最高，“数码摄像机”的销售金额最高。

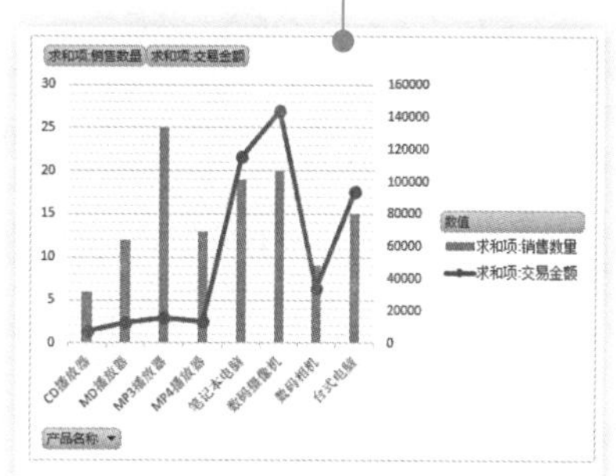

图16-71

企业销售预测分析

销售部领导刚拿过来之前的销售数据，让我根据这些数据对后期的销售数据进行预测，这也是我们行政部的事情么，关键我还一头雾水，我得加班加点到什么时候才能完成啊！

销售预测预测确实是一项比较复杂的工作，需要考虑的因素很多。
我们可以通过 Excel 2013 对企业过去的数据进行统计分析，并结合经济环境对未来市场的走势做出预测。

17.1 制作流程

预测是人们根据历史资料和现实情况，利用已经掌握的知识和手段，对事物的发展变化进行的事前推知或判断。销售预测是指根据以往的销售情况使用系统内部内置或用户自定义的销售预测模型获得的对未来销售情况的预测。

我们可以结合当前的销售数据，通过一定的分析方法提出切实可行的销售目标。下面我们将通过预测销售收入和成本，使用移动平均法预测销售额，使用指数平滑法预测销售额以及编写销售预算分析五个任务向你介绍完成销售预测分析的所需要的各项知识与技能，如图17-1所示。

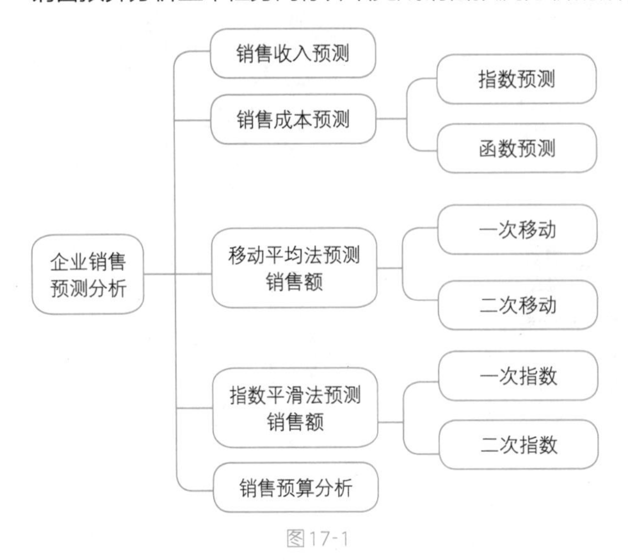

图17-1

在进行销售预测分析时，我们会使用多种不同的方法进行销售预测，所以会遇到不同的分析表格与图表。下面我们可以先来看一下相关表格图表的效果图如图 17-2 所示。

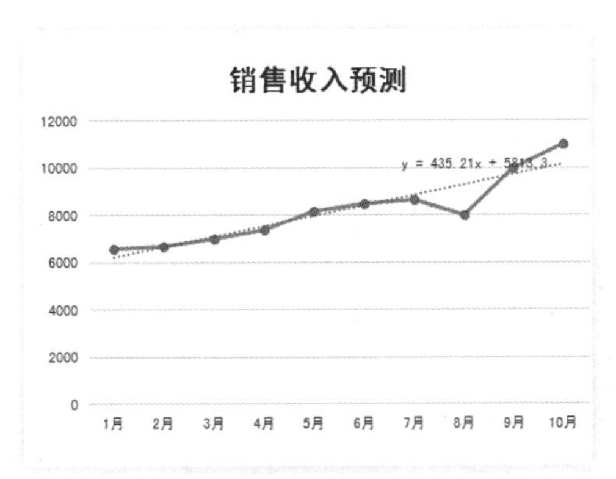

销售收入预测

指数法预测销售成本

订货量	销售成本
100	620
140	800
180	980
250	1100
320	1200
480	1320
600	1480
700	1460
800	1580
900	1600

预计订货量	图表公式预测销售成本	函数预测销售成本
1200	2826.92	2421.21
1250	2986.76	2541.65
1400	3522.56	2940.11
1550	4154.48	3401.05
1800	5469.50	4335.38
2000	6815.42	5264.51

销售成本预测

二次平滑指数预测销售额

年份	时间	销售额（万元）	平滑指数a=0.7			
			一次平滑指数	二次平滑指数	a_t	b_t
			98	98		
2009	t-6	90	92.4	94.08	90.72	-3.92
2010	t-5	98	96.32	95.648	96.992	1.568
2011	t-4	101	99.596	98.4116	100.78	2.7636
2012	t-3	105	103.3788	101.88864	104.87	3.47704
2013	t-2	112	109.41364	107.15614	111.67	5.2675
2014	t-1	116	114.024092	111.9637064	116.08	4.807566
2015	t	111	111.9072276	111.9241712	111.89	-0.03954

预测

2016年	111.8507488
2017年	111.8112136
2018年	111.7716785

指数平滑法预测销售额

销售预算

季度	一	二	三	四	合计
预计销售量（个）	3800	3500	5600	4800	17700
预计销售价格（元）	16.2	16.2	16.2	16.2	16.2
预计销售收入（元）	61560	56700	90720	77760	286740

预计现金收入

季度	一	二	三	四	合计
上年应收账款	82000				82000
第一季度	30780	30780			61560
第二季度		28350	28350		56700
第三季度			45360	45360	90720
第四季度				38880	38880
现金收入合计（元）	112780	59130	73710	84240	329860

销售预算分析

图17-2

17.2　新手基础

在利用Excel 2013进行企业销售预测分析的过程中需要用到的知识点包括：数据分析、相关函数计算等！

为什么单元格数据复制过来和原单元格的数据不一样啊？

这多半是因为你复制的数据源是公式而非数值，遇到这种情况我们需要利用“选择粘贴”功能来解决。

17.2.1　将公式计算结果转换为数值

在Excel 2013工作表中利用公式获得计算结果后，有时需要去掉单元格中的计算公式，使单元格中只保留结果数据。例如在工作表中设置了公式用于计算金额，在金额计算之后为了便于表格数据的复制或移动，可以把公式计算结果转换为数值。具体操作如下：

❶ 选中设置了公式的单元格区域，如D2：D6，按〈Ctrl+C〉组合键复制数据，如图17-3所示。

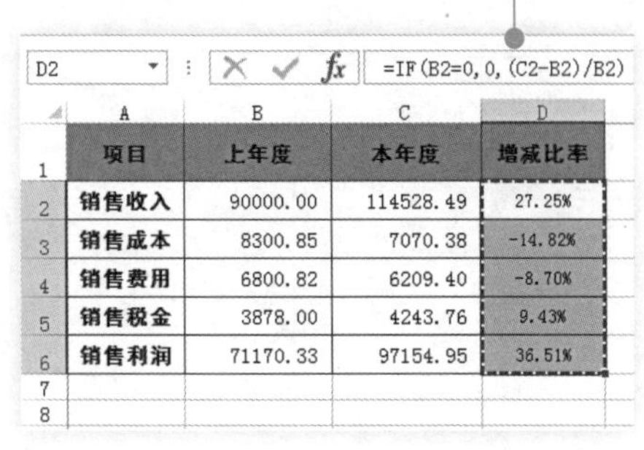

项目	上年度	本年度	增减比率
销售收入	90000.00	114528.49	27.25%
销售成本	8300.85	7070.38	-14.82%
销售费用	6800.82	6209.40	-8.70%
销售税金	3878.00	4243.76	9.43%
销售利润	71170.33	97154.95	36.51%

图17-3

❷ 按〈Ctrl+V〉组合键粘贴复制的数据，单击右下角的“粘贴选项”按钮，在下拉菜单中单击“值”命令，如图17-4所示。

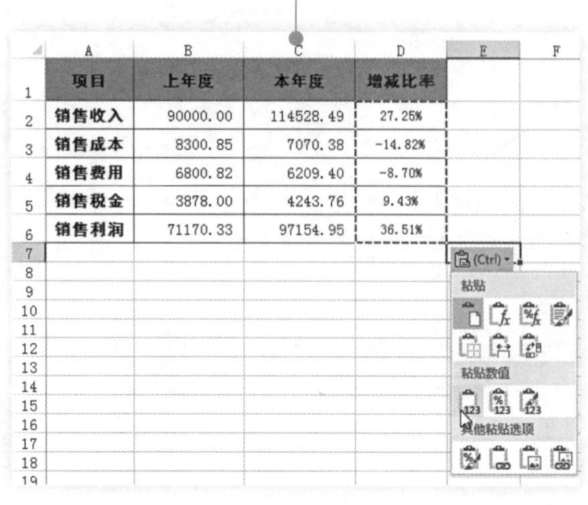

项目	上年度	本年度	增减比率
销售收入	90000.00	114528.49	27.25%
销售成本	8300.85	7070.38	-14.82%
销售费用	6800.82	6209.40	-8.70%
销售税金	3878.00	4243.76	9.43%
销售利润	71170.33	97154.95	36.51%

图17-4

❸ 执行上述操作，即可将公式结果转换成数值，如图17-5所示。

项目	上年度	本年度	增减比率
销售收入	90000.00	114528.49	27.25%
销售成本	8300.85	7070.38	-14.82%
销售费用	6800.82	6209.40	-8.70%
销售税金	3878.00	4243.76	9.43%
销售利润	71170.33	97154.95	36.51%

图17-5

17.2.2 使用移动平均法分析主营业务利润

“移动平均”分析工具可以帮助我们基于特定的过去某段时期中数值变量的平均值，对未来值进行预测。移动平均值提供了由所有历史数据的简单的平均值所代表的趋势信息。本例中我们将使用“移动平均”分析工具分析主营业务利润。

❶ 在当前工作表中单击“数据”选项卡，在“分析”组中单击“数据分析”按钮（图17-6），打开“数据分析”对话框。

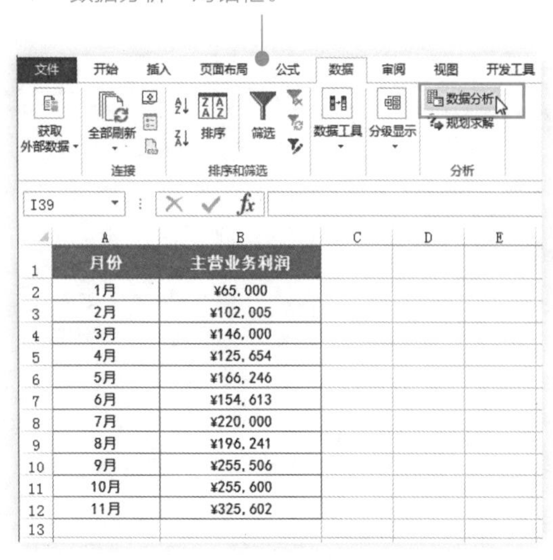

月份	主营业务利润
1月	¥65,000
2月	¥102,005
3月	¥146,000
4月	¥125,654
5月	¥166,246
6月	¥154,613
7月	¥220,000
8月	¥196,241
9月	¥255,506
10月	¥255,600
11月	¥325,602

图17-6

❷ 在“分析工具”列表中单击“移动平均”，单击“确定”按钮（图17-7），弹出“移动平均”对话框。

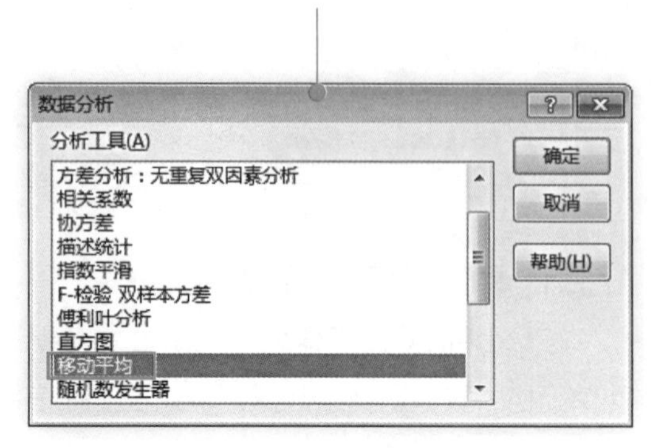

图17-7

❸ 设置“输入区域”为B2：B12单元格区域，勾选“标志位于第一行”复选框，在“间隔”设置框中输入“3”，设置“输出区域”为D2单元格，最后勾选“图表输出”和“标准误差”复选框，如图17-8所示单击“确定”按钮完成设置。

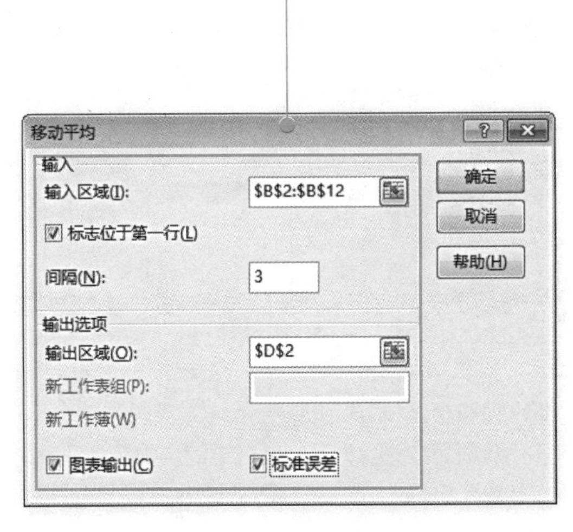

图17-8

❹ 完成上述操作返回工作表，此时系统已输出如图17-9所示的移动平均和标准误差值，并输出了一个移动平均图表，该图表中显示了实际值与预测值之间的趋势以及它们之间的差异。

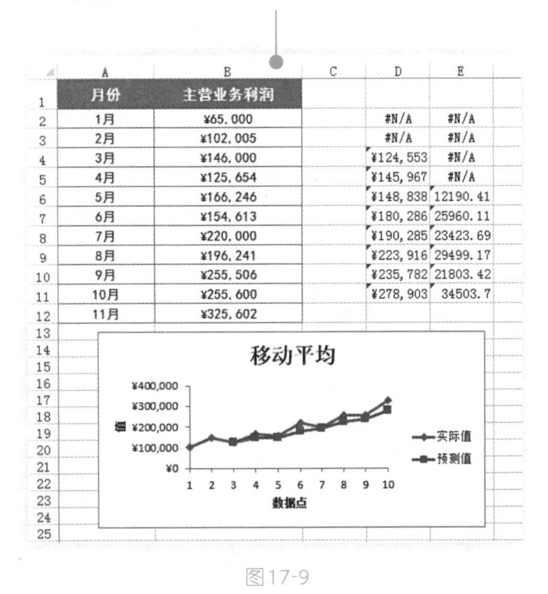

	A	B	C	D	E
1	月份	主营业务利润			
2	1月	¥65,000		#N/A	#N/A
3	2月	¥102,005		#N/A	#N/A
4	3月	¥146,000		¥124,553	#N/A
5	4月	¥125,654		¥145,967	#N/A
6	5月	¥166,246		¥148,838	12190.41
7	6月	¥154,613		¥180,286	25960.11
8	7月	¥220,000		¥190,285	23423.69
9	8月	¥196,241		¥223,916	29499.17
10	9月	¥255,506		¥235,782	21803.42
11	10月	¥255,600		¥278,903	34503.7
12	11月	¥325,602			

图17-9

17.2.3　使用指数平滑分析预测产品销量

指数平滑分析工具基于前期预测值导出相应的新预测值，并修正前期预测值的误差。此工具将涉及平滑常数a，其大小决定了本次预测对前期预测误差的修正程度。下面介绍该工具的具体使用方法。

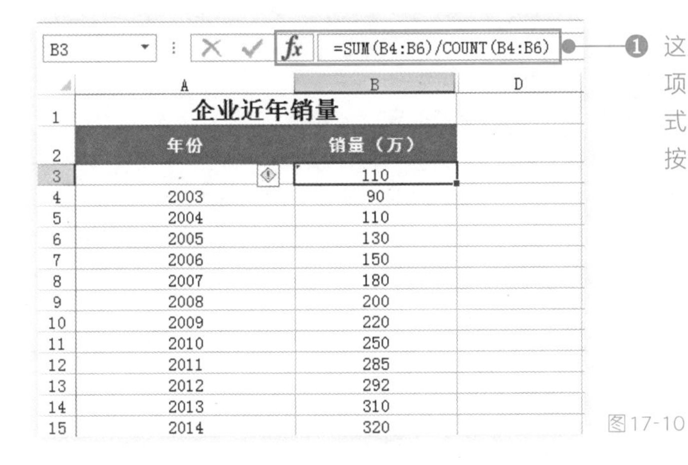

B3　=SUM(B4:B6)/COUNT(B4:B6)

	A	B
1	企业近年销量	
2	年份	销量（万）
3		110
4	2003	90
5	2004	110
6	2005	130
7	2006	150
8	2007	180
9	2008	200
10	2009	220
11	2010	250
12	2011	285
13	2012	292
14	2013	310
15	2014	320

❶ 这里先确定指数平滑的初始值，通过前三项的平均值得到，在B3单元格中输入公式：“=SUM(B4:B6)/COUNT(B4:B6)”，按〈Enter〉键，结果如图17-10所示。

图17-10

	A	B
1	企业近年销量	
2	年份	销量（万）
3		110
4	2003	90
5	2004	110
6	2005	130
7	2006	150
8	2007	180
9	2008	200
10	2009	220
11	2010	250
12	2011	285
13	2012	292
14	2013	310
15	2014	320
16	合计	
17	平均	
18	2015年销量预测（万）	

图17-11

❷ 在当前工作表中单击“数据”选项卡，在“分析”组中单击“数据分析”按钮（图17-11），打开“数据分析”对话框。

❸ 在“分析工具”列表中单击“指数平滑”，单击“确定”按钮（图17-12），弹出“指数平滑”对话框。

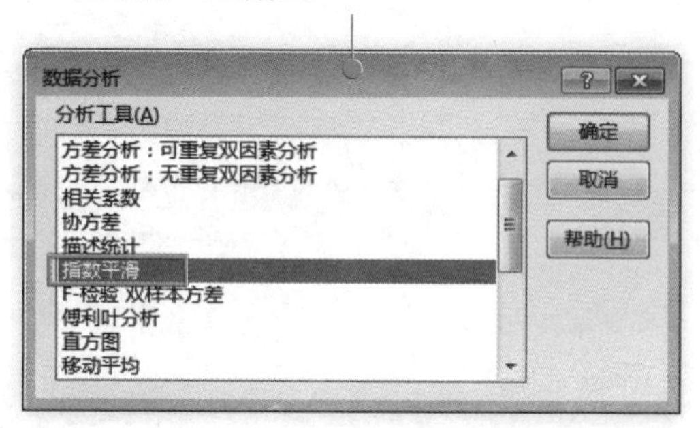

图17-12

❹ 设置“输入区域”为$B$3:$B$15单元格区域，勾选“标志位于第一行”复选框，在“间隔”设置框中输入“0.25”，设置“输出区域”为$C$3单元格，如图17-13所示单击“确定”按钮。

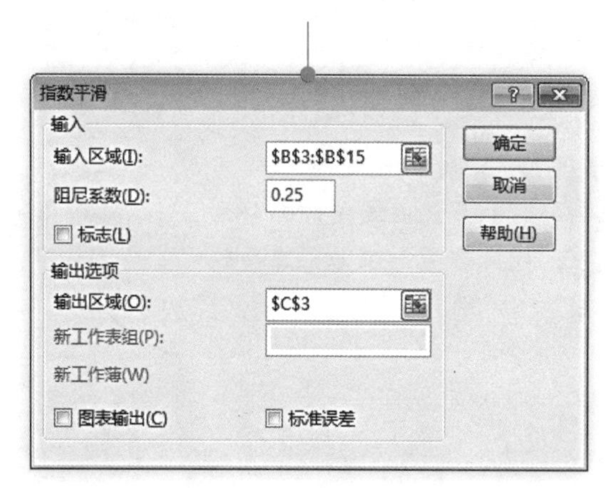

图17-13

❺ 完成上述操作可以得到a= 0.25时的指数平滑预测数据。为了判断结果的准确性，在D4单元格输入公式：“=POWER(C4-B4,2)”，按〈Enter〉键，复制公式至D15单元格，得到平均误差值，如图17-14所示。

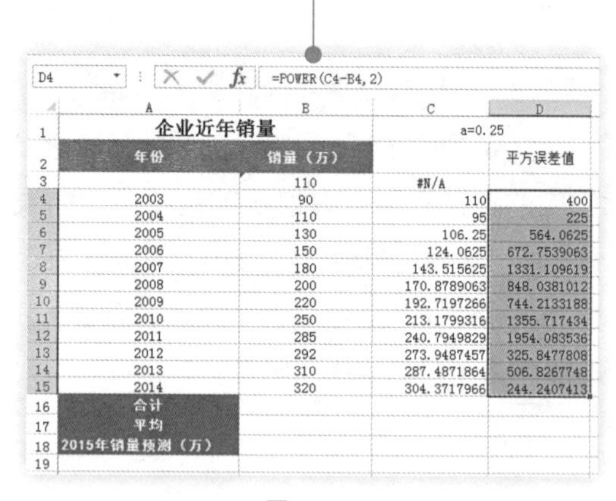

	A	B	C	D
1	企业近年销量		a=0.25	
2	年份	销量（万）		平方误差值
3		110	#N/A	
4	2003	90	110	400
5	2004	110	95	225
6	2005	130	106.25	564.0625
7	2006	150	124.0625	672.7539063
8	2007	180	143.515625	1331.109619
9	2008	200	170.8789063	848.0381012
10	2009	220	192.7197266	744.2133188
11	2010	250	213.1799316	1355.717434
12	2011	285	240.7949829	1954.083536
13	2012	292	273.9487457	325.8477808
14	2013	310	287.4871864	506.8267748
15	2014	320	304.3717966	244.2407413
16	合计			
17	平均			
18	2015年销量预测（万）			

图17-14

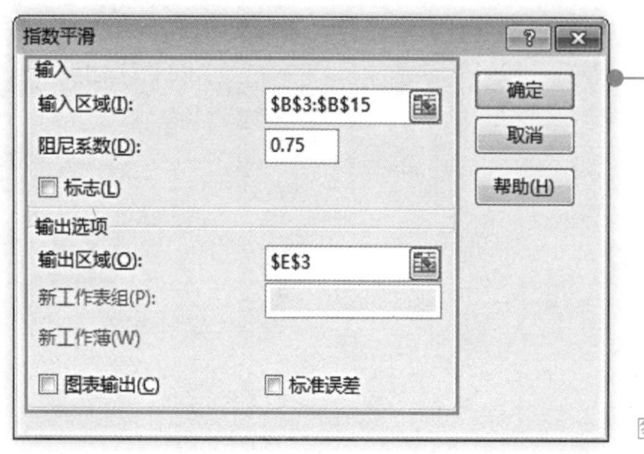

❻ 再次打开“指数平滑”对话框，设置“输入区域”为$B$3:$B$15单元格区域，勾选“标志位于第一行”复选框，在“间隔”设置框中输入“0.75”，设置“输出区域”为$E$3单元格，如图17-15所示单击“确定”按钮。

图17-15

❼ 完成上述操作可以得到a= 0.75时的指数平滑预测数据，如图17-16所示。

	C	D	E	F
1	a=0.25		α=0.75	
2		平方误差值		平方误差值
3	#N/A		#N/A	
4	110	400	110	
5	95	225	105	
6	106.25	564.0625	106.25	
7	124.0625	672.7539063	112.1875	
8	143.515625	1331.109619	121.640625	
9	170.8789063	848.0381012	136.2304688	
10	192.7197266	744.2133188	152.1728516	
11	213.1799316	1355.717434	169.1296387	
12	240.7949829	1954.083536	189.347229	
13	273.9487457	325.8477808	213.2604218	
14	287.4871864	506.8267748	232.9453163	
15	304.3717966	244.2407413	252.2089872	
16				

图17-16

❽ 在F4单元格输入公式："=POWER(E4-B4,2)"，按〈Enter〉键，复制公式至F15单元格，得到平均误差值，如图17-17所示。

F4 =POWER(E4-B4, 2)

	C	D	E	F
1	a=0.25		α=0.75	
2		平方误差值		平方误差值
3	#N/A		#N/A	
4	110	400	110	400
5	95	225	105	25
6	106.25	564.0625	106.25	564.0625
7	124.0625	672.7539063	112.1875	1429.785156
8	143.515625	1331.109619	121.640625	3405.81665
9	170.8789063	848.0381012	136.2304688	4066.553116
10	192.7197266	744.2133188	152.1728516	4600.522065
11	213.1799316	1355.717434	169.1296387	6540.015341
12	240.7949829	1954.083536	189.347229	9149.452599
13	273.9487457	325.8477808	213.2604218	6199.921183
14	287.4871864	506.8267748	232.9453163	5937.424278
15	304.3717966	244.2407413	252.2089872	4595.621412
16				

图17-17

❾ 在D16单元格输入公式："=SUM(D4:D15)"，按〈Enter〉键，复制公式至F16单元格，得到平均误差值，如图17-18所示。

D16 =SUM(D4:D15)

	C	D	E	F
1	a=0.25		α=0.75	
2		平方误差值		平方误差值
3	#N/A		#N/A	
4	110	400	110	400
5	95	225	105	25
6	106.25	564.0625	106.25	564.0625
7	124.0625	672.7539063	112.1875	1429.785156
8	143.515625	1331.109619	121.640625	3405.81665
9	170.8789063	848.0381012	136.2304688	4066.553116
10	192.7197266	744.2133188	152.1728516	4600.522065
11	213.1799316	1355.717434	169.1296387	6540.015341
12	240.7949829	1954.083536	189.347229	9149.452599
13	273.9487457	325.8477808	213.2604218	6199.921183
14	287.4871864	506.8267748	232.9453163	5937.424278
15	304.3717966	244.2407413	252.2089872	4595.621412
16		9171.893712		46914.1743
17				

图17-18

❿ 在D17单元格输入公式："=AVERAGE(D4:D15)"，按〈Enter〉键，复制公式至F17单元格，得到平均误差值，如图17-19所示。

D17 =AVERAGE(D4:D15)

	C	D	E	F
1	a=0.25		α=0.75	
2		平方误差值		平方误差值
3	#N/A		#N/A	
4	110	400	110	400
5	95	225	105	25
6	106.25	564.0625	106.25	564.0625
7	124.0625	672.7539063	112.1875	1429.785156
8	143.515625	1331.109619	121.640625	3405.81665
9	170.8789063	848.0381012	136.2304688	4066.553116
10	192.7197266	744.2133188	152.1728516	4600.522065
11	213.1799316	1355.717434	169.1296387	6540.015341
12	240.7949829	1954.083536	189.347229	9149.452599
13	273.9487457	325.8477808	213.2604218	6199.921183
14	287.4871864	506.8267748	232.9453163	5937.424278
15	304.3717966	244.2407413	252.2089872	4595.621412
16		9171.893712		46914.1743
17		764.324476		3909.514525

图17-19

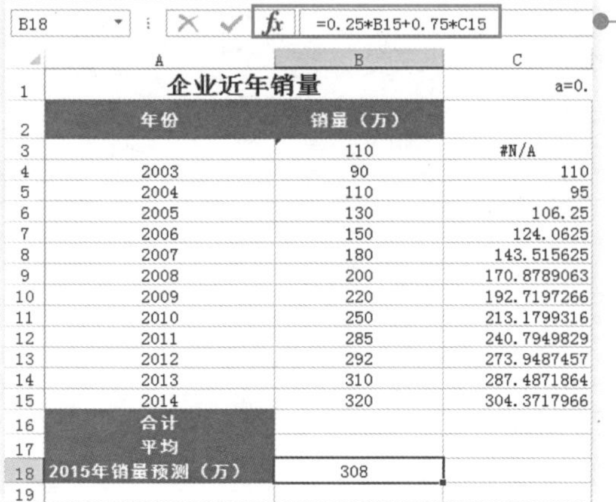

B18 =0.25*B15+0.75*C15

	A	B	C
1	企业近年销量		a=0.
2	年份	销量（万）	
3		110	#N/A
4	2003	90	110
5	2004	110	95
6	2005	130	106.25
7	2006	150	124.0625
8	2007	180	143.515625
9	2008	200	170.8789063
10	2009	220	192.7197266
11	2010	250	213.1799316
12	2011	285	240.7949829
13	2012	292	273.9487457
14	2013	310	287.4871864
15	2014	320	304.3717966
16	合计		
17	平均		
18	2015年销量预测（万）	308	
19			

图17-20

⓫ 在B18单元格输入公式："=0.25*B15+0.75*C15"，按〈Enter〉键，得到预测结果值，如图17-20所示。

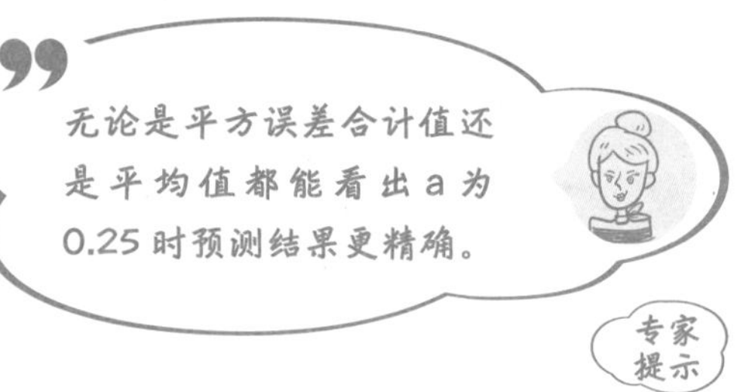

17.2.4 添加趋势线

添加趋势线可以帮助我们用图形的方式显示数据的预测趋势，并可用于预测分析，也称回归分析。利用回归分析的方法，可以在图表中扩展趋势线，根据实际数据预测未来数据。添加趋势线首先要选取数据系列，趋势线是在指定数据系列的基础上绘制的。下面以折线图为例来添加趋势线。

❶ 选中图表，单击“图表元素”按钮，打开下拉菜单，单击“网络线”右侧下拉按钮，在下拉菜单中选择趋势线类型，这里我们选择“线性”，单击即可应用，如图17-21所示。

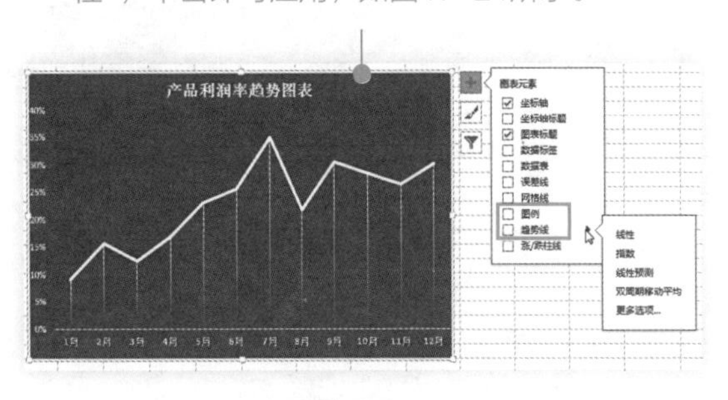

图17-21

❷ 应用后，效果如图17-22所示。

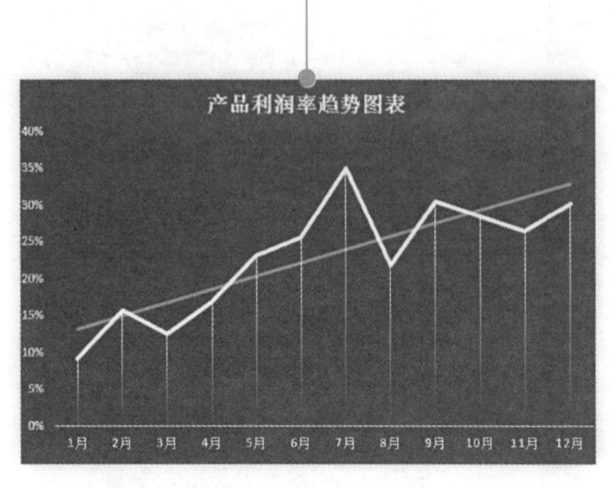

图17-22

知识拓展

趋势线的类型有多种，主要有下列几种。

线性趋势线

线性趋势线是适用于简单线性数据集的最佳拟合直线。如果数据点构成的图案类似于一条直线，则表明数据是线性的。线性趋势线通常表示事物是以恒定速率增加或减少。

对数趋势线

如果数据的增加或减小速度很快，但又迅速趋近于平稳，那么对数趋势线是最佳的拟合曲线。对数趋势线可以使用正值和负值。

多项式趋势线

多项式趋势线是数据波动较大时适用的曲线。它可用于分析大量数据的偏差。多项式的阶数可由数据波动的次数或曲线中拐点（峰和谷）的个数确定。二阶多项式趋势线通常仅有一个峰或谷。三阶多项式趋势线通常有一个或两个峰或谷，四阶通常多达三个。

乘幂趋势线

乘幂趋势线是一种适用于以特定速度增加的数据集的曲线，例如，赛车一秒内的加速度。如果数据中含有零或负数值，就不能创建乘幂趋势线。

指数趋势线

指数趋势线是一种曲线，它适用于速度增减越来越快的数据值。如果数据值中含有零或负值，就不能使用指数趋势线。

移动平均趋势线

移动平均使用特定数目的数据点（由“周期”选项设置），取其平均值，将该平均值作为趋势线中的一个点。例如，“周期”设置为2，那么头两个数据点的平均值就是移动平均趋势线中的第一个点，第二个和第三个数据点的平均值就是趋势线的第二个点，依此类推。

17.2.5　显示工作表中的所有公式

在默认设置下Excel 2013工作表中单元格内的公式只显示公式计算的结果，为了方便修改查看公式内容，怎样才能显示出完成公式？此时可以利用Excel 2013中的“公式审核”工具可以快速地显示出当前工作表中所有的公式，方法如下。

❶ 在“公式”选项卡下的“公式审核”选项组中，单击“显示公式”按钮，如图17-23所示。

❷ 执行上述操作，即可显示工作表中所有的计算公式，如图17-24所示。

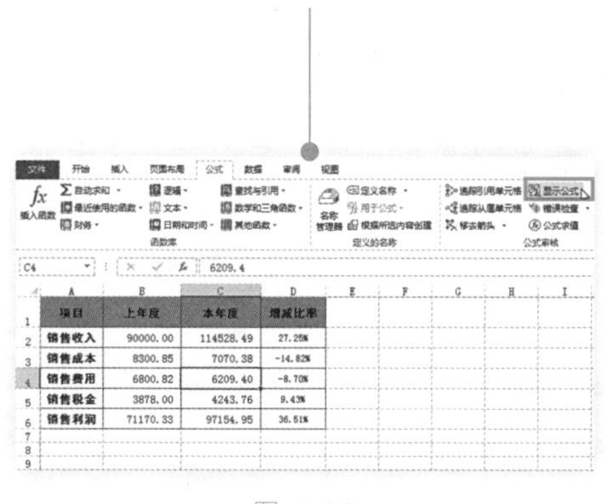

项目	上年度	本年度	增减比率
销售收入	90000.00	114528.49	27.25%
销售成本	8300.85	7070.38	-14.82%
销售费用	6800.82	6209.40	-8.70%
销售税金	3878.00	4243.76	9.43%
销售利润	71170.33	97154.95	36.51%

图17-23

项目	上年度	本年度	增减比率
销售收入	90000	114528.49	=IF(B2=0,0,(C2-B2)/B2)
销售成本	8300.85	7070.38	=IF(B3=0,0,(C3-B3)/B3)
销售费用	6800.82	6209.4	=IF(B4=0,0,(C4-B4)/B4)
销售税金	3878	4243.76	=IF(B5=0,0,(C5-B5)/B5)
销售利润	=(B2-B3-B4-B5)+150	=(C2-C3-C4-C5)+150	=IF(B6=0,0,(C6-B6)/B6)

图17-24

17.2.6　GROWTH 函数（对给定的数据预测指数增长值）

【函数功能】GROWTH函数用于对给定的数据预测指数增长值。根据现有的 x 值和 y 值，GROWTH 函数返回一组新的 x 值对应的 y 值。可以使用 GROWTH 工作表函数来拟合满足现有 x 值和 y 值的指数曲线。

【函数语法】GROWTH(known_y's,known_x's,new_x's,const)

- Known_y's：满足指数回归拟合曲线 的一组已知的y值；
- Known_x's：满足指数回归拟合曲线 的一组已知的x值；
- New_x's：一组新的x值，可通过GROWTH函数返回各自对应的y值；
- Const：逻辑值，指明是否将系数b强制设为1。若const为TRUE或省略，则b将参与正常计算；若const为FALSE，则b将被设为1。

1. 预测产品销售量

例如在如图17-25所示的9个月产品销售成本统计报表中，我们可以通过9个月产品销量预算出10、11、12月的产品销售量具体方法如下所示：

	A	B	C
1	月份	销售量（件）	
2	1	23000	
3	2	23200	
4	3	23360	
5	4	23520	
6	5	23600	
7	6	23697	
8	7	23200	
9	8	22900	
10	9	23230	

图17-25

E2 {=GROWTH(B2:B10,A2:A10,D2:D4)}

	A	B	C	D	E
1	月份	销售量（件）		预测10、11、12月的产品销售量	
2	1	23000		10	23288.74502
3	2	23200		11	23286.61295
4	3	23360		12	23284.48108
5	4	23520			
6	5	23600			
7	6	23697			
8	7	23200			
9	8	22900			
10	9	23230			
11					
12					

图17-26

选中E2:E4单元格区域，在公式编辑栏中输入公式："=GROWTH(B2:B10,A2:A10,D2:D4)"，按〈Ctrl+Shift+Enter〉组合键，即可预算出10、11、12月的产品销售量，如图17-26所示。

2. 预测下期销售产品的成本

根据如图17-27所示的成本数据，我们可以预测下期销售产品的成本。具体操作如下：

	A	B	C
1	月份	成本额	
2	1	99580	
3	2	105560	
4	3	125680	
5	4	95688	
6	5	86200	
7	6	86200	
8	7	109630	
9	8	113662	
10	9	119695	

图17-27

E3 =GROWTH(B2:B10,A2:A10,D3)

	A	B	C	D	E
1	月份	成本额		预测下期成本	
2	1	99580		月份	成本额
3	2	105560		10	108959.4764
4	3	125680			
5	4	95688			
6	5	86200			
7	6	86200			
8	7	109630			
9	8	113662			
10	9	119695			
11					
12					

图17-28

在E3单元格中输入公式："=GROWTH(B2:B10,A2:A10,D3)"，按〈Enter〉键得到10月预测成本额，如图17-28所示。

3. 一次性预测多期销售产品的成本

根据如图17-29所示的成本数据，我们可以一次性预测多期销售产品的成本。具体操作如下：

	A	B	C
1	月份	成本额	
2	1	99580	
3	2	105560	
4	3	125680	
5	4	95688	
6	5	86200	
7	6	86200	
8	7	109630	
9	8	113662	
10	9	119695	

图17-29

E3 {=GROWTH(B2:B10,A2:A10,D3:D5)}

	A	B	C	D	E
1	月份	成本额		预测多期成本	
2	1	99580		月份	成本额
3	2	105560		10	108959.4764
4	3	125680		11	110018.0645
5	4	95688		12	111086.9372
6	5	86200			
7	6	86200			
8	7	109630			
9	8	113662			
10	9	119695			
11					

图17-30

选中E3:E5单元格区域，在公式编辑栏中输入公式："=GROWTH(B2:B10,A2:A10,D3:D5)"，同时按〈Ctrl+Shift+Enter〉键可同时得到10-12月份预测成本额，如图17-30所示。

4. 预测下次订单的销售成本

根据如图17-31所示的前期订货量与销售成本，我们可以预测下次订单的销售成本。具体操作如下：

选中B14:B19单元格区域，在编辑栏中输入公式："=GROWTH(B2:B11,A2:A11,A14:A19)"，按〈Ctrl+Shift+Enter〉组合键即可预测出预计订单量的销售成本，如图17-32所示。

	A	B
1	订货量	销售成本
2	6	48
3	12	80
4	20	100
5	30	110
6	40	120
7	50	130
8	60	140
9	70	150
10	80	158
11	90	160
12		

图17-31

B14　{=GROWTH(B2:B11,A2:A11,A14:A19)}

	A	B	C
1	订货量	销售成本	
2	6	48	
3	12	80	
4	20	100	
5	30	110	
6	40	120	
7	50	130	
8	60	140	
9	70	150	
10	80	158	
11	90	160	
12			
13	预计订货量	函数预测销售成本	
14	110	234.88	
15	125	278.47	
16	140	330.16	
17	155	391.43	
18	180	519.86	
19	200	652.34	

图17-32

17.2.7　LEFT 函数（按指定字符数从最左侧提取字符串）

【函数功能】LEFT函数用于从文本左侧开始提取指定个数的字符。

【函数语法】LEFT(text, [num_chars])

◆ Text：必需。包含要提取的字符的文本字符串。

◆ Num_chars：可选。指定要提取的字符数量。

灵活使用LEFT函数可以帮助我们解决以下工作中常见问题。

1. 提取出类别编码

例如如图14-33所示表格中A列产品编号中前3位为类别编码，现在我们需要将类别编码提取出来，我们可以通过LEFT函数来实现。具体操作如下：

	A	B
1	产品编码	产品名称
2	V0a001	VOV绿茶面膜200g
3	V0a002	VOV樱桃面膜200g
4	B0i1213	碧欧泉矿泉爽肤水
5	B0i1214	碧欧泉美白防晒霜
6	B0i1215	碧欧泉美白面膜2片
7	H201312	水之印美白乳液
8	H201313	水之印美白隔离霜
9	H201314	水之印绝配无暇粉底
10		
11		

图17-33

❶ 在C2单元格中输入公式："=LEFT(A2,3)"，按〈Enter〉键得到第一个产品的类别编码，如图17-34所示。

C2　=LEFT(A2,3)

	A	B	C
1	产品编码	产品名称	类别编码
2	V0a001	VOV绿茶面膜200g	V0a
3	V0a002	VOV樱桃面膜200g	
4	B0i1213	碧欧泉矿泉爽肤水	
5	B0i1214	碧欧泉美白防晒霜	
6	B0i1215	碧欧泉美白面膜2片	
7	H201312	水之印美白乳液	
8	H201313	水之印美白隔离霜	
9	H201314	水之印绝配无暇粉底	
10			

图17-34

❷ 向下填充C2单元格的公式，即可得到其他产品的类别编码，如图17-35所示。

	A	B	C
1	产品编码	产品名称	类别编码
2	V0a001	VOV绿茶面膜200g	V0a
3	V0a002	VOV樱桃面膜200g	V0a
4	B0i1213	碧欧泉矿泉爽肤水	B0i
5	B0i1214	碧欧泉美白防晒霜	B0i
6	B0i1215	碧欧泉美白面膜2片	B0i
7	H201312	水之印美白乳液	H20
8	H201313	水之印美白隔离霜	H20
9	H201314	水之印绝配无暇粉底	H20
10			
11			

图17-35

2. 根据商品的名称进行一次性调价

例如如图17-36所示的表格中统计了商品价格，现在需要对商品进行调价，其规则为：洗衣机涨价200元，其他商品涨价100元。即得到调价后结果如图17-37所示。具体操作如下：

	A	B	C
1	名称	颜色	原单价
2	洗衣机GF01035	白色	1850
3	洗衣机GF01035	银灰色	1850
4	微波炉KF05	红色	568
5	洗衣机GF01082	红色	1900
6	空调PH0091	白色	2380
7	空调PH0032	银灰色	2560
8			
9			

图17-36

	A	B	C
1	名称	颜色	调后单价
2	洗衣机GF01035	白色	2050
3	洗衣机GF01035	银灰色	2050
4	微波炉KF05	红色	668
5	洗衣机GF01082	红色	2100
6	空调PH0091	白色	2480
7	空调PH0032	银灰色	2660
8			
9			

图17-37

❶ 在D2单元格中输入公式："=IF(LEFT(A2,3)="洗衣机",C2+200,C2+100)"，按〈Enter〉键得到第一项商品调价后的单价，如图17-38所示。

D2　fx =IF(LEFT(A2,3)="洗衣机",C2+200,C2+100)

	A	B	C	D	E	F
1	名称	颜色	原单价	调后单价		
2	洗衣机GF01035	白色	1850	2050		
3	洗衣机GF01035	银灰色	1850			
4	微波炉KF05	红色	568			
5	洗衣机GF01082	红色	1900			
6	空调PH0091	白色	2380			
7	空调PH0032	银灰色	2560			
8						
9						

图17-38

❷ 向下填充D2单元格的公式，即可得到其他商品调价后的单价，如图17-39所示。

	A	B	C	D
1	名称	颜色	原单价	调后单价
2	洗衣机GF01035	白色	1850	2050
3	洗衣机GF01035	银灰色	1850	2050
4	微波炉KF05	红色	568	668
5	洗衣机GF01082	红色	1900	2100
6	空调PH0091	白色	2380	2480
7	空调PH0032	银灰色	2560	2660
8				
9				

图17-39

17.3 数据分析

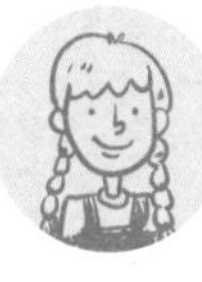

要做好销售预测分析真不是一件简单的事情啊，我都不知道从什么地方入手呢？

在日常工作中，我们经常会遇到关于预测的工作，例如预测销售量、销售收入等等。我们可以通过 Excel 2013 的高级分析工具来对销售数据进行预测分析。

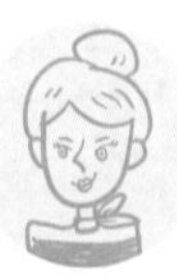

17.3.1 销售收入预测

销售收入预测是企业根据过去的销售情况，结合市场未来需求的调查，对产品销售收入所进行的预计和测算，可以用以指导企业经营决策和产销活动。利用Excel进行销售收入预测。

❶ 新建工作簿，并将其命名为“企业销售预测分析”，将Sheet1工作表重命名为“销售收入预测”，在工作表中输入销售数据，效果如图17-40所示。

图17-40

❷ 选中A3：B12单元格区域，单击“插入”选项卡下“图表”选项组中“插入折线图”下拉菜单子图表类型“带数据标记的折线图”，如图17-41所示。

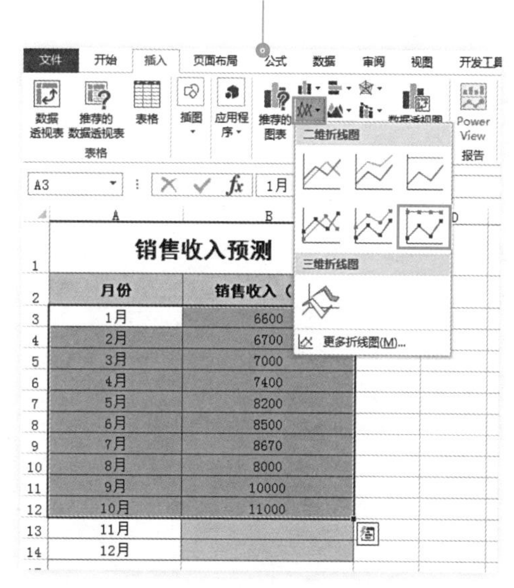

图17-41

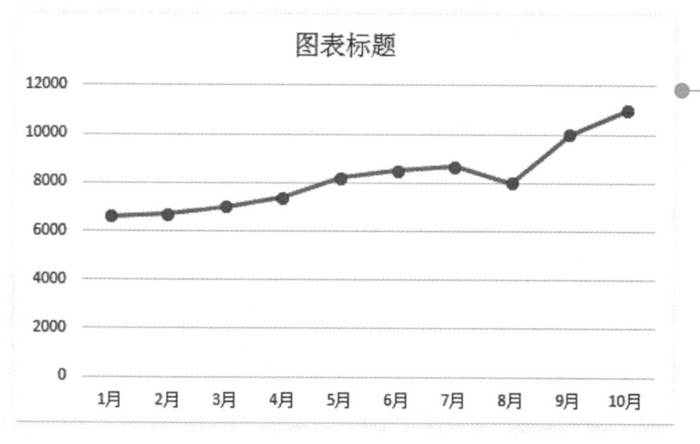

图17-42

❸ 执行上述操作，即可显示默认的图表，设置图表标记以及标记线条颜色，如图17-42所示。

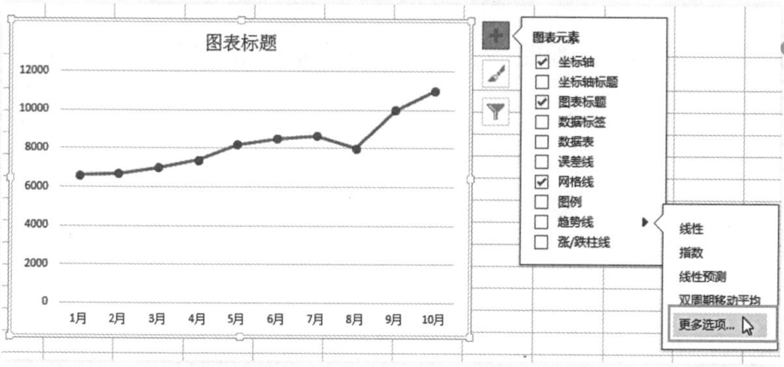

图17-43

❹ 选中图表，单击“图表元素”按钮，打开下拉菜单，单击“趋势线”右侧按钮，在子菜单中单击“更多选项”（如图17-43所示），打开“设置趋势线格式”窗格。

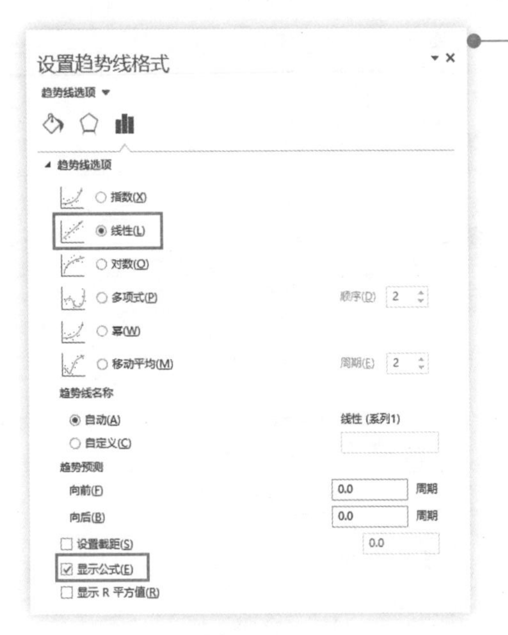

图17-44

❺ 在“趋势线选项”栏下选中“线性”单选项、“显示公式”复选框，如图17-44所示。

❻ 进一步完善图表信息，在图表中将图表标题更改为“销售收入预测”，效果如图17-45所示。

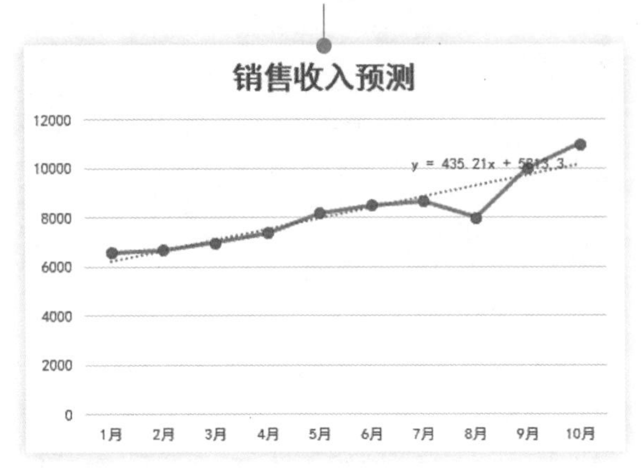

图17-45

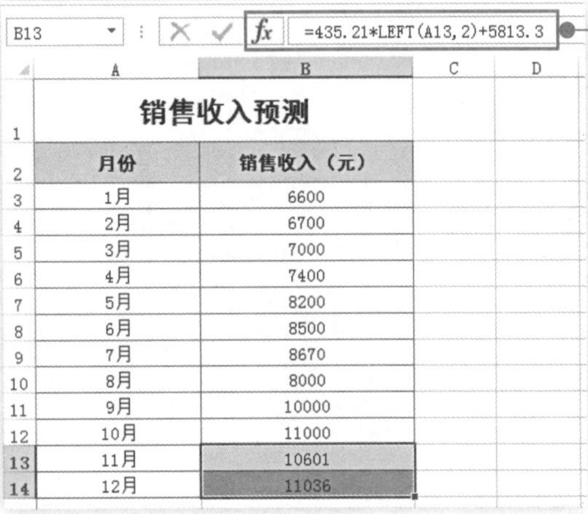

B13 =435.21*LEFT(A13,2)+5813.3

月份	销售收入（元）
1月	6600
2月	6700
3月	7000
4月	7400
5月	8200
6月	8500
7月	8670
8月	8000
9月	10000
10月	11000
11月	10601
12月	11036

图17-46

❼ 在B13单元格中输入公式：“=435.21*LEFT(A13,2)+5813.3”，按〈Enter〉键，向下复制公式，得到12月的销售收入预测值，如图17-46所示。

17.3.2 销售成本预测

当已知一组订货量和对应的销售成本数据后，需要预测另一组订货量和相应的销售成本时，我们可以使用指数趋势线或者GROWTH函数来进行指数预测。本节将介绍与数据预测相关的知识。

1. 指数法预测销售成本

下例中我们可以在Excel 2013里根据销售数据创建图表，并通过添加指数趋势线来得到预测指数公式的R平方值。

❶ 新建工作表，并将其命名为“销售成本预测”，在工作表中输入销售数据，效果如图17-47所示。

指数法预测销售成本

订货量	销售成本
100	620
140	800
180	980
250	1100
320	1200
480	1320
600	1480
700	1460
800	1580
900	1600

图17-47

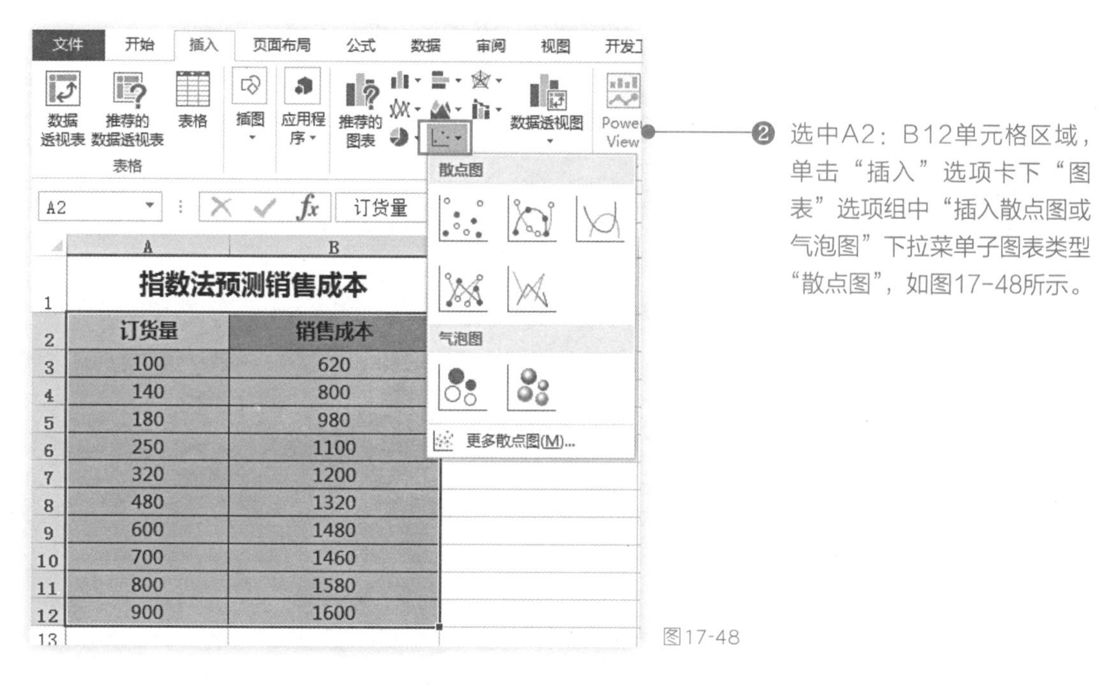

指数法预测销售成本

订货量	销售成本
100	620
140	800
180	980
250	1100
320	1200
480	1320
600	1480
700	1460
800	1580
900	1600

图17-48

❷ 选中A2：B12单元格区域，单击“插入”选项卡下“图表”选项组中“插入散点图或气泡图”下拉菜单子图表类型“散点图”，如图17-48所示。

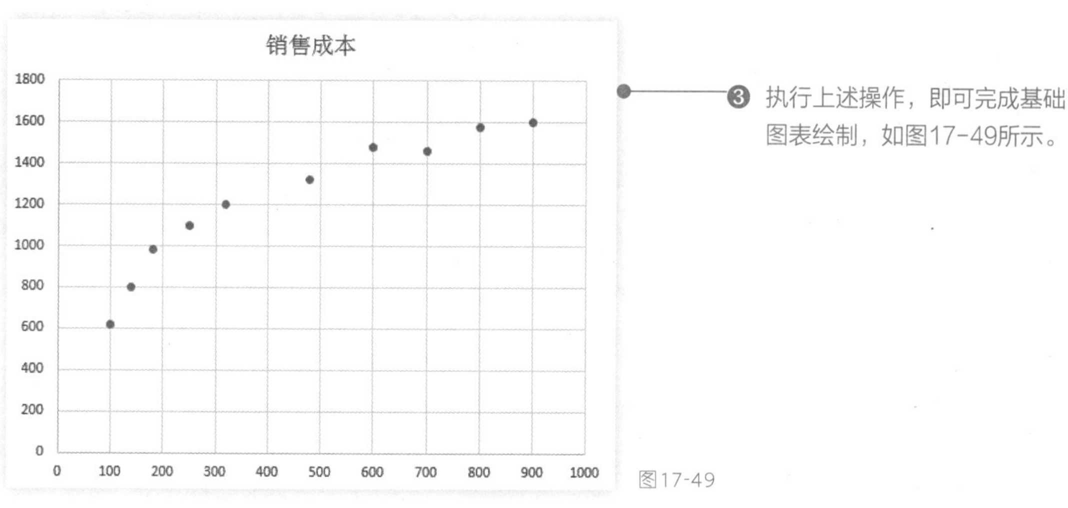

图17-49

❸ 执行上述操作，即可完成基础图表绘制，如图17-49所示。

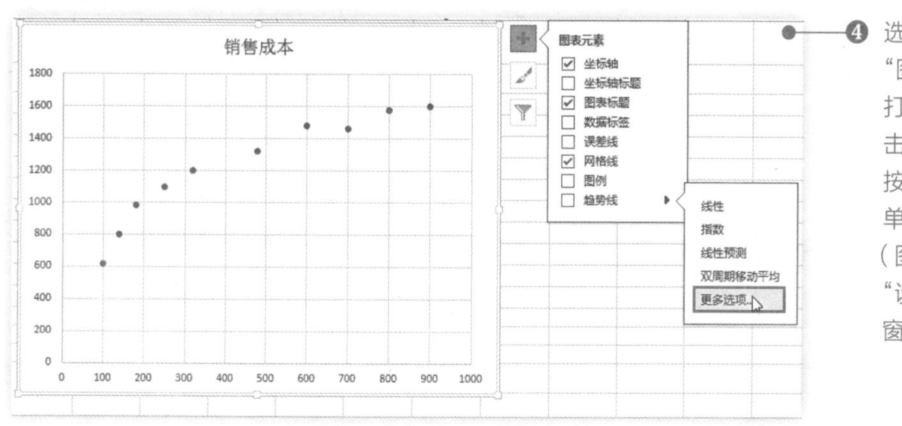

图17-50

❹ 选中图表，单击“图表元素”按钮，打开下拉菜单，单击“趋势线”右侧按钮，在子菜单中单击“更多选项”（图17-50），打开“设置趋势线格式”窗格。

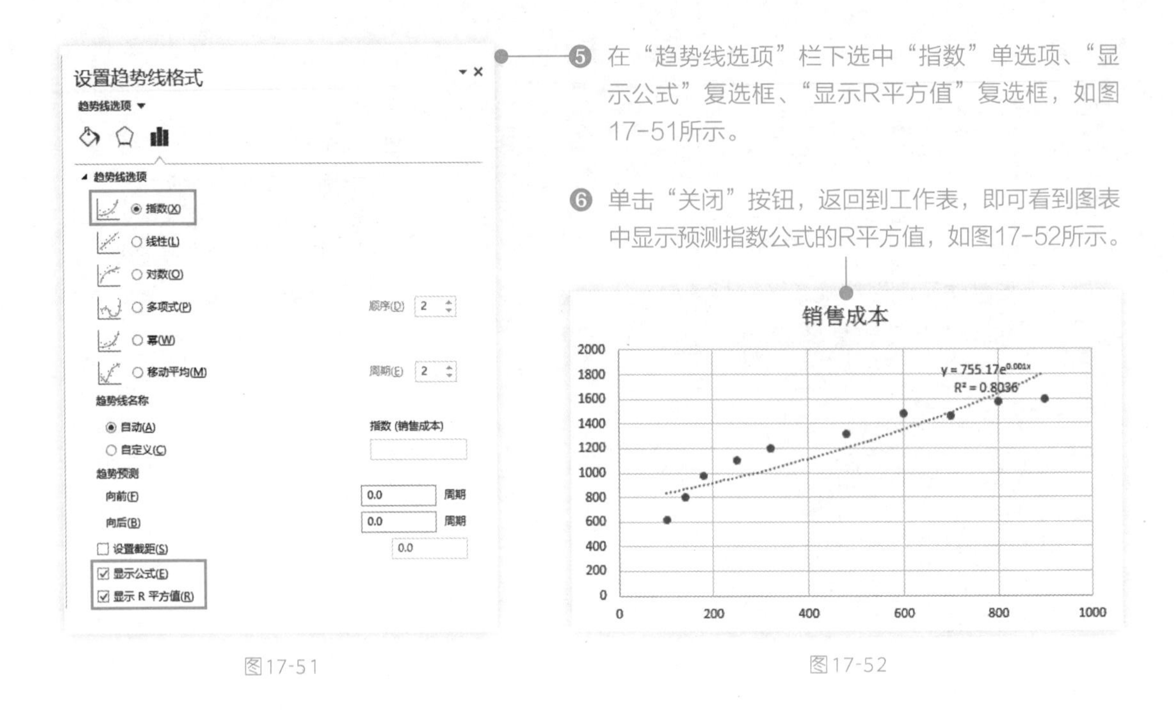

❺ 在“趋势线选项”栏下选中“指数”单选项、“显示公式”复选框、“显示R平方值”复选框，如图17-51所示。

❻ 单击“关闭”按钮，返回到工作表，即可看到图表中显示预测指数公式的R平方值，如图17-52所示。

图17-51

图17-52

2. 利用函数进行指数预测

图表创建完成后，可以根据预测的指数公式的R平方值来进行销售成本的预测。具体操作如下所示：

❶ 在表格下方创建销售成本预测的表格，效果如图17-53所示。

❷ 在B15单元格中输入公式：“=755.17*EXP(0.0011*A15)”，按〈Enter〉键，向下复制公式至B20单元格，如图17-54所示。

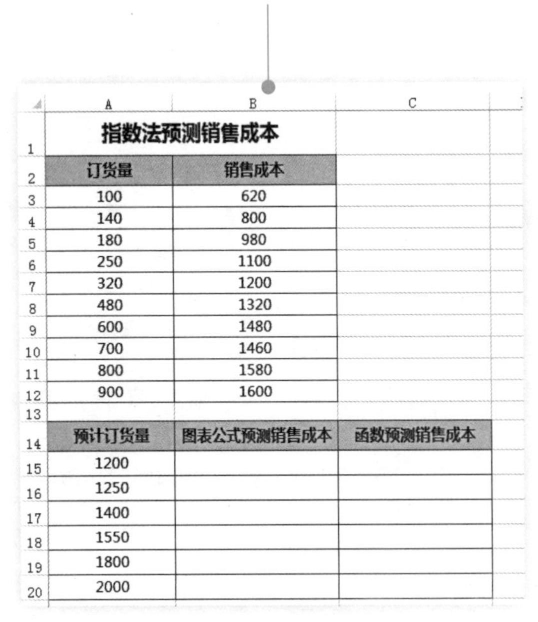

指数法预测销售成本

订货量	销售成本
100	620
140	800
180	980
250	1100
320	1200
480	1320
600	1480
700	1460
800	1580
900	1600

预计订货量	图表公式预测销售成本	函数预测销售成本
1200		
1250		
1400		
1550		
1800		
2000		

图17-53

B15　=755.17*EXP(0.0011*A15)

订货量	销售成本
100	620
140	800
180	980
250	1100
320	1200
480	1320
600	1480
700	1460
800	1580
900	1600

预计订货量	图表公式预测销售成本	函数预测销售成本
1200	2826.92	
1250	2986.76	
1400	3522.56	
1550	4154.48	
1800	5469.50	
2000	6815.42	

图17-54

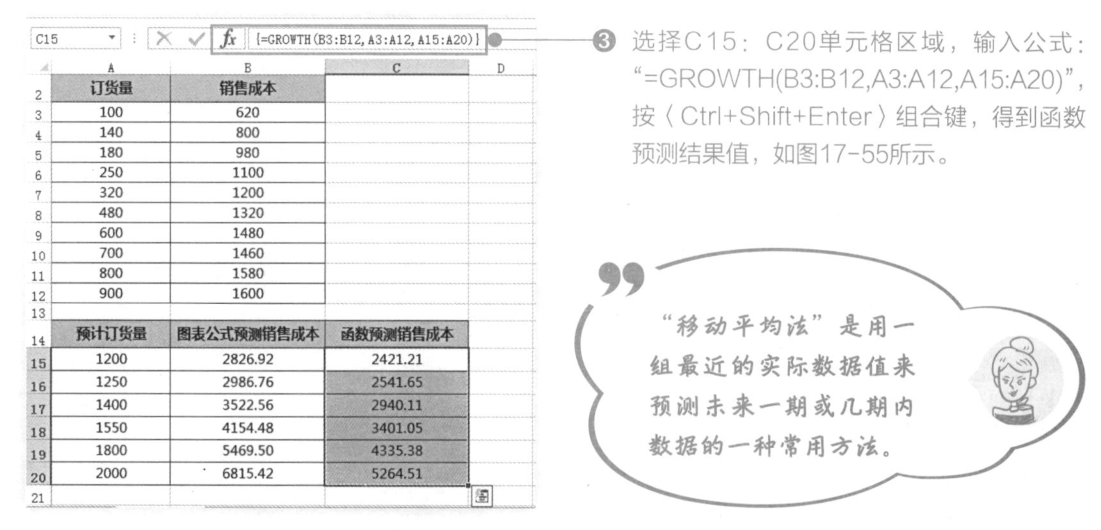

订货量	销售成本
100	620
140	800
180	980
250	1100
320	1200
480	1320
600	1480
700	1460
800	1580
900	1600

预计订货量	图表公式预测销售成本	函数预测销售成本
1200	2826.92	2421.21
1250	2986.76	2541.65
1400	3522.56	2940.11
1550	4154.48	3401.05
1800	5469.50	4335.38
2000	6815.42	5264.51

❸ 选择C15：C20单元格区域，输入公式：“=GROWTH(B3:B12,A3:A12,A15:A20)”，按〈Ctrl+Shift+Enter〉组合键，得到函数预测结果值，如图17-55所示。

图17-55

17.3.3　移动平均法预测销售额

移动平均法预测是一种最简单的自适应预测模型，它是利用时间序列技术进行预测的，具体分为一次移动平均预测和二次移动平均预测。利用Excel 2013中的“数据分析”工具中的“移动平均”命令可以快速得出预测结果。

1. 一次移动平均法预测销售额

一次移动平均法是一种较为简单的预测方法，是指将观察期的数据由远而近按一定跨越期进行一次移动平均，以最后一个移动平均值为确定预测值的依据的一种预测方法。在Excel中利用一次移动平均法进行预测的方法如下所示：

❶ 新建工作表，并将其命名为“移动平均法预测销售额”，将原始数据输入到工作表中，并建立相应的标识（此处要使用一次移动平均法预测11月份的销售额），效果如图17-56所示。

❷ 单击“数据”选项卡，在“分析”选项组中单击“数据分析”命令，如图17-57所示。

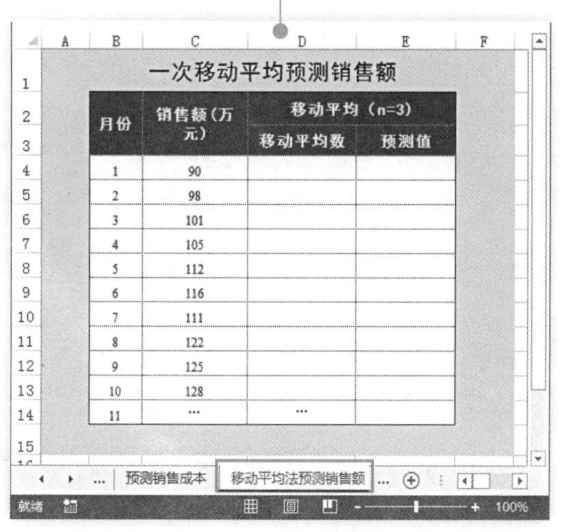

一次移动平均预测销售额

月份	销售额（万元）	移动平均（n=3） 移动平均数	预测值
1	90		
2	98		
3	101		
4	105		
5	112		
6	116		
7	111		
8	122		
9	125		
10	128		
11	…	…	

图17-56

月份	销售额（万元）	移动平均（n=3） 移动平均数	预测值
1	90		
2	98		
3	101		
4	105		
5	112		
6	116		
7	111		
8	122		

图17-57

❸ 打开“数据分析”对话框，选择“移动平均”分析工具，单击“确定”按钮，如图17-58所示。

图17-58

❹ 打开“移动平均”对话框，在“输入区域”文本框中输入“$C$4:$C$13”，在“间隔”文本框中输入“3”，在“输出区域”文本框中输入“$D$4”，单击“确定”按钮完成设置，如图17-59所示。

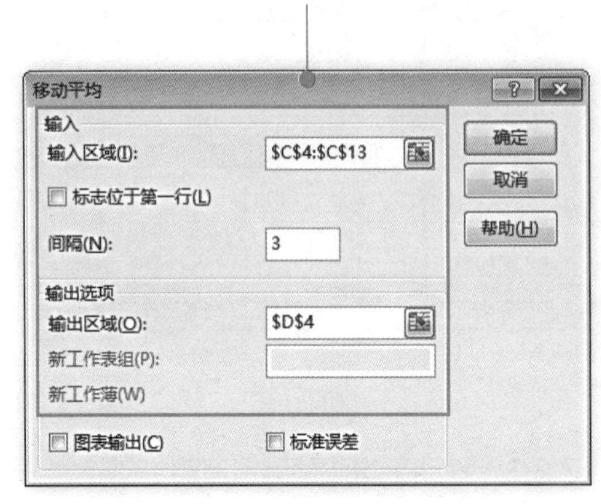

图17-59

❺ 设置完成后即可得到以前三个月的销售额作为第4个月的预测值的预测销售额，如图17-60所示。

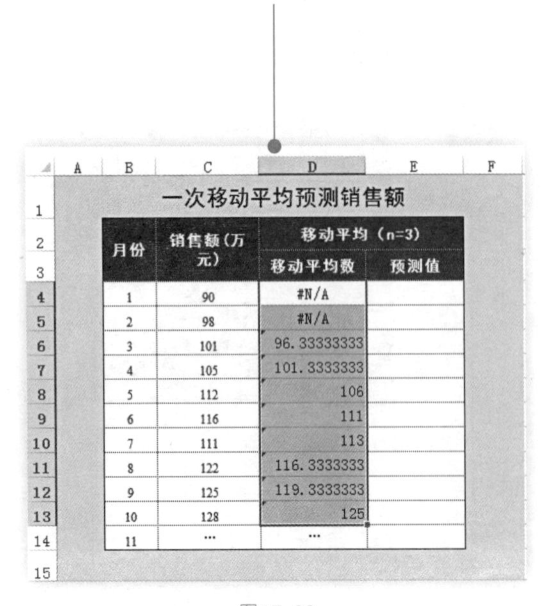

一次移动平均预测销售额

月份	销售额（万元）	移动平均（n=3）	
		移动平均数	预测值
1	90	#N/A	
2	98	#N/A	
3	101	96.33333333	
4	105	101.3333333	
5	112	106	
6	116	111	
7	111	113	
8	122	116.3333333	
9	125	119.3333333	
10	128	125	
11	…	…	

图17-60

❻ 选中D6:D13单元格区域，执行〈Ctrl+C〉命令，然后选中E7单元格，单击鼠标右键，在快捷菜单中选择“选择性粘贴”，如图17-61所示。

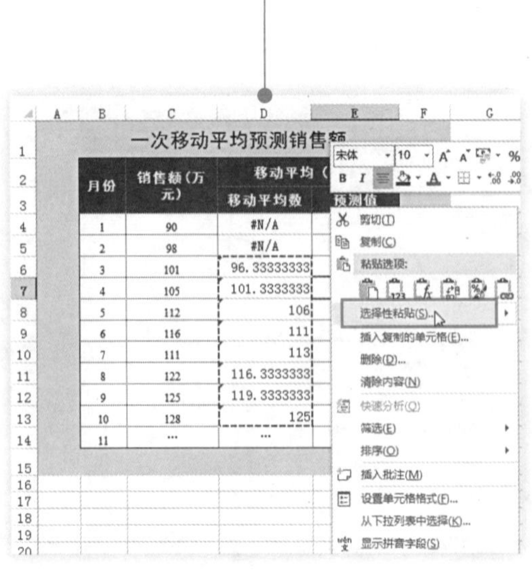

图17-61

❼ 打开“选择性粘贴”对话框，在“粘贴”栏下选中“数值”单选框，如图17-62所示。

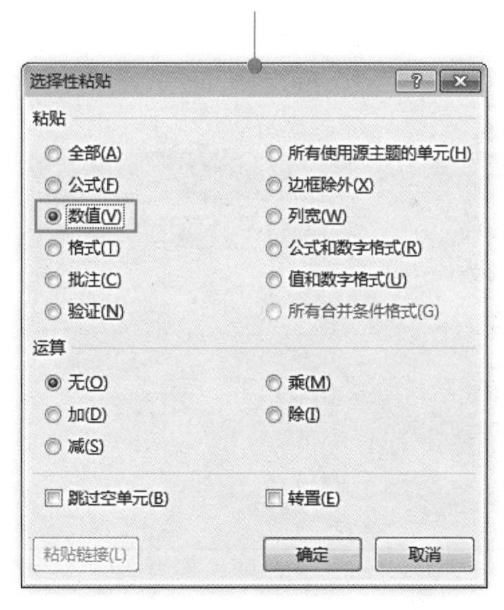

图17-62

❽ 执行上述操作，即可看到D14单元格中的值即为预测的11月份的销售额，如图17-63所示。

一次移动平均预测销售额

月份	销售额（万元）	移动平均（n=3）	
		移动平均数	预测值
1	90	#N/A	
2	98	#N/A	
3	101	96.33333333	
4	105	101.3333333	96.33333333
5	112	106	101.3333333
6	116	111	106
7	111	113	111
8	122	116.3333333	113
9	125	119.3333333	116.3333333
10	128	125	119.3333333
11	…	…	125

图17-63

2. 二次移动平均法预测销售额

二次移动平均法，是对一次移动平均数再进行第二次移动平均，再以一次移动平均值和二次移动平均值为基础建立预测模型，计算预测值的方法。其在Excel中使用方法如下所示：

❶ 在“一次移动平均预测销售额”表格右侧建立“二次移动平均预测销售额”表格，效果如图17-64所示。

一次移动平均预测销售额

月份	销售额（万元）	移动平均（n=3）	
		移动平均数	预测值
1	90	#N/A	
2	98	#N/A	
3	101	96.33333333	
4	105	101.3333333	96.33333333
5	112	106	101.3333333
6	116	111	106
7	111	113	111
8	122	116.3333333	113
9	125	119.3333333	116.3333333
10	128	125	119.3333333
11	…	…	125

二次移动平均预测销售额

月份	销售额（万元）	一次移动平均	二次移动平均	a_t	b_t
1	90				
2	98				
3	101				
4	105				
5	112				
6	116				
7	111				
8	122				
9	125				

预测

10月	
11月	
12月	

图17-64

❷ 单击“数据”选项卡，在“分析”选项组中单击“数据分析”命令，打开“数据分析”对话框，选择“移动平均”分析工具，单击“确定”按钮，如图17-65所示。

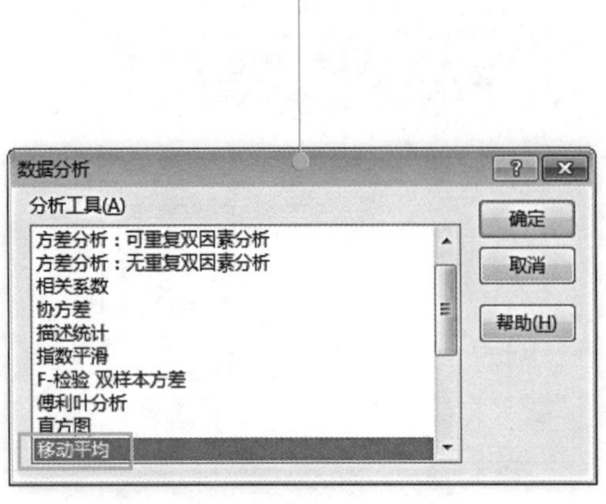

图17-65

❸ 打开“移动平均”对话框，在“输入区域”文本框中输入“$J$3: $J$11”，在“间隔”文本框中输入“3”，在“输出区域”文本框中输入“$K$3”，然后单击“确定”按钮完成设置，如图17-66所示。

图17-66

❹ 此时即可得到以前3个月的销售额作为第4个月的预测值的预测销售额，如图17-67所示。

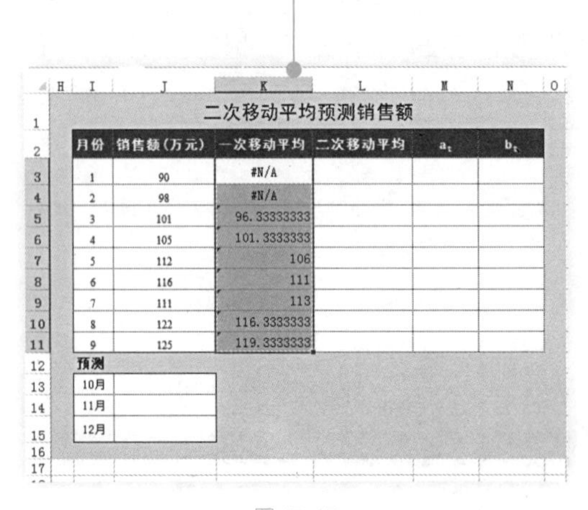

二次移动平均预测销售额

月份	销售额(万元)	一次移动平均	二次移动平均	a_t	b_t
1	90	#N/A			
2	98	#N/A			
3	101	96.33333333			
4	105	101.3333333			
5	112	106			
6	116	111			
7	111	113			
8	122	116.3333333			
9	125	119.3333333			
预测					
10月					
11月					
12月					

图17-67

❺ 按相同的方法进行第2次移动平均，打开“移动平均”对话框，设置参与移动平均的区域、间隔（即n=3）、输出区域，如图17-68所示。

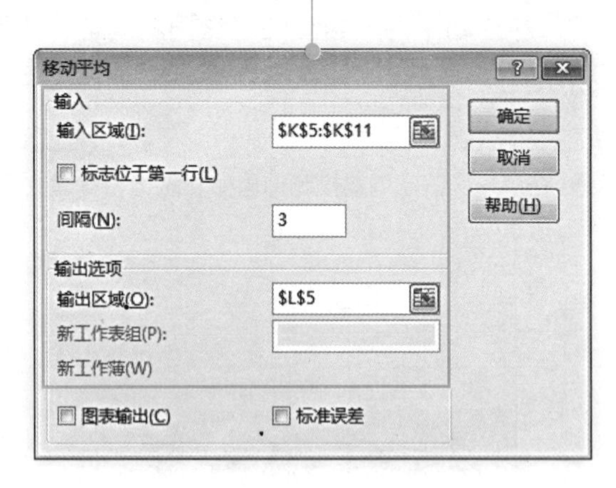

图17-68

计算“at”和“bt”值。二次指数平滑法预测模型为“Yt+T=at+btT, at=2St(1)-St(2)”，其中“St(1)”和“St(2)”分别代表第t期和第t-1期的二次指数平滑值，a为平滑系数；“bt=a1-a(St(1)-St(2))”。

二次移动平均预测销售额				
月份	销售额（万元）	一次移动平均	二次移动平均	a_t
1	90	#N/A		
2	98	#N/A		
3	101	96.33333333	#N/A	
4	105	101.3333333	#N/A	
5	112	106	101.2222222	
6	116	111	106.1111111	
7	111	113	110	
8	122	116.3333333	113.4444444	
9	125	119.3333333	116.2222222	
预测				
10月				
11月				
12月				

图17-69

⑥ 单击“确定”按钮即可得出二次移动平均值，复制L5:L11单元格区域数据，粘贴为数值格式，效果如图17-69所示。

⑦ 在M7单元格中输入公式：“=2*K7-L7”，按〈Enter〉键，向下复制公式到M11单元格中，即可得出对应的“at”值，如图17-70所示。

M7　=2*K7-L7

二次移动平均预测销售额				
月份	销售额（万元）	一次移动平均	二次移动平均	a_t
1	90	#N/A		
2	98	#N/A		
3	101	96.33333333	#N/A	
4	105	101.3333333	#N/A	
5	112	106	101.2222222	110.7777778
6	116	111	106.1111111	115.8888889
7	111	113	110	116
8	122	116.3333333	113.4444444	119.2222222
9	125	119.3333333	116.2222222	122.4444444
预测				
10月				
11月				
12月				

图17-70

⑧ 在N7单元格中输入公式：“=2*(K7-L7)/2”，按〈Enter〉键，向下复制公式到N11单元格中，即可得出对应的“bt”值，如图17-71所示。

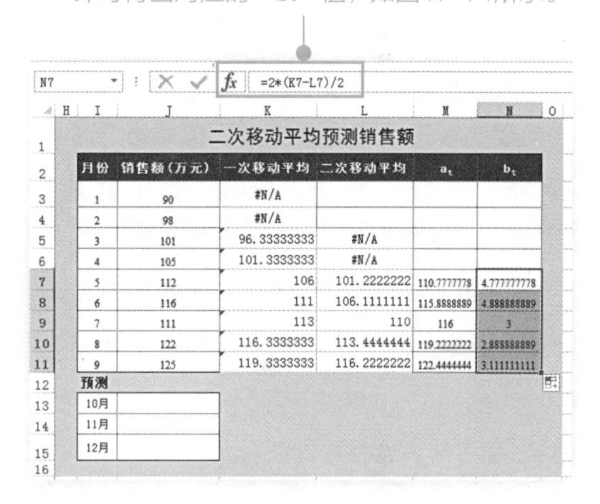

N7　=2*(K7-L7)/2

二次移动平均预测销售额					
月份	销售额（万元）	一次移动平均	二次移动平均	a_t	b_t
1	90	#N/A			
2	98	#N/A			
3	101	96.33333333	#N/A		
4	105	101.3333333	#N/A		
5	112	106	101.2222222	110.7777778	4.777777778
6	116	111	106.1111111	115.8888889	4.888888889
7	111	113	110	116	3
8	122	116.3333333	113.4444444	119.2222222	2.888888889
9	125	119.3333333	116.2222222	122.4444444	3.111111111
预测					
10月					
11月					
12月					

图17-71

⑨ 在J13单元格中输入公式：“=M11+N11*1”，按〈Enter〉键即可预测出10月的销售额，如图17-72所示。

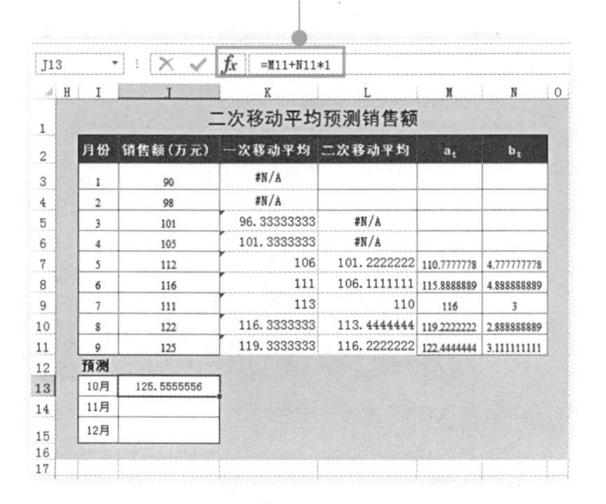

J13　=M11+N11*1

二次移动平均预测销售额					
月份	销售额（万元）	一次移动平均	二次移动平均	a_t	b_t
1	90	#N/A			
2	98	#N/A			
3	101	96.33333333	#N/A		
4	105	101.3333333	#N/A		
5	112	106	101.2222222	110.7777778	4.777777778
6	116	111	106.1111111	115.8888889	4.888888889
7	111	113	110	116	3
8	122	116.3333333	113.4444444	119.2222222	2.888888889
9	125	119.3333333	116.2222222	122.4444444	3.111111111
预测					
10月	125.5555556				
11月					
12月					

图17-72

⑩ 在J14单元格中输入公式：“=M11+N11*2”，按〈Enter〉键即可预测出11月的销售额，如图17-73所示。

J14　=M11+N11*2

二次移动平均预测销售额					
月份	销售额（万元）	一次移动平均	二次移动平均	a_t	b_t
1	90	#N/A			
2	98	#N/A			
3	101	96.33333333	#N/A		
4	105	101.3333333	#N/A		
5	112	106	101.2222222	110.7777778	4.777777778
6	116	111	106.1111111	115.8888889	4.888888889
7	111	113	110	116	3
8	122	116.3333333	113.4444444	119.2222222	2.888888889
9	125	119.3333333	116.2222222	122.4444444	3.111111111
预测					
10月	125.5555556				
11月	128.6666667				
12月					

图17-73

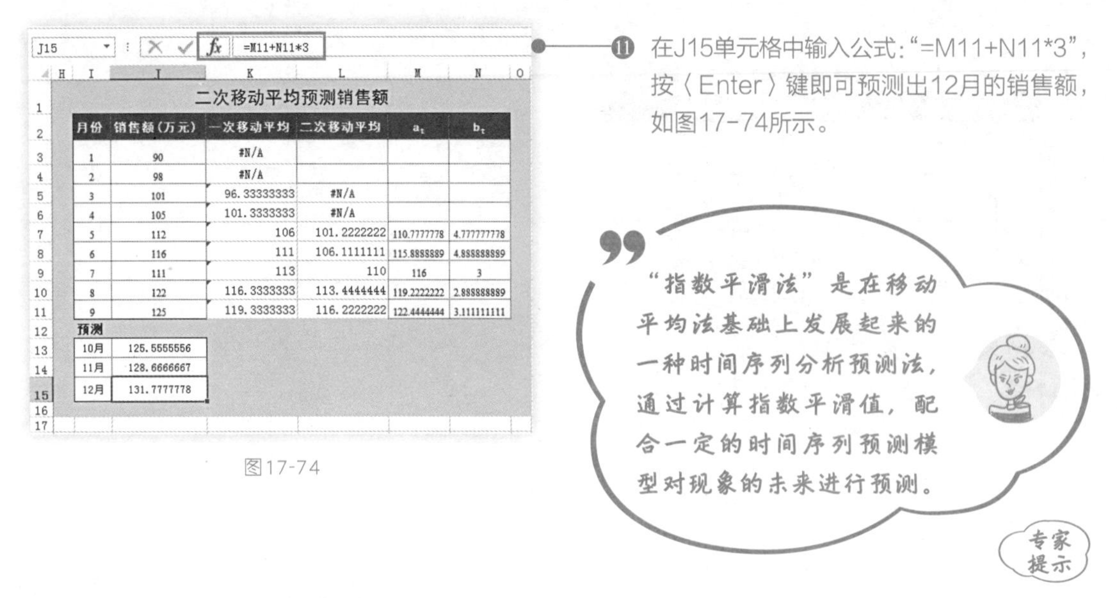

	二次移动平均预测销售额				
月份	销售额(万元)	一次移动平均	二次移动平均	a_t	b_t
1	90	#N/A			
2	98	#N/A			
3	101	96.33333333	#N/A		
4	105	101.3333333	#N/A		
5	112	106	101.2222222	110.7777778	4.777777778
6	116	111	106.1111111	115.8888889	4.888888889
7	111	113	110	116	3
8	122	116.3333333	113.4444444	119.2222222	2.888888889
9	125	119.3333333	116.2222222	122.4444444	3.111111111
预测					
10月	125.5555556				
11月	128.6666667				
12月	131.7777778				

图17-74

⑪ 在J15单元格中输入公式："=M11+N11*3"，按〈Enter〉键即可预测出12月的销售额，如图17-74所示。

17.3.4 指数平滑法预测销售额

指数平滑法是在移动平均法的基础上发展起来的一种趋势分析预测法。其具体操作方法是对前期的实际值和前期的预测值（或平滑值），经过修匀处理后作为本期预测值。根据平滑次数不同，指数平滑法分为一次指数平滑法和二次指数平滑法。

1. 一次指数平滑法预测销售额

一次指数平滑一般也只能适用于没有明显趋势的现象，若时间数列呈上升或下降的直线趋势变化，则要进行二次指数平滑。下面首先向你介绍一次指数平滑法在Excel中的应用方法：

❶ 新建工作表，并将其命名为"指数平滑法预测销售额"，将原始数据输入到工作表中，并建立相应的标识（此处要使用指数平滑法预测8月份的销售额），如图17-75所示。

❷ 在C4单元格中输入"0"，在D4单元格中输入公式："=SUM(D5:D7)/3"，按〈Enter〉键计算出前3年观察值的平均值用为初始值，如图17-76所示。

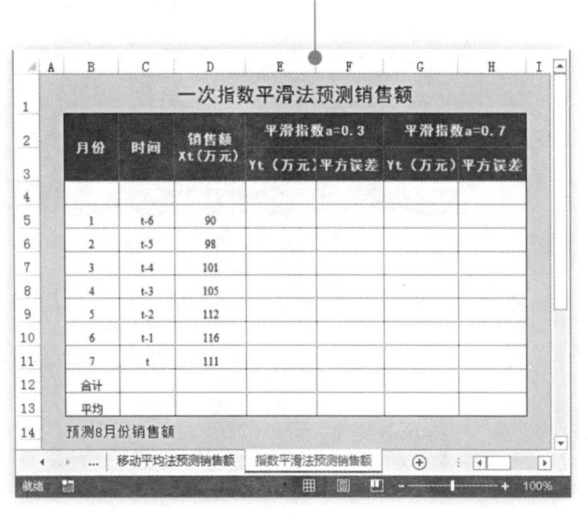

一次指数平滑法预测销售额						
月份	时间	销售额Xt(万元)	平滑指数a=0.3		平滑指数a=0.7	
			Yt（万元）	平方误差	Yt（万元）	平方误差
1	t-6	90				
2	t-5	98				
3	t-4	101				
4	t-3	105				
5	t-2	112				
6	t-1	116				
7	t	111				
合计						
平均						
预测8月份销售额						

图17-75

图17-76

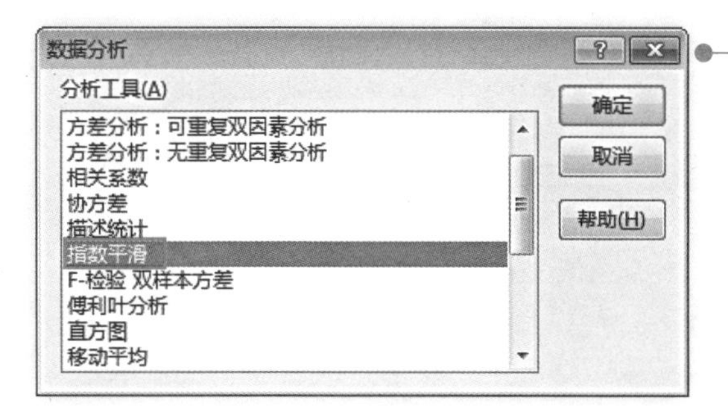

图17-77

❸ 单击“数据”选项卡，在“分析”选项组中单击“数据分析”命令，打开“数据分析”对话框，选择“指数平滑”分析工具，如图17-77所示。

❹ 打开“指数平滑”对话框，在“输入区域”文本框中输入“$D$4:$D$11”，在“阻尼系数”文本框中输入“0.7”，在“输出区域”文本框中输入“$E$4”，如图17-78所示。

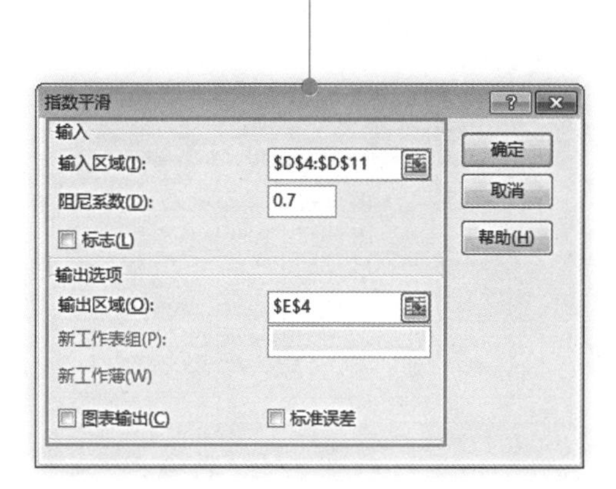

图17-78

❺ 设置完成后，即可求出一次平滑预测值。在F5单元格中输入公式：“=POWER (E5-D5,2)”，按〈Enter〉键，向下复制公式到F11单元格，即可计算平方误差，如图17-79所示。

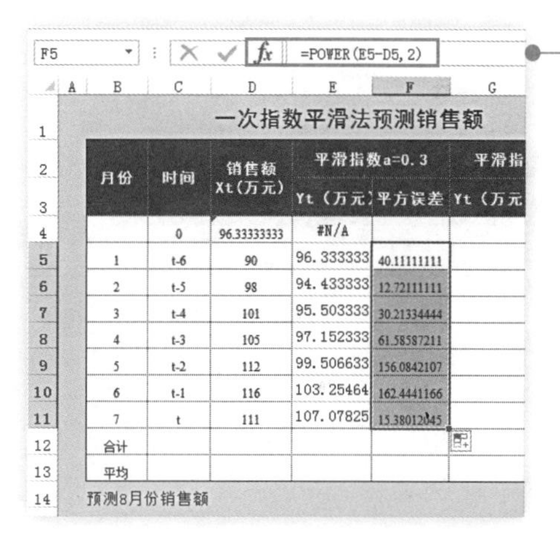

F5　=POWER(E5-D5, 2)

一次指数平滑法预测销售额

月份	时间	销售额Xt(万元)	平滑指数a=0.3 Yt（万元）	平方误差	平滑指… Yt（万元…
	0	96.33333333	#N/A		
1	t-6	90	96.333333	40.11111111	
2	t-5	98	94.433333	12.72111111	
3	t-4	101	95.503333	30.21334444	
4	t-3	105	97.152333	61.58587211	
5	t-2	112	99.506633	156.0842107	
6	t-1	116	103.25464	162.4441166	
7	t	111	107.07825	15.38012045	
合计					
平均					
预测8月份销售额					

图17-79

❻ 在F12单元格中输入公式：“=SUM (F5:F11)”，按〈Enter〉键，计算出合计值，如图17-80所示。

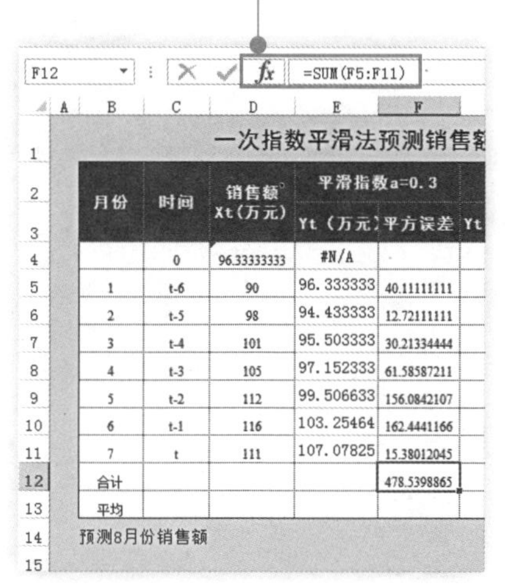

F12　=SUM(F5:F11)

一次指数平滑法预测销售额

月份	时间	销售额Xt(万元)	平滑指数a=0.3 Yt（万元）	平方误差	Yt…
	0	96.33333333	#N/A		
1	t-6	90	96.333333	40.11111111	
2	t-5	98	94.433333	12.72111111	
3	t-4	101	95.503333	30.21334444	
4	t-3	105	97.152333	61.58587211	
5	t-2	112	99.506633	156.0842107	
6	t-1	116	103.25464	162.4441166	
7	t	111	107.07825	15.38012045	
合计				478.5398865	
平均					
预测8月份销售额					

图17-80

❼ 在F13单元格中输入公式：“=F12/7”，按〈Enter〉键，计算出平均值，如图17-81所示。

F13　=F12/7

一次指数平滑法预测销售额

月份	时间	销售额Xt(万元)	平滑指数a=0.3 Yt（万元）	平方误差	平滑指… Yt（万元）
	0	96.33333333	#N/A		
1	t-6	90	96.333333	40.11111111	
2	t-5	98	94.433333	12.72111111	
3	t-4	101	95.503333	30.21334444	
4	t-3	105	97.152333	61.58587211	
5	t-2	112	99.506633	156.0842107	
6	t-1	116	103.25464	162.4441166	
7	t	111	107.07825	15.38012045	
合计				478.5398865	
平均				68.36284092	
预测8月份销售额					

图17-81

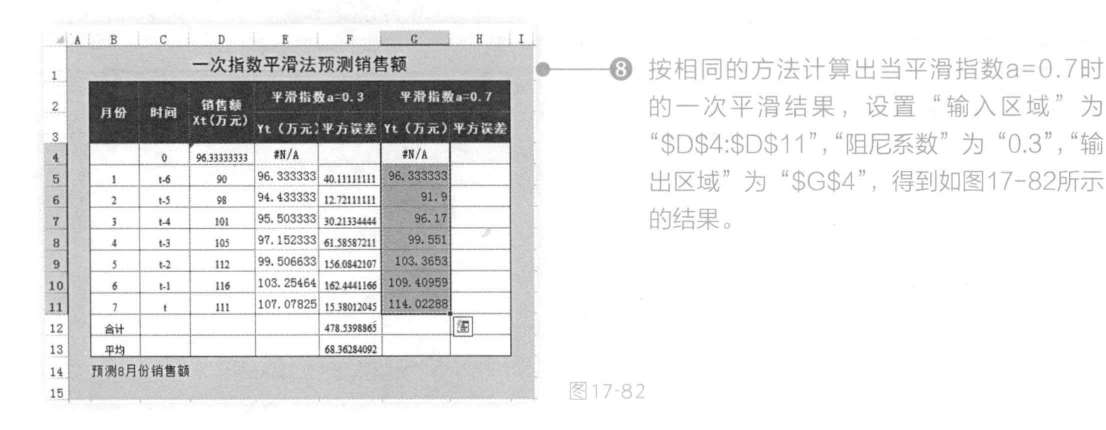

一次指数平滑法预测销售额

月份	时间	销售额Xt(万元)	平滑指数a=0.3		平滑指数a=0.7	
			Yt（万元）	平方误差	Yt（万元）	平方误差
	0	96.33333333	#N/A		#N/A	
1	t-6	90	96.333333	40.11111111	96.333333	
2	t-5	98	94.433333	12.72111111	91.9	
3	t-4	101	95.503333	30.21334444	96.17	
4	t-3	105	97.152333	61.58587211	99.551	
5	t-2	112	99.506633	156.0842107	103.3653	
6	t-1	116	103.25464	162.4441166	109.40959	
7	t	111	107.07825	15.38012045	114.02288	
合计				478.5398865		
平均				68.36284092		

预测8月份销售额

❽ 按相同的方法计算出当平滑指数a=0.7时的一次平滑结果，设置“输入区域”为“$D$4:$D$11”，“阻尼系数”为“0.3”，“输出区域”为“$G$4”，得到如图17-82所示的结果。

图17-82

❾ 按相同的方法计算出平方误差、合计值、平均值，如图17-83所示。

❿ 在D14单元格中输入公式：“=0.7*D11+0.3*G11”，按〈Enter〉键即可预算出8月份销售额，如图17-84所示。

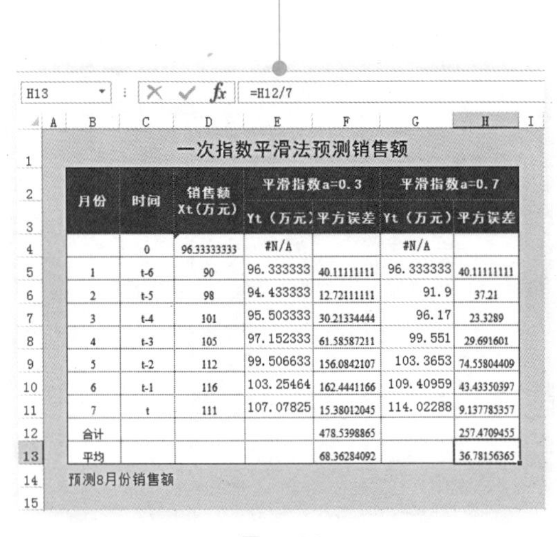

H13 =H12/7

一次指数平滑法预测销售额

月份	时间	销售额Xt(万元)	平滑指数a=0.3		平滑指数a=0.7	
			Yt（万元）	平方误差	Yt（万元）	平方误差
	0	96.33333333	#N/A		#N/A	
1	t-6	90	96.333333	40.11111111	96.333333	40.11111111
2	t-5	98	94.433333	12.72111111	91.9	37.21
3	t-4	101	95.503333	30.21334444	96.17	23.3289
4	t-3	105	97.152333	61.58587211	99.551	29.691601
5	t-2	112	99.506633	156.0842107	103.3653	74.55804409
6	t-1	116	103.25464	162.4441166	109.40959	43.43350397
7	t	111	107.07825	15.38012045	114.02288	9.137785357
合计				478.5398865		257.4709455
平均				68.36284092		36.78156365

预测8月份销售额

图17-83

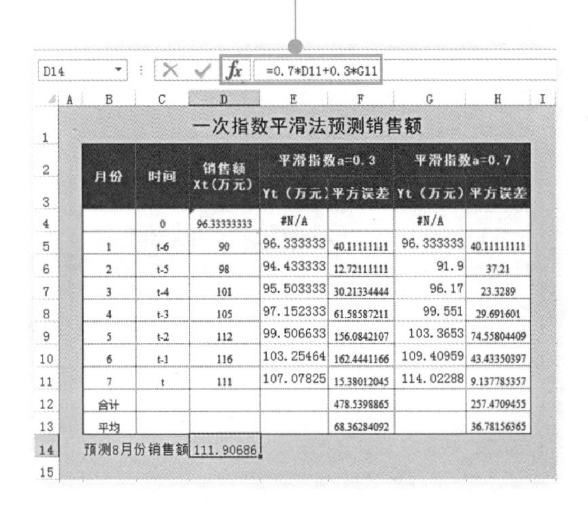

D14 =0.7*D11+0.3*G11

一次指数平滑法预测销售额

月份	时间	销售额Xt(万元)	平滑指数a=0.3		平滑指数a=0.7	
			Yt（万元）	平方误差	Yt（万元）	平方误差
	0	96.33333333	#N/A		#N/A	
1	t-6	90	96.333333	40.11111111	96.333333	40.11111111
2	t-5	98	94.433333	12.72111111	91.9	37.21
3	t-4	101	95.503333	30.21334444	96.17	23.3289
4	t-3	105	97.152333	61.58587211	99.551	29.691601
5	t-2	112	99.506633	156.0842107	103.3653	74.55804409
6	t-1	116	103.25464	162.4441166	109.40959	43.43350397
7	t	111	107.07825	15.38012045	114.02288	9.137785357
合计				478.5398865		257.4709455
平均				68.36284092		36.78156365

预测8月份销售额 111.90686

图17-84

2. 二次指数平滑法预测销售额

二次指数平滑法是在第一次平滑的基础上再进行一次指数平滑。其在Excel中的应用方法如下所示：

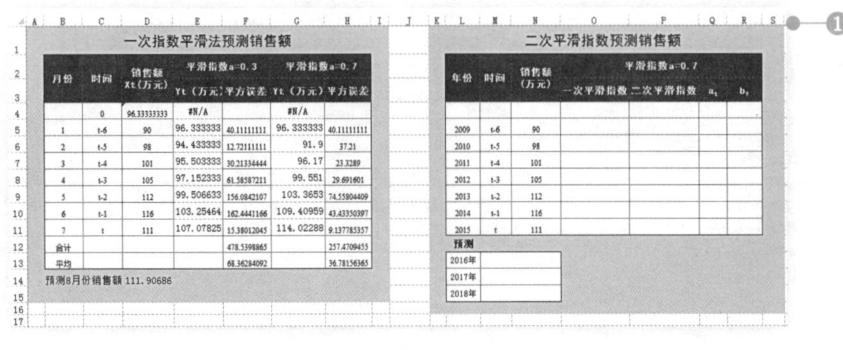

一次指数平滑法预测销售额

月份	时间	销售额Xt(万元)	平滑指数a=0.3		平滑指数a=0.7	
			Yt（万元）	平方误差	Yt（万元）	平方误差
	0	96.33333333	#N/A		#N/A	
1	t-6	90	96.333333	40.11111111	96.333333	40.11111111
2	t-5	98	94.433333	12.72111111	91.9	37.21
3	t-4	101	95.503333	30.21334444	96.17	23.3289
4	t-3	105	97.152333	61.58587211	99.551	29.691601
5	t-2	112	99.506633	156.0842107	103.3653	74.55804409
6	t-1	116	103.25464	162.4441166	109.40959	43.43350397
7	t	111	107.07825	15.38012045	114.02288	9.137785357
合计				478.5398865		257.4709455
平均				68.36284092		36.78156365

预测8月份销售额 111.90686

二次平滑指数预测销售额

年份	时间	销售额(万元)	平滑指数a=0.7			
			一次平滑指数	二次平滑指数	a_t	b_t
2009	t-6	90				
2010	t-5	98				
2011	t-4	101				
2012	t-3	105				
2013	t-2	112				
2014	t-1	116				
2015	t	111				
预测						
2016年						
2017年						
2018年						

❶ 在“指数平滑预测”工作表中建立“二次平滑指数预测销售额”编辑区域，建立如图17-85所示的标识，并对工作表进行格式设置。

图17-85

❷ 取初始值Y10=Y20=Y1，因此分别在O4单元格与P4单元格中输入数值“98”，在O5单元格中输入公式：“=0.7*N5+0.3*O4”，按〈Enter〉键，向下复制公式到O11单元格，如图17-86所示。

O5 =0.7*N5+0.3*O4

二次平滑指数预测销售额

年份	时间	销售额（万元）	平滑指数a=0.7	
			一次平滑指数	二次平滑指数
			98	98
2009	t-6	90	92.4	
2010	t-5	98	96.32	
2011	t-4	101	99.596	
2012	t-3	105	103.3788	
2013	t-2	112	109.41364	
2014	t-1	116	114.024092	
2015	t	111	111.9072276	
预测				

图17-86

❸ 在P5单元格中输入公式：“=0.7*O5+0.3*P4”，按〈Enter〉键，向下复制公式到P11单元格，如图17-87所示。

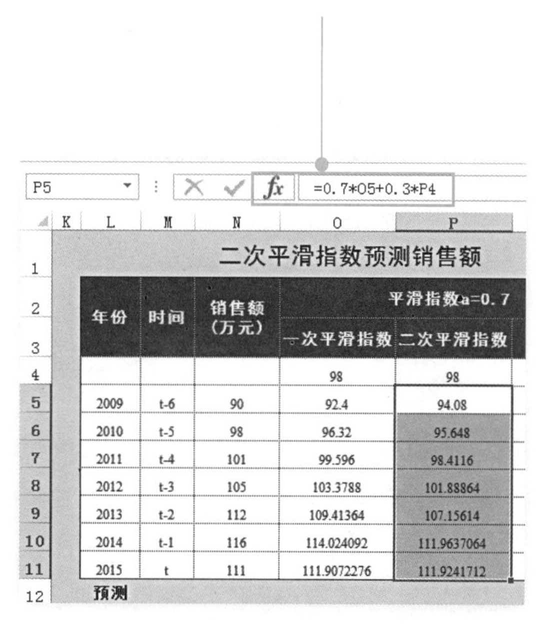
P5 =0.7*O5+0.3*P4

二次平滑指数预测销售额

年份	时间	销售额（万元）	平滑指数a=0.7	
			一次平滑指数	二次平滑指数
			98	98
2009	t-6	90	92.4	94.08
2010	t-5	98	96.32	95.648
2011	t-4	101	99.596	98.4116
2012	t-3	105	103.3788	101.88864
2013	t-2	112	109.41364	107.15614
2014	t-1	116	114.024092	111.9637064
2015	t	111	111.9072276	111.9241712
预测				

图17-87

❹ 在Q5单元格中输入公式：“=2*O5-P5”，向下复制公式到Q11单元格，如图17-88所示。

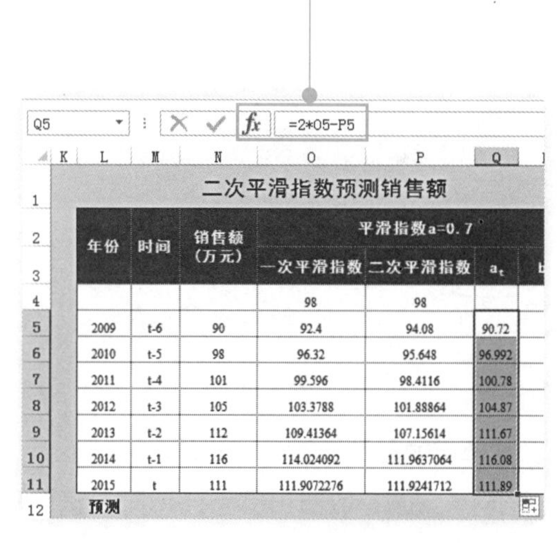
Q5 =2*O5-P5

二次平滑指数预测销售额

年份	时间	销售额（万元）	平滑指数a=0.7		
			一次平滑指数	二次平滑指数	a_t
			98	98	
2009	t-6	90	92.4	94.08	90.72
2010	t-5	98	96.32	95.648	96.992
2011	t-4	101	99.596	98.4116	100.78
2012	t-3	105	103.3788	101.88864	104.87
2013	t-2	112	109.41364	107.15614	111.67
2014	t-1	116	114.024092	111.9637064	116.08
2015	t	111	111.9072276	111.9241712	111.89
预测					

图17-88

❺ 在R5单元格中输入公式：“=0.7*(O5-P5)/(1-0.7)”，按〈Enter〉键，向下复制公式到R11单元格，如图17-89所示。

R5 =0.7*(O5-P5)/(1-0.7)

二次平滑指数预测销售额

年份	时间	销售额（万元）	平滑指数a=0.7			
			一次平滑指数	二次平滑指数	a_t	b_t
			98	98		
2009	t-6	90	92.4	94.08	90.72	-3.92
2010	t-5	98	96.32	95.648	96.992	1.568
2011	t-4	101	99.596	98.4116	100.78	2.7636
2012	t-3	105	103.3788	101.88864	104.87	3.47704
2013	t-2	112	109.41364	107.15614	111.67	5.2675
2014	t-1	116	114.024092	111.9637064	116.08	4.807566
2015	t	111	111.9072276	111.9241712	111.89	-0.03954
预测						

图17-89

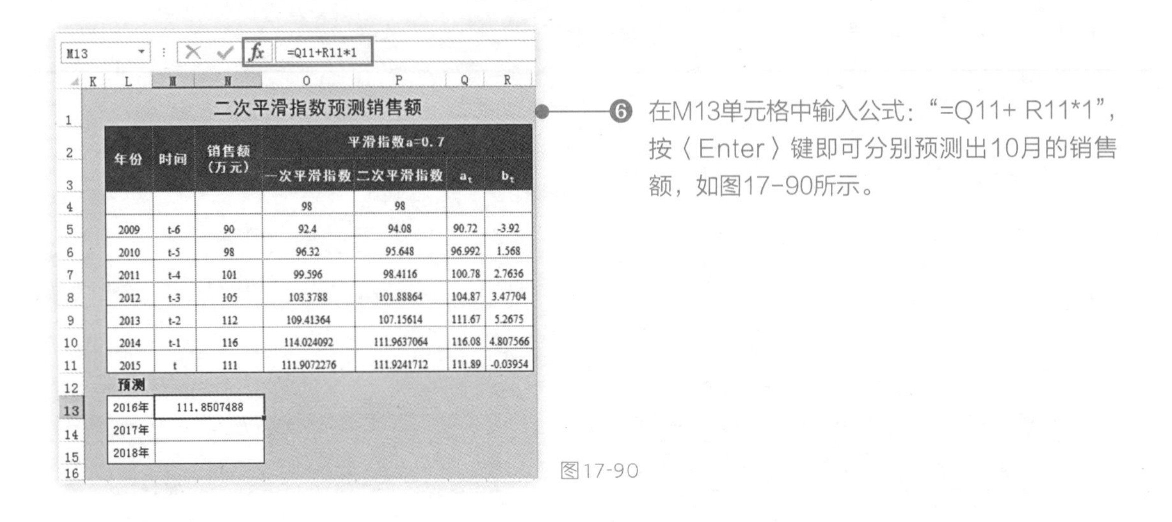

二次平滑指数预测销售额

年份	时间	销售额（万元）	平滑指数a=0.7			
			一次平滑指数	二次平滑指数	a_t	b_t
			98	98		
2009	t-6	90	92.4	94.08	90.72	-3.92
2010	t-5	98	96.32	95.648	96.992	1.568
2011	t-4	101	99.596	98.4116	100.78	2.7636
2012	t-3	105	103.3788	101.88864	104.87	3.47704
2013	t-2	112	109.41364	107.15614	111.67	5.2675
2014	t-1	116	114.024092	111.9637064	116.08	4.807566
2015	t	111	111.9072276	111.9241712	111.89	-0.03954

预测

年份	预测值
2016年	111.8507488
2017年	
2018年	

❻ 在M13单元格中输入公式："=Q11+ R11*1"，按〈Enter〉键即可分别预测出10月的销售额，如图17-90所示。

图17-90

❼ 在M14单元格中输入公式："=Q11+R11*2"，按〈Enter〉键即可分别预测出11月的销售额，如图17-91所示。

❽ 在M15单元格中输入公式："=Q11+R11*3"，按〈Enter〉键，即可预测出12月的销售额，如图17-92所示。

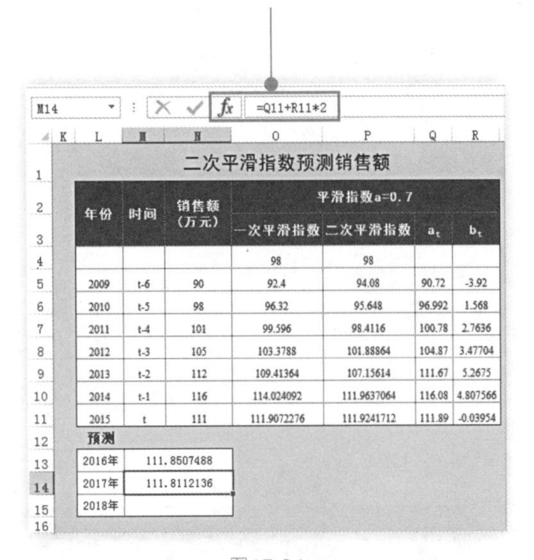

二次平滑指数预测销售额

年份	时间	销售额（万元）	平滑指数a=0.7			
			一次平滑指数	二次平滑指数	a_t	b_t
			98	98		
2009	t-6	90	92.4	94.08	90.72	-3.92
2010	t-5	98	96.32	95.648	96.992	1.568
2011	t-4	101	99.596	98.4116	100.78	2.7636
2012	t-3	105	103.3788	101.88864	104.87	3.47704
2013	t-2	112	109.41364	107.15614	111.67	5.2675
2014	t-1	116	114.024092	111.9637064	116.08	4.807566
2015	t	111	111.9072276	111.9241712	111.89	-0.03954

预测

年份	预测值
2016年	111.8507488
2017年	111.8112136
2018年	

图17-91

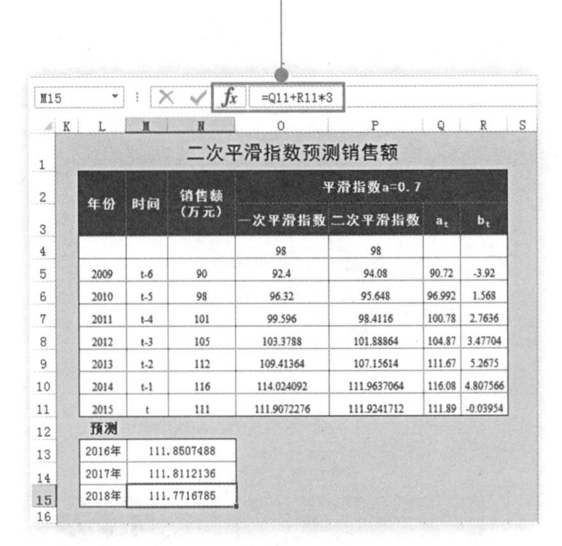

二次平滑指数预测销售额

年份	时间	销售额（万元）	平滑指数a=0.7			
			一次平滑指数	二次平滑指数	a_t	b_t
			98	98		
2009	t-6	90	92.4	94.08	90.72	-3.92
2010	t-5	98	96.32	95.648	96.992	1.568
2011	t-4	101	99.596	98.4116	100.78	2.7636
2012	t-3	105	103.3788	101.88864	104.87	3.47704
2013	t-2	112	109.41364	107.15614	111.67	5.2675
2014	t-1	116	114.024092	111.9637064	116.08	4.807566
2015	t	111	111.9072276	111.9241712	111.89	-0.03954

预测

年份	预测值
2016年	111.8507488
2017年	111.8112136
2018年	111.7716785

图17-92

17.3.5 销售预算分析

销售预算是整个预算的起点，其他预算都以销售预算作为基础。如果销售预算编制不当，就会给企业带来不利的影响。因为产品的生产数量、材料、人工、设备和资金的需求量及管理费用和其他财务支出等，都会受到预期的商品销售量的制约。在Excel中制作销售预算的具体操作如下：

❶ 新建工作表，并将其重命名为“预计销售表”，输入预计销售情况，如图17-93所示。

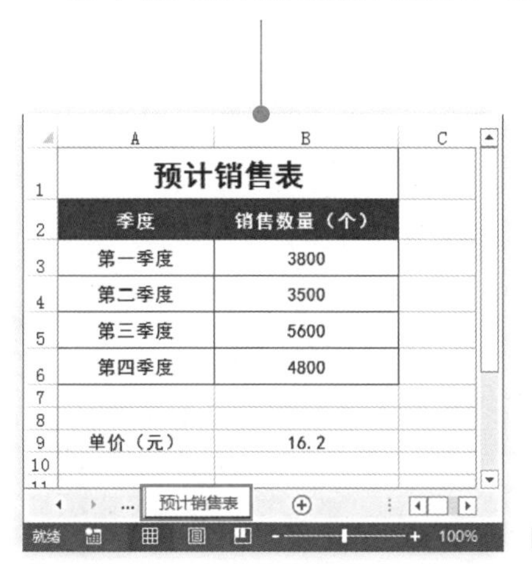

预计销售表	
季度	销售数量（个）
第一季度	3800
第二季度	3500
第三季度	5600
第四季度	4800
单价（元）	16.2

图17-93

❷ 新建工作表，将其重命名为“销售预算分析”。然后创建如图17-94所示的“销售预算”表格和“预计现金收入”表格。

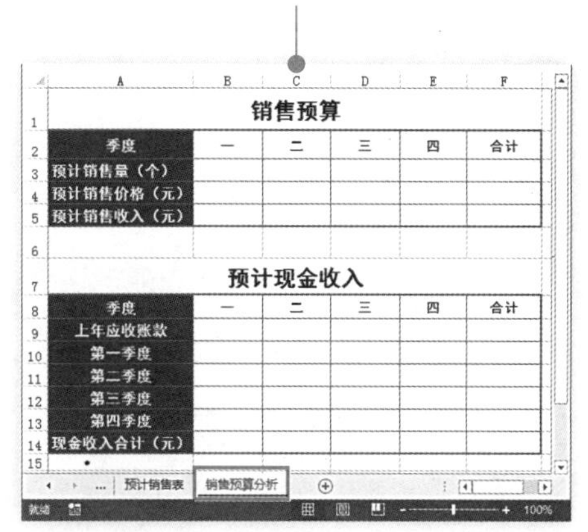

销售预算

季度	一	二	三	四	合计
预计销售量（个）					
预计销售价格（元）					
预计销售收入（元）					

预计现金收入

季度	一	二	三	四	合计
上年应收账款					
第一季度					
第二季度					
第三季度					
第四季度					
现金收入合计（元）					

图17-94

❸ 分别在B3、C3、D3、E3单元格中输入公式，=预计销售表!B3、=预计销售表!B4、=预计销售表!B5和=预计销售表!B6，计算结果如图17-95所示。

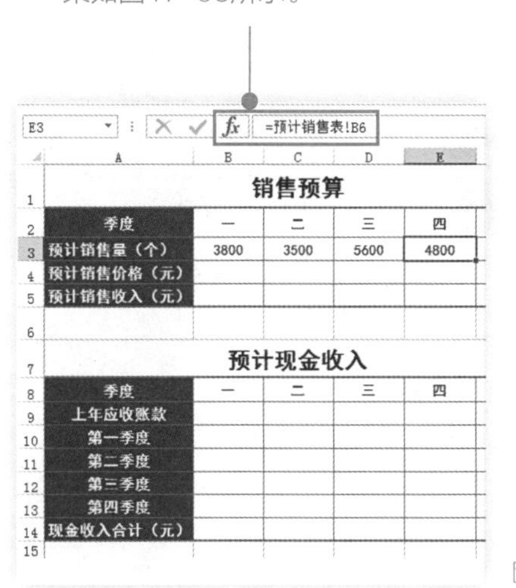

E3　=预计销售表!B6

销售预算

季度	一	二	三	四
预计销售量（个）	3800	3500	5600	4800
预计销售价格（元）				
预计销售收入（元）				

图17-95

❹ 在B4单元格中输入公式：“=预计销售表!$B$9”，按〈Enter〉键，向右复制公式到E4单元格，引用各季度的销售价格，如图17-96所示。

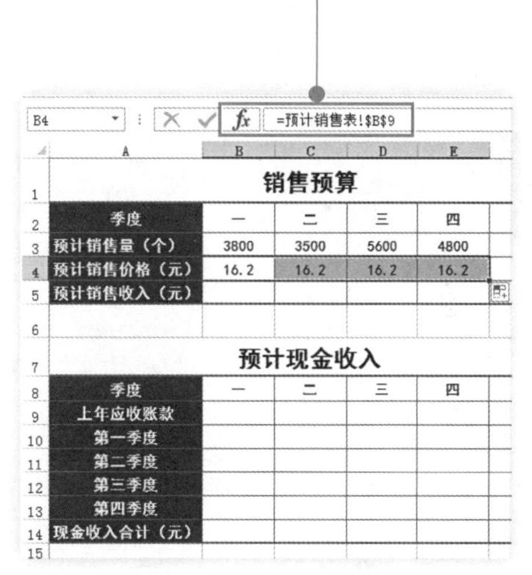

B4　=预计销售表!$B$9

销售预算

季度	一	二	三	四
预计销售量（个）	3800	3500	5600	4800
预计销售价格（元）	16.2	16.2	16.2	16.2
预计销售收入（元）				

图17-96

B5　=B3*B4

销售预算

季度	一	二	三	四	合计
预计销售量（个）	3800	3500	5600	4800	
预计销售价格（元）	16.2	16.2	16.2	16.2	
预计销售收入（元）	61560	56700	90720	77760	

预计现金收入

季度	一	二	三	四	合计
上年应收账款					
第一季度					
第二季度					
第三季度					
第四季度					
现金收入合计（元）					

图17-97

❺ 在B5单元格中输入公式：“=B3*B4”，按〈Enter〉键，向右复制公式到E5，得到各季度的预计销售收入，如图17-97所示。

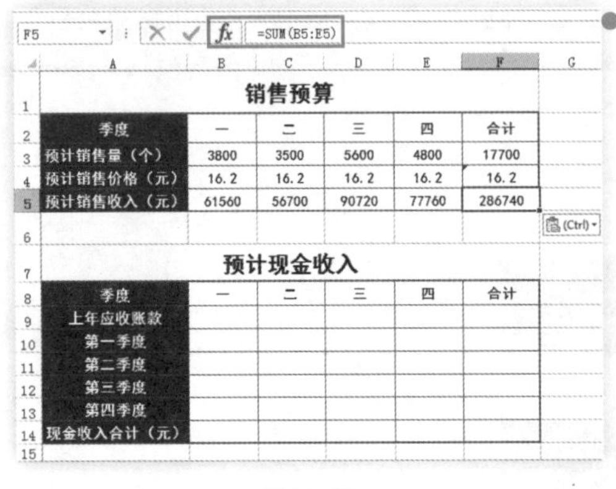

F5 =SUM(B5:E5)

销售预算					
季度	一	二	三	四	合计
预计销售量（个）	3800	3500	5600	4800	17700
预计销售价格（元）	16.2	16.2	16.2	16.2	16.2
预计销售收入（元）	61560	56700	90720	77760	286740

预计现金收入					
季度	一	二	三	四	合计
上年应收账款					
第一季度					
第二季度					
第三季度					
第四季度					
现金收入合计（元）					

图17-98

❻ 在F3单元格中输入公式：=SUM(B3:E3)，计算出预计销售量合计；在F4单元格中输入公式：=SUM(B4:E4)/4，计算出平均销售价格；在F5单元格中输入公式：=SUM(B5:E5)，计算出预计销售收入合计，计算结果如图17-98所示。

这里假设上年应收账款为85000元，并且当前实现的销售收入只能按50%的比例回现金，其余部分在下季度收回。

专家提示

❼ 分别在B10、C10单元格中输入公式：=B5*0.5，计算出第一季度的预计销售收入分别在第一季度与第二季度中各收到多少，如果17-99所示。

销售预算					
季度	一	二	三	四	合计
预计销售量（个）	=预计销售表!B3	=预计销售表!B4	=预计销售表!B5	=预计销售表!B6	=SUM(B3:E3)
预计销售价格（元）	=预计销售表!$B$9	=预计销售表!$B$9	=预计销售表!$B$9	=预计销售表!$B$9	=SUM(B4:E4)/4
预计销售收入（元）	=B3*B4	=C3*C4	=D3*D4	=E3*E4	=SUM(B5:E5)

预计现金收入					
季度	一	二	三	四	合计
上年应收账款	82000				
第一季度	=B5*0.5	=B5*0.5			
第二季度					
第三季度					
第四季度					
现金收入合计（元）					

图17-99

❽ 根据上一步骤的规则，将当季销售收入的50%计入当季现金收入，50%计入下一季度的现金收入，计算出各季度的预计现金收入，计算公式如图17-100所示。

销售预算					
季度	一	二	三	四	合计
预计销售量（个）	=预计销售表!B3	=预计销售表!B4	=预计销售表!B5	=预计销售表!B6	=SUM(B3:E3)
预计销售价格（元）	=预计销售表!$B$9	=预计销售表!$B$9	=预计销售表!$B$9	=预计销售表!$B$9	=SUM(B4:E4)/4
预计销售收入（元）	=B3*B4	=C3*C4	=D3*D4	=E3*E4	=SUM(B5:E5)

预计现金收入					
季度	一	二	三	四	合计
上年应收账款	82000				
第一季度	=B5*0.5	=B5*0.5			
第二季度		=C5*0.5	=C5*0.5		
第三季度			=D5*0.5	=D5*0.5	
第四季度				=E5*0.5	
现金收入合计（元）					

图17-100

❾ 在B14单元格中输入公式："=SUM(B9:B13)"，按〈Enter〉键后，向右复制公式到E14单元格，计算出各季度现金收入的合计值，结果如图17-101所示。

B14 =SUM(B9:B13)

季度	一	二	三	四
预计销售量（个）	3800	3500	5600	4800
预计销售价格（元）	16.2	16.2	16.2	16.2
预计销售收入（元）	61560	56700	90720	77760

预计现金收入				
季度	一	二	三	四
上年应收账款	82000			
第一季度	30780	30780		
第二季度		28350	28350	
第三季度			45360	45360
第四季度				38880
现金收入合计（元）	112780	59130	73710	84240

图17-101

❿ 在F9单元格中输入公式："=SUM(B9:E9)"，按〈Enter〉键后，向下复制公式到F14单元格，计算结果如图17-102所示。

F9 =SUM(B9:E9)

季度	一	二	三	四	合计
预计销售量（个）	3800	3500	5600	4800	17700
预计销售价格（元）	16.2	16.2	16.2	16.2	16.2
预计销售收入（元）	61560	56700	90720	77760	286740

预计现金收入					
季度	一	二	三	四	合计
上年应收账款	82000				82000
第一季度	30780	30780			61560
第二季度		28350	28350		56700
第三季度			45360	45360	90720
第四季度				38880	38880
现金收入合计（元）	112780	59130	73710	84240	329860

图17-102

公司竞争对手调研分析

为了对竞争对手进行调研分析，市场部采用了市场调查的方法获取了竞争对手的相关信息，并把这些调查后的资料整理后给了我，让我给做个分析，可我是个菜鸟，该如何做好这些市场调查数据分析呢？

这还不简单啊，Excel 2013 学了这么久，现在不就派上用场了嘛。有了相关数据，你可以利用 Excel 2013 对调查结果进行统计并利用函数、图表分析工具进行分析，从而为企业决策提供有力的支持。

18.1 制作流程

随着社会经济的飞速发展，各个行业内部的竞争也日益加剧。通过了解竞争对手的情况，企业可以制订出正确的市场营销策略，扬长避短，更好地与竞争对手展开竞争。

对竞争对手的调查包括多个方面，本章将介绍市场竞争分析中常见的竞争对手顾客拥有量分析、竞争产品销量分析等内容，如图18-1所示。

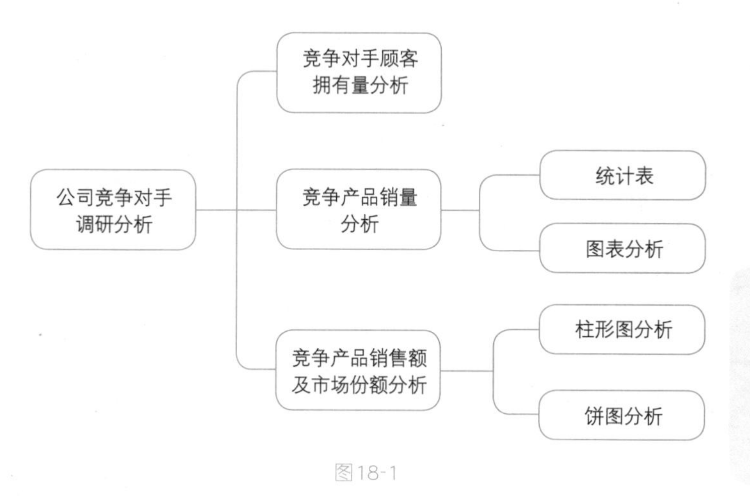

图18-1

在进行公司竞争对手调研分析时，我们需要创建各种数据分析计算表，示例如图 18-2 所示。

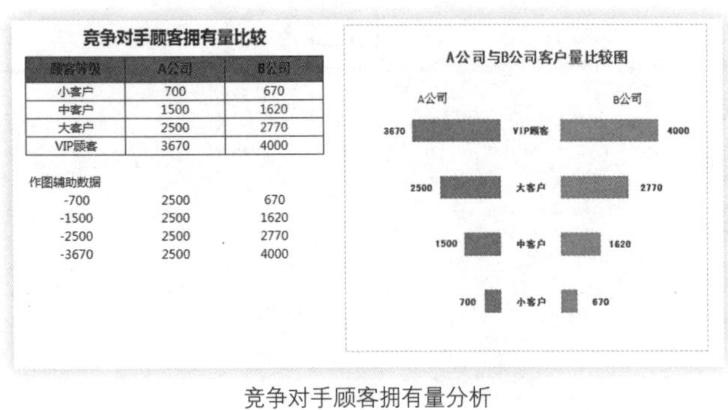
竞争对手顾客拥有量比较

顾客等级	A公司	B公司
小客户	700	670
中客户	1500	1620
大客户	2500	2770
VIP顾客	3670	4000

作图辅助数据

-700	2500	670
-1500	2500	1620
-2500	2500	2770
-3670	2500	4000

竞争对手顾客拥有量分析

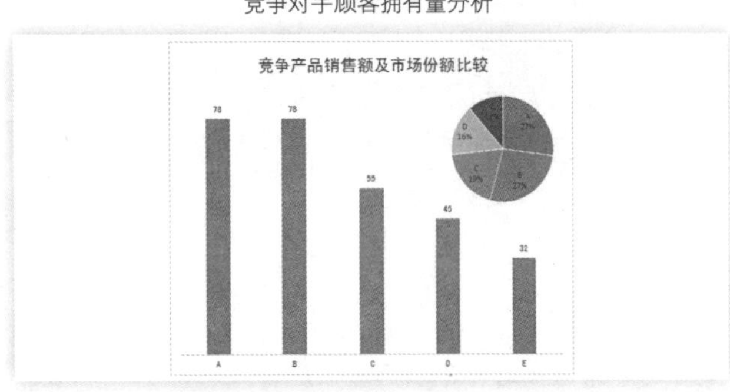

竞争产品销售额及市场份额比较

2015年11月电器销量统计

产品名称	销量（台）
洗衣机	15800
液晶电视	7600
微波炉	10000
HTC空调	3000
显示器	5500
合 计	41900

竞争产品销量分析

图18-2

18.2 新手基础

在Excel 2013中进行公司竞争对手调研分析需要用到的知识点除了前面介绍过的内容外还包括图表、相关函数计算等。

18.2.1 图表对象的填色

在创建图表后，有时需要突出显示图表中某一个对象，我们可以通过为指定对象设置边框填充效果来实现，具体操作如下：

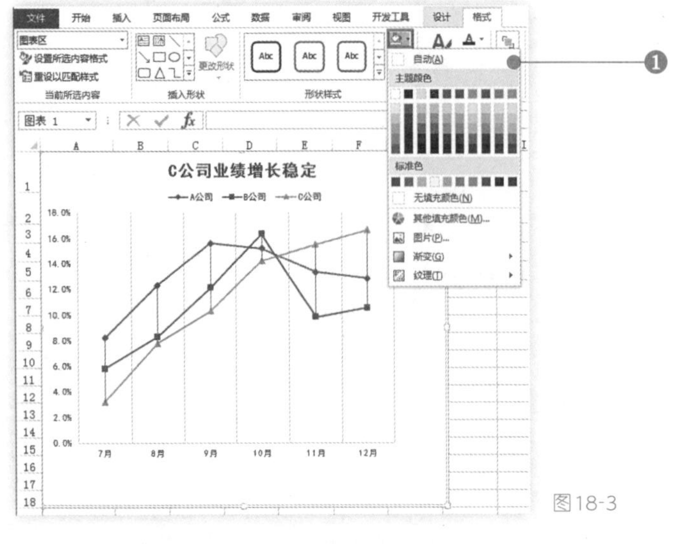

❶ 选中图表区，切换到“图表工具”→“格式”选项卡，在“形状样式”组中单击“形状填充”按钮，打开下拉菜单，并在其中选取中意的填充色，如图18-3所示。

图18-3

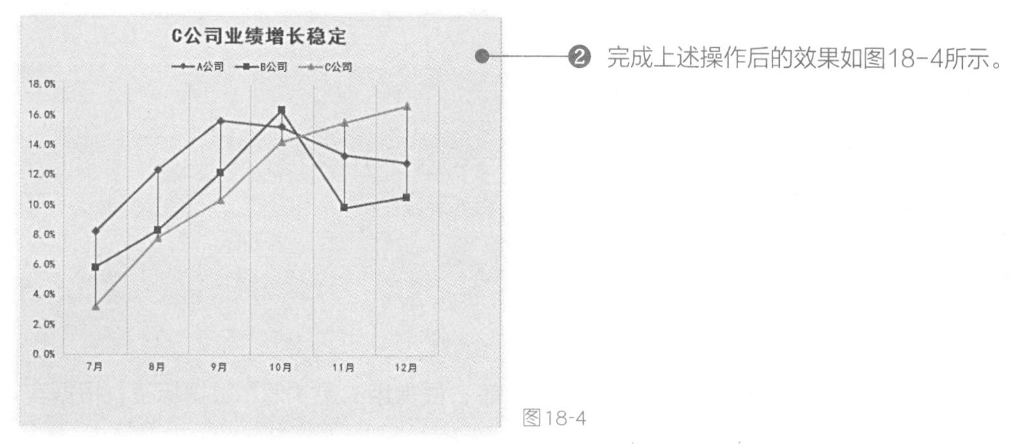

❷ 完成上述操作后的效果如图18-4所示。

图18-4

18.2.2 去除图表的网格线

有些时候，我们需要网格线，而有些时候我们不需要，这取决于实际的业务需求。如果用户觉得网格线没有什么实际作用，完全可以将其删除。删除一组网格线最直接的方法是选中网格线，然后按Delete键进行删除。除了这种方法，通过下面的方法也可以实现。

❶ 选中图表，单击“图表元素”按钮，打开下拉菜单，取消勾选“网络线”复选框，如图18-5所示。

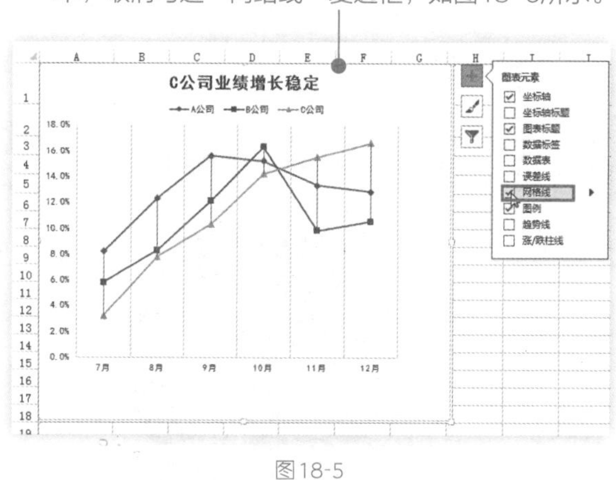

图18-5

❷ 取消“网络线”复选框勾选后，即可去除网络线，效果如图18-6所示。

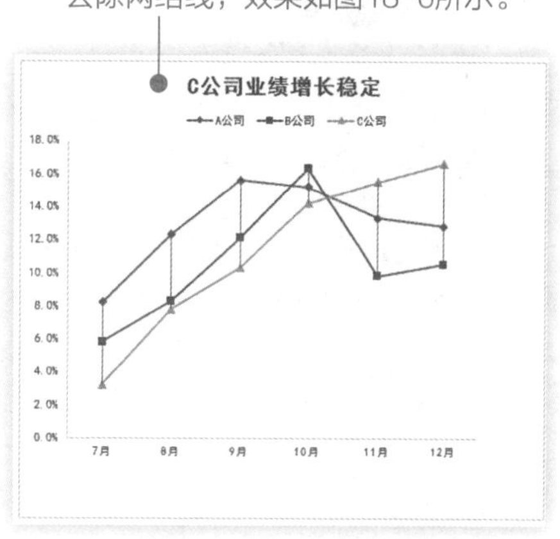

图18-6

18.2.3 添加数据标签

Excel 2013图表以其直观的展示功能深受用户喜爱，但有些初学者对于生成图表后如何添加数据标签有所困惑。添加数据系列标签是指将数据系列的值显示在图表上，这样即使不显示刻度，也可以直观地对比数据。

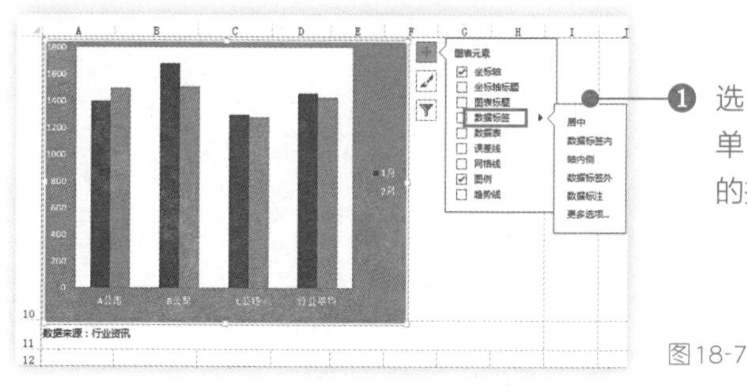

❶ 选中图表，单击“图表元素”按钮，打开下拉菜单，单击“数据标签”右侧按钮，选取子菜单中的指定显示方式如图18-7所示。

图18-7

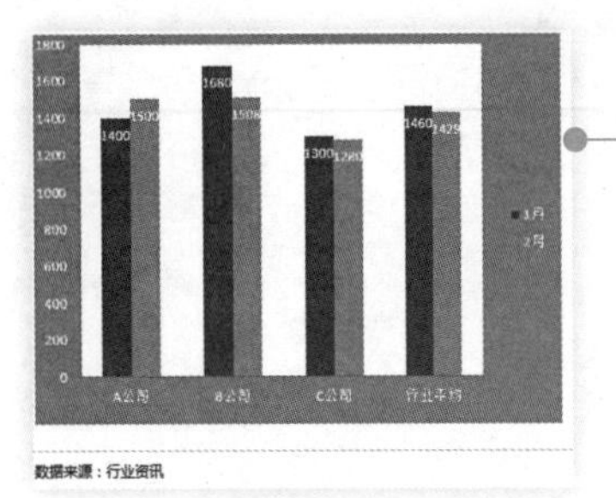

❷ 完成上述操作后图表最终效果如图18-8所示。

图18-8

18.2.4 同时显示出两种类型的数据标签

数据标签包括“值”“系列名称”“类别名称”等，最常用的是“值”数据标签，根据实际需要我们可以选择同时显示多种数据标签，具体操作如下：

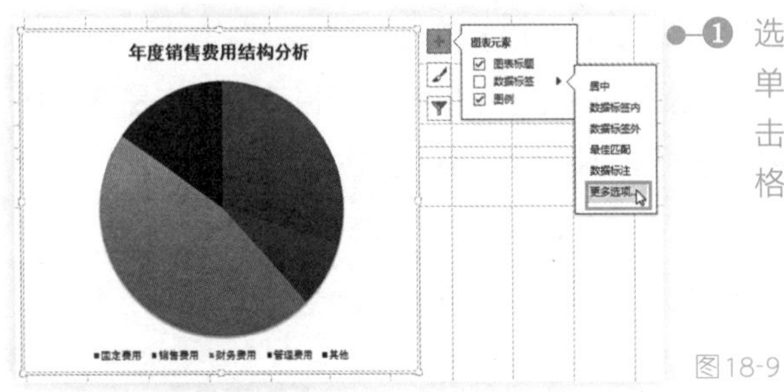

❶ 选中图表，单击“图表元素”按钮，打开下拉菜单，单击“数据标签”右侧按钮，在子菜单中单击“更多选项”（图18-9），打开“设置数据标签格式”窗格。

图18-9

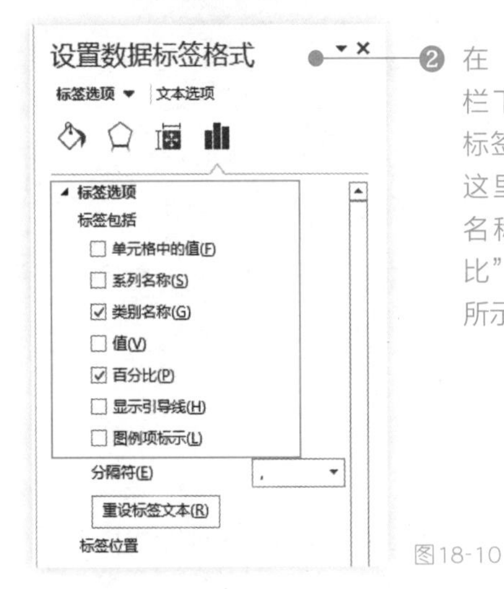

❷ 在“标签选项”栏下选中要显示标签前的复选框，这里选中“类别名称”和“百分比”，如图18-10所示。

图18-10

❸ 执行上述操作，即可同时显示出两种类型的数据标签，效果如图18-11所示。

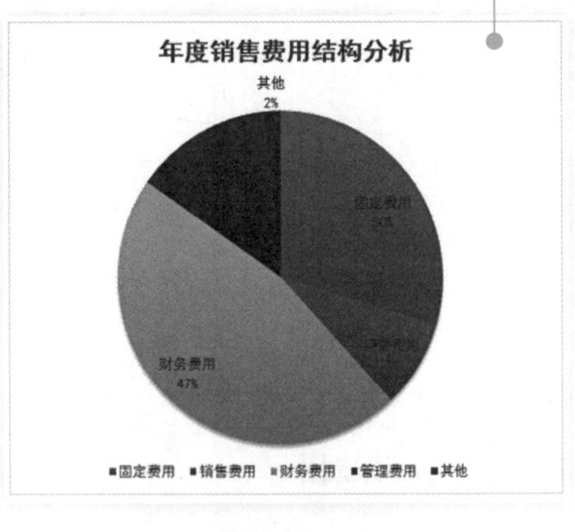

图18-11

18.3 数据分析

刚刚拿到了这个月市场部调查的其他公司的产品销售数据，我都不知道这些数据拿给我需要做什么……

当然是让你对数据进行分析啊，而且分析能够得到很多有用的结果，公司需要根据这些结果制订相应的经营措施。这下明白了吧，赶紧通过 Excel 2013 分析工具来实现吧！

18.3.1　竞争对手顾客拥有量分析

企业拥有顾客的多少以及顾客的质量，直接关系到企业的生存和发展。下面我们将通过比较与竞争对手不同级别的顾客数量，来进行竞争对手企业顾客拥有量分析。

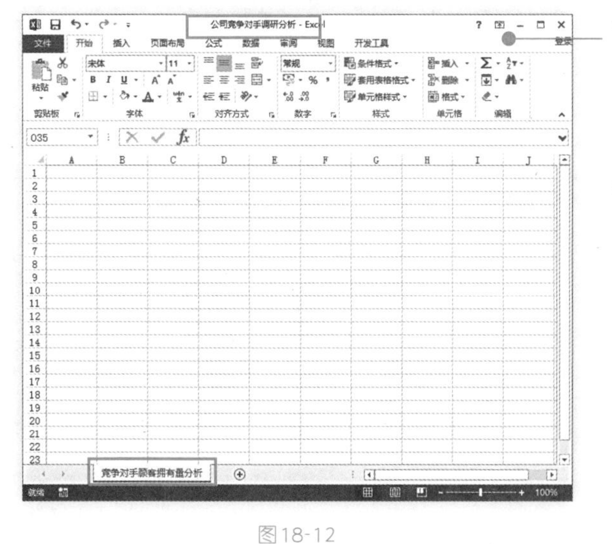

图18-12

❶ 新建工作簿，并将其命名为“公司竞争对手调研分析”，将Sheet1工作表重命名为“竞争对手顾客拥有量分析”，如图18-12所示。

❷ 在工作表中输入竞争对手顾客拥有量的相关基本信息，设置表格格式，并根据原始数据设置辅助数据，如图18-13所示。

竞争对手顾客拥有量比较

顾客等级	A公司	B公司
小客户	700	670
中客户	1500	1620
大客户	2500	2770
VIP顾客	3670	4000

作图辅助数据

-700	2500	670
-1500	2500	1620
-2500	2500	2770
-3670	2500	4000

图18-13

图18-14

❸ 选中A9：C12单元格区域，单击“插入”选项卡，在“图表”组中单击“插入条形图”按钮，在下拉列表中单击“堆积条形图”，如图18-14所示。

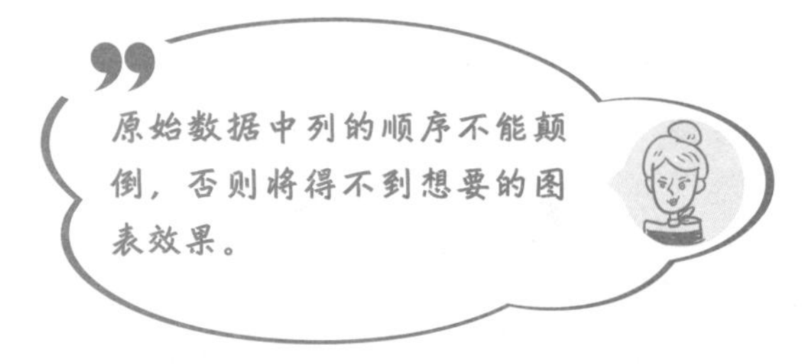

❹ 执行上述命令，系统会在工作表区域创建如图18-15所示的图表。

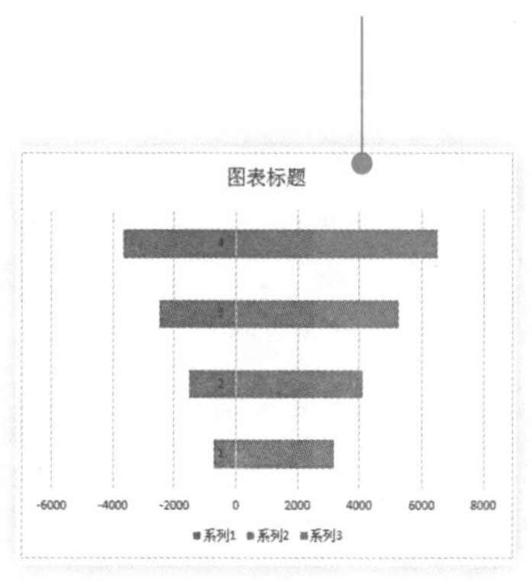

图18-15

❺ 选中图表，单击“图表元素”按钮，在子菜单中单击“坐标轴”下拉按钮，在下拉菜单中取消“主要横坐标轴”和“主要纵坐标轴”复选框勾选，如图18-16所示。

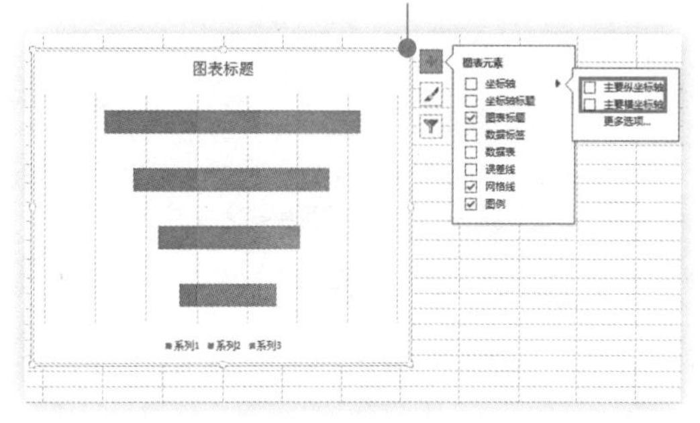

图18-16

❻ 选中图表中间的数据系列，在“图表工具”→“格式”选项卡下“形状样式”选项组中单击“形状填充”下拉按钮，在下拉菜单中选择“无填充色”，如图18-17所示。

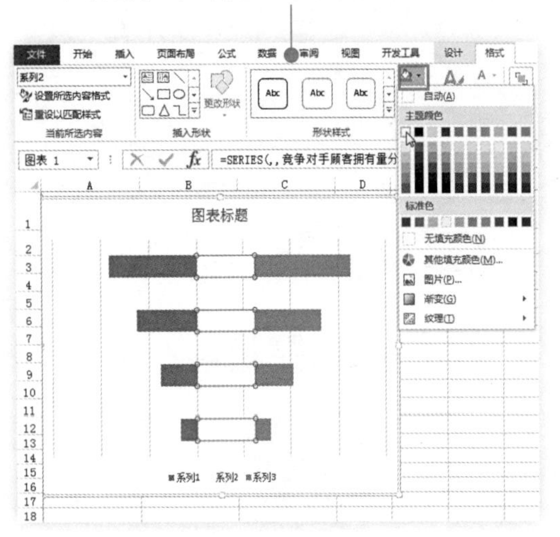

图18-17

❼ 接着为各个数据系列添加标签。默认添加的数据标签居中显示于系列上，将“系列1”与“系列3”的数据标签都移到图外（需要鼠标选中逐个拖动），如图18-18所示。

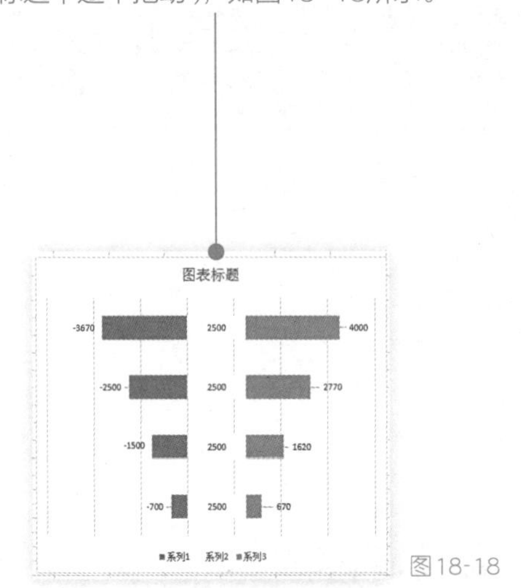

图18-18

❽ 选中图表，单击“图表元素”按钮，取消“网络线”复选框勾选，如图18-19所示。

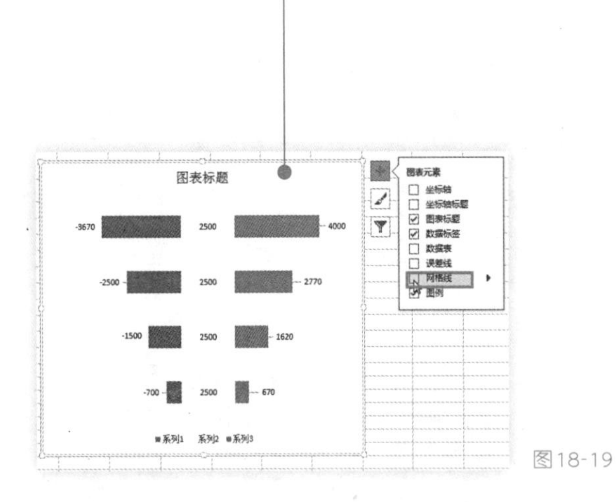

图18-19

❾ 将图表中“系列1”的数据标签都改为正值（即实际值），将中间系列的标签更改为对应的分类文字。选中最上方的数据标签，在编辑栏中输入公式：“=竞争对手顾客拥有量分析!$A$6”，标签即可更改为“VIP顾客”，如图18-20所示。

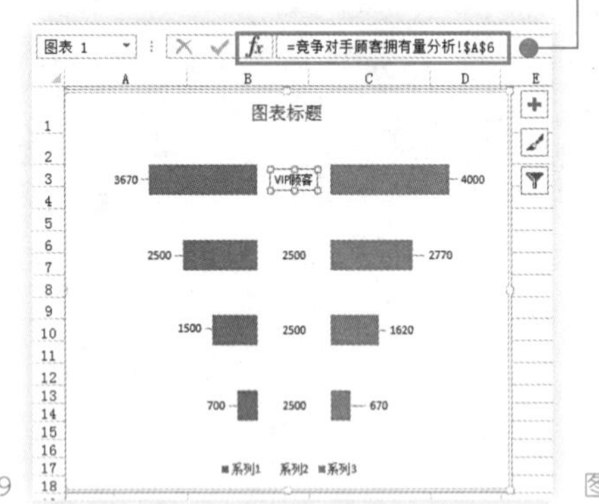

图18-20

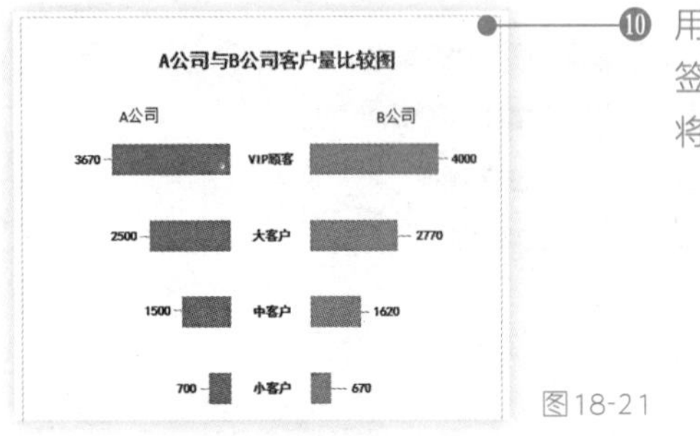

图18-21

❿ 用同样的方法更改其他标签，显示三个数据系列的数据标签，将左、右两个数据系列的标签移至条形的左侧和右侧，将中间系列的数据标签显示在条形中间，如图18-21所示。

18.3.2　竞争产品销量分析

销量比较是同类竞争产品比较中最为普遍的一种方法，通过对某一相同时期内产品的销量进行比较，可以反映在该时间范围内产品间的竞争态势。

1. 竞争产品销量统计表

为了反映在某一相同时期内同类竞争产品的竞争态势，可以在Excel 2013中创建竞争产品销量统计表。具体操作如下：

❶ 新建工作表，将其重命名为“竞争产品销量分析”，在工作表中设置“2015年11月竞争产品销量统计表”模型，并输入相关数据，效果如图18-22所示。

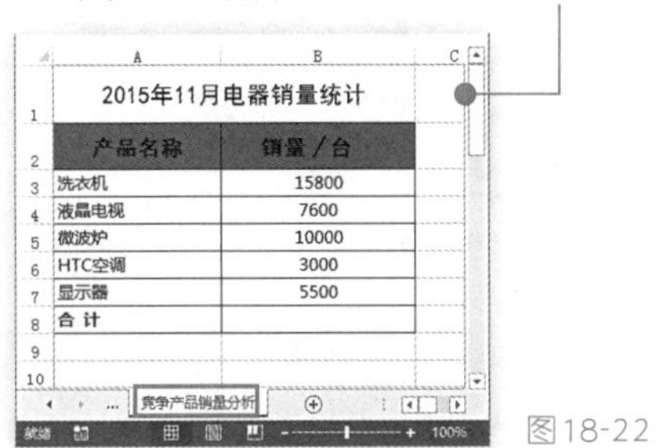

2015年11月电器销量统计

产品名称	销量／台
洗衣机	15800
液晶电视	7600
微波炉	10000
HTC空调	3000
显示器	5500
合 计	

图18-22

❷ 在B8单元格中输入公式：“=SUM(B3:B7)”，按〈Enter〉键，计算合计销量如图18-23所示。

B8　=SUM(B3:B7)

2015年11月电器销量统计

产品名称	销量／台
洗衣机	15800
液晶电视	7600
微波炉	10000
HTC空调	3000
显示器	5500
合 计	41900

图18-23

2. 创建图表分析竞争产品销量

由于竞争对手分析报表通常是呈报给上级或领导阅读的，因此我们在创建图表时应注意视觉效果，以及信息传递的准确度和敏锐性。制作竞争产品分析图的步骤如下：

❶ 选中图18-23所示表格中的A3：B7单元格区域，单击“插入”选项卡，在“图表”组中单击“插入柱形图”按钮，在下拉列表中单击“簇状柱形图”，如图18-24所示。

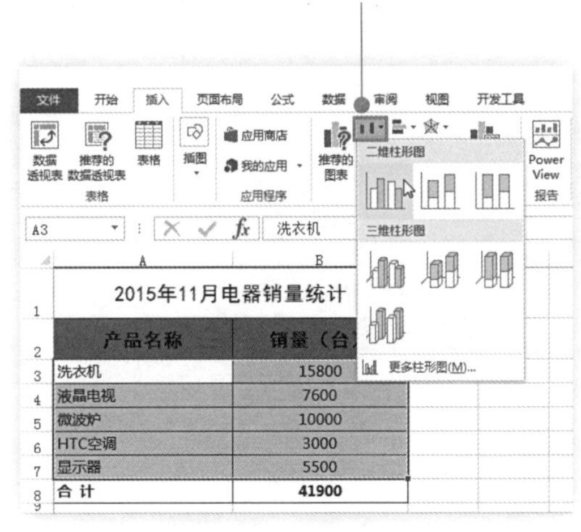

2015年11月电器销量统计

产品名称	销量（台）
洗衣机	15800
液晶电视	7600
微波炉	10000
HTC空调	3000
显示器	5500
合 计	41900

图18-24

❷ 执行上述命令，系统会在工作表区域创建如图18-25所示的图表。

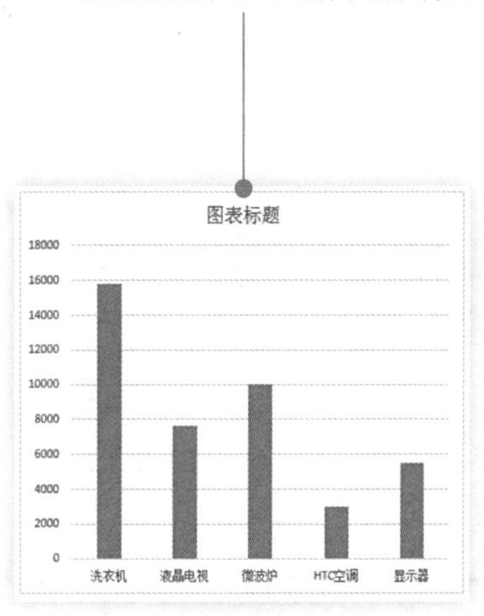

图18-25

❸ 选中“洗衣机”数据系列，在“图表工具”→“格式”选项卡下，在“形状样式”组中单击“形状填充”按钮，在下拉菜单选中“红色”填充颜色，如图18-26所示。

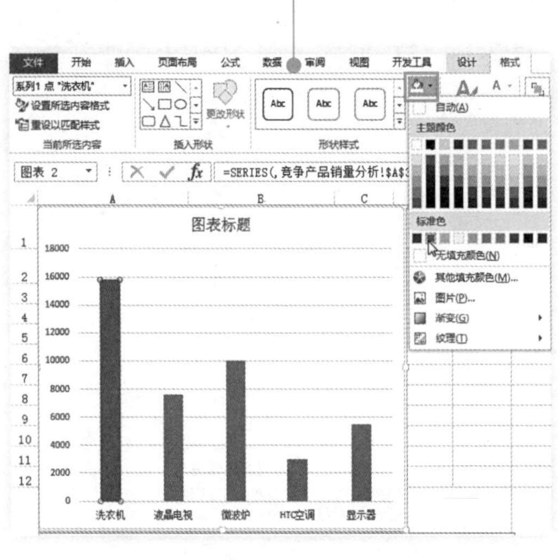

图18-26

❹ 编辑图表使其进一步完善，效果如图18-27所示。

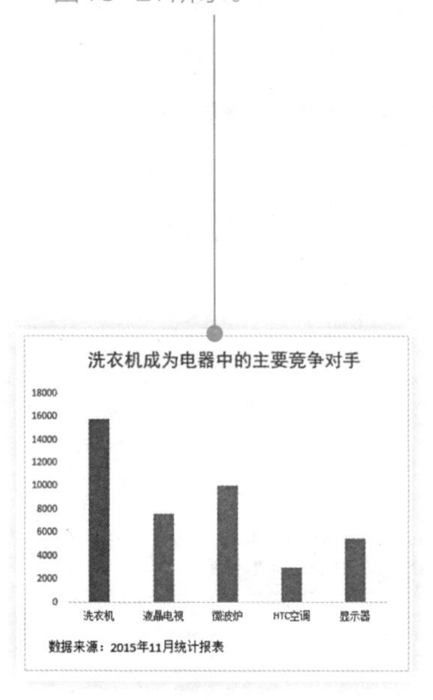

图18-27

18.3.3 竞争产品销售额及市场份额分析

市场份额是企业对市场控制能力的体现，市场份额越高，企业竞争力越强。

1. 创建柱形图比较竞争产品销售额

为了直观反映企业竞争产品的销售业绩情况，可以通过创建柱形图来比较竞争产品销售额。具体操作如下：

❶ 新建工作表，将其重命名为“竞争产品销售额及市场份额比较”，在工作表中设置竞争产品销售额比较表格，并输入相关数据，如图18-28所示。

竞争产品销售额比较

产品名称	年销售额 / 万元
A	78
B	78
C	55
D	45
E	32
合计	

图18-28

❷ 在B8单元格中输入公式：“=SUM(B3:B7)”，按〈Enter〉键，即可计算出合计值，如图18-29所示。

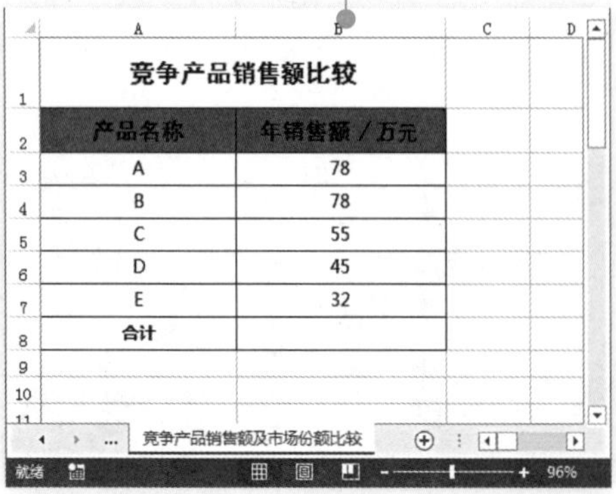

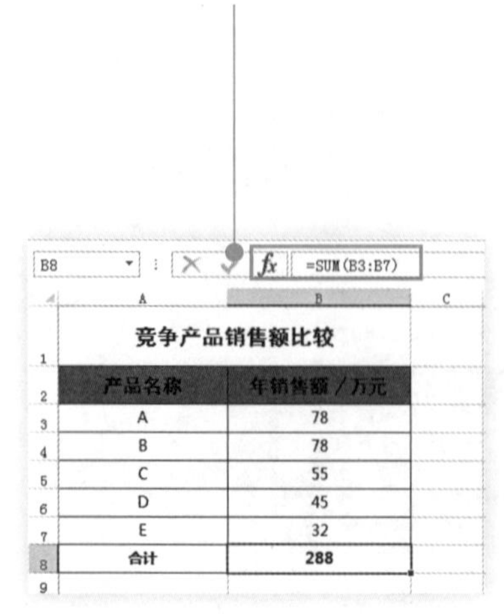

竞争产品销售额比较

产品名称	年销售额 / 万元
A	78
B	78
C	55
D	45
E	32
合计	288

图18-29

❸ 选中A3：B7单元格区域，单击“插入”选项卡，在“图表”组中单击“插入柱形图”按钮，在下拉列表中单击“簇状柱形图”，如图18-30所示。

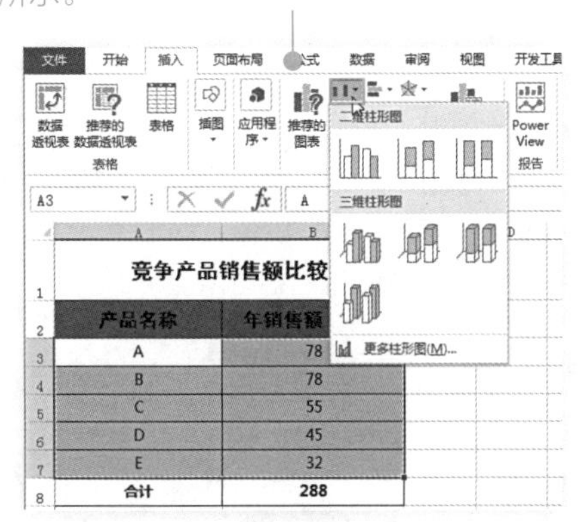

图18-30

❹ 执行上述操作，即可显示默认的图表，选中网格线，按“Delete”键，删除图表中的网格线，效果如图18-31所示。

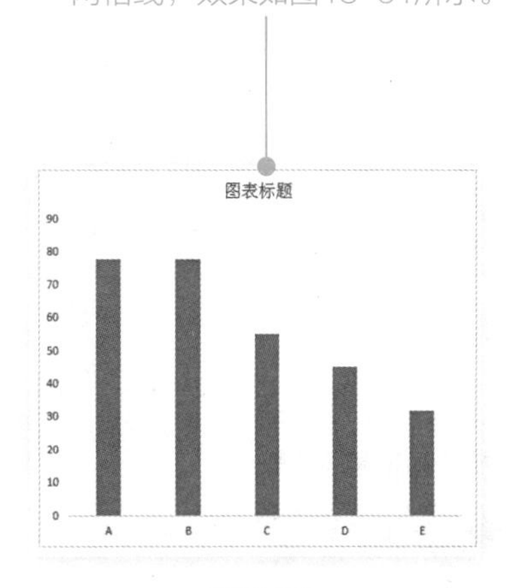

图18-31

❺ 选中图表，单击“图表元素”按钮，勾选“数据标签”复选框，如图18-32所示。

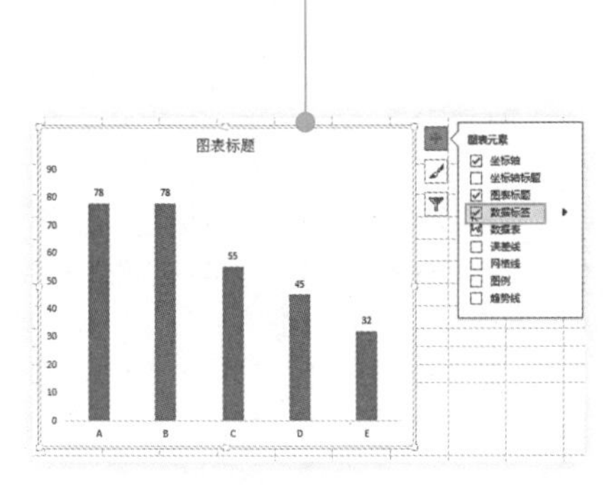

图18-32

❻ 选中图表，单击“图表元素”按钮，在子菜单中单击“坐标轴”下拉按钮，在下拉菜单中取消“主要纵坐标轴”复选框勾选，如图18-33所示。

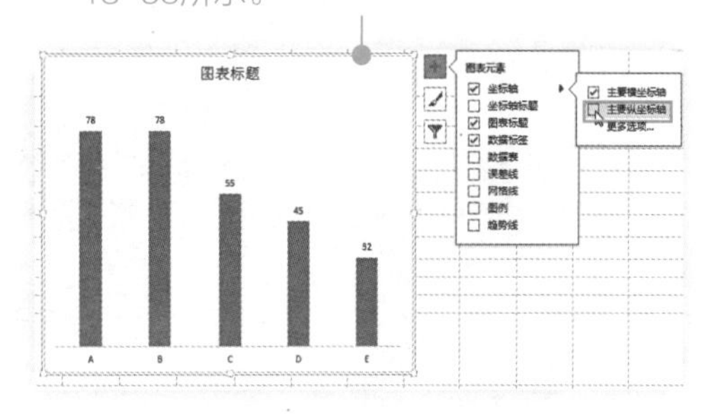

图18-33

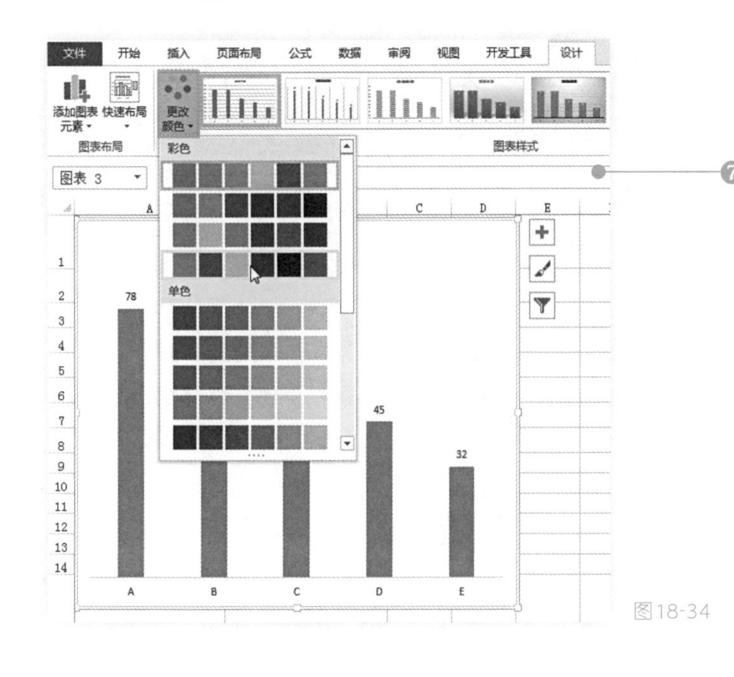

❼ 选中图表，“图表工具”→“设计”选项卡，在“图表样式”组中单击“更改颜色”按钮，在下拉菜单中选择某种颜色后，单击一次鼠标即可应用到图表上，效果如图18-34所示。

图18-34

2. 创建饼图比较竞争产品市场份额

我们通常在Excel 2013中通过创建饼图来比较竞争产品市场份额，它直接反映企业所提供的商品对消费者的满足程度，表明企业商品在市场上所处的地位。市场份额比较图的具体制作步骤如下：

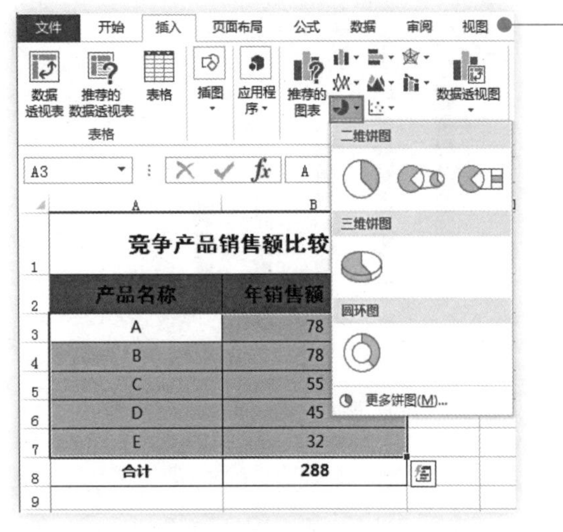

图18-35

❶ 选中图18-28所示表格的A3：B7单元格区域，单击“插入”选项卡，在“图表”组中单击“插入饼图”按钮，在下拉列表中单击“饼图”，如图18-35所示。

❷ 执行上述操作，即可显示默认的图表，效果如图18-36所示。

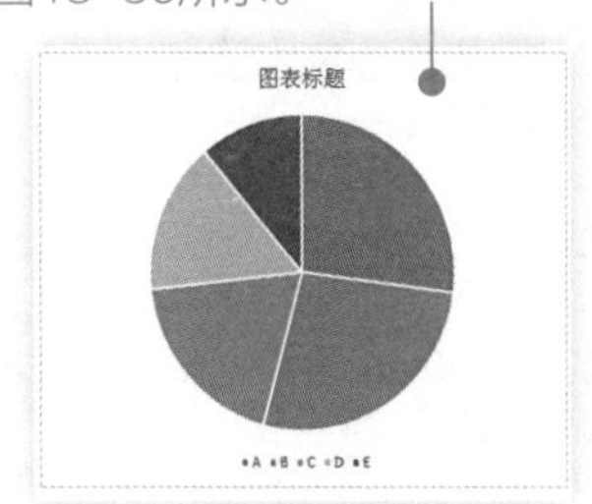

图18-36

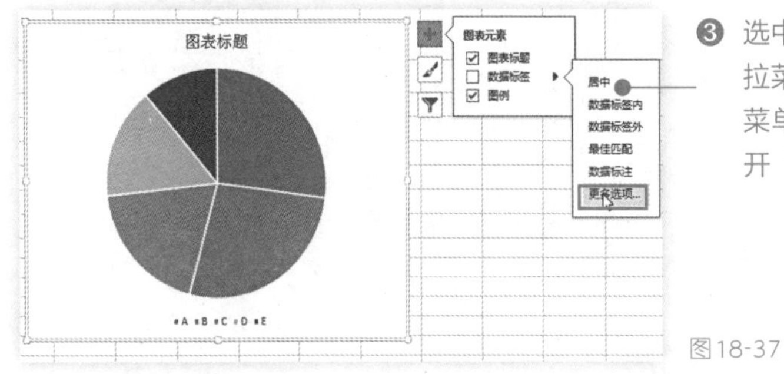

图18-37

❸ 选中图表，单击“图表元素”按钮，打开下拉菜单，单击“数据标签”右侧按钮，在子菜单中单击“更多选项”（图18-37），打开“设置数据标签格式”窗格。

❹ 在“标签选项”栏下勾选要显示标签前的复选框，如图18-38所示。

❺ 选中图表，在“图表工具”→“格式”选项卡下，在“形状样式”组中单击“形状轮廓”按钮，在下拉菜单选中“无轮廓”，如图18-39所示。

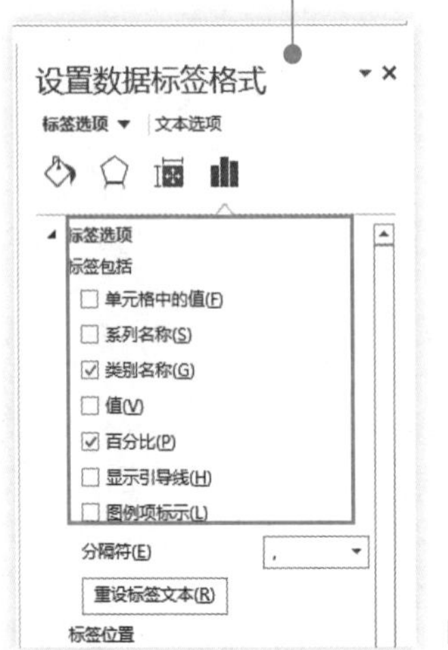

图18-38

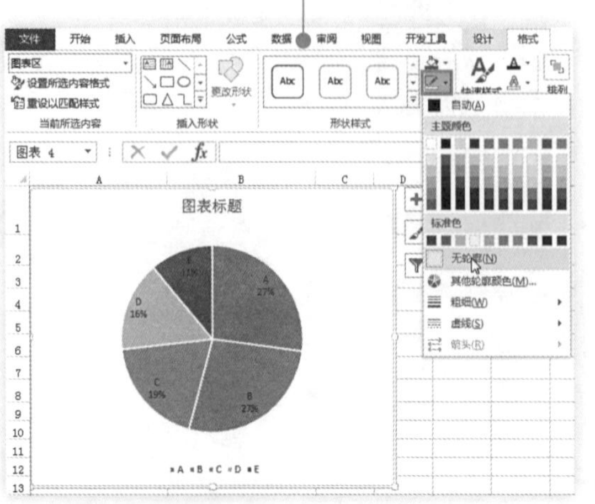

图18-39

❻ 删除饼图图例和标题，选中图表，在“图表工具”→“格式”选项卡下，在“形状样式”组中单击“形状填充”按钮，在下拉菜单选中“无填充”，如图18-40所示。

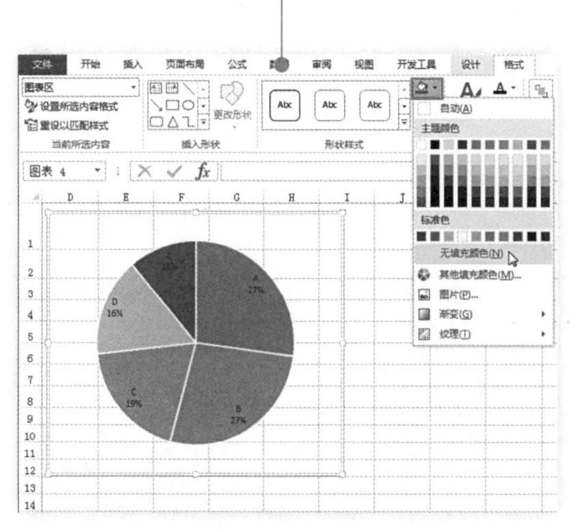

图18-40

❼ 拖动饼图至柱形图大的右上方区域，使两个图表叠加起来，并进一步完善，即可完成图表的制作，如图18-41所示。

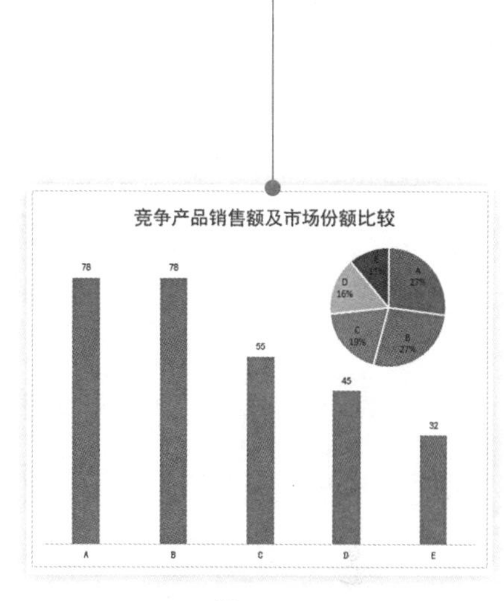

图18-41